江苏省高等学校精品教材
“十二五”江苏省高等学校重点教材（编号：2013-1-133）
高等院校精品课程系列教材

自动控制原理

第 2 版

主　编　潘　丰　徐颖秦
副主编　熊伟丽　谢林柏
参　编　陶洪峰　陈　珺　楼旭阳

机 械 工 业 出 版 社

本书从适应教学研究型大学的要求出发，以经典控制理论为主，较系统地介绍了自动控制理论的基本内容，着重于基本概念、基本理论和基本分析方法及典型应用。本书共8章，包括：引论、控制系统的数学模型、时域分析法、根轨迹分析法、频域分析法、控制系统的校正、非线性系统分析、离散控制系统等。本书重点突出，叙述深入浅出，文字简明流畅，实用性强。书中除有一般性的例题和习题外，另有典型实例贯穿教材始终，每章还附有综合性的例题精解以及 MATLAB 在控制系统分析和设计方面的应用。每章都设有导读和小结，便于学生学习和总结。

本书主要面向自动化类本科生，同时为适应不同专业和不同层次教学的需要，各章所述的基本分析方法尽可能做到相对独立，以便使用者灵活选择。

本书可作为普通高等工科学校自动化、电气工程及其自动化、机械制造及自动化、测控技术与仪器以及系统工程、电力、冶金等专业的“自动控制原理”课程（48~72学时）的教材，也可作为从事自动化方面工作的工程技术人员自学参考用书。

本书配套授课电子课件，需要的教师可登录 www. cmpedu. com 免费注册、审核通过后下载，或联系编辑索取（QQ：102613723，电话：010-88379753）。

图书在版编目（CIP）数据

自动控制原理/潘丰，徐颖秦主编. —2版. —北京：机械工业出版社，2015.2（2024.1重印）

高等院校精品课程系列教材

ISBN 978-7-111-49616-8

Ⅰ.①自… Ⅱ.①潘…②徐… Ⅲ.①自动控制理论-高等学校-教材 Ⅳ.①TP13

中国版本图书馆 CIP 数据核字（2015）第048500号

机械工业出版社（北京市百万庄大街22号 邮政编码100037）

策划编辑：时 静 责任编辑：汤 枫 责任校对：刘秀芝

责任印制：张 博

北京建宏印刷有限公司印刷

2024年1月第2版第10次印刷

184mm×260mm · 20.75印张 · 515千字

标准书号：ISBN 978-7-111-49616-8

定价：59.00元

前　言

本书第1版（2010年8月，机械工业出版社出版，江苏省精品教材）是江南大学自动控制原理课程组为适应自动化专业不断发展的需求而编写的。第2版是在第1版的基础上，通过广泛听取使用本教材任课教师和学生的意见，结合专业和学科发展前沿，以及课程组多年来的教学改革成果，并参考了国内外控制理论的经典教材，经反复讨论修订而成。本次修订的主要目的在于通过结构调整和内容充实，进一步强化理论在工程实际中的应用，在叙述上更重视专业知识的拓展与应用。具体表现在以下几个方面：

（1）结构模块清晰。每章由导读和小结模块、理论学习模块、自主学习和讨论探究模块、课外实践模块、复习思考题模块“五大模块”组成，既有利于教师讲解，也有益于学生学习。

（2）每章后的习题由三部分组成：以基本概念和基本理论为主的思考题、以分析和解决问题为主的计算和分析题，以及以能力提高为主的MATLAB实践与知识拓展题。多样化的习题便于学生及时总结和复习，更灵活地掌握每一章的知识点。

（3）大部分例题和习题都以实际控制系统为例，使得较为抽象的理论具体化，方便学生学习。

（4）以“磁盘驱动读取系统”作为典型应用实例，贯穿教材始终，使读者可以灵活应用控制理论，从不同的角度对同一问题进行分析和求解，提高解决实际问题的能力。

（5）增加了部分自学内容，如典型实例分析、MATLAB实践与拓展等，以右上角“*”标注。使学生在课时有限的情况下，通过自学相关知识，扩充知识视野。

（6）主要面向教学研究型大学自动化类学生，如适当增加一些内容，可适合于研究型大学学生；适当减少一些内容和数学推导，也可适合于教学型大学学生。

（7）内容叙述深入浅出、层次分明。既能让大部分学生基本掌握教学内容，也能够满足一些优秀学生深入学习的需求。

（8）名词术语全部采用全国自动化名词审定委员会公布的规范名词，并给出了本书主要专业术语的英文对照，以方便学生阅读相关的英文文献。

（9）为方便教师教学和学生自学与复习，本书配套出版《自动控制原理学习辅导和习题解答》（第2版），并向教师提供电子教案。

本书共8章，主要内容分4大部分：第一部分包括引论和线性定常连续系统的分析与综合；第二部分阐述非线性系统的基本理论和分析方法；第三部分为线性离散系统的基本理论和分析方法；第四部分为在MATLAB与Simulink支持下对控制系统的计算机辅助分析与设计，作为自学内容，设置于各章的最后一节中。

本书由江南大学潘丰教授（第1章）、徐颖秦副教授（第5、6章）任主编，熊伟丽副教授（第2、3章）、谢林柏教授（第8章）任副主编，参加编写的人员有陶洪峰副教授（第7章）、陈珺副教授（第4章、附录）和楼旭阳副教授（各章节中磁盘驱动读取系统实例部分）。全书由潘丰教授和徐颖秦副教授统稿。本书在编写的过程中，得到了上海大学邹斌教授、上海理工大学王亚刚教授、中国矿业大学伍小杰教授的指导和帮助，在此一并表示衷心的感谢！

由于作者水平有限，书中难免存在不妥之处，恳请使用本教材的教师和读者不吝指正，并提出宝贵意见。联系电子邮箱：xyqwx@163.com。

编　者

目　录

第1章 引　论

【基本要求】

1. 正确理解自动控制的基本概念、任务和控制方式；
2. 掌握负反馈的概念，能对开环控制和闭环控制过程进行简单分析；
3. 掌握闭环控制系统的基本组成和各环节的作用；
4. 正确理解自动控制系统的基本要求；
5. 掌握控制系统的各种分类方法。

过去的一百年是科学和工程技术发展最迅速的一个世纪，人类的许多希望和梦想，被科学和技术变成现实。在现代科学技术的众多领域中，自动控制技术起着越来越重要的作用。从最初的机械转速、位移的控制到工业过程中温度、压力、流量、物位的控制，从远洋巨轮到深水潜艇的控制，从电动假肢到机器人的控制，自动控制技术的应用几乎无处不在。不仅如此，自动控制技术的应用范围已扩展到生物、医学、环境、经济管理和其他社会生活领域中，自动控制已成为现代社会活动中不可缺少的重要组成部分。所以，很多工程技术人员和科学工作者都希望具备一定的自动控制知识，以能够设计和使用自动控制系统。

自动控制原理主要讲述自动控制的基本理论和分析、设计控制系统的基本方法。本章描述自动控制的基本概念、任务、控制方式、控制系统的基本组成及对闭环控制过程进行简单分析，以建立对本学科的一个较为明确的认识。

1.1　自动控制系统概述

1.1.1　自动控制系统的一般概念

所谓**自动控制**就是在没有人直接操作的情况下，通过控制器使一个装置或过程（统称为控制对象）自动地按照给定的规律运行，使被控变量能按照给定的规律变化。系统是指按照某些规律结合在一起的物体（元部件）的组合，它们互相作用、互相依存，并能完成一定的任务。能够实现自动控制的系统就称为**自动控制系统**。

例如，人造卫星按指定的轨道运行，并始终保持正确的姿态，使它的太阳能电池一直朝向太阳，无线电天线一直指向地球；电网的电压和频率自动地维持不变；金属切削机床的速度在电网电压或负载发生变化时，能自动保持近似不变。以上这些，都是自动控制的结果。

现代数字计算机的迅速发展，为自动控制技术的应用开辟了广阔的前景，使它不仅大量应用于工业、农业、交通管理、空间技术、环境卫生等领域，而且它的概念和分析问题的方法也向其他领域渗透。例如，政治、经济、教学等领域中的各种体系，人体的各种功能，自然界中的各种生物学系统，都可视为是一种控制系统。自动控制系统的广泛应用使生产设备或过程实现自动化，极大地提高了劳动生产率和产品的质量，改善了劳动条件。

自动控制是一门理论性很强的科学技术，一般泛称为“自动控制技术”。把实现自动控制所需的各个部件按一定的规律组合起来，来控制被控对象，这个组合体叫做“控制系统”。分析与综合控制系统的理论称为“控制理论”。

自动控制系统的种类较多，被控制的物理量有各种各样，如温度、压力、流量、电压、转速、位移和力等。组成这些控制系统的元部件虽然有较大的差异，但是系统的基本结构却相类同，且一般都是通过机械、电气、液压等方法代替人工控制。

自动控制的基本方式有三种：开环控制、闭环控制及将二者结合的复合控制。每种控制方式都有各自的特点及不同的适用场合。本节只讨论开环控制与闭环控制，关于复合控制将在第 6 章详细讨论。

1.1.2 开环控制

在这种控制方式中，信号由输入端到输出端的传递是单向的，没有形成一个闭环，故称为**开环控制**。按这种控制方式组成的系统称为**开环控制系统**，这类系统的特点是系统的输出量不会对输入量产生任何影响。开环控制系统可以按给定值控制方式组成，也可以按扰动控制方式组成。

首先来分析图 1-1 所示的直流电动机转速开环控制系统。本例中的被控对象为直流电动机 M，GT 和 VT 分别为触发器和晶闸管整流装置，而预定的规律为“电动机的转速 n 维持预期值不变”。转速 n 的预期值与电位器 RP_1 上的给定值 U_0 有着对应关系。把电位器上的电压信号称为**输入量**或**给定量**，电动机的转速 n 称为**输出量**或**被控量**。输入量对应期望的输出量（如 10V 对应 1000r/min），自动控制的过程就是力图使实际的输出量与期望的输出量相等。

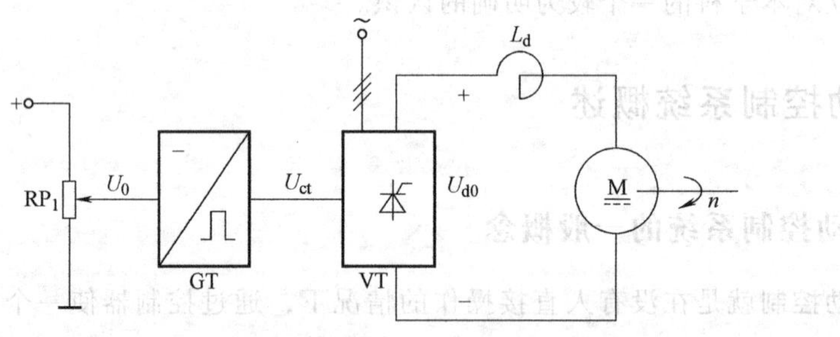

图 1-1　直流电动机转速开环控制系统原理

在实际工作中，总有各种各样的因素会影响到控制过程。在图 1-1 所示的系统中，负载的变化、电网电压的波动等都会引起电动机转速的变化。把这些妨碍控制过程顺利进行的因素称为**扰动**。一个良好的控制系统，应将扰动所引起的输出量的变化限制在尽可能小的范围内。图 1-2 是用框图形式表示的转速开环控制系统。从图中可以看出，输出量与输入量之间是单向的联系。因而，对扰动所引起的输出的变化，系统没有调节或控制作用。

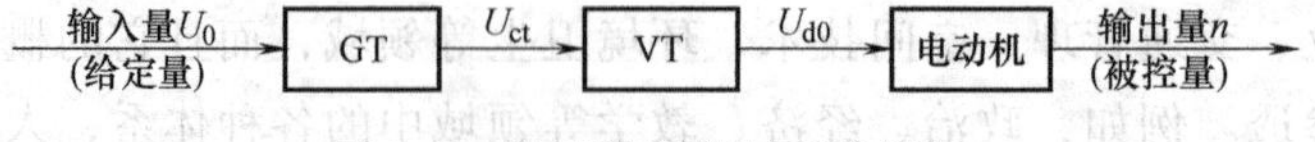

图 1-2　转速开环控制系统框图

图 1-3 为按给定值控制的开环控制系统框图的一般形式。这种控制比较简单，控制作用

直接由系统的输入量产生，系统对于可能的干扰及工作过程中特性参数的变化都没有自动补偿的作用，因而控制的精度完全取决于元件及校准的精度。由于其结构简单、调整方便，在精度要求不高或扰动影响较小的场合还是适用的，如一些自动化的流水线、数控车床、自动售货机等多为这类开环控制系统。

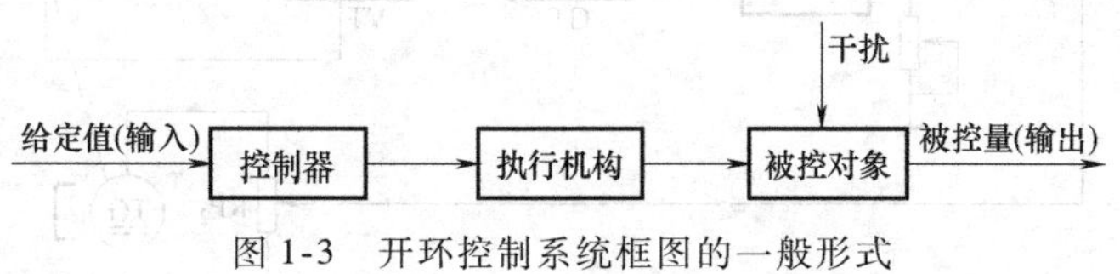

图 1-3　开环控制系统框图的一般形式

1.1.3　闭环控制

考察一下在人的协助下系统是如何克服扰动的影响，实现按预定的规律（维持转速 n 恒定）运行的。为了比较转速的实际值与预期值是否相等，需要对转速进行测量。假设在电动机上有一个转速表，当人眼观察到转速的实际值时，会将其与头脑中的预期值进行比较。若二者不相等，则调节电位器 RP_1 触头的位置，改变整流装置的输出电压 U_{d0}，从而调节电动机的转速 n。若转速 n 比预期值小，则向上调节电位器触头，增大整流装置输出电压 U_{d0}，则 n 也会相应地增大；反之，若 n 比预期值大，则反方向调节。这一过程可以用图 1-4 所示的框图来展示。

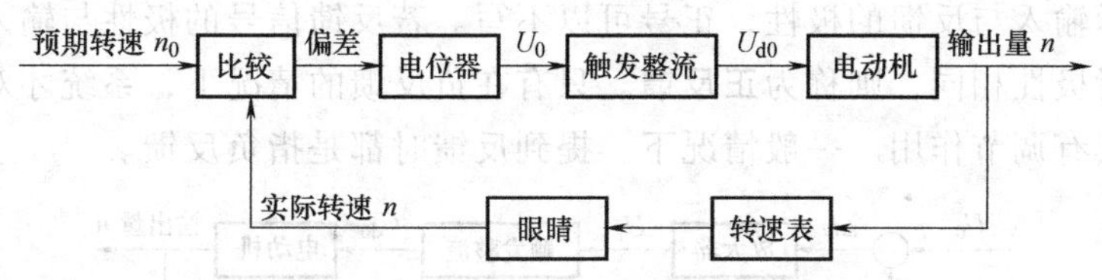

图 1-4　有人参与调节时的转速控制系统框图

比较图 1-2 与图 1-4 可以发现，后者中存在着比较环节。由于这一环节的存在，一旦输出发生变化，会反过来影响到系统的输入端，产生相应的调节（控制）作用。但是，这一控制作用是通过人来实现的，它是一个人工控制系统。

系统对转速 n 的变化之所以具有调节作用，是由于有比较环节的存在。也就是说，输出的变化会反过来影响到系统的输入端，从而在人脑中产生一个偏差信号。在偏差信号的控制作用下，输出会朝着反方向变化，即朝着减小偏差的方向运动。将输出送回到输入端并与输入量相比较的过程称为**反馈**，相应的系统称为**反馈控制系统**。

反馈控制是自动控制系统最基本的控制方式，也是应用最广泛的控制方式。**反馈控制原理**的实质就是利用偏差来控制偏差。从信号的流向来看，反馈控制系统形成了一个闭环，因此，反馈控制也称为**闭环控制**。

在图 1-4 中，将人所完成的工作由机器来代替，就可以使之成为一个真正的自动控制系统。首先，要对输出量进行测量，然后将测量信号与输入量进行比较，这两个量应该具有同一量纲。由于转速之间不容易直接比较大小，因此，将输入与输出（即预期值与实际值）转换成相应的电压信号。测量的过程可以用测速发电机 TG 来完成，比较的过程可以用集成运算放大器来实现。由此，可以得到如图 1-5 所示的转速闭环控制系统。

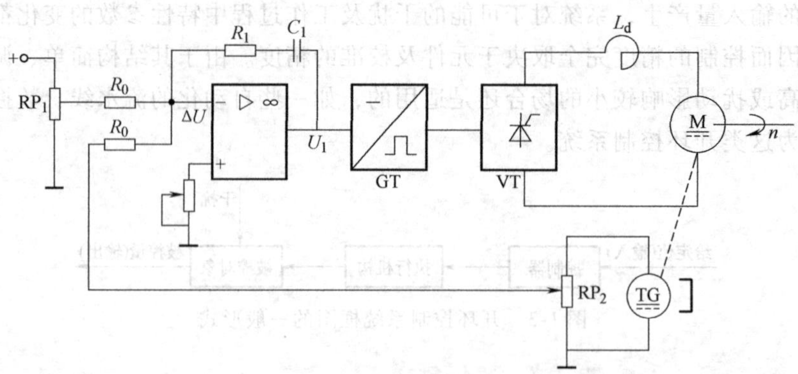

图 1-5　转速闭环控制系统原理

考察图 1-5 所示的反馈控制系统可以发现，引入反馈以后，得到了偏差信号 ΔU，然后由 ΔU 的控制作用使系统朝着减小偏差的方向运动。具体地说，由于 ΔU 的存在，从而改变了 U_1 的值。从数学本质上来说，就是根据 ΔU 得到一个合适的作用于执行元件的信号（此处为 U_1），驱动被控对象运动以减小偏差。作为控制器来说，实质上完成的就是一种运算(或称为**控制规律**)。它可以由计算机来实现，也可以由专用的芯片或分立的模拟器件来实现。

转速闭环控制系统框图如图 1-6 所示。图中，用符号“○”表示比较环节。比较单元的正负符号表示输入与反馈的极性，正号可以不写。若反馈信号的极性与输入相反，则称为**负反馈**；若二者极性相同，则称为**正反馈**。只有在负反馈的情况下，系统才对各种扰动及元件参数的变化具有调节作用。一般情况下，提到反馈时都是指负反馈。

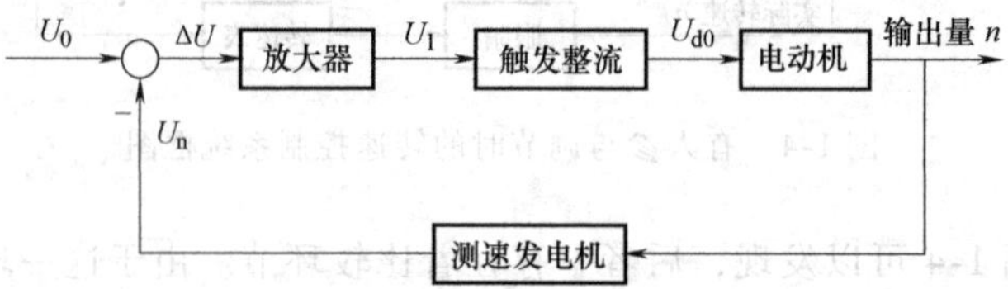

图 1-6　转速闭环控制系统框图

图 1-7 所示为闭环控制系统框图的一般形式。由输入到输出的通道称为**前向通道**，由输出经反馈到输入的通道称为**反馈通道**。

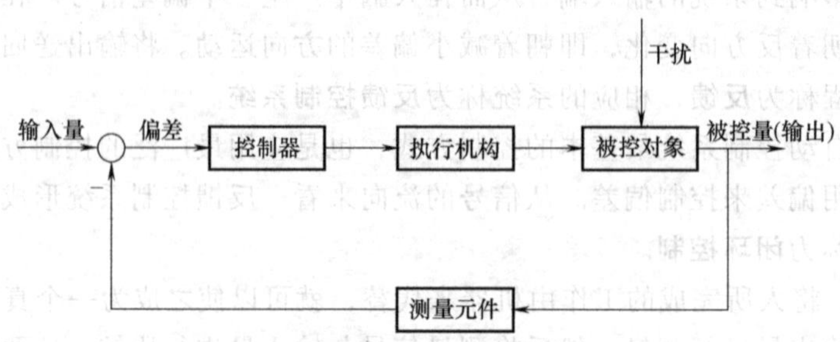

图 1-7　闭环控制系统框图的一般形式

如前所述，反馈控制方式是按偏差进行控制的，其特点是对反馈环内前向通道中的各种扰动都具有抑制作用。但是，对于给定量本身的误差及反馈通道中的扰动，系统不具有调节作用。从这一角度来说，反馈控制系统的精度取决于给定精度及检测元件的精度。

和开环控制系统比较，闭环控制系统有较高的控制精度，但是结构要复杂得多，系统的分析与设计也相应比较麻烦。可以说，闭环控制系统是以增加系统的复杂程度来换取系统某些方面性能的提高。在设计自动控制系统时，要根据具体的工艺要求，综合考虑技术与经济指标，不能一味追求性能上的高标准。

1.1.4 闭环控制系统的基本组成

一个典型的反馈控制系统的基本组成可以用图 1-8 所示的框图表示。将组成系统的元件按在系统中的职能来划分，主要有以下几种。

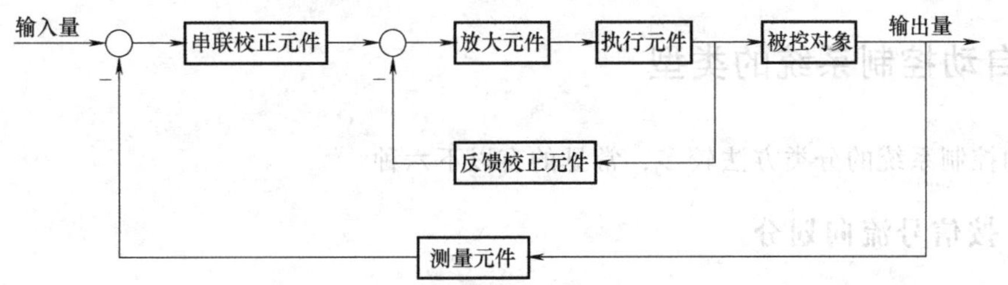

图 1-8 典型反馈控制系统的基本组成

1）给定元件：给出与期望输出对应的输入量。

2）比较元件：求输入量与反馈量的偏差，常采用集成运算放大器（简称集成运放）来实现。

3）放大元件：由于偏差信号一般较小，不足以驱动负载，故需要放大元件，包括电压放大及功率放大。

4）执行元件：直接驱动被控对象，使输出量发生变化。常用的有电动机、调节阀、液压马达等。

5）测量元件：检测被控量并转换为所需要的电信号。在控制系统中常用的有用于速度检测的测速发电机、光电编码盘等；用于位置与角度检测的旋转变压器、自整机等；用于电流检测的互感器及用于温度检测的热电偶等。这些检测装置一般都将被检测的物理量转换为相应的连续或离散的电压或电流信号。

6）校正元件：也叫补偿元件，是结构与参数便于调整的元件，以串联或反馈的方式连接在系统中，完成所需的运算功能，以改善系统的性能。根据在系统中所处的位置不同，可分别称为串联校正元件和反馈校正元件。

1.1.5 自动控制理论的发展

自动控制理论是理论性较强的工程技术科学，它的发展与数学及计算机的发展联系非常紧密。数学的发展为控制理论提供了理论上的可行性，而计算机的发展为控制系统的具体实现提供了强有力的支持。通常将控制理论划分为**经典控制理论**与**现代控制理论**两大部分。

经典控制理论又称为古典控制理论，是在二次世界大战前后，为适应军事及工业控制的需要逐步发展起来的完整的理论体系。经典控制理论主要以传递函数为工具和基础，以频域法和根轨迹法为核心，研究单变量控制系统的分析和设计。经典控制理论在 20 世纪 50 年代就已经发展成熟，至今在工程实践中仍得到广泛的应用。

20 世纪 60 年代，为适应航空航天技术的发展，自动控制理论迎来了新的发展阶段——现代控制理论。现代控制理论从 1960 年开始得到迅速发展。它以状态空间方法作为标志和基础，研究多变量控制系统和复杂系统的分析和设计，以满足军事、空间技术和复杂的工业领域的控制要求。

目前，控制理论正朝着以控制论、信息论、仿生学为基础的**智能控制理论**方向发展。现代控制理论的发展并不意味着经典控制理论已经过时了，不同的理论有着不同的适用范围。同时，随着数学与计算机的发展，经典控制理论在其本身范畴内的研究也在不断地深入。

本书将只讨论经典控制理论，研究的系统主要是反馈控制系统。

1.2 自动控制系统的类型

自动控制系统的分类方法较多，常见的有以下六种。

1.2.1 按信号流向划分

在前面的讨论中可以看出，不同控制方式的系统，信号的流向是不同的。故按信号的流向，可以将系统分为开环控制系统、闭环控制系统及复合控制系统。

1.2.2 按输入信号变化规律划分

系统输入信号设定了系统预期的运行规律。输入信号的变化规律不同，对相应的控制系统的要求也就不同。按系统输入信号的变化规律可以将系统划分为恒值控制系统与随动控制系统。

1. 恒值控制系统

此类控制系统的输入信号为一个常值，要求输出信号也为一个常值。系统在运行过程中，由于各种扰动因素的影响，总会使实际输出值与预期值之间产生偏差。因此，恒值控制系统分析与设计的重点就在于系统的抗干扰性能，研究各种扰动对输出的影响及抗干扰的措施。前述的电动机调速系统即为典型的恒值控制系统。在工业控制中，如果被控量是温度、流量、压力、液位等生产过程参量时，这种控制系统则称为**过程控制系统**，它们大多数属于恒值控制系统。

2. 随动控制系统

此类系统的输入信号是预先未知的随时间任意变化的函数，要求输出量以一定的精度和速度跟随输入量的变化而变化。因此，随动控制系统的分析与设计重点就在于系统的跟随性能——快速、准确地复现输入信号。此时，扰动的影响是次要的。例如，雷达跟踪系统、电压跟随器等就是典型的随动系统。在随动系统中，如果输出量是机械位移或其导数时，这类系统称为**伺服系统**。

1.2.3 线性系统和非线性系统

同时满足叠加性与均匀性（又称为齐次性）的系统称为**线性系统**。所谓叠加性是指当几个输入信号共同作用于系统时，总的输出等于每个输入单独作用时产生的输出之和；均匀性是指当输入信号增大若干倍时，输出也相应增大同样的倍数。

若以符号 $T[\cdot]$ 表示系统输入与输出之间的关系，则在输入信号 $r(t)$ 作用下，系统的输出 $c(t)$ 可表示为

$$c(t)=T[r(t)] \tag{1-1}$$

借用这种形式，可以对线性系统加以描述。

设

$$c_1(t)=T[r_1(t)],\quad c_2(t)=T[r_2(t)] \tag{1-2}$$

叠加性可表示为

$$T[r_1(t)+r_2(t)]=T[r_1(t)]+T[r_2(t)]=c_1(t)+c_2(t) \tag{1-3}$$

均匀性可表示为

$$T[a_1r_1(t)]=a_1T[r_1(t)]=a_1c_1(t)$$

$$T[a_2r_2(t)]=a_2T[r_2(t)]=a_2c_2(t) \tag{1-4}$$

式中，a_1 与 a_2 为两个任意的常数。也可以将上述两点统一表示为（叠加原理）

$$T[a_1r_1(t)+a_2r_2(t)]=a_1T[r_1(t)]+a_2T[r_2(t)]=a_1c_1(t)+a_2c_2(t) \tag{1-5}$$

对于线性连续控制系统，可以用线性的微分方程来表示。

不满足叠加性与均匀性的系统即为**非线性系统**。显然，控制系统中只要有一个元件的特性是非线性的，该系统即为非线性的控制系统。其特性要用非线性的微分或差分方程来描述。这类方程的特点是系数与变量有关，或者方程中含有变量及其导数的高次幂或乘积项。

严格来说，实际中不存在线性系统，因为实际的物理系统总是具有不同程度的非线性，如放大器的饱和特性、齿轮的间隙、伺服电动机的死区及摩擦特性等。非线性控制系统的研究目前还没有统一的方法，但对于非线性程度不太严重的系统，可在一定范围内将其近似为线性系统进行研究。

1.2.4 定常系统和时变系统

如果系统的参数不随时间而变化，则称此类系统为**定常系统**（或称为时不变系统）；反之，若系统的参数随时间改变，则称为**时变系统**。

对于定常系统，由于系统参数不随时间变化，因此，在同样的起始状态下，系统的输出响应与输入信号作用于系统的时刻无关，即

$$T[r(t-t_0)]=c(t-t_0) \tag{1-6}$$

此表达式的含义为：输入信号延迟时间 t_0，则输出也同样延迟时间 t_0，输出波形形状不变。

时变系统由于系统的参数随时间改变，因此，此类系统的输出响应与输入信号作用于系统的时刻有关。

1.2.5 连续系统和离散系统

为讨论系统的**连续性与离散性**，先要对信号的连续性与离散性加以定义。将自动控制系统中随时间变化的物理量统称为**信号**。按照时间函数取值的连续性与离散性可将信号划分为连续时间信号与离散时间信号（简称为**连续信号**与**离散信号**）。若在所讨论的时间间隔内，除若干个不连续的点外，对于任意时间值都有确定的函数值，此信号就称为连续信号。而离

散信号在时间上是离散的，只在规定的瞬时给出函数值，在其他时间没有定义，因此，离散信号可以认为是一组序列值的集合。除了时间上的连续与离散外，信号的幅值也可以是连续或离散的（只能取某些规定的值）。对于连续信号，若幅值也是连续的，则称为**模拟信号**。在一般情况下，往往对模拟信号和连续信号不加以区分。对于离散信号，若幅值是连续的，则称为**采样信号**；若幅值是离散的，则称为**数字信号**。在自动控制系统中，采样信号都是在连续信号的基础上经过采样后得到的，对采样信号进行量化处理，就可以得到适于计算机控制的数字信号。

根据系统信号的不同特征，可以对自动控制系统加以分类。如果系统中的各变量都是连续信号，则称该系统为**连续（时间）系统**；如果在系统的一处或几处存在离散信号，则称该系统为**离散（时间）系统**。计算机控制系统和采样控制系统即为典型的离散系统，前面所讨论的电动机调速系统则为连续系统。

连续系统常用微分方程来描述，离散系统则采用差分方程来描述。对于两类系统的分析与综合，在理论与方法上都具有平行的相似性。对于线性定常的连续系统，其数学工具为建立在拉氏变换基础上的传递函数；对于线性定常离散系统，其数学工具为建立在 z 变换基础上的脉冲传递函数。这两种分析方法都是在变换域内进行的。

1.2.6　单输入单输出系统与多输入多输出系统

单输入单输出系统（SISO）也称为**单变量系统**，系统的输入量与输出量各为一个。经典控制理论主要就是研究这一类系统。

多输入多输出系统（MIMO）也称为**多变量系统**，系统的输入量与输出量多于一个。现代控制理论适用于这类系统的分析与综合。其数学工具为建立在线性代数基础上的状态空间法，这种方法是在时间域内进行的，而时域分析法对控制过程来说是最直接的。

1.3　控制系统性能的基本要求和本课程的主要任务

对控制系统性能的基本要求是由控制系统所需完成的任务决定的。从各种具体的要求中可以抽象出对控制系统的一般要求，从而有利于系统的设计与校正。

1.3.1　控制系统性能的基本要求

从自动控制系统所要完成的任务来说，总是希望系统的输出与输入在任何时刻都完全相等。但是，这只是一种理想的情况。在实际系统中，总是有各种惯性（如机械惯性与电磁惯性）的存在，使得系统中各物理量的变化不可能在瞬时完成。在给定或扰动的作用下，输出要跟踪复现输入信号有一个时间过程，称为**过渡过程**（或称暂态过程、动态过程、动态响应）。系统要能正常地工作，过渡过程应趋于一个平衡状态，即系统的输出应收敛于与输入信号相对应的期望值（或期望的曲线上）。当过渡过程结束后，系统输出量复现输入信号的过程，称为**稳态过程**（或称稳态响应）。对控制系统性能的基本要求即体现在这两个过程中，系统的性能指标通常也分为动态性能指标与稳态性能指标。在工程应用中，可以归结为**稳定性**（长期稳定性）、**快速性**（相对稳定性）和**准确性**（精度）三方面来评价控制系统的总体性能。

1. 稳

稳即指稳定性，是自动控制系统首要考虑的问题。关于稳定的定义及分析比较复杂，在后续各章节及现代控制理论中都要对它进行详细的讨论。一般来说，对于线性定常系统，稳定的充要条件是“有界的输入产生有界的输出”。具体来说，如系统输出偏离了预期值，随着时间的推移，偏差应逐渐减小并趋于零，则为稳定的系统。对于恒值控制系统，在扰动作用下输出偏离预期值，在过渡过程结束后，应回到原预期值；对于随动系统，输出应能始终跟随输入的变化。

同样稳定的系统，稳定的程度也可能是不一样的。例如，前述的直流电动机调速系统在扰动的作用下（如负载发生变化），输出转速将偏离预期的转速值，过渡过程可能呈现出起伏振荡的形式。如果波动的幅度过大，一方面，由于电流的热效应与力效应，将会对电枢造成损害；另一方面，也会对机械装置产生过大的冲击，使运动部件松动或损坏。因此，稳定性还包含有过渡过程的平稳性的含义。

2. 快

快即指过渡过程的快速性。若过渡过程持续的时间很长，将使系统长时间处于大偏差的情况，会降低系统的工作效率；同时也说明系统响应很迟钝，难以跟踪复现快速变化的信号。

稳定性与快速性反映了系统过渡过程中的性能，属于**动态性能指标**。

3. 准

准即指准确性，反映系统的稳态性能。过渡过程结束后，系统的输出与期望值的差值称为**稳态误差**。理想的情况是当时间趋于无穷时，稳态误差为零。然而在实际系统中，由于系统结构、外作用的形式及非线性因素的影响，稳态误差一般总是存在的。

不同的控制系统对稳、快、准的要求是不同的。恒值控制系统对稳与准的要求较高，随动系统则对快速性要求较高。

对于同一系统，稳、快、准是相互制约的。提高快速性，可能会影响过渡过程的稳定性；改善稳定性，可能会导致快速性下降；提高稳态精度，可能会导致稳定性下降。如何通过系统参数的合理调整、选择适合的控制方式与控制器以解决这些矛盾，是本门课程要讨论的重要内容。

1.3.2 本课程的主要任务

本课程将系统阐述经典控制理论，全书讨论的内容以线性定常系统为主，适当介绍非线性系统的基本理论和方法；以连续系统为主，兼顾离散系统。“自动控制原理”是一门专业基础课程，内容围绕系统的数学模型、控制系统分析及控制系统综合这三个方面展开。

1. 数学模型

讨论线性定常系统在时域、复域、频域、z 域的数学模型，包括各种解析表达式、结构图与信号流图等不同的表现形式，分析法是建立系统数学模型的基本方法。

2. 系统分析

系统分析包括：稳定性分析、动态性能分析与稳态性能分析。

稳定性分析包括各种稳定性的判定方法，系统结构与参数对稳定性的影响；动态分析包括各种动态性能指标的计算，系统结构与参数对动态性能的影响，改善系统动态特性的途径；稳态分析包括稳态误差的计算，系统结构与参数对稳态误差的影响，提高系统稳态精度的途径。这三个方面的内容将分别在时域、频域、复域及 z 域展开，从不同的角度来讨论系统结构与参数对系统性能的影响，从而指出改善系统性能的途径。

3. 系统综合

系统综合指控制系统的设计与校正。其中，校正是本课程的一个重要内容，讨论当控制系统的主要元器件和结构形式确定以后，为满足动态性能指标和稳态性能指标的要求，需要改变系统的某些参数或附加某种校正装置的方法。主要介绍系统综合的原理与思路、常见的校正元件与装置特性和频率特性法校正方法。

另外，MATLAB 作为一个强大的计算机辅助设计与仿真平台，其在控制系统中的应用也是本课程的一个重要内容。

1.4 自动控制系统实例*

本节通过控制系统的实例分析，加深对控制过程的理解。

1.4.1 磁盘驱动读取系统

本书将以“磁盘驱动读取系统”作为应用实例在后续内容中循序渐进加以讨论，贯穿各个章节。

磁盘可以方便有效地储存信息，其快速便捷、大容量和高可靠性使它在图书、电脑行业中得到广泛使用。磁盘驱动器是以磁盘作为记录信息媒体的存储装置，广泛用于从便携式计算机到大型计算机等各类计算机中。

考察图 1-9 所示的磁盘驱动器结构示意图，磁盘驱动器读取装置的目标是要将磁头准确定位，以便正确读取磁盘磁道上的信息。直流电动机和手臂是磁盘驱动读写系统的主要组成部分。磁头安装在与手臂相连的簧片上，实时读取磁盘上各点的磁通量，提取出存储的信息。弹性金属制成的簧片保证磁头以小于 100nm 的间隙悬浮于磁盘之上。磁盘驱动系统的设计目标是尽可能将磁头准确定位在指定的磁道上，位置精度指标初步定为 1μm。如果有可能，还要进一步要求磁头从一个磁道到另一个磁道所花时间不超过 10ms。

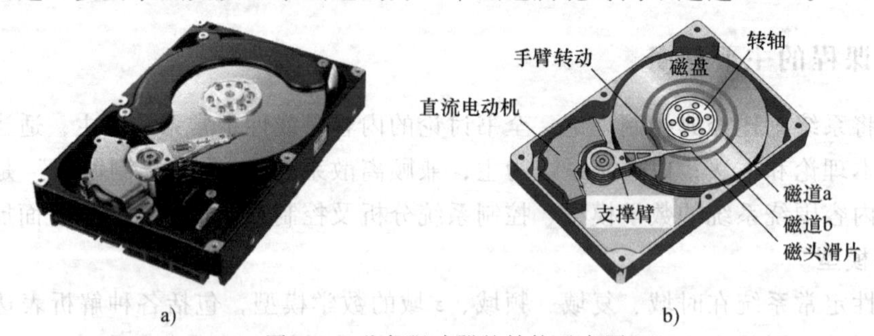

图 1-9 磁盘驱动器的结构示意图

a）磁盘驱动器外观图 b）磁盘驱动器结构示意图

磁盘驱动器磁头位置的闭环控制系统结构如图 1-10 所示。该闭环系统利用电动机驱动（移动）手臂到达预期的位置。

1.4.2 烘烤炉温度控制系统

图 1-11 所示为烘烤炉温度控制系统的原理。

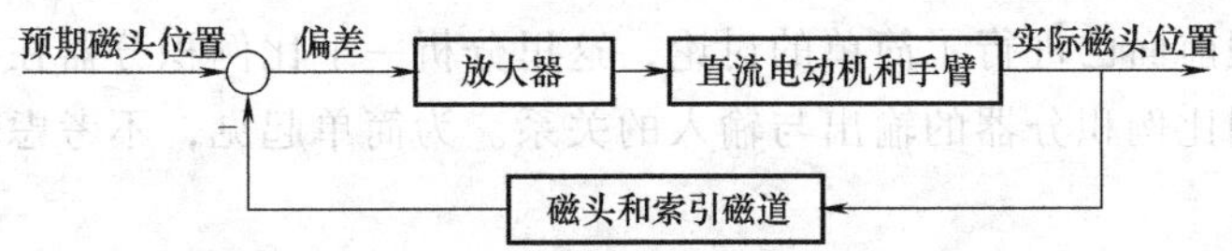

图 1-10 磁盘驱动器磁头位置的闭环控制系统

被控对象：烘烤炉。

被控量：炉温 T。

给定元件：电位器 RP_1，其上的输出电压 U_g 对应炉温的预期值。

测量元件：热电偶，它将炉温转换并经放大器放大为相应的电压信号 U_f。

比较与放大元件：由集成运放及功率放大装置组成。由于 $\Delta U = U_g - U_f$，因此实现的是负反馈。

执行元件：电动机、传动装置及阀门。

扰动：煤气压力的波动、工件的数量与材质、环境温度等的变化。

运算：设进气阀门的开度为 Q，假定电动机的输入电压与转速为比例关系，则 $Q = k_t \int \Delta U(t)\,dt$，其中，$k_t$ 为比例系数，包括放大装置、电动机及传动比三部分的放大作用。

系统框图如图 1-12 所示。控制过程分析：设系统原处于静止状态，在 $t=0$ 时刻加上恒值给定信号 U_g，驱动电动机运转，使阀门开度 Q 增大，炉温慢慢上升；只要炉温 T 还小于预期值，则偏差信号 ΔU 始终为正，Q 持续增大，炉温 T 也就持续增长；当炉温 T 第一次到达预期值时，$\Delta U=0$，Q 不再增大，但由于阀门已经开过头了，因此，炉温 T 仍然会继续增长，导致 $\Delta U<0$，驱动电动机反向旋转，Q 下降；只要 Q 的值比稳态时的阀门开度（也可以认为就是阀门开度的预期值 Q_0）要大，炉温 T 就会继续上升，直到 $Q<Q_0$，炉温 T 才会开始下降，此时炉温 T 的变化有一个极大值存在；只要炉温 T 还大于预期值，$\Delta U<0$，Q 就会继续下降，然后以相反的方向重复上述的运动过程。因此，炉温要经过几次振荡后才会逐渐趋于平稳状态（假定系统稳定）。在扰动作用下系统的调节过程与此类似。

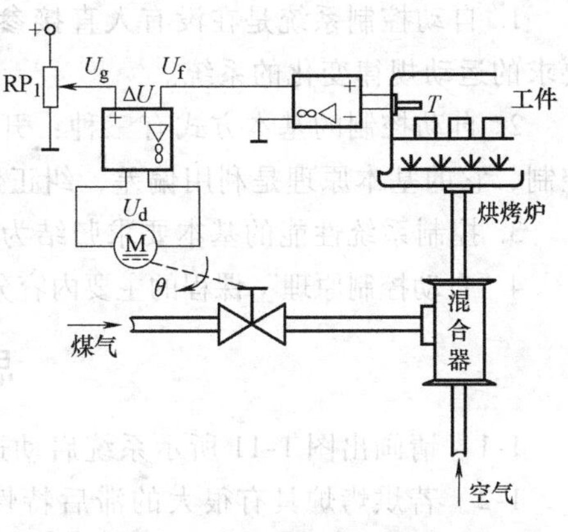

图 1-11 烘烤炉温度控制系统原理

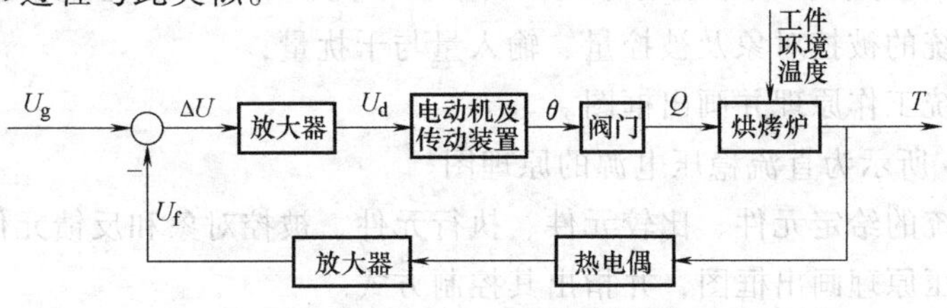

图 1-12 烘烤炉温度控制系统框图

1.4.3 传动控制系统

图 1-5 所示的系统即为转速闭环控制的直流传动控制系统，其框图如图 1-6 所示。

该系统的原理前面已进行了简单的讨论，这里分析一下比例积分器在系统中的作用。由系统原理图可得到比例积分器的输出与输入的关系。为简单起见，不考虑输入、输出的反相关系，则有

$$U_1 = \frac{R_1}{R_0}\Delta U + \frac{1}{R_0 C_1}\int \Delta U \mathrm{d}t \tag{1-7}$$

从式（1-7）可以看出，输出由两部分组成，一部分与输入成比例关系，另一部分是输入的积分。如果由于扰动的影响，引起电动机转速下降，则有 $\Delta U > 0$，由于积分作用，U_1正向增长，从而使电动机的转速上升，偏差减小；若在扰动的影响下电动机的转速上升，则有 $\Delta U < 0$，U_1负向增长，从而使电动机的转速下降，偏差也随之减小。可见，只要偏差 ΔU 不为零，比例积分器的输出 U_1就会产生相应的变化，控制系统朝减小偏差的方向运动；只有当偏差 $\Delta U = 0$ 时，U_1才维持某一恒定值不变，也就是说，电动机的转速维持恒定的预期值。

从此例中可以看出，当前向通道中存在积分环节时，可以减小系统的稳态误差。

本章小结

1. 自动控制系统是在没有人直接参与的情况下，利用控制装置使被控对象自动地按照要求的运动规律变化的系统。

2. 自动控制的基本方式有三种：开环控制、闭环控制和复合控制。闭环控制也称反馈控制，它的基本原理是利用偏差，纠正偏差。

3. 控制系统性能的基本要求归结为三个字：稳、快、准。

4. “自动控制原理”课程的主要内容分为建立数学模型、系统分析和系统综合三个方面。

思考题

1-1 请画出图 1-11 所示系统启动过程中 ΔU、T 及 Q 的变化曲线。

1-2 若烘烤炉具有很大的滞后特性，将对过渡过程的快速性与平稳性产生什么影响？如何解决这一问题？

1-3 积分运算对系统的稳态精度有什么影响？

习 题

1-4 图 1-13 是液位控制系统的原理，要求在干扰影响下，系统都能够保持液位恒定。

（1）指出系统的被控对象及被控量、输入量与干扰量；

（2）说明系统工作原理并画出框图。

1-5 图 1-14 所示为直流稳压电源的原理图。

（1）指出系统的给定元件、比较元件、执行元件、被控对象和反馈元件；

（2）根据稳压原理画出框图，并指出其控制方式。

1-6 反馈控制系统在引入负反馈时，如果将极性接反了，会产生什么后果？试结合直流电动机调速系统加以说明。

1-7 在反馈控制系统中，如果测量元件的参数发生了变化，会对系统产生什么样的影响？对于这种扰动系统有没有调节作用？

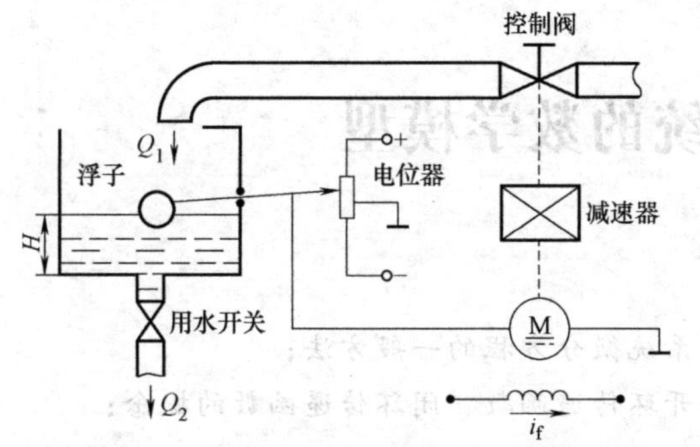

图 1-13　习题 1-4 液位控制系统原理

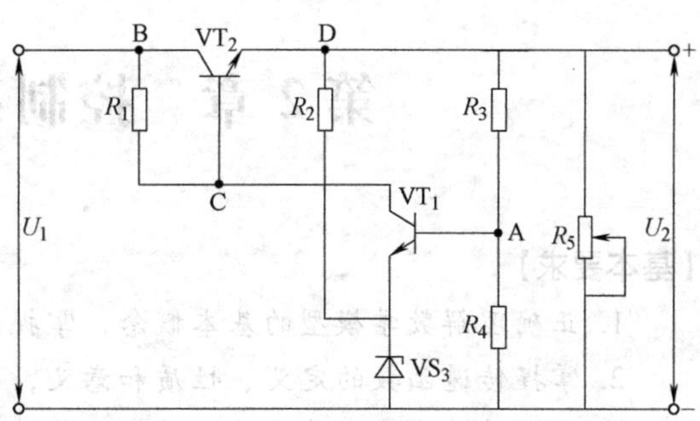

图 1-14　习题 1-5 直流稳压电源原理

1-8　判断下列系统分别是线性定常系统、线性时变系统还是非线性系统？

(1) $c(t)=2+3\dfrac{\mathrm{d}r(t)}{\mathrm{d}t}+\dfrac{\mathrm{d}^2r(t)}{\mathrm{d}t^2}$

(2) $c(t)=4+5r(t)$

(3) $c(t)=r^2(t)$

(4) $c(t)=3r(t)+5\int_{-\infty}^{t}r(\tau)\mathrm{d}\tau$

(5) $\dfrac{\mathrm{d}^2c(t)}{\mathrm{d}t^2}+3\dfrac{\mathrm{d}c(t)}{\mathrm{d}t}+2c(t)=r(t)$

(6) $c(t)=5+r(t)+t\dfrac{\mathrm{d}r(t)}{\mathrm{d}t}$

第2章　控制系统的数学模型

【基本要求】

1. 正确理解数学模型的基本概念，掌握建立系统微分方程的一般方法；

2. 掌握传递函数的定义、性质和意义，以及开环传递函数、闭环传递函数的概念；

3. 了解几种典型环节的传递函数及性质；

4. 掌握系统结构图和信号流图的定义、组成和绘制方法，并会用等效变换法则进行结构图的简化，熟练使用梅森增益公式求系统的传递函数。

在控制系统的分析和设计中，首先要建立系统的**数学模型**。控制系统的数学模型是描述系统内部物理量（或变量）之间关系的数学表达式，数学模型本身又分为**静态模型**和**动态模型**。在静态条件下（即变量的各阶导数为零），描述各变量间关系的数学方程称为静态模型；在动态过程中（即变量的各阶导数不为零），各变量间的关系采用微分方程（连续系统）或差分方程（离散系统）描述。通常静态模型为动态模型在某时间点的特例，所以本章中将重点分析研究动态模型。

目前，以数学模型的结构形式来讲，数学模型分为外部描述型和内部描述型。如果模型描述的是系统输入量与输出量之间的数学关系，则称此模型为输入-输出模型（即外部描述型）；如果模型描述的是系统输入量与内部状态之间，以及与输出量之间的数学关系，则称为状态空间模型（即内部描述型）。这两种模型在一定条件下可以相互转化。

一般情况下，要建立的数学模型应具有简单性、准确性和通用性。在建立数学模型的过程中，首先要根据系统的实际结构、参数及所要求精度，找到影响系统的主要因素，忽略次要因素，既能准确地反映系统的动态本质，又能在此基础上使数学模型的计算趋于简单化。所以，一个较好的系统数学模型往往是在广泛的理论知识和足够的经验基础上获得的。

建立控制系统数学模型的方法有分析法和实验法两种。分析法是对系统各部分的运动机理进行分析，根据它们所依据的物理规律或化学规律分别列写相应的运动方程，建立数学模型。实验法是运用实验加估计的方法确定系统的数学模型。分析法是本章主要讨论与研究的方法。

本章研究的数学模型限于线性定常连续系统，主要介绍微分方程、传递函数、结构图和信号流图等数学模型。

2.1　线性系统的时间域数学模型——微分方程

2.1.1　列写系统微分方程的一般方法

为使建立的数学模型既简单又具有足够的精度，在推演系统的数学模型时，必须对系统进行全面深入的考察，以便把那些对系统性能影响小的一些次要因素略去。用分析法建立系统数学模型的前提是对系统的作用原理和系统中各元件的物理或化学属性有着深入的了解。用这种方法建立系统微分方程的一般步骤如下：

1）根据实际工作情况，确定系统和各元件的输入、输出变量。

2）由系统原理线路图画出系统框图。

3）从输入端开始，按照信号的传递顺序，依据各变量所遵循的物理（或化学）定律，列写变化（运动）过程中的动态方程，一般为微分方程组。

4）消去中间变量，写出输入与输出变量的微分方程。

5）标准化，将与输入有关的各项放在等号右侧，与输出有关的各项放在等号左侧，并按降幂排列。

列写系统各元件的微分方程时，一是应注意信号传递的单向性，即前一个元件的输出是后一个元件的输入，一级一级地单向传送；二是应注意前后连接的两个元件中，后级对前级的负载效应。

【例 2-1】 图 2-1 是 RLC 电路图，试列写以 $u_i(t)$ 为输入量，以 $u_o(t)$ 为输出量的微分方程。

解： 图 2-1 中的 $i(t)$ 为回路电流，根据基尔霍夫定律可列写出下列方程

$$Ri(t)+L\frac{\mathrm{d}i(t)}{\mathrm{d}t}+\frac{1}{C}\int i(t)\,\mathrm{d}t=u_i(t)$$

$$u_o(t)=\frac{1}{C}\int i(t)\,\mathrm{d}t$$

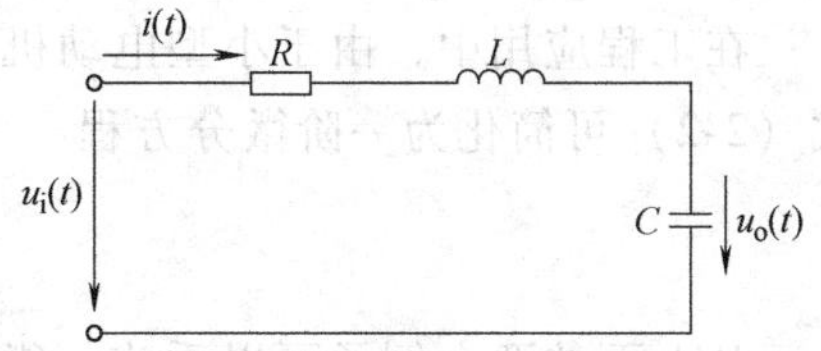

图 2-1　RLC 电路图

消去中间变量 $i(t)$，可以得到输入、输出的微分方程

$$LC\frac{\mathrm{d}^2u_o(t)}{\mathrm{d}t^2}+RC\frac{\mathrm{d}u_o(t)}{\mathrm{d}t}+u_o(t)=u_i(t) \tag{2-1}$$

方程（2-1）即为图 2-1 所示的 RLC 电路的数学模型，同时也可以看出，该电路对应的数学模型是一个二阶线性微分方程。

【例 2-2】 图 2-2 为一个直流电动机系统，试以电枢电压为输入量，以电动机角速度为输出量，求其数学模型。

解： 由图 2-2 可知其电枢电压 $u(t)$ 为输入量，电动机角速度 $\omega(t)$ 为输出量。

由基尔霍夫定律，电枢回路的电压平衡方程式为

$$u=Ri+L\frac{\mathrm{d}i}{\mathrm{d}t}+E$$

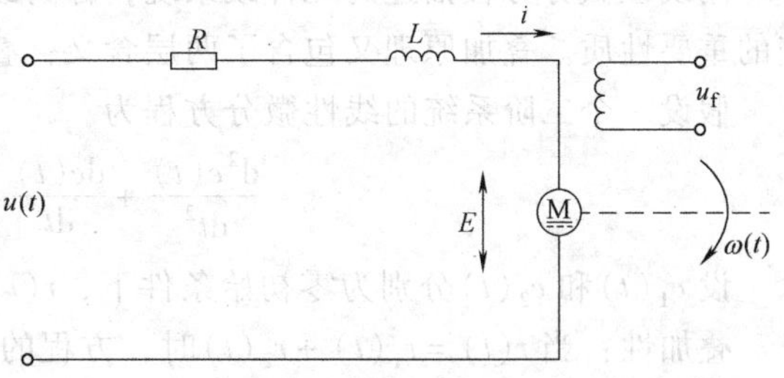

图 2-2　直流电动机系统

式中，i 是电枢电流；R 是电枢回路总电阻；L 是电枢回路的总电感；E 是电枢反电势，其大小与激磁磁通及转速成正比，方向与电枢电压 u 相反，即

$$E=C_e\omega$$

其中，C_e 是反电势系数。

电磁转矩方程

$$M=C_m i$$

式中，M 是由电枢电流产生的电磁转矩；C_m是电动机转矩系数。

由牛顿力学定律，在理想空载时转矩平衡方程为

$$M = J\frac{d\omega}{dt}$$

式中，J 是电动机轴上的转动惯量。

将上述方程联立，消去中间变量 i、E、M，即可得电动机的输入 $u(t)$ 和电动机的输出 $\omega(t)$ 之间的数学表达式，即电枢电压控制下直流电动机的数学模型为

$$JL\frac{d^2\omega}{dt^2} + JR\frac{d\omega}{dt} + C_e C_m \omega = C_m u$$

进一步整理得

$$T_1 T_2 \frac{d^2\omega}{dt^2} + T_2\frac{d\omega}{dt} + \omega = Ku \tag{2-2}$$

式中，$T_1 = L/R$ 是电磁时间常数；$T_2 = JR/(C_e C_m)$ 是机电时间常数；$K = 1/C_e$是静态增益。至此，一个直流电动机系统的数学模型就建立了，可见直流电动机模型也是一个二阶微分方程。

在工程应用中，由于小型电动机的电枢电路电感较小，通常可忽略不计，即 $T_1 = 0$，则式（2-2）可简化为一阶微分方程

$$T_2\frac{d\omega}{dt} + \omega = Ku$$

从上面的两个例子可以看出，微分方程（2-1）和（2-2）具有相同的形式，均为二阶微分方程，称为**相似系统**，而在微分方程中占据相同位置的物理量，叫做相似量。相似系统的概念不但为理论研究提供了依据，在实践中也很有用。当分析一个不容易进行实际实验研究的系统时，可以通过构建一个与它相似的电模拟系统，来代替它进行研究，这就是所谓的仿真技术。

2.1.2 线性系统的特点

用线性微分方程描述的元件或系统，称为**线性元件**或**线性系统**。满足叠加原理是线性系统的重要性质。叠加原理又包含了两层含义：叠加性、齐次性（又称为均匀性）。

假设一个二阶系统的线性微分方程为

$$\frac{d^2c(t)}{dt^2} + \frac{dc(t)}{dt} + c(t) = r(t)$$

设 $c_1(t)$和 $c_2(t)$分别为零初始条件下，$r(t)$取 $r_1(t)$和 $r_2(t)$时方程的解。

叠加性：当 $r(t) = r_1(t) + r_2(t)$时，方程的解为 $c(t) = c_1(t) + c_2(t)$。

齐次性：设 m 为一常数，则当 $r(t) = mr_1(t)$时，方程的解为 $c(t) = mc_1(t)$。

从叠加原理可以看出，当有几个外作用同时加在线性系统上时，所产生的输出等于各个外作用单独作用时产生的输出之和；当外作用扩大时，输出也跟着扩大同样的倍数。

2.1.3 线性定常系统微分方程的求解

建立了系统的微分方程，接下来就是求解方程，得到系统的时间响应特性。一般求解线性定常系统微分方程有以下两种常用方法，如图 2-3 所示。

经典法得到的解是时间域的，有明显的物理意义，但也存在着方程阶次高时难以求解的困难；同时，如果系统中某参数或结构形式改变，要重新列写方程求解，不利于分析参数变化对系统性能的影响。

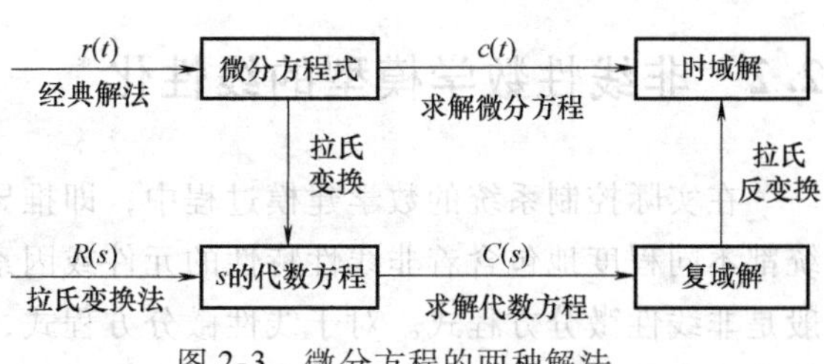

图 2-3　微分方程的两种解法

拉氏变换法具有简化函数和运算等功能，能把微分、积分运算简化成一般的代数运算，也能单独地表明初始条件对输出的影响。因此工程上常用拉氏变换法求解线性微分方程。

下面用一个具体例子来说明。

【例 2-3】 有一个 RC 网络如图 2-4 所示，在开关 S 闭合前，电容上有初始电压 $u_c(0)$。求：当开关瞬时闭合后，电容的端电压 $u_c(t)$。

解： 参照例 2-1 可建立系统的微分方程，且当开关 S 瞬时闭合时，相当于有阶跃电压 $u_0 \cdot 1(t)$ 输入，列出微分方程如下：

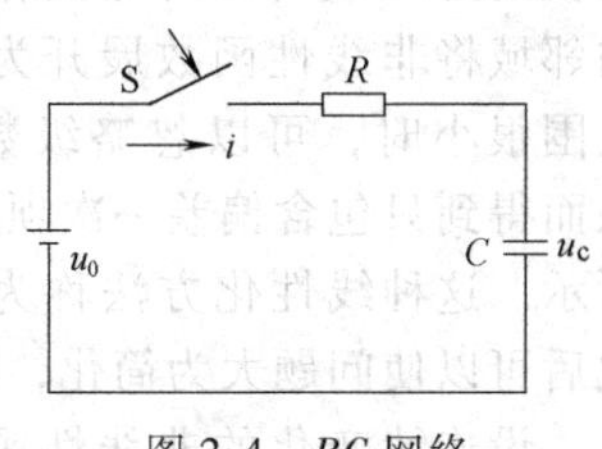

图 2-4　RC 网络

$$RC\frac{\mathrm{d}u_c}{\mathrm{d}t}+u_c=u_0\cdot 1(t)$$

两端进行拉氏变换，并代入初始条件，可得

$$RCsU_c(s)-RCu_c(0)+U_c(s)=u_0\frac{1}{s}$$

解此代数方程，可得

$$U_c(s)=\frac{u_0}{s(RCs+1)}+\frac{RC}{RCs+1}u_c(0)$$

展开成部分分式

$$\begin{aligned}U_c(s)&=\frac{1}{s}u_0-\frac{RC}{RCs+1}u_0+\frac{RC}{RCs+1}u_c(0)\\&=\frac{1}{s}u_0-\frac{1}{s+\frac{1}{RC}}u_0+\frac{1}{s+\frac{1}{RC}}u_c(0)\end{aligned}$$

对上式两端再求拉氏反变换，可得

$$u_c(t)=u_0(1-\mathrm{e}^{-\frac{1}{RC}t})+u_c(0)\mathrm{e}^{-\frac{1}{RC}t},\quad t\geqslant 0$$

从上式可以看出：电压输出不仅与系统的结构有关，而且与外输入和初始条件有关。

2.1.4　运动的模态*

线性微分方程的解由特解和齐次微分方程的通解组成。微分方程的特征根决定了它的通解，代表自由运动。若 λ_1、λ_2、…、λ_n 是 n 阶微分方程的特征根，且无重根，那么函数 $\mathrm{e}^{\lambda_1 t}$、$\mathrm{e}^{\lambda_2 t}$、…、$\mathrm{e}^{\lambda_n t}$ 称为该微分方程所描述运动的**模态**，也叫**振型**，每一种模态代表一种类型的运动形态，齐次微分方程的通解是它们的线性组合，即

$$x(t)=c_1\mathrm{e}^{\lambda_1 t}+c_2\mathrm{e}^{\lambda_2 t}+\cdots+c_n\mathrm{e}^{\lambda_n t}\tag{2-3}$$

其中，系数 c_1、c_2、…、c_n 是由初始条件决定的常数。

当特征根中有重根 λ，那么模态具有函数 $\mathrm{e}^{\lambda t}$、$t\mathrm{e}^{\lambda t}$、$t^2\mathrm{e}^{\lambda t}$、…的形式；如果特征根中有共轭复根 $\lambda=\sigma\pm\mathrm{j}\omega$，则共轭复模态 $\mathrm{e}^{(\sigma+\mathrm{j}\omega)t}$、$\mathrm{e}^{(\sigma-\mathrm{j}\omega)t}$ 可写成 $\mathrm{e}^{\sigma t}\sin\omega t$、$\mathrm{e}^{\sigma t}\cos\omega t$ 形式的实函数模态。

2.2 非线性数学模型的线性化*

在实际控制系统的数学建模过程中，即推导实际物理系统的微分方程式时，几乎所有系统都不同程度地包含着非线性特性的元件或因素，因此表示输入、输出关系的微分方程式一般是非线性微分方程式。对于线性微分方程式，可以借助于拉氏变换求解，原则上总能获得较为准确的解答。而对于非线性微分方程则没有通用的解析求解方法，对非线性系统的分析、求解很困难。因此在理论研究时，考虑到工程实际特点，常常在合理的、可能的条件下将非线性方程近似处理为线性方程，即所谓的**线性化**。

控制系统一般都有一个确定的工作状态以及与之对应的稳态工作点。由数学中的级数理论可知，若函数在给定区域内各阶导数存在，便可以在给定工作点的邻域将非线性函数展开为泰勒级数展开式。当偏差范围很小时，可以忽略级数展开式中偏差的高次项，从而得到只包含偏差一次项的线性化方程式，如图 2-5 所示。这种线性化方法称为**小偏差线性化方法**。线性化后可以使问题大为简化，因而有很大的实际意义。

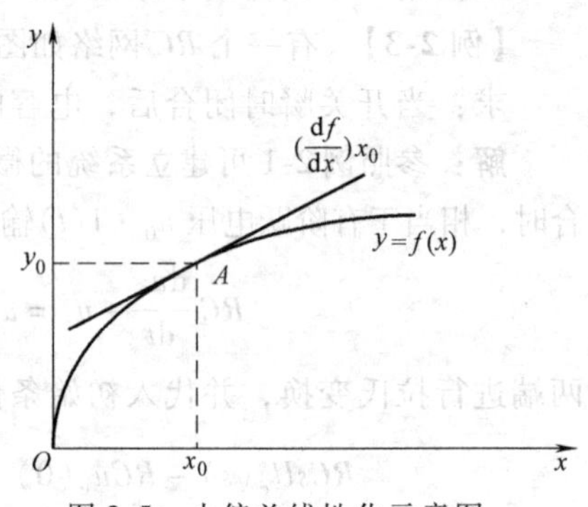

图 2-5　小偏差线性化示意图

设连续变化的非线性函数为 $y=f(x)$，在工作点 (x_0, y_0) 处展成泰勒级数为

$$y=f(x_0)+\frac{df}{dx}\bigg|_{x=x_0}(x-x_0)+\frac{1}{2!}\frac{d^2f}{dx^2}\bigg|_{x=x_0}(x-x_0)^2+\cdots \tag{2-4}$$

当 $(x-x_0)$ 很小时，可忽略上式中二次以上各项，则有

$$y=f(x_0)+\frac{df}{dx}\bigg|_{x=x_0}(x-x_0) \tag{2-5}$$

或

$$y-y_0=\frac{df}{dx}\bigg|_{x=x_0}(x-x_0) \tag{2-6}$$

令 $\Delta y=y-y_0$，$\Delta x=x-x_0$，$K=\frac{df}{dx}\bigg|_{x=x_0}$，则可得线性化增量方程为

$$\Delta y=K\Delta x \tag{2-7}$$

略去增量符号 Δ，便得到函数在工作点附近的线性化方程为 $y=Kx$。

【例 2-4】 已知某电加热炉的输入-输出数学模型可用如下微分方程表示为

$$RC\frac{d\theta}{dt}+\theta=0.24\frac{R}{r}u_r^2$$

其中，输入为加热电压 u_r，输出为炉温 θ，R 为热阻，C 为热熔，r 为电阻丝电阻。试求非线性微分方程在工作点 (u_{r0}, θ_0) 附近的线性化方程。

解：设稳定工作点为 (u_{r0}, θ_0)，其稳态方程为

$$\theta_0=0.24\frac{R}{r}u_{r0}^2$$

将 u_r^2 在 u_{r0} 附近展成泰勒级数并取一次项，则

$$u_r^2=u_{r0}^2+\frac{du_r^2}{du_r}\bigg|_{u_r=u_{r0}}(u_r-u_{r0})=u_{r0}^2+2u_{r0}\Delta u_r$$

将上式代入原方程中，并用工作点值与增量之和表示瞬时值，得

$$RC\frac{\mathrm{d}(\theta_0+\Delta\theta)}{\mathrm{d}t}+(\theta_0+\Delta\theta)=0.24\frac{R}{r}(u_{r0}^2+2u_{r0}\Delta u_r)$$

用上式减去稳态方程 $\theta_0=0.24\frac{R}{r}u_{r0}^2$，得到以增量表示的线性化方程为

$$RC\frac{\mathrm{d}\Delta\theta}{\mathrm{d}t}+\Delta\theta=0.48R\frac{u_{r0}}{r}\Delta u_r$$

略去增量符号，得到线性化方程的一般形式为

$$RC\frac{\mathrm{d}\theta}{\mathrm{d}t}+\theta=0.48R\frac{u_{r0}}{r}u_r$$

2.3 线性系统的复数域数学模型——传递函数

控制系统的微分方程是在时间域描述系统动态性能的数学模型，在给定外作用及初始条件下，求解微分方程可以得到系统的输出响应。这种方法比较直观，但是如果系统的结构改变或某个参数变化时，就要重新列写并求解微分方程，不便于对系统进行分析和设计。

用拉氏变换法求解系统的微分方程时，可以得到控制系统在复数域中的数学模型——传递函数。传递函数的概念只适用于线性定常连续系统，它不仅可以表征系统的动态特性，还可以方便地研究系统的结构或参数变化对系统性能的影响。因此它是经典控制理论中最基本、最重要的概念。

2.3.1 传递函数的定义

设线性定常系统微分方程的一般形式为

$$\begin{aligned}&\frac{\mathrm{d}^n}{\mathrm{d}t^n}c(t)+a_1\frac{\mathrm{d}^{n-1}}{\mathrm{d}t^{n-1}}c(t)+\cdots+a_{n-1}\frac{\mathrm{d}}{\mathrm{d}t}c(t)+a_nc(t)\\&=b_0\frac{\mathrm{d}^m}{\mathrm{d}t^m}r(t)+b_1\frac{\mathrm{d}^{m-1}}{\mathrm{d}t^{m-1}}r(t)+\cdots+b_{m-1}\frac{\mathrm{d}}{\mathrm{d}t}r(t)+b_mr(t),\quad n\geqslant m\end{aligned}\tag{2-8}$$

式中，$r(t)$、$c(t)$分别为系统的输入量和输出量。

设 $R(s)$、$C(s)$分别为 $r(t)$、$c(t)$的拉氏变换，对方程式（2-8）的每一项进行拉氏变换，当初始条件均为零时，由拉氏变换的微分性质，可将微分方程式（2-8）变为代数方程

$$\begin{aligned}&(s^n+a_1s^{n-1}+\cdots+a_{n-1}s+a_n)C(s)\\&=(b_0s^m+b_1s^{m-1}+\cdots+b_{m-1}s+b_m)R(s)\end{aligned}\tag{2-9}$$

即

$$C(s)=\frac{b_0s^m+b_1s^{m-1}+\cdots+b_{m-1}s+b_m}{s^n+a_1s^{n-1}+\cdots+a_{n-1}s+a_n}R(s)$$

令

$$G(s)=\frac{C(s)}{R(s)}=\frac{b_0s^m+b_1s^{m-1}+\cdots+b_{m-1}s+b_m}{s^n+a_1s^{n-1}+\cdots+a_{n-1}s+a_n},\quad n\geqslant m\tag{2-10}$$

式中，$G(s)$称为系统的**传递函数**。

据此得出线性定常连续系统的传递函数定义如下：在初始条件为零时，系统输出量的拉氏变

换与输入量的拉氏变换之比称为系统的传递函数，通常用 $G(s)$ 或 $\Phi(s)$ 表示。从而可以得出：

$$G(s)=\frac{C(s)}{R(s)} \tag{2-11}$$

从传递函数的定义可以看出，传递函数与微分方程两种数学模型是互通的。通过微分算子 $\mathrm{d}/\mathrm{d}t$ 与复变量 s 的互换，可以容易地实现两种模型的转化。传递函数是以复变量 s 为自变量的函数，这里的 s 是拉氏变换所用的复变量，即 $s=\sigma+\mathrm{j}\omega$，所以传递函数 $G(s)$ 是一个复变函数。

2.3.2 传递函数的基本性质

由传递函数的定义及自身的特有形式可知，传递函数具有下列基本性质：

1）传递函数是由微分方程经拉氏变换导出的，而拉氏变换是一种线性积分变换，因此传递函数是线性定常系统的一种动态数学模型。

2）传递函数只与系统本身的结构和参数有关，而与系统输入、输出的具体形式无关。

3）传递函数是在零初始条件下定义的，即零时刻之前系统是处于相对静止状态，外加输入 $r(t)$ 是在 $t=0$ 时才开始作用于系统。

4）传递函数是复变量 s 的有理真分式，具有复变函数的所有性质。对于实际系统，传递函数分子、分母阶次的关系是 $n\geqslant m$，且所有系数均为实数。这是因为在物理上可实现的系统中，总是有惯性且能源有限的缘故。

5）传递函数的描述有一定的局限性，其一是传递函数只能表示一个输入与一个输出之间的关系，即只适合单输入-单输出系统，多输入-多输出系统要用传递函数矩阵表示；其二是只能表示输入和输出的关系，不能反映输入变量和中间变量的关系，对系统内部其他变量也无法得知。

2.3.3 传递函数的常用表达形式

线性定常系统的传递函数是复变量 s 的有理真分式，其分子多项式和分母多项式总可以通过分解表示成各种形式。

1. 零极点表达式

$$G(s)=\frac{b_0s^m+b_1s^{m-1}+\cdots+b_{m-1}s+b_m}{s^n+a_1s^{n-1}+\cdots+a_{n-1}s+a_n}=\frac{K^*\prod\limits_{j=1}^{m}(s-z_j)}{\prod\limits_{i=1}^{n}(s-p_i)} \tag{2-12}$$

式中，$z_j(j=1,2,\cdots,m)$ 是分子多项式等于零的根，称为传递函数或系统的**零点**；$p_i(i=1,2,\cdots,n)$ 是分母多项式等于零的根，称为传递函数或系统的**极点**。传递函数的零点和极点可以是实数，也可以是共轭复数；系数 K^* 称为**根轨迹增益**，$K^*=b_0$。

传递函数的这种形式能清楚地看出系统零点和极点的情况，在本书第 4 章根轨迹分析法中使用较多。

2. 时间常数表达式

$$G(s)=\frac{K\prod\limits_{j=1}^{m}(\tau_js+1)}{s^v\prod\limits_{i=1}^{q}(T_is+1)\prod\limits_{i=1}^{n-v-q}(T_i^2s^2+2\zeta T_is+1)} \tag{2-13}$$

式中，分子和分母中的一次因子对应于实数零点和极点；分子和分母中的二次因子对应于共轭复数零点和极点；τ_j和 T_i称为时间常数；K 称为传递系数，$K=\dfrac{b_m}{a_n}$。

根据传递函数的时间常数表示形式，很容易将系统分解成一些典型环节，在本书第 5 章的频率分析法中使用较多。

2.3.4 典型环节的传递函数

控制系统是由各种元部件相互连接组成的，不同的控制系统所用的元部件及功能不相同，如机械的、电子的、液压的、气压的和光电的等。为了分析系统的动态特性，必须对千差万别的元部件进行合理的分类。由传递函数的性质可知，不论元部件的物理结构如何相异，只要其传递函数相同，动态特性就必然相同。此外，还应指出，典型环节的数学模型都是在一定的理想条件下得到的。

构成控制系统的典型环节通常有八种，具体分析如下。

1. 比例环节

比例环节的微分方程为 $c(t)=Kr(t)$，式中，K 为常数，称为比例系数或增益。比例环节的传递函数为 $G(s)=K$，比例环节的框图如图 2-6 所示。

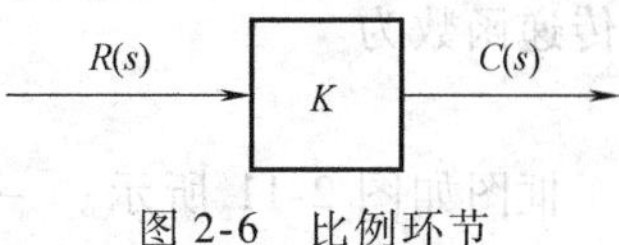

图 2-6 比例环节

比例环节的输出量以一定比例复现输入信号。比如，在线性区内，电位器、放大器的数学模型都可以看作是比例环节，测速发电机的电压与转速之间的数学模型也可以认为是比例环节。

2. 积分环节

积分环节的微分方程为 $c(t)=\int r(t)\,\mathrm{d}t$ 或$\dfrac{\mathrm{d}c(t)}{\mathrm{d}t}=r(t)$，其传递函数为 $G(s)=\dfrac{1}{s}$。

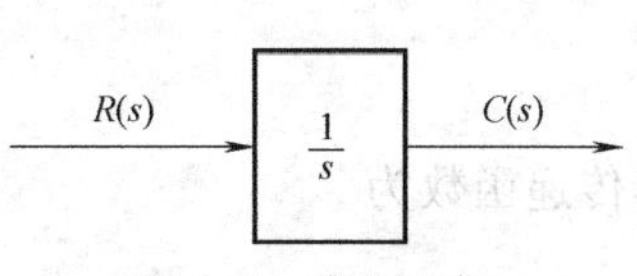

图 2-7 积分环节

积分环节的框图如图 2-7 所示。电动机角速度和转角间的传递函数就是一个积分环节的实例。

3. 理想微分环节

一个理想微分环节的特点是，其输出量与输入量对时间的导数成正比，即 $c(t)=\dfrac{\mathrm{d}r(t)}{\mathrm{d}t}$，其传递函数为 $G(s)=s$。

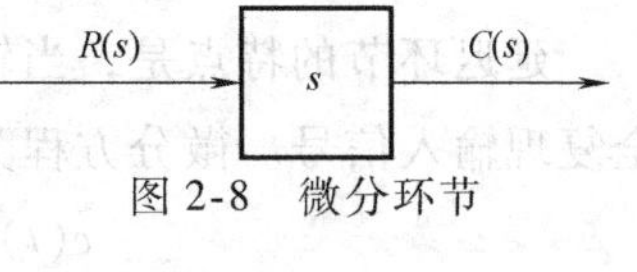

图 2-8 微分环节

理想微分环节的框图如图 2-8 所示。测速发电机的输出电压与转速成比例，若考虑输出电压与转角间的关系，即$u=k\dfrac{\mathrm{d}\theta}{\mathrm{d}t}$，那么它就可以看作是一个微分环节，其传递函数为 $G(s)=ks$。

4. 惯性环节

惯性环节的微分方程为 $T\dfrac{\mathrm{d}c(t)}{\mathrm{d}t}+c(t)=r(t)$，式中，$T$ 为时间常数。

惯性环节的传递函数为 $G(s)=\dfrac{1}{Ts+1}$，框图如图 2-9 所示。

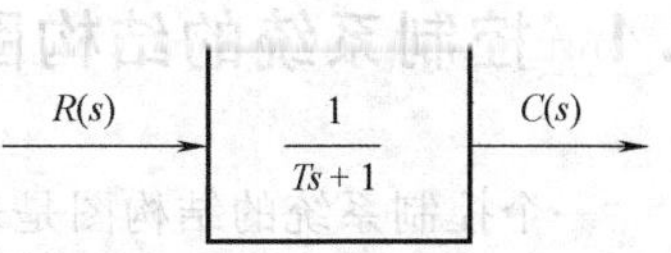

图 2-9 惯性环节

惯性环节因含有储能元件，所以对突变的输入信号不能立即复现。包含惯性环节的元部件很多，如常见的 RC 无源网络（例 2-3）、直流电机的励磁回路（以励磁电压为输入量，励磁电流为输出量时）以及工业生产中常用的电加热炉（炉内温度的变化量与控制电压的变化量之间）均可等效为一个惯性环节。

5. 一阶微分环节

一阶微分环节的微分方程为 $c(t)=\tau\dfrac{\mathrm{d}r(t)}{\mathrm{d}t}+r(t)$，式中，$\tau$ 为时间常数。框图如图 2-10 所示。一阶微分环节可看成是一个理想微分环节与一个比例环节的并联，例如 RC 并联电路，电流与电压拉氏变换之比就构成了一阶微分环节。

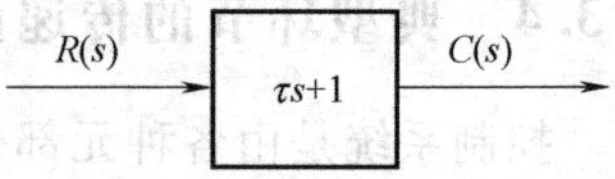

$R(s)$ → $\tau s+1$ → $C(s)$

图 2-10 一阶微分环节

6. 二阶微分环节

二阶微分环节的微分方程为

$$c(t)=\tau^2\frac{\mathrm{d}^2r(t)}{\mathrm{d}t^2}+2\tau\zeta\frac{\mathrm{d}r(t)}{\mathrm{d}t}+r(t)$$

其传递函数为

$$G(s)=\tau^2s^2+2\tau\zeta s+1$$

框图如图 2-11 所示。一个质点挂在弹簧上，当受到一个外力向下拉动质点后，质点会进行弹性振动，此时拉力与质点位移的拉氏变换之比为二阶微分环节。

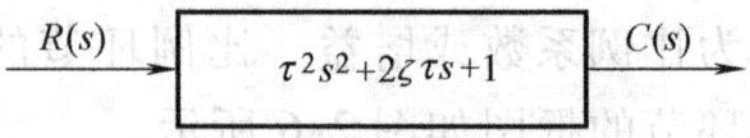

$R(s)$ → $\tau^2s^2+2\zeta\tau s+1$ → $C(s)$

图 2-11 二阶微分环节

7. 二阶振荡环节

二阶振荡环节的微分方程为

$$T^2\frac{\mathrm{d}^2c(t)}{\mathrm{d}t^2}+2\zeta T\frac{\mathrm{d}c(t)}{\mathrm{d}t}+c(t)=r(t)$$

其传递函数为

$$G(s)=\frac{1}{T^2s^2+2\zeta Ts+1}$$

框图如图 2-12 所示。RLC 网络（例 2-1）、直流电动机的数学模型（例 2-2）均为这种环节的实例。

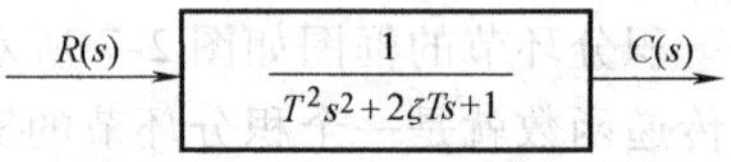

$R(s)$ → $\dfrac{1}{T^2s^2+2\zeta Ts+1}$ → $C(s)$

图 2-12 二阶振荡环节

8. 延迟环节

延迟环节的特点是，当输入信号变化，其输出信号比输入信号滞后一定的时间，然后完全复现输入信号。微分方程为

$$c(t)=r(t-\tau)$$

式中，τ 为滞后时间，或称为死区。

其对应的传递函数为 $G(s)=\mathrm{e}^{-\tau s}$，框图如图 2-13 所示。

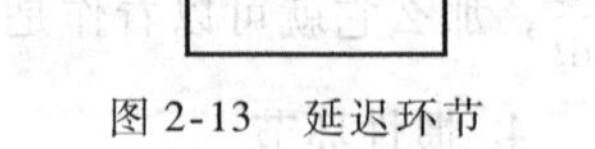

$R(s)$ → $\mathrm{e}^{-\tau s}$ → $C(s)$

图 2-13 延迟环节

在生产实际中，特别是一些液压、气动或者机械传动系统中，都可能遇到延迟现象。

2.4 控制系统的结构图

一个控制系统的结构图是表示组成控制系统的各个元件之间信号传递关系的图形。系统中各个元件用一个或者几个方框表示；然后，根据信号传递的先后顺序用信号线按一定方式连接起来，就构成了系统的结构图。

2.4.1 结构图的组成和绘制

1. 系统结构图的组成

控制系统的结构图是由一些对信号进行单向运算的方框和一些表示信号流向的信号线组成，它包含四种基本组成单元，如图 2-14 所示。

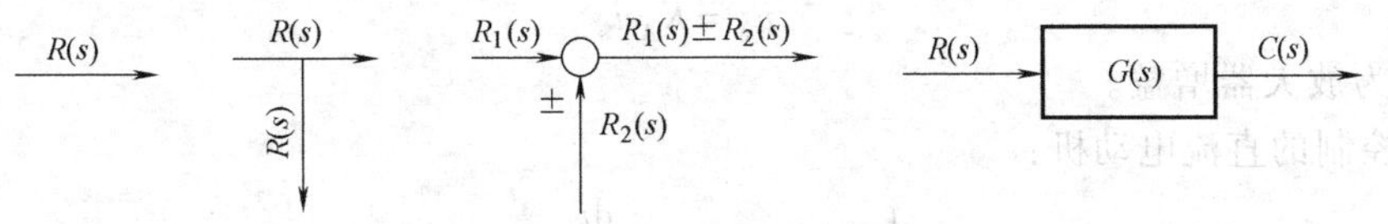

图 2-14 结构图的基本组成单元

信号线：信号线是带有箭头的直线，箭头表示信号的流向，结构图中的信号线都是单向的。

引出点：信号在传递过程中由一路分成了两路，这个点就叫引出点，也叫分支点。

比较点：信号在此进行加减运算的点叫做比较点。用符号“○”表示比较环节。比较点的输入信号有正负之分。“+”号表示相加，“-”号表示相减，“+”号可以不写。

方框：方框表示对信号进行的数学变换，方框中写入元件或者系统的传递函数，$C(s)=G(s)R(s)$。

2. 系统结构图的绘制

绘制系统结构图的一般步骤如下：

1）写出系统中每一个部件的运动方程。在列写每一个部件的运动方程时，必须要考虑相互连接部件间的负载效应。

2）根据部件的运动方程式，写出相应的传递函数。一个部件用一个方框单元表示，在方框中填入相应的传递函数。方框单元图中箭头表示信号的流向，流入为其输入量，流出为其输出量。输出量等于输入量乘以传递函数。

3）根据信号的流向，将各方框单元依次连接起来，并把系统的输入量置于系统结构图的最左端，输出量置于最右端。

【例 2-5】 某电位器式位置随动系统如图 2-15 所示，系统的基本工作原理为：手柄角位移 θ_r是系统输入，工作机械（负载）的角位移 θ_c是系统输出；通过两个环形电位器组成的桥式电路，当两个角度不一致时，电桥输出电压，经过放大器放大后驱动电动机转动，并经过减速器齿轮带动负载，使输出角位移向手柄角位移变化的方向转动，以逐渐减小两者的偏差。试建立该系统的结构图。

解： 该系统由电位器电桥、放大器、直流电动机、齿轮系和负载组成，根据建立系统结构图的方法步骤，首先建立各元件的微分方程。

电位器电桥：

$$u_s = K_1\Delta\theta = K_1(\theta_r - \theta_c),\quad K_1 = E/\theta_m \tag{2-14}$$

式中，θ_r为手柄的转角；θ_c为工作机械的角位移；θ_m为电动机轴转过的总角度。

放大器：

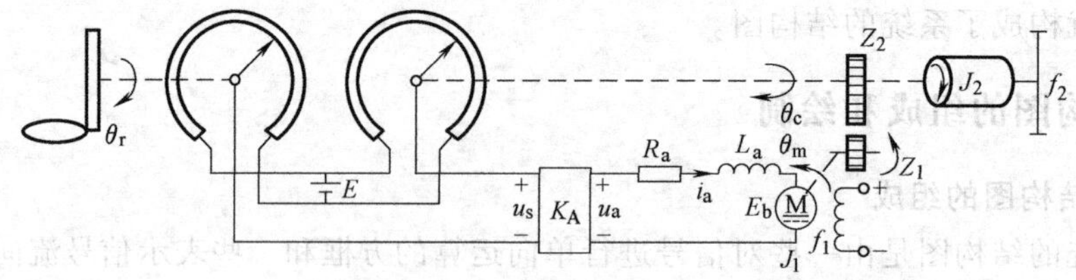

图 2-15　位置随动系统

$$u_a = K_A u_s \tag{2-15}$$

式中，K_A为放大器增益。

电枢控制的直流电动机：

$$\begin{cases} u_a = R_a i_a + L_a \dfrac{di_a}{dt} + E_b \\ E_b = K_b \dfrac{d\theta_m}{dt} \\ M_m = C_m i_a \\ J\dfrac{d^2\theta_m}{dt^2} + f\dfrac{d\theta_m}{dt} = M_m \end{cases}$$

$$\begin{cases} J = J_1 + \dfrac{1}{i^2}J_2 \\ f = f_1 + \dfrac{1}{i^2}f_2 \end{cases} \tag{2-16}$$

式中，R_a为电动机电枢电阻；i_a为电动机电枢电流；L_a为电动机电枢电感；E_b为电动机电枢电动势；K_b为电动机电枢电动势比例系数；C_m为电动机的转矩系数；M_m为电动机电磁转矩；i为减速器速比；J_1为电动机轴转动惯量；J_2为工作机械转动惯量；J为折合到电动机轴的总转动惯量；f_1为电动机的黏性摩擦；f_2为工作机械的黏性摩擦；f为折合到电动机轴的黏性摩擦。

减速器-齿轮系统：

$$\theta_c = \frac{1}{i}\theta_m,\ i = \frac{Z_2}{Z_1} \tag{2-17}$$

式中，Z_1为电动机轴上的齿轮齿数；Z_2为工作机械端的齿轮齿数。

在零初始条件下对上面各式进行拉氏变换，并做出各元件的结构图。由式（2-14）得

$$U_s(s) = K_1\Delta\Theta(s) = K_1[\Theta_r(s) - \Theta_c(s)] \tag{2-18}$$

由式（2-15）得

$$U_a(s) = K_A U_s(s) \tag{2-19}$$

由式（2-16）得

$$\begin{cases} U_a(s) = R_a I_a(s) + L_a s I_a(s) + E_b(s) \Rightarrow I_a(s) = \dfrac{U_a(s) - E_b(s)}{L_a s + R_a} \\ E_b(s) = K_b s\Theta_m(s) \\ M_m(s) = C_m I_a(s) \\ Js^2\Theta_m(s) + fs\Theta_m(s) = M_m(s) \Rightarrow \Theta_m(s) = \dfrac{M_m(s)}{Js^2 + fs} \end{cases} \tag{2-20}$$

由式（2-17）得

$$\Theta_c(s) = \frac{1}{i}\Theta_m(s) \tag{2-21}$$

各元件的结构图如图 2-16 所示。

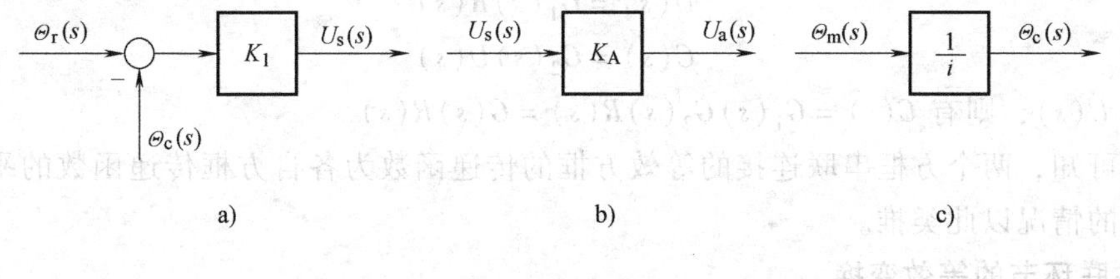

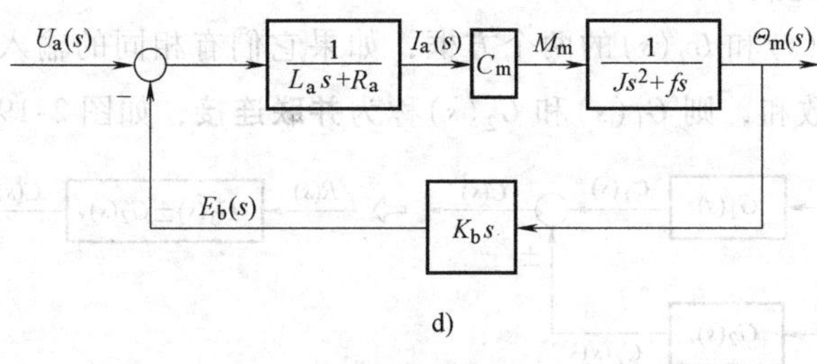

图 2-16　位置随动系统各元件结构图

a）电桥　b）放大器　c）齿轮系统　d）电动机

按照系统中各信号的传递关系，用信号线将各元件的结构图连接起来，得出图 2-17 所示的位置随动系统的结构图。

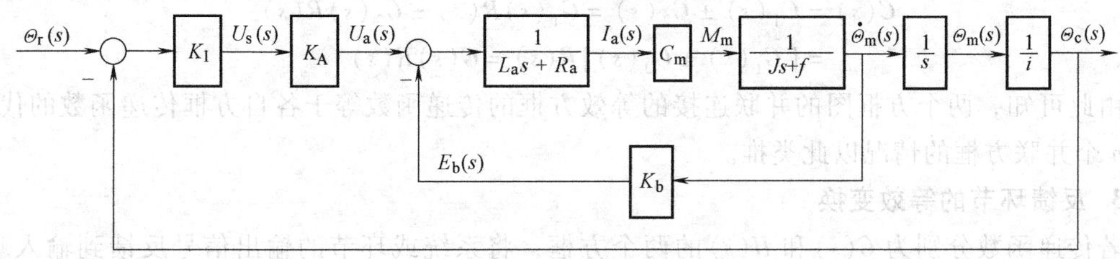

图 2-17　位置随动系统的结构图

2.4.2　结构图的等效变换和简化

通过结构图的简化可以方便地求出系统的传递函数。在控制工程中，任何复杂系统的框图主要由相应环节的方框经过**串联**、**并联**和**反馈**三种基本方式连接而成。掌握这三种基本方式的等效变换法则对简化系统结构图和求取传递函数都是十分有益的。框图简化应遵循的原则如下：

1）变换前与变换后前向通道中的传递函数的乘积必须保持不变。

2）变换前与变换后回路中传递函数的乘积必须保持不变。

1. 串联环节的等效变换

传递函数分别为 $G_1(s)$ 和 $G_2(s)$ 的两个方框，若 $G_1(s)$ 的输出量作为 $G_2(s)$ 的输入量，则 $G_1(s)$ 与 $G_2(s)$ 称为**串联连接**，如图 2-18 所示。

图 2-18　串联连接及等效变换

由图 2-18 可以写出

$$U(s)=G_1(s)R(s)$$
$$C(s)=G_2(s)U(s)$$

消去 $U(s)$，则有 $C(s)=G_1(s)G_2(s)R(s)=G(s)R(s)$。

由此可知，两个方框串联连接的等效方框的传递函数为各自方框传递函数的乘积。n 个串联方框的情况以此类推。

2. 并联环节的等效变换

传递函数分别为 $G_1(s)$ 和 $G_2(s)$ 的两个方框，如果它们有相同的输入量，而总输出量等于两个方框输出量的代数和，则 $G_1(s)$ 和 $G_2(s)$ 称为**并联连接**，如图 2-19 所示。

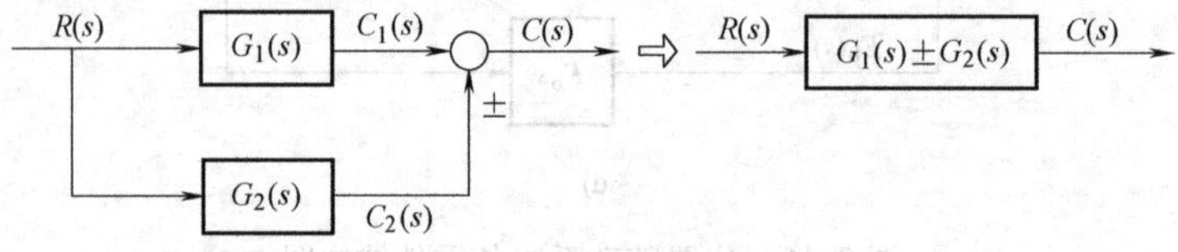

图 2-19　并联连接及等效变换

由图 2-19 可以写出

$$C_1(s)=G_1(s)R(s)$$
$$C_2(s)=G_2(s)R(s)$$
$$\begin{aligned}C(s)&=C_1(s)\pm C_2(s)=G_1(s)R(s)\pm G_2(s)R(s)\\&=[G_1(s)\pm G_2(s)]R(s)=G(s)R(s)\end{aligned}$$

由此可知，两个方框图的并联连接的等效方框的传递函数等于各自方框传递函数的代数和。n 个并联方框的情况以此类推。

3. 反馈环节的等效变换

若传递函数分别为 $G(s)$ 和 $H(s)$ 的两个方框，将系统或环节的输出信号反馈到输入端，并与原输入信号进行比较后再作为 $G(s)$ 的输入信号即为**反馈连接**，如图 2-20 所示。

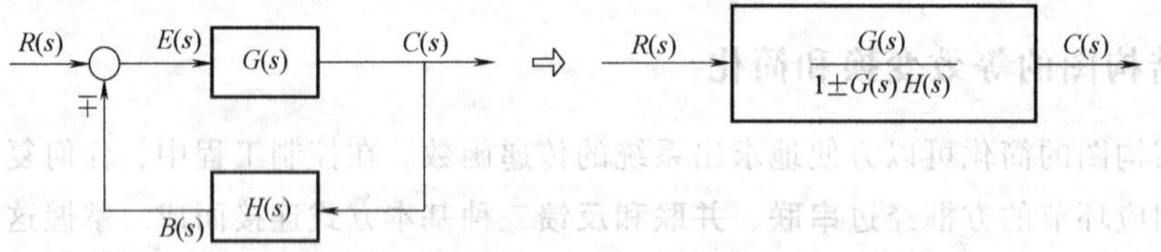

图 2-20　反馈连接及等效变换

由图 2-20 可以写出

$$C(s)=G(s)E(s)$$
$$B(s)=H(s)C(s)$$
$$E(s)=R(s)\mp B(s)$$

消去 $E(s)$ 和 $B(s)$ 可得

$$C(s)=G(s)[R(s)\mp H(s)C(s)]$$

$$[1 \pm G(s)H(s)]C(s) = G(s)R(s)$$

整理得

$$\frac{C(s)}{R(s)} = \frac{G(s)}{1 \pm G(s)H(s)}$$

将反馈结构图等效简化为一个方框，方框中的传递函数即为上式。其闭环传递函数为

$$\Phi(s) = \frac{G(s)}{1 \pm G(s)H(s)}$$

反馈信号与给定输入信号符号相反时为**负反馈**，即 $E(s) = R(s) - B(s)$；否则为**正反馈**，即 $E(s) = R(s) + B(s)$。在上式中，分母中的加号对应于负反馈，减号对应于正反馈，控制系统的主反馈一般为负反馈。

4. 比较点和引出点的移动

对于一般的系统框图，上述三种基本连接形式常常出现交叉的现象，此时只能将信号比较点或信号引出点作适当的移动，以解除交叉。

比较点前移：前移时应在移动的信号通道上增加一个传递函数为 $1/G(s)$ 的环节。

比较点后移：后移时应在移动的信号通道上增加一个传递函数为 $G(s)$ 的环节。

引出点前移：前移时应在引出通道上增加一个传递函数为 $G(s)$ 的环节。

引出点后移：后移时应在引出通道上增加一个传递函数为 $1/G(s)$ 的环节。

表 2-1 列出了系统结构图等效变换的基本规则以供查用。

表 2-1　系统结构图等效变换基本规则

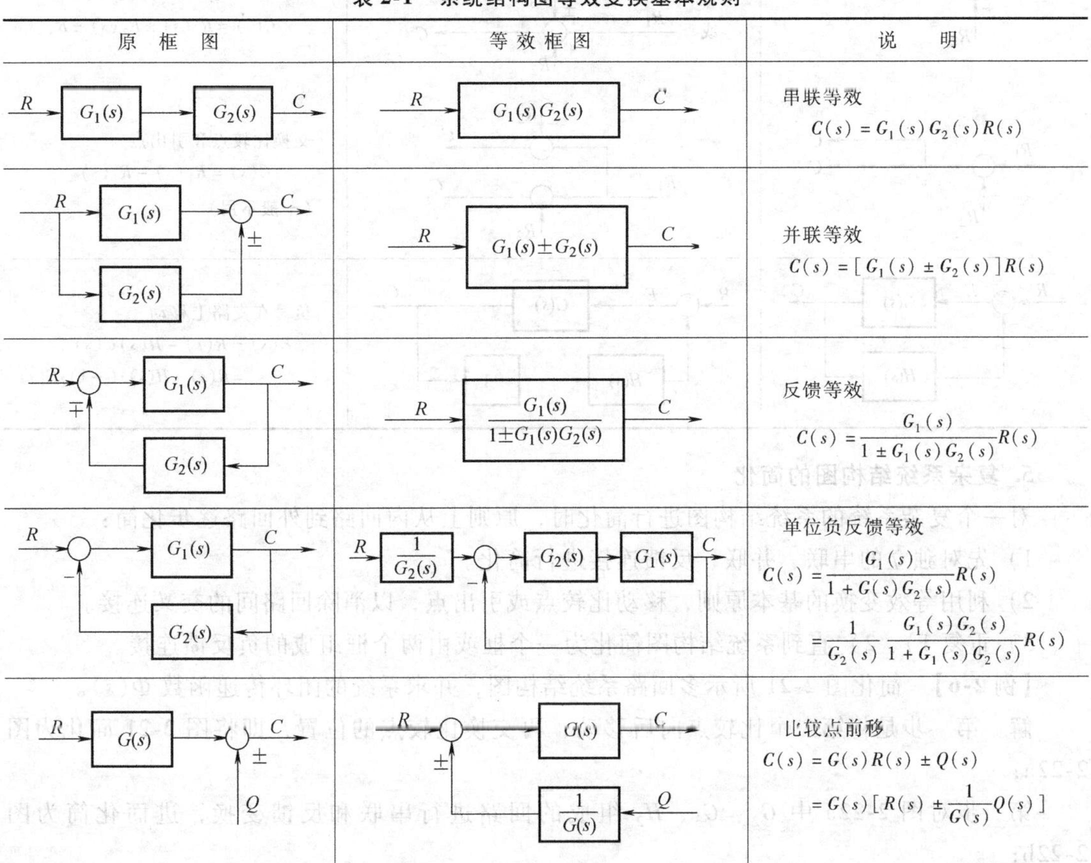

原框图	等效框图	说明
		串联等效 $C(s) = G_1(s)G_2(s)R(s)$
		并联等效 $C(s) = [G_1(s) \pm G_2(s)]R(s)$
		反馈等效 $C(s) = \frac{G_1(s)}{1 \pm G_1(s)G_2(s)}R(s)$
		单位负反馈等效 $C(s) = \frac{G_1(s)}{1 + G(s)G_2(s)}R(s) = \frac{1}{G_2(s)} \frac{G_1(s)G_2(s)}{1 + G_1(s)G_2(s)}R(s)$
		比较点前移 $C(s) = G(s)R(s) \pm Q(s) = G(s)[R(s) \pm \frac{1}{G(s)}Q(s)]$

（续）

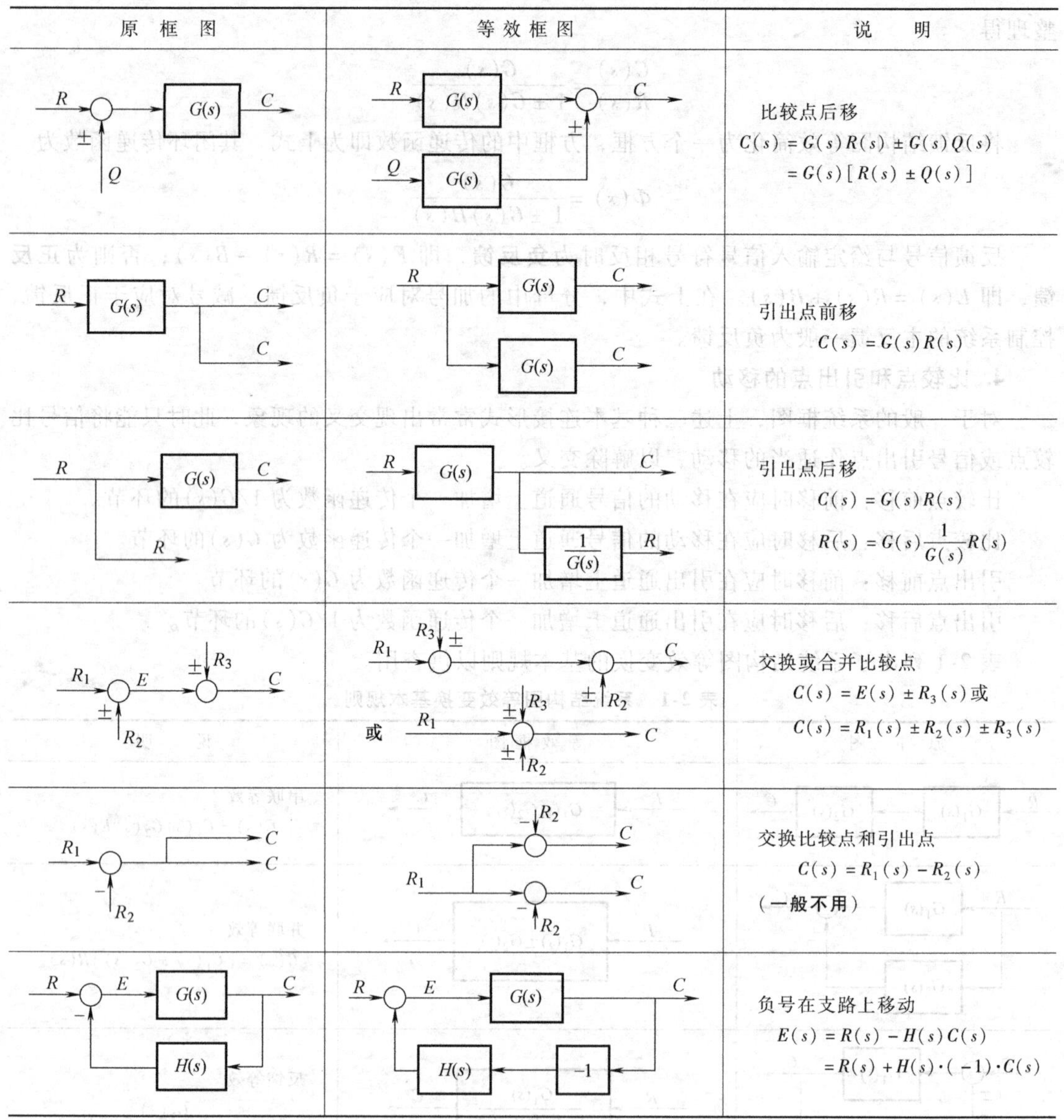

原框图	等效框图	说明
		比较点后移 $C(s)=G(s)R(s)\pm G(s)Q(s)$ $=G(s)[R(s)\pm Q(s)]$
		引出点前移 $C(s)=G(s)R(s)$
		引出点后移 $C(s)=G(s)R(s)$ $R(s)=G(s)\dfrac{1}{G(s)}R(s)$
		交换或合并比较点 $C(s)=E(s)\pm R_3(s)$或 $C(s)=R_1(s)\pm R_2(s)\pm R_3(s)$
		交换比较点和引出点 $C(s)=R_1(s)-R_2(s)$ （一般不用）
		负号在支路上移动 $E(s)=R(s)-H(s)C(s)$ $=R(s)+H(s)\cdot(-1)\cdot C(s)$

5. 复杂系统结构图的简化

对一个复杂系统的系统结构图进行简化时，原则上从内回路到外回路逐步化简：

1）先对独立的串联、并联、反馈连接进行简化。

2）利用等效变换的基本原则，移动比较点或引出点，以消除回路间的交叉连接。

3）重复1）、2）直到系统结构图简化为一个框或由两个框组成的负反馈连接。

【例 2-6】 简化图 2-21 所示多回路系统结构图，并求系统的闭环传递函数 $\Phi(s)$。

解： 第一步是将第二个比较点向后移动，再交换比较点的位置，即将图 2-21 简化为图 2-22a；

第二步对图 2-22a 中 G_2、G_3、H_2 组成的回路进行串联和反馈变换，进而化简为图 2-22b；

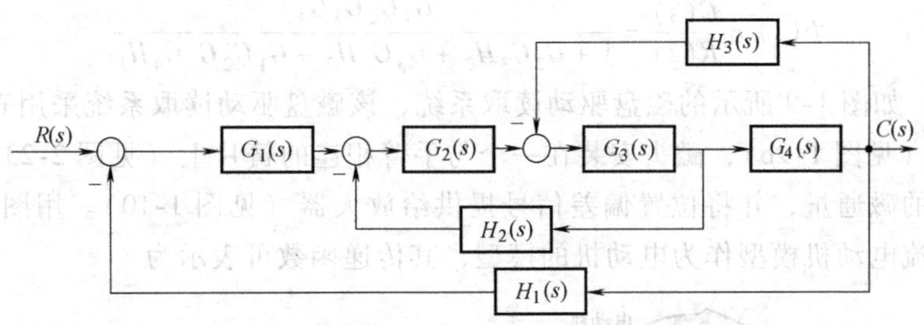

图 2-21　多回路系统结构图

第三步对图 2-22b 的内回路再进行串联和反馈变换，只剩下一个主反馈回路，如图 2-22c所示。

最后，变换为一个方框，如图 2-22d 所示，系统的传递函数为

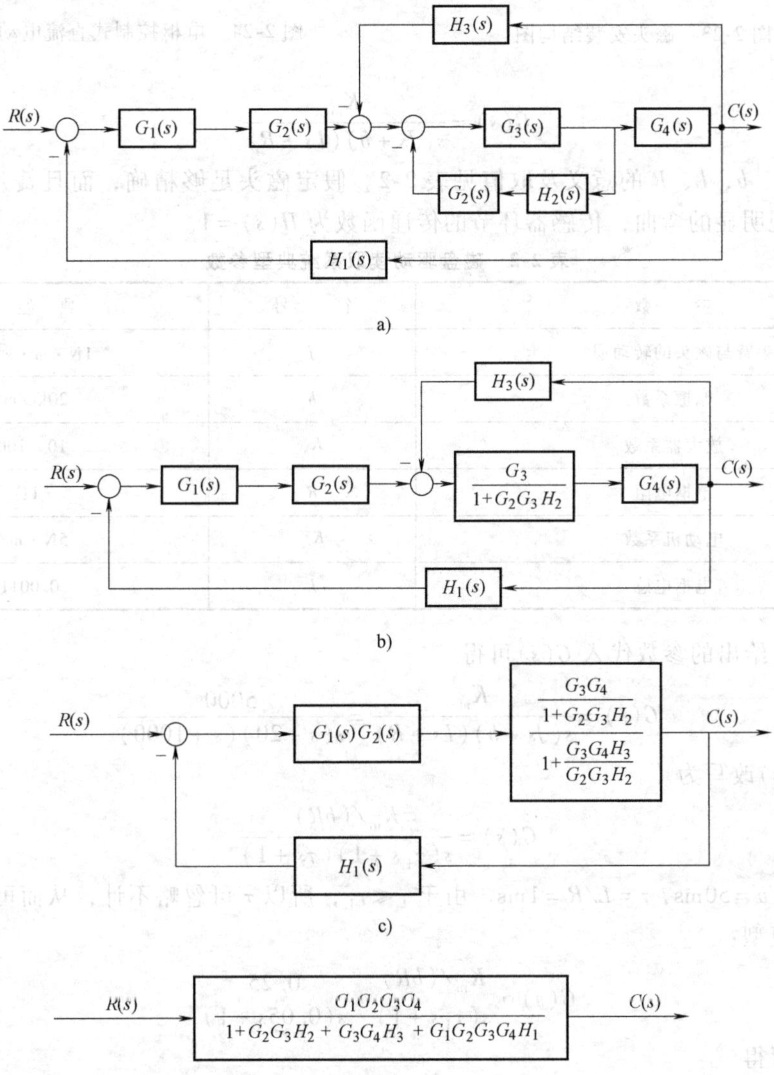

a)

b)

c)

$$\frac{C(s)}{R(s)}=\frac{G_1G_2G_3G_4}{1+G_2G_3H_2+G_3G_4H_3+G_1G_2G_3G_4H_1}$$

d)

图 2-22　系统结构图的变换

$$\Phi(s)=\frac{C(s)}{R(s)}=\frac{G_1G_2G_3G_4}{1+G_2G_3H_2+G_3G_4H_3+G_1G_2G_3G_4H_1}$$

【例 2-7】 如图 1-9 所示的磁盘驱动读取系统，该磁盘驱动读取系统采用直流电动机来驱动手臂转动（见图 1-9b），磁头安装在一个与手臂相连的簧片上（见图 2-23），磁头读取磁盘上各点处的磁通量，并将位置偏差信号提供给放大器（见图 1-10）。用图 2-24 所示的电枢控制式直流电动机模型作为电动机的模型，其传递函数可表示为

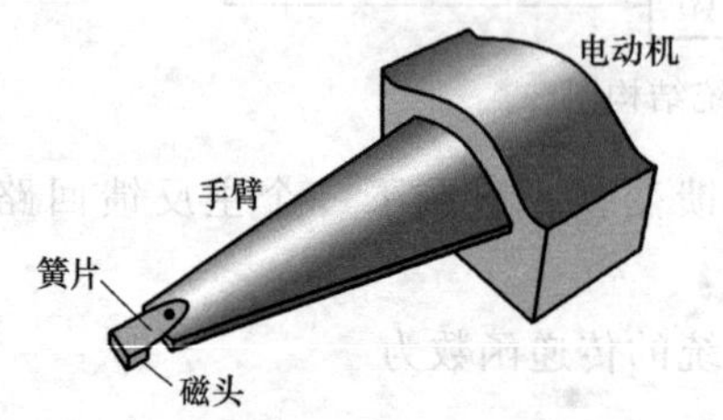

图 2-23 磁头安装结构图

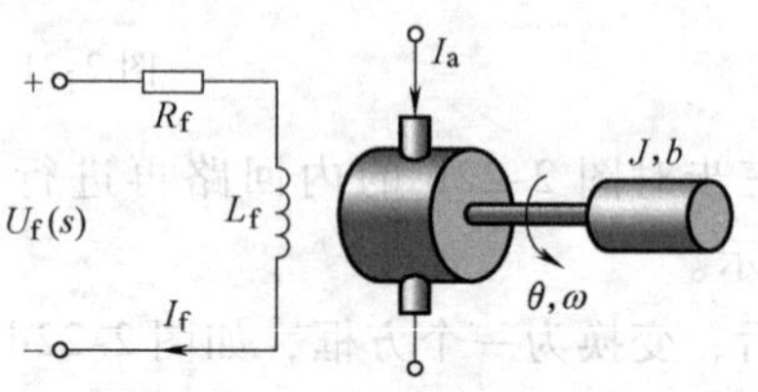

图 2-24 电枢控制式直流电动机

$$G(s)=\frac{K_m}{s(Js+b)(Ls+R)}$$

其中，K_m、J、b、L、R 的意义及取值见表 2-2。假定磁头足够精确，而且簧片是完全刚性的，不会出现明显的弯曲，传感器环节的传递函数为 $H(s)=1$。

表 2-2 磁盘驱动读取系统典型参数

参数	符号	典型值
手臂与磁头的转动惯量	J	$1\text{N}\cdot\text{m}\cdot\text{s}^2/\text{rad}$
摩擦系数	b	20kg/m/s
放大器系数	K_a	10 ~ 1000
电枢电阻	R	1Ω
电动机系数	K_m	5N · m/A
电枢电感	L	0.001H

将表 2-2 给出的参数代入 $G(s)$ 可得

$$G(s)=\frac{K_m}{s(Js+b)(Ls+R)}=\frac{5000}{s(s+20)(s+1000)}$$

也可以将 $G(s)$ 改写为

$$G(s)=\frac{K_m/(bR)}{s(\tau_L s+1)(\tau s+1)}$$

其中，$\tau_L=J/b=50\text{ms}$，$\tau=L/R=1\text{ms}$。由于 $\tau\ll\tau_L$，所以 τ 可忽略不计，从而可以得到 $G(s)$ 的二阶近似模型：

$$G(s)\approx\frac{K_m/(bR)}{s(\tau_L s+1)}=\frac{0.25}{s(0.05s+1)}$$

进一步简化可得

$$G(s)=\frac{5}{s(s+20)}\tag{2-22}$$

系统结构图如图 2-25 所示，其闭环传递函数为

$$\Phi(s)=\frac{C(s)}{R(s)}=\frac{K_{\mathrm{a}}G(s)}{1+K_{\mathrm{a}}G(s)}=\frac{5K_{\mathrm{a}}}{s^2+20s+5K_{\mathrm{a}}}$$

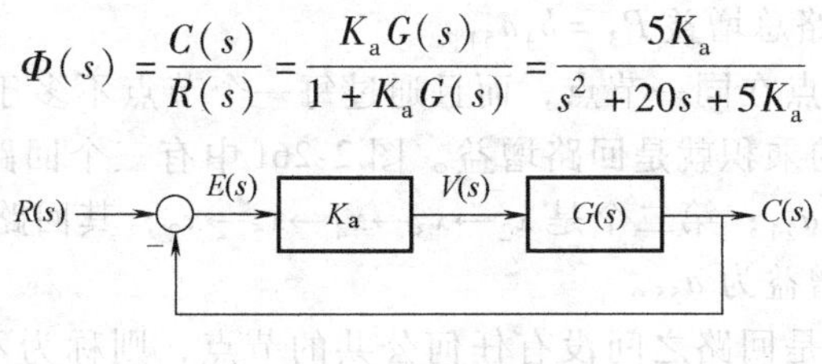

图 2-25　闭环系统的框图

至此可以明显看出，该磁盘驱动读取系统可以看作是一个典型的二阶振荡环节，将在后续章节继续对其进行稳定性，以及稳态和动态性能的分析。

2.5　信号流图和梅森增益公式

当控制系统非常复杂时，系统的结构图往往是多回路的，且相互交叉，框图的简化过程很烦琐，又极易出错。信号流图源于梅森（Mason）利用图示法来描述一个或一组线性代数方程，是比框图更简便明了的一种信号单向传递网络。由梅森提出的信号流图，不仅具有结构图表示系统的特点，而且还能直接应用梅森公式方便地写出系统的传递函数。因此，信号流图在控制工程中也被广泛应用。

2.5.1　信号流图的组成及性质

1. 信号流图的组成

信号流图是由节点和支路组成的网络，网络中各节点由定向线段连接，节点标志系统的一个变量，节点间的连接支路相当于信号乘法器，支路增益（或乘法因子）则标在支路上。信号只能沿箭头单向传递，经支路传递的信号应乘以支路增益。信号流程图的特征描述，需要采用以下专用术语。

1）节点：代表系统中的变量，每个节点标志所有流向该节点信号的代数和，而从同一节点流向各支路的信号均用该节点的变量表示。自节点流出的信号不影响该节点变量的值。图 2-26f 中的 u、x_1、x_2、x_3、x_4、x_5都是节点。输入节点也叫**源节点**，这种节点只有输出支路，图 2-26f 中的 u 是输入节点。输出的节点也叫**汇节点**，这种节点只有输入支路。

2）混合节点：既有输入支路又有输出支路的节点，称为混合节点。图 2-26f 中的 x_1、x_2、x_3、x_4、x_5是混合节点。具有输入和输出支路的混合节点，通过增加具有单位传输的支路，可把它变成输出节点来处理。如图 2-26f 中的 x_5 节点。

3）支路：连接两个节点的定向线段，支路方向就是信号传递的方向，用“→”表示。

4）通路：从起始节点到终止节点，沿支路的箭头方向穿过各相连支路的途径，称为通路，两节点之间的通路并不是唯一的。

5）前向通路：信号从输入节点到输出节点传递时，每个节点只通过一次的通路，叫做前向通路。在前向通道中，各支路增益的乘积就称为前向通路增益，一般用 P_k表示。图2-26f中共有三条前向通路，第一条是 $u\to x_1\to x_2\to x_3\to x_4\to x_5$，其前向通路总增益 P_1 =

$b_1 a_{21} a_{32} a_{43} a_{54}$；第二条是 $u \to x_1 \to x_3 \to x_4 \to x_5$，其前向通路总增益 $P_2 = b_1 a_{31} a_{43} a_{54}$；第三条是$u \to x_4 \to x_5$，其前向通路总增益 $P_3 = b_4 a_{54}$。

6）回路：起点和终点在同一节点，而且通过每一个节点不多于一次的闭合通路称为**回路**。回路中各支路增益的乘积就是回路增益。图 2-26f 中有三个回路，一个是 $x_2 \to x_3 \to x_4 \to x_2$，其回路增益为 $a_{32} a_{43} a_{24}$；第二个是 $x_2 \to x_3 \to x_4 \to x_5 \to x_2$，其回路增益为 $a_{32} a_{43} a_{54} a_{25}$；第三个是 $x_5 \to x_5$，其回路增益为 a_{55}。

7）不接触回路：就是回路之间没有任何公共的节点，则称为不接触回路。图 2-26f 中的 $x_2 \to x_3 \to x_4 \to x_2$和 $x_5 \to x_5$就是不接触回路。

2. 信号流图的性质

1）节点就代表了一个变量。节点把所有的支路信号叠加起来，并把叠加后信号送到所有输出支路。

2）支路表示一个信号对另一个信号的函数关系，即支路相当于一个乘法器。信号只能沿着支路上箭头规定的方向流通。

3）对于给定的系统，节点变量的设置是任意的，所以信号流图不是唯一的。

2.5.2 根据微分方程绘制信号流图

任何线性数学方程都可以用信号流图表示，但含有微分或积分的线性方程，一般应通过拉氏变换，将微分方程或积分方程变换为 s 域的代数方程后再画信号流图。绘制信号流图时，首先对系统每一个变量指定一个节点，并按照系统中变量的因果关系，从左向右顺序排列；然后用标明增益的支路，根据数学方程式将各节点变量正确连接，便可得到系统的信号流图。

【例 2-8】 有一线性系统，描述它的经过拉氏变换后的方程组为

$$\begin{cases} x_1 = b_1 u \\ x_2 = a_{21} x_1 + a_{24} x_4 + a_{25} x_5 \\ x_3 = a_{31} x_1 + a_{32} x_2 \\ x_4 = a_{43} \mathrm{x}_3 + b_4 u \\ x_5 = a_{54} x_4 + a_{55} x_5 \end{cases}$$

其中，u 是输入变量，x_5为输出变量，x_1、x_2、x_3、x_4 为中间变量。请绘制该系统的信号流图。

解： 绘制该系统的信号流图的步骤如下：

1）画出节点 u、x_1、x_2、x_3、x_4、x_5。

2）分别绘制出各方程的信号流图，如图 2-26a ~ e 所示。

3）将五个信号流图叠加在一起就可以得到整个系统的信号流图，如图 2-26f 所示。

2.5.3 根据系统结构图绘制信号流图

在结构图中，由于传递的信号标记在信号线上，方框则是对变量进行变换或运算的算子。因此，根据结构图绘制信号流图时，只需将结构图的信号线换成小圆圈，即得到信号流图的节点；将结构图中的方框用标有传递函数和信号传输方向的线段来代替，即可得到信号流图的支路。图 2-27 给出了不同结构图所对应的信号流图。

2.5.4 梅森增益公式

在控制工程中一般需要确定信号流图中的输入-输出关系，即系统的闭环传递函数。对

于比较复杂的系统，信号流图简化也很烦琐，此时可以直接用公式求出系统的传递函数，这个公式就是梅森增益公式，如式（2-24）所示。

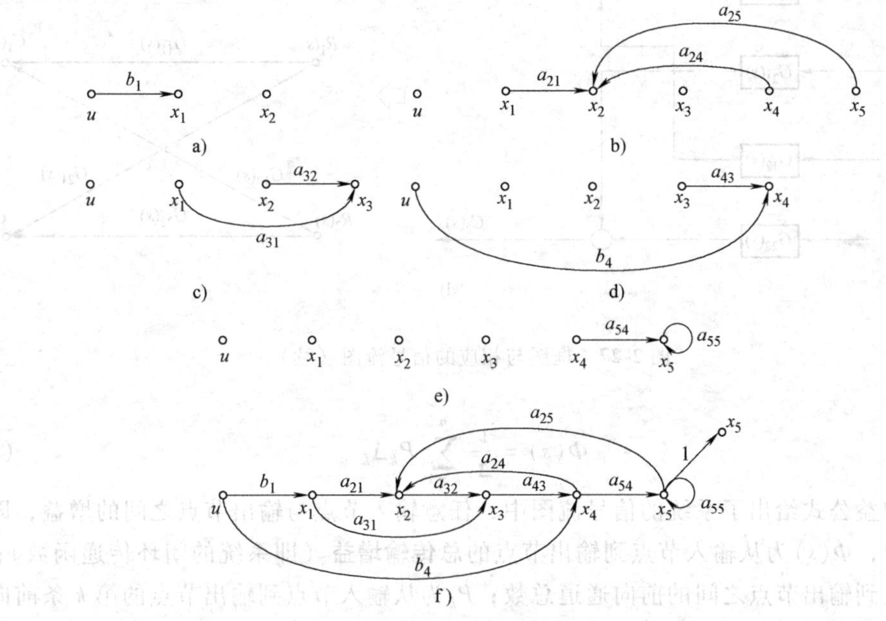

图 2-26　例 2-8 信号流图的绘制

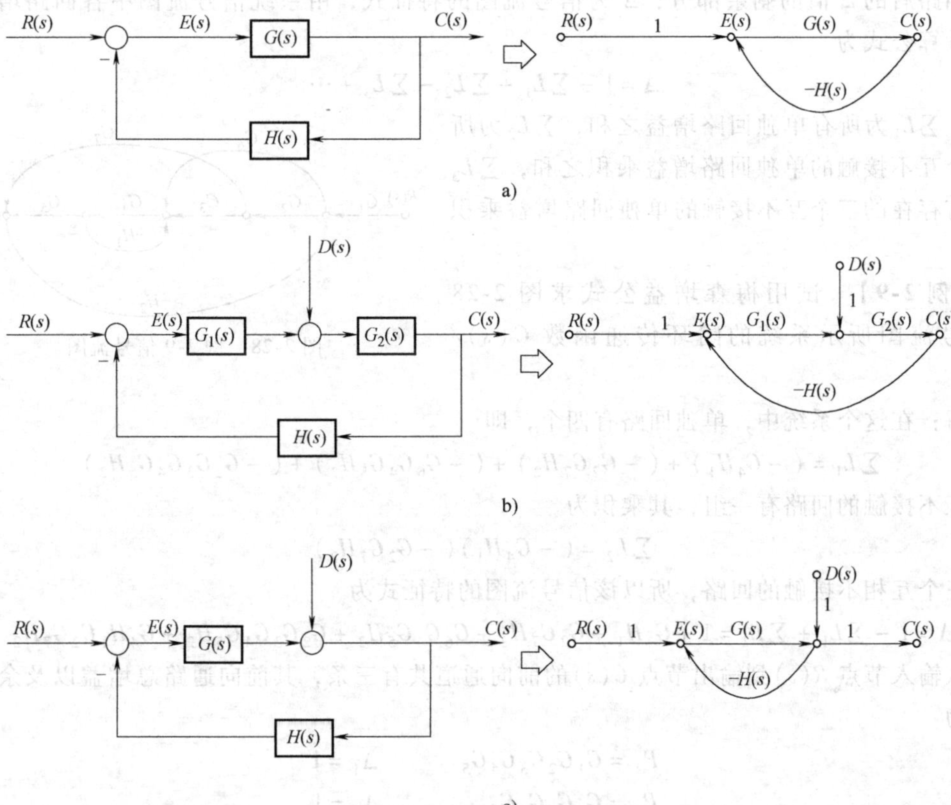

图 2-27　框图与相应的信号流图

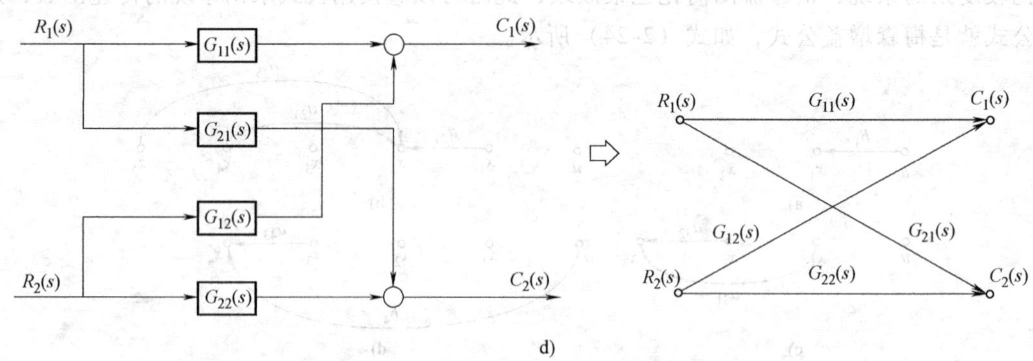

图 2-27 框图与相应的信号流图（续）

$$\Phi(s)=\frac{1}{\Delta}\sum_{k=1}^{n}P_k\Delta_k \tag{2-23}$$

梅森增益公式给出了系统的信号流图中，任意输入节点与输出节点之间的增益，即传递函数。式中，$\Phi(s)$为从输入节点到输出节点的**总传输增益**（即系统的闭环传递函数）；n 为从输入节点到输出节点之间的前向通道总数；P_k为从输入节点到输出节点的第 k 条前向通道增益；Δ_k为第 k 条前向通道特征式的余因子式，即在信号流图中，除去与第 k 条前向通道接触的回路后的 Δ 值的剩余部分；Δ 为信号流图的特征式，由系统信号流图中各回路增益确定，计算公式为

$$\Delta=1-\sum L_1+\sum L_2-\sum L_3+\cdots$$

其中，$\sum L_1$为所有单独回路增益之和，$\sum L_2$为所有两个互不接触的单独回路增益乘积之和，$\sum L_3$为所有存在的三个互不接触的单独回路增益乘积之和。

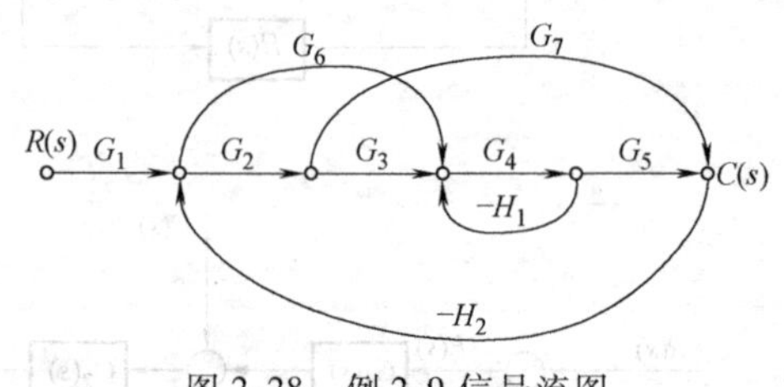

图 2-28 例 2-9 信号流图

【例 2-9】 试用梅森增益公式求图 2-28 中信号流图所示系统的闭环传递函数 $C(s)/R(s)$。

解：在这个系统中，单独回路有四个，即

$$\sum L_1=(-G_4H_1)+(-G_2G_7H_2)+(-G_6G_4G_5H_2)+(-G_2G_3G_4G_5H_2)$$

两个互不接触的回路有一组，其乘积为

$$\sum L_2=(-G_4H_1)(-G_2G_7H_2)$$

没有三个互相不接触的回路，所以该信号流图的特征式为

$$\Delta=1-\sum L_1+\sum L_2=1+G_4H_1+G_2G_7H_2+G_6G_4G_5H_2+G_2G_3G_4G_5H_2+G_4H_1G_2G_7H_2$$

从输入节点 $R(s)$到输出节点 $C(s)$的前向通道共有三条，其前向通路总增益以及余子式分别为

$$P_1=G_1G_2G_3G_4G_5 \qquad \Delta_1=1$$

$$P_2=G_1G_6G_4G_5 \qquad \Delta_2=1$$

$$P_3=G_1G_2G_7 \qquad \Delta_3=1+G_4H_1$$

因此，由梅森增益公式求得系统传递函数为

$$\frac{C(s)}{R(s)}=\frac{1}{\Delta}(P_1\Delta_1+P_2\Delta_2+P_3\Delta_3)$$

$$=\frac{G_1G_2G_3G_4G_5+G_1G_6G_4G_5+G_1G_2G_7\ (1+G_4H_1)}{1+G_4H_1+G_2G_7H_2+G_6G_4G_5H_2+G_2G_3G_4G_5H_2+G_4H_1G_2G_7H_2}$$

由此可见，应用梅森增益公式不用对系统的信号流图进行简化，就可以直接写出系统的闭环传递函数。

一般来说，简单的系统可直接由结构图进行运算，这样各变量间的关系清楚，运算也不麻烦。对于复杂的系统，显然按梅森增益公式计算较为方便。但在应用公式时，必须要考虑周到，不能遗漏或重复所需要计算的回路和前向通路，不然易得出错误的结果。

2.6 MATLAB 中数学模型的表示*

控制系统的分析、设计和应用是提高自动控制水平的重要内容。MATLAB 语言的应用对提高控制系统的分析、设计和应用水平起着十分重要的作用。

2.6.1 传递函数

设系统的传递函数模型为

$$G(s)=\frac{num(s)}{den(s)}=\frac{b_1s^m+b_2s^{m-1}+\cdots+b_{m+1}}{a_1s^n+a_2s^{n-1}+\cdots+a_{n+1}}$$

在 MATLAB 中，直接用分子、分母的系数表示，即

$$num=[b_1,b_2,\cdots,b_{m+1}];$$
$$den=[a_1,a_2,\cdots,a_{n+1}];$$

2.6.2 控制系统的结构图模型

在 MATLAB 中，可以利用 Simulink 工具箱来建立控制系统的结构图模型。Simulink 模型库中提供了许多模块，用来模拟控制系统中的各个环节。这里用简单的例子来说明控制系统的一种 MATLAB 数学模型表示形式。

【例 2-10】 假设有图 2-29 所示的反馈系统框图，在进行 MATLAB 仿真时，可以转化为图 2-30 所示的 Simulink 模型。

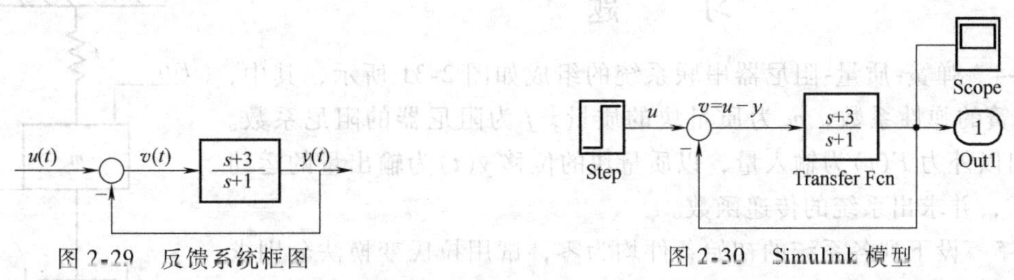

图 2-29 反馈系统框图　　图 2-30 Simulink 模型

在图 2-30 中，Step 表示阶跃输入，Transfer Fcn 表示传递函数，Out1 为输出端口模块，Scope 是示波器。这个简单的例子表明 Simulink 模型也是一种控制系统的数学模型。

2.6.3 控制系统的零极点模型

设系统的零极点模型为

$$G(s)=k\frac{(s-z_1)(s-z_2)\cdots(s-z_m)}{(s-p_1)(s-p_2)\cdots(s-p_n)}$$

在 MATLAB 中，用$[z,\ p,\ k]$矢量组表示，即

$$z=[z_1,z_2,\cdots,z_m];$$
$$p=[p_1,p_2,\cdots,p_n];$$
$$k=[k];$$

本 章 小 结

1. 系统的数学模型是描述其动态特性的数学表达式，它是对系统进行分析研究的基本依据。用分析法建立系统的数学模型，必须深入了解系统及其元部件的工作原理，然后依据基本的物理、化学等定律，写出它们的运动方程。

2. 微分方程是系统的时域模型，对于一个系统微分方程的建立，一般是从输入端开始，依次列出各环节的微分方程，然后消去中间变量，并将微分方程整理成标准形式。

3. 传递函数是系统的复数域模型，它等于在零初始条件下，系统输出的拉氏变换与输入的拉氏变换之比。它和微分方程一样反映系统的固有特性，传递函数只与系统结构和元件参数有关，与外施信号的大小和形式无关。

4. 结构图是传递函数的图形化表示形式，它能够直观地表示信号的传递关系。对结构图进行等效变换时，要保持被变换部分的输入量和输出量之间的数学关系不变。

5. 信号流图是另外一种用图形表示系统信号流向和关系的数学模型，基于系统的信号流图，通过运用梅森增益公式能够简便、快捷地求出系统的闭环传递函数。

思 考 题

2-1 什么是系统的数学模型，常见的数学模型有哪几种？试举例说明。

2-2 从身边找出一个控制系统的实际例子，并分析其各组成环节的名称和功能。

2-3 什么是传递函数，一阶和二阶系统的传递函数有哪些特点，传递函数中各参数的实际意义是什么？

习 题

2-4 弹簧-质量-阻尼器串联系统的组成如图 2-31 所示，其中，k 为弹簧的弹性系数，m 为质量块的质量，f 为阻尼器的阻尼系数。试列出以外力 $F(t)$ 为输入量，以质量块的位移 $y(t)$ 为输出量的运动方程式，并求出系统的传递函数。

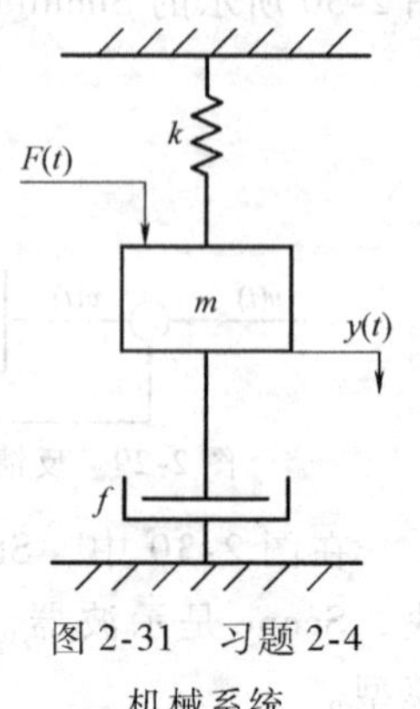

图 2-31 习题 2-4 机械系统

2-5 设下列各系统的初始条件均为零，试用拉氏变换法分别求解其微分方程式，并绘制 $x(t)$ 曲线，指出各方程式的模态。

(1) $2\dot{x}(t)+x(t)=t$

(2) $\ddot{x}(t)+\dot{x}(t)+x(t)=\delta(t)$

（3） $\ddot{x}(t)+2\dot{x}(t)+x(t)=1(t)$

2-6　系统微分方程组如下：

（1） $x_1(t)=r(t)-c(t)$　　（2）$x_2(t)=\tau\dfrac{\mathrm{d}x_1(t)}{\mathrm{d}t}+k_1x_1(t)$

（3） $x_3(t)=k_2x_2(t)$　　（4）$x_4(t)=x_3(t)-k_5c(t)$

（5） $\dfrac{\mathrm{d}x_5(t)}{\mathrm{d}t}=k_3x_4(t)$　　（6）$T\dfrac{\mathrm{d}c(t)}{\mathrm{d}t}+c(t)=k_4x_5(t)$

式中，τ、T、k_1、…、k_5均为常数。试建立以 $r(t)$为输入、$c(t)$为输出的系统动态结构图，并求系统的传递函数 $C(s)/R(s)$。

2-7　求图 2-32 所示运算放大器构成的网络的传递函数。

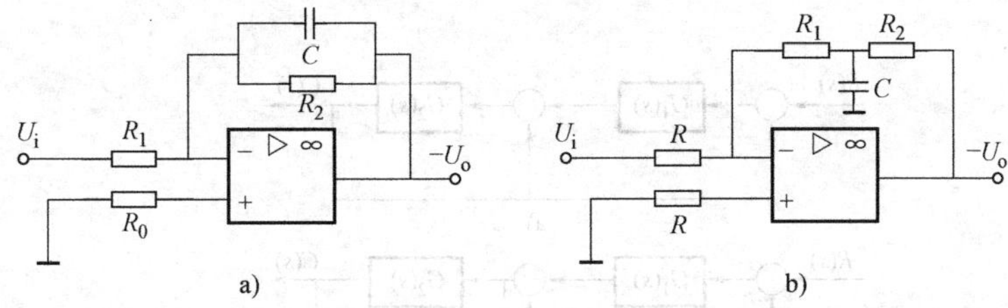

图 2-32　习题 2-7 运算放大器网络

2-8　利用结构图简化的等效法则，把图 2-33a 简化为图2-33b所示的结构形式。

（1） 求图 2-33b 中的 $G(s)$和 $H(s)$；

（2） 求 $C(s)/R(s)$。

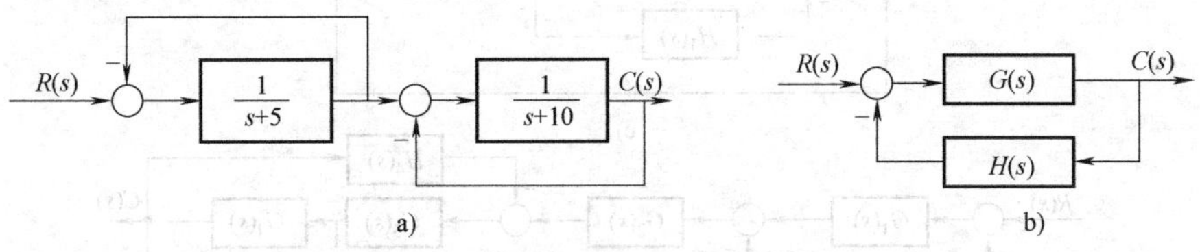

图 2-33　习题 2-8 控制系统的框图

2-9　根据结构图简化的等效法则，简化图 2-34 所示的系统框图，并分别求出这些系统的闭环传递函数。

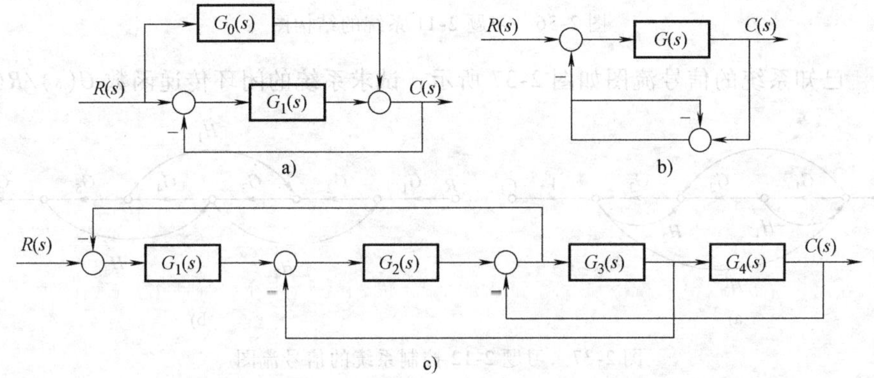

图 2-34　习题 2-9 控制系统的框图

2-10　求图 2-35 所示系统的传递函数 $C(s)/D(s)$ 和 $E(s)/D(s)$。

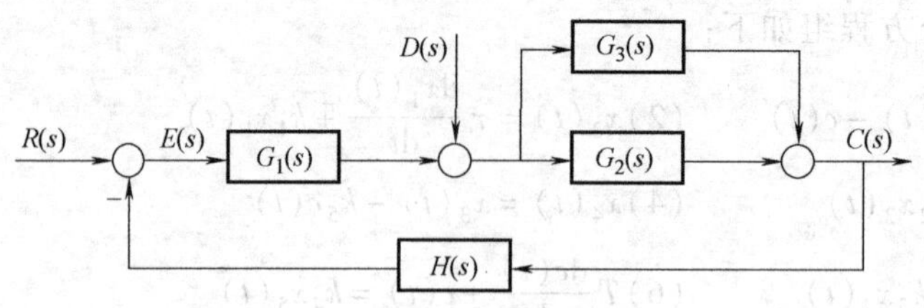

图 2-35　习题 2-10 控制系统的框图

2-11　已知系统的结构图如图 2-36 所示，试画出系统的信号流图，并求系统的传递函数 $C(s)/R(s)$。

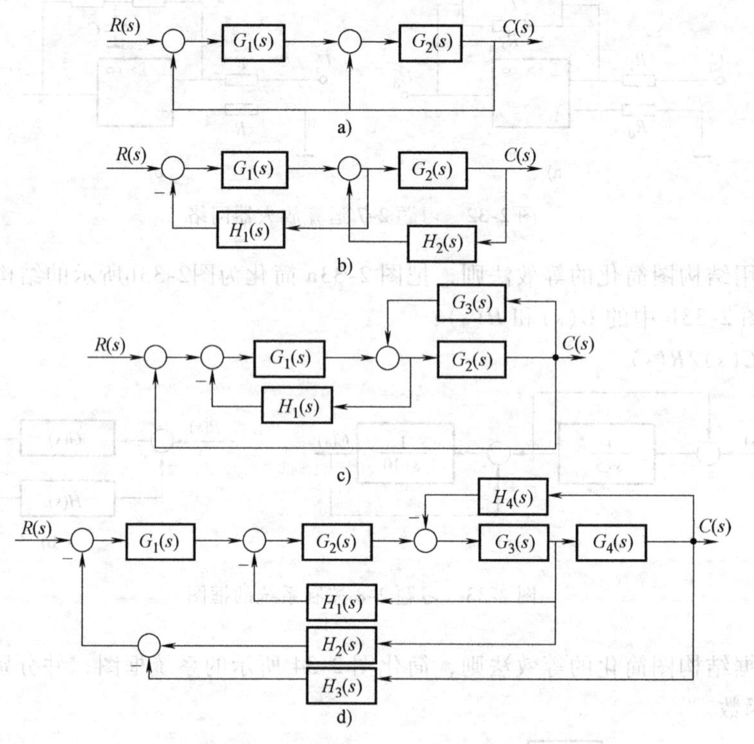

图 2-36　习题 2-11 系统的结构图

2-12　已知系统的信号流图如图 2-37 所示，试求系统的闭环传递函数 $C(s)/R(s)$。

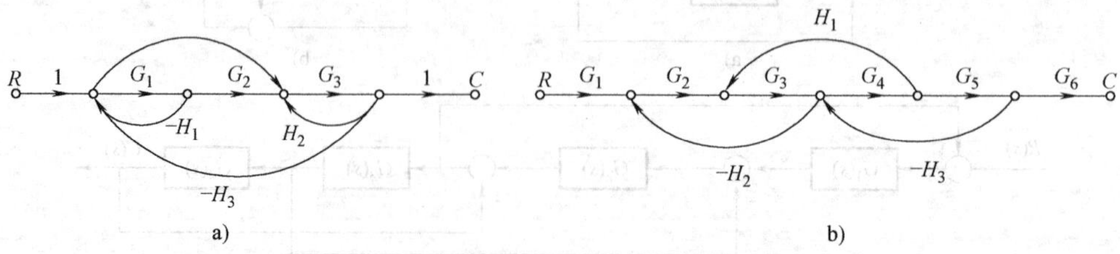

图 2-37　习题 2-12 控制系统的信号流图

2-13　已知系统的信号流图如图 2-38 所示，试求传递函数 $C(s)/R(s)$。

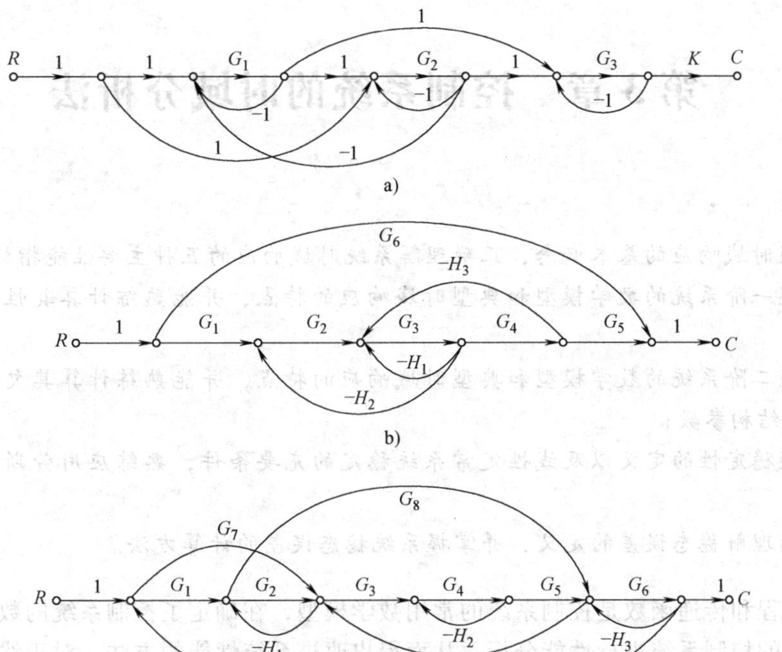

图 2-38 习题 2-13 信号流图

MATLAB 实践与拓展题*

2-14 试用 MATLAB 表示下列传递函数：

$$G(s)=\frac{s+2}{s^2+2s+1}$$

2-15 已知某系统传递函数形式如下：

$$G(s)=\frac{s+2}{(s+1)(s+3)}$$

试用 MATLAB 建立系统的传递函数，并将其转换为传递函数的一般形式。

第 3 章　控制系统的时域分析法

【基本要求】

1. 掌握时域响应的基本概念，正确理解系统时域响应的五种主要性能指标；

2. 掌握一阶系统的数学模型和典型时域响应的特点，并能熟练计算其性能指标和结构参数；

3. 掌握二阶系统的数学模型和典型时域响应的特点，并能熟练计算其欠阻尼情况下的性能指标和结构参数；

4. 掌握稳定性的定义以及线性定常系统稳定的充要条件，熟练应用劳斯判据判定系统稳定性；

5. 正确理解稳态误差的定义，并掌握系统稳态误差的计算方法。

微分方程和传递函数是控制系统的常用数学模型，在确定了控制系统的数学模型后，就可以对已知的控制系统进行性能分析，从而得出改进系统性能的方法。对于线性定常连续系统，常用的分析方法有时域分析法、根轨迹分析法和频域分析法。本章研究时域分析方法，包括简单系统的动态性能和稳态性能分析、稳定性分析以及高阶系统运动特性的近似分析等。根轨迹分析法和频域分析法将分别在本书的第 4 章和第 5 章进行介绍。

所谓控制系统**时域分析方法**，就是给控制系统施加一个特定的输入信号，通过分析控制系统的输出响应对系统的性能进行分析。由于系统的输出变量一般是时间 t 的函数，故称这种响应为**时域响应**，这种分析方法被称为时域分析法。当然，不同的方法有不同的特点和适用范围，但相比较而言，时域分析法是一种直接在时间域中对系统进行分析的方法，具有直观、准确的优点，并且可以提供系统时间响应的全部信息。

3.1　系统的时域响应及其性能指标

为了对控制系统的性能进行评价，需要首先研究系统在典型输入信号作用下的时域响应过程及其性能指标。下面先介绍常用的典型输入信号。

3.1.1　典型输入信号

由于系统的动态响应既取决于系统本身的结构和参数，又与其输入信号的形式和大小有关，而控制系统的实际输入信号往往是未知的。为了便于对系统进行分析和设计，同时也为了便于对各种控制系统的性能进行评价和比较，需要选择一些基本的输入函数形式，称之为典型输入信号。控制系统中常用的典型输入信号有单位阶跃信号、单位斜坡信号、单位加速度信号、单位脉冲信号和正弦信号。这些信号都是简单的时间函数，也是工程中常用的输入信号，便于数学分析和实验研究。

1. 阶跃信号

阶跃信号表示输入量的一个瞬间突变过程，如图 3-1a 所示，它的数学表达式为

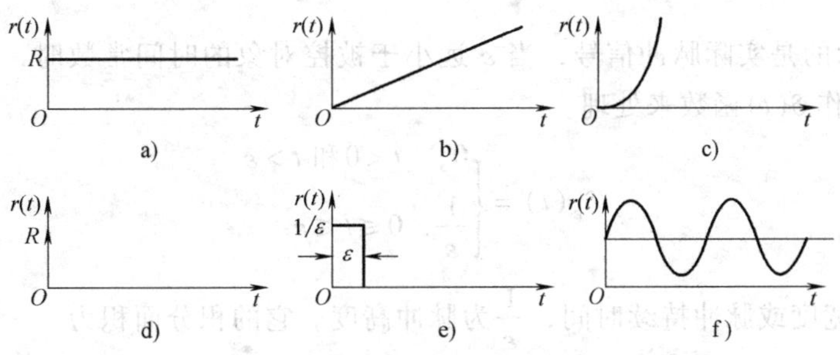

图 3-1　典型输入信号

$$r(t)=\begin{cases}0, & t<0\\ R, & t\geqslant 0\end{cases} \tag{3-1}$$

式中，R 为常量。$R=1$ 的阶跃信号称为**单位阶跃信号**，记为 $r(t)=1(t)$。

2. 斜坡信号

斜坡信号表示由零值开始，以恒定速率 R 随时间作线性增长的信号，如图 3-1b 所示，它的数学表达式为

$$r(t)=\begin{cases}0, & t<0\\ Rt, & t\geqslant 0\end{cases} \tag{3-2}$$

由于这种函数的一阶导数为常量 R，故斜坡函数又称为等速度函数。$R=1$ 的斜坡信号为**单位斜坡信号**。

3. 加速度信号

加速度信号是一种抛物线函数，如图 3-1c 所示，它的数学表达式为

$$r(t)=\begin{cases}0, & t<0\\ \dfrac{1}{2}Rt^2, & t\geqslant 0\end{cases} \tag{3-3}$$

式中，R 为常数。当 $R=1$ 时，$r(t)=t^2/2$ 为**单位加速度信号**。因为$\dfrac{\mathrm{d}^2 r}{\mathrm{d}t^2}=R$，所以抛物线函数代表匀加速度变化的信号，故加速度信号又称为等加速度信号。

4. 脉冲信号

脉冲信号可视为一个持续时间极短的信号，它的数学表达式为

$$r(t)=R\delta(t) \tag{3-4}$$

式中，R 为脉冲函数的幅值。$R=1$ 的脉冲信号称为**单位理想脉冲信号**，并用 $\delta(t)$ 表示。如图 3-1d 所示，$\delta(t)$ 函数的定义为

$$\delta(t)=\begin{cases}0, & t\neq 0\\ \infty, & t=0\end{cases}$$

$$\int_{-\infty}^{\infty}\delta(t)\,\mathrm{d}t=1 \tag{3-5}$$

显然，$\delta(t)$ 函数是一种理想脉冲信号，实际上它是不存在的。工程实践中常用实际脉冲近似地表示理想脉冲。例如，单位阶跃信号加在不含初始储能的电容两端，t 从 0_- 到 0_+ 极短时刻，电容两端的电压将从 0V 跳变到 1V，而流过电容的电流为无穷大，该电流可以用脉

冲信号描述。

图 3-1e 所示的是实际脉冲信号，当 ε 远小于被控对象的时间常数时，这种单位窄脉冲信号常近似地当作 $\delta(t)$ 函数来处理。

$$\delta_{\varepsilon}(t)=\begin{cases}0, & t<0\text{和}\ t>\varepsilon \\ \dfrac{1}{\varepsilon}, & 0\leqslant t\leqslant\varepsilon\end{cases} \tag{3-6}$$

式中，ε 为脉冲宽度或脉冲持续时间，$\dfrac{1}{\varepsilon}$为脉冲高度。它的积分面积为

$$\int_{-\infty}^{\infty}\delta_{\varepsilon}(t)\,\mathrm{d}t=\varepsilon\cdot\frac{1}{\varepsilon}=1$$

显然，当 $\varepsilon\to0$ 时，实际脉冲 $\delta_{\varepsilon}(t)$的极限即为理想脉冲 $\delta(t)$。

5. 正弦信号

正弦信号的数学表达式为

$$r(t)=A\sin\omega t \tag{3-7}$$

式中，A 为正弦函数的幅值；ω 为正弦函数的频率。如图 3-1f 所示，正弦函数主要用于线性控制系统的频率响应分析。比如交流电的电压就是一个正弦信号。

实际应用中采用哪一种典型输入信号取决于系统常见的工作状态；同时，在所有可能的输入信号中，往往选取最不利的信号作为系统的典型输入信号。这种处理方法在许多场合是可行的。表 3-1 给出了五种典型输入信号的时域表达式及其对应的复域表达式（拉氏变换）。

表 3-1　典型输入信号及其拉氏变换

名　　称	时域表达式	复域表达式
单位阶跃函数	$1(t),\quad t\geqslant0$	$\dfrac{1}{s}$
单位斜坡函数	$t,\quad t\geqslant0$	$\dfrac{1}{s^2}$
单位加速度函数	$\dfrac{1}{2}t^2,\quad t\geqslant0$	$\dfrac{1}{s^3}$
理想单位脉冲函数	$\delta(t),\quad t\geqslant0$	1
正弦函数	$A\sin\omega t,\quad t\geqslant0$	$\dfrac{A\omega}{s^2+\omega^2}$

在一般情况下，如果系统的实际输入信号大部分为一个突变的量，则应取阶跃信号为实验信号；如果系统的输入大多是随时间逐渐增加的信号，则选择斜坡信号为实验信号较为合适；如果系统的输入信号是一个瞬时冲击的函数，则显然脉冲信号为最佳选择。例如，水位调节系统的工作状态突然改变或突然受到恒定输入作用的控制系统，都可以采用阶跃函数作为典型输入信号。而对于跟踪通信卫星的天线控制系统，斜坡函数是比较合适的典型输入。

同一系统中，不同形式的输入信号所对应的输出响应是不同的，但对于线性控制系统来说，它们所表征的系统性能是一致的。通常以最简单的单位阶跃函数作为典型输入信号，则可在一个统一的基础上对各种控制系统的性能进行比较和研究。

应当指出，有些控制系统的实际输入信号是变化无常的随机信号，例如，定位雷达天线控制系统，其输入信号中既有运动目标的不规则信号，又包含有许多随机噪声分量，此时就不能用上述确定性的典型输入信号来代替实际输入信号，而必须采用随机过程理论进行

处理。

为了评价线性定常系统的时域响应性能，需要研究控制系统在典型输入信号作用下的时域响应过程及其性能指标。

3.1.2 时域响应过程

任何一个控制系统在典型信号作用下的时间响应都由动态过程和稳态过程两部分组成。

动态过程是系统在典型信号作用下，从初始状态到最终稳定状态的调节过程。根据系统结构和参数选择的情况，动态过程表现为衰减、发散和振荡等几种形式。一个可以正常工作的控制系统，其动态过程必须衰减，也就是说，系统必须是稳定的。系统的动态过程可以提供稳定性、响应速度、阻尼情况等信息，这些都可以通过系统的动态性能来描述。

稳态过程是系统在典型信号作用下，时间 t 趋于无穷时输出量的表现形式。稳态过程反映系统输出量最终复现输入量的过程，它提供了稳态误差的信息，用系统的稳态性能来描述。

由此可见，任何控制系统在典型信号作用下的性能指标可由描述动态过程的动态性能指标和反映稳态过程的稳态性能指标两部分组成。

3.1.3 性能指标

1. 稳态性能指标

当响应时间大于调节时间时，系统进入稳态过程。稳态性能指标是表征控制系统准确性的性能指标，是一项重要的技术指标。通常用稳态情况下系统输出量的期望值与实际值之差来衡量，称为**稳态误差**。如果这个差是常数，则称为**静态误差**，简称**静误差**或**静差**。

$$e_{ss}=\lim_{t\to\infty}e(t) \tag{3-8}$$

稳态误差是系统控制精度（准确性）或抗扰动能力的一种度量，将在 3.6 节中详细讨论。

2. 动态性能指标

一个稳定的控制系统除了稳态控制精度要满足一定的要求以外，对控制信号的响应过程也要满足一定的要求，这些要求表现为动态性能指标。动态性能指标是描述稳定的系统在单位阶跃信号作用下，动态过程随时间 t 的变化状况的指标。

一般认为，阶跃输入对系统来说是一种比较严峻的工作状态。如果系统在阶跃函数作用下的动态性能满足要求，那么系统在其他形式的函数作用下，其动态性能一般也是能满足要求的。因此在大多数情况下，为了分析研究方便，最常采用的典型输入信号是单位阶跃函数，并在零初始条件下进行研究。也就是说，在施加输入信号之前，系统的输出量及其对时间的各阶导数均等于零。

线性控制系统在零初始条件和单位阶跃信号输入下的响应过程曲线称为系统的单位阶跃响应曲线。一个典型的稳定的控制系统的时域响应曲线如图 3-2 所示。

1）上升时间 t_r：响应曲线从零开始第一次上升到稳态值时所需的时间。考虑到不灵敏区或允许的误差，有时取为响应从稳态值的 10% 上升到稳态值的 90% 所需的时间。

2）峰值时间 t_p：响应曲线从零开始上升到第一个极值（最大值）处时所需的时间。

3）调节时间 t_s：响应曲线达到并保持在稳态值的 ±2% 或 ±5% 范围内并且不再越出这个范围所需的最短时间。

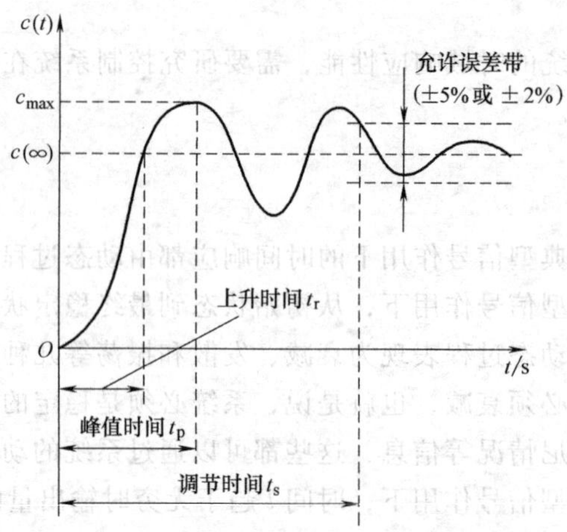

图 3-2　单位阶跃响应及其动态性能指标

4）超调量 σ：对于图 3-2 所示的振荡响应过程，响应曲线第一次越过稳态值达到峰值时，越过部分的幅度与稳态值之比称为超调量，记为 σ，即

$$\sigma = \frac{c_{\max} - c(\infty)}{c(\infty)} \times 100\% \tag{3-9}$$

式中，$c(\infty)$表示响应曲线的稳态值；$c_{\max} = c(t_p)$表示峰值。若系统输出响应单调变化，则无上升时间 t_r 和峰值时间 t_p，超调量 $\sigma = 0$。

上述四个动态性能指标，基本上可以体现系统动态过程的特征。在实际应用中，常用的动态性能指标多为上升时间、调节时间和超调量。通常用上升时间或峰值时间来评价系统的响应速度；用超调量评价系统的阻尼程度；而调节时间是同时反映响应速度和阻尼程度的综合性指标。

应当指出，上述各动态指标之间是有联系的。因此对于一个系统没有必要列出所有动态指标。另外，正是由于这些指标之间存在联系，也不可能对各项指标都提出要求，因为这些要求之间可能会发生矛盾，以致在调整系统参数以改善系统的动态性能时，会发生顾此失彼的现象。

一般情况下，分析一个控制系统主要从稳定性、稳态性能和动态性能三方面来考虑，这些性能的衡量标准及详细指标参数如图 3-3 所示。

- 系统性能指标（时间域）
  - 稳定性　稳定性判据
  - 动态性能
    - 上升时间 t_r
    - 峰值时间 t_p
    - 调节时间 t_s
    - 超调量 σ
  - 稳态性能　稳态误差 e_{ss}

图 3-3　控制系统时域响应的性能指标

3.2 一阶系统的时域响应

凡是以一阶微分方程为数学模型的控制系统，称为一阶系统。一阶系统在工程应用中不乏其例，特别是有些高阶系统，常可用一阶系统的特性来近似表征，如例 2-2 中的直流电动机。

3.2.1　一阶系统的数学模型和结构图

图 3-4 所示 RC 滤波电路是最常见的一阶系统，表示其数学模型的微分方程为

$$RC\frac{\mathrm{d}c(t)}{\mathrm{d}t}+c(t)=r(t) \tag{3-10}$$

式中，$c(t)$为电路输出电压$u_o(t)$；$r(t)$为电路输入电压$u_i(t)$。令$T=RC$，可得一阶系统一般表达式

$$T\frac{\mathrm{d}c(t)}{\mathrm{d}t}+c(t)=r(t)$$

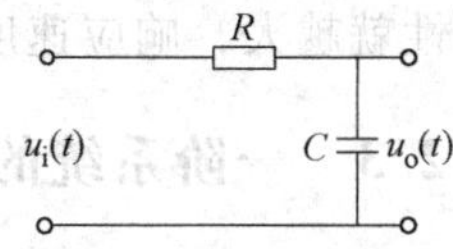

图 3-4　RC 滤波电路

式中，T为时间常数；$c(t)$和$r(t)$分别是系统的输出、输入信号。在初始条件为零的条件下，一阶系统的闭环传递函数为

$$\Phi(s)=\frac{C(s)}{R(s)}=\frac{1}{Ts+1} \tag{3-11}$$

系统的结构图如图 3-5 所示。

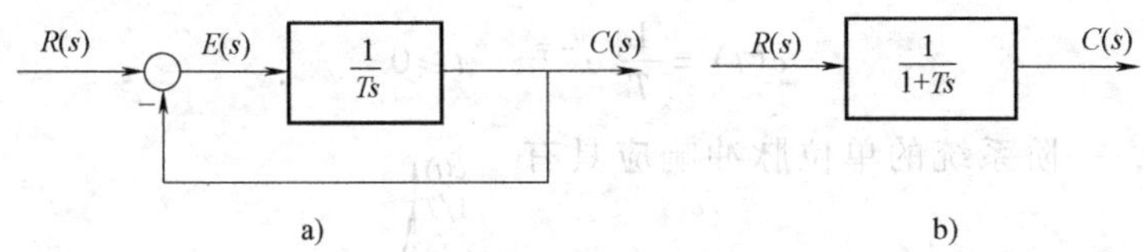

图 3-5　一阶系统结构图

3.2.2　一阶系统的单位阶跃响应

当系统的输入信号$r(t)=1(t)$时，系统的输出响应$c(t)$称为单位阶跃响应。

由式（3-11），可得

$$C(s)=\Phi(s)R(s)=\frac{1}{Ts+1}\frac{1}{s}=\frac{1}{s}-\frac{T}{Ts+1}$$

取$C(s)$的拉氏反变换，得一阶系统的单位阶跃响应为

$$c(t)=1-\mathrm{e}^{-\frac{t}{T}},\quad t\geqslant 0 \tag{3-12}$$

由式（3-12）求得$c(0)=0$，$c(\infty)=1$，响应过程是单调上升的指数曲线。一阶系统的单位阶跃响应如图 3-6 所示。

图 3-6 表明，一阶系统的单位阶跃响应具有如下重要特点：

1）初始时间$t=0$时，系统具有最大的运动变化率$1/T$（即初始斜率），初始斜率特性是常用的确定一阶系统时间常数的方法之一。

$$\left.\frac{\mathrm{d}c(t)}{\mathrm{d}t}\right|_{t=0}=\left.\frac{1}{T}\mathrm{e}^{-t/T}\right|_{t=0}=\frac{1}{T}$$

2）可用时间常数T来度量系统输出量的数值。例如，当$t=T$时，$c(t)=0.632$；而T分别等于$2T$、$3T$、$4T$时，$c(t)$的数值将分别等于终值的 86.5%、95% 和 98.2%。根据这一特点，可用实验方法测定一阶系统的时间常数，或者判定系统是否属于一阶系统。

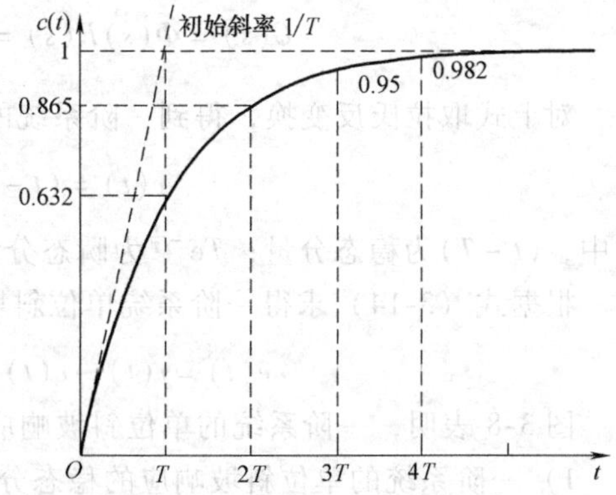

图 3-6　一阶系统的单位阶跃响应曲线

3）一阶系统的动态性能指标：$t_s=3T$（$\Delta=5\%$）或$4T$（$\Delta=2\%$），上升时间t_r和峰值时间t_p

不存在，超调量 σ 为0。

4）T 值的大小反映系统的惯性。T 值越小，惯性就越小，响应速度越快；T 值越大，惯性就越大，响应速度越慢。

3.2.3 一阶系统的单位脉冲响应

当输入信号为理想单位脉冲函数时，系统的输出响应称为**单位脉冲响应**。由于理想单位脉冲函数的拉氏变换等于1，即 $R(s)=1$，所以系统单位脉冲响应的拉氏变换与系统的传递函数相同，即

$$C(s)=\Phi(s)R(s)=\Phi(s)=\frac{1}{Ts+1}$$

因此，一阶系统的单位脉冲响应为

$$c(t)=\frac{1}{T}\mathrm{e}^{-\frac{t}{T}},\quad t\geqslant 0 \tag{3-13}$$

图3-7表明，一阶系统的单位脉冲响应具有如下重要特点：

1）一阶系统的脉冲响应是一条单调下降的指数曲线。若定义该指数曲线衰减到其初始的5%所需的时间为脉冲响应调节时间，则仍有 $t_s=3T$（$\Delta=5\%$）或 $4T$（$\Delta=2\%$）。

2）系统的惯性越小，响应过程的持续时间越短，从而系统的快速性越好。

3）根据被测定系统的单位脉冲响应，进行拉氏变换后，就可以直接得到被测系统的闭环传递函数。

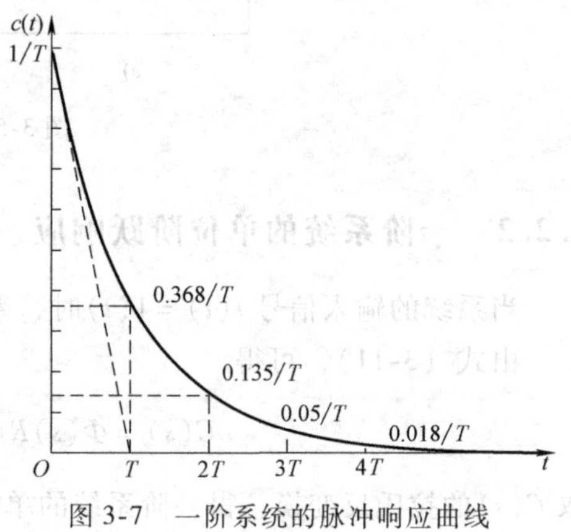

图3-7 一阶系统的脉冲响应曲线

4）单位脉冲响应在 $t=0$ 时等于 $1/T$，它与单位阶跃响应在 $t=0$ 时的变化率相等。这说明了单位脉冲响应是单位阶跃响应的导数，而单位阶跃响应是单位脉冲响应的积分。

3.2.4 一阶系统的单位斜坡响应

设系统的输入信号为单位斜坡函数，即 $r(t)=t$，则系统输出信号的拉氏变换为

$$C(s)=\Phi(s)R(s)=\frac{1}{Ts+1}\frac{1}{s^2}=\frac{1}{s^2}-\frac{T}{s}+\frac{T^2}{Ts+1}$$

对上式取拉氏反变换，得到一阶系统的单位斜坡响应为

$$c(t)=(t-T)+T\mathrm{e}^{-\frac{t}{T}},\quad t\geqslant 0 \tag{3-14}$$

式中，$(t-T)$ 为稳态分量；$T\mathrm{e}^{-\frac{t}{T}}$ 为瞬态分量。

根据式（3-14）求得一阶系统单位斜坡响应的误差为

$$e(t)=r(t)-c(t)=T(1-\mathrm{e}^{-\frac{t}{T}})=T-T\mathrm{e}^{-\frac{t}{T}}$$

图3-8表明，一阶系统的单位斜坡响应具有如下重要特点：

1）一阶系统的单位斜坡响应的稳态分量，是一个与输入斜坡函数斜率相同但时间滞后 T 的斜坡函数，因此在位置上存在稳态误差，其值正好等于时间常数 T。

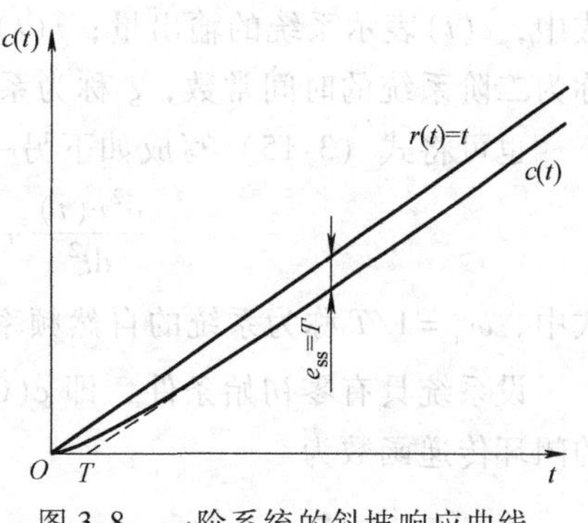

图 3-8　一阶系统的斜坡响应曲线

2）系统的惯性越小，即 T 越小，跟踪的准确度越高；初始位置和初始斜率均为零，输出速度和输入速度之间误差最大。

3）减小时间常数 T 不仅可以加快系统瞬态响应的速度，而且还可以减小系统跟踪斜坡信号的稳态误差。

表 3-2 列出了一阶系统对一些典型输入信号的响应。由表 3-2 可以看出，输入信号 $\delta(t)$ 和 $1(t)$ 分别是 $1(t)$ 和 t 的一阶导数，与之对应的系统的理想单位脉冲响应及单位阶跃响应也分别是系统的单位阶跃响应及单位斜坡响应的导数。同时还可以看出，输入信号之间呈积分关系时，则相应的系统响应之间也呈现积分关系。由此可得出只有**线性定常系统所特有的重要特性**：系统对输入信号导数的响应，就等于系统对该输入信号响应的导数；系统对输入信号积分的响应，就等于系统对该输入信号响应的积分，其中积分常数由初始条件确定。

因此，在研究线性定常系统的时间响应时，不必对每种输入信号形式都进行测定和计算，往往只取其中一种典型形式进行研究即可。

表 3-2　一阶系统对典型输入信号的输出响应

输入信号 $r(t)$	输出响应 $c(t)$	
$\delta(t)$	$\frac{1}{T}e^{-\frac{t}{T}}$	$t \geqslant 0$
$1(t)$	$1-e^{-\frac{t}{T}}$	$t \geqslant 0$
t	$t-T+Te^{-\frac{t}{T}}$	$t \geqslant 0$
$\frac{1}{2}t^2$	$\frac{1}{2}t^2-Tt+T^2(1-e^{-\frac{t}{T}})$	$t \geqslant 0$

3.3　二阶系统的时域响应

以二阶微分方程来描述的控制系统，称为二阶系统。在控制工程中，不仅二阶系统的典型应用极为普遍，而且还有为数众多的高阶系统，在一定条件下可近似为二阶系统来研究，或者可以表示为一阶、二阶系统响应的合成。因此，深入分析二阶系统的特性具有重要的实际意义。

3.3.1　二阶系统的数学模型和结构图

一个典型的 RLC 电路［式（2-1）］和直流电动机系统［式（2-2）］都属于二阶系统，描述二阶系统动态特性的运动方程的标准形式为

$$T^2\frac{d^2c(t)}{dt^2}+2\zeta T\frac{dc(t)}{dt}+c(t)=r(t) \tag{3-15}$$

式中，$c(t)$表示系统的输出量；$r(t)$表示系统的输入量。这个方程中有两个参数 T 和 ζ。T 称为二阶系统的时间常数，ζ 称为系统的阻尼比。

也可将式（3-15）写成如下另一种标准形式：

$$\frac{d^2c(t)}{dt^2}+2\zeta\omega_n\frac{dc(t)}{dt}+\omega_n^2c(t)=\omega_n^2r(t) \tag{3-16}$$

式中，$\omega_n=1/T$ 称为系统的自然频率（**或无阻尼自振荡频率**）。

设系统具有零初始条件，即 $c(0)=\dot{c}(0)=0$，则对式（3-16）取拉氏变换得二阶系统的闭环传递函数为

$$\Phi(s)=\frac{C(s)}{R(s)}=\frac{\omega_n^2}{s^2+2\zeta\omega_n s+\omega_n^2} \tag{3-17}$$

一个标准的二阶系统结构图如图 3-9 所示。

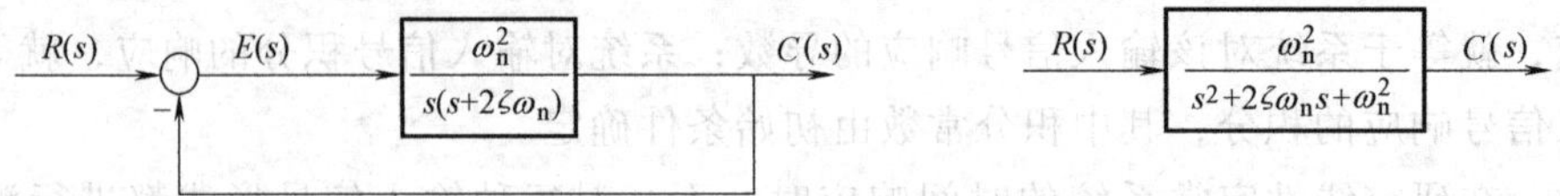

图 3-9　二阶系统结构图

3.3.2　二阶系统的单位阶跃响应

1. 二阶系统的闭环极点

令二阶系统闭环传递函数的分母多项式为零，得二阶系统的特征方程

$$D(s)=s^2+2\zeta\omega_n s+\omega_n^2=0 \tag{3-18}$$

其两个特征根，即系统的闭环极点为

$$s_{1,2}=-\zeta\omega_n\pm\omega_n\sqrt{\zeta^2-1} \tag{3-19}$$

显然，二阶系统的时间响应取决于 ζ 和 ω_n 这两个参数。特别是随着阻尼比 ζ 取值的不同，二阶系统的特征根具有不同的性质，从而系统的响应特性也不同。

1）当 $0<\zeta<1$ 时，两个特征根为一对共轭复根 $s_{1,2}=-\zeta\omega_n\pm j\omega_n\sqrt{1-\zeta^2}$，它们是位于 s 平面左半平面的共轭复数极点，如图 3-10a 所示。

2）当 $\zeta=1$ 时，特征方程具有两个相等的负实根 $s_{1,2}=-\omega_n$，它们是位于 s 平面负实轴上的相等实极点，如图 3-10b 所示。

3）当 $\zeta>1$ 时，特征方程具有两个不相等的负实根 $s_{1,2}=-\zeta\omega_n\pm\omega_n\sqrt{\zeta^2-1}$，它们是位于 s 平面负实轴上的两个不等实极点，如图 3-10c 所示。

4）当 $\zeta=0$ 时，特征方程的两个根为共轭纯虚根 $s_{1,2}=\pm j\omega_n$，它们是位于 s 平面虚轴上的一对共轭极点，如图 3-10d 所示。

5）当 $-1<\zeta<0$ 时，两个特征根为具有正实部的一对共轭复根 $s_{1,2}=-\zeta\omega_n\pm j\omega_n\sqrt{1-\zeta^2}$，它们是位于 s 平面右半平面的共轭复数极点，如图 3-10e 所示。

6）当 $\zeta<-1$ 时，特征方程具有两个不相等的正实根 $s_{1,2}=-\zeta\omega_n\pm\omega_n\sqrt{\zeta^2-1}$，它们是位于 s 平面正实轴上的两个不等实极点，如图 3-10f 所示。

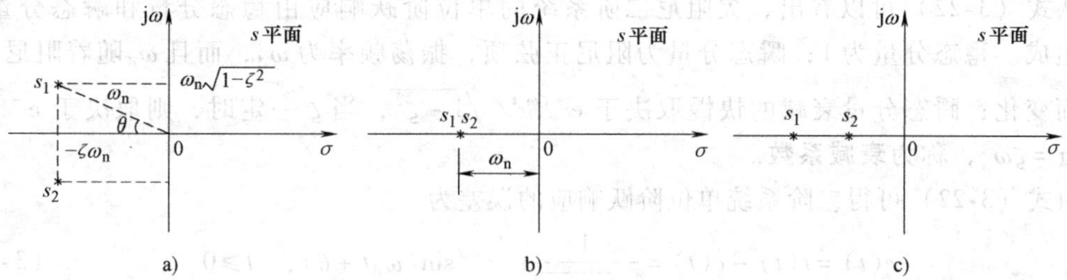

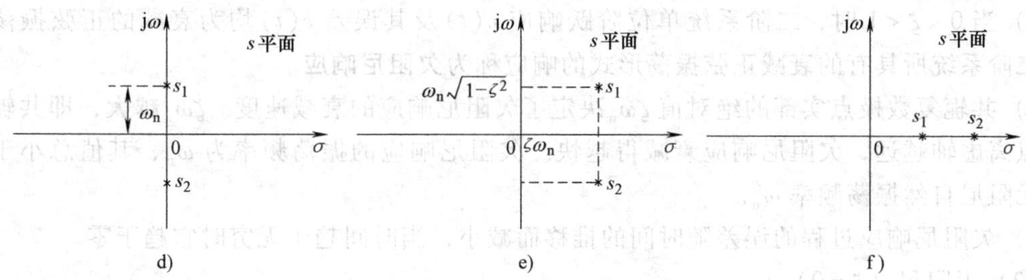

图 3-10　二阶系统的闭环极点

a) $0<\zeta<1$　b) $\zeta=1$　c) $\zeta>1$　d) $\zeta=0$　e) $-1<\zeta<0$　f) $\zeta<-1$

2. 二阶系统的单位阶跃响应

当输入信号为单位阶跃函数时，即 $r(t)=1(t)$，$R(s)=1/s$，则二阶系统的单位阶跃响应的拉氏变换为

$$C(s)=\Phi(s)R(s)=\frac{\omega_n^2}{s^2+2\zeta\omega_n s+\omega_n^2}\frac{1}{s} \tag{3-20}$$

对式（3-20）取拉氏反变换，便可得到二阶系统的单位阶跃响应 $c(t)$。

下面对二阶系统在欠阻尼（$0<\zeta<1$）、临界阻尼（$\zeta=1$）、无阻尼（$\zeta=0$）和过阻尼（$\zeta>1$）四种情况下的时域响应进行分析研究。

（1）欠阻尼（$0<\zeta<1$）

为了求取式（3-20）的拉氏反变换，将式（3-20）转化为如下形式：

$$C(s)=\frac{1}{s}-\frac{s+2\zeta\omega_n}{s^2+2\zeta\omega_n s+\omega_n^2}=\frac{1}{s}-\frac{s+\zeta\omega_n}{(s+\zeta\omega_n)^2+\omega_d^2}-\frac{\zeta\omega_n}{(s+\zeta\omega_n)^2+\omega_d^2} \tag{3-21}$$

式中，$\omega_d=\omega_n\sqrt{1-\zeta^2}$ 称为系统的有阻尼自振荡频率。

对 $C(s)$ 取拉氏反变换，求得二阶系统欠阻尼情况下的单位阶跃响应为

$$\begin{aligned}c(t)&=1-e^{-\zeta\omega_n t}\cos\omega_d t-\frac{\zeta\omega_n}{\omega_d}e^{-\zeta\omega_n t}\sin\omega_d t\\&=1-e^{-\zeta\omega_n t}\left(\cos\omega_d t+\frac{\zeta}{\sqrt{1-\zeta^2}}\sin\omega_d t\right)\\&=1-\frac{1}{\sqrt{1-\zeta^2}}e^{-\zeta\omega_n t}\sin(\omega_d t+\theta),\quad t\geqslant 0\end{aligned} \tag{3-22}$$

式中，$\theta=\arccos\zeta=\arctan\dfrac{\sqrt{1-\zeta^2}}{\zeta}$ 称为阻尼角。

从式（3-22）可以看出，欠阻尼二阶系统的单位阶跃响应由稳态分量和瞬态分量两部分组成。稳态分量为1；瞬态分量为阻尼正弦项，振荡频率为 ω_d，而且 ω_d 随着阻尼比 ζ 变化而变化；瞬态分量衰减的快慢取决于 $e^{-\zeta\omega_n t}/\sqrt{1-\zeta^2}$，当 ζ 一定时，则取决于 $e^{-\zeta\omega_n t}$，所以 $\sigma=\zeta\omega_n$，称为**衰减系数**。

由式（3-22）可得二阶系统单位阶跃响应的误差为

$$e(t)=r(t)-c(t)=\frac{1}{\sqrt{1-\zeta^2}}e^{-\zeta\omega_n t}\sin(\omega_d t+\theta),\quad t\geqslant 0 \tag{3-23}$$

从式（3-22）和式（3-23）可得出以下结论：

1）当 $0<\zeta<1$ 时，二阶系统单位阶跃响应 $c(t)$ 及其误差 $e(t)$ 均为衰减的正弦振荡过程，二阶系统所具有的衰减正弦振荡形式的响应称为**欠阻尼响应**。

2）共轭复数极点实部的绝对值 $\zeta\omega_n$ 决定了欠阻尼响应的衰减速度。$\zeta\omega_n$ 越大，即共轭复数极点离虚轴越远，欠阻尼响应衰减得越快。欠阻尼响应的振荡频率为 ω_d，其值总小于系统的无阻尼自然振荡频率 ω_n。

3）欠阻尼响应过程的误差随时间的推移而减小，当时间趋于无穷时它趋于零。

（2）无阻尼（$\zeta=0$）

在式（3-22）中，令 $\zeta=0$，可求得二阶系统无阻尼时的单位阶跃响应为

$$c(t)=1-\cos\omega_n t,\quad t\geqslant 0$$

所以，在无阻尼情况下系统的阶跃响应为等幅余弦振荡曲线，如图3-11所示。无阻尼等幅振荡角频率是 ω_n，这便是无阻尼自振荡频率这一名称的由来。

（3）临界阻尼（$\zeta=1$）

当二阶系统的两个极点相等或接近相等时，系统处于临界阻尼状态，即 $\zeta=1$。在输入信号 $R(s)=1/s$ 作用下，图3-9所示的标准二阶控制系统的输出为

$$C(s)=\frac{\omega_n^2}{s^2+2\omega_n s+\omega_n^2}\frac{1}{s}=\frac{1}{s}-\frac{\omega_n}{(s+\omega_n)^2}-\frac{1}{s+\omega_n} \tag{3-24}$$

对式（3-24）求拉氏反变换，得二阶系统的临界阻尼单位阶跃响应为

$$c(t)=1-e^{-\omega_n t}(1+\omega_n t),\quad t\geqslant 0 \tag{3-25}$$

从式（3-25）可以看出，当 $t\to\infty$ 时，二阶系统的临界阻尼单位阶跃响应趋于常值1。响应过程的变化率为

$$\frac{dc(t)}{dt}=\omega_n^2 t e^{-\omega_n t}$$

当 $t=0$ 时，变化率为0；$t>0$ 时，变化率为正。所以响应过程呈指数规律单调增加。当时间常数趋于无穷大时，变化率趋于零，响应过程趋于常值1。

（4）过阻尼（$\zeta>1$）

过阻尼情况下，二阶系统有两个不相等的负实根，即 $s_{1,2}=-\zeta\omega_n\pm\omega_n\sqrt{\zeta^2-1}$。

在输入信号 $R(s)=1/s$ 作用下，标准二阶控制系统的输出为

$$C(s)=\frac{\omega_n^2}{(s+1/T_1)(s+1/T_2)}\frac{1}{s}$$

式中，$T_1=\dfrac{1}{\omega_n(\zeta-\sqrt{\zeta^2-1})}$，$T_2=\dfrac{1}{\omega_n(\zeta+\sqrt{\zeta^2-1})}$。

T_1、T_2称为过阻尼二阶系统的时间常数，且 $T_1 > T_2$。对上式求拉氏反变换，得

$$c(t) = 1 + \frac{e^{-t/T_1}}{T_2/T_1 - 1} + \frac{e^{-t/T_2}}{T_1/T_2 - 1}, \qquad t \geqslant 0 \tag{3-26}$$

从式（3-26）可得出以下结论：

1）当 $\zeta > 1$ 时，二阶系统的单位阶跃响应含有两个单调衰减的指数项，其代数和不会超过稳态值 1，响应是非振荡的。

2）如果 ζ 远大于 1，两个衰减指数项中的一个比另一个衰减快得多，而衰减较快的指数项（即相应时间常数较小的指数项）可以忽略不计。也就是说，如果第二个闭环极点 $-1/T_2$ 距虚轴的距离与第一个闭环极点 $-1/T_1$ 相比远很多（即 $|-1/T_1| \ll |-1/T_2|$），则可以将含 $-1/T_2$ 指数项的分量忽略，这样过阻尼二阶系统的响应类似一阶系统的响应。

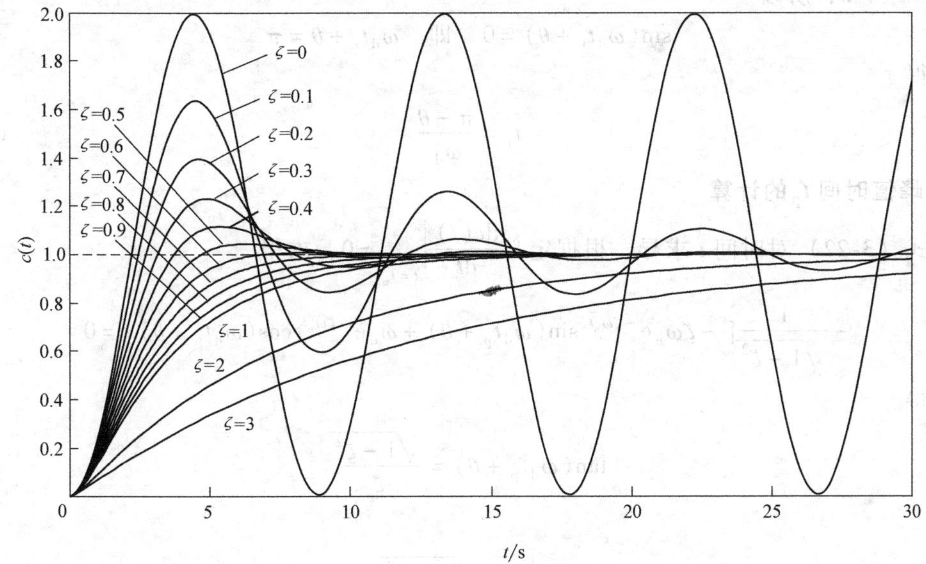

图 3-11　二阶系统不同阻尼下的单位阶跃响应曲线比较

以上对二阶系统的单位阶跃响应的几种情况进行了分析，这里对其进行总结如下：

1）当 $\zeta \geqslant 1$ 时，二阶系统的单位阶跃响应在过阻尼（$\zeta > 1$）和临界阻尼（$\zeta = 1$）的情况下，均具有单调上升的特性，且以 $\zeta = 1$ 时的调节时间 t_s 为最短。

2）对于欠阻尼（$0 < \zeta < 1$）响应，随着阻尼比 ζ 的减小，单位阶跃响应的振荡特性将加强，并在 $\zeta = 0$ 时呈现等幅振荡，最终在负阻尼（$\zeta < 0$）时发展为发散振荡。

3）在欠阻尼响应中，当 $\zeta = 0.4 \sim 0.8$ 时的响应过程不仅具有比 $\zeta = 1$ 时更短的调节时间，而且振荡程度也不严重。因此，在工程上，一般希望二阶系统在 $\zeta = 0.4 \sim 0.8$ 的欠阻尼状态下工作，因为在这种状态下将获得一个振荡特性适度、调节时间较短的响应过程。另外，对于有些不允许时间响应出现超调，而又希望响应速度较快的情况，例如在指示仪表系统和记录仪表系统中，需要采用临界阻尼或过阻尼系统。

4）同理，也可以通过分析得到，在阻尼比 ζ 为定值的情况下，ω_n 越大，二阶系统的单位阶跃响应过程越快，调节时间越短。

5）$-1 < \zeta < 0$ 和 $\zeta < -1$ 时的响应分别与欠阻尼和过阻尼的响应表达式相同，但由于指数为正，响应分别是发散振荡和单调发散，系统不稳定。

3.3.3 二阶系统阶跃响应的性能指标

下面按照3.1节给出的动态性能定义，由欠阻尼二阶系统的单位阶跃响应表达式推导出动态性能指标的解析表达式。

1. 上升时间 t_r 的计算

这里按照系统输出量从零首次达到稳态值的时间为上升时间 t_r 的定义来计算。把 $t=t_r$，$c(t_r)=1$ 代入式（3-22），得

$$1=1-\frac{1}{\sqrt{1-\zeta^2}}e^{-\zeta\omega_n t_r}\sin(\omega_d t_r+\theta)$$

由于 $e^{-\zeta\omega_n t_r}\neq 0$，所以

$$\sin(\omega_d t_r+\theta)=0 \quad 即 \quad \omega_d t_r+\theta=\pi$$

于是，得

$$t_r=\frac{\pi-\theta}{\omega_d} \tag{3-27}$$

2. 峰值时间 t_p 的计算

将式（3-22）对时间 t 求导，根据定义 $\left.\frac{dc(t)}{dt}\right|_{t=t_p}=0$，求得

$$-\frac{1}{\sqrt{1-\zeta^2}}[-\zeta\omega_n e^{-\zeta\omega_n t_p}\sin(\omega_d t_p+\theta)+\omega_d e^{-\zeta\omega_n t_p}\cos(\omega_d t_p+\theta)]=0$$

由此可得

$$\tan(\omega_d t_p+\theta)=\frac{\sqrt{1-\zeta^2}}{\zeta}$$

又因为

$$\tan\theta=\frac{\sqrt{1-\zeta^2}}{\zeta}$$

所以

$$\omega_d t_p=k\pi,\quad k=0,1,2,\cdots$$

因为峰值时间 t_p 定义为 $c(t)$ 第一次达到峰值的时间，故取 $k=1$，则

$$t_p=\frac{\pi}{\omega_d}=\frac{\pi}{\omega_n\sqrt{1-\zeta^2}} \tag{3-28}$$

3. 超调量 σ 的计算

将 $t=t_p$ 代入式（3-22），求出 $c_{max}=c(t_p)$，再代入超调量的定义式（3-9），并由 $c(\infty)=1$，得

$$\sigma=\frac{c(t_p)-c(\infty)}{c(\infty)}\times 100\%=\frac{1}{\sqrt{1-\zeta^2}}e^{-\zeta\omega_n t_p}\sin(\omega_d t_p+\theta)\times 100\%$$

$$=\frac{1}{\sqrt{1-\zeta^2}}e^{-\zeta\omega_n\frac{\pi}{\omega_d}}\sin(\pi+\theta)\times 100\%=e^{-\frac{\pi\zeta}{\sqrt{1-\zeta^2}}}\times 100\% \tag{3-29}$$

4. 调节时间 t_s 的计算

根据调节时间 t_s 的定义，可以写出如下不等式：

$$|c(t)-c(\infty)| \leqslant \Delta c(\infty), \quad t \geqslant t_s$$

将式（3-22）代入上式中，并考虑到 $c(\infty)=1$，得

$$\left|\frac{1}{\sqrt{1-\zeta^2}}\mathrm{e}^{-\zeta\omega_n t}\sin(\omega_d t+\theta)\right| \leqslant \Delta, \quad t \geqslant t_s$$

由于 $\mathrm{e}^{-\zeta\omega_n t}/\sqrt{1-\zeta^2}$ 是式（3-22）所描述的衰减正弦振荡函数的包络线，因此可将上列不等式所表达的条件近似改写为

$$\left|\frac{e^{-\zeta\omega_n t}}{\sqrt{1-\zeta^2}}\right| \leqslant \Delta, \quad t \geqslant t_s$$

由上式求得调节时间 t_s 的计算式为

$$t_s \geqslant \frac{1}{\zeta\omega_n}\ln\frac{1}{\Delta\sqrt{1-\zeta^2}}$$

若取 $\Delta=0.05$，则得

$$t_s \geqslant \frac{3+\ln\dfrac{1}{\sqrt{1-\zeta^2}}}{\zeta\omega_n}$$

对于 $0<\zeta<0.9$，则调节时间 t_s 的计算式可近似写为

$$t_s \approx \frac{3}{\zeta\omega_n} \tag{3-30}$$

同理，当 $\Delta=0.02$ 时，近似的调节时间 t_s 计算式为

$$t_s \approx \frac{4}{\zeta\omega_n} \tag{3-31}$$

【例 3-1】 已知系统的结构图如图 3-12 所示，要使系统的超调量等于 15%，峰值时间为 0.8s。试确定系统参数 K 和 T_d，并计算系统单位阶跃响应的上升时间 t_r 和调节时间 t_s。

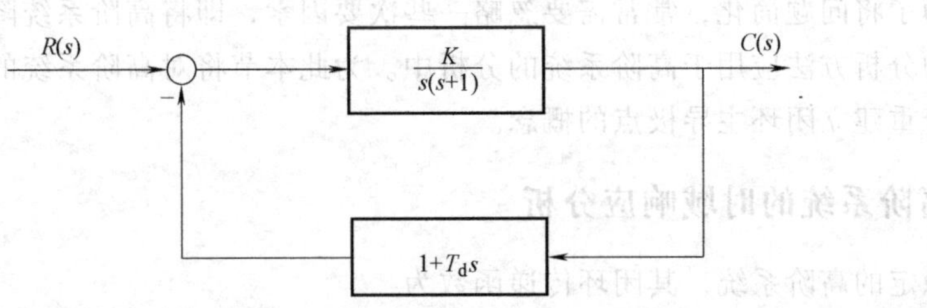

图 3-12　例 3-1 控制系统的结构图

解：由图 3-12 求得系统的闭环传递函数为

$$\Phi(s)=\frac{C(s)}{R(s)}=\frac{K}{s^2+(1+KT_d)s+K}$$

与二阶系统的标准传递函数相比较，得

$$\omega_n=\sqrt{K} \quad 及 \quad 2\zeta\omega_n=1+KT_d$$

首先由已知条件得

$$\sigma = e^{-\frac{\pi\zeta}{\sqrt{1-\zeta^2}}} \times 100\% = 15\%$$

即

$$\frac{\pi\zeta}{\sqrt{1-\zeta^2}} = \ln\frac{1}{0.15} = 1.897$$

解出 $\zeta = 0.517$。

再由

$$t_{\mathrm{p}} = \frac{\pi}{\omega_{\mathrm{n}}\sqrt{1-\zeta^2}} = 0.8\mathrm{s}$$

解出

$$\omega_{\mathrm{n}} = \frac{\pi}{0.8\sqrt{1-0.517^2}} = 4.588\ \mathrm{rad/s}$$

所以

$$K = \omega_{\mathrm{n}}^2 = 4.588^2 = 21.05$$

$$T_{\mathrm{d}} = \frac{2\zeta\omega_{\mathrm{n}} - 1}{K} = \frac{2 \times 0.517 \times 4.588 - 1}{21.05} = 0.178\mathrm{s}$$

最后，计算得

$$t_{\mathrm{r}} = \frac{\pi - \theta}{\omega_{\mathrm{n}}\sqrt{1-\zeta^2}} = \frac{\pi - \arccos 0.517}{4.588\sqrt{1-0.517^2}} = 0.538\mathrm{s}$$

$$t_{\mathrm{s}} \approx \frac{3}{\zeta\omega_{\mathrm{n}}} = \frac{3}{0.517 \times 4.588} = 1.26\mathrm{s}, \qquad \Delta = 0.05$$

3.4 高阶系统的时域响应

实际控制系统几乎都是由高阶微分方程来描述的高阶系统，对其进行研究和分析往往比较困难。为了将问题简化，常常需要忽略一些次要因素，即将高阶系统降阶。同时，希望将二阶系统的分析方法应用于高阶系统的分析中。为此本节将对高阶系统的响应过程进行近似分析，并着重建立闭环主导极点的概念。

3.4.1 高阶系统的时域响应分析

设有稳定的高阶系统，其闭环传递函数为

$$\Phi(s) = \frac{C(s)}{R(s)} = \frac{b_0 s^m + b_1 s^{m-1} + \cdots + b_{m-1}s + b_m}{s^n + a_1 s^{n-1} + \cdots + a_{n-1}s + a_n}$$

$$= \frac{K^*(s-z_1)(s-z_2)\cdots(s-z_m)}{(s-p_1)(s-p_2)\cdots(s-p_n)} = \frac{M(s)}{D(s)}, \qquad n \geqslant m \tag{3-32}$$

式中，$K^* = b_0$；p_i（$i=1, 2, \cdots, n$）是系统的闭环极点；z_j（$j=1, 2, \cdots, m$）是系统的闭环零点。闭环极点和闭环零点可以是实数，也可以是共轭复数。

如果系统的所有闭环极点各不相同（实际系统通常大都如此），且都分布在 s 平面的左半平面，则在零初始条件下，系统单位阶跃响应的拉氏变换具有下列一般形式：

$$C(s) = \frac{K\prod_{j=1}^{m}(s - z_j)}{\prod_{i=1}^{q}(s - p_i)\prod_{k=1}^{r}(s^2 + 2\zeta_k\omega_{nk}s + \omega_{nk}^2)}\frac{1}{s} \tag{3-33}$$

式中，$q + 2r = n$。

对于欠阻尼情况，即 $0 < \zeta_k < 1$（$k = 1, 2, \cdots, r$），将式（3-33）用部分分式展开得

$$C(s) = \frac{1}{s} + \sum_{i=1}^{q}\frac{A_i}{s - p_i} + \sum_{k=1}^{r}\frac{B_k(s + \zeta_k\omega_{nk}) + C_k\omega_{nk}\sqrt{1 - \zeta_k}}{s^2 + 2\zeta_k\omega_{nk}s + \omega_{nk}^2} \tag{3-34}$$

式中，A_i、B_k、C_k为与复变量 s 无关的常系数。

对式（3-34）取拉氏反变换，求得高阶系统的单位阶跃响应为

$$c(t) = 1 + \sum_{i=1}^{q}A_i e^{p_i t} + \sum_{k=1}^{r}B_k e^{-\zeta_k\omega_{nk}t}\cos(\omega_{nk}\sqrt{1 - \zeta_k^2})t$$

$$+ \sum_{k=1}^{r}C_k e^{-\zeta_k\omega_{nk}t}\sin(\omega_{nk}\sqrt{1 - \zeta_k^2})t, \quad t \geqslant 0 \tag{3-35}$$

式（3-35）表明，高阶系统的单位阶跃响应一般含有指数函数分量和衰减正、余弦函数分量。如果系统的所有闭环极点都具有负的实部而位于 s 平面的左半平面，则系统时间响应的各暂态分量都将随时间的增长而趋于零，这时称高阶系统是稳定的。显然，对于稳定的高阶系统，闭环极点负实部的绝对值越大，即闭环极点离虚轴越远，其对应的暂态分量衰减越快，反之，则衰减缓慢。

需要指出的是，虽然系统的闭环极点在 s 平面的分布决定了系统时间响应的类型和特性，但系统的闭环零点决定了系统时间响应的具体形状。该部分内容将在本书第 4 章进行深入分析研究。

3.4.2 闭环主导极点

在稳定的高阶系统中，对其时间响应起主导作用的闭环极点，称为**闭环主导极点**，其他闭环极点称为**非主导极点**。闭环主导极点是指满足如下条件的闭环极点：首先，它们距离 s 平面虚轴较近，且周围没有其他闭环极点和零点；其次，其实部的绝对值应比其他极点的实部绝对值小 5 倍以上。

如果闭环系统的一个零点与一个极点彼此十分靠近，人们常称这样的闭环零、极点为**偶极子**。偶极子有实数偶极子和复数偶极子两种，复数偶极子必共轭出现。可以证明，只要偶极子不十分靠近坐标原点，则它们对系统性能的影响就很小，因而可忽略它们的存在。由于闭环主导极点离 s 平面的虚轴较近，其对应的暂态分量衰减缓慢；其附近没有闭环零点，不会构成闭环偶极子，主导极点对应的暂态分量将具有较大的幅值；非闭环主导极点具有较大的负实部，对应的响应分量将比较快速地衰减为零。因此，闭环主导极点主导着系统响应的变化过程。应用闭环主导极点的概念，可以把一些高阶系统近似为一阶或二阶系统，以实现对高阶系统动态性能的近似评估。下面通过一个例子来分析主导极点对系统阶跃响应的影响。

设有一高阶系统，其闭环极点在 s 平面上的分布如图 3-13 所示。从图 3-13 可见，因为共轭复极点 s_1 和 s_2 离虚轴最近，所以由它们决定的响应分量在单位阶跃响应的诸分量中起主

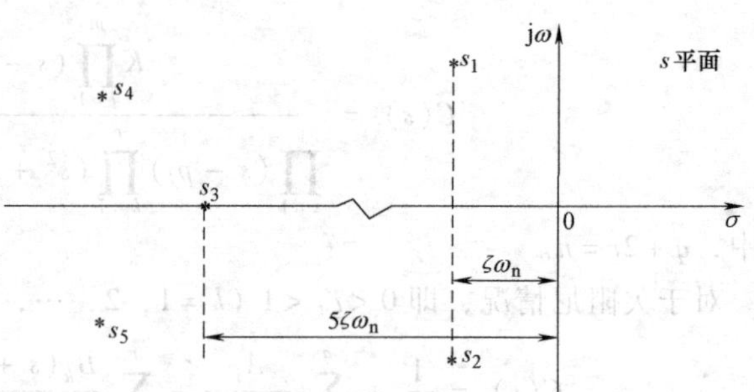

图 3-13　高阶系统的闭环极点分布

导作用，而由其他远离虚轴的极点 s_3、s_4、s_5决定的响应分量，则由于初值较小且衰减得较快，它们仅在系统响应过程开始的较短时间内呈现出一定的影响。因此，在近似分析高阶系统的响应特性时，可忽略这些响应分量的影响。

可以通过计算证明，当共轭复极点 s_1 和 s_2 的阻尼比 $\zeta = 0.4 \sim 0.8$ 时，对于$|\mathrm{Re}[s_3]| \geqslant 5|\mathrm{Re}[s_1]|$的情况，在构成高阶系统单位阶跃响应的各个分量中，由 s_3决定的响应分量早在由 s_1和 s_2决定的响应分量达到其第一个峰值，甚至在第一次达到其稳态值之前已基本衰减完毕。因此，由 s_3决定的响应分量对系统单位阶跃响应各动态性能指标的影响便可忽略不计。

由上面的分析看出，如果在控制系统的闭环极点中，距虚轴最近的共轭复极点附近无闭环零点，且其他闭环极点与虚轴的距离都在上述共轭复极点与虚轴距离的 5 倍以上时，控制系统单位阶跃响应的形式及各特征量 t_r、t_p、t_s、σ 主要取决于距虚轴最近的共轭复极点，即主导极点；而那些远离虚轴的闭环极点对系统单位阶跃响应的影响在近似分析中可以忽略不计。考虑到控制工程通常要求系统既具有较高的响应速度，又必须具有一定的阻尼程度，往往将系统设计成具有衰减振荡的动态特性。因此，闭环主导极点多以距虚轴最近，而附近又无闭环零点存在的共轭复极点形式出现。

应用闭环主导极点概念，可以导出高阶系统单位阶跃响应的近似表达式。

设 $s_{1,2} = -\zeta\omega_n \pm \omega_n\sqrt{1-\zeta^2}$为高阶系统的闭环主导极点，其中 $0<\zeta<1$，则在单位阶跃函数作用下，系统单位阶跃响应的拉氏变换 $C(s)$的近似表达式为

$$C(s) = \frac{M(s)}{D(s)}\frac{1}{s} = \frac{1}{s} + \left.\left(\frac{M(s)}{\dot{D}(s)}\frac{1}{s}\right)\right|_{s=s_1}\frac{1}{s-s_1} + \left.\left(\frac{M(s)}{\dot{D}(s)}\frac{1}{s}\right)\right|_{s=s_2}\frac{1}{s-s_2}$$

式中，$\dfrac{M(s)}{D(s)}$为系统的闭环传递函数；$\dot{D}(s) = \dfrac{\mathrm{d}}{\mathrm{d}s}D(s)$。

对上式取拉氏反变换，求得高阶系统单位阶跃响应的近似表达式为

$$c(t) = 1 + 2\left|\frac{M(s_1)}{s_1\dot{D}(s_1)}\right|\mathrm{e}^{-\zeta\omega_n t}\cos\left(\omega_n\sqrt{1-\zeta^2}\,t + \angle\frac{M(s_1)}{s_1\dot{D}(s_1)}\right),\quad t \geqslant 0$$

应该指出，应用闭环主导极点概念分析、设计高阶系统时，将使分析、设计工作大大简化，这是一种很重要的近似分析方法。应用这种近似分析方法时，事先必须确认系统闭环极点的分布模式符合主导极点的存在条件。否则，应用该方法会给分析结果带来较大的误差。

3.5　线性系统的稳定性分析

3.5.1　稳定性的概念及定义

稳定性是控制系统最重要的问题，也是对控制系统最基本的要求。不稳定的控制系统，

当受到内部或外界扰动，如负载或能源的波动、系统参数的变化等，系统中各物理量会偏离原平衡点工作，并随着时间的推移而发散，即使在干扰消失后也不可能再回复到原平衡状态。显然，不稳定的系统是没有实际应用意义的。

控制系统稳定性定义为：线性系统处于某一初始平衡状态时，在外作用影响下而偏离了原来的平衡状态，当外作用消失后，若经过足够长的时间，系统能够回到原状态或者回到原平衡点附近，则称该系统是稳定的，或称系统具有稳定性；否则，系统是不稳定的或不具有稳定性。

稳定性是系统去掉外作用后，自身的一种恢复能力，所以是系统的一种固有特性。它只取决于线性系统的结构与参数，与初始条件及外作用无关。

为了分析和设计，可将稳定性分为绝对稳定性和相对稳定性。**绝对稳定性**指的是系统是否满足稳定的条件，一旦确定系统是稳定的，还需进一步确定它的稳定程度，稳定程度可用**相对稳定性**来衡量。下面先讨论系统稳定的充要条件，对系统相对稳定性的讨论将主要在本书第 5 章进行。

3.5.2 线性定常系统稳定的充分必要条件

基于上述定义，对系统稳定性的研究归结为当作用于系统的扰动撤销后，系统能否恢复到原有平衡状态的问题。这就表明稳定性是系统的一种固有特性，它与输入信号无关，只取决于本身的结构和参数。因此，也可用系统的单位脉冲响应函数来描述这种特性。

设系统的初始条件为零，输入信号为单位理想脉冲函数 $\delta(t)$，则其输出为单位脉冲响应函数 $g(t)$。这相当于系统在扰动 $\delta(t)$ 的作用下，输出量偏离了原有平衡状态的情况。如果系统的脉冲响应函数 $g(t)$ 是收敛的，即有

$$\lim_{t\to\infty} g(t) = 0$$

这就表示系统仍能回到原有的平衡状态，因而该系统是稳定的。由此可知，系统的稳定性与其脉冲响应函数的收敛性是一致的。

因为脉冲函数的拉氏变换等于1，即 $L[\delta(t)]=1$，所以系统的脉冲响应函数就是闭环系统传递函数的拉氏反变换。

假设系统的闭环传递函数中含有 q 个实数极点和 r 对共轭复数极点且无重根，则

$$g(t) = L^{-1}[C(s)] = L^{-1}[\Phi(s)R(s)] = L^{-1}[\Phi(s)]$$

$$G(s) = C(s) = \frac{K\prod_{j=1}^{m}(s-z_j)}{\prod_{i=1}^{q}(s-p_i)\prod_{k=1}^{r}(s^2+2\zeta_k\omega_{nk}s+\omega_{nk}^2)} \tag{3-36}$$

式中，$q+2r=n$。

将式（3-36）用部分分式展开，得

$$G(s) = C(s) = \sum_{i=1}^{q}\frac{A_i}{s-p_i} + \sum_{k=1}^{r}\frac{B_k(s+\zeta_k\omega_{nk}) + C_k\omega_{nk}\sqrt{1-\zeta_k^2}}{s^2+2\zeta_k\omega_{nk}s+\omega_{nk}^2}$$

取拉氏反变换后，求得系统的脉冲响应函数为

$$g(t) = \sum_{i=1}^{q}A_i e^{p_i t} + \sum_{k=1}^{r}(B_k e^{-\zeta_k\omega_{nk}t}\cos\omega_{nk}\sqrt{1-\zeta_k^2}t + C_k e^{-\zeta_k\omega_{nk}t}\sin\omega_{nk}\sqrt{1-\zeta_k^2}t), \quad t>0 \tag{3-37}$$

由式（3-37）可知，若$\lim\limits_{t\to\infty}g(t)=0$，则要求闭环特征方程式的根均位于$s$平面的左半平面，不论是实根还是共轭复根，它们的实部都为负值，这就是线性定常系统稳定的充要条件。如果在系统的特征方程中只要含有一个正实根或一对实部为正的复数根，则其脉冲响应函数就呈发散形式，系统就不能再回到原有的平衡状态，这样的系统就是不稳定系统。

也许会提出这样一个问题：一个在脉冲输入作用下稳定的系统，会不会因不同的参考输入信号的加入而使其稳定性受到破坏？回答是否定的。下面以单位阶跃输入为例来说明。由式（3-33）和式（3-34），系统的单位阶跃响应为式（3-35）。该式等号右方第一项为系统响应的稳态分量，它表示在稳态时，系统的输出量$c(t)$完全受输入量$r(t)$的控制；第二、第三项是系统响应的瞬态分量，它们的形式和大小均由系统的结构和参数确定。如果所研究的系统在零输入下是稳定的，即其所有的特征根都具有负实部，则在参考输入作用下，系统输出响应中的各瞬态分量都将随着时间的推移而不断地衰减，经过充分长的时间后，系统的输出最终将趋向于稳态分量的一个无限小邻域，系统进入稳态运行。以上叙述说明了一个稳定的系统，在不同的参考输入信号作用下，仍然能持续稳定地运行。

基于上述分析，控制系统的稳定与否完全取决于它本身的结构和参数，即取决于系统特征方程式根实部的符号，与系统的初始条件和输入信号均无关。如果系统的特征根均位于s平面的左半平面，则此系统是稳定的。反之，只要在特征根中有一个实根或一对共轭复根位于s平面的右半平面，则相应的系统不稳定。

如果在系统的特征根中含有一对共轭虚根，假设其余的根均位于s平面的左半平面，则称此系统为**临界稳定**。系统的输出响应函数中含有等幅振荡的分量，考虑到系统内部的参数和外部环境的变化，这种等幅振荡不可能持久地持续下去，最后常导致系统的不稳定。为此在控制工程中，一般把临界稳定当作不稳定处理。

综上所述，可得出**线性定常系统稳定的充要条件**是：系统特征方程的特征根必须全部分布在s平面的左半平面而具有负实部。因为线性系统的闭环极点与其特征根是相同的，所以线性系统稳定的充要条件还可表示为：系统闭环极点必须全部分布在s平面的左半平面。

3.5.3 线性系统的代数判据——劳斯稳定判据

根据系统稳定的充要条件，必须求出系统的全部特征根。由于求高阶系统特征根的工作量很大，所以总希望有一种不用求解特征方程根，就可以判断出系统稳定性的方法。劳斯判据和赫尔维茨判据是劳斯于1877年和赫尔维茨于1895年分别独立提出的稳定性判据。常常合称为劳斯-赫尔维茨判据，又叫代数判据。这种判据就是根据闭环特征方程各项的系数，判断分析系统的稳定性。

首先介绍稳定的必要条件。

设线性定常控制系统的闭环特征方程为

$$D(s)=a_0s^n+a_1s^{n-1}+a_2s^{n-2}+\cdots+a_{n-1}s+a_n=0$$

式中，a_0为正（如果原方程首项系数为负，可先将方程两端同乘以-1）。则根据代数方程的基本理论，线性定常系统稳定的必要条件是：特征方程中，各项系数为正，即

$$a_i>0,\qquad i=1,2,\cdots,n$$

当特征方程满足上述必要条件时，尚不能完全确定系统是否稳定，还需要检验其是否满足稳定的充分条件。而系统稳定的充分必要条件由劳斯稳定判据给出。

1. 劳斯稳定判据

应用劳斯稳定判据分析线性定常系统稳定性的步骤如下：

第一步： 将给定线性定常系统的闭环特征方程

$$D(s)=a_0s^n+a_1s^{n-1}+a_2s^{n-2}+\cdots+a_{n-1}s+a_n=0,\quad a_0>0 \tag{3-38}$$

的系数按下列形式排成两行

$$\begin{matrix} a_0 & a_2 & a_4 & a_6 & \cdots \\ a_1 & a_3 & a_5 & a_7 & \cdots \end{matrix}$$

第二步： 根据上面的系数排列，通过规定的运算求取表 3-3 所示的劳斯表。

表 3-3　劳斯表

s^n	a_0	a_2	a_4	a_6	$\cdots$
s^{n-1}	a_1	a_3	a_5	a_7	$\cdots$
s^{n-2}	$c_{13}=\dfrac{a_1a_2-a_0a_3}{a_1}$	$c_{23}=\dfrac{a_1a_4-a_0a_5}{a_1}$	$c_{33}=\dfrac{a_1a_6-a_0a_7}{a_1}$	c_{43}	$\cdots$
s^{n-3}	$c_{14}=\dfrac{c_{13}a_3-a_1c_{23}}{c_{13}}$	$c_{24}=\dfrac{c_{13}a_5-a_1c_{33}}{c_{13}}$	$c_{34}=\dfrac{c_{13}a_7-a_1c_{43}}{c_{13}}$	c_{44}	$\cdots$
$\vdots$	$\vdots$	$\vdots$	$\vdots$	$\vdots$	
s^2	$c_{1,n-1}$	$c_{2,n-1}$			
s^1	$c_{1,n}$				
s^0	$c_{1,n+1}$				

系数的计算一直进行到第 $n+1$ 行被算完为止。系数的完整阵列呈现为三角形。注意，在展开的阵列中，为了简化其后的数值运算，可以用一个正整数去除或乘某一整行，这并不改变稳定性结论。

第三步： 根据计算出的劳斯表，由劳斯稳定判据进行稳定性判定。

劳斯稳定判据： 由特征方程（3-38）所表征的线性定常系统稳定的充分必要条件是特征方程的全部系数都是正数，并且劳斯表中第 1 列中所有项都具有正号。如果劳斯表第 1 列中出现小于等于零的数值，系统就不稳定，且第 1 列系数符号改变的次数，等于特征方程中实部为正数的根的个数。

对于一、二阶系统，系统稳定的充分必要条件是所有系数为正；

对于三阶系统，系统稳定的充分必要条件是所有系数为正，且 $a_1a_2>a_0a_3$。

【例 3-2】 已知某线性定常系统的特征方程为 $D(s)=s^4+2s^3+3s^2+4s+5=0$，试用劳斯判据判别系统的稳定性。

解： 根据已知特征方程的系数求得的劳斯计算表为

$$\begin{matrix} s^4 & 1 & 3 & 5 \\ s^3 & 2 & 4 & \\ s^2 & 1 & 5 & \\ s^1 & -6 & & \\ s^0 & 5 & & \end{matrix}$$

劳斯表第 1 列系数符号改变了两次，系统有 2 个正实部根，所以该系统是不稳定的。

2. 劳斯稳定判据的特殊情况

在应用劳斯稳定判据分析线性定常系统的稳定性时，有时会遇到两种特殊情况，使得劳斯表中的计算无法进行下去，因此需要进行相应的数学处理，处理的原则是不影响劳斯稳定判据的判别结果。

第一种特殊情况：劳斯表中某行的第 1 列项为零，而其余各项不为零，或不全为零。

【例 3-3】 系统的特征方程为 $D(s)=s^5+2s^4+2s^3+4s^2+s+1=0$，试分析系统的稳定性。

解：列出劳斯表如下：

$$
\begin{array}{llll}
s^5 & 1 & 2 & 1 \\
s^4 & 2 & 4 & 1 \\
s^3 & 0 & \frac{1}{2} & \\
s^2 & \infty & &
\end{array}
$$

由于计算过程中，第 3 行的第一个元素为 0，导致第 4 行的第一个元素为无穷大而使劳斯表无法继续计算。

有两种方法可以解决这一问题。

方法一：用一个很小的正数 $\varepsilon(\varepsilon\to0)$ 代替第 1 列元素中等于零的元素，继续完成劳斯表的计算。例如，对例 3-3 采用这一方法，则系统的劳斯表如下：

$$
\begin{array}{llll}
s^5 & 1 & 2 & 1 \\
s^4 & 2 & 4 & 1 \\
s^3 & 0\leftarrow\varepsilon & \frac{1}{2} & \\
s^2 & 4-\frac{1}{\varepsilon}\approx-\frac{1}{\varepsilon} & 1 & \\
s^1 & \frac{1}{2} & & \\
s^0 & 1 & &
\end{array}
$$

由于劳斯表第 1 列元素不全为正数且有两次正、负号变化，所以系统不稳定，有两个特征根位于 s 平面的右半平面。

方法二：用 $(s+a)$ 乘以原特征方程，其中 a 可为任意正数，再对新的特征方程应用劳斯稳定判据，可以防止上述特殊情况的出现。

【例 3-4】 系统的特征方程为 $D(s)=s^5+2s^4+2s^3+4s^2+11s+10=0$，试用劳斯判据确定系统稳定性；若不稳定，确定具有负实部特征根的个数。

解：列出劳斯表如下：

$$
\begin{array}{llll}
s^5 & 1 & 2 & 11 \\
s^4 & 2 & 4 & 10 \\
s^3 & 0 & 6 &
\end{array}
$$

s^3行的第 1 列出现了零，由上面介绍的方法二，用 $(s+1)$ 乘以 $(s^5+2s^4+2s^3+4s^2+$

$11s+10$），构造新特征方程：

$$s^6+3s^5+4s^4+6s^3+15s^2+21s+10=0$$

列写对应的劳斯表：

$$\begin{array}{lllll} s^6 & 1 & 4 & 15 & 10 \\ s^5 & 3 & 6 & 21 & \\ s^4 & 2 & 8 & 10 & \\ s^3 & -6 & 6 & & \\ s^2 & 10 & 10 & & \\ s^1 & 12 & 0 & & \\ s^0 & 10 & & & \end{array}$$

因此，系统不稳定，符号变了两次，共有2个正实部的根。

第二种特殊情况：劳斯表中出现全零行。

这时，系统必然存在关于坐标原点对称的根，即系统特征方程中存在一些绝对值相同但符号相反的特征根。例如，两个大小相等但符号相反的实根或一对共轭纯虚根，或者是对称于虚轴的两对共轭复根。系统不稳定，通过下面的方法可进一步求出不稳定的根。

当劳斯表中出现元素全为零的行时，可利用元素全为零的行上面一行的元素作为系数，构成一个辅助方程 $F(s)=0$，将此辅助方程对复变量 s 求导，用所得导数方程的系数取代全为零行的元素，按照计算规则继续运算，直到得出完整的劳斯计算表。辅助方程的次数通常为偶数，它表明数值相同但符号相反的根数。所有那些数值相同但符号相异的根，均可由辅助方程求得。

【例 3-5】 给定控制系统的特征方程如下：

$$s^6+s^5+6s^4+5s^3+9s^2+4s+4=0$$

试判断系统的稳定性。

解：由系统的特征方程系数计算劳斯表如下：

$$\begin{array}{lllll} s^6 & 1 & 6 & 9 & 4 \\ s^5 & 1 & 5 & 4 & \\ s^4 & 1 & 5 & 4 & \\ s^3 & 0 & 0 & & \\ & \downarrow & \downarrow & & \\ & 4 & 10 & & \\ s^2 & 2.5 & 4 & & \\ s^1 & 3.6 & & & \\ s^0 & 4 & & & \end{array}$$

其中，以第3行（s^4行）的元素作为系数，构成的辅助方程为

$$F(s)=s^4+5s^2+4=0$$

对此辅助方程关于 s 求导数，可得

$$\frac{\mathrm{d}F(s)}{\mathrm{d}s}=4s^3+10s=0$$

用上述方程的系数代替原劳斯表中第 4 行的零元素，即可完成劳斯表的计算。

因为劳斯表中第 1 列元素全部为正数，所以，系统特征方程在 s 平面的右半平面没有特征根。但由于劳斯表中出现了全为零元素的行，故特征方程存在对称于原点的特征根，该控制系统是不稳定的。

利用辅助方程可求出控制系统的 4 个对称于原点的根。

$$F(s)=s^4+5s^2+4=(s^2+1)(s^2+4)=0$$

所以，该控制系统的两对共轭虚根为 $s_{1,2}=\pm \mathrm{j}$，$s_{3,4}=\pm \mathrm{j}2$，另外两个根为 $s_{5,6}=-\frac{1}{2}\pm \mathrm{j}\frac{\sqrt{3}}{2}$。

3.5.4 控制系统的相对稳定性

利用劳斯判据判断稳定性只是部分回答了稳定性问题，即回答了系统是否稳定，即绝对稳定性问题。如果系统满足劳斯判据，则是绝对稳定的。实际上，还希望知道系统的相对稳定性。在控制系统的分析、设计中，常常应用相对稳定性的概念来说明系统的稳定程度。由于一个稳定系统的特征方程的根都落在 s 平面的左半平面，而虚轴是系统的稳定边界线。因此，以特征方程最靠近虚轴的根与虚轴的距离 σ 表示系统的相对稳定性，如图 3-14 所示。通常 σ 越大，系统的相对稳定性越高。

利用劳斯判据可以确定系统的相对稳定性。方法为：以 $s=z-\sigma$ 代入原系统的特征方程，得出以 z 为变量的方程，然后应用劳斯判据于新的方程。若满足稳定的充要条件，则该系统的特征根都落在 s 平面中 $s=-\sigma$ 直线的左半部分，即具有 σ 以上的稳定程度。

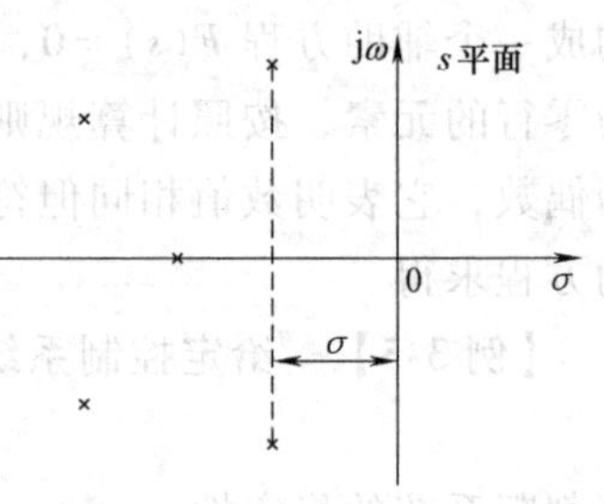

图 3-14 系统稳定裕度 σ

【例 3-6】 用劳斯判据检验下列特征方程 $2s^3+10s^2+13s+4=0$ 是否有根在 s 平面的右半平面上，并检验有几个根在垂线 $s=-1$ 的右方。

解：由系统的特征方程构成劳斯表

s^3	2	13
s^2	10	4
s^1	122/10	
s^0	4	

第 1 列元素全为正，所有的特征根均位于 s 平面的左半平面，系统稳定，没有 s 平面右半平面的根。

令 $s=z-1$ 并代入特征方程：

$$2(z-1)^3+10(z-1)^2+13(z-1)+4=0$$

整理后得

$$2z^3+4z^2-z-1=0$$

式中有负号，显然有根在 $s=-1$ 的右方。

列劳斯表：

$$
\begin{array}{lll}
z^3 & 2 & -1 \\
z^2 & 4 & -1 \\
z^1 & -0.5 & \\
z^0 & -1 &
\end{array}
$$

第 1 列的元素符号变化了一次，表示原方程有一个根在垂线 $s=-1$ 的右方。

由于闭环极点在 s 平面上的位置确定了系统的性能，因此，研究每个根在 s 平面的相对位置显然是很必要的。这里只是在时域中对系统的相对稳定性进行大致分析，其进一步研究将在本书第 5 章中进行。

3.6 控制系统的稳态误差

稳态性能指标是表征控制系统准确性的性能指标，通常用稳态下输出量的希望值与实际值之间的差来衡量。一个符合工程要求的系统，其稳态误差必须控制在允许的范围之内。例如，工业加热炉的炉温误差若超过其允许的限度，就会影响产品的加工质量。稳态误差是系统控制质量的一个重要性能指标。

控制系统的稳态误差，是系统控制精度（准确度）的一种度量，稳态误差具有不可避免性。一个实际的控制系统，由于系统本身的结构、输入作用的类型、输入函数的形式等，控制系统的稳态输出量不可能在任何情况下都保持与输入量完全一致，也不可能在任何扰动作用下都能准确地恢复到原来的平衡位置。此外，系统中存在的摩擦、间隙、不灵敏区、零位输出等因素，都会造成系统的稳态误差。

讨论稳态误差的前提是系统必须稳定。对于稳定的控制系统，它的稳态性能一般是根据阶跃、斜坡或加速度输入所引起的稳态误差来判断。在本节中，所研究的稳态误差，是指由于系统不能很好地跟踪特定形式的输入而引起的稳态误差和由于干扰信号的存在而产生的误差。

3.6.1 关于稳态误差的基本概念

设有图 3-15 所示的典型反馈控制系统，图中，$R(s)$是系统的给定信号，$D(s)$是系统的扰动信号。

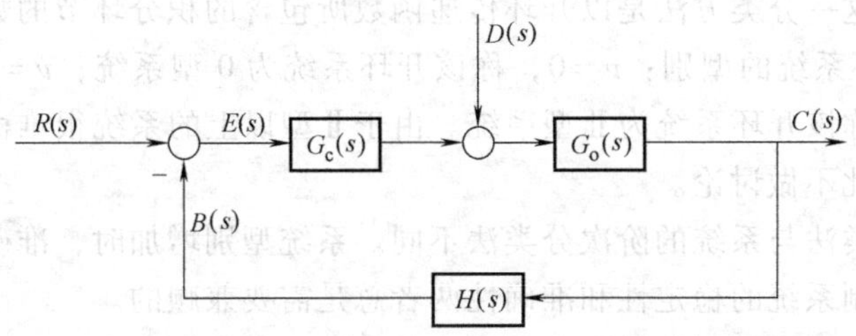

图 3-15 典型反馈控制系统结构图

在给定信号和扰动信号的共同作用下，系统实际输出 $C(s)$可能达不到其输出量的期望值。这时，系统的主反馈量 $B(s)$不等于其给定量 $R(s)$，比较器的输出为

$$E(s)=R(s)-B(s) \tag{3-39}$$

通常，把比较器的输出信号，即 $E(s)$ 称为**误差信号**，简称**误差**。

根据传递函数的基本概念，在给定输入信号和扰动信号同时作用下，系统输出 $C(s)$ 和误差 $E(s)$ 分别为

$$C(s)=\frac{G_c(s)G_o(s)}{1+G_k(s)}R(s)+\frac{G_o(s)}{1+G_k(s)}D(s) \tag{3-40}$$

$$E(s)=\frac{1}{1+G_k(s)}R(s)-\frac{G_o(s)H(s)}{1+G_k(s)}D(s)=E_r(s)+E_d(s) \tag{3-41}$$

式中，$G_k(s)=G_c(s)G_o(s)H(s)$ 为**开环传递函数**；$E_r(s)=\frac{1}{1+G_k(s)}R(s)$ 为给定误差；$E_d(s)=-\frac{G_o(s)H(s)}{1+G_k(s)}D(s)$ 为扰动误差。

如果有理函数 $sE(s)$ 在 s 平面的右半平面及虚轴上解析，即 $sE(s)$ 的极点均位于 s 平面的左半平面（包括坐标原点），则可用终值定理求取系统的稳态误差，即

$$e_{ss}=\lim_{t\to\infty}e(t)=\lim_{s\to 0}sE(s)=\lim_{s\to 0}sE_r(s)+\lim_{s\to 0}sE_d(s)=e_{ssr}+e_{ssd} \tag{3-42}$$

式（3-42）表明，在给定信号和扰动的共同作用下，系统的误差包括**给定稳态误差** $e_{ssr}=\lim\limits_{s\to 0}sE_r(s)$ 和**扰动稳态误差** $e_{ssd}=\lim\limits_{s\to 0}sE_d(s)$，下面分别加以讨论。

3.6.2 给定信号作用下的稳态误差（静态误差系数法）

任何实际的控制系统，对于某些类型的输入往往是允许稳态误差存在的。一个系统对于阶跃输入可能没有稳态误差，但对于斜坡输入却可能出现一定的稳态误差，而能够消除这个误差的方法是改变系统的参数和结构。对于某一类型的输入，系统是否会产生稳态误差，取决于系统的开环传递函数的形式。这就是下面要研究的问题。

设系统的开环传递函数为

$$G(s)H(s)=\frac{K\prod\limits_{i=1}^{m}(\tau_i s+1)}{s^{\nu}\prod\limits_{j=1}^{n-\nu}(T_j s+1)} \tag{3-43}$$

式中，K 为系统的开环增益；s^{ν} 表示开环系统在 s 平面坐标原点处有 ν 个重极点，即系统含有 ν 个积分环节。这一分类方法是以开环传递函数所包含的积分环节的数目为依据的。根据 ν 的数值，定义开环系统的型别：$\nu=0$，称该开环系统为 0 型系统；$\nu=1$，称该开环系统为Ⅰ型系统；$\nu=2$，称该开环系统为Ⅱ型系统。由于Ⅱ型以上的系统很难稳定，在控制工程中一般不太使用，在此不做讨论。

注意，这种分类法与系统的阶次分类法不同。系统型别增加时，准确度提高，但稳定性却变差。所以，控制系统的稳定性和准确性两者总是需要兼顾的。

下面基于系统的型别，研究各种典型输入信号作用下系统稳态误差的计算。

1. 阶跃输入作用下的稳态误差与静态位置误差系数

设 $r(t)=R\cdot 1(t)$，其中 R 为常量，它是阶跃输入函数的幅值，则 $R(s)=R/s$，由式（3-40）求得系统的稳态误差为

$$e_{ssr}=\lim_{s\to 0}\frac{sR(s)}{1+G(s)H(s)}=\lim_{s\to 0}\frac{s}{1+G(s)H(s)}\frac{R}{s}=\frac{R}{1+G(0)H(0)} \tag{3-44}$$

定义系统的**静态位置误差系数**为

$$K_p\overset{\text{def}}{=}\lim_{s\to 0}G(s)H(s)=G(0)H(0) \tag{3-45}$$

则用静态位置误差系数 K_p 表示的稳态误差为

$$e_{ssr}=\frac{R}{1+K_p} \tag{3-46}$$

对于 0 型系统

$$K_p=\lim_{s\to 0}\frac{K(\tau_1 s+1)(\tau_2 s+1)\cdots(\tau_m s+1)}{(T_1 s+1)(T_2 s+1)\cdots(T_n s+1)}=K$$

对于 Ⅰ 型或高于 Ⅰ 型的系统

$$K_p=\lim_{s\to 0}\frac{K(\tau_1 s+1)(\tau_2 s+1)\cdots(\tau_m s+1)}{s^{\nu}(T_1 s+1)(T_2 s+1)\cdots(T_{n-\nu} s+1)}=\infty,\quad \nu\geqslant 1$$

上述分析结果表明，如果系统开环传递函数中没有积分环节，那么它对阶跃输入的响应包含稳态误差，其大小与阶跃输入的幅值 R 成正比，与系统的开环增益 K 近似地成反比。如果要求系统对阶跃输入的稳态误差为零，则系统必须是 Ⅰ 型或高于 Ⅰ 型。

2. 斜坡输入作用下的稳态误差与静态速度误差系数

斜坡输入时，设 $r(t)=R/t^2$，则 $R(s)=R/s^2$，系统的稳态误差为

$$e_{ssr}=\lim_{s\to 0}\frac{s}{1+G(s)H(s)}\frac{R}{s^2}=\lim_{s\to 0}\frac{R}{sG(s)H(s)} \tag{3-47}$$

定义系统静态速度误差系数 K_v **为**

$$K_v\overset{\text{def}}{=}\lim_{s\to 0}sG(s)H(s) \tag{3-48}$$

则用静态速度误差系数 K_v 表示的稳态误差为

$$e_{ssr}=\frac{R}{K_v} \tag{3-49}$$

速度误差并不是速度上的误差，而是由于斜坡输入造成的在位置上的误差。所以速度误差这个术语是用来表示对斜坡输入的误差，其量纲和系统误差的量纲一样。

对于 0 型系统

$$K_v=\lim_{s\to 0}\frac{sK(\tau_1 s+1)(\tau_2 s+1)\cdots(\tau_m s+1)}{(T_1 s+1)(T_2 s+1)\cdots(T_n s+1)}=0$$

对于 Ⅰ 型系统

$$K_v=\lim_{s\to 0}\frac{sK(\tau_1 s+1)(\tau_2 s+1)\cdots(\tau_m s+1)}{s(T_1 s+1)(T_2 s+1)\cdots(T_{n-1} s+1)}=K$$

对于 Ⅱ 型或高于 Ⅱ 型的系统

$$K_v=\lim_{s\to 0}\frac{sK(\tau_1 s+1)(\tau_2 s+1)\cdots(\tau_m s+1)}{s^{\nu}(T_1 s+1)(T_2 s+1)\cdots(T_{n-\nu} s+1)}=\infty,\quad \nu\geqslant 2$$

由以上分析看出，由于 0 型系统输出信号的速度总是小于输入信号的速度，致使两者间的差距不断增大，从而导致 0 型系统的输出不能跟踪斜坡输入信号。Ⅰ 型系统能跟踪斜坡输

入信号，但有稳态误差存在。在稳态工作时，系统的输出信号的速度与输入信号的速度相等，但存在一个位置误差。此误差正比于输入量的变化率，反比于系统的开环增益。

3. 加速度输入作用下的稳态误差与静态加速度误差系数

若令 $r(t)=\frac{1}{2}Rt^2$，则 $r(t)$ 的拉氏变换为 $R(s)=R/s^3$，所以系统的稳态误差为

$$e_{ssr}=\lim_{s\to 0}\frac{s}{1+G(s)H(s)}\frac{R}{s^3}=\lim_{s\to 0}\frac{R}{s^2G(s)H(s)} \tag{3-50}$$

定义系统的静态加速度误差系数 K_a 为

$$K_a\overset{\text{def}}{=}\lim_{s\to 0}s^2G(s)H(s) \tag{3-51}$$

则用静态加速度误差系数 K_a 表示的稳态误差为

$$e_{ssr}=\frac{R}{K_a} \tag{3-52}$$

注意，与速度误差一样，加速度误差（抛物线输入所引起的稳态误差）是指位置上的误差。

对于 0 型系统

$$K_a=\lim_{s\to 0}\frac{s^2K(\tau_1s+1)(\tau_2s+1)\cdots(\tau_ms+1)}{(T_1s+1)(T_2s+1)\cdots(T_ns+1)}=0$$

对于 Ⅰ 型系统

$$K_a=\lim_{s\to 0}\frac{s^2K(\tau_1s+1)(\tau_2s+1)\cdots(\tau_ms+1)}{s(T_1s+1)(T_2s+1)\cdots(T_{n-1}s+1)}=0$$

对于 Ⅱ 型系统

$$K_a=\lim_{s\to 0}\frac{s^2K(\tau_1s+1)(\tau_2s+1)\cdots(\tau_ms+1)}{s^2(T_1s+1)(T_2s+1)\cdots(T_{n-2}s+1)}=K$$

对于 Ⅲ 型或高于 Ⅲ 型的系统

$$K_a=\lim_{s\to 0}\frac{s^2K(\tau_1s+1)(\tau_2s+1)\cdots(\tau_ms+1)}{s^\nu(T_1s+1)(T_2s+1)\cdots(T_{n-\nu}s+1)}=\infty,\quad \nu\geqslant 3$$

上述结果表明，0 型和 Ⅰ 型系统在稳定状态时都不能跟踪抛物线输入信号，而 Ⅱ 型系统在稳定状态时能跟踪抛物线输入，但有一定的稳态误差存在。

系统型别、静态误差系数、输入信号形式之间的关系汇总于表 3-4 中。

表 3-4　不同输入信号作用下的稳态误差及其静态误差系数

系统型别	静态误差系数			阶跃输入 $r(t)=R\cdot 1(t)$	斜坡输入 $r(t)=Rt$	加速度输入 $r(t)=Rt^2/2$
	K_p	K_v	K_a	位置误差 $e_{ssr}=R/(1+K_p)$	速度误差 $e_{ssr}=R/K_v$	加速度误差 $e_{ssr}=R/K_a$
0	K	0	0	$R/(1+K)$	∞	∞
Ⅰ	∞	K	0	0	R/K	∞
Ⅱ	∞	∞	K	0	0	R/K
Ⅲ	∞	∞	∞	0	0	0

静态误差系数 K_p、K_v 和 K_a 描述了控制系统消除或减小稳态误差的能力，因此它们是系

统稳态特性的一种表示方法。

为改善系统的稳态性能，可以增大系统的开环增益，或在控制系统的前向通路中增加一个或多个积分环节，来提高系统的型别。但是这又给系统带来稳定性问题。因此，系统的稳态性能和动态性能对系统型别和开环增益的要求是相矛盾的，解决这一矛盾的基本方法是在系统中加入合适的校正装置，有关这方面的内容将在第6章中介绍。

此外应该注意的是，只有当输入信号是阶跃函数、斜坡函数和加速度函数，或者是这三种函数的线性组合时，静态误差系数才有意义。用静态误差系数求得的系统稳态误差有零、常数值和趋于无穷大三种情况，其实质是用终值定理求得系统的终值误差。因此，当输入是其他形式的信号时，静态误差系数方法便无法应用了。

【例3-7】 以例2-7的磁盘驱动系统为例，该系统闭环的传递函数为

$$\frac{C(s)}{R(s)}=\frac{5K_a}{s^2+20s+5K_a}$$

1）试分析 K_a 的取值对系统稳定性的影响。

2）求其单位阶跃输入下的稳态误差。

3）分析当放大器增益改变时，系统的瞬态响应特性如何变化。

解： 1）系统的闭环特征方程为

$$s^2+20s+5K_a=0$$

利用劳斯判据易知，当 $K_a>0$ 时，系统是稳定的。

2）当输入为单位阶跃信号 $R(s)=1/s$ 时，可以得到跟踪误差：

$$E(s)=R(s)-C(s)=\frac{1}{1+K_aG(s)}R(s)$$

于是

$$e_{ssr}=\lim_{s\to 0}sE(s)=\lim_{s\to 0}s\left[\frac{1}{1+K_aG(s)}\right]\frac{1}{s}=\lim_{s\to 0}\frac{1}{1+\dfrac{5K_a}{s(s+20)}}=0$$

由此可见，系统对单位阶跃输入的稳态跟踪误差为零。这个结论不会随着系统参数的改变而改变。

3）将系统闭环传递函数

$$\frac{C(s)}{R(s)}=\frac{5K_a}{s^2+20s+5K_a}$$

与二阶系统传递函数标准形式比较，得

$$\omega_n=\sqrt{5K_a},\quad \zeta=10/\omega_n$$

当 $\zeta>1$ 时，即 $\omega_n<10$，$0<K_a<20$ 时，系统处于过阻尼状态；当 $0<\zeta<1$ 时，即 $\omega_n>10$，$K_a>20$ 时，系统处于欠阻尼状态。

因此，当取 $K_a=10$ 时，可以得到 $\omega_n=5\sqrt{2}$，$\zeta=\sqrt{2}$，此时系统处于过阻尼状态；当取 $K_a=80$ 时，可以得到 $\omega_n=20$，$\zeta=0.5$，系统处于欠阻尼状态。

当 $K_a=80$ 时，利用二阶系统计算公式

$$t_p=\frac{\pi}{\omega_n\sqrt{1-\zeta^2}},\quad \sigma=e^{-\zeta\pi/\sqrt{1-\zeta^2}}\times 100\%,\quad t_s=\frac{3}{\zeta\omega_n}\quad(\Delta=0.05)$$

可以得到 $t_p=0.181$，$\sigma=16.3\%$，$t_s=0.3$。

为了验证这一结论，利用 MATLAB 控制系统工具箱计算得到的系统响应如图 3-16 所示。

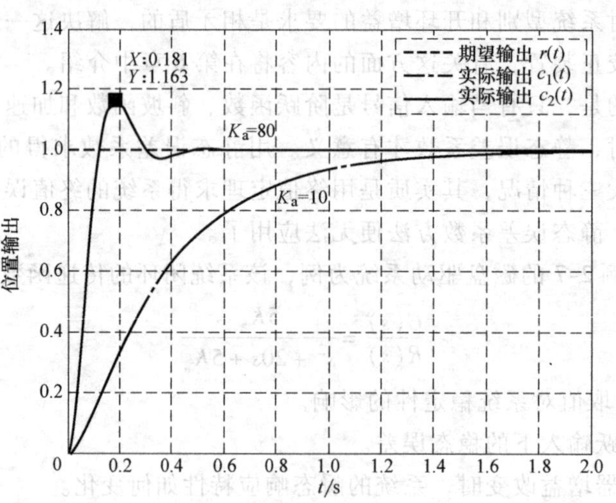

图 3-16　系统的单位阶跃响应

可见，当 $K_a=80$ 时，系统对输入指令的响应速度明显加快，但响应过程中却存在较大的超调量。因此，为了使系统性能满足设计要求，必须折中选择合适的增益 K_a。

3.6.3　扰动信号作用下的稳态误差

任何一个控制系统都会受到来自系统内部和外部各种扰动的影响，例如负载的变化、放大器的零点漂移和周围环境温度的变化等，这些都会使系统产生稳态误差。这种误差称为扰动引起稳态误差，它的大小反映了系统抗干扰能力的强弱。下面研究由扰动引起的稳态误差及与系统结构的关系。

如图 3-15 所示的控制系统。假设系统是稳定的，则可求得在输入信号 $r(t)=0$ 的情况下，从扰动信号 $d(t)$ 到误差信号 $e_d(t)$ 的传递函数，即扰动传递函数为

$$\frac{E_d(s)}{D(s)}=-\frac{G_o(s)H(s)}{1+G_c(s)G_o(s)H(s)} \tag{3-53}$$

式中，$G_c(s)G_o(s)H(s)$ 是系统的开环传递函数。

如果 $sE_d(s)$ 在 s 平面的右半平面及虚轴上解析，则利用终值定理，可求得扰动引起的稳态误差为

$$e_{ssd}=\lim_{s\to 0}sE_d(s)=-\lim_{s\to 0}\frac{sG_o(s)H(s)}{1+G_c(s)G_o(s)H(s)}D(s) \tag{3-54}$$

当扰动信号为单位阶跃函数时，即 $D(s)=1/s$，有

$$e_{ssd}=-\lim_{s\to 0}\frac{G_o(s)H(s)}{1+G_c(s)G_o(s)H(s)} \tag{3-55}$$

这里假设：

$$G_c(s)=\frac{K_1(\tau_{11}s+1)(\tau_{12}s+1)\cdots(\tau_{1m}s+1)}{s^{\nu}(T_{11}s+1)(T_{12}s+1)\cdots(T_{1n}s+1)}=\frac{K_1}{s^{\nu}}W_1(s) \tag{3-56}$$

$$G_o(s)H(s)=\frac{K_2(\tau_{21}s+1)(\tau_{22}s+1)\cdots(\tau_{2l}s+1)}{s^{\mu}(T_{21}s+1)(T_{22}s+1)\cdots(T_{2q}s+1)}=\frac{K_2}{s^{\mu}}W_2(s) \tag{3-57}$$

式（3-56）和式（3-57）中，K_1和K_2分别表示开环传递函数中位于扰动作用点之前的那部分传递函数的放大系数和扰动作用点之后的其余部分传递函数的放大系数；ν和μ分别表示这两部分所含串联积分环节的数目，$\nu \geqslant 0$，$\mu \geqslant 0$，且

$$W_1(0)=W_2(0)=1$$

把式（3-54）和式（3-55）代入式（3-53），可得

$$e_{ssd}=-\lim_{s\to 0}\frac{\dfrac{K_2}{s^{\mu}}W_2(s)}{1+\dfrac{K_1}{s^{\nu}}W_1(s)\dfrac{K_2}{s^{\mu}}W_2(s)}$$

于是得到

$$e_{ssd}=-\lim_{s\to 0}\frac{K_2 s^{\nu}}{s^{\nu+\mu}+K_1K_2} \tag{3-58}$$

1）当$\nu=0$时，即扰动作用点之前没有积分环节，则式（3-58）化为

$$e_{ssd}=\begin{cases}-\dfrac{K_2}{1+K_1K_2}, & \mu=0 \quad (3\text{-}59a)\\[2ex] -\dfrac{1}{K_1}, & \mu>0 \quad (3\text{-}59b)\end{cases}$$

如果系统的开环增益$K=K_1K_2\gg 1$，则式（3-59a）和式（3-59b）的右端近似相等。这表明，如果扰动作用点之前没有积分单元，则系统在单位阶跃扰动作用下有稳态误差，其大小可认为近似等于$-1/K_1$。

2）当$\nu>0$，即扰动作用点之前含有ν个积分环节，则式（3-58）化为

$$e_{ssd}=0 \tag{3-60}$$

这表明，只要系统在扰动点之前的部分含有积分环节，则系统在单位阶跃扰动作用下稳态误差为零。

以上的分析结果与前面章节所讨论的控制系统对于给定输入信号的稳态误差的结论相比较，可以看出，这两者是很相似的。不同之处在于，这里用扰动作用点之前的积分环节的数目代替了原开环传递函数中积分环节总数目；用扰动作用点之前的放大系数K_1代替了开环传递函数中的放大系数K。

控制系统的扰动稳态误差与扰动作用点的位置有直接关系。在控制系统的前向通道中，扰动作用点之前的环节的结构和参数决定了扰动稳态误差的大小。扰动作用点之前的环节的放大系数K_1越大，扰动稳态误差越小；在扰动作用点之前的环节中增加积分环节可消除阶跃扰动稳态误差。

虽然这里讨论的是阶跃扰动的情况，但对于斜坡扰动函数或等加速度扰动函数，也可以得出相应的类似结论。下面以一个例题来作进一步的解释和说明。

【例3-8】 已知有扰动的控制系统如图3-17所示，设$G_c(s)=K_1$，输入信号为$R(s)=1/s$，扰动信号为$D(s)=-1/s$，试讨论稳态误差及消除的方法。

解：（1）计算稳态误差

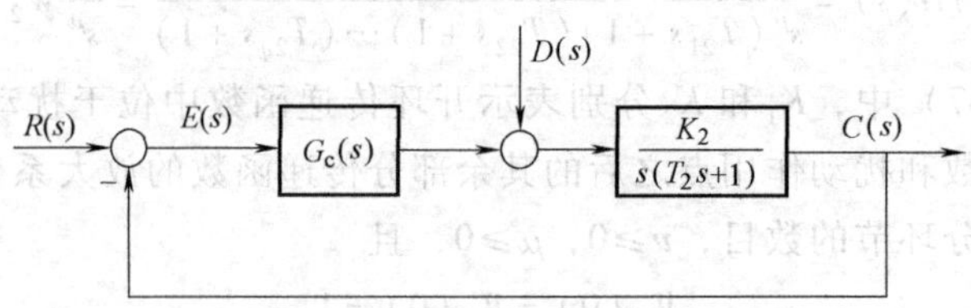

图 3-17　例 3-8 系统结构图

系统为Ⅰ型系统，应用叠加原理，先分别讨论给定输入信号和扰动信号单独作用时的稳态误差。

当给定输入信号单独作用时，即 $d(t)=0$ 时，由于给定输入信号为单位阶跃函数，即 $R(s)=1/s$，故稳态误差为

$$e_{\mathrm{ssr}}=0$$

当扰动信号单独作用时，即 $r(t)=0$ 时，由式（3-55）可得稳态误差为

$$e_{\mathrm{ssd}}=\lim_{s\to 0}\frac{K_2 s^{\nu}}{s^{\nu+\mu}+K_1K_2}$$

由系统结构图可知：$\nu=0$，$\mu=1$，所以有

$$e_{\mathrm{ssd}}=\lim_{s\to 0}\frac{K_2}{s+K_1K_2}=\frac{1}{K_1}$$

所以该系统在给定输入信号和扰动信号同时作用下的稳态误差为

$$e_{\mathrm{ss}}=e_{\mathrm{ssr}}+e_{\mathrm{ssd}}=0+\frac{1}{K_1}=\frac{1}{K_1}$$

控制系统存在稳态误差，其大小和 K_1 成反比。

（2）消除稳态误差的方法

由扰动稳态误差和系统的结构关系可知，扰动作用点之前的环节至少要含有一个积分环节，才能使稳态误差为零，故可设

$$G_{\mathrm{c}}(s)=\frac{K_1}{s}$$

由于系统闭环特征方程为

$$T_2s^3+s^2+K_1K_2=0$$

系统的稳定性受到破坏，必须增加微分环节，以提高系统的稳定性，则可设

$$G_{\mathrm{c}}(s)=\frac{K_1(\tau s+1)}{s}$$

系统闭环特征方程为

$$T_2s^3+s^2+K_1K_2\tau s+K_1K_2=0$$

由于 K_1、K_2、T_2 和 τ 均大于零，所以只要 $\tau>T_2$，闭环系统就是稳定的。此时，由扰动引起的稳态误差为

$$e_{\mathrm{ssd}}=-\lim_{s\to 0}\frac{K_2 s}{s^2+K_1K_2}=0$$

所以该系统在给定输入信号和扰动信号同时作用下的稳态误差为

$$e_{ss} = e_{ssr} + e_{ssd} = 0, \qquad \tau > T_2$$

3.6.4 提高系统控制精度的措施

采用以下措施可以提高控制系统的精度：

1）由表3-4可知，增大系统的开环增益，可以减小输入信号作用下系统的稳态误差；如果增大系统扰动作用点之前的增益，也可以减小系统在扰动作用下的稳态误差。

2）在系统的前向通道或反馈通道串联积分环节可以减小在输入信号作用下的稳态误差；在扰动作用点之前的前向通道串联积分环节，可减小扰动作用下的稳态误差。

但是上述两种措施中的积分环节不能超过两个，开环增益也不能很大，否则系统的动态性能会变差，甚至造成系统不稳定。

3）不能简单地靠串联积分环节个数或增大开环增益 K 来减小系统的稳态误差时，有时需在系统中引入与给定作用有关或与扰动作用有关的前馈控制作用，以构成复合控制系统。该部分内容将在本书的第6章进行介绍。

3.7 MATLAB 在时域分析中的应用 *

本节将介绍利用 MATLAB 和 Simulink 进行控制系统瞬态响应分析的方法。MATLAB 中提供了两类用于求解系统时域响应的方法：其一是利用 MATLAB 中的控制系统工具箱来对控制系统进行分析，它适合于求解系统总体模型给定时的时域响应；其二是 Simulink 仿真，它主要用于对复杂系统进行建模和仿真，具有更强的功能。

控制系统工具箱（Control System Toolbox）是一个算法的集合，它使用关于复数矩阵的函数来提供控制工程的专用函数，其中大部分是 M 文件，都可以直接调用。利用这些函数就可以完成控制系统的时域分析、设计与建模。控制系统工具箱主要处理的是线性时不变系统（Linear Time Invariant，LTI）。

3.7.1 用 MATLAB 求系统的时域响应

1. 单位脉冲和单位阶跃响应

MATLAB 控制系统工具箱提供了一组求解系统时域响应的函数，利用这些函数可以方便快捷地求出对应的单位脉冲、单位阶跃、单位斜坡和单位加速度信号的响应。

求取控制系统的单位脉冲响应的函数为 impulse( )，其调用格式为

$$[y, x, t] = \text{impulse}(num, den)$$

或

$$\text{impulse}(num, den, t)$$

求取控制系统的单位阶跃响应的函数为 step( )，其调用格式为

$$[y, x, t] = \text{step}(num, den)$$

或

$$\text{step}(num, den, t)$$

其中，t 为仿真时间，y 为时间 t 的输出响应，x 为时间 t 的状态响应。

第一种调用格式命令，将在系统中产生输出量、状态响应及时间向量，但不画出图形。若需图形，用 plot(t, y) 命令即可。第二种调用格式命令，将在屏幕上画出波形。

【例 3-9】 已知控制系统的闭环传递函数为

$$\Phi(s)=\frac{10}{s^2+s+10}$$

试用 MATLAB 求系统的单位脉冲响应、单位阶跃响应。

解：求解系统单位脉冲响应的 MATLAB 程序如下：

```
% ---Unit-impulse Response------
t=[0:0.1:20];
num=[10];
den=[1,1,10];
impulse(num,den,t);
grid on
title('Unit-Impulse Response of G(s)=10/(s^2+s+10)')
```

求解系统单位阶跃响应的 MATLAB 程序如下：

```
t=[0:0.1:20];
num=[10];
den=[1,1,10];
step(num,den,t);
title('Unit-step Response of G(s)=10/(s^2+s+10)')
```

程序执行后产生的曲线如图 3-18 所示。

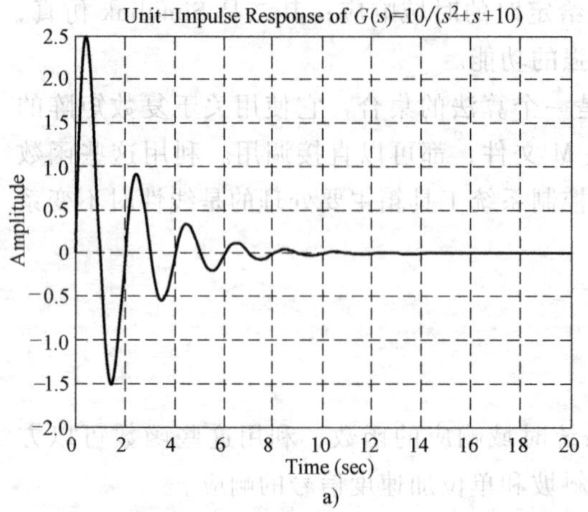

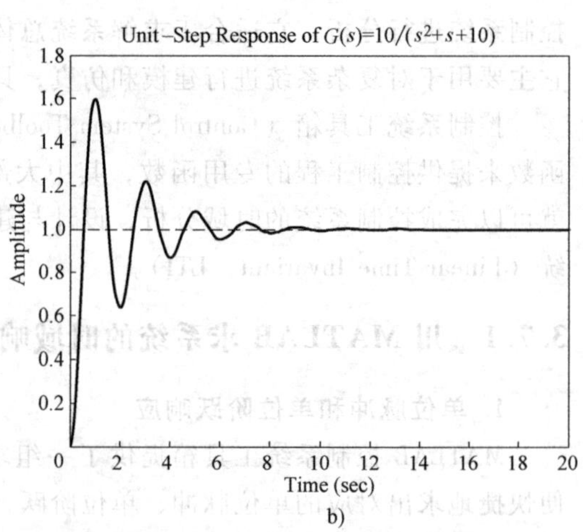

图 3-18　例 3-9 MATLAB 程序运行结果

a）单位脉冲响应曲线　b）单位阶跃响应曲线

2. 单位斜坡响应

MATLAB 没有直接求系统斜坡响应的功能函数。在求取控制系统的斜坡响应时，通常利用阶跃响应功能函数。基于单位阶跃信号的拉氏变换为 $1/s$，而单位斜坡信号的拉氏变换为 $1/s^2$。所以在求取控制系统的单位斜坡响应时，可利用阶跃响应的功能函数 step( )求取传递函数为 $G(s)/s$ 的系统的阶跃响应，则其结果就是原系统 $G(s)$ 的斜坡响应。

【例 3-10】　已知控制系统的闭环传递函数为

$$\Phi(s)=\frac{1}{s^2+0.3s+1}$$

试用 MATLAB 求系统的单位斜坡响应。

解：由于单位斜坡信号 $R(s)=1/s^2$，所以系统的输出信号的拉氏变换为

$$C(s)=\frac{1}{s^2+0.3s+1}\frac{1}{s^2}=\frac{1}{s(s^2+0.3s+1)}\frac{1}{s}$$

因此，系统对单位斜坡信号的响应等价于一个单位阶跃信号作用在闭环传递函数为

$$\Phi(s)=\frac{1}{s(s^2+0.3s+1)}$$

的系统响应。

求解系统单位斜坡响应的 MATLAB 程序如下：

```
t=0:0.1:10;
num=[1];
den=[1,0.3,1,0];
c=step(num,den,t);
plot(t,c,'* ',t,t,'-');
grid on;
xlabel('t/s');
ylabel('r(t),c(t)');
title('Input and Output')
```

MATLAB 程序运行结果如图 3-19 所示。

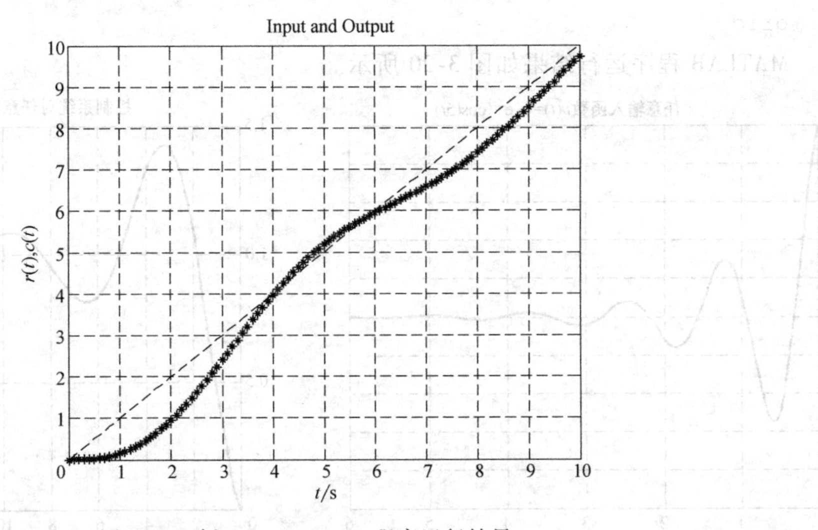

图 3-19　例 3-10 MATLAB 程序运行结果

3.7.2　任意函数作用下系统的响应

当需要求取在任意已知函数作用下系统的响应时，可以用线性仿真函数 lsim( )来实现，其调用格式为

$$y=\mathrm{lsim}(sys,u,t)$$

其中，t 为仿真时间，u 为控制系统的任意输入信号。下面举例说明该函数的使用方法。

【例 3-11】 已知控制系统的闭环传递函数为

$$\Phi(s)=\frac{1}{s^2+0.5s+1}$$

设输入信号为 $u(t)=1+e^{-t}\cos(5t)$，试用 MATLAB 求该控制系统的响应。

解：MATLAB 程序如下：

```
sys=tf([1],[1 0.5 1]);
t=0:0.01:20;
u=1+exp(-t).*cos(5.*t);
figure(1)
plot(t,u)
axis([0 6 0 2])
grid
title('任意输入函数 u(t)=1+e^{-t}cos(5t)')
xlabel('时间 t')
y=lsim(sys,u,t);
figure(2)
plot(t,y)
title('控制系统对任意输入函数的响应')
xlabel('时间 t')
grid
```

MATLAB 程序运行结果如图 3-20 所示。

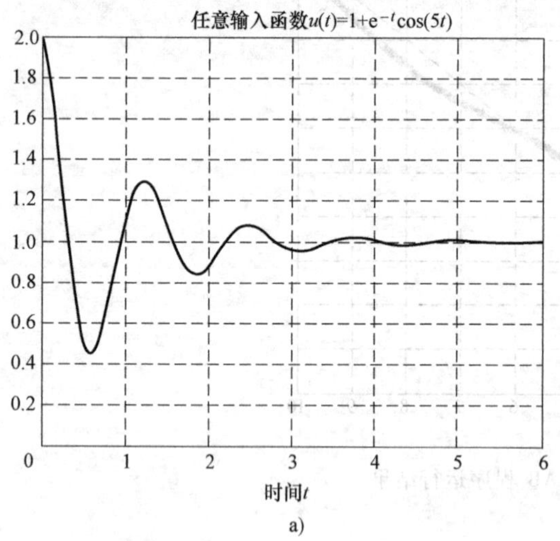

a)

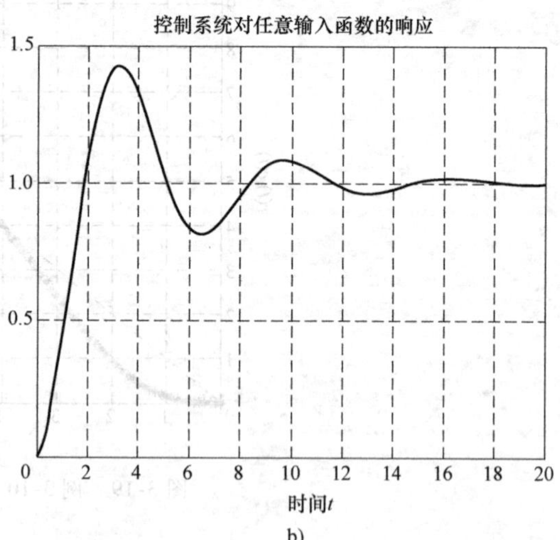

b)

图 3-20 例 3-11 MATLAB 程序运行结果

a) 输入信号 b) 输出信号

3.7.3 LTI 观测器

以上介绍了利用 MATLAB 控制工具箱中的各种函数进行控制系统瞬态响应分析的方法，除此之外，还可以利用 LTI 观测器（LTI Viewer）进行控制系统的各种分析。

LTI 观测器是 MATLAB 控制工具箱自带的用于线性时不变（LTI）系统分析的图形界面（GUI）工具，支持 10 种不同类型的系统响应分析，包括阶跃、脉冲、零极点图形等。

通过配置 LTI 观测器，可以实现在同一个观测器中同时显示 6 种分析曲线和任意数量的模型，而且可以随时获取指定响应曲线的信息，如峰值时间、超调量等。

在 MATLAB 的命令窗口中输入 ltiview 命令可以打开一个新的 LTI 观测器。图 3-21 是对某个 LTI 系统的分析结果。

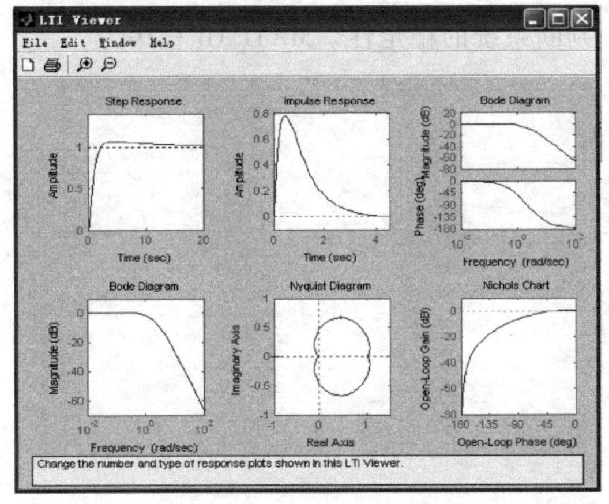

图 3-21　LTIxt 的图形分析工具（LTI 观测器）

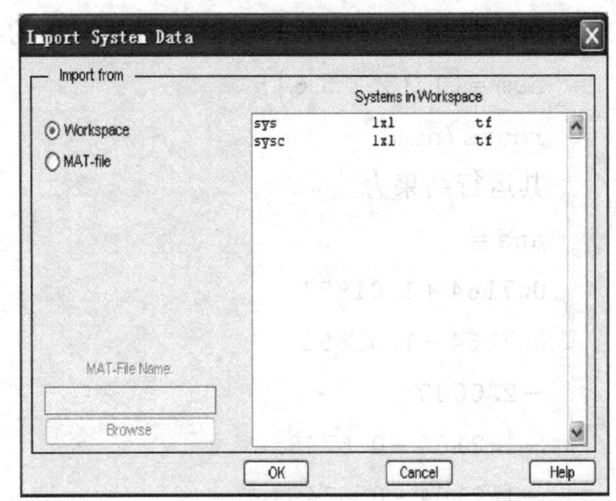

图 3-22　LTI 观测器的输入系统模型数据对话框

进入 LTI 观测器后，通过单击“File”菜单中的“Import…”命令将所要分析的模型导入观测器中。该命令执行后将出现一个选择对话框，其中列举了当前 MATLAB 工作空间中的所有模型对象（见图 3-22），用户可以选择其中的一个或多个模型并将其导入观测器中，进行各种分析。

如果不需要观测器中的某个模型对象，可以通过单击“File”菜单中的“Export…”命令将该模型对象从观测器中删除。弹出的模型选择框列举了目前观测器中存在的所有模型，如图 3-23 所示。

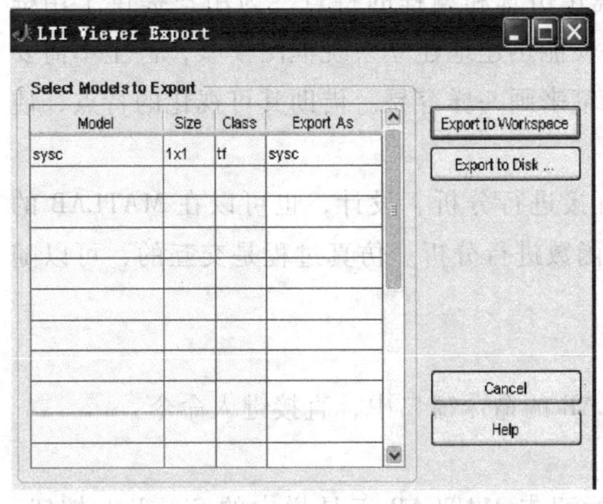

图 3-23　LTI 观测器的删除系统模型数据对话框

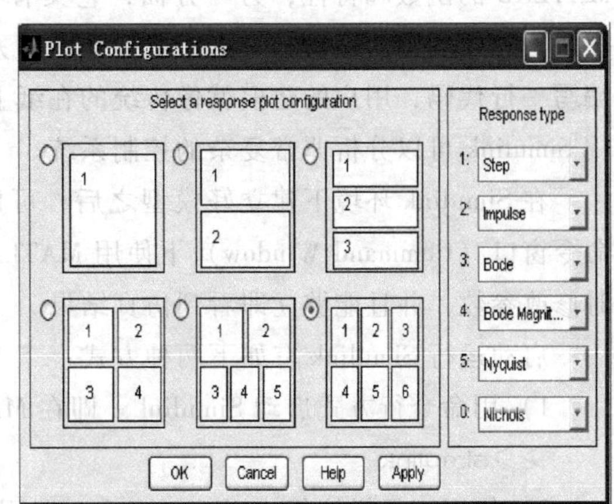

图 3-24　LTI 观测器的配置对话框

通过单击“Edit”菜单中的“Plot Configurations”命令，可以对观测器分析曲线的显示数目、曲线类型等进行配置，如图 3-24 所示。

最后，对于线性定常控制系统，可以直接使用 MATLAB 中的求根函数 roots( )计算出特征方程的根，从而判断系统的稳定性。

【例 3-12】 已知闭环控制系统特征方程为

$$D(s)=s^5+3s^4+2s^3+s^2+5s+6=0$$

试判断系统的稳定性。

解：可用 MATLAB 直接求解特征方程的根，判断系统的稳定性。MATLAB 程序为

```
num=[1 3 2 1 5 6];
roots(num)
```

其运行结果为

```
ans =
0.7164 +1.0185i
0.7164 -1.0185i
 -2.0000
 -1.2164 +0.6748i
 -1.2164 -0.6748i
```

由于系统有两个根在 s 平面的右半平面上，所以该控制系统不稳定。

3.7.4 Simulink 中的时域响应分析举例

Simulink 是 MATLAB 最重要的组件之一，提供了一个动态系统建模、仿真和综合分析的集成环境。它支持连续、离散及两者混合的线性和非线性系统，也支持具有多种采样速率的多速率系统。由于具有直观、方便、灵活的特点，Simulink 已经在学术界、工业界的建模及动态系统仿真领域得到广泛的应用。

Simulink 是一个可视化动态系统仿真环境。一方面，它是 MATLAB 的扩展，保留了所有 MATLAB 的函数和特性；另一方面，它又有可视化仿真和编程的特点，为用户提供了用框图进行建模的图形接口，只需用鼠标拖动的方法便能迅速地建立系统框图模型，甚至不需要编写一行代码，用户的建模就像传统的在纸上用笔来画一样容易。借助其可视化的特点，使用 Simulink 可以分析非常复杂的控制系统。

在 Simulink 环境下建立好模型之后，可以直接进行分析、设计，也可以在 MATLAB 的命令窗口（Command Window）下使用 MATLAB 函数进行分析。仿真过程是交互的，可以随时修改参数，并且能够立即看到仿真结果。

启动运行 Simulink 有如下两种方式：

1）用命令行方式启动 Simulink。即在 MATLAB 的命令窗口中，直接键入命令：

```
>>simulink
```

2）使用工具栏按钮启动 Simulink。即用鼠标双击 MATLAB 工具栏中的 Simulink 按钮，启动 Simulink，建立系统模型。

启动运行 Simulink 后，就会在原 MATLAB 主窗口下弹出 Simulink Library Browser 模块库浏览器窗口，如图 3-25 所示。

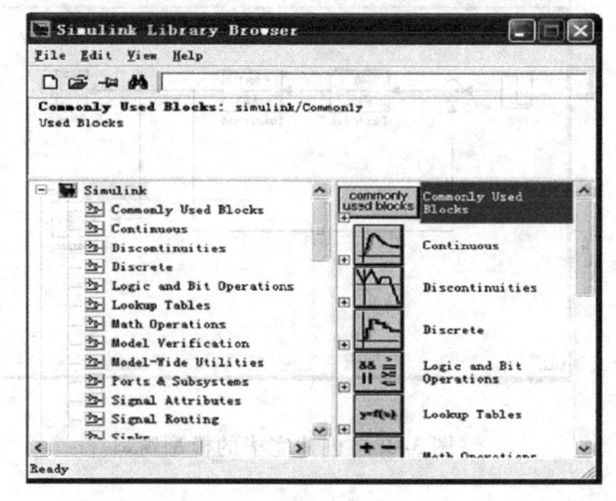

图 3-25　Simulink 模块库浏览器窗口

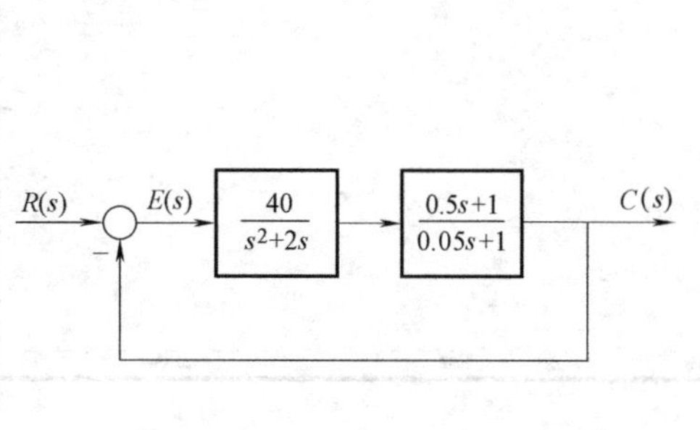

图 3-26　控制系统框图

下面，以一个例题简要说明 Simulink 的使用方法。

【例 3-13】 控制系统如图 3-26 所示。试在 Simulink 环境下构建系统的框图，并对系统的阶跃响应进行仿真。

1）进入 Simulink 环境。在 MATLAB Command Window 下键入“simulink”，则在原 MATLAB 主窗口下弹出 Simulink Library Browser 窗口。进入 Simulink Library Browser 窗口后，通过单击“File”菜单中的“New”命令创建 Simulink 的模型窗口，如图 3-27 所示。

2）进入 Simulink 模型库，构建控制系统框图。分别单击 Simulink Library Browser 左侧分类目录中的子库，通过拖拉的方式将所需要的模块拖入模型窗口，构建控制系统框图。

① 单击 Simulink Library Browser 左侧分类目录中的 Soures 子库，将 Simulink Library Browser 右侧中的 Step 模块拖入模型窗口。

② 单击 Simulink Library Browser 左侧分类目录中的 Sinks 子库，将 Simulink Library Browser 右侧中的 Scope 和 To Workspace 模块拖入模型窗口。

③ 单击 Simulink Library Browser 左侧分类目录中的 Continuous 子库，将 Simulink Library Browser 右侧中的 Transfer Fcn 模块拖入模型窗口。

④ 单击 Simulink Library Browser 左侧分类目录中的 Commonly Used Blocks 子库，将 Simulink Library Browser 右侧中的 Sum 模块拖入模型窗口。

用鼠标指向 Step 模块的输出端，当光标变为十字符时，按住鼠标任一键，移向 Sum 的输入端，松开鼠标按键，就完成了两个模块间的信号连接。采用同样的方法，按照控制系统的信号关系，将所有模块连接成图 3-28 所示的框图。

3）分别双击各个模块，打开各自的参数设置对话框，设定每个模块的参数，如图 3-29 所示。

4）单击“Simulation”菜单中的“Configuration Parameters…”命令，对仿真参数进行配置，如图 3-30 所示。

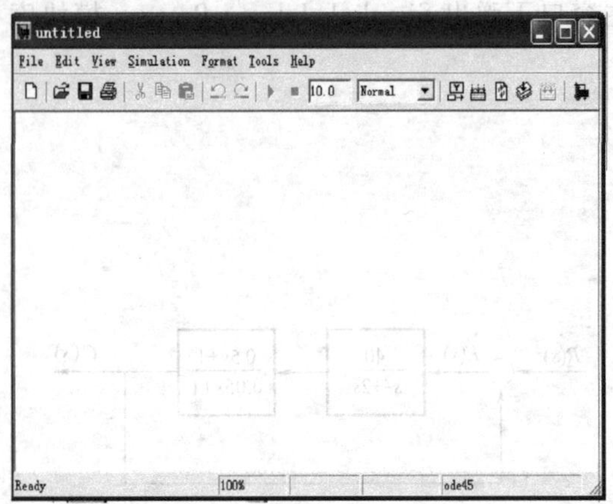

图 3-27　Simulink 模型窗口

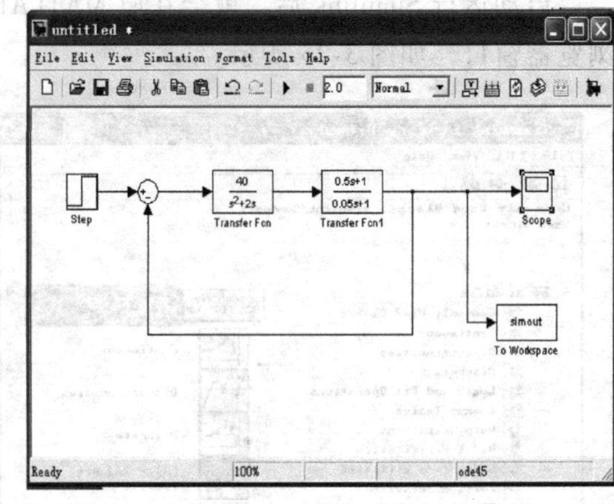

图 3-28　创建完毕的模型窗口

5）单击“Simulation”菜单中的“Start”命令，对控制系统进行仿真，仿真结果如图 3-31 所示。

Block Parameters: Transfer Fcn

Transfer Fcn

Matrix expression for numerator, vector expression for denominator. Output width equals the number of rows in the numerator. Coefficients are for descending powers of s.

Parameters

Numerator:

[40]

Denominator:

[1 2 0]

Absolute tolerance:

auto

OK　Cancel　Help　Apply

a)

Block Parameters: Transfer Fcn1

Transfer Fcn

Matrix expression for numerator, vector expression for denominator. Output width equals the number of rows in the numerator. Coefficients are for descending powers of s.

Parameters

Numerator:

[0.5 1]

Denominator:

[0.05 1]

Absolute tolerance:

auto

OK　Cancel　Help　Apply

b)

Block Parameters: Step

Step

Output a step.

Parameters

Step time:

0

Initial value:

0

Final value:

1

Sample time:

0

☑ Interpret vector parameters as 1-D

☑ Enable zero crossing detection

OK　Cancel　Help　Apply

c)

图 3-29　各个模块的参数设置对话框

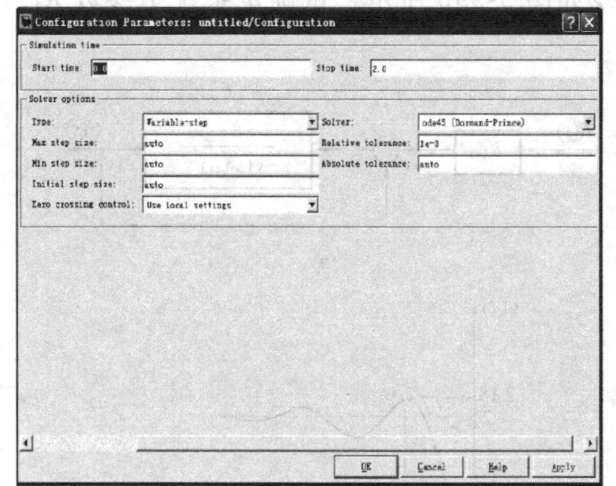

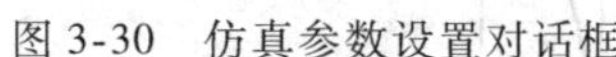

图 3-30　仿真参数设置对话框

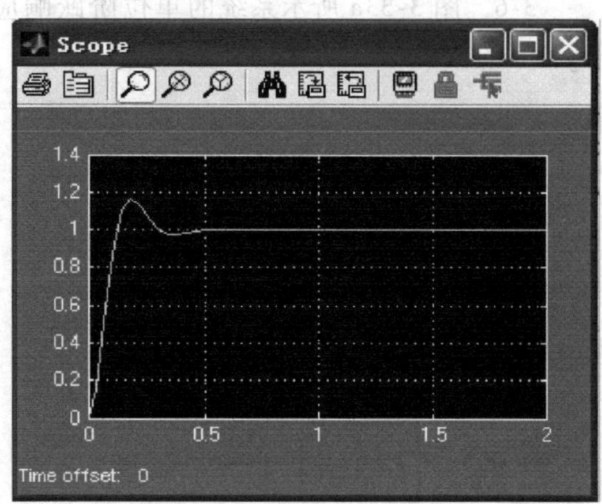

图 3-31　仿真结果

本章小结

1. 时域分析是通过直接求解系统在典型输入信号作用下的时域响应来分析系统性能的。通常是以系统阶跃响应的超调量、调节时间和稳态误差等性能指标来评价系统性能的优劣。

2. 二阶系统在欠阻尼时的响应虽有振荡，但只要阻尼比 ζ 取值适当（如 $\zeta=0.4\sim0.8$），则系统既有响应的快速性，又有过渡过程的平稳性，因此在控制系统中常把二阶系统设计为欠阻尼。

3. 如果高阶系统中有一对闭环主导极点，则该系统的瞬态响应就可以近似地用这对主导极点所描述的二阶系统来表征。

4. 稳定是系统能正常工作的首要条件。线性定常系统的稳定性是系统固有特性，它取决于系统的结构和参数，与外施信号的形式和大小无关。劳斯稳定判据是一种不用求根的代数判据。稳定判据只回答特征方程式的根在 s 平面上的分布情况，而不能确定根的具体数值。

5. 稳态误差是系统控制精度的度量，也是系统的一个重要性能指标。系统的稳态误差既与其结构和参数有关，也与控制信号的形式、大小和作用点有关。

思考题

3-1　什么是系统的时域响应？时域响应的常用性能指标有哪些？分析其实际意义？

3-2　设计一个控制系统的最基本要求是什么，线性定常系统稳定的充要条件是什么？

3-3　二阶系统的阶跃响应与其特征根的位置有什么关系？

3-4　什么是衰减系数、阻尼比以及无阻尼自然振荡角频率？试分析阻尼比和无阻尼自然角频率对系统单位阶跃响应和稳定性的影响。

习　　题

3-5　已知某控制系统结构图如图 3-32 所示，其中 $T_m=0.2$，$K=5$，求系统的单位阶跃响应性能指标。

3-6　图 3-33a 所示系统的单位阶跃响应曲线如图 3-33b 所示，试确定系统中参数 K_1、K_2和 a 的值。

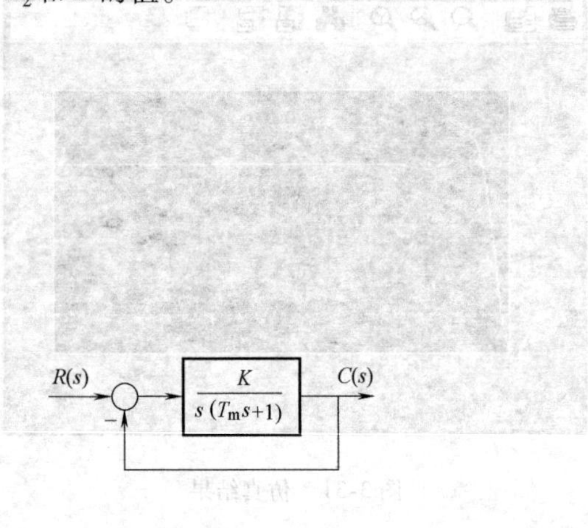

图 3-32　习题 3-5 系统结构图

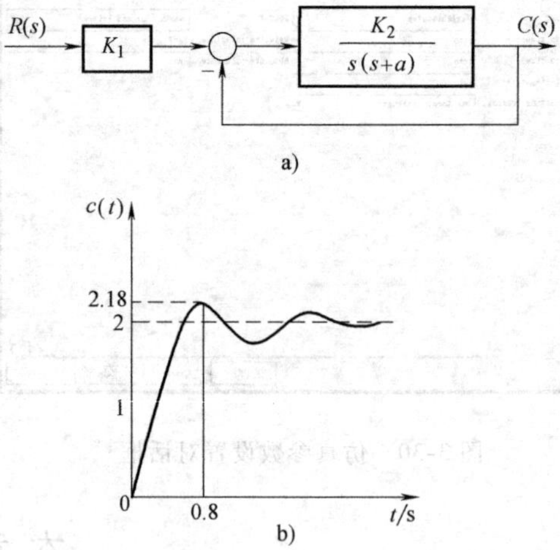

图 3-33　习题 3-6 系统结构图及响应曲线

a）控制系统结构图　b）控制系统单位阶跃响应

3-7　系统结构图如图 3-34 所示。要求系统阻尼比 $\zeta=0.6$，试确定 K_t 值并计算动态性能指标 t_p、t_s、σ。

3-8　已知系统的结构图如图 3-35 所示，要求系统的超调量 $\sigma=16.3\%$，峰值时间 $t_p=1\text{s}$，求 K 与 τ。

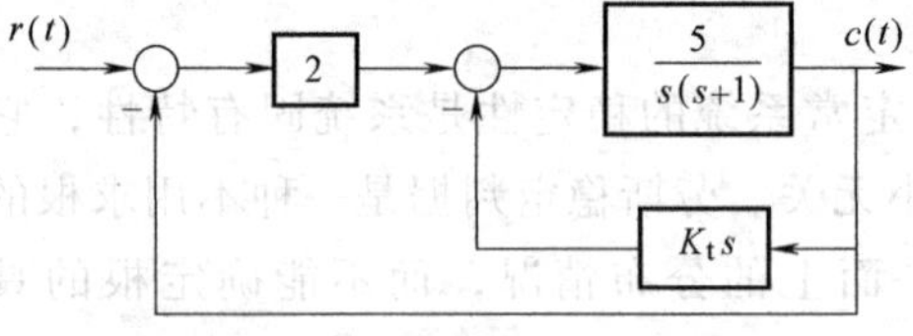

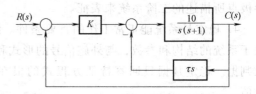

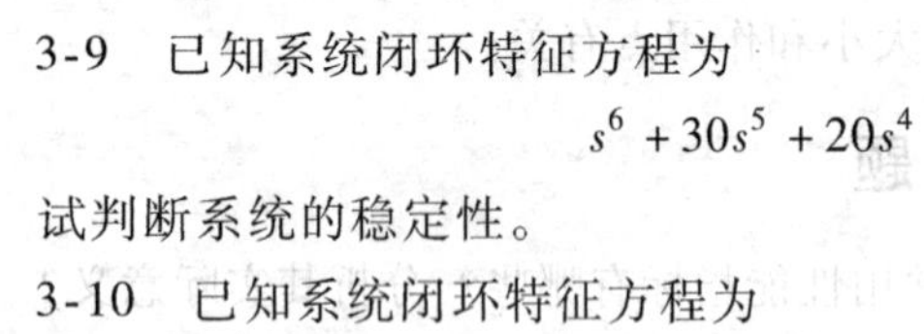

图 3-34　习题 3-7 系统结构图

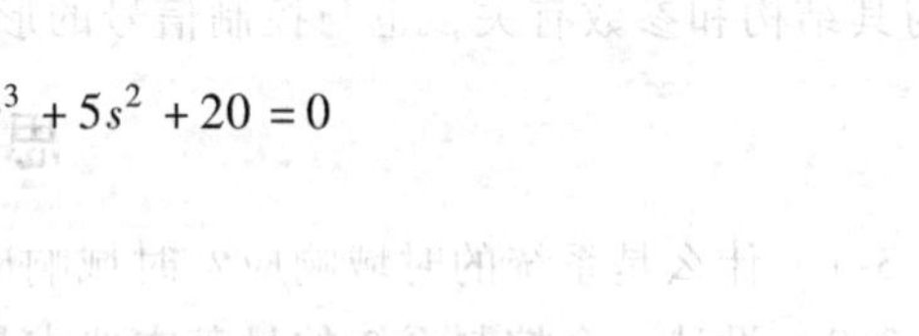

图 3-35　习题 3-8 系统结构图

3-9　已知系统闭环特征方程为

$$s^6+30s^5+20s^4+10s^3+5s^2+20=0$$

试判断系统的稳定性。

3-10　已知系统闭环特征方程为

$$s^5+s^4+2s^3+2s^2+3s+5=0$$

试判断系统的稳定性。

3-11　已知系统闭环特征方程为

$$s^6+2s^5+8s^4+12s^3+20s^2+16s+16=0$$

试求：（1）在 s 平面右半平面根的个数；

（2）虚根。

3-12　已知系统闭环特征方程为

$$3s^4+10s^3+5s^2+s+2=0$$

试用劳斯稳定判据判断确定系统的稳定性。

3-13　已知单位反馈系统的开环传递函数为

$$G(s)=\frac{K(0.5s+1)}{s(s+1)(0.5s^2+s+1)}$$

试确定系统稳定时 K 的取值范围。

3-14　设控制系统的结构图如图 3-36 所示。要求闭环系统的特征根全部位于 $s=-0.2$ 垂线之左。试确定参数 K 的取值范围。

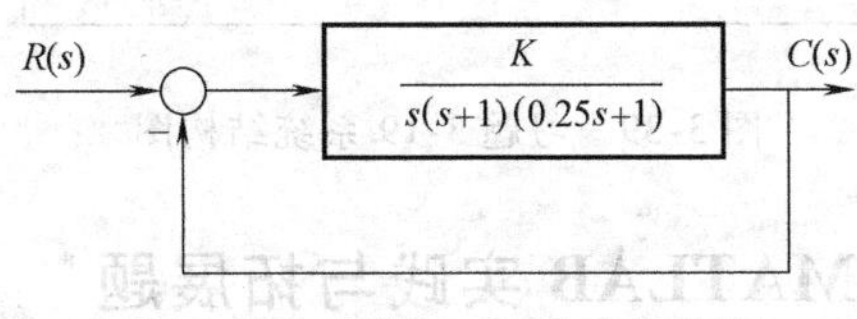

图 3-36　习题 3-14 系统结构图

3-15　已知单位反馈系统的开环传递函数为

(1) $G(s)=\dfrac{100}{(0.1s+1)(s+5)}$

(2) $G(s)=\dfrac{50}{s(0.1s+1)(s+5)}$

(3) $G(s)=\dfrac{10(2s+1)}{s^2(s^2+6s+100)}$

试求输入分别为 $r(t)=2t$ 和 $r(t)=2+2t+t^2$ 时，系统的稳态误差。

3-16　一单位反馈系统（假设系统没有零点），若要求：1）跟踪单位斜坡输入时系统的稳态误差为 2；2）设该系统为三阶，其中一对复数闭环极点为 $-1\pm j$。求满足上述要求时系统的开环传递函数。

3-17　控制系统的结构图如图 3-37 所示，扰动作用 $D(s)=-2/s$，分别求 $K=40$、20 时系统在扰动作用下的稳态输出及稳态误差。

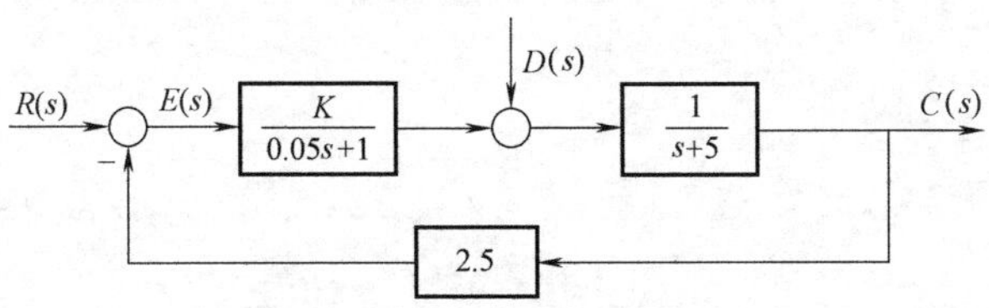

图 3-37　习题 3-17 系统结构图

3-18　某单位反馈系统结构图如图 3-38 所示，其中，$r(t)=t$，$d(t)=-0.5$，试计算该系统的稳态误差。

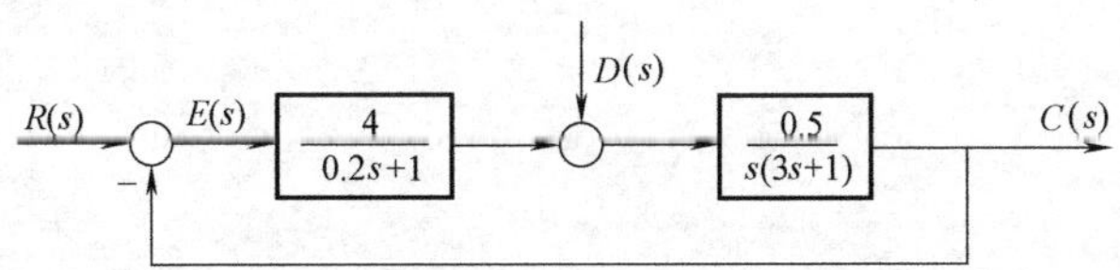

图 3-38　习题 3-18 系统结构图

3-19　设控制系统如图 3-39 所示，其中，K_1、K_2为常数，β为非负常数。试分析：

（1）β值对系统稳定性的影响；

（2）β值对系统阶跃响应动态性能的影响；

（3）β值对系统单位斜坡响应稳态误差的影响。

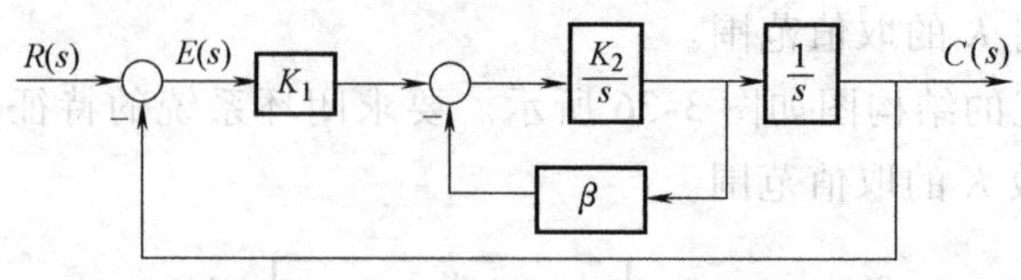

图 3-39　习题 3-19 系统结构图

MATLAB 实践与拓展题*

3-20　已知系统的闭环传递函数

$$\frac{C(s)}{R(s)}=\frac{s+0.1}{s^3+0.6s^2+s+1}$$

用 MATLAB 求系统的单位阶跃响应、单位脉冲响应和单位斜坡响应。

3-21　已知高阶系统的闭环传递函数

$$\frac{C(s)}{R(s)}=\frac{45}{(s^2+0.6s+1)(s^2+3s+9)(s+5)}$$

$s_{1,2}=-0.3\pm \mathrm{j}0.954$ 是系统的主导极点，其余 3 个极点分别是 $s_{3,4}=-1.5\pm \mathrm{j}2.6$，$s_5=-5$。可用下式所示的低阶系统近似原系统：

$$\frac{C_{\mathrm{a}}(s)}{R(s)}=\frac{1}{s^2+0.6s+1}$$

用 MATLAB 分别求原系统和降阶系统的单位阶跃响应，并对它们的动态响应性能进行比较分析。

第4章　控制系统的根轨迹分析法

【基本要求】

1. 理解根轨迹的基本概念；
2. 掌握根轨迹方程及幅值条件与相角条件的应用；
3. 重点掌握常规根轨迹及其基本绘制规则；
4. 掌握参数根轨迹、零度根轨迹及其基本绘制规则；
5. 重点掌握应用根轨迹分析参数变化对系统性能的影响。

众所周知，闭环控制系统的稳态性能和动态性能均与闭环传递函数的极点在 s 平面上的位置分布密切相关。因此，为了分析闭环控制系统的这些性能特征，往往需要确定闭环传递函数的极点，也即要解决闭环特征方程式的求根问题。由于高阶特征方程的求根过程一般较为复杂和困难，尤其是当研究系统参数变化对闭环极点的位置及对系统性能的影响时，需要进行大量的反复计算，同时还不能直观地了解这些参数变化对系统性能的影响趋势。因而对于高阶系统来说，时域分析法就显得很不方便。

针对上述缺陷，伊凡思（W. R. Evans）于1948年提出了一种求解闭环特征方程式根的图解方法——根轨迹法。该方法可以在已知系统开环零极点的条件下，绘制出闭环系统特征方程式的根在 s 平面上随系统参数变化的运动轨迹。借助该运动轨迹，不仅可以方便地确定闭环系统时间响应的全部信息，而且还可以比较直观地分析系统参数与闭环特征方程式的根之间的关系。特别是在进行多回路系统或高阶系统分析时，根轨迹法比时域分析法更为方便，因而在控制工程中得到了广泛的应用，并已发展成为经典控制理论中最基本的分析方法之一。

本章主要介绍根轨迹的基本概念及绘制简单系统根轨迹的一些基本规则，在此基础上，利用根轨迹来定性地分析系统参数的变化对系统性能的影响。

4.1　根轨迹的基本概念

4.1.1　根轨迹的定义

所谓**根轨迹**，是指系统开环传递函数的某一参量从零变化到无穷大时，闭环系统特征方程式的根在 s 平面上变化而形成的轨迹。

设某单位反馈二阶系统的结构图如图4-1所示。

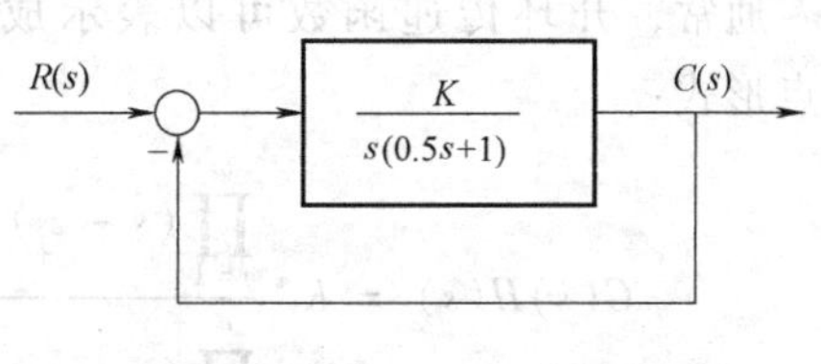

图4-1　二阶系统结构图

其开环传递函数为

$$G(s)=\frac{K}{s(0.5s+1)}$$

则对应的闭环传递函数为

$$\Phi(s)=\frac{C(s)}{R(s)}=\frac{2K}{s^2+2s+2K}$$

据此可得系统的闭环特征方程式为

$$s^2+2s+2K=0$$

由此解得该闭环特征方程式的根为

$$s_{1,2}=-1\pm\sqrt{1-2K}$$

按照根轨迹的定义，现以系统开环增益 K 为参变量，当其从零变化到无穷时，可利用上式求出与开环增益 K 相对应的所有闭环特征根的数值。将这些数值标注在 s 平面上，并用光滑的粗实线将它们连接起来，如图 4-2 所示。图中，带箭头的粗实线就称为该二阶系统的根轨迹，箭头的指向表示随开环增益 K 增大时系统根的移动方向，而标注的 K 值则为相应闭环特征根的开环增益。这种通过求解特征方程来绘制根轨迹的方法，称之为解析法。

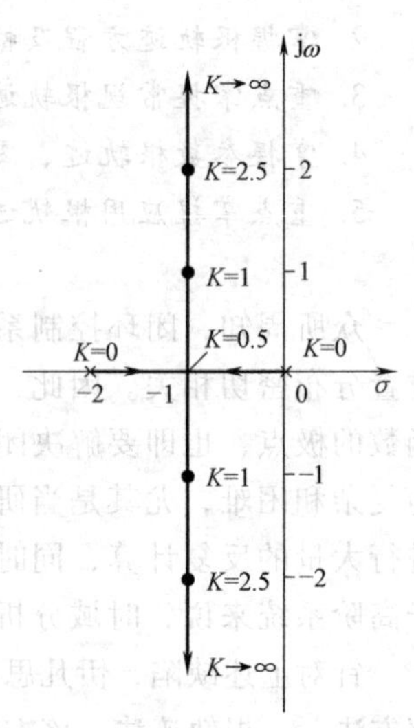

图 4-2　系统的根轨迹图

画出根轨迹的目的，是可以利用根轨迹对系统进行各种性能的分析。通过第 3 章的学习知道，系统的稳定性和动态性能均与闭环系统特征根在 s 平面上的分布密切相关，而根轨迹可以直观地反映闭环系统特征根在 s 平面上的位置以及变化情况，所以利用根轨迹可以很容易了解系统的稳定性和动态性能。除此之外，由于根轨迹上的任意一点都有与之对应的开环增益值，而开环增益又与稳态误差成反比，因此通过根轨迹也可以间接确定出系统的稳态误差，或者根据给定系统的稳态误差要求，来确定闭环极点位置的容许范围。由此可以看出，根轨迹与系统性能之间有着比较密切的联系。

4.1.2　根轨迹方程及其幅值和相角条件

对于高阶系统，求解特征方程是很困难的，因此采用解析法绘制根轨迹只适用于较简单的低阶系统。而高阶系统根轨迹的绘制是根据已知的开环零、极点位置，采用图解的方法来实现的。

设单闭环控制系统的一般结构如图 4-3 所示，其中 $G(s)$ 和 $H(s)$ 分别为系统前向通道和反馈通道的传递函数，则该系统的开环传递函数为 $G(s)H(s)$，闭环传递函数为

$$\Phi(s)=\frac{G(s)}{1+G(s)H(s)} \tag{4-1}$$

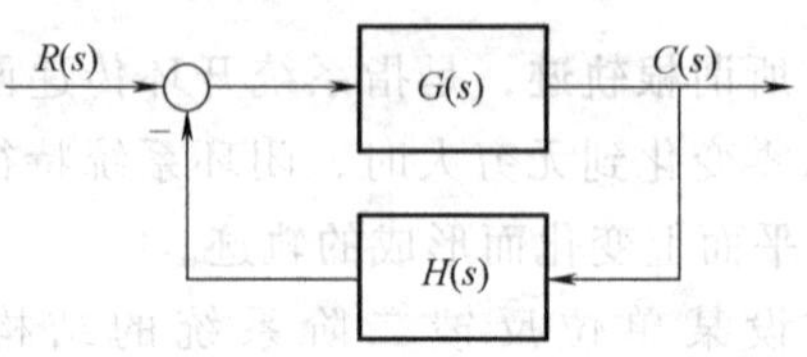

图 4-3　单闭环控制系统的结构图

通常，开环传递函数可以表示成如下的零、极点形式：

$$G(s)H(s)=K^*\frac{\prod_{j=1}^{m}(s-z_j)}{\prod_{i=1}^{n}(s-p_i)} \tag{4-2}$$

式中，z_j 和 p_i 为开环传递函数的零、极点，$i=1,2,\cdots,n$，$j=1,2,\cdots,m$，$n\geqslant m$；K^* 为

系统的开环根轨迹增益。

为了确定系统的闭环极点与其开环零、极点间的关系，令闭环传递函数表达式（4-1）的分母为零，得到闭环特征方程为

$$1+G(s)H(s)=0$$

即

$$G(s)H(s)=-1 \tag{4-3}$$

由于根轨迹是根据系统的开环零、极点绘制的，因而开环传递函数通常采用式（4-2）描述的零、极点形式。把式（4-2）代入式（4-3），则闭环特征方程等价为

$$K^*\frac{\prod_{j=1}^{m}(s-z_j)}{\prod_{i=1}^{n}(s-p_i)}=-1 \tag{4-4}$$

显然，式（4-4）表明了系统的闭环极点与其开环零、极点以及根轨迹增益 K^* 之间的关系。基于这种关系，就可以根据已知的开环零、极点分布及根轨迹增益 K^*，通过图解的方法确定相应闭环极点的位置，因此，式（4-4）通常被称为**根轨迹方程**。这里需要指出的是，只要闭环特征方程可以化成式（4-4）的形式，就可以绘制出相应的根轨迹，其中参变量不限定是根轨迹增益 K^*，也可以是系统其他可变参数。

根轨迹方程是绘制闭环系统根轨迹的依据。由于它是一个关于复变量 s 的向量方程，直接使用很不方便，因此可利用等式两边相角和幅值相等的条件，将根轨迹方程（4-4）分解为如下两个方程：

$$\sum_{j=1}^{m}\angle(s-z_j)-\sum_{i=1}^{n}\angle(s-p_i)=(2k+1)\pi,\quad k=0,\ \pm1,\ \pm2,\ \cdots \tag{4-5}$$

$$K^*=\frac{\prod_{i=1}^{n}|s-p_i|}{\prod_{j=1}^{m}|s-z_j|} \tag{4-6}$$

式中，$\angle(s-z_j)$ 表示从 s 点到开环零点 z_j 的向量与实轴正方向的夹角；$\angle(s-p_i)$ 表示从 s 点到开环极点 p_i 的向量与实轴正方向的夹角（逆时针方向为正）；$|s-z_j|$ 表示从 s 点到开环零点 z_j 的向量的长度；$|s-p_i|$ 表示从 s 点到开环极点 p_i 的向量的长度。方程（4-5）和（4-6）是绘制根轨迹的两个基本条件，前者称为根轨迹的**相角条件**，后者称为根轨迹的**幅值条件**，根轨迹上的点应同时满足这两个条件。

此外，由式（4-5）和式（4-6）可知，幅值条件与根轨迹增益 K^* 有关，而相角条件与根轨迹增益 K^* 无关。因此，如果把满足相角条件的 s 值代入幅值条件中，总可以求得一个与之对应的 K^* 值，也就是说，凡是满足相角条件的 s 点必定同时满足幅值条件，反之，未必成立。所以相角条件是确定 s 平面上根轨迹的充分必要条件。

4.2 根轨迹绘制的基本规则

为了简化根轨迹的绘制，人们在分析根轨迹的幅值条件和相角条件的基础上，总结出若

干条绘制根轨迹的基本规则。利用这些基本规则，就能方便地绘制出根轨迹的大致形状，为进一步分析系统性能做好准备。

4.2.1 绘制根轨迹的基本规则

在绘制根轨迹前，首先应将开环传递函数写成形如式（4-2）的零、极点形式；然后建立 s 平面坐标系，并将系统的开环零、极点标注在 s 平面上。需要注意的是，s 平面上的实轴和虚轴的坐标比例应取得一致，这样才能够正确反映坐标点的位置和相角的关系。一般情况下，用符号“×”表示开环传递函数的极点，用符号“○”表示开环传递函数的零点。

规则1：根轨迹的连续性和对称性

根轨迹具有连续性，且关于实轴对称。

由于闭环特征方程式中的某些系数是根轨迹增益 K^* 的函数，因此当 K^* 由零向无穷大连续变化时，特征方程式的这些系数也随之连续变化，从而使得特征方程式的根必定也是连续变化的，故根轨迹具有连续性。

同时，又因为闭环特征方程式的系数均为实数，所以其相应的特征根必为实根或共轭复根。实根位于实轴上，共轭复根对称于实轴，由此可见，根轨迹必然关于实轴对称。利用这一性质，在绘制根轨迹时，只需先绘出 s 平面上半部分的根轨迹，然后利用对称关系就可以得到 s 平面下半部分的根轨迹形状。

规则2：根轨迹的分支数

根轨迹的分支数与开环有限零点数 m 和有限极点数 n 中的大者相等。

根据定义，根轨迹指的是当系统开环传递函数的某一参量从零变化到无穷时，闭环系统特征方程式的根在 s 平面上的变化轨迹。因此，根轨迹的分支数必定与闭环特征方程式的根的数目相同。由开环传递函数（4-2）可得相应的闭环特征方程式为

$$\prod_{i=1}^{n}(s-p_i)+K^*\prod_{j=1}^{m}(s-z_j)=0 \tag{4-7}$$

显然，该闭环特征方程式的根的数目等于 m 和 n 中的较大者。由于在实际系统中，开环传递函数分母多项式的最高次数总是大于等于分子多项式的最高次数，即 $n\geqslant m$，因而上述闭环特征方程式的根的数目与开环极点数相等，即有 n 个特征根。当 K^* 由 $0\to\infty$ 变化时，这 n 个特征根也随之变化，从而形成 n 条根轨迹。

规则3：根轨迹的起点和终点

根轨迹的各条分支始于开环极点，终于开环零点。

根轨迹的起点是指根轨迹增益 $K^*=0$ 时闭环特征方程式根的位置，而终点则是指根轨迹增益 $K^*\to\infty$ 时闭环特征方程式根的位置。

根据闭环特征方程式（4-7），当 $K^*=0$ 时，有

$$\prod_{i=1}^{n}(s-p_i)=0 \text{ 即 } s=p_i,\quad i=1,2,\cdots,n \tag{4-8}$$

式（4-8）表明，$K^*=0$ 时，闭环特征方程式的根就是相应开环传递函数的极点，即根轨迹始于开环极点。

将闭环特征方程式（4-7）改写成如下形式：

$$\frac{1}{K^*}\prod_{i=1}^{n}(s-p_i)+\prod_{j=1}^{m}(s-z_j)=0$$

则当 $K^*\to\infty$ 时，有

$$\prod_{j=1}^{m}(s-z_j)=0 \text{ 即 } s=z_j,\quad j=1,2,\cdots,m \tag{4-9}$$

此时，闭环特征方程式的根就是相应开环传递函数的零点，亦即根轨迹终于开环零点。然而，由于实际系统通常满足关系 $n\geqslant m$，因此在这 n 条根轨迹中，只有 m 条根轨迹最终止于 m 个开环零点处，那么剩下的 $n-m$ 条根轨迹应止于何处？

为了说明这个问题，将根轨迹的幅值条件（4-6）写成如下形式：

$$\frac{1}{K^*}=\frac{\prod_{j=1}^{m}|s-z_j|}{\prod_{i=1}^{n}|s-p_i|}$$

当 $s\to\infty$ 时，对上式求极限，得到

$$\frac{1}{K^*}=\lim_{s\to\infty}\frac{\prod_{j=1}^{m}|s-z_j|}{\prod_{i=1}^{n}|s-p_i|}=\lim_{s\to\infty}\frac{1}{|s|^{n-m}}\to 0,\quad n>m$$

上式表明，当 $s\to\infty$ 时，必有 $K^*\to\infty$，反之亦成立。这就是说，剩下的 $n-m$ 条根轨迹的终点必将趋向于无穷远处。

如果把有限数值的零点称为**有限零点**，而把在无穷远处的零点称为**无限零点**，那么根轨迹必止于开环零点。综上所述，当 K^* 由 $0\to\infty$ 变化时，n 条根轨迹中有 m 条分支止于 m 个有限零点，其余 $n-m$ 条分支将止于无限零点处。

在绘制其他参数变化下的根轨迹时，也可能会出现 $m>n$ 的情况。当 $K^*\to 0$ 时，必有 $n-m$ 条根轨迹的起点在无穷远处。如果把无穷远处的极点看成无限极点，于是同样可以说，根轨迹必起于开环极点。

规则 4：实轴上的根轨迹

对于实轴上的某一区段，若其右侧实轴上的开环零、极点数目之和为奇数，则该段实轴必为根轨迹。

以下利用根轨迹的相角条件来具体说明上述结论。设某系统的开环零、极点分布如图 4-4 所示，图中 p_2、p_3 为一对复数共轭极点，z_1、z_2 为一对复数共轭零点。在实轴上任取一点 s_0 作为实验点，分别作各开环零、极点指向点 s_0 的向量，同时令 θ_i（$i=1,2,3,4$）为各开环极点到点 s_0 的向量的相角，φ_j（$j=1,2,3$）为各开环零点到点 s_0 的向量的相角。

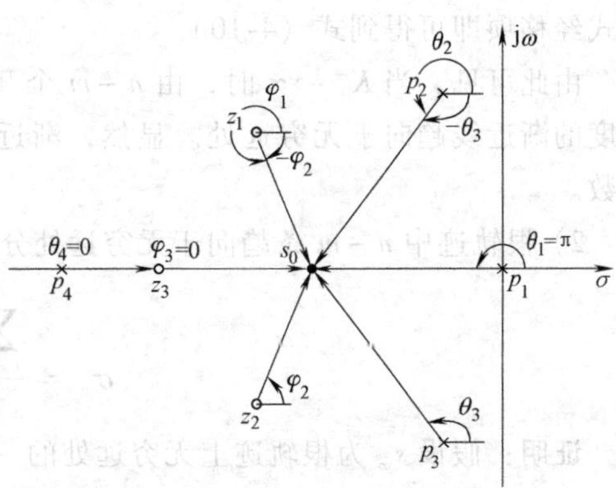

图 4-4　实轴上根轨迹的确定

由图可见，图中的一对复数共轭极点 p_2

和 p_3 指向点 s_0 的向量对称于实轴，因此它们的相角之和为 0 或者 2π。同理，对于复数共轭零点 z_1 和 z_2，该结论也成立。由根轨迹的相角条件可知，这些复数开环零、极点对实轴上根轨迹的确定没有影响。

剩下的仅是位于实轴上的开环零、极点对点 s_0 的向量。其中，位于点 s_0 右侧实轴上的开环零、极点指向点 s_0 的向量的相角均为 π，而位于点 s_0 左侧实轴上的开环零、极点指向点 s_0 的向量的相角均为 0。由此可见，实轴上根轨迹的确定完全取决于点 s_0 右侧开环零、极点之和的数目。假设 N_z 为点 s_0 右侧实轴上的开环零点总数，N_p 为点 s_0 右侧实轴上的开环极点总数。根据相角条件，可得

$$(N_z - N_p)\pi = (2k+1)\pi,\quad k = 0,1,2,\cdots$$

即

$$N_z - N_p = 2k+1,\quad k = 0,\ 1,\ 2,\cdots$$

也可等效为

$$N_z + N_p = 2k+1,\quad k = 0,\ 1,\ 2,\ \cdots$$

显然，只有当（$N_z + N_p$）为奇数时，才能满足根轨迹的相角条件。

对于图 4-4 所示的系统，利用上述规则易知，z_3 和 p_1 之间以及 $-\infty$ 和 p_4 之间的实轴部分，都是根轨迹的一部分。

规则 5：根轨迹的渐近线

根据规则 3 中的介绍，当 $n \geqslant m$ 时，应有 $n-m$ 条根轨迹的分支趋向于无穷远处。这些趋向于无穷远处的分支如何走向，具体可由根轨迹的渐近线确定。

1）根轨迹中 $n-m$ 条趋向于无穷远处的分支的渐近线与实轴正方向的夹角为

$$\varphi_a = \pm\frac{(2k+1)\pi}{n-m},\qquad k = 0,1,2,\cdots,n-m-1 \tag{4-10}$$

证明：渐近线就是 s 值很大时的根轨迹。假设 s_∞ 为根轨迹上无穷远处的一点，则 s 平面上所有开环有限零点 z_j 和开环有限极点 p_i 到点 s_∞ 的向量与实轴正方向的夹角可视为近似相等，并记为 φ_a，即

$$\angle(s - z_j) = \angle(s - p_i) = \varphi_a$$

于是，根据相角条件（4-5），可得

$$\sum_{j=1}^{m}\angle(s - z_j) - \sum_{i=1}^{n}\angle(s - p_i) = m\varphi_a - n\varphi_a = \pm(2k+1)\pi$$

上式经移项即可得到式（4-10）。

由此可见，当 $K^* \to \infty$ 时，由 $n-m$ 个开环极点出发的根轨迹分支将按式（4-10）所示角度的渐近线趋向于无穷远处。显然，渐近线的数目就等于趋向于无穷远处的根轨迹的分支数。

2）根轨迹中 $n-m$ 条趋向于无穷远处分支的渐近线与实轴的交点为

$$\sigma_a = \frac{\sum_{i=1}^{n}p_i - \sum_{j=1}^{m}z_j}{n-m} \tag{4-11}$$

证明：假设 s_∞ 为根轨迹上无穷远处的一点，故相对点 s_∞ 而言，可认为 s 平面上所有的开环有限零点 z_j 和开环有限极点 p_i 都汇集在一起，记为 σ_a，即

$$z_j = p_i = \sigma_a, \quad s \to \infty$$

将上式代入幅值条件式（4-6）中，得到

$$\frac{1}{K^*} = \frac{\prod_{j=1}^{m} |s - \sigma_a|}{\prod_{i=1}^{n} |s - \sigma_a|} = \left| \frac{1}{(s - \sigma_a)^{n-m}} \right| = \left| \frac{1}{s^{n-m} - (n-m)\sigma_a s^{n-m-1} + \cdots} \right|$$

当 $s \to \infty$ 时，上式可近似表示为

$$\frac{1}{K^*} \approx \left| \frac{1}{s^{n-m} - (n-m)\sigma_a s^{n-m-1}} \right|, \quad s \to \infty \tag{4-12}$$

同理，将幅值条件式（4-6）直接展开，得到

$$\frac{1}{K^*} = \frac{\prod_{j=1}^{m} |s - z_j|}{\prod_{i=1}^{n} |s - p_i|} = \left| \frac{s^m - \sum_{j=1}^{m} z_j s^{m-1} + \cdots + (-1)^m \prod_{j=1}^{m} z_j}{s^n - \sum_{i=1}^{n} p_i s^{n-1} + \cdots + (-1)^n \prod_{i=1}^{n} p_i} \right|$$

考虑到 $n > m$，故用上式的分母除以分子，整理得到

$$\frac{1}{K^*} = \left| \frac{1}{s^{n-m} - \left(\sum_{i=1}^{n} p_i - \sum_{j=1}^{m} z_j \right) s^{n-m-1} + \cdots} \right| \approx \left| \frac{1}{s^{n-m} - \left(\sum_{i=1}^{n} p_i - \sum_{j=1}^{m} z_j \right) s^{n-m-1}} \right|, \quad s \to \infty \tag{4-13}$$

比较式（4-12）和式（4-13）的分母，并令 s^{n-m-1} 项的系数相等，得到

$$(n-m)\sigma_a = \sum_{i=1}^{n} p_i - \sum_{j=1}^{m} z_j, \quad s \to \infty$$

即

$$\sigma_a = \frac{\sum_{i=1}^{n} p_i - \sum_{j=1}^{m} z_j}{n - m}$$

由于开环复数极点和复数零点都是成对出现的，因而 σ_a 总是一个实数，即根轨迹渐近线的交点在实轴上。

综上所述，根轨迹的渐近线是 $n-m$ 条与实轴交点为 σ_a、夹角为 φ_a 的一组射线。

【例 4-1】 设某单位负反馈系统的开环传递函数为

$$G(s) = \frac{K^*}{s(s+1)(s+5)}$$

试确定该系统的根轨迹分支数、起点和终点、实轴上的根轨迹以及根轨迹渐近线与实轴的夹角和交点。

解： 由系统的开环传递函数可知，该系统有 3 个开环极点，分别为 $p_1 = 0$，$p_2 = -1$ 和 $p_3 = -5$，无开环零点，其开环零、极点分布如图 4-5 所示。应用以上介绍的规则有：

1）由规则 2 可知，系统有 3 条根轨迹分支。

2）由规则 3 可知，根轨迹的起点为开环极点 p_1、p_2 和 p_3；由于系统无开环零点，所以这 3 条根轨迹最终将沿着渐近线趋向于无穷远处。

3）由规则 4 可知，实轴上的根轨迹存在于区间段［-1，0］和（-∞，-5）上。

4）由规则 5 可知，系统有 3 条渐近线，它们与实轴正方向的夹角分别为

$$\varphi_a = \frac{(2k+1)\pi}{3} = \frac{\pi}{3}, \quad \pi, \frac{5\pi}{3}, \quad k=0, 1, 2$$

与实轴的交点为

$$\sigma_a = \frac{\sum_{i=1}^{n} p_i - \sum_{j=1}^{m} z_j}{n-m} = \frac{(0-1-5)-0}{3} = -2$$

据此，根轨迹如图 4-5 中的粗实线所示。由图可见，在根轨迹的 3 条分支中，一条分支从 $p_3=-5$ 出发，随着 K^* 的增大，沿着负实轴方向最终趋向于无穷远处；另两条分支分别从 $p_1=0$ 和 $p_2=-1$ 出发，随着 K^* 的增大，彼此沿着实轴相向移动，当 K^* 增大到某个特定的数值时，这两条分支会合于实轴上的点 d 处，当 K^* 继续增大时，这两条根轨迹分支离开实轴，分别沿着与实轴正方向夹角为 π/3 和 5π/3 的两条渐近线向无穷远处延伸。

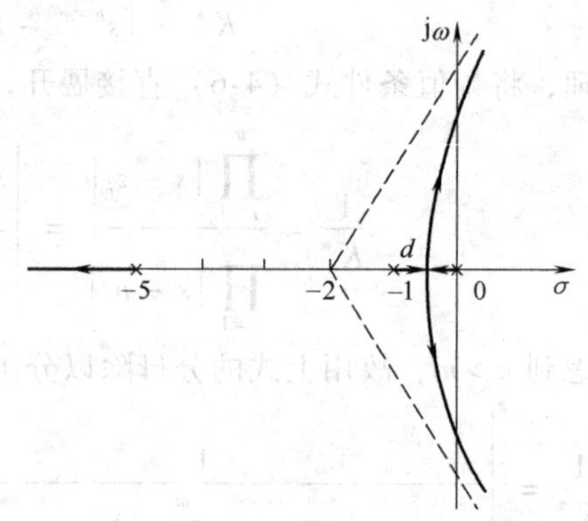

图 4-5　例 4-1 系统的根轨迹图

规则 6：根轨迹的分离点和会合点

两条或两条以上的根轨迹分支在 s 平面上相遇后又立即分开的点，就称为根轨迹的分离点或会合点，如图 4-6 所示。图 4-6a 中，根轨迹分支沿实轴相向移动，在实轴上的点 d 相遇后离开实轴进入复平面，此时的相遇点 d 称为根轨迹的**分离点**；而图 4-6b 中，根轨迹分支由复平面进入实轴上的点 d 会合，然后沿实轴反向移动，此时的相遇点 d 称为根轨迹的**会合点**。

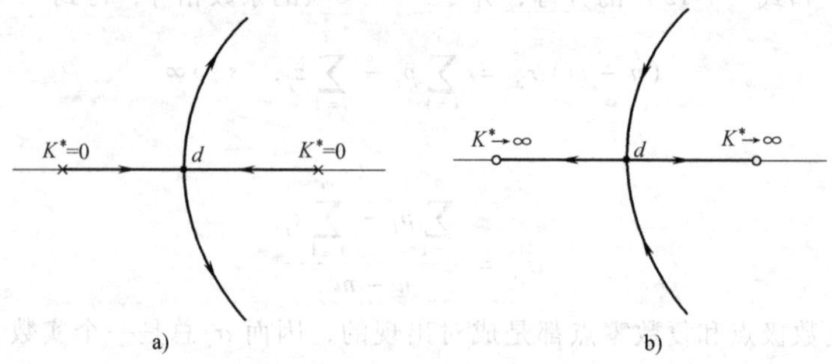

图 4-6　实轴上根轨迹的分离点与会合点

a）分离点　b）会合点

一般情况下，根轨迹的分离点和会合点大多位于实轴上，但也有以共轭形式成对出现在复平面上的情形，如图 4-7 中的点 d_1、d_2 就为一对共轭复数分离点。

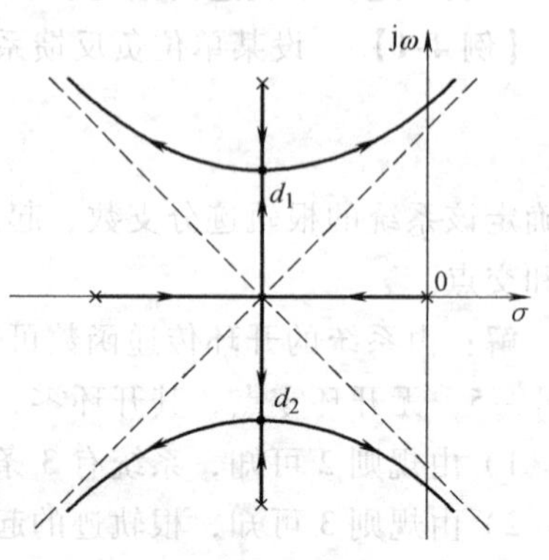

图 4-7　根轨迹的共轭复数分离点

关于根轨迹的分离点和会合点，有如下几个性质：

1）如果根轨迹位于实轴上两个相邻的开环极点之间，其中一个可以是无限极点，则在这两个极点之间至少存在一个分离点，如图 4-6a 所示。

2）如果根轨迹位于实轴上两个相邻的开环零点之间，其中一个可以是无限零点，则在这两个零点之间至少存在一个会合点，如图 4-6b 所示。

通过以上的分析可以知道，根轨迹的分离点或会合点实质上对应的就是闭环特征方程式的重根，因此可以用求方程式重根的方法来确定它们在 s 平面上的具体位置。下面介绍两种常用的根轨迹分离点或会合点 d 的求解方法。

方法一：解方程法

由开环传递函数式（4-2）可得相应的闭环特征方程式为

$$\prod_{i=1}^{n}(s-p_i)+K^*\prod_{j=1}^{m}(s-z_j)=0$$

根轨迹若有分离点或会合点，说明上述闭环特征方程式有重根。根据高等数学中代数方程式解的性质可知，特征方程式出现重根的条件是 s 值必须同时满足以下方程，即

$$\begin{cases}\prod_{i=1}^{n}(s-p_i)+K^*\prod_{j=1}^{m}(s-z_j)=0\\ \dfrac{\mathrm{d}}{\mathrm{d}s}\left[\prod_{i=1}^{n}(s-p_i)+K^*\prod_{j=1}^{m}(s-z_j)\right]=0\end{cases}$$

经变换整理可得

$$\sum_{i=1}^{n}\frac{1}{s-p_i}=\sum_{j=1}^{m}\frac{1}{s-z_j} \tag{4-14}$$

求解方程（4-14）得到的 s 值即为分离点或会合点 d 的坐标值。

这里需要注意的是，如果开环系统无有限零点，则方程（4-14）可简化为如下形式：

$$\sum_{i=1}^{n}\frac{1}{s-p_i}=0 \tag{4-15}$$

方法二：极值法

将系统的开环传递函数写成如下形式：

$$G(s)H(s)=K^*\frac{\prod_{j=1}^{m}(s-z_j)}{\prod_{i=1}^{n}(s-p_i)}=\frac{K^*B(s)}{A(s)} \tag{4-16}$$

式中，$A(s)$为开环传递函数的分母多项式；$B(s)$为开环传递函数的分子多项式。将式(4-16)代入系统的闭环特征方程 $1+G(s)H(s)=0$ 中，整理得到

$$A(s)+K^*B(s)=0 \tag{4-17}$$

则 $K^*=-\dfrac{A(s)}{B(s)}$，$\dfrac{\mathrm{d}K^*}{\mathrm{d}s}=\dfrac{A(s)B'(s)-A'(s)B(s)}{[B(s)]^2}$，特征方程式出现重根的条件为

$$\frac{\mathrm{d}K^*}{\mathrm{d}s}=0 \tag{4-18}$$

由此可得到确定根轨迹分离点或会合点的方程为

$$A(s)B'(s)=A'(s)B(s) \tag{4-19}$$

综上所述，利用式（4-14）或式（4-19）均可以确定根轨迹的分离点或会合点的坐标值。但是应当指出的是，按照这两个式子求解得到的重根并非都是根轨迹的分离点或会合点，只有那些位于根轨迹上的重根才是实际的分离点或会合点。因此，在求解出结果之后需要进行必要的检验和取舍，如图 4-6 和图 4-7 所示。

【例 4-2】 设某单位负反馈系统的开环传递函数为

$$G(s)=\frac{K^*}{s(s+1)(s+2)}$$

试确定该系统根轨迹的分离点或会合点的坐标值。

解：以下分别应用上面介绍的两种方法进行求解。

方法一：由系统的开环传递函数可知，系统有 3 个开环极点，分别为 $p_1=0$，$p_2=-1$ 和 $p_3=-2$，无开环零点。将 $p_1=0$，$p_2=-1$ 和 $p_3=-2$ 代入式（4-15）中，得到

$$\sum_{i=1}^{3}\frac{1}{s-p_i}=\frac{1}{s}+\frac{1}{s+1}+\frac{1}{s+2}=0$$

整理可得

$$3s^2+6s+2=0$$

求解上述二次方程，得到 $s_1=-0.4226$，$s_2=-1.5774$。由于实轴上根轨迹的区间段为 $[-1,0]$ 和 $(-\infty,-2]$，据此可知 s_2 不在根轨迹上，故应舍去，而 $s_1=-0.4226$ 才是根轨迹的实际分离点，即 $d=s_1=-0.4226$。

方法二：根据系统开环传递函数的表达式，可知 $A(s)=s(s+1)(s+2)$, $B(s)=1$。将其代入式（4-18）中，得到

$$3s^2+6s+2=0$$

求解上述方程，结果同上。

图 4-8 显示了该系统的完整根轨迹，其中，点 d 为所求的分离点。

在上述讨论分离点和会合点的基础上，下面引入分离角和会合角的概念。

所谓**分离角（会合角）**，是指根轨迹进入分离点（会合点）的切线方向与离开分离点（会合点）的切线方向之间的夹角。分离角或会合角的大小可由下式决定：

$$\frac{(2k+1)\pi}{l},\qquad k=0,1,\cdots,l-1$$

式中，l 代表进入分离点或会合点并立即离开的根轨迹的分支数。显然，当 $l=2$ 时，分离角或会合角必为直角，如图 4-8 所示。

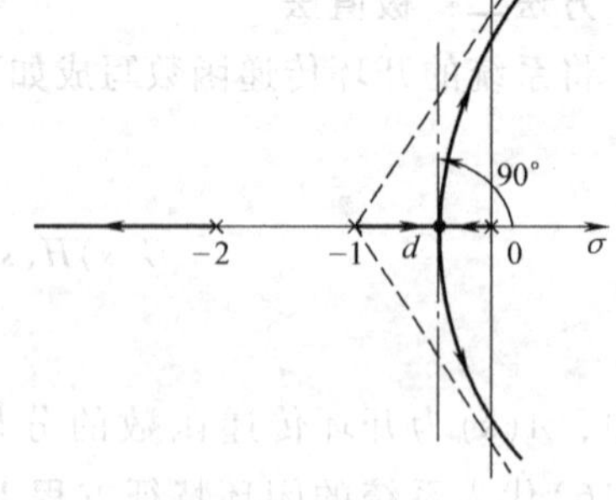

图 4-8　例 4-2 系统的根轨迹图

规则 7：根轨迹的出射角和入射角

根轨迹的出射角是指根轨迹离开开环复数极点处的切线与实轴正方向的夹角，如图 4-9 中的角 θ_{p_1}；而根轨迹的入射角是指根轨迹进入开环复数零点处的切线与实轴正方向的夹角，如图 4-9 中的角 φ_{z_1}。

确定根轨迹出射角和入射角的目的在于了解根轨迹相应分支的起始方向和终止方向，便于更加准确地绘制出系统的根轨迹图。为此，下面利用根轨迹的相角条件推导出根轨迹出射角和入射角的计算公式。

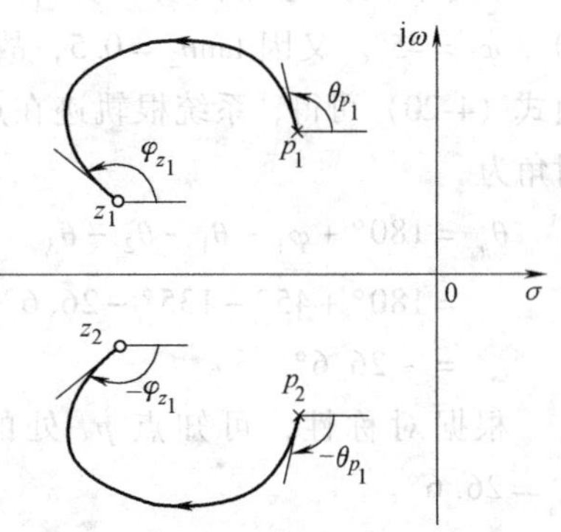

图 4-9　根轨迹的出射角和入射角

假设开环系统有 m 个有限零点和 n 个有限极点，其中点 p_l 为待求出射角的开环复数极点。在十分靠近点 p_l 的根轨迹上，取一点 s_0 作为实验点。既然点 s_0 在根轨迹上，那么它必满足根轨迹的相角条件，即

$$\sum_{j=1}^{m}\angle(s_0-z_j)-\sum_{\substack{i=1\\i\neq l}}^{n}\angle(s_0-p_i)-\angle(s_0-p_l)=(2k+1)\pi,\quad k=0,\pm1,\pm2,\cdots$$

当点 s_0 沿根轨迹无限趋近于点 p_l 时，可以认为除点 p_l 外的其他开环极点和所有开环零点指向点 s_0 的向量的相角就等于它们指向点 p_l 的向量的相角，而点 p_l 到点 s_0 的向量的相角即为该点的出射角。记 θ_{p_l} 为待求开环复数极点 p_l 的出射角，θ_i 为第 i 个开环极点指向点 p_l 的向量的相角，φ_j 为第 j 个开环零点指向点 p_l 的向量的相角。将它们代入上面的相角条件中，得到

$$\sum_{j=1}^{m}\varphi_j-\sum_{\substack{i=1\\i\neq l}}^{n}\theta_i-\theta_{p_l}=(2k+1)\pi,\quad k=0,\pm1,\pm2,\cdots$$

移项可得到出射角计算公式

$$\theta_{p_l}=(2k+1)\pi+\sum_{j=1}^{m}\varphi_j-\sum_{\substack{i=1\\i\neq l}}^{n}\theta_i,\quad k=0,\pm1,\pm2,\cdots \tag{4-20}$$

同理，若记 φ_{z_g} 为待求开环复数零点 z_g 的入射角，θ_i 为第 i 个开环极点指向点 z_g 的向量的相角，φ_j 为第 j 个开环零点指向点 z_g 的向量的相角，则入射角计算公式为

$$\varphi_{z_g}=(2k+1)\pi+\sum_{i=1}^{n}\theta_i-\sum_{\substack{j=1\\j\neq g}}^{m}\varphi_j,\quad k=0,\pm1,\pm2,\cdots \tag{4-21}$$

式（4-20）和式（4-21）即为求解根轨迹出射角和入射角的计算公式。用文字表述如下：

从开环复数极点 p_l 出发的出射角 $=(2k+1)\pi+$（从所有开环零点到点 p_l 的向量的相角和）$-$（从其他开环极点到点 p_l 的向量的相角和）

到达开环复数零点 z_g 的入射角 $=(2k+1)\pi+$（从所有开环极点到点 z_g 的向量的相角和）$-$（从其他开环零点到点 z_g 的向量的相角和）

【例 4-3】 已知系统的开环传递函数为

$$G(s)H(s)=\frac{K^*(s+2)}{s(s+3)(s^2+2s+2)}$$

试确定根轨迹离开共轭复数极点的出射角。

解： 由开环传递函数易知，该系统有 1 个开环零点和 4 个开环极点，分别为 $z_1=-2$，$p_1=0$，$p_2=-3$，$p_3=-1-\mathrm{j}$ 和 $p_4=-1+\mathrm{j}$。系统的零、极点分布如图 4-10 所示。

从零、极点分布图易知：$\theta_1=135°$，$\theta_3=90°$，$\varphi_1=45°$。又因 $\tan\theta_2=0.5$，故 $\theta_2=26.6°$。由式（4-20）可得，系统根轨迹在点 p_4 处的出射角为

$$\theta_{p_4}=180°+\varphi_1-\theta_1-\theta_2-\theta_3$$
$$=180°+45°-135°-26.6°-90°$$
$$=-26.6°$$

根据对称性，可知点 p_3 处的出射角为 $\theta_{p_3}=26.6°$。

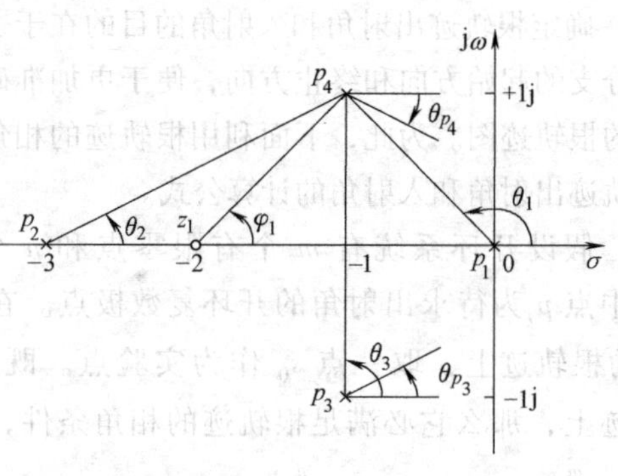

图 4-10　例 4-3 系统的出射角计算

规则 8：根轨迹与虚轴的交点

当根轨迹与虚轴相交时，意味着闭环特征方程式有一对纯虚根 $\pm j\omega$，此时系统处于临界稳定状态，交点处对应的 K^* 值就称为**临界开环根轨迹增益**。一旦根轨迹越过虚轴进入 s 平面右半平面，系统将变得不稳定。因此，正确确定根轨迹与虚轴的交点及其相关参数就显得尤为重要。一般用于求解根轨迹与虚轴交点的方法有两种，一是利用劳斯判据的方法确定，二是令闭环特征方程式 $1+G(s)H(s)=0$ 中的 $s=j\omega$，然后令其实部和虚部分别为零而求得。下面通过实例具体介绍这两种方法的求解过程。

【例 4-4】　已知系统的开环传递函数为

$$G(s)H(s)=\frac{K^*}{s(s+1)(s+2)}$$

试确定根轨迹与虚轴的交点及其对应的临界开环根轨迹增益。

解： 由开环传递函数可知，系统的闭环特征方程式为

$$s^3+3s^2+2s+K^*=0$$

（1）用劳斯判据计算

根据系统的闭环特征方程式，可以列出如下的劳斯表：

s^3	1	2
s^2	3	K^*
s^1	$\dfrac{6-K^*}{3}$	0
s^0	K^*	

当系统特征方程有共轭纯虚根时，劳斯表中某一行的元素全部为零。此时，共轭复根可由该行的上面一行元素为系数组成的辅助方程求解得到。按照这种思想，先令 s^1 行元素全为零，此时，$K^*=6$。然后按照 s^2 行元素构成辅助方程 $3s^2+K^*=0$，即 $3s^2+6=0$。于是，解得 $s_{1,2}=\pm j\sqrt{2}$。这表示图 4-8 所示的根轨迹中有两条分支分别与虚轴交于点 $s_1=+j\sqrt{2}$和点 $s_2=-j\sqrt{2}$处，对应的临界开环根轨迹增益为 $K^*=6$。

（2）用 $s=j\omega$ 代入闭环特征方程式直接求解

将 $s=j\omega$ 代入系统的闭环特征方程式中，得到

$$-3\omega^2+K^*+j\omega(-\omega^2+2)=0$$

令上式的实部和虚部分别等于零，于是有

$$\begin{cases} -3\omega^2 + K^* = 0 \\ \omega(-\omega^2 + 2) = 0 \end{cases}$$

联立求解上述方程组，得到 $\omega = \pm\sqrt{2}$，$K^* = 6$。显然，这一结果与用劳斯判据得到的结果是一致的。

规则 9：闭环特征方程式的根之和与根之积

将式（4-2）描述的系统开环传递函数的分子分母分别展开，得到

$$G(s)H(s) = K^* \frac{\prod_{j=1}^{m}(s - z_j)}{\prod_{i=1}^{n}(s - p_i)} = \frac{K^*\left[s^m - \sum_{j=1}^{m} z_j s^{m-1} + \cdots + (-1)^m \prod_{j=1}^{m} z_j\right]}{s^n - \sum_{i=1}^{n} p_i s^{n-1} + \cdots + (-1)^n \prod_{i=1}^{n} p_i}$$

如果该系统满足条件 $n - m \geqslant 2$，则其闭环特征方程式可化为

$$D(s) = s^n - \sum_{i=1}^{n} p_i s^{n-1} + \cdots + \left[(-1)^n \prod_{i=1}^{n} p_i + (-1)^m K^* \prod_{j=1}^{m} z_j\right] = 0 \tag{4-22}$$

若以 s_l（$l = 1, 2, \cdots, n$）表示闭环特征方程式的根，则该闭环特征方程式又可写为

$$D(s) = \prod_{l=1}^{n}(s - s_l) = s^n - \sum_{l=1}^{n} s_l s^{n-1} + \cdots + (-1)^n \prod_{l=1}^{n} s_l \tag{4-23}$$

比较式（4-22）和式（4-23）中对应项前的系数，应有下面的结论成立：

$$\sum_{l=1}^{n} s_l = \sum_{i=1}^{n} p_i, \quad n - m \geqslant 2 \tag{4-24}$$

$$(-1)^n \prod_{l=1}^{n} s_l = (-1)^n \prod_{i=1}^{n} p_i + (-1)^m K^* \prod_{j=1}^{m} z_j \tag{4-25}$$

式（4-24）和式（4-25）分别表示闭环特征根与开环零、极点之间的关系。其中，式（4-24）揭示了根轨迹的一个重要性质，即当 K^* 由 $0 \to \infty$ 时，闭环特征方程式的所有特征根之和恒等于开环极点之和。这就是说，随着 K^* 值的增大，如果有一部分根轨迹的分支向左移动，那么另一部分根轨迹的分支必向右移动。利用这一性质，可估计根轨迹分支的大致走向。

若系统无开环零点，则闭环特征根之积的表达式（4-25）可简化为如下形式：

$$(-1)^n \prod_{l=1}^{n} s_l = (-1)^n \prod_{i=1}^{n} p_i + K^* \tag{4-26}$$

利用这一关系，可求解已知闭环特征根所对应的 K^* 值。

【例 4-5】 仍以例 4-4 所示的开环传递函数为例，即

$$G(s)H(s) = \frac{K^*}{s(s+1)(s+2)}$$

若已知该系统的根轨迹与虚轴的交点为 $s_{1,2} = \pm \mathrm{j}\sqrt{2}$，求系统的第三个闭环极点 s_3，并确定根轨迹与虚轴交点处的临界开环根轨迹增益 K^* 的值。

解： 由开环传递函数的表达式易知，系统有 3 个开环极点，分别为 $p_1 = 0$，$p_2 = -1$ 和 $p_3 = -2$，无开环零点。因此，$n = 3$，$m = 0$，满足关系式 $n - m \geqslant 2$。

于是，根据式（4-24）可得 $s_1 + s_2 + s_3 = p_1 + p_2 + p_3$，即

$$-\mathrm{j}\sqrt{2} + \mathrm{j}\sqrt{2} + s_3 = 0 + (-1) + (-2)$$

解得系统的第三个闭环极点 $s_3=-3$。

因系统有零值开环极点 p_1，所以 $(-1)^n\prod_{i=1}^{n}p_i=0$，从而由式（4-26）可得

$$K^*=(-1)^3\prod_{l=1}^{3}s_l=(-1)^3\times(-\mathrm{j}\sqrt{2})\times(\mathrm{j}\sqrt{2})\times(-3)=6$$

由此可见，按照上述方法解得的临界开环根轨迹增益与例 4-4 中求得的结果一致。

以上介绍了用于绘制根轨迹的 9 条基本规则。熟练应用这些规则，就可以快速地绘制出根轨迹的大致形状。为便于查阅，现将这些规则统一归纳于表 4-1 中。

表 4-1　绘制根轨迹的基本规则

序号	名　称	规　则
1	根轨迹的连续性和对称性	根轨迹具有连续性，且关于实轴对称
2	根轨迹的分支数	根轨迹的分支数与开环有限零点数 m 和有限极点数 n 中的大者相等
3	根轨迹的起点和终点	根轨迹的各条分支始于开环极点，终于开环零点 当 $n\geqslant m$ 时，起点为 n 个开环极点；终点为 m 个开环有限零点和 $n-m$ 个开环无限零点
4	实轴上的根轨迹	对于实轴上的某一区段，若其右侧实轴上的开环零、极点数目之和为奇数，则该段实轴必为根轨迹
5	根轨迹的渐近线	$n-m$ 条根轨迹的渐近线与实轴的夹角和交点分别如下： 夹角：$\varphi_a=\dfrac{(2k+1)\pi}{n-m}$，　$k=0,\ \pm1,\ \pm2,\cdots$ 交点：$\sigma_a=\dfrac{\sum_{i=1}^{n}p_i-\sum_{j=1}^{m}z_j}{n-m}$
6	根轨迹的分离点和会合点	分离点或会合点坐标由下式之一确定： ① $\sum_{i=1}^{n}\dfrac{1}{s-p_i}=\sum_{j=1}^{m}\dfrac{1}{s-z_j}$ ② $A(s)B'(s)=A'(s)B(s)$
7	根轨迹的出射角和入射角	出射角：$\theta_{p_l}=(2k+1)\pi+\sum_{j=1}^{m}\varphi_j-\sum_{i=1,i\neq l}^{n}\theta_i$，　$k=0,\ \pm1,\ \pm2,\cdots$ 入射角：$\varphi_{z_g}=(2k+1)\pi+\sum_{i=1}^{n}\theta_i-\sum_{j=1,j\neq g}^{m}\varphi_j$，　$k=0,\ \pm1,\ \pm2,\cdots$
8	根轨迹与虚轴的交点	根轨迹与虚轴交点的坐标和临界开环根轨迹增益 K^*，可由下列方法之一确定： ① 利用劳斯判据计算 ② 用 $s=\mathrm{j}\omega$ 代入闭环特征方程式求解
9	根之和与根之积	根之和：$\sum_{l=1}^{n}s_l=\sum_{i=1}^{n}p_i$，　$n-m\geqslant2$ 根之积：$(-1)^n\prod_{l=1}^{n}s_l=(-1)^n\prod_{i=1}^{n}p_i+(-1)^mK^*\prod_{j=1}^{m}z_j$ $(-1)^n\prod_{l=1}^{n}s_l=(-1)^n\prod_{i=1}^{n}p_i+K^*$（系统无开环零点时）

4.2.2 根轨迹绘制例题

上述9条基本规则是绘制根轨迹时的依据，以下通过举例说明使用这些规则的具体方法。

【例4-6】 已知系统的开环传递函数为

$$G(s)H(s)=\frac{K^*}{s(s+3)(s^2+2s+2)}$$

试绘制该闭环系统的根轨迹图。

解：绘制步骤如下：

1）确定系统的开环零、极点，并将其标注于 s 平面上。该系统有4个开环极点，分别为 $p_{1,2}=-1\pm\mathrm{j}$，$p_3=0$，$p_4=-3$，无开环零点。

2）确定根轨迹分支数。系统有4条根轨迹分支，均趋向于无穷远处。

3）确定实轴上的根轨迹。实轴上［0，－3］区域为根轨迹。

4）确定根轨迹的渐近线。由于 $n-m=4$，故系统有4条根轨迹渐近线，其与实轴的夹角和交点分别为

$$\varphi_{\mathrm{a}}=\frac{(2k+1)\pi}{4}=45°,135°,225°,315°,\quad k=0,1,2,3$$

$$\sigma_{\mathrm{a}}=\frac{\sum_{i=1}^{n}p_i-\sum_{j=1}^{m}z_j}{n-m}=\frac{0+(-3)+(-1+\mathrm{j})+(-1-\mathrm{j})}{4}=-1.25$$

5）确定根轨迹的分离点或会合点。这里采用重根法求解。根据开环传递函数表达式，有 $A(s)=s^4+5s^3+8s^2+6s$，$B(s)=1$，代入方程 $A(s)B'(s)-A'(s)B(s)=0$ 中，整理得到

$$4s^3+15s^2+16s+6=0$$

上式为一高阶方程，可用试探法进行求解，求得方程的根为

$$s_1=-2.2886,\quad s_{2,3}=-0.7307\pm0.3486\mathrm{j}$$

由于已知分离点在实轴区域［0，－3］上，故实际的分离点坐标应取 $d\approx-2.3$。

6）确定根轨迹的出射角。由零、极点的分布位置可知，从点 p_2、p_3、p_4 引向点 p_1 的向量与实轴正方向的夹角分别为90°、135°和26.6°，代入出射角计算公式，得到点 p_1 处的出射角为

$$\theta_{p_1}=180°+0°-(90°+135°+26.6°)=-71.6°$$

根据对称性，点 p_2 处的出射角为71.6°。

7）确定根轨迹与虚轴的交点。由系统的开环传递函数，可得对应的闭环特征方程为

$$s(s+3)(s^2+2s+2)+K^*=0$$

将 $s=\mathrm{j}\omega$ 代入上式，整理得到

$$\omega^4-8\omega^2+K^*-5\omega^3\mathrm{j}+6\omega\mathrm{j}=0$$

分别令上式中的实部和虚部为零，即

$$\begin{cases}\omega^4-8\omega^2+K^*=0\\-5\omega^3+6\omega=0\end{cases}$$

解得 $\omega=\pm1.1$，$K^*=8.16$，即根轨迹与虚轴的交点为 $\pm1.1\mathrm{j}$，相应的临界开环根轨迹增益

为 8.16。

系统的完整根轨迹如图 4-11 所示。

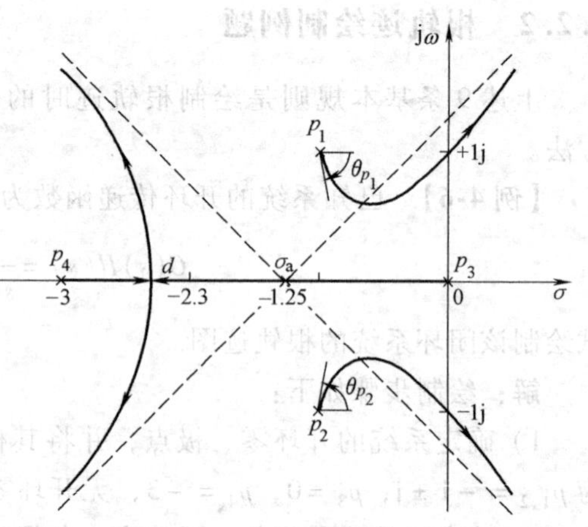

图 4-11 例 4-6 系统的根轨迹图

【例 4-7】 已知系统的开环传递函数为

$$G(s)H(s)=\frac{K^*(s+2)}{s^2+2s+2}$$

试绘制该闭环系统的根轨迹图。

解：绘制步骤如下：

1）该系统有 2 个开环极点，1 个开环零点，分别为 $p_{1,2}=-1\pm \mathrm{j}$，$z_1=-2$。

2）系统有两条根轨迹分支，其中一条终止于有限开环零点 $z_1=-2$ 处，另一条则趋向于无穷远处。

3）实轴上（$-\infty$，-2］区域为根轨迹。

4）由于 $n-m=1$，故系统只有 1 条根轨迹渐近线，其与实轴的夹角和交点分别为

$$\varphi_a=\frac{(2k+1)\pi}{1}=180°,\quad k=0$$

$$\sigma_a=\frac{\sum_{i=1}^{n}p_i-\sum_{j=1}^{m}z_j}{n-m}=\frac{(-1+\mathrm{j})+(-1-\mathrm{j})-(-2)}{1}=0$$

即根轨迹的渐近线与负实轴重合。

5）确定根轨迹的分离点或会合点。根据开环传递函数表达式，有 $A(s)=s^2+2s+2$，$B(s)=s+2$，代入方程 $A(s)B'(s)=A'(s)B(s)$ 中，整理得到

$$s^2+4s+2=0$$

求解上述方程，得到

$$s_1=-3.4142,\quad s_2=-0.5858$$

由于 s_1 在根轨迹（$-\infty$，-2］上，故取分离点坐标为 $d=-3.4142$。

6）确定根轨迹的出射角。由零、极点的分布位置可知，从点 z_1 和点 p_2 引向点 p_1 的向量与实轴正方向的夹角分别为45°和90°，代入出射角计算公式，得到点 p_1 处的出射角为

$$\theta_{p_1}=180°+45°-90°=135°$$

根据对称性，点 p_2 处的出射角为 $-135°$。

7）确定根轨迹与虚轴的交点。由系统的开环传递函数，可得对应的闭环特征方程为

$$s^2+2s+2+K^*(s+2)=0$$

将 $s=\mathrm{j}\omega$ 代入上式，整理得到

$$-\omega^2+2+2K^*+\mathrm{j}(2\omega+K^*\omega)=0$$

分别令上式中的实部和虚部为零，即

$$\begin{cases}-\omega^2+2+2K^*=0\\2\omega+K^*\omega=0\end{cases}$$

解得 $\omega=0$，$K^*=-1$ 和 $\omega=\pm1.414$，$K^*=-2$，由于根轨迹增益 K^* 的变化范围是 $0\to+\infty$，故根轨迹与虚轴无交点。

系统的完整根轨迹如图 4-12 所示。

一般来说，由两个开环极点（实数极点或复数共轭极点）和一个有限开环零点（必为实数零点）组成的开环系统，只要有限零点不位于两个实数极点之间，那么当 K^* 由 $0\to+\infty$ 时，闭环系统根轨迹的非实数部分是以该有限零点为圆心，以有限零点到会合点的距离为半径的一个圆或圆的一部分。

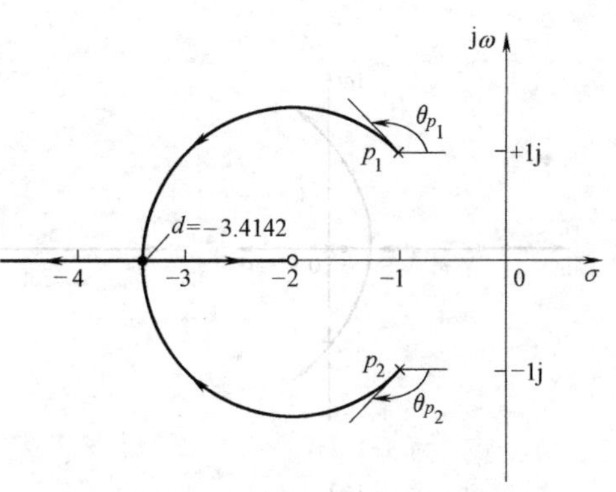

图 4-12　例 4-7 系统的根轨迹图

以下应用相角条件，来验证例 4-7 所示系统的复数部分的根轨迹为圆的一部分。

首先，根据相角条件有

$$\angle(s+2)-\angle(s+1-\mathrm{j})-\angle(s+1+\mathrm{j})=(2k+1)\pi,\quad k=0,\pm1,\pm2,\cdots$$

然后，将 $s=\sigma+\mathrm{j}\omega$ 代入上式，得到

$$\angle(\sigma+2+\mathrm{j}\omega)-\angle(\sigma+1+\mathrm{j}\omega-\mathrm{j})-\angle(\sigma+1+\mathrm{j}\omega+\mathrm{j})=(2k+1)\pi,\quad k=0,\pm1,\pm2,\cdots$$

即

$$\arctan\frac{\omega}{\sigma+2}-\arctan\frac{\omega-1}{\sigma+1}-\arctan\frac{\omega+1}{\sigma+1}=(2k+1)\pi,\quad k=0,\pm1,\pm2,\cdots$$

移项得

$$\arctan\frac{\omega}{\sigma+2}-\arctan\frac{\omega-1}{\sigma+1}=(2k+1)\pi+\arctan\frac{\omega+1}{\sigma+1},\quad k=0,\pm1,\pm2,\cdots$$

对上式两边取正切，可得

$$\frac{\dfrac{\omega}{\sigma+2}-\dfrac{\omega-1}{\sigma+1}}{1+\dfrac{\omega}{\sigma+2}\,\dfrac{\omega-1}{\sigma+1}}=\frac{\omega+1}{\sigma+1}$$

整理可得

$$\sigma^2+\omega^2+4\sigma+2=0$$

即

$$(\sigma+2)^2+\omega^2=(\sqrt{2})^2$$

显然，这是一个以 -2 为圆心，以$\sqrt{2}$为半径的圆方程，如图 4-12 所示。

图 4-13 给出了几种常见的开环零、极点分布及其对应的根轨迹，供绘制概略根轨迹时参考。

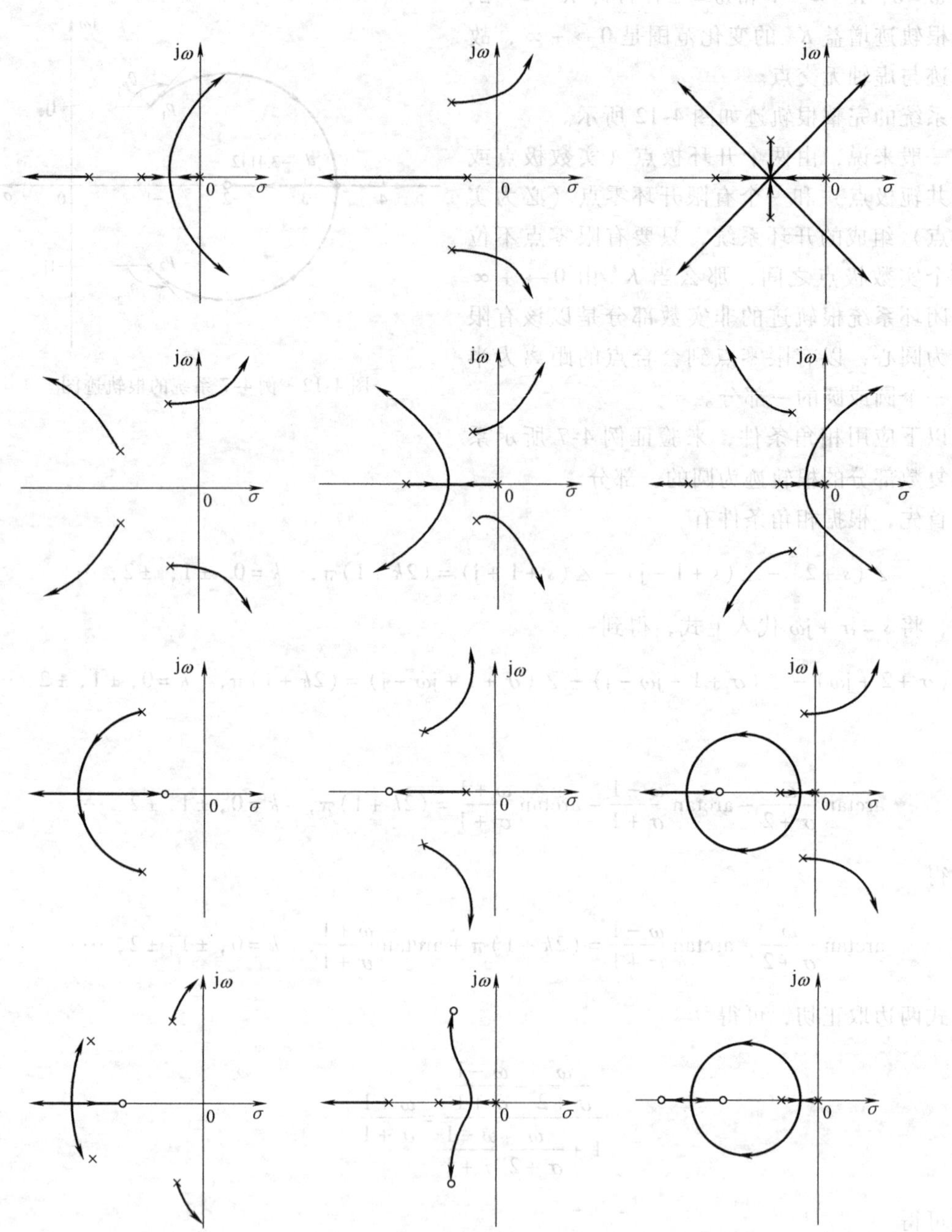

图 4-13　开环零、极点分布及其对应的根轨迹图

4.3　广义根轨迹

在控制系统中，通常把负反馈系统中随开环根轨迹增益 K^* 变化时的根轨迹称为常规根轨迹，而把系统其他情形下的根轨迹统称为广义根轨迹。如系统的参量根轨迹、开环传递函

数中零点个数多于极点个数时的根轨迹，以及零度根轨迹等均可列入广义根轨迹的范畴。

4.3.1 参量根轨迹

在分析或校正系统时，有时需要研究除开环增益外的其他参数（如开环零、极点，时间常数和反馈系数等）变化时对系统性能的影响，因此就需要绘制以该参数为参变量的根轨迹，这种根轨迹称为**参量根轨迹**。下面举例说明参量根轨迹的绘制方法。

【例 4-8】 设某单位负反馈控制系统的开环传递函数为

$$G(s)=\frac{K^*}{s(s+a)}$$

试绘制当 $K^*=4$ 时，以参数 a 为参变量的系统根轨迹。

解： 由已知的开环传递函数，可知系统的闭环特征方程式为

$$1+G(s)H(s)=1+\frac{4}{s(s+a)}=0 \tag{4-27}$$

即

$$s^2+as+4=0$$

由于 a 为参变量，因而不能按照 $G(s)H(s)$ 的零、极点来绘制系统的根轨迹。为此，把上式改写成如下形式：

$$1+\frac{as}{s^2+4}=0 \tag{4-28}$$

显然，式（4-28）具有与原闭环特征方程式（4-27）相同的形式。其中，$\frac{as}{s^2+4}$为等效的开环传递函数，而 a 则相当于等效开环传递函数中的根轨迹增益。这样变换后就可按常规根轨迹的绘制方法，绘制当 a 由 $0\to+\infty$ 变化时的根轨迹。绘制步骤如下：

1）等效开环传递函数有两个开环极点和一个开环零点，即 $p_{1,2}=\pm \mathrm{j}2$，$z_1=0$。

2）具有两条根轨迹，一条终止于有限开环零点 $z_1=0$ 处，另一条终止于无穷远处。

3）实轴上的（$-\infty$，0］区域均为根轨迹区域。

4）有一条根轨迹渐近线，且与负实轴重合。

5）根据等效开环传递函数的表达式，有 $A(s)=s^2+4, B(s)=s$，于是

$$由\ A(s)B'(s)=A'(s)B(s),得\ -s^2+4=0$$

解之得 $s_{1,2}=\pm 2$。显然，会合点坐标为 $d=-2$。

由例 4-7 的结论易知，系统在复平面上以 a 为自变量的参量根轨迹是一段以原点为圆心，以 2 为半径的半圆弧，圆方程为 $\sigma^2+\omega^2=2^2$。

图 4-14 显示了当 $K^*=4$ 时，以参数 a 为参变量的系统根轨迹图。

当改变 K^* 的值时，又可得到另一条系统的参数根轨迹。如果给定一组 K^* 值，那么在复平面上就可以形成以 K^* 和 a 为参变量的根轨迹簇，如图 4-15a 所示。显然，这些根轨迹簇是一组以原点为圆心，$\sqrt{K^*}$ 为半

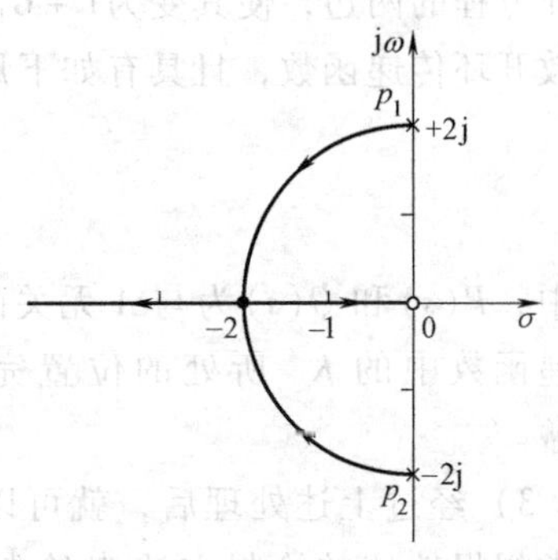

图 4-14 例 4-8 系统的参量根轨迹图

径的同心圆弧，根轨迹上的箭头方向表示参变量 a 的增大方向。特别地，当 $a=0$ 时，系统的开环传递函数变为

$$G(s)H(s)=\frac{K^*}{s^2}$$

这是一个二阶系统，它在复平面上的根轨迹如图 4-15b 所示，亦即图 4-15a 中的虚轴。虚轴上的点就表示不同 K^* 值所对应的以 a 为参变量的根轨迹的起点。

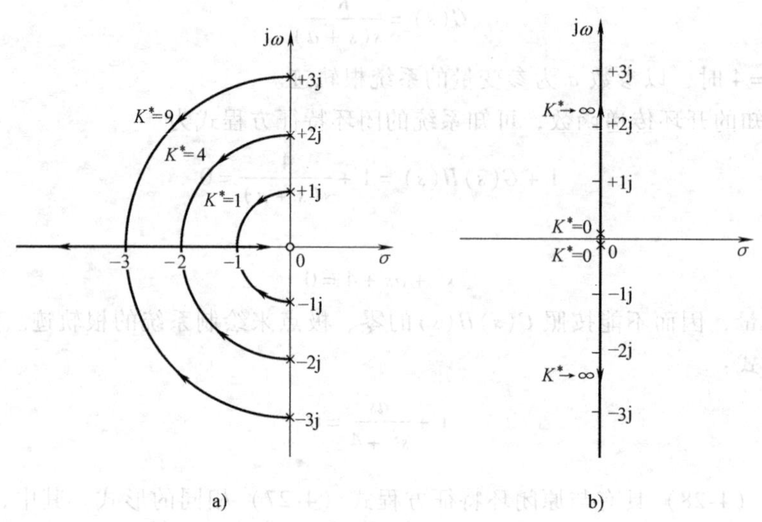

图 4-15　例 4-8 系统的根轨迹簇

a）取不同 K^* 值的根轨迹簇　b）$a=0$ 时的根轨迹

由此可见，参量根轨迹的绘制方法与常规根轨迹的绘制方法完全相同。只要在绘制参量根轨迹之前，引入等效的开环传递函数，则常规根轨迹的所有绘制规则均可适用于参量根轨迹。结合例 4-8，现将系统参量根轨迹的绘制步骤归纳如下（这里假设 A 为除 K^* 外，系统的任意一个可变参数）：

1）列出系统的闭环特征方程式。

2）对该闭环特征方程式进行等效变换，即特征方程中所有不含参数 A 的其他项去除该特征方程的两边，使其变为$1+G_1(s)H_1(s)=0$的形式，其中 $G_1(s)H_1(s)$就是变换后系统的等效开环传递函数，且具有如下形式：

$$G_1(s)H_1(s)=A\frac{P(s)}{Q(s)}$$

式中，$P(s)$和 $Q(s)$为与 A 无关的多项式。在该表达式中，参变量 A 所处的位置与原开环传递函数中的 K^* 所处的位置完全相同，因此，参变量 A 又可称为等效系统的根轨迹增益。

3）经过上述处理后，就可以按照等效开环传递函数 $G_1(s)H_1(s)$的零、极点，并采用常规根轨迹的绘制方法来绘制以 A 为参变量的根轨迹，该轨迹即为原系统的参量根轨迹。

4.3.2 零度根轨迹

在复杂系统的分析与综合中，可能会包含具有正反馈的内回路部分，如图 4-16 所示。这种具有正反馈的内回路有时是不稳定的，因此，整个控制系统必须通过主回路的控制使其稳定。

为了分析整个系统的性能，需要绘制正反馈系统的根轨迹（有些参量根轨迹也会出现正反馈情况）。而正反馈系统的根轨迹绘制方法与常规根轨迹的绘制方法略有不同，下面以图 4-16中的正反馈内回路为例进行说明。

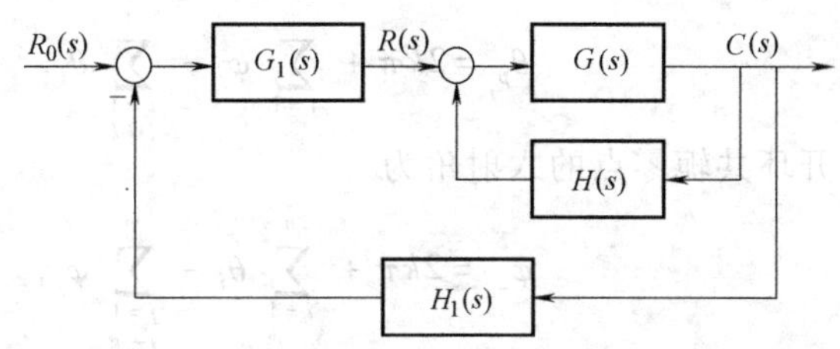

图 4-16 具有正反馈内回路的复杂控制系统

在图 4-16 中，正反馈内回路的闭环传递函数为

$$\Phi(s)=\frac{C(s)}{R(s)}=\frac{G(s)}{1-G(s)H(s)}$$

相应的闭环特征方程式为

$$1-G(s)H(s)=0$$

若开环传递函数采用零、极点的表达形式，则可得正反馈系统的根轨迹方程为

$$K^*\frac{\prod_{j=1}^{m}(s-z_j)}{\prod_{i=1}^{n}(s-p_i)}=1 \tag{4-29}$$

相应的幅值条件和相角条件如下：

$$K^*=\frac{\prod_{i=1}^{n}|s-p_i|}{\prod_{j=1}^{m}|s-z_j|} \tag{4-30}$$

$$\sum_{j=1}^{m}\angle(s-z_j)-\sum_{i=1}^{n}\angle(s-p_i)=2k\pi,\quad k=0,\ \pm1,\ \pm2,\ \cdots \tag{4-31}$$

将上两式与式（4-5）和式（4-6）相比可知，正反馈回路根轨迹的幅值条件与负反馈回路的完全相同，不同的仅是相角条件。一般地，把相角遵循 $2k\pi(k=0,\ \pm1,\ \pm2,\ \cdots)$ 条件的根轨迹称为**零度根轨迹**，而把相角遵循 $(2k+1)\pi(k=0,\ \pm1,\ \pm2,\ \cdots)$ 条件的根轨迹称为**180°根轨迹**。显然，正反馈系统的根轨迹属于零度根轨迹，而负反馈系统的根轨迹属于 180°根轨迹。

绘制零度根轨迹时，原则上可以参照常规根轨迹的绘制规则，但是其中凡是涉及与相角条件有关的规则，都需要作适当的调整。需要调整的规则有三条，其他规则均不作改变。

规则 4′：实轴上的根轨迹

对于实轴上的某一区段，若其右侧实轴上的开环零、极点数目之和为偶数（包括 0），则该段实轴必为根轨迹。

规则 5′：根轨迹的渐近线

$n-m$ 条根轨迹的渐近线与实轴正方向的夹角为

$$\varphi_{\mathrm{a}}=\frac{2k\pi}{n-m},\quad k=0,\ \pm1,\ \pm2,\ \cdots$$

规则 7′：根轨迹的出射角和入射角

开环共轭极点的出射角为

$$\theta_{p_l}=2k\pi+\sum_{j=1}^{m}\varphi_j-\sum_{\substack{i=1\\i\neq l}}^{n}\theta_i,\quad k=0,\ \pm1,\ \pm2,\cdots$$

开环共轭零点的入射角为

$$\varphi_{z_g}=2k\pi+\sum_{i=1}^{n}\theta_i-\sum_{\substack{j=1\\j\neq g}}^{m}\varphi_j,\quad k=0,\ \pm1,\ \pm2,\cdots$$

【例 4-9】 设某单位正反馈系统的开环传递函数为

$$G(s)H(s)=\frac{K^*}{s(s+1)(s+2)}$$

试绘制该系统的根轨迹图。

解：由于是正反馈系统，因此，绘制的是系统的零度根轨迹图，步骤如下：

1）该系统有 3 个开环极点，分别为 $p_1=0$，$p_2=-1$ 和 $p_3=-2$，无开环零点。

2）该系统有 3 条根轨迹分支，均趋向于无穷远处。

3）实轴上 $[-2,\ -1]$ 和 $[0,\ +\infty)$ 区域为根轨迹。

4）由于 $n-m=3$，故系统有 3 条根轨迹渐近线，其与实轴的夹角和交点分别为

$$\varphi_{\mathrm{a}}=\frac{2k\pi}{3}=0°,\pm120°,\quad k=0,\pm1$$

$$\sigma_{\mathrm{a}}=\frac{\sum_{i=1}^{n}p_i-\sum_{j=1}^{m}z_j}{n-m}=\frac{0+(-1)+(-2)-0}{3}=-1$$

5）确定根轨迹的分离点。

根据系统开环传递函数的表达式，可知 $A(s)=s(s+1)(s+2)$，$B(s)=1$。代入方程 $A(s)B'(s)=A'(s)B(s)$ 中，整理得到

$$3s^2+6s+2=0$$

求解上述方程，得到方程的根为

$$s_1=-0.42,s_2=-1.58$$

由于 s_1 不在根轨迹上，故分离点坐标应取 $d=-1.58$。

系统的完整根轨迹如图 4-17 所示。由图可知，系统有位于 s 平面右半平面的根轨迹，因此，系统包含不稳定因素。

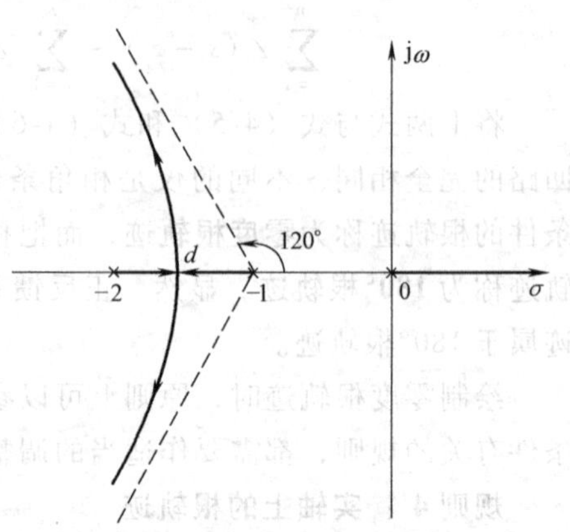

图 4-17　例 4-9 系统的零度根轨迹图

对比图 4-8 和图 4-17 可知，两个系统的开环传递函数完全相同，即它们有相同的零、极点分布，但前者是负反馈系统，后者是正反馈系统。如果把正反馈系统的根轨迹方程（4-29）改写成如下形式：

$$(-K^*)\frac{\prod_{j=1}^{m}(s-z_j)}{\prod_{i=1}^{n}(s-p_i)}=-1 \tag{4-32}$$

则与负反馈系统的根轨迹方程（4-4）对比可知，正反馈系统的零度根轨迹实质上就是与其具有相同开环传递函数的负反馈系统，当 K^* 由 $0\to-\infty$ 变化时的常规根轨迹。

表 4-2 给出了一些具有相同开环传递函数的正、负系统的根轨迹示意图，供绘制概略根轨迹图时参考。

表 4-2　正、负反馈系统的根轨迹对比图

负反馈系统的根轨迹	正反馈系统的根轨迹
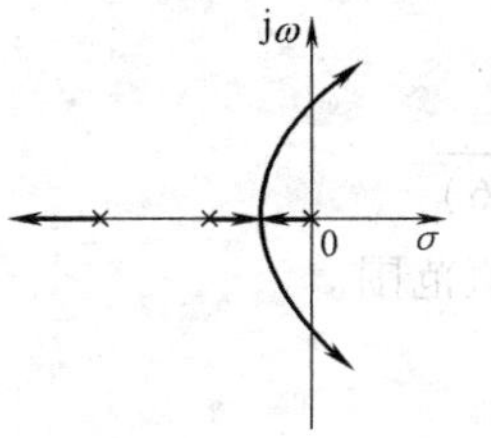 $j\omega$ 0 σ	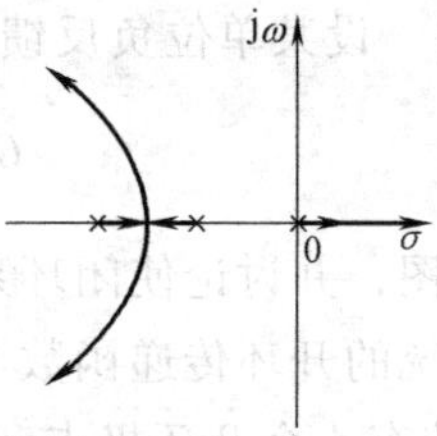 $j\omega$ 0 σ
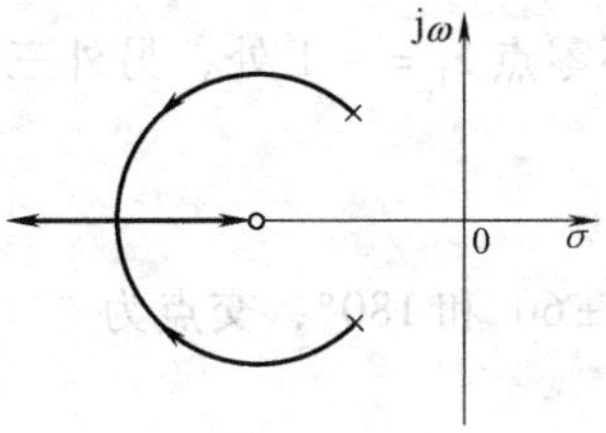 $j\omega$ 0 σ	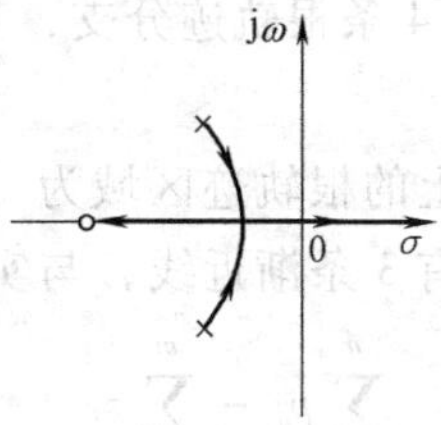 $j\omega$ 0 σ
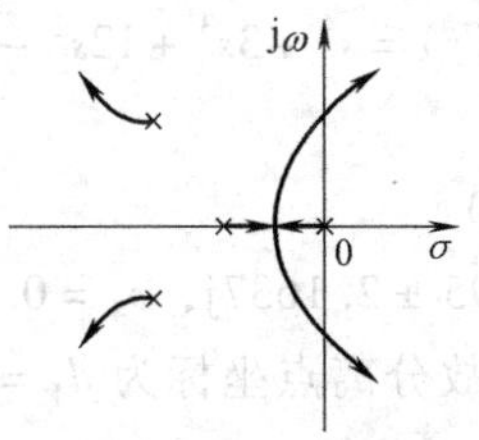 $j\omega$ 0 σ	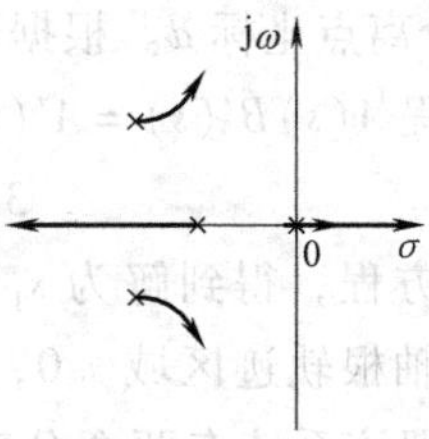 $j\omega$ 0 σ
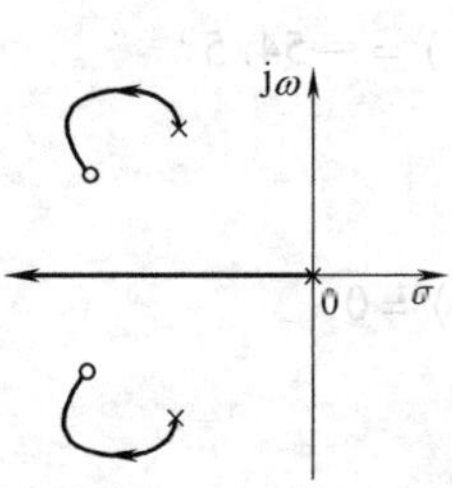 $j\omega$ 0 σ	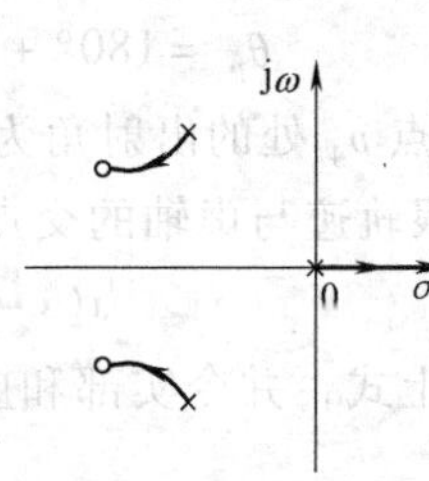 $j\omega$ 0 σ

4.4 控制系统的根轨迹分析法

控制系统的根轨迹绘制好以后，就可以利用根轨迹对系统进行定性的分析和定量的计算。由于这种分析方法具有简便、直观的特点，因此在控制工程中得到了广泛的应用。

4.4.1 根轨迹与稳定性分析

利用根轨迹对系统进行稳定性分析，是根轨迹分析法的一个突出特点。对于稳定的系统来说，其闭环特征根必须全部位于 s 平面左半平面，而且其离虚轴距离越远，相对稳定性就越好。而根轨迹正好直观地反映了系统闭环特征根在 s 平面上随参数变化的情况，故由根轨迹可很容易了解参数变化对系统稳定性的影响，从而确定出使系统稳定的参数变化范围。

【例 4-10】 设某单位负反馈系统的开环传递函数为

$$G(s)=\frac{K^*(s+1)}{s(s-1)(s^2+4s+16)}$$

试绘制根轨迹图，并讨论使闭环系统稳定的参数 K^* 的取值范围。

解：由系统的开环传递函数可知：

1）该系统有 4 个开环极点和 1 个开环零点，即

$$p_1=0,\ p_2=1,\ p_{3,4}=-2\pm2\sqrt{3}\text{j},\ z_1=-1$$

因此，系统有 4 条根轨迹分支，其中一条终止于有限开环零点 $z_1=-1$ 处，另外三条均趋向于无穷远处。

2）实轴上的根轨迹区域为 $[0,\ 1]$ 和 $(-\infty,\ -1]$。

3）系统有 3 条渐近线，与实轴正方向的夹角分别为 $\pm60°$ 和 $180°$，交点为

$$\sigma_a=\frac{\sum_{i=1}^{n}p_i-\sum_{j=1}^{m}z_j}{n-m}=\frac{0+1+(-2+2\sqrt{3}\text{j})+(-2-2\sqrt{3}\text{j})-(-1)}{3}=-\frac{2}{3}$$

4）确定分离点坐标 d。根据开环传递函数表达式，有 $A(s)=s^4+3s^3+12s^2-16s, B(s)=s+1$，代入方程 $A(s)B'(s)=A'(s)B(s)$ 中，整理得到

$$3s^4+10s^3+21s^2+24s-16=0$$

求解上述高阶方程，得到解为 $s_1=-2.2627$，$s_{2,3}=-0.7595\pm2.1637\text{j}$，$s_4=0.4483$。由于分离点应在实轴根轨迹区域 $[0,\ 1]$ 和 $(-\infty,\ -1]$ 上，故分离点坐标为 $d_1=-2.2627$ 和 $d_2=0.4483$，即该系统有两个分离点。

5）确定系统出射角。点 p_3 处的出射角为

$$\theta_{p_3}=180°+106°-(120°+130.5°+90°)=-54.5°$$

根据对称性，点 p_4 处的出射角为 $54.5°$。

6）确定根轨迹与虚轴的交点。系统闭环特征方程式为

$$s(s-1)(s^2+4s+16)+K^*(s+1)=0$$

将 $s=\text{j}\omega$ 代入上式，并令实部和虚部分别为零，得到

$$\begin{cases}\omega^4-12\omega^2+K^*=0\\-3\omega^3-(16-K^*)\omega=0\end{cases}$$

求解上述方程组，得到解为

$$\begin{cases}\omega=1.56 & K^*=23.3\\ \omega=2.56 & K^*=35.7\end{cases}$$

系统的完整根轨迹如图 4-18 所示。由图可知，当 K^* 在 23.3 ~ 35.7 范围内变化时，系统的根轨迹位于 s 平面左半平面，此时，闭环系统处于稳定状态；而当 $0\leqslant K^*\leqslant 23.3$ 和 $K^*\geqslant 35.7$ 时，系统的根轨迹位于 s 平面右半平面，因此闭环系统是不稳定的。

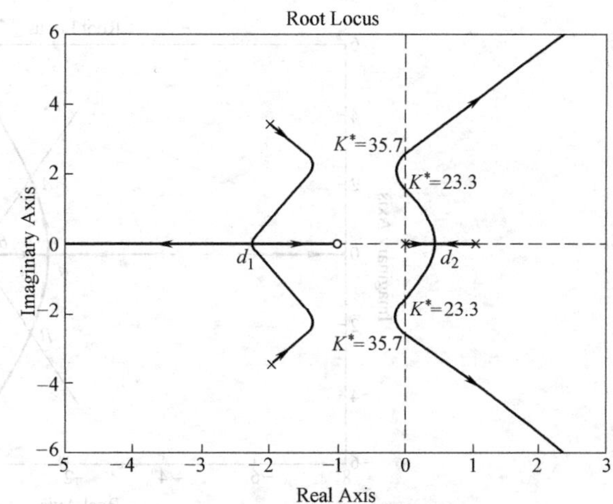

图 4-18　例 4-10 系统的根轨迹图

例 4-10 中，只有当参数在一定范围内取值时，才能使闭环系统稳定，这样的系统通常被称为**条件稳定系统**，如包含具有正反馈内回路的系统、非最小相位系统等都属于条件稳定系统的范畴。条件稳定系统的工作性能不十分可靠，因此，在实际应用时，应尽量通过参数的选择或适当的校正方法消除条件稳定问题。

4.4.2　根轨迹与动态性能分析

在工程实践中，常常采用第 3 章中主导极点的概念来对高阶系统的性能进行近似分析。高阶系统的动态性能基本是由接近虚轴的闭环极点确定的。因此，把那些既靠近虚轴，又不十分接近闭环零点的闭环极点称为主导极点。主导极点对系统性能的影响最大，而那些比主导极点的实部大 5 倍以上的其他闭环零、极点，对系统的影响均可忽略。这样，在设计中所遇到的绝大多数高阶系统，就可以简化为只有一、两个闭环零点和两、三个闭环极点的低阶系统，从而可用较简便的方法来估算高阶系统的性能指标。

【例 4-11】　已知某单位负反馈系统的开环传递函数为

$$G(s)=\frac{K^*}{s(s+4)(s+6)}$$

若要求闭环系统单位阶跃响应的最大超调量满足 $\sigma\leqslant 17\%$，试确定系统的开环增益 K。

解：系统的根轨迹如图 4-19 所示。

由图 4-19 可知，该三阶系统随着 K^* 值的增大，主导极点越显著。因此，可以用二阶系统的性能指标近似计算。

由题意 $\sigma\leqslant 17\%$，及关系式 $\theta=\arctan\sqrt{1-\zeta^2}/\zeta$ 和 $\sigma=e^{-\pi\cot\theta}\times 100\%$，可得阻尼角 $\theta\leqslant 60°$。过坐标原点作与负实轴夹角为 $\theta=\pm 60°$ 的两条射线，交根轨迹于 A、B 两点，如图 4-19所示。显然，这两交点即为系统的闭环主导极点。通过求 A、B 两点的坐标，就可以确定对应的根轨迹增益 K^*，进而求得系统的开环增益 K。

设 A 点坐标为 $s_A=-\sigma_A+j\omega_A$，根据相角条件有

$$\theta_1+\theta_2+\theta_3=180°$$

其中，θ_1、θ_2、θ_3 如图 4-20 所示。

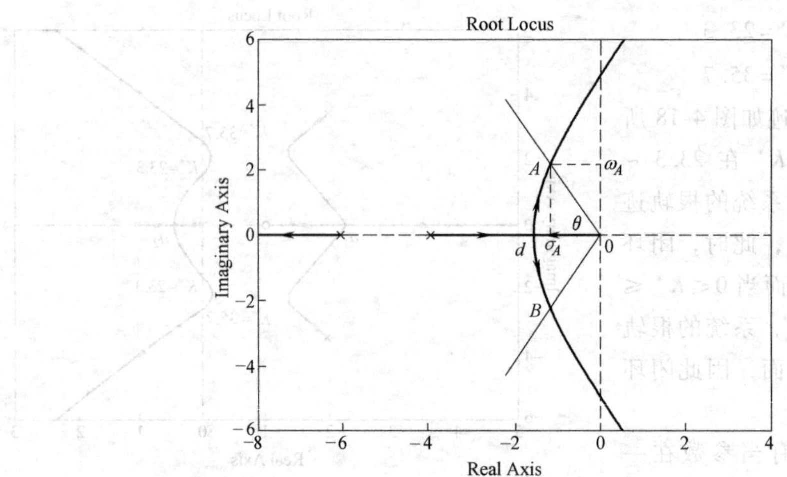

图 4-19 例 4-11 系统的根轨迹图

代入相关数据，得到

$$120° + \arctan\frac{\omega_A}{4-\sigma_A} + \arctan\frac{\omega_A}{6-\sigma_A} = 180°$$

又因为 $\tan\theta = \omega_A/\sigma_A = \sqrt{3}$，将其代入上式，解得 A 点坐标为 $s_A = -1.2 + \mathrm{j}2.08$。根据对称性，$B$ 点坐标为 $s_B = -1.2 - \mathrm{j}2.08$。

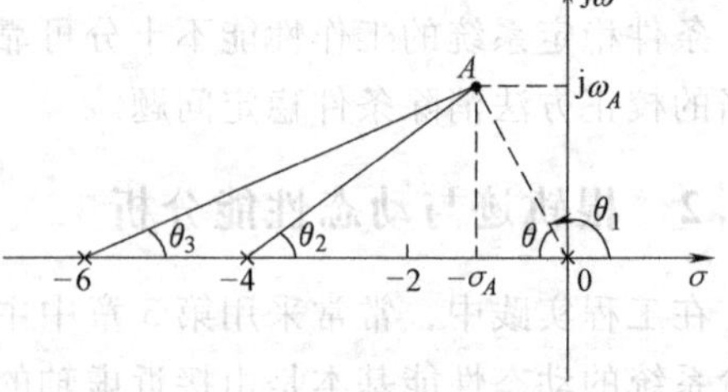

图 4-20 计算 A 点坐标的示意图

由幅值条件，可得点 A 和点 B 处对应的开环根轨迹增益

$$K^* = |s_A - 0| \cdot |s_A + 4| \cdot |s_A + 6| = 43.82$$

根据开环根轨迹增益 K^* 与开环增益 K 之间的关系，可得系统开环增益为

$$K = \frac{K^*}{(-4)\times(-6)} = 1.83$$

故要求 $\sigma \leqslant 17\%$ 时，系统开环增益 $K \leqslant 1.83$。

4.4.3 增加开环零、极点对控制系统性能的影响

控制系统的性能不仅与闭环极点的位置有关，而且与闭环零点的位置也紧密相关。当原系统的性能指标不能满足设计要求时，一般可通过附加位置适当的开环零点和开环极点的方法来改变系统根轨迹的形状和走向，从而使系统性能也随之发生变化。因此，研究开环零、极点的变化对系统根轨迹产生的影响，具有十分重要的实际应用价值。

为了分析增加开环零、极点对系统根轨迹产生的影响，下面通过具体的例子加以说明。

1. 增加开环零点

一般情况下，增加系统的开环零点，相当于在根轨迹的相角条件中增加了一个正的相角，这将使系统的根轨迹向 s 平面左半平面移动，从而提高了系统的相对稳定性。

【例 4-12】 设某单位负反馈系统的开环传递函数为

$$G(s)=\frac{K^*}{s(s+1)(s+2)}$$

试分析系统增加一个开环零点 $z_1=-a$（$a\geqslant 0$）后，其根轨迹的变化情况及对系统性能的影响。

解： 增加开环零点后，系统的开环传递函数为

$$G(s)=\frac{K^*(s+a)}{s(s+1)(s+2)}$$

取 a 为不同的数值，其中当 $a\to\infty$ 时，即零点 $z\to-\infty$ 时，相当于系统有限零点不存在的情形，图 4-21 和图 4-22 分别给出了与之对应的闭环系统根轨迹图和单位阶跃响应曲线图（$K^*=1$）。由图可见，所加零点的位置不同，得到的系统根轨迹形状和单位阶跃响应曲线情况也不同。

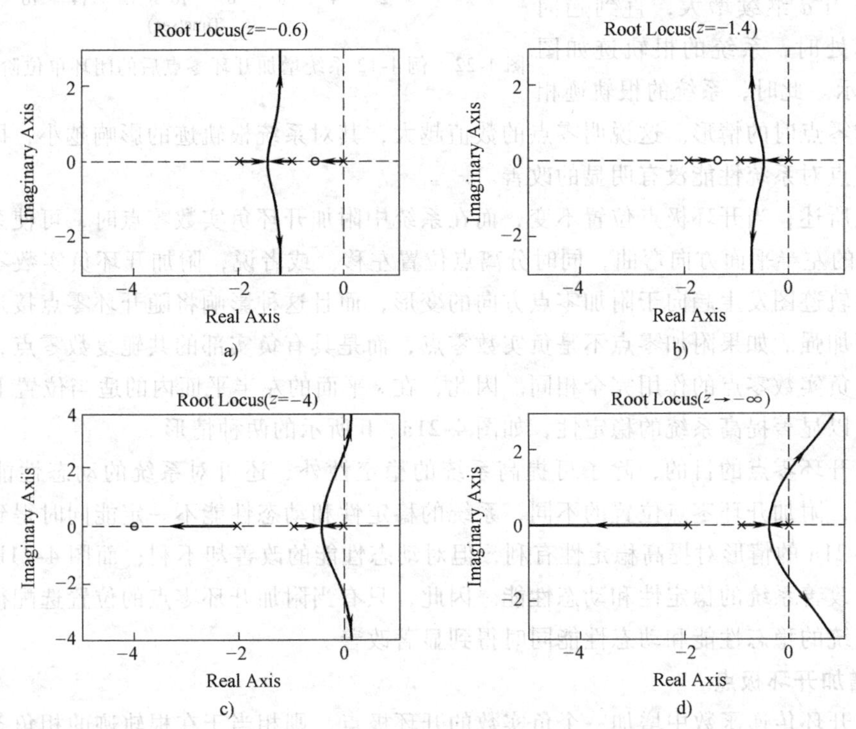

图 4-21　例 4-12 系统增加开环零点后的根轨迹图

（1）当零点位于［0，−1）之间的实轴上

不妨取 $a=0.6$，即 $z_1=-0.6$，则相应的系统根轨迹如图 4-21a 所示。由图可知，当 K^* 由 $0\to\infty$ 变化时，系统的根轨迹均位于 s 平面的左半平面，即系统总是稳定的。但从图 4-22所示的闭环系统单位阶跃响应曲线可以看出，系统响应减缓，过渡过程时间较长。

（2）当零点位于［−1，−2）之间的实轴上

不妨取 $a=1.4$，即 $z_1=-1.4$，则相应的系统根轨迹如图 4-21b 所示。由图可知，当 K^* 由 $0\to\infty$ 变化时，系统也总是稳定的。并且由对应闭环系统的单位阶跃响应可以看出，系统响应加快，调节时间减少，稳定性提高。

（3）当零点位于［-2，-∞）之间的实轴上

不妨取 $a=4$，即 $z_1=-4$，则相应的系统根轨迹如图 4-21c 所示。由图可知，当 K^* 由 0→∞ 变化时，系统的根轨迹会随 a 的增大而逐渐向右弯曲，从而进入 s 平面的右半平面，致使系统的不稳定成分增加。这也可以从相应的闭环单位阶跃响应曲线看出，图中系统振荡加剧，超调增大，调节时间延长，稳定性降低。而当 a 继续增大，直到趋向于无穷远处时，系统的根轨迹如图 4-21d 所示。此时，系统的根轨迹相当于未加零点时的情形。这说明零点的数值越大，其对系统根轨迹的影响越小，即距离虚轴较远的零点对系统性能没有明显的改善。

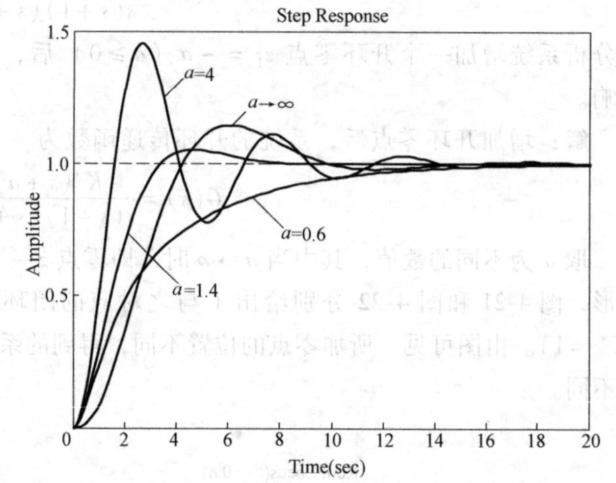

图 4-22　例 4-12 系统增加开环零点后的闭环单位阶跃响应曲线

综上所述，当开环极点位置不变，而在系统中附加开环负实数零点时，可使系统根轨迹向 s 平面的左半平面方向弯曲，同时分离点位置左移。或者说，附加开环负实数零点后，可使系统根轨迹图发生趋向于附加零点方向的变形，而且这种影响将随开环零点接近坐标原点的程度而加强。如果附加零点不是负实数零点，而是具有负实部的共轭复数零点，那么它们的作用与负实数零点的作用完全相同。因此，在 s 平面的左半平面内的适当位置上附加开环零点，可以显著提高系统的稳定性，如图 4-21a、b 所示的两种情形。

附加开环零点的目的，除了可提高系统的稳定性外，还可对系统的动态性能有明显改善。然而，附加开环零点位置的不同，系统的稳定性和动态性能不一定能同时得到满足。例如，图 4-21a 的情形对提高稳定性有利，但对动态性能的改善却不利；而图 4-21b 的情形则最有利于改善系统的稳定性和动态性能。因此，只有当附加开环零点的位置选配得当，才有可能使系统的稳态性能和动态性能同时得到显著改善。

2. 增加开环极点

若在开环传递函数中增加一个负实数的开环极点，则相当于在根轨迹的相角条件中增加了一个负的相角，从而导致系统的根轨迹形状向 s 平面的右半平面方向弯曲，这显然不利于系统的稳定性和动态性能的改善。

【例 4-13】 设某单位负反馈系统的开环传递函数为

$$G(s)=\frac{K^*}{s(s+1)}$$

试分析系统增加一个开环极点 $p_3=-b$（$b\geqslant0$）后，其根轨迹的变化情况及对系统性能的影响。

解： 开环极点未增加时，系统的根轨迹如图 4-23 中的点划线所示。显然，当参变量 K^* 由 0→∞ 变化时，系统总是稳定的。增加开环极点 $-b$ 后，系统的根轨迹如图 4-23 中的实线所示，图中分别给出了 $b=0.1$、2 和 10 三种情形下的根轨迹，而图 4-24 则给出了相应闭环系统的单位阶跃响应曲线（$K^*=1$）。

从根轨迹图中可以看出，增加开环极点后，系统阶次升高，渐近线数量增加，使得渐近线与实轴的夹角变小，从而导致根轨迹向右弯曲，致使系统不稳定成分增加。同时，实轴上的分离点也向右移动。从闭环单位阶跃响应图中可以看出，增加开环极点后，系统响应减缓，过渡过程延长，调节时间增加，系统的稳定性降低。进一步仿真发现，当增加的极点在［-1，0］范围内时，越靠近虚轴的极点，其产生的阶跃响应振荡越剧烈，稳定性越差；而当增加的极点在（-∞，-1）范围内时，越远离虚轴的极点，对根轨迹的影响越小，从而对系统的动态性能没有明显的影响。

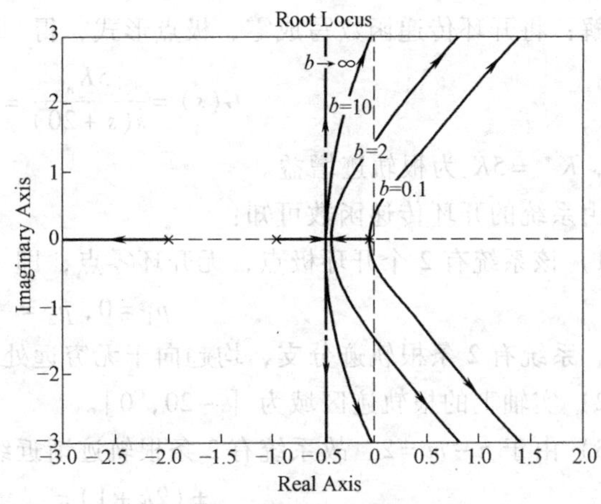

图 4-23　例 4-13 系统增加开环极点后的根轨迹图

由于原二阶系统始终是稳定的，而增加一个开环极点后，使得系统在 K^* 大于某一临界值后变得不稳定了，因此，一般不单独增加一个开环极点。

如果增加的极点不是负实数极点，而是具有负实部的共轭复数极点，那么它们的作用与负实数极点的作用完全相同。

如果期望系统主导极点在根轨迹左侧时，可通过增加开环零点（超前校正），使闭环系统的根轨迹向左弯曲，通过期望主导极点，满足系统动态要求；如果期望系统主导极点在根轨迹右侧时，可通过增加开环极点（滞后校正），使闭环系统的根轨迹向右弯曲，通过期望主导极点，满足系统动态要求。

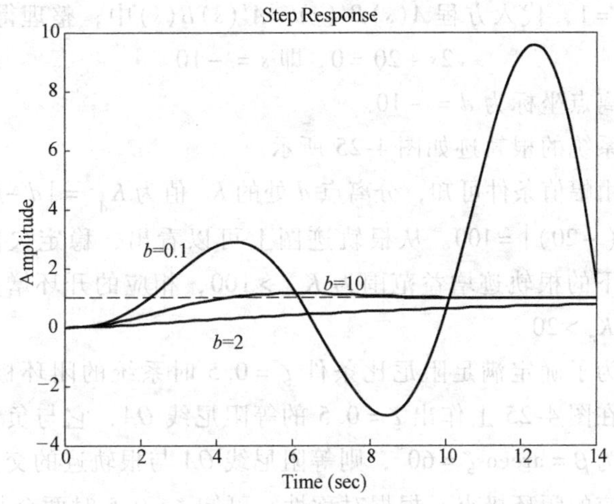

图 4-24　例 4-13 系统增加开环极点后的单位阶跃响应曲线

4.4.4　设计示例：磁盘驱动读取系统

本节将利用根轨迹法来分析磁盘驱动读取系统的稳定性和动态性能。

【例 4-14】　考虑图 2-25 所示的磁盘驱动读取闭环控制系统，具开环传递函数为

$$G(s)=\frac{5K_a}{s(s+20)}$$

试用根轨迹法确定系统在稳定且欠阻尼状态下的开环增益 K_a 的范围，并计算阻尼比 $\zeta=0.5$

时的 K_a 值以及相应的闭环极点。

解：将开环传递函数写成零、极点形式，得

$$G(s)=\frac{5K_a}{s(s+20)}=\frac{K^*}{s(s+20)}$$

式中，$K^*=5K_a$ 为根轨迹增益。

由系统的开环传递函数可知：

1）该系统有 2 个开环极点，无开环零点，即

$$p_1=0,\ p_2=-20$$

因此，系统有 2 条根轨迹分支，均趋向于无穷远处。

2）实轴上的根轨迹区域为 $[-20, 0]$。

3）由于 $n-m=2$，故系统有 2 条根轨迹渐近线，其与实轴的夹角和夹点分别为

$$\varphi_a=\frac{\pm(2k+1)\pi}{2}=\pm 90°,\quad k=0$$

$$\sigma_a=\frac{0-20}{2}=-10$$

4）根据开环传递函数表达式，有 $A(s)=s^2+20s$，$B(s)=1$，代入方程 $A(s)B'(s)=A'(s)B(s)$ 中，整理得到

$$2s+20=0,\ 即\ s=-10$$

故分离点坐标为 $d=-10$。

系统的根轨迹如图 4-25 所示。

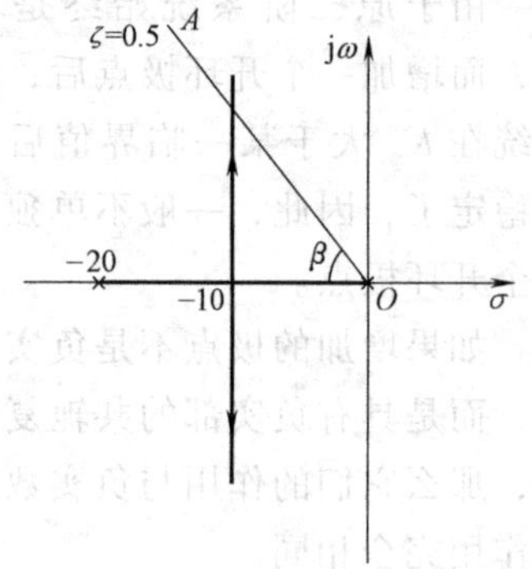

图 4-25　例 4-14 系统的根轨迹图

由幅值条件可知，分离点 d 处的 K^* 值为 $K_d^*=|d-0|\cdot|d-(-20)|=100$。从根轨迹图上可以看出，稳定欠阻尼状态下的根轨迹增益范围为 $K^*>100$，相应的开环增益范围为 $K_a>20$。

为了确定满足阻尼比条件 $\zeta=0.5$ 时系统的闭环极点，首先在图 4-25 上作出 $\zeta=0.5$ 的等阻尼线 OA，它与负实轴夹角为 $\beta=\arccos\zeta=60°$，则等阻尼线 OA 与根轨迹的交点即为相应的闭环极点。根据对称性，可知 $\zeta=0.5$ 时两个相应的复数闭环极点分别为

$$s_{1,2}=-10\pm j10\sqrt{3}$$

此时，系统的闭环特征方程为

$$D(s)=(s-s_1)(s-s_2)=s^2+20s+400$$

根据系统的开环传递函数可知，$D(s)=s^2+20s+K^*$，故 $K^*=400$，相应的开环增益为 $K_a=80$。

4.5　MATLAB 在根轨迹绘制中的应用*

通常，对于低阶、简单控制系统，利用根轨迹的基本绘制规则就可以绘制出准确度较高的系统根轨迹。但是，对于高阶、复杂控制系统，有时却只能描绘出系统根轨迹的大致走向，若要精确绘制，就需要花费大量的时间。而利用 MATLAB 中的相关命令，不仅可以快

速、精确地绘制系统的根轨迹图，而且更便于对系统进行控制性能的分析。

在 MATLAB 工具箱中，常用 rlocus( ) 函数来绘制给定系统的根轨迹，其调用格式如下：

rlocus(*sys*) 或 rlocus(*sys* , *K*)

其中，*sys* 表示系统的数学模型，多采用传递函数模型或零、极点模型的表示形式；K 为用户自已选定的增益向量，即开环根轨迹增益的变化范围。当参变量 K 的变化范围给定时，MATLAB 将按给定的参数范围绘制根轨迹，否则自动按照 K 由 $0\to\infty$ 的变化范围绘制根轨迹。

【例 4-15】 已知系统的开环传递函数为

$$G(s)H(s)=\frac{K^*(s^2+2s+4)}{s(s+4)(s+6)(s^2+1.4s+1)}$$

试用 MATLAB 绘制系统的根轨迹图。

解：MATLAB 程序如下：

```
num = [1,2,4];                                   % 开环传递函数的分子多项式系数；
den = conv(conv([1,4,0],[1,6]),[1,1.4,1]);      % 开环传递函数的分母多项式系数；
sys = tf(num,den);                               % 系统的传递函数模型；
rlocus(sys);                                     % 绘制系统的根轨迹图；
axis([ -8 2 -6 6]);                              % 设置坐标范围；
```

其中，conv( ) 函数用来求两个向量 A 和 B 的卷积，调用格式为 conv(A, B)。如果这两个向量为多项式的系数，那么结果就表示两个多项式的乘积。

运行上述程序，结果如图 4-26 所示。

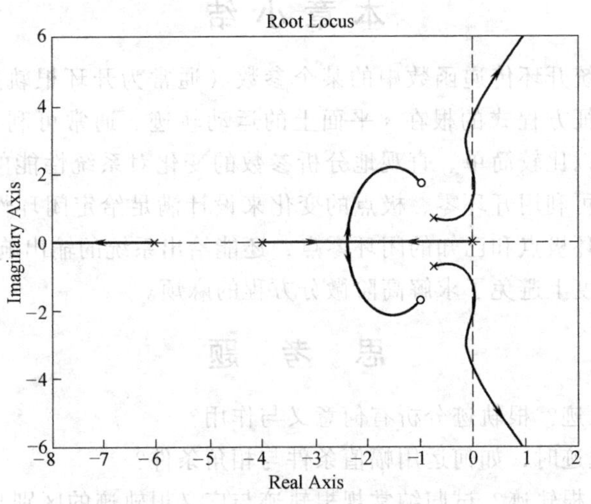

图 4-26 例 4-15 系统的根轨迹图（K：$0\to\infty$）

当根轨迹图绘制好以后，用鼠标单击根轨迹上的任何一点，就可以显示出该点的坐标以及对应的根轨迹增益。利用这种方法，可以很方便地从根轨迹曲线上直接求取分离点或会合点的坐标、根轨迹与虚轴的交点以及相应的开环临界根轨迹增益的大小。

此外，在对系统性能分析的过程中，除了知道某一点所对应的根轨迹增益外，有时还需确定与该根轨迹增益相对应的其他闭环极点的值。为此，只要在命令 rlocus 后，调用如下指令即可：

$$[K,p]=\text{rlocfind}(sys)$$

其中，返回变量 K 和 p 分别为被选极点的开环根轨迹增益及与之对应的所有其他闭环极点的值。当执行该指令后，在 MATLAB 的命令窗口会出现“Select a point in the graphics window”的提示语，同时，在绘有根轨迹的图形窗口中会生成一个十字光标。移动十字光标到所希望的位置后，单击鼠标左键，此时，在 MATLAB 的命令窗口中就会显示被选点的坐标、与之对应的开环根轨迹增益 K 以及具有相同根轨迹增益的其他闭环极点的值。

例如，在例 4-15 的根轨迹图中，运行指令 rlocfind 后，将十字光标定位在根轨迹的分离点处，单击鼠标确认后，在 MATLAB 命令窗口输出如下数值：

```
selected_point =
 -2.3542
K =
9.4868
p =
 -6.5521
 -2.3571
 -2.3542
 -0.0683 +1.0193i
 -0.0683 -1.0193i
```

本章小结

根轨迹是指当系统开环传递函数中的某个参数（通常为开环根轨迹增益）由零变化到无穷时，闭环系统特征方程式的根在 s 平面上的运动轨迹。通常可利用基本规则来画根轨迹。借助根轨迹图可以比较简单、直观地分析参数的变化对系统性能的影响，如稳态性能、动态性能等，而且还可利用开环零、极点的变化来设计满足给定闭环性能指标要求的系统。此外，根据确定的闭环极点和已知的闭环零点，还能给出系统的输出响应和相应的系统性能指标值，这在一定程度上避免了求解高阶微分方程的麻烦。

思考题

4-1　什么是根轨迹？根轨迹分析有何意义与作用？

4-2　在绘制根轨迹时，如何运用幅值条件与相角条件？

4-3　什么是广义根轨迹？试归纳常规根轨迹与广义根轨迹的区别与应用条件。

4-4　总结增加开环零、极点对系统根轨迹及系统性能的影响。

习　题

4-5　已知负反馈控制系统的开环传递函数为 $G(s)=\dfrac{K^*}{(s+1)(s+2)(s+4)}$。

（1）试证明 $s=-1+\text{j}\sqrt{3}$ 是该系统根轨迹上的一点，并求出相应的 K^* 值；

（2）为使闭环系统稳定，用根轨迹法确定 K^* 的取值范围。

4-6 已知系统开环零、极点的分布如图 4-27 所示，试绘制系统的概略根轨迹图。

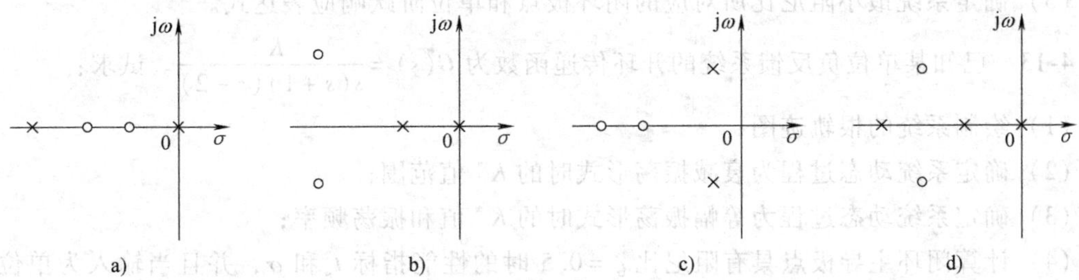

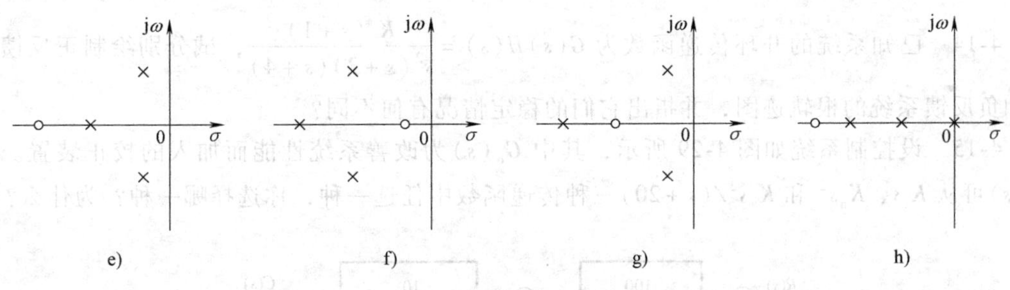

图 4-27 习题 4-6 开环传递函数零、极点分布图

4-7 已知单位负反馈控制系统的开环传递函数如下，试绘制相应的闭环根轨迹图。

（1）$G(s)=\dfrac{K^*}{(s+0.2)(s+0.5)(s+1)}$

（2）$G(s)=\dfrac{K^*(s+2)}{(s^2+2s+10)}$

（3）$G(s)=\dfrac{K^*(s+5)}{s(s+2)(s+3)}$

4-8 设单位负反馈系统的开环传递函数为 $G(s)=\dfrac{K^*(s+6)}{s(s+4)}$，试证明该系统的复数根轨迹部分为一圆，并指出其圆心和半径。

4-9 已知单位负反馈系统的开环传递函数为 $G(s)=\dfrac{K^*(s+T)}{s^2(s+2)}$，试绘制 $K^*=1$ 时，以 T 为参变量的根轨迹。

4-10 设控制系统的结构图如图 4-28所示。图中，τ 为微分时间常数，试绘制以 τ 为参变量的根轨迹图。

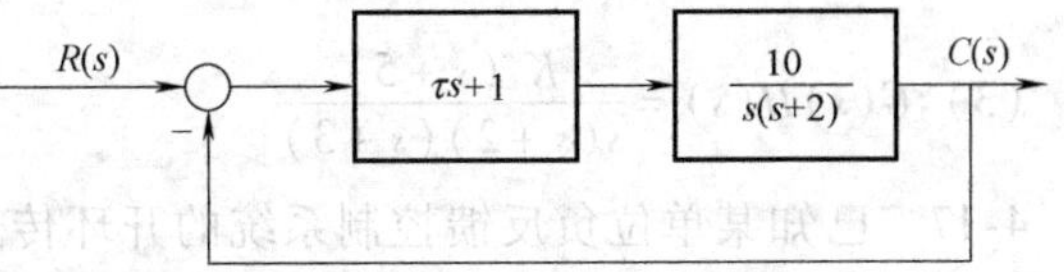

图 4-28 习题 4-10 系统结构图

4-11 已知单位负反馈系统的开环传递函数为 $G(s)=\dfrac{K^*}{s(s+2)}$。试确定同时满足 $\sigma\leqslant5\%$、$t_s\leqslant8s$ 的 K^* 值范围。

4-12 已知某单位负反馈系统的开环传递函数为 $G(s)=\dfrac{K^*(s+6)}{s(s+3)}$。试求：

（1）绘制系统的根轨迹图；

（2）分析 K^* 值变化时对系统性能的影响；

（3）确定系统最小阻尼比所对应的闭环极点和单位阶跃响应表达式。

4-13 已知某单位负反馈系统的开环传递函数为 $G(s)=\dfrac{K^*}{s(s+1)(s+2)}$。试求：

（1）绘制系统的根轨迹图；

（2）确定系统动态过程为衰减振荡形式时的 K^* 值范围；

（3）确定系统动态过程为等幅振荡形式时的 K^* 值和振荡频率；

（4）计算闭环主导极点具有阻尼比 $\zeta=0.5$ 时的性能指标 t_s 和 σ，并且当输入为单位斜坡信号时，求解系统的稳态误差 e_{ss}。

4-14 已知系统的开环传递函数为 $G(s)H(s)=\dfrac{K^*(s+1)}{s^2(s+2)(s+4)}$，试分别绘制正反馈系统和负反馈系统的根轨迹图，并指出它们的稳定情况有何不同？

4-15 设控制系统如图 4-29 所示，其中 $G_c(s)$ 为改善系统性能而加入的校正装置。若 $G_c(s)$ 可从 $K_t s$、$K_a s^2$ 和 $K_a s^2/(s+20)$ 三种传递函数中任选一种，你选择哪一种？为什么？

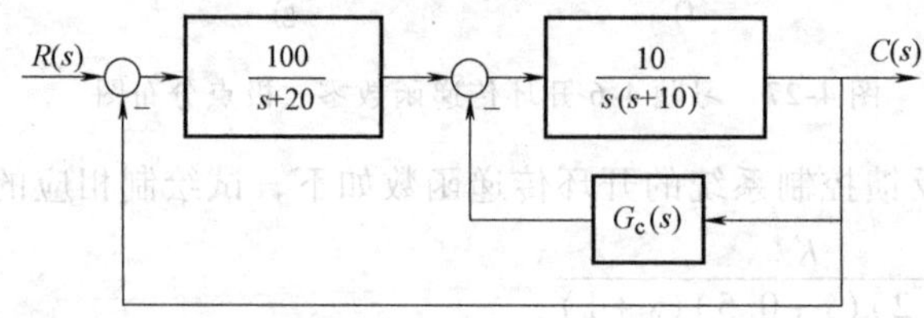

图 4-29 习题 4-15 图

MATLAB 实践与拓展题 *

4-16 已知控制系统的开环传递函数如下，试用 MATLAB 绘制相应系统的闭环根轨迹图。

（1）$G(s)H(s)=\dfrac{K^*}{(s+0.2)(s+0.5)(s+1)}$

（2）$G(s)H(s)=\dfrac{K^*(s+2)}{(s^2+2s+10)}$

（3）$G(s)H(s)=\dfrac{K^*(s+5)}{s(s+2)(s+3)}$

4-17 已知某单位负反馈控制系统的开环传递函数为

$$G(s)=\frac{K^*(s+1)}{s(s-1)(s+4)}$$

（1）绘制系统的根轨迹图；

（2）确定系统稳定的 K^* 值范围；

（3）用 MATLAB 编程，画出系统根轨迹，并验证结论。

4-18 设系统的开环传递函数为

$$G(s)H(s)=\frac{K^*(s+3)}{(s+4)(s^2+2s+2)}$$

试用 MATLAB 编程，分别画出正、负反馈时系统的根轨迹图，并比较这两个图形有什么不同，可得出什么结论。

4-19　已知某单位负反馈控制系统的开环传递函数为

$$G(s)=\frac{K^*(s+1)}{s^2(s+9)}$$

（1）用 MATLAB 编程，画出系统根轨迹图；

（2）求特征方程的根为 3 个相等实根时的 K^* 值和 s 值。

4-20　已知某单位负反馈控制系统的开环传递函数为

$$G(s)=\frac{K^*}{s^2(s+2)}$$

（1）用 MATLAB 编程，画出系统根轨迹，并对系统的稳定性进行分析；

（2）若增加一个零点 $z=-1$，试问根轨迹图有何变化，对系统稳定性有何影响？

第5章　控制系统的频域分析

【基本要求】

1. 正确理解控制系统频率特性的基本概念，掌握频率特性的图形表示方法；
2. 重点掌握典型环节的频率特性及其特征；
3. 熟练掌握控制系统开环奈奎斯特图和Bode图的绘制方法；
4. 重点掌握奈奎斯特稳定判据、频域性能指标的定义和计算；
5. 掌握系统开环对数频率特性与系统性能之间的关系，正确理解“三频段”的概念；
6. 掌握由最小相位系统的开环对数幅频特性曲线确定系统开环传递函数的方法。

时域分析法是利用系统微分方程通过拉氏变换来求解系统动态响应的一种方法，这种方法较为直接，也符合人们的习惯。但求解过程较复杂，尤其是对于高阶或较为复杂的系统则难以求解和定量分析，而且当系统的某些参数发生变化时，系统性能的变化也难以直接判断，不太方便。

根轨迹分析法是以系统传递函数为基础的图解分析方法，它根据系统根轨迹图形的变化趋势，可得到系统动态性能随某一参数变化的全部信息，快速、简洁而实用，特别适用于高阶系统的近似分析与求解。缺点是对于高频噪声以及难以建立数学模型等问题无能为力。

频域分析法是以系统频率特性为数学模型的又一图解分析法，可方便地用于控制系统的分析与设计。频域分析法具有如下特点：

1）利用系统的开环频率特性图可直接分析闭环系统的性能，而不必求解闭环系统的特征根。

2）频域分析法具有明显的物理意义，可以用实验的方法确定系统的数学模型。对于难以列写微分方程式的元部件或系统来说，具有重要的实际意义。

3）对于二阶系统，频域性能指标和时域性能指标之间具有确定的对应关系；对于高阶系统，二者之间存在可以满足工程要求的近似关系。这使得时域分析法的直接性和频域分析法的直观性有机地结合起来。

4）可以方便地研究系统参数和结构变化对系统性能指标带来的影响，为系统参数和结构的调整和设计提供了方便而实用的手段，同时可以设计出能有效抑制噪声的系统。

5）在一定条件下，可推广应用于某些非线性系统。频域分析法不仅适用于线性定常系统的分析，而且还适用于传递函数中含有延迟环节和部分非线性系统的分析。

本章主要学习控制系统的频域模型及性能分析。

5.1　频率特性

5.1.1　频率特性的基本概念

频率特性又称频率响应，它是线性定常系统（或环节）对不同频率正弦信号的响应特性。对于**稳定的线性定常系统，当输入一频率为 ω 的正弦信号时，则系统到达稳态后，其输出是具有和输入同频率的正弦函数，而且其幅值和相位均随 ω 的变化而变化**，如图 5-1 所示。这一结论，除了可用实验方法验证外，还可以从理论上予以证明。

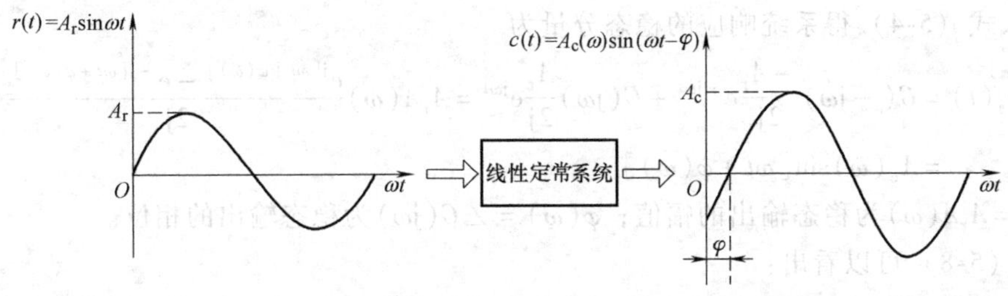

图 5-1　频率响应示意图

设线性定常系统的传递函数为

$$G(s)=\frac{C(s)}{R(s)}=\frac{U(s)}{(s-p_1)(s-p_2)\cdots(s-p_n)}=\frac{U(s)}{V(s)} \tag{5-1}$$

式中，p_1、p_2、…、p_i、…、p_n 为传递函数 $G(s)$ 的 n 个极点，它们可能是实数或共轭复数。对于稳定的系统，这些极点都位于 s 平面左半平面，即其实部 $\mathrm{Re}[p_i]$ 均为负数。为下面分析简单，设 $G(s)$ 的极点均为不同的实数极点（不影响最后的结论）。

设系统输入信号为 $r(t)=A_r\sin\omega t$，其拉氏变换为 $R(s)=\dfrac{A_r\omega}{s^2+\omega^2}$，则系统的输出为

$$\begin{aligned}C(s)=G(s)R(s)&=\frac{U(s)}{V(s)}\frac{A_r\omega}{s^2+\omega^2}=\frac{U(s)}{(s-p_1)(s-p_2)\cdots(s-p_n)}\frac{A_r\omega}{(s+\mathrm{j}\omega)(s-\mathrm{j}\omega)}\\&=\sum_{i=1}^{n}\frac{C_i}{s-p_i}+\frac{B}{s+\mathrm{j}\omega}+\frac{D}{s-\mathrm{j}\omega}\end{aligned} \tag{5-2}$$

式中，C_i、B、D 均为待定系数。

对式（5-2）进行拉氏反变换，得系统的输出响应为

$$c(t)=\sum_{i=1}^{n}C_i\mathrm{e}^{p_it}+(B\mathrm{e}^{-\mathrm{j}\omega t}+D\mathrm{e}^{\mathrm{j}\omega t})=c_t(t)+c_s(t) \tag{5-3}$$

式中，第一项 $c_t(t)=\sum\limits_{i=1}^{n}C_i\mathrm{e}^{p_it}$ 由 $G(s)$ 的极点 p_i 决定，是输出响应的暂态分量；第二项 $c_s(t)=B\mathrm{e}^{-\mathrm{j}\omega t}+D\mathrm{e}^{\mathrm{j}\omega t}$ 由输入信号 $r(t)$ 和系统初始条件决定，是输出响应的稳态分量。对于稳定的系统，其极点 p_i 均具有负的实部，当 $t\to\infty$ 时，$c_t(t)\to 0$。其稳态分量为

$$c_s(t)=\lim_{t\to\infty}c(t)=B\mathrm{e}^{-\mathrm{j}\omega t}+D\mathrm{e}^{\mathrm{j}\omega t} \tag{5-4}$$

式中，系数 B 和 D 由下列两式确定

$$B=G(s)\frac{A_r\omega}{s^2+\omega^2}(s+\mathrm{j}\omega)\bigg|_{s=-\mathrm{j}\omega}=G(-\mathrm{j}\omega)\frac{-A_r}{2\mathrm{j}} \tag{5-5}$$

$$D=G(s)\frac{A_r\omega}{s^2+\omega^2}(s-\mathrm{j}\omega)\bigg|_{s=\mathrm{j}\omega}=G(\mathrm{j}\omega)\frac{A_r}{2\mathrm{j}} \tag{5-6}$$

因 $G(\mathrm{j}\omega)$ 可表示为

$$G(\mathrm{j}\omega)=P(\omega)+\mathrm{j}Q(\omega)=A(\omega)\mathrm{e}^{\mathrm{j}\varphi(\omega)} \tag{5-7}$$

式中，$A(\omega)=|G(\mathrm{j}\omega)|=\sqrt{P^2(\omega)+Q^2(\omega)}$；$\varphi(\omega)=\angle G(\mathrm{j}\omega)=\arctan\dfrac{Q(\omega)}{P(\omega)}$。

由于 $G(-\mathrm{j}\omega)$ 是 $G(\mathrm{j}\omega)$ 的共轭复数，即 $G(-\mathrm{j}\omega)=A(\omega)\mathrm{e}^{-\mathrm{j}\varphi(\omega)}$，将式（5-5）和式(5-6)代入式（5-4）得系统响应的稳态分量为

$$\begin{aligned}c_{\mathrm{s}}(t)&=G(-\mathrm{j}\omega)\frac{-A_{\mathrm{r}}}{2\mathrm{j}}\mathrm{e}^{-\mathrm{j}\omega t}+G(\mathrm{j}\omega)\frac{A_{\mathrm{r}}}{2\mathrm{j}}\mathrm{e}^{\mathrm{j}\omega t}=A_{\mathrm{r}}A(\omega)\frac{\mathrm{e}^{\mathrm{j}[\omega t+\varphi(\omega)]}-\mathrm{e}^{-\mathrm{j}[\omega t+\varphi(\omega)]}}{2\mathrm{j}}\\&=A_{\mathrm{c}}(\omega)\sin[\omega t+\varphi(\omega)]\end{aligned} \tag{5-8}$$

式中，$A_{\mathrm{c}}=A_{\mathrm{r}}A(\omega)$ 为稳态输出的幅值；$\varphi(\omega)=\angle G(\mathrm{j}\omega)$ 为稳态输出的相位。

从式（5-8）可以看出：

1）线性定常系统在正弦信号作用下的稳态输出是与输入同频率的正弦信号，其幅值和相位均是输入信号频率 ω 的函数。输出与输入的幅值比为 $A(\omega)=|G(\mathrm{j}\omega)|$，相位差为 $\varphi(\omega)=\angle G(\mathrm{j}\omega)$。

2）对所有的频率值（$\omega=0\to\infty$），线性系统输出与输入的一一对应关系可用稳态输出与输入之比随频率 ω 变化的曲线来描述，这就是系统的频率特性。

下面以一阶 RC 滤波器电路网络为例，来说明频率特性的基本概念。

如图 5-2 所示，RC 电路网络传递函数为 $G(s)=\dfrac{U_{\mathrm{o}}(s)}{U_{\mathrm{i}}(s)}=\dfrac{1}{Ts+1}$。其中，$T=RC$ 为电路网络时间常数。

设输入信号为 $u_{\mathrm{i}}(t)=A\sin\omega t$，其拉氏变换为 $U_{\mathrm{i}}(s)=\dfrac{A\omega}{s^2+\omega^2}$，则输出的拉氏变换为

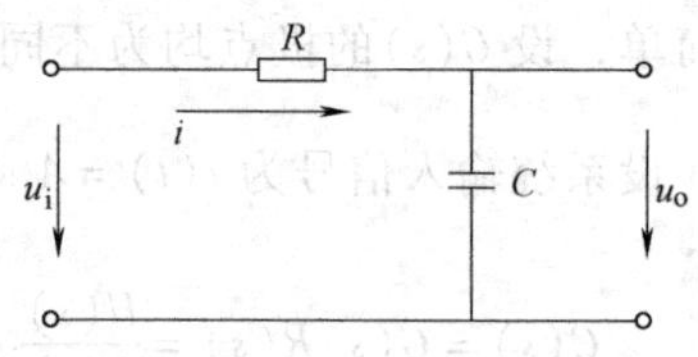

图 5-2　RC 电路网络

$$U_{\mathrm{o}}(s)=\frac{1}{Ts+1}\frac{A\omega}{s^2+\omega^2}$$

经部分分式展开和拉氏反变换得电路网络的输出总响应为

$$u_{\mathrm{o}}(t)=\frac{A\omega T}{1+\omega^2T^2}\mathrm{e}^{-\frac{1}{T}t}+\frac{A}{\sqrt{1+\omega^2T^2}}\sin(\omega t-\arctan\omega T)$$

其稳态响应为

$$u_{\mathrm{os}}(t)=\lim_{t\to\infty}u_{\mathrm{o}}(t)=\frac{A}{\sqrt{1+\omega^2T^2}}\sin(\omega t-\arctan\omega T)=U_{\mathrm{c}}(\omega)\sin[\omega t+\varphi(\omega)]$$

稳态响应的幅值和相位分别为

$$U_{\mathrm{c}}(\omega)=\frac{A}{\sqrt{1+\omega^2T^2}},\quad \varphi(\omega)=-\arctan\omega T$$

可见，RC 电路网络在正弦信号作用下，响应到达稳态时，输出信号为与输入信号同频率的正弦量；其幅值和相位均是输入信号频率 ω 的函数，其变化规律由系统的固有参数 T 决定。

1. 频率特性的定义及意义

频率特性的定义可描述为：**在零初始条件下，线性定常系统（或环节）在正弦输入信号的作用下，系统到达稳态时输出与输入的复数比**，记为 $G(\mathrm{j}\omega)$。框图如图 5-3 所示。

对于一般的系统，其正弦输入的复数形式可表示为 $R(\mathrm{j}\omega)=A_{\mathrm{r}}\mathrm{e}^{\mathrm{j}0}$；其稳态输出对应的复数形式可表示为 $C(\mathrm{j}\omega)=A_{\mathrm{c}}(\omega)\mathrm{e}^{\mathrm{j}\varphi(\omega)}$，则其频率特性可表示为

图 5-3　频率特性框图

$$G(\mathrm{j}\omega)=\frac{C(\mathrm{j}\omega)}{R(\mathrm{j}\omega)}=\frac{A_{\mathrm{c}}(\omega)\mathrm{e}^{\mathrm{j}\varphi(\omega)}}{A_{\mathrm{r}}\mathrm{e}^{\mathrm{j}0}}=A(\omega)\mathrm{e}^{\mathrm{j}\varphi(\omega)} \tag{5-9}$$

式中，$A(\omega)=|G(\mathrm{j}\omega)|=\dfrac{A_{\mathrm{c}}(\omega)}{A_{\mathrm{r}}}$称为**幅频特性，表征系统稳态输出与输入的幅值之比**，也常称为**增益**；$\varphi(\omega)=\angle G(\mathrm{j}\omega)$称为**相频特性，表征系统稳态输出与输入的相位之差**，也常称为**相移**。

因此频率特性的物理意义在于表征线性定常系统对于正弦信号幅值和相位的改变情况。显然，频率特性仅取决于系统的结构、参数，而与其他因素无关。

根据式（5-9），对于 RC 电路网络，其频率特性可写为

$$G(\mathrm{j}\omega)=\frac{1}{\sqrt{1+\omega^2T^2}}\mathrm{e}^{\mathrm{j}(-\arctan\omega T)}=\frac{1}{1+\mathrm{j}\omega T} \tag{5-10}$$

其幅频特性为 $A(\omega)=1/\sqrt{1+(\omega T)^2}$，相频特性为 $\varphi(\omega)=-\arctan\omega T$，由此可近似画出 RC 电路网络的频率特性曲线，如图 5-4 所示。

由图 5-4 可知，当输入信号频率 ω 较低时，RC 电路网络稳态输出电压和输入电压幅值几乎相等，且相位滞后较小，电路主要表现出电阻特性（$\omega=0$ 时，输入与稳态输出均为大小相等的直流电压）；随着 ω 的增大，稳态输出电压的幅值迅速减小，相位滞后也随之增大，电路电容特性增强；当 $\omega\to+\infty$ 时，输出电压幅值接近 0，而相位滞后接近 90°，电路近似为电容器。因此，该电路网络具有低通滤波的作用。

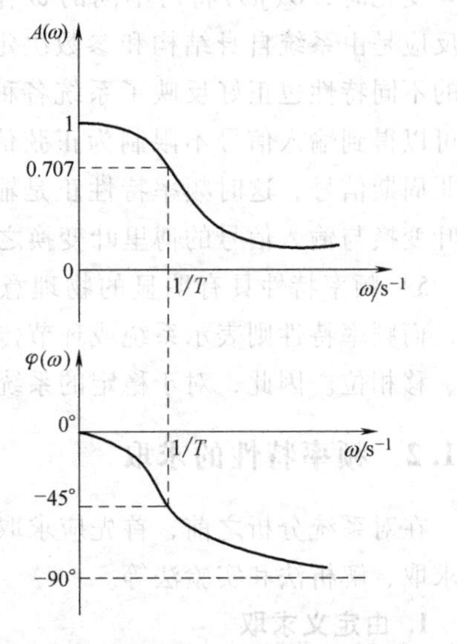

图 5-4　RC 电路网络的幅频和相频特性曲线

比较式（5-10）和 RC 电路传递函数可知，只要将传递函数中的 s 以 $\mathrm{j}\omega$ 置换，即可得到电路网络的频率特性，即

$$\frac{1}{1+\mathrm{j}\omega T}=\left.\frac{1}{Ts+1}\right|_{s=\mathrm{j}\omega} \tag{5-11}$$

此结论同样适用于一般系统，即

$$G(\mathrm{j}\omega)=G(s)\big|_{s=\mathrm{j}\omega} \tag{5-12}$$

2. 关于频率特性的几点讨论

1）频率特性 $G(\mathrm{j}\omega)$ 为复数，有如下几种表示形式：

幅相形式：$G(\mathrm{j}\omega)=|G(\mathrm{j}\omega)|\angle G(\mathrm{j}\omega)$

极坐标形式：$G(\mathrm{j}\omega)=A(\omega)\angle\varphi(\omega)$

指数形式：$G(\mathrm{j}\omega)=A(\omega)\mathrm{e}^{\mathrm{j}\varphi(\omega)}$

实虚形式：$G(\mathrm{j}\omega)=P(\omega)+\mathrm{j}Q(\omega)$

三角函数形式：$G(\mathrm{j}\omega)=A(\omega)[\cos\varphi(\omega)+\mathrm{j}\sin\varphi(\omega)]$

式中，$A(\omega)=|G(\mathrm{j}\omega)|=\sqrt{P^2(\omega)+Q^2(\omega)}$是$\omega$的函数，称为幅频特性；$\varphi(\omega)=\angle G(\mathrm{j}\omega)=\arctan\dfrac{Q(\omega)}{P(\omega)}$是$\omega$的函数，称为相频特性；$P(\omega)$为$G(\mathrm{j}\omega)$的实部，是$\omega$的函数，称为实频特性；$Q(\omega)$为$G(\mathrm{j}\omega)$的虚部，是$\omega$的函数，称为虚频特性。其关系如图 5-5 所示。

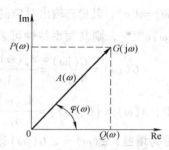

图 5-5　频率特性的图形表示

2）三种数学模型之间的关系。与传递函数、微分方程一样，频率特性也是一种数学模型，它包含了系统和元部件全部的结构特性和参数。三者之间存在必然的关系，如图 5-6 所示。

3）有关传递函数的概念和运算法则对频率特性同样适用。

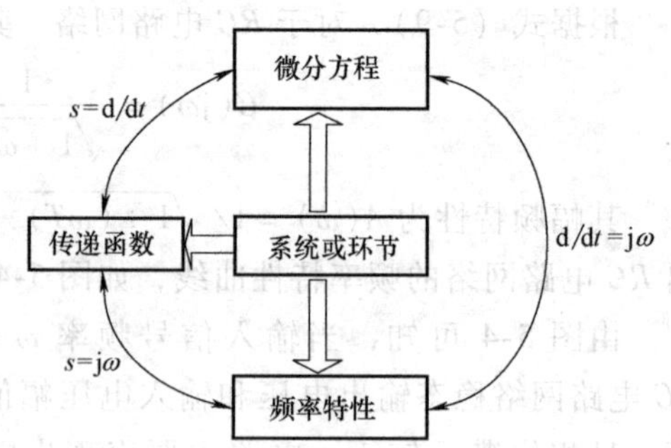

图 5-6　三种数学模型之间的关系

4）频率特性虽然是以系统稳态响应定义的，但可以用来分析系统全过程的响应特性，这一点可通过傅里叶变换加以证明。事实上，当ω由$0\to\infty$变化时，$G(\mathrm{j}\omega)$将对不同的ω作出反应，这种反应是由系统自身结构和参数决定的，所反映出的不同特性也正好反映了系统各种性能。由此还可以得到输入信号不限制为正弦信号，也可以是非周期信号，这时频率特性正是输出信号的傅里叶变换与输入信号的傅里叶变换之比。

5）频率特性具有明显的物理意义。传递函数表示的是系统或环节传递任意信号的性能，而频率特性则表示系统或环节传递正弦信号的能力，并且具有三要素，即同频率、变幅值、移相位。因此，对于稳定的系统，可以通过实验的方法求出其输出量的各个物理参数。

5.1.2　频率特性的求取

在对系统分析之前，首先应求取系统的频率特性。频率特性的求取方法有三种，即由定义求取、解析法和实验法等。

1. 由定义求取

在已知系统传递函数的情况下，先求出系统正弦信号输入的稳态解，然后再求稳态解的复数和输入信号的复数之比，即得频率特性。

2. 解析法

由传递函数直接求取。以$\mathrm{j}\omega$取代传递函数中的s，就可求出系统的频率特性，即$G(\mathrm{j}\omega)=G(s)\big|_{s=\mathrm{j}\omega}$。

3. 实验法

给已知系统输入幅值不变而频率变化的正弦信号，并记录各个频率对应输出信号的幅值和相位，即可得到系统的频率特性。

$$\omega_1: G(\mathrm{j}\omega_1)\to|G(\mathrm{j}\omega_1)|,\varphi(\omega_1)$$

$$\omega_2: G(\mathrm{j}\omega_2) \rightarrow |G(\mathrm{j}\omega_2)|, \varphi(\omega_2)$$

$$\vdots$$

$$\omega_n: G(\mathrm{j}\omega_n) \rightarrow |G(\mathrm{j}\omega_n)|, \varphi(\omega_n)$$

这种方法需先绘出系统的频率特性曲线，然后据此分析系统的性能，并可求出系统的数学模型。

5.1.3 频率特性的图示法

在工程分析和设计中，通常把频率特性画成曲线图，从这些曲线出发进行研究。因此，为了掌握频域分析法，首先要学习频率特性的各种图示法。工程上常采用两种频率特性的图示形式，即极坐标图和对数坐标图。

1. 极坐标图

极坐标图是在复数平面中，描述以输入信号的频率 ω 为参变量，频率特性幅值 $A(\omega)$ 和相位 $\varphi(\omega)$ 之间关系的曲线图。所以极坐标图上的每一点可以用极坐标形式表示，也可以用复数形式表示。极坐标图主要用于对系统稳定性的研究，是由奈奎斯特（H. Nyquist）在1932年提出的，因此人们将这种图形又称为**奈奎斯特图**，简称**奈氏图**。图中的曲线称为**幅相频率特性曲线或奈奎斯特曲线**，简称**幅相曲线或奈氏曲线**。

由于幅频特性 $A(\omega)$ 是 ω 的偶函数，相频特性 $\varphi(\omega)$ 是 ω 的奇函数，所以，奈氏曲线中 $\omega=0\rightarrow+\infty$ 的部分与 $\omega=-\infty\rightarrow0$ 的部分关于实轴对称。因此，通常只画出 $\omega=0\rightarrow+\infty$ 变化时的奈氏曲线部分，以简化图形和方便分析，并在曲线上用箭头表示 ω 增大的方向。

2. 对数坐标图

对数坐标图由两幅图组成：一幅是对数幅频特性图，表示对数幅值 $20\lg A(\omega)$ 与频率 ω 的关系，即**对数幅频特性曲线**，其纵坐标为 $20\lg A(\omega)$，常用 $L(\omega)$ 来表示；另一幅是对数相频特性图，表示相位 $\varphi(\omega)$ 与频率 ω 之间的关系，即**对数相频特性曲线**，其纵坐标为 $\varphi(\omega)$。为了分析问题方便，通常将两幅图绘制在同一张对数坐标图纸上，而且横坐标分度相同，称为对数频率特性图。两幅图的纵坐标都按线性分度，单位分别为分贝（dB）和度（°）或弧度（rad），横坐标都是角频率 ω，单位是 rad/s 或写为 s^{-1}，采用 $\lg\omega$ 分度，但标注的是频率 ω 的自然值，因此横轴的刻度是不均匀的。对数坐标系如图 5-7 所示。

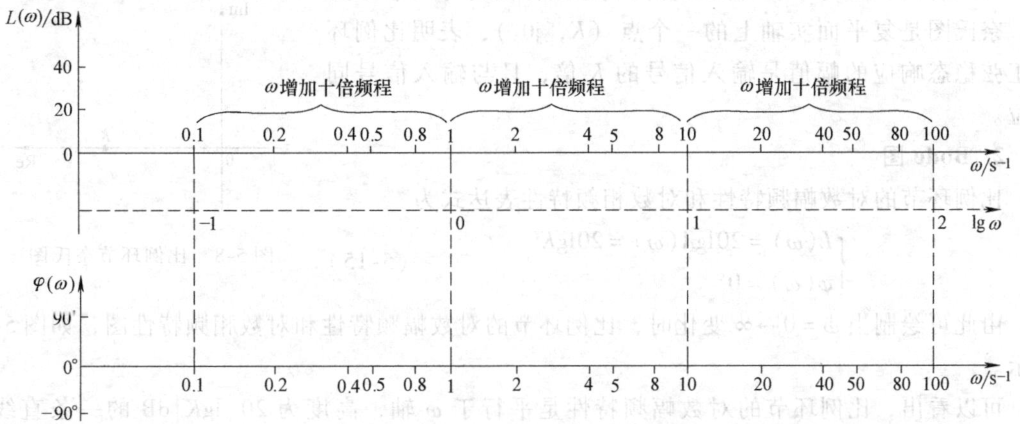

图 5-7 对数坐标系

这里需要注意两点：一是因 ω 取值是 $0\to\infty$，所以在横坐标 ω 轴上不可能有零或负值，而且对于不同的系统，由于其实际的频率范围不同，因而其 ω 轴上的有效频率段也不相同。二是在以 $\lg\omega$ 分度的 ω 轴上，相邻十倍频程之间的实际长度相等，如 0.1～1、1～10、10～100 等，以此类推，这个十倍频程，用符号 dec（decade 的缩写）表示。为了纪念伯德（H. W. Bode）对经典控制理论所作的贡献，**对数频率特性图**又称为 **Bode 图**。

采用 Bode 图有以下优点：

1）ω 轴的坐标刻度压缩了高频段，扩展了中低频段，能反映工程系统的实际情况。

2）幅值取对数以后，可以将幅值增益的乘除运算降低为加减运算，使对数幅频特性图由曲线变为直线段的组合，可以用渐近线近似表示，简化了图形的绘制。

3）对一些用分析法较难求得传递函数的环节或系统，可通过实验获得其频率特性数据，从而绘制出对应的对数频率特性曲线，由此能较容易地求得被测系统的传递函数。

5.2 典型环节的频率特性

一个自动控制系统通常总是由若干典型环节组成，归纳起来有 8 类，即比例环节、积分环节、纯微分环节、惯性环节、一阶微分环节、振荡环节、二阶微分环节和延迟环节等。这些环节，有些是控制器表现出来的特性，如比例、积分、微分等；有些是受控对象表现出来的特性，如惯性、振荡、延迟等。本节主要讨论这些典型环节的频率特性。

5.2.1 比例环节

由比例环节的传递函数可得其频率特性表达式为

$$G(\mathrm{j}\omega)=G(s)\big|_{s=\mathrm{j}\omega}=K\angle 0° \tag{5-13}$$

1. 奈氏图

由比例环节的频率特性表达式可得其幅频特性和相频特性的表达式为

$$\begin{cases}A(\omega)=\left|G(\mathrm{j}\omega)\right|=K\\ \varphi(\omega)=\angle G(\mathrm{j}\omega)=0°\end{cases} \tag{5-14}$$

由此可绘制当 $\omega=0\to\infty$ 变化时比例环节的奈氏图，如图 5-8 所示。

可以看出，比例环节的幅频特性和相频特性均与频率 ω 无关，奈氏图是复平面实轴上的一个点（K，j0°），表明比例环节正弦稳态响应的幅值是输入信号的 K 倍，且与输入信号同相位。

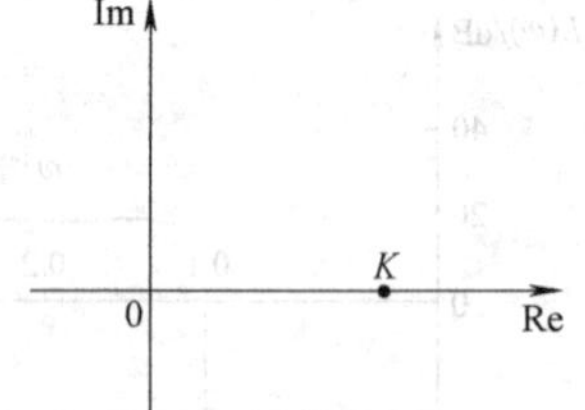

图 5-8 比例环节奈氏图

2. Bode 图

比例环节的对数幅频特性和对数相频特性表达式为

$$\begin{cases}L(\omega)=20\lg A(\omega)=20\lg K\\ \varphi(\omega)=0°\end{cases} \tag{5-15}$$

由此可绘制当 $\omega=0\to\infty$ 变化时，比例环节的对数幅频特性和对数相频特性图，如图 5-9 所示。

可以看出，比例环节的对数幅频特性是平行于 ω 轴，高度为 $20\left|\lg K\right|$dB 的一条直线。$K>1$ 时 $L(\omega)>0$dB，对数幅频特性 $L(\omega)$是一条位于 ω 轴上方的水平直线；当 $0<K<1$ 时

$L(\omega)<0\text{dB}$，对数幅频特性 $L(\omega)$ 是一条位于 ω 轴下方的水平直线。而对数相频特性即 $\varphi(\omega)$ 曲线就是 ω 轴线。改变 K 值的大小，会使对数幅频特性升高或降低一个常数，但不影响相位的大小。

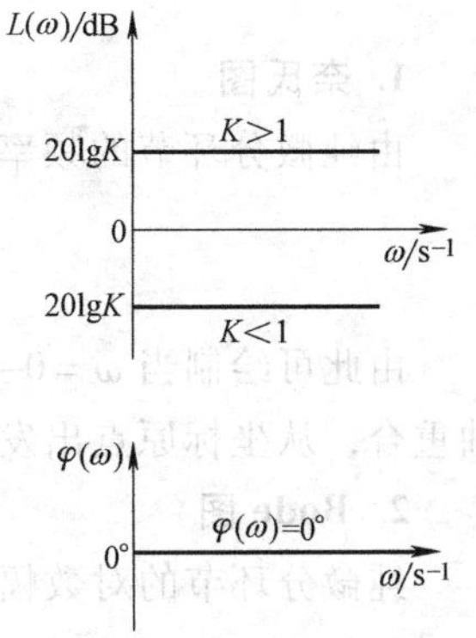

图 5-9　比例环节 Bode 图

5.2.2　积分环节

由积分环节的传递函数可得其频率特性表达式为

$$G(\mathrm{j}\omega)=G(s)\big|_{s=\mathrm{j}\omega}=\frac{1}{s}\bigg|_{s=\mathrm{j}\omega}=\frac{1}{\mathrm{j}\omega}=\frac{1}{\omega}\angle-90^{\circ}\qquad(5\text{-}16)$$

1. 奈氏图

由积分环节的频率特性表达式可得其幅频特性和相频特性的表达式为

$$\begin{cases}A(\omega)=\dfrac{1}{\omega}\\ \varphi(\omega)=-90^{\circ}\end{cases}\qquad(5\text{-}17)$$

由此可绘制当 $\omega=0\to\infty$ 变化时，积分环节的奈氏图，如图 5-10 所示，它是一条与负虚轴重合，从无穷远处指向坐标原点的直线。

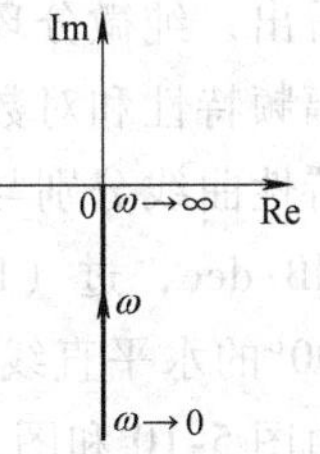

图 5-10　积分环节奈氏图

2. Bode 图

积分环节的对数幅频特性和对数相频特性表达式为

$$\begin{cases}L(\omega)=20\lg A(\omega)=20\lg\dfrac{1}{\omega}=-20\lg\omega\\ \varphi(\omega)=-90^{\circ}\end{cases}\qquad(5\text{-}18)$$

由于 Bode 图的横坐标轴按 $\lg\omega$ 刻度，故积分环节的对数幅频特性可视为自变量为 $\lg\omega$，因变量为 $L(\omega)$ 的函数式，其关系在 Bode 图上是一条过（1，0）点，斜率为 -20dB/dec 的直线。注意在画对数幅频特性曲线时，应在斜线段上注明每一段的斜率值。

积分环节的对数相频特性曲线是一条位于 ω 轴下方，与 ω 值无关，相位为 -90° 的水平直线。

由此可绘制积分环节的对数幅频特性曲线和对数相频特性曲线，如图 5-11 所示。

由此可得，ν 个积分环节 $1/s^{\nu}$ 的对数幅频特性和对数相频特性表达式为

$$\begin{cases}L(\omega)=20\lg\left|\dfrac{1}{(\mathrm{j}\omega)^{\nu}}\right|=-20\nu\lg\omega\\ \varphi(\omega)=-90^{\circ}\nu\end{cases}\qquad(5\text{-}19)$$

式（5-19）表示 ν 个积分环节的对数幅频特性曲线是斜率为 $-20\nu\text{dB/dec}$ 的直线；对数相频特性曲线是幅值为 $-90^{\circ}\nu$ 的水平直线。

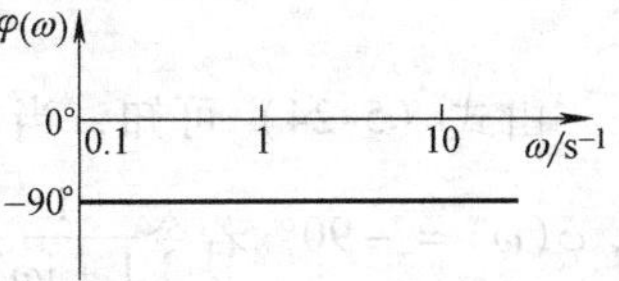

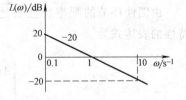

图 5-11　积分环节 Bode 图

5.2.3　纯微分环节

由纯微分环节的传递函数可得其频率特性表达式为

$$G(\mathrm{j}\omega)=G(s)\big|_{s=\mathrm{j}\omega}=s\big|_{s=\mathrm{j}\omega}=\mathrm{j}\omega=\omega\angle 90^\circ \tag{5-20}$$

1. 奈氏图

由纯微分环节的频率特性表达式可得其幅频特性和相频特性的表达式为

$$\begin{cases}A(\omega)=\omega\\ \varphi(\omega)=90^\circ\end{cases} \tag{5-21}$$

由此可绘制当 $\omega=0\to\infty$ 变化时纯微分环节的奈氏图，如图 5-12 所示，它是一条与正虚轴重合，从坐标原点出发，趋向于无穷远的直线。

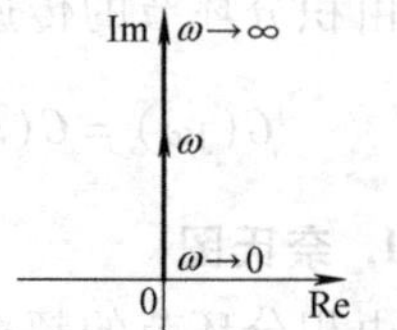

图 5-12　纯微分环节奈氏图

2. Bode 图

纯微分环节的对数幅频特性和对数相频特性表达式为

$$\begin{cases}L(\omega)=20\lg\omega\\ \varphi(\omega)=90^\circ\end{cases} \tag{5-22}$$

比较式（5-20）和式（5-16）以及式（5-22）和式（5-18）可以看出，纯微分环节和积分环节的频率特性互为“倒数”，其对数幅频特性和对数相频特性与积分环节互为“相反数”。因而其对数幅频特性曲线和对数相频特性曲线分别与积分环节以 ω 轴互为“镜像对称”。纯微分环节的对数幅频特性是斜率为 20dB/dec，过（1，0）点的直线；对数相频特性是一条位于 ω 轴上方，与 ω 值无关，相位为 90°的水平直线。如图 5-13 所示。

由图 5-10 和图 5-11 可知，积分环节可以放大低频信号而抑制高频信号，具有低通滤波作用，且使信号相位滞后；而纯微分环节则相反，由图 5-12 和图 5-13 可知，纯微分环节能够抑制低频信号而放大高频信号，可实现高通滤波，并提供超前相位。这些特性在进行系统的分析与校正时，都可提供参考。

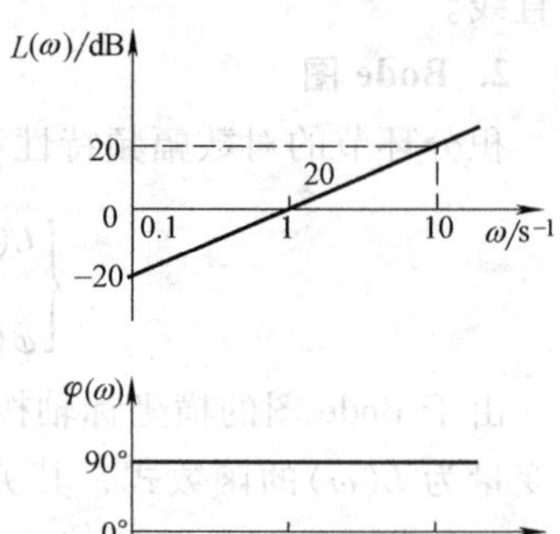

图 5-13　纯微分环节 Bode 图

5.2.4　惯性环节

由惯性环节的传递函数可得其频率特性表达式为

$$G(\mathrm{j}\omega)=G(s)\big|_{s=\mathrm{j}\omega}=\frac{1}{Ts+1}\bigg|_{s=\mathrm{j}\omega}=\frac{1}{1+\mathrm{j}\omega T} \tag{5-23}$$

1. 奈氏图

由惯性环节的频率特性表达式可得其幅频特性和相频特性的表达式为

$$\begin{cases}A(\omega)=\dfrac{1}{|1+\mathrm{j}\omega T|}=\dfrac{1}{\sqrt{1+(\omega T)^2}}\\ \varphi(\omega)=\angle\dfrac{1}{1+\mathrm{j}\omega T}=-\arctan\omega T\end{cases} \tag{5-24}$$

由式（5-24）可知，当 $\omega=0$ 时，幅值 $A(\omega)=1$，相角 $\varphi(\omega)=0^\circ$；当 $\omega\to\infty$ 时，$A(\omega)=0$，$\varphi(\omega)=-90^\circ$。若令 $\dfrac{1}{1+\mathrm{j}\omega T}=P(\omega)+\mathrm{j}Q(\omega)$，则容易证明 $[P(\omega)-0.5]^2+Q^2(\omega)=0.5^2$，说明惯性环节的奈氏曲线是一个圆心为点（0.5，j0），半径为 0.5，位于第四象限的半圆，

如图 5-14 所示。

2. Bode 图

惯性环节的对数幅频特性和对数相频特性表达式为

$$\begin{cases} L(\omega) = 20\lg A(\omega) = -20\lg\sqrt{1+(\omega T)^2} \\ \varphi(\omega) = -\arctan\omega T \end{cases} \tag{5-25}$$

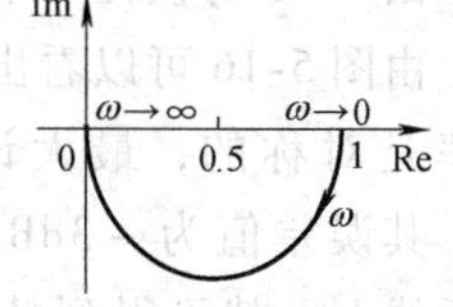

图 5-14 惯性环节奈氏图

一阶及以上环节的对数幅频特性曲线都有转折点，可分段绘制其渐近线，然后再加以修正；其对数相频特性是一条以转折点频率为中心的斜自对称曲线。

（1）低频段 $\omega\to 0$（或 $\omega\ll 1/T$）

由式（5-25）可得

$$\begin{cases} L(\omega) \approx 0\text{dB} \\ \varphi(\omega) \approx 0° \end{cases} \tag{5-26}$$

式（5-26）表明，惯性环节的对数幅频和对数相频特性的低频段渐近线分别是 0dB 线和 0°线，与其 ω 轴重合。

（2）高频段 $\omega\to\infty$（或 $\omega\gg 1/T$）

由式（5-25）可得

$$\begin{cases} L(\omega) \approx -20\lg\omega T \\ \varphi(\omega) \approx -90° \end{cases} \tag{5-27}$$

式（5-27）表明，惯性环节的对数幅频特性曲线高频段渐近线是一条斜率为 -20dB/dec 的直线，对数相频特性曲线高频段渐近线是一条 -90°的水平线。

（3）转折点

对数幅频特性曲线高、低频段的转折点即为高、低频段渐近线的交点，对数相频特性曲线高、低频段的转折点就是其对称点。两条曲线转折点频率相同。

令 $L(\omega_0) \approx -20\lg\omega_0 T = 0\text{dB}$，或者令 $\varphi(\omega_0) = -\arctan\omega_0 T = -45°$ 可得转折频率（也称交接频率）为

$$\omega_0 = 1/T \tag{5-28}$$

求出转折频率后，就可方便地绘制出惯性环节 Bode 图的概略曲线，如图 5-15 所示。

将 $\omega_0 = 1/T$ 代入式（5-25）可得转折点处幅值和相位的精确值为

$$\begin{cases} L(\omega_0) = -20\lg\sqrt{2} = -3\text{dB} \\ \varphi(\omega_0) = -45° \end{cases}$$

由于对数幅频特性曲线渐近线接近于精确曲线，因此，在一些不需要十分精确的场合，就可以用渐近线代替精确曲线进行系统分析。在要求精确曲线的场合，需要对渐近线进行修正。渐近线代替精确曲线必然存在误差 $\Delta L(\omega)$，$\Delta L(\omega)$ 可按下式计算：

$$\Delta L(\omega) = L(\omega) - L_a(\omega) \tag{5-29}$$

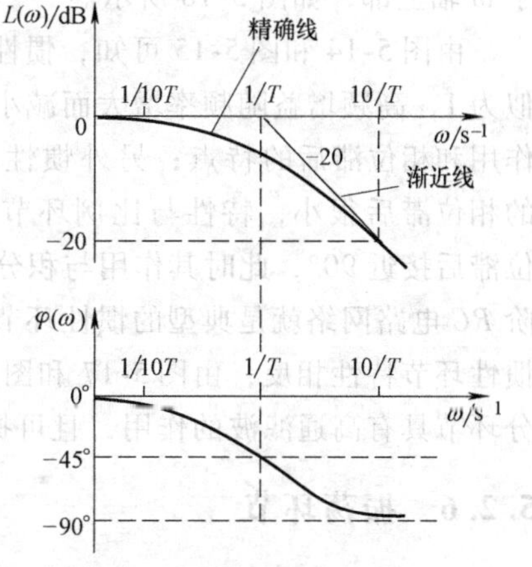

图 5-15 惯性环节 Bode 图

式中，$L(\omega)$ 为精确曲线对应的实际值；$L_a(\omega)$ 为渐近

线对应的近似值。

图 5-16 为惯性环节的误差修正曲线。

由图 5-16 可以看出，误差值相对于转折频率是对称的，最大误差发生在转折频率处，其误差值为 -3dB。将误差曲线叠加到渐近线上，就可得到精确的对数幅频特性曲线，如图 5-15 中的曲线所示。

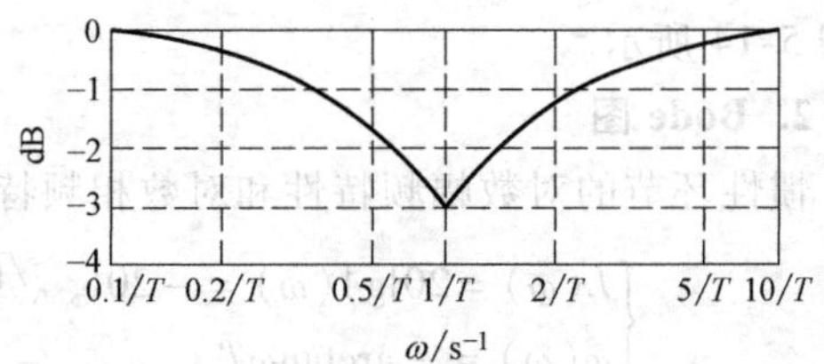

图 5-16 惯性环节对数幅频特性曲线的误差修正曲线

注意到相频特性 $\varphi(\omega)$是一条关于（ω_0，$-45°$）斜自对称的曲线。

5.2.5 一阶微分环节

由一阶微分环节的传递函数可得其频率特性表达式为

$$G(\mathrm{j}\omega)=G(s)\big|_{s=\mathrm{j}\omega}=Ts+1\big|_{s=\mathrm{j}\omega}=1+\mathrm{j}\omega T \tag{5-30}$$

1. 奈氏图

由一阶微分环节的频率特性表达式可得其幅频特性和相频特性的表达式为

$$\begin{cases}A(\omega)=\sqrt{1+(\omega T)^2}\\ \varphi(\omega)=\arctan\omega T\end{cases} \tag{5-31}$$

由式（5-30）可知，$\omega=0\to\infty$ 变化时，奈氏曲线的实部始终为单位 1，虚部则随 ω 线性增大到∞。即奈氏曲线由（1，0°）点线性增大到（∞，90°）点，是一条位于第一象限的垂线。一阶微分环节的奈氏图如图 5-17 所示。

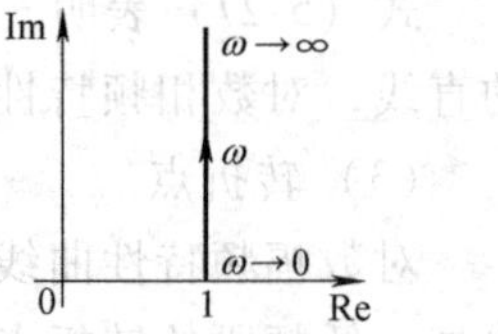

图 5-17 一阶微分环节奈氏图

2. Bode 图

一阶微分环节的频率特性与惯性环节互为倒数，容易求出其对数幅频特性和对数相频特性表达式为

$$\begin{cases}L(\omega)=20\lg\sqrt{1+\omega^2T^2}\\ \varphi(\omega)=\arctan\omega T\end{cases} \tag{5-32}$$

将式（5-32）与式（5-25）对比可知，一阶微分环节与惯性环节的对数幅频特性和对数相频特性表达式也互为相反数，因而其 Bode 图曲线与惯性环节以 ω 轴为镜像对称，均位于 ω 轴上部，如图 5-18 所示。

由图 5-14 和图 5-15 可知，惯性环节低频段增益近似为 1，高频增益随频率增大而减小，具有低通滤波的作用和相位滞后的特点；另外惯性环节在低频段引入的相位滞后很小，特性与比例环节相似，在高频段相位滞后接近 90°，此时其作用与积分环节相似。前述一阶 RC 电路网络就是典型的惯性环节。一阶微分环节与惯性环节特性相反，由图 5-17 和图 5-18 可知，一阶微分环节具有高通滤波的作用，且可提供超前相位。

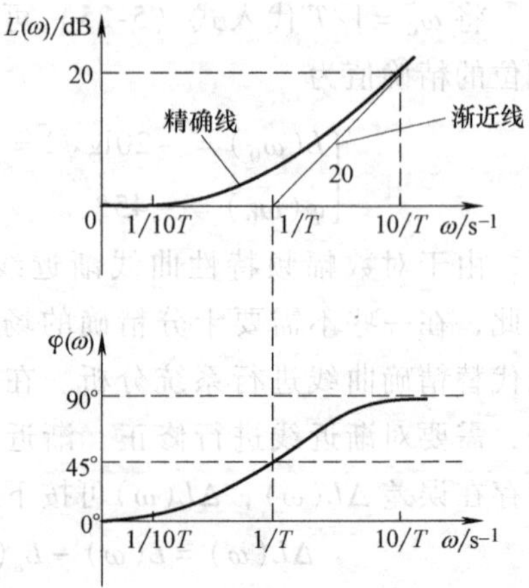

图 5-18 一阶微分环节 Bode 图

5.2.6 振荡环节

由振荡环节的传递函数可得其频率特性表达式为

$$G(\mathrm{j}\omega)=\left.\frac{1}{T^2s^2+2\zeta Ts+1}\right|_{s=\mathrm{j}\omega}=\frac{1}{1-\omega^2T^2+\mathrm{j}2\zeta\omega T}=\frac{1}{1-(\frac{\omega}{\omega_n})^2+\mathrm{j}2\zeta\frac{\omega}{\omega_n}} \tag{5-33}$$

式中，$\omega_n=\frac{1}{T}$。

1. 奈氏图

由振荡环节的频率特性表达式可得其幅频特性和相频特性的表达式为

$$A(\omega)=\frac{1}{\sqrt{\left[1-(\frac{\omega}{\omega_n})^2\right]^2+\left(2\zeta\frac{\omega}{\omega_n}\right)^2}} \tag{5-34}$$

$$\varphi(\omega)=-\arctan\left|\frac{2\zeta\frac{\omega}{\omega_n}}{1-(\frac{\omega}{\omega_n})^2}\right|=\begin{cases}-\arctan\dfrac{2\zeta\frac{\omega}{\omega_n}}{1-(\frac{\omega}{\omega_n})^2}, & \omega\leqslant\omega_n\\ -\left(180°-\arctan\dfrac{2\zeta\frac{\omega}{\omega_n}}{(\frac{\omega}{\omega_n})^2-1}\right), & \omega>\omega_n\end{cases} \tag{5-35}$$

由式（5-34）和式（5-35）可知振荡环节奈氏曲线的起始段 $\omega\to0$ 时，$A(\omega)\to1$，$\varphi(\omega)\to0°$；终止段 $\omega\to\infty$ 时，$A(\omega)\to0$，$\varphi(\omega)\to-180°$。可见振荡环节的奈氏曲线从（1，0°）点单调变化到（0，$-180°$）点，位于第Ⅲ、Ⅳ象限。令 $\varphi(\omega)=-90°$，则 $\omega=\omega_n=1/T$，此时 $A(\omega_n)=\frac{1}{2\zeta}$，可得奈氏曲线与负虚轴交点的极坐标为 $\left(\frac{1}{2\zeta},\ -90°\right)$。因此振荡环节的奈氏曲线是随 ζ 取值不同而变化的一簇曲线，如图 5-19 所示。

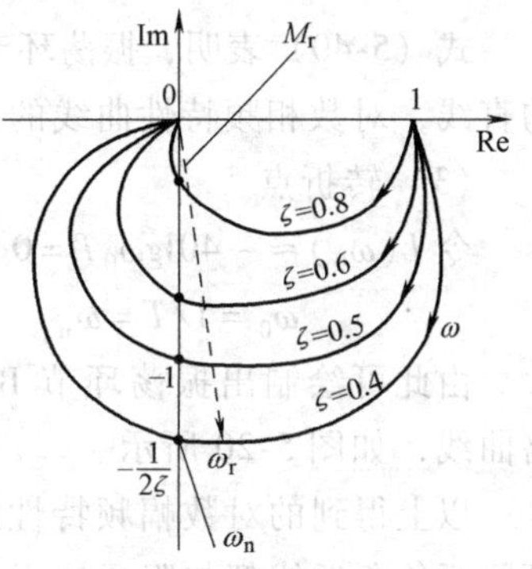

图 5-19　振荡环节奈氏图

由图 5-19 可见，幅频特性的最大值随 ζ 的减小而增大，其值可能大于 1。可以求出，在对应于某一频率 $\omega=\omega_r$（ω_r 称为谐振频率）处，会产生谐振峰值 M_r。

令

$$\left.\frac{\mathrm{d}}{\mathrm{d}\omega}A(\omega)=0\right|_{\omega=\omega_r} \tag{5-36}$$

解之可以得到振荡环节的**谐振频率**和**谐振峰值**分别为

$$\begin{cases}\omega_r=\omega_n\sqrt{1-2\zeta^2}, & 0<\zeta\leqslant0.707\\ M_r=A(\omega_r)=\dfrac{1}{2\zeta\sqrt{1-\zeta^2}}, & 0<\zeta\leqslant0.707\end{cases} \tag{5-37}$$

由式（5-37）可以看出：$0.707<\zeta<1$ 时没有谐振，$A(\omega)$ 单调衰减；$0<\zeta<0.707$ 时，出现谐振峰值，而且 ζ 越小，谐振峰值 M_r 越大。峰值越大意味着系统动态响应的超调量越大，动态过程的平稳性越差，这与时域分析法的结论是一致的。

2. Bode 图

振荡环节的对数幅频特性和对数相频特性表达式为

$$\begin{cases} L(\omega) = 20\lg A(\omega) = -20\lg \sqrt{(1-\omega^2T^2)^2+(2\zeta\omega T)^2} \\ \varphi(\omega) = \begin{cases} -\arctan\dfrac{2\zeta\omega T}{1-(\omega T)^2}, & \omega T \leqslant 1 \\ -\left(180^\circ - \arctan\dfrac{2\zeta\omega T}{(\omega T)^2-1}\right), & \omega T > 1 \end{cases} \end{cases} \tag{5-38}$$

依照惯性环节 Bode 图的绘制方法，先概略绘制振荡环节对数幅频特性和对数相频特性低、高频段的渐近线，然后再平滑连接。

（1）低频段 $\omega \to 0$（或 $\omega T \ll 1$）

由式（5-38）可得

$$\begin{cases} L(\omega) \approx 0\text{dB} \\ \varphi(\omega) \approx 0^\circ \end{cases} \tag{5-39}$$

式（5-39）表明，振荡环节对数幅频特性曲线和对数相频特性曲线的低频段渐近线与惯性环节一样，分别是 0dB 和 0°水平线，分别与其 ω 轴重合。

（2）高频段 $\omega \to \infty$（或 $\omega T \gg 1$）

由式（5-38）可得

$$\begin{cases} L(\omega) \approx -40\lg\omega T = -40\lg\dfrac{\omega}{\omega_n} \\ \varphi(\omega) \approx -180^\circ \end{cases} \tag{5-40}$$

式（5-40）表明，振荡环节对数幅频特性曲线的高频段渐近线是一条斜率为 −40dB/dec 的直线，对数相频特性曲线的高频段渐近线是一条 −180°的水平线。

（3）转折点

令 $L(\omega_0) \approx -40\lg\omega_0 T = 0\text{dB}$，或者令 $\varphi(\omega_0) = -90^\circ$，可得转折频率为

$$\omega_0 = 1/T = \omega_n \tag{5-41}$$

由此可绘制出振荡环节 Bode 图的概略曲线，如图 5-20 所示。

以上得到的对数幅频特性曲线高、低频段两条渐近线都与阻尼比无关，但实际上对数幅频特性在谐振频率处也有峰值，峰值大小取决于阻尼比，其值为 $L(\omega_r) = -20\lg 2\zeta\sqrt{1-\zeta^2}\,\text{dB}$。因此用渐近线近似表示对数幅频特性曲线会存在误差，在谐振频率处误差最大，在转折频率处也会出现较大误差，而且误差大小与阻尼比有关。如用渐近线表示对数幅频特性曲线时，转折频率处的值为 $L(\omega_n) = -20\lg 1 = 0\text{dB}$；用精确的对数幅频特性曲线表示时，转折频率处的值为 $L(\omega_n) = -20\lg 2\zeta\ \text{dB}$。二者只有在 $\zeta = 0.5$ 时相等，而且随着 ζ 的减小，渐近线的误差增大。所以，对于振

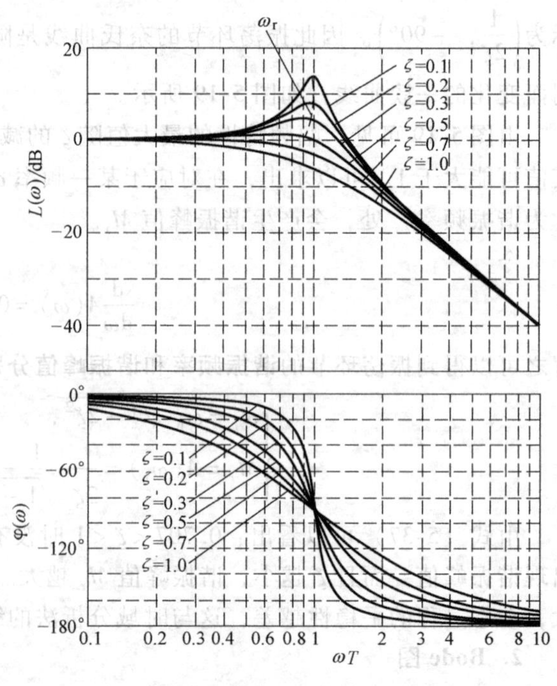

图 5-20　振荡环节 Bode 图

荡环节，以渐近线代替实际曲线时应特别注意，尤其是 $\zeta<0.3$ 时误差随 ζ 的减小急剧增大。图 5-21 给出了振荡环节用渐近线表示对数幅频特性曲线时的误差修正曲线。

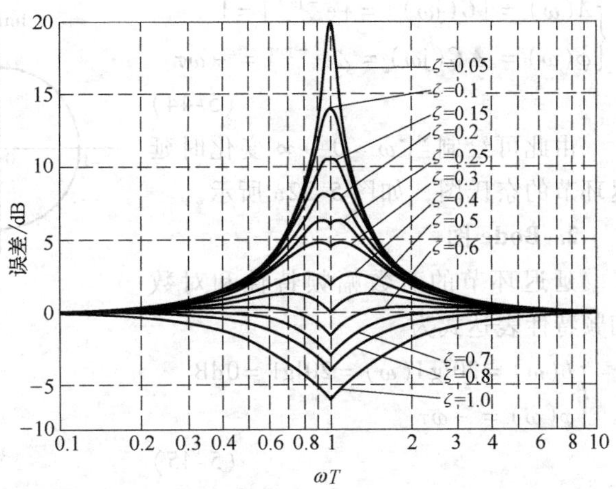

图 5-21　振荡环节对数幅频特性的误差曲线

由图 5-19 和图 5-20 可知，振荡环节的显著特点是，当阻尼比较小时，如 $\zeta<0.3$，$\omega_r\approx\omega_n=1/T$ 处出现明显谐振，表明其对于输入信号中该频率附近分量具有明显的放大作用，此时振荡环节具有选频作用；而当 $\zeta\to1$ 时，振荡环节没有谐振，具有明显的低通滤波作用。另外，在用渐近线分析控制系统性能时，应注意误差的问题。若所关注的频段远离转折频率，则误差影响不大；若所关注的频段落于转折频率附近，则应考虑误差修正，否则可能导致错误的分析结果。

振荡环节的对数相频特性也是与阻尼比 ζ 有关的一簇曲线，而且这些曲线都是以转折点（ω_n，$-90°$）为斜自对称。当阻尼比 ζ 较小时，对数相频特性曲线在转折频率附近变化迅速，而且 ζ 越小变化越快。

5.2.7　二阶微分环节

由二阶微分环节传递函数可得其频率特性表达式为

$$G(j\omega)=T^2s^2+2\zeta Ts+1\big|_{s=j\omega}=1-\left(\frac{\omega}{\omega_n}\right)^2+j2\zeta\frac{\omega}{\omega_n},\quad \omega_n=\frac{1}{T}\tag{5-42}$$

由式（5-42）可知，二阶微分环节奈氏曲线的起始段 $\omega\to0$ 时，$G(j\omega)\to1\angle0°$；终止段 $\omega\to\infty$ 时，$G(j\omega)\to\infty\angle-180°$。可见二阶微分环节的奈氏曲线从（1，0°）点单调变化到（∞，$-180°$）点，位于第Ⅰ、Ⅱ象限。与振荡环节一样，$0.707<\zeta<1$ 时没有谐振，$A(\omega)$ 单调变化；$0<\zeta<0.707$ 时，会有谐振出现，读者可自行分析。

由于二阶微分环节和振荡环节的传递函数互为倒数，所以其对数幅频特性曲线和对数相频特性曲线都与振荡环节的相应曲线以 ω 轴为镜像对称，很容易绘制，这里不再赘述。

二阶微分环节与振荡环节作用相反，总体上表现为高通特性，当阻尼比 ζ 较小时，如 $\zeta<0.3$，其对数幅频特性在 $\omega=\omega_n=1/T$ 处出现明显反向峰值，表明此时二阶微分环节能够较大地削弱输入信号中 $\omega=\omega_n$ 附近的频率分量。

5.2.8　延迟环节

由延迟环节的传递函数可得其频率特性表达式为

$$G(j\omega)=G(s)\big|_{s=j\omega}=e^{-\tau s}\big|_{s=j\omega}=e^{-j\omega\tau}\tag{5-43}$$

1. 奈氏图

由延迟环节的频率特性表达式可得其幅频特性和相频特性的表达式为

$$\begin{cases}A(\omega)=|G(\mathrm{j}\omega)|=|\mathrm{e}^{-\mathrm{j}\omega\tau}|=1\\ \varphi(\omega)=\angle G(\mathrm{j}\omega)=\angle\mathrm{e}^{-\mathrm{j}\omega\tau}=-\omega\tau\end{cases} \tag{5-44}$$

由此可绘制当 $\omega=0\to\infty$ 变化时延迟环节的奈氏图，如图 5-22a 所示。

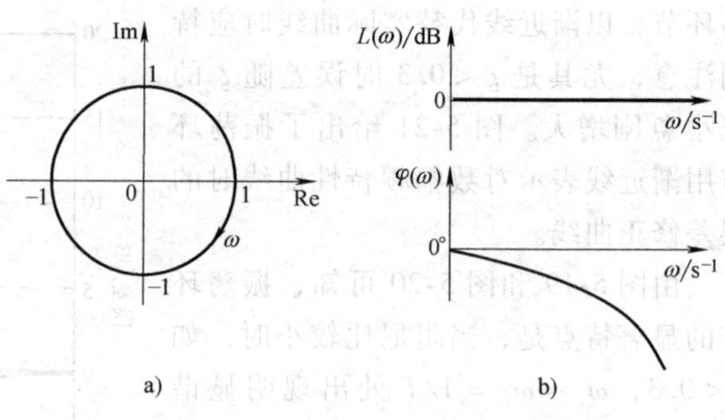

图 5-22　延迟环节频率特性图

a）奈氏图　b）Bode 图

2. Bode 图

延迟环节的对数幅频特性和对数相频特性表达式为

$$\begin{cases}L(\omega)=20\lg A(\omega)=20\lg 1=0\mathrm{dB}\\ \varphi(\omega)=-\omega\tau\end{cases} \tag{5-45}$$

由此可绘制当 $\omega=0\to\infty$ 变化时延迟环节的 Bode 图，如图 5-22b 所示。

由图 5-22 可以看出，延迟环节的奈氏曲线是复平面上的一个单位圆，对数幅频特性曲线是幅值为 0dB 的直线，对数相频特性曲线是 $0°\to-\infty$ 单调衰减的曲线。表明延迟环节不会改变输入信号的幅值，但会使输入信号的相位滞后，具有负相移特性，而且随 ω 的增大，相位滞后量会成比例增加，这将会严重影响到系统的稳定性，在进行系统设计时应注意消除延迟环节的影响。

5.3　控制系统的开环频率特性

在掌握了典型环节频率特性的基础上，可以作出控制系统的开环频率特性曲线，即开环奈氏图和开环 Bode 图，进而可以利用这些图形进行系统的性能分析。而闭环频率特性由于作图较困难，因此较少使用。

5.3.1　开环奈氏图

开环奈氏图的绘制和典型环节一样，可以根据开环幅频特性和相频特性表达式，用解析法绘制；也可以利用开环频率特性的一些特点近似绘制其概略图。开环奈氏图主要用于分析系统的稳定性，概略图虽然不太准确，但是完全可用于系统的稳定性分析。因此在实际系统分析中，往往只需要绘制其大致图形即可。

通常当 $\omega=0\to\infty$ 变化时，根据幅频特性和相频特性的变化趋势，就可以概略画出系统开环奈氏图。要正确绘出曲线形状，就应掌握**开环奈氏曲线的“三要素”**，即**起点**（$\omega\to0$）、**终点**（$\omega\to\infty$），**与坐标轴（主要是负实轴）的交点**，以及**开环奈氏曲线的变化范围及特点**（象限、单调性）。

下面定性地来讨论控制系统开环频率特性的特点。

系统开环传递函数可表示为

$$G(s)=\frac{K}{s^{\nu}}\frac{\prod\limits_{i=1}^{m}(\tau_i s+1)}{\prod\limits_{l=1}^{n-\nu}(T_l s+1)},\quad n\geqslant m \tag{5-46}$$

对应系统开环频率特性表达式为

$$G(j\omega) = \frac{K}{(j\omega)^{\nu}} \frac{\prod_{i=1}^{m}(1 + j\omega\tau_i)}{\prod_{l=1}^{n-\nu}(1 + j\omega T_l)}, \qquad n \geqslant m \tag{5-47}$$

1. 开环奈氏曲线的起点

开环奈氏曲线的起点对应复平面上 $\omega \to 0$ 的位置。由式（5-47）得，此时

$$G(j\omega) \approx \frac{K}{(j\omega)^{\nu}}\bigg|_{\omega\to 0} = \frac{K}{\omega^{\nu}}\angle -90°\nu\bigg|_{\omega\to 0} \tag{5-48}$$

可见，奈氏曲线的起始位置与系统型别 ν 有关。不同型别的系统，其奈氏曲线起点的表达式为

$$G(j0) = \begin{cases} K\angle 0°, & \nu = 0 \\ \infty\angle -90°\nu, & \nu = 1,2 \end{cases} \tag{5-49}$$

由式（5-49）可知，对于 0 型系统，当 $\omega \to 0$ 时，奈氏曲线起始于（K，j0）点；对于Ⅰ型系统，奈氏曲线沿着与负虚轴平行的渐近线方向从无穷远处出发；对于Ⅱ型系统，奈氏曲线沿着与负实轴平行的渐近线方向从无穷远处出发。不同型别系统的开环奈氏曲线起点位置如图 5-23a 所示。

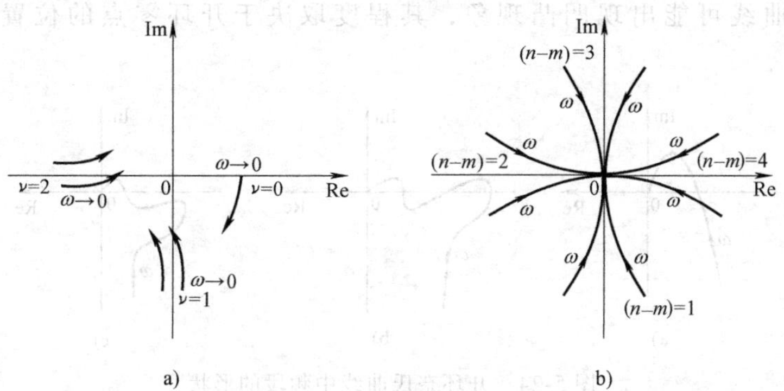

图 5-23　不同型别系统的开环奈氏曲线的起点和终点位置

a）起点位置　b）终点位置

2. 开环奈氏曲线的终点

开环奈氏曲线的终点对应复平面上 $\omega \to \infty$ 的位置。由式（5-47）得，此时

$$G(j\omega) \approx \frac{K'}{(j\omega)^{n-m}}\bigg|_{\omega\to\infty} = \frac{K'}{\omega^{n-m}}\angle -90°(n-m)\bigg|_{\omega\to\infty} \tag{5-50}$$

式中，$K' = K\dfrac{\prod_{i=1}^{m}\tau_i}{\prod_{l=1}^{n-\nu}T_l}$。

可见开环奈氏曲线的终止位置主要取决于传递函数的零点数 m 和极点数 n。

当 $n = m$ 时，$G(j\infty) = K'\angle 0°$，奈氏曲线终止于正实轴上的一个有限点（K'，0°）；当 $n > m$ 时，$G(j\infty) = 0\angle -90°(n-m)$，奈氏曲线沿不同坐标轴方向终止于坐标原点。

开环奈氏曲线的终止位置情况如图 5-23b 所示。

3. 开环奈氏曲线与负实轴的交点

可用解析法求解，有两种方法：

第一种方法是将频率特性写成幅相形式，即 $G(\mathrm{j}\omega)=A(\omega)\angle\varphi(\omega)$。令其相位 $\varphi(\omega)=-180°$，求得奈氏曲线与负实轴的交点频率 ω_x，再求得对应幅值 $A(\omega_x)$，则奈氏曲线与负实轴交点的极坐标为 $[A(\omega_x),\ -180°]$。

第二种方法是将频率特性写成实虚形式，即 $G(\mathrm{j}\omega)=P(\omega)+\mathrm{j}Q(\omega)$。令其虚部 $Q(\omega)=0$，求得 ω_x，再求出对应的实部 $P(\omega)$，则奈氏曲线与负实轴交点的复数坐标为 $[P(\omega_x),\ \mathrm{j}0]$。

4. 开环奈氏曲线的变化范围

开环奈氏曲线上每一点的坐标中，幅值 $A(\omega)$ 反映了该点到坐标原点的距离，相位 $\varphi(\omega)$ 反映了该点的相位角。因此当 $\omega=0\to\infty$ 变化时，相位的变化范围 $\varphi(0)\to\varphi(\infty)$ 就反映了奈氏曲线在整个 ω 的范围内所包含的象限。

根据上述4条，可以定性地作出系统开环奈氏曲线的草图，一般可以满足系统分析的要求。

另外，对奈氏曲线中频段的大致特点也应有所了解。如果系统没有开环零点，则当 $\omega=0\to\infty$ 变化过程中，频率特性的相位角单调连续减小，奈氏曲线变化平滑，如图5-24a所示；如果系统有开环零点，则当 $\omega=0\to\infty$ 变化过程中，频率特性的相位角不呈单调连续减小，奈氏曲线可能出现凹凸现象，其程度取决于开环零点的位置和数量，如图5-24b、c所示。

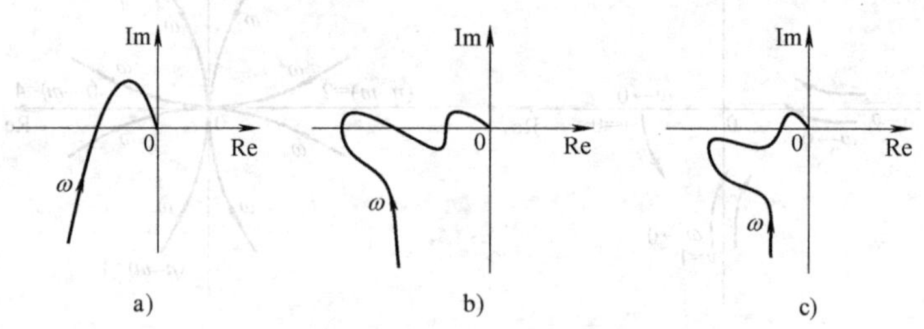

图 5-24　开环奈氏曲线中频段的形状

【例 5-1】 已知系统开环传递函数为 $G(s)=\dfrac{100}{s(0.02s+1)(0.2s+1)}$，试概略绘制其开环奈氏图。

解： 该系统为Ⅰ型三阶系统，且 $m=0$，$n=3$，因此开环奈氏曲线起点坐标为（∞，$-90°$），终点坐标为（0，$-270°$），即曲线沿负虚轴方向从无穷远处出发，沿正虚轴方向终止于坐标原点，位于第Ⅱ、Ⅲ象限，与负实轴有交点。

下面计算曲线与负实轴的交点坐标。

系统开环频率特性为

$$G(\mathrm{j}\omega)=\frac{100}{\mathrm{j}\omega(1+\mathrm{j}0.02\omega)(1+\mathrm{j}0.2\omega)}=\frac{-22\omega+\mathrm{j}(0.4\omega^2-100)}{\omega[(1+0.0004\omega^2)(1+0.04\omega^2)]}$$

令虚部 $Q(\omega_x)=0$，即 $0.4\omega_x^2-100=0$，$\omega_x^2=250$，得奈氏曲线与实轴交点频率为 $\omega_x=15.8\mathrm{s}^{-1}$。

将 $\omega_x^2=250$ 代入频率特性的实部有

$$P(\omega_x)=\frac{-22}{(1+0.0004\omega_x^2)(1+0.04\omega_x^2)}=-1.8$$

该系统开环奈氏曲线与负实轴的交点坐标为（-1.8，j0）。

还可以再进一步求出起始段的渐近线，按下式进行：

$$\sigma_x=\lim_{\omega\to 0}\mathrm{Re}[G(j\omega)]=\lim_{\omega\to 0}P(\omega) \tag{5-51}$$

该系统奈氏曲线起始渐近线为 $\sigma_x=\lim\limits_{\omega\to 0}\frac{-22}{(1+0.0004\omega^2)(1+0.04\omega^2)}=-22$。

最后，可概略绘制系统开环奈氏曲线如图 5-25 所示。

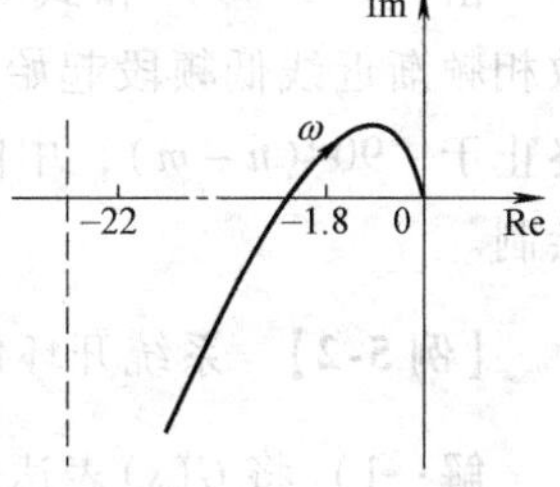

图 5-25　例 5-1 系统奈氏图

5.3.2　开环 Bode 图

一般控制系统是由多个典型环节串联构成的，其开环传递函数为若干个典型环节传递函数的乘积，即 $G(s)=G_1(s)G_2(s)\cdots G_k(s)$。则其对应的对数幅频特性和对数相频特性的表达式分别为

$$\begin{cases}L(\omega)=20\lg|G_1(j\omega)|+20\lg|G_2(j\omega)|+\cdots+20\lg|G_k(j\omega)|\\ \varphi(\omega)=\angle G_1(j\omega)+\angle G_2(j\omega)+\cdots+\angle G_k(j\omega)\end{cases}$$

因此，只要作出 $G(j\omega)$ 所含典型各环节的对数幅频特性曲线和对数相频特性曲线渐近线，然后分别进行叠加，就能画出系统的开环 Bode 图。显然，这样做既不便捷又费时间。为此，与绘制奈氏图一样，工程上常根据开环频率特性的一些典型特点，用简易的方法绘制，其步骤如下：

1）将开环传递函数写成典型环节乘积的标准化形式，如式（5-46）所示，并将各环节的转折频率（为对应环节时间常数的倒数，即 $\omega_i=\frac{1}{T_i}$或$\frac{1}{\tau_i}$）按照由小到大的顺序排列，标于对数坐标轴上。

2）绘制对数幅频特性的渐近线，渐近线由若干直线段组成。

① 作低频段渐近线。对数幅频特性曲线的低频段对应奈氏曲线的起点位置，此时由式（5-48）得低频段的表达式为

$$L(\omega)=20\lg|G(j\omega)|\approx 20\lg\frac{K}{\omega^{\nu}}=20\lg K-20\nu\lg\omega\Big|_{\omega\to 0} \tag{5-52}$$

由式（5-52）可知，低频段主要由比例系数 K 和系统型别 ν 决定。低频段渐近线是斜率为 -20νdB/dec 的直线，在 $\omega=1$ 处的高度为 $20\lg K$（当第一转折频率 $\omega_1<1$ 时，其延长线在 $\omega=1$ 处的高度为 $20\lg K$）。低频段（或其延长线）穿越 0dB 线的频率为

$$\omega_0=K^{\frac{1}{\nu}} \tag{5-53}$$

三种类型系统的开环对数幅频特性低频段渐近线如图 5-26 所示。

因此，作低频段渐近线时，先计算 $20\lg K$，然后过（1，$20\lg K$）点作斜率为 -20νdB/dec 的直线段，或者过（1，$20\lg K$）和（$K^{\frac{1}{\nu}}$，0）两点作直线段到第一个转折频率 ω_1 即可。

② 作中、高频段渐近线。从 ω_1 开始由小到大依次叠加各转折频率对应环节高频段的斜

率即可。各环节高频段对应的斜率为：惯性环节 −20dB/dec；一阶微分环节 +20dB/dec；振荡环节 −40dB/dec；二阶微分环节 +40dB/dec。最后可按各环节修正曲线进行修正。

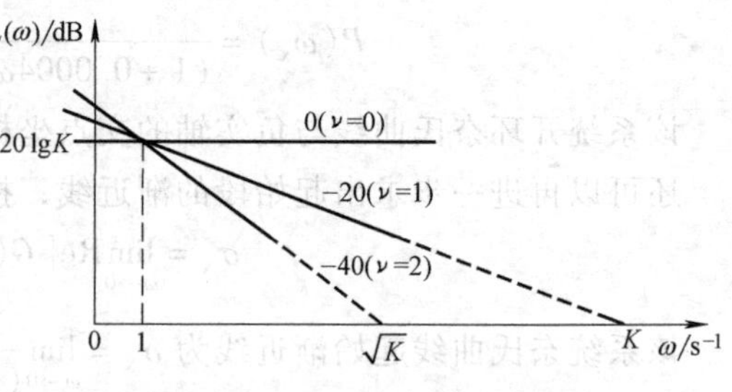

图 5-26　三种类型系统的开环对数幅频特性低频段渐近线

3）绘制对数相频特性曲线渐近线。对数相频特性曲线可按其表达式近似绘制。

由式（5-48）和式（5-50）可知，对数相频渐近线低频段起始于 $-90°\nu$，高频段终止于 $-90°(n-m)$，中间频段可按照幅频特性斜率和相频特性相位的近似对应关系概略绘制。

【例 5-2】　系统开环传递函数为 $G(s)=\dfrac{100(s+2)}{s(s+1)(s+20)}$，绘制其 Bode 图。

解：1）将 $G(s)$ 表达式标准化。系统的开环传递函数可写为

$$G(s)=\frac{10(0.5s+1)}{s(s+1)(0.05s+1)}$$

各转折频率及对应环节：$\omega_1=1$ 对应惯性环节 $\dfrac{1}{s+1}$；$\omega_2=2$ 对应一阶微分环节 $0.5s+1$；$\omega_3=20$ 对应惯性环节 $\dfrac{1}{0.05s+1}$。$K=10$，$20\lg K=20\lg 10=20\text{dB}$，$\nu=1$。

2）作对数幅频特性曲线渐近线。过点（1，20）作斜率为 −20dB/dec 的斜线至 $\omega_1=1$；过 $\omega_1=1$ 后直线斜率转为 −40dB/dec(−20dB−20dB)，绘至频率 $\omega_2=2$；过 $\omega_2=2$ 后再转为 −20dB/dec(−40dB+20dB)，绘至 $\omega_3=20$；过 $\omega_3=20$ 再转为 −40dB/dec(−20dB−20dB) 的直线，即得到系统开环对数幅频特性渐近线，如图 5-27 中的 $L(\omega)$ 所示。

3）作对数相频特性曲线。系统开环对数相频特性表达式为 $\varphi(\omega)=-90°-\arctan\omega+\arctan 0.5\omega-\arctan 0.05\omega$，可按取点描线的方法绘制其对数相频特性曲线，如图 5-27 中的 $\varphi(\omega)$ 所示。

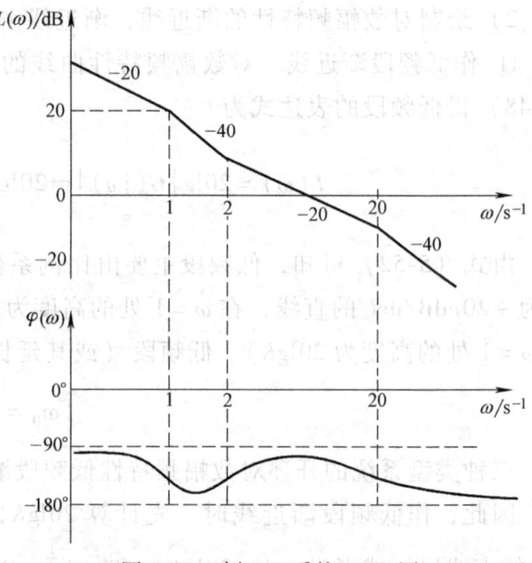

图 5-27　例 5-2 系统 Bode 图

由例 5-2 可知，中频段幅频特性的斜率和相频特性的相位有如下近似对应关系：

幅频 −20dB/dec 频段中间点近似对应相频 −90°；幅频 −40dB/dec 频段中间点近似对应相频 −180°。同理可得，幅频 −60dB/dec 频段中间点近似对应相频 −270°；幅频 +20dB/dec 频段中间点近似对应相频 +90°；幅频 +40dB/dec 频段中间点近似对应相频 +180°等。因此，也可

按照这种近似对应关系概略绘制对数相频特性曲线。

5.3.3 最小相位系统和非最小相位系统

从以上所举的例子可以看出，Bode 图中各典型环节的对数幅频特性与对数相频特性具有一一对应的关系。这是因为在上述传递函数中，不含 s 平面右半部分的任何零点和极点。为说明开环幅频特性和相频特性之间的关系，引入最小相位系统的概念。

定义 5-1 系统开环传递函数在 s 平面右半面没有任何零、极点，也没有延迟因子的系统称为**最小相位系统**，否则为**非最小相位系统**。对于环节也有同样的概念。

一般的实际系统，大多是由典型环节构成的，均为最小相位系统。而对于传递函数为 $G(s)=\dfrac{1-\tau s}{1+Ts}, G(s)=\dfrac{K(T_3s-1)}{(T_1s+1)(T_2s+1)}$和 $G(s)=\dfrac{K}{(T_1s+1)(T_2s+1)}e^{-\tau s}$等形式的系统则为非最小相位系统。

【例 5-3】 设两个控制系统的开环传递函数分别为 $G_1(s)=\dfrac{\tau s+1}{Ts+1}$和 $G_2(s)=\dfrac{1-\tau s}{1+Ts}$，试分别绘制其 Bode 图（$T>\tau$）。

解：显然 $G_1(s)=\dfrac{\tau s+1}{Ts+1}$为最小相位系统，而 $G_2(s)=\dfrac{1-\tau s}{1+Ts}$为非最小相位系统，但它们具有相同的幅频特性，即

$$A_1(\omega)=A_2(\omega)=\frac{\sqrt{1+(\omega\tau)^2}}{\sqrt{1+(\omega T)^2}}$$

而相频特性则不同，分别为

$$\varphi_1(\omega)=\arctan\omega\tau-\arctan\omega T$$
$$\varphi_2(\omega)=-\arctan\omega\tau-\arctan\omega T$$

Bode 图如图 5-28 所示。

比较两个系统的 Bode 图可以看出，虽然两个系统具有相同的对数幅频特性，但其相频特性却差异较大。最小相位系统的对数幅频和对数相频特性具有一一对应的关系，且相角变化范围较小；而非最小相位系统的对数幅频和对数相频特性之间没有这种特殊的对应关系，且相角变化范围较大。

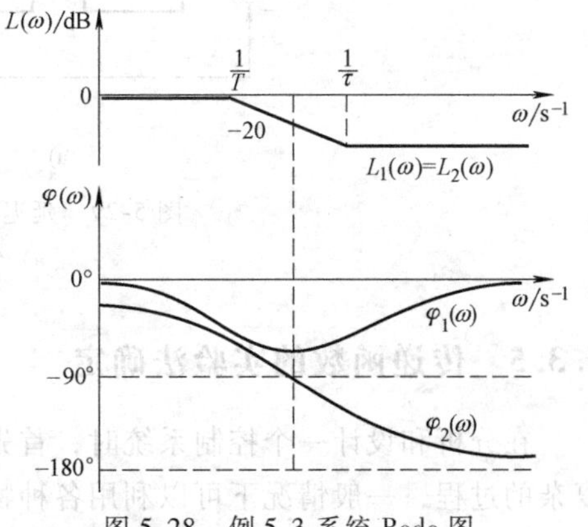

图 5-28 例 5-3 系统 Bode 图

最小相位系统有以下一些特征：

1）在幅频特性相同的系统中，最小相位系统的相角变化范围最小。

2）**最小相位系统对数幅频特性曲线和对数相频特性曲线的变化趋势一致，其幅频特性的斜率和相频特性的相位具有一一对应的变化关系**。因此最小相位系统的特性可用一条特性曲线来描述和分析，一般只需画出对数幅频特性曲线即可，而且**可根据系统对数幅频特性曲线确定其开环传递函数**。非最小相位系统则无此特性，必须同时绘出其对数幅频和对数相频特性，才能描述和分析系统性能，单独的一条幅频或相频特性曲线，则不能描述和分析系统性能，这一点在使用时要特别注意。

3）最小相位系统当 $\omega\to\infty$ 时，其相角 $\varphi(\omega)\big|_{\omega\to\infty}=-90°(n-m)$，其中 m、n 分别为开环传递函数的零、极点数。非最小相位系统则同样无此特性。

在实际工程中，非最小相位环节（s 平面右半部分含有零点、极点或含有延迟因子的环节）相位滞后大，对系统的稳定性不利，通常也会引起系统动态性能变差，响应缓慢。因此，在系统设计时除了被控对象可能包含之外，要尽量减小延迟环节的影响和尽可能避免引入具有非最小相位特性的元器件。

5.3.4 延迟系统

含有延迟环节的系统称为延迟系统。

延迟环节的频率特性为

$$G(j\omega)=e^{-j\omega\tau}=1\angle(-\omega\tau) \tag{5-54}$$

其频率特性图如图 5-22 所示，特点是幅值为 1(0dB)，相位随 ω 增大单调衰减，因此延迟环节对系统的相频特性将会造成明显的影响。

当系统存在延迟现象时，其开环传递函数表现为延迟环节与线性环节的串联，开环奈氏曲线为螺旋线。其典型结构如图 5-29a 所示，其中 $G(s)$ 为线性环节。设 $G(s)=\dfrac{10}{s+1}$，延迟环节滞后时间 $\tau=0.5$s，该系统开环奈氏图如图 5-29b 所示。图中以（5，j0）为圆心的半圆为惯性环节的奈氏曲线。任取频率点 ω_i，设惯性环节奈氏曲线上对应于 ω_i 的点为 A，则延迟系统奈氏曲线上对应于 ω_i 的点 B 位于以 $|OA|$ 为半径，距 A 点顺时针转过角度为 $\theta=0.5\omega$ (rad/s) $=57.3\times0.5\omega(°)=28.65\omega(°)$ 的圆弧处。由此可画出延迟环节的奈氏图。

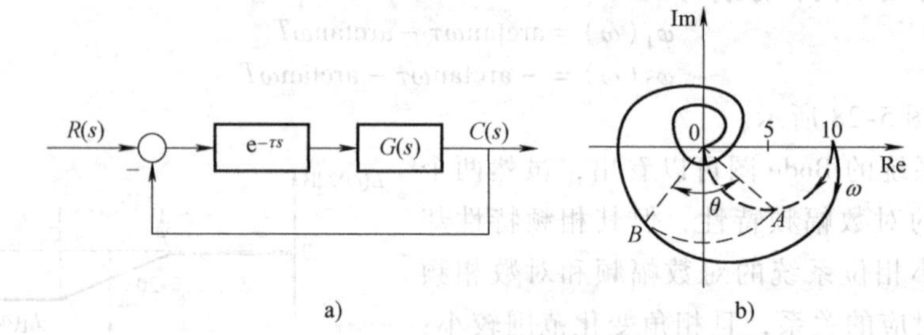

图 5-29 延迟系统的典型结构图和奈氏图

a）结构图 b）奈氏图

5.3.5 传递函数的实验法确定

在分析和设计一个控制系统时，首先要建立系统的数学模型。建立系统数学模型是一个复杂的过程，一般情况下可以利用各种物理定律用解析的方法求取。但有些实际控制系统，情况往往比较复杂，用解析法求解比较困难。因此工程上通常需要用实验的方法来确定系统的传递函数，频率特性实验法就是工程上经常采用的有效方法之一。

通过实验法建立控制系统的数学模型，是频率特性分析法的突出特点。图 5-30 给出了一种求取系统频率特性的实验方法。其中，正弦信号发生器的频率范围可根据实验对象时间常数来确定，双踪示波器的一路测量幅值比，一路测量相位差；在对象所要求的有效频率范围内，按照一定间隔改变输入信号频率值 ω，分别测幅频特性和相频特性，即可求得控制系

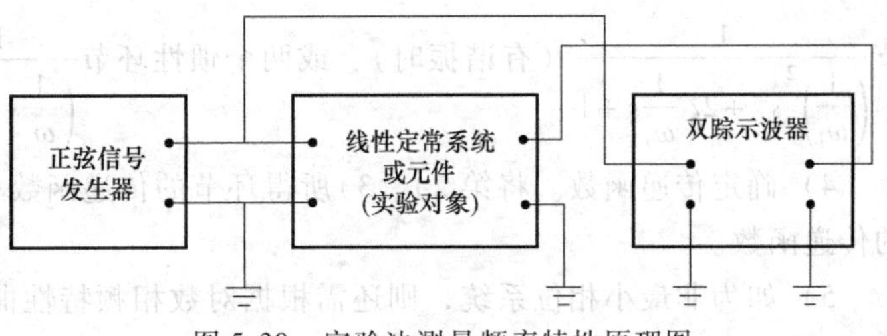

图 5-30　实验法测量频率特性原理图

统（元件）的频率特性曲线，从而建立相应的数学模型。

通过实验曲线确定系统开环传递函数的具体步骤如下：

1）系统对数幅频特性曲线的近似处理。首先需要对实验测得的系统对数幅频曲线进行分段处理，即用斜率为 0dB/dec、±20dB/dec 整数倍的直线段来逼近测量得到的曲线，确定对数幅频特性曲线的分段直线渐近线。

2）确定系统型别 ν 和开环增益 K。由曲线低频段渐近线可确定系统型别 ν 和开环增益 K，如图 5-26 所示。低频段对应的传递函数为 K/s^{ν}，低频渐近线的斜率为 -20νdB/dec，由此可确定系统开环传递函数中积分环节的个数，即系统型别 ν。低频段或其延长线在 $\omega=1\text{s}^{-1}$ 处的高度对应系统开环增益 K，即 $L(1)=20\lg K$，由此可得开环增益 K；或者由式 (5-53) 也可确定系统的开环增益 K。0 型系统低频段渐近线为水平直线，则曲线低频段的高度为 $20\lg K$(dB)，由此可求出 K 值。

其他几种常见情况见表 5-1，图中曲线与 ω 轴交点的频率 ω_c 为已知。

表 5-1　几种常见系统 Bode 图的 K 值

Bode 图	K 值
$L(\omega)$/dB；−20；−40；0　ω_1　ω_c　ω/s^{-1}	ω_c^2/ω_1
$L(\omega)$/dB；−20；−40；−60；0　ω_1　ω_2　ω_c　ω/s^{-1}	$\omega_c^3/(\omega_1\omega_2)$
$L(\omega)$/dB；−20；−40；−20；0　ω_1　ω_2　ω_c　ω/s^{-1}	$\omega_2\omega_c/\omega_1$

3）确定中、高频段转折频率及对应的环节。当在某频率 ω_i 处系统对数幅频特性渐近线的斜率发生变化时，此 ω_i 即为某个环节的转折频率。若渐近线的斜率变化 +20dB/dec 时，可知 ω_i 对应的是一个一阶微分环节 $\frac{1}{\omega_i}s+1$；若渐近线的斜率变化 −20dB/dec 时，则 ω_i 对应的是一个惯性环节 $\frac{1}{\frac{1}{\omega_i}s+1}$；若渐近线的斜率变化 −40dB/dec 时，则 ω_i 对应的是一个振荡环

节$\dfrac{1}{\left(\dfrac{1}{\omega_i}\right)^2 s^2 + 2\zeta \dfrac{1}{\omega_i}s + 1}$（有谐振时），或两个惯性环节$\dfrac{1}{\left(\dfrac{1}{\omega_i}s + 1\right)^2}$（无谐振时）。

4）确定传递函数。将第2）、3）所得环节的传递函数相乘，即可得到对应最小相位系统的传递函数。

5）如为非最小相位系统，则还需根据对数相频特性曲线对所得传递函数进行修正，确定对应于系统的最终开环传递函数。

【例 5-4】 已知某最小相位系统开环对数幅频特性如图 5-31 所示，试求系统的开环传递函数 $G(s)H(s)$。

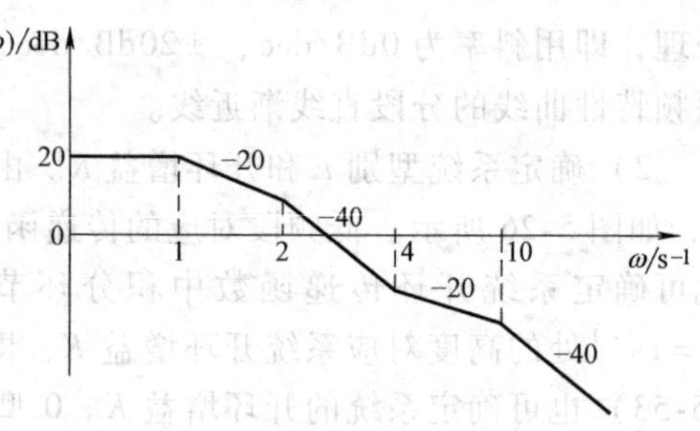

图 5-31 例 5-4 系统 Bode 图

解：1）由低频段确定 K 和 ν。由图 5-32 的对数幅频特性曲线可看出，该系统为 0 型系统，低频段对应的是比例环节，其比例系数 K 可以由式 $20\lg K = 20$ 求得，即 $K = 10$。则低频段对应的传递函数为 $G_1(s) = 10$。

2）由转折频率确定典型环节。从图 5-32 中可以求得各转折频率为 $\omega_1 = 1\text{s}^{-1}$，$\omega_2 = 2\text{s}^{-1}$，$\omega_3 = 4\text{s}^{-1}$，$\omega_4 = 10\text{s}^{-1}$。

曲线过 $\omega_1 = 1\text{s}^{-1}$后，对数幅频特性曲线的斜率为 -20dB/dec，表明 ω_1 对应的是一个惯性环节，其传递函数为

$$G_2(s) = \frac{1}{\dfrac{1}{\omega_1}s + 1} = \frac{1}{s + 1}$$

曲线过 $\omega_2 = 2\text{s}^{-1}$后，斜率在原 -20dB/dec 的基础上又下降 -20dB/dec，变成 -40dB/dec，表明 ω_2 对应的也是一个惯性环节，其传递函数为

$$G_3(s) = \frac{1}{\dfrac{1}{\omega_2}s + 1} = \frac{1}{0.5s + 1}$$

曲线过 $\omega_3 = 4\text{s}^{-1}$后，斜率又变为 -20dB/dec，表明有一个 $+20\text{dB/dec}$ 的曲线与之叠加，说明 ω_3 对应的是一阶微分环节，其传递函数为

$$G_4(s) = \frac{1}{\omega_3}s + 1 = 0.25s + 1$$

曲线过 $\omega_4 = 10\text{s}^{-1}$时，斜率变为 -40dB/dec，说明 ω_4 对应的也是一个惯性环节，其传递函数为

$$G_5(s) = \frac{1}{\dfrac{1}{\omega_4}s + 1} = \frac{1}{0.1s + 1}$$

综上可得，系统开环传递函数为

$$\begin{aligned} G(s)H(s) &= G_1(s)G_2(s)G_3(s)G_4(s)G_5(s) \\ &= \frac{10(0.25s + 1)}{(s + 1)(0.5s + 1)(0.1s + 1)} \end{aligned}$$

【例 5-5】 已知由实验测得的单位反馈系统开环对数频率响应曲线如图 5-32 实线所示，试确定系统的开环传递函数。

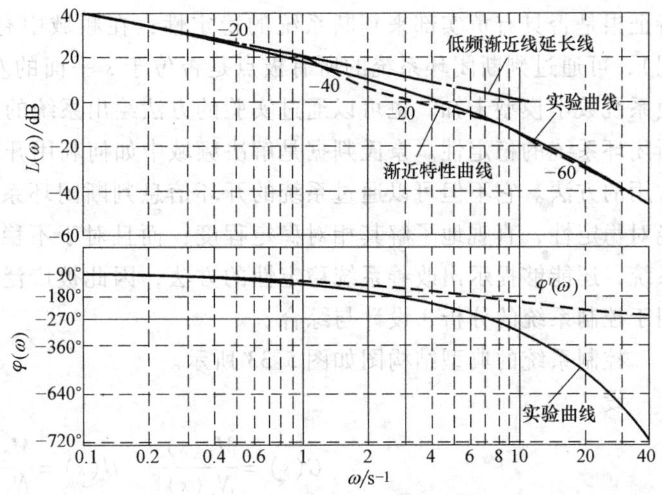

图 5-32 例 5-5 频率响应曲线

解：1）对实验测得的对数幅频特性曲线，用斜率为 ±20dB/dec 整数倍的直线段逼近表示渐近特性曲线，如图 5-32 中虚线所示。

2）由图 5-32 可知，低频段为 −20dB/dec 的直线，所以可确定该系统为Ⅰ型系统，即 $\nu=1$；作低频段渐近线的延长线交 0dB 线于 $\omega_0=10\mathrm{s}^{-1}$处，由此确定$K=10$。

3）由低到高确定各转折频率和相应的典型环节。由绘制出的渐近特性曲线可知，转折频率分别为 1、2 和 8。低频段为 −20dB/dec 直线，在转折频率 $\omega_1=1\mathrm{s}^{-1}$后，变为 −40dB/dec 直线，这是一个惯性环节；在 $\omega_2=2\mathrm{s}^{-1}$后，又变为 −20dB/dec 直线，这是一个一阶微分环节；而在 $\omega_3=8\mathrm{s}^{-1}$后，对数幅频特性曲线由 −20dB/dec 变为 −60dB/dec，从图中实线可知，在 $\omega_3=8\mathrm{s}^{-1}$时系统几乎没有谐振，因此可近似认为过 $\omega_3=8\mathrm{s}^{-1}$后系统具有两个惯性环节。

4）根据绘制的对数幅频特性渐近线，可以初步确定系统的开环传递函数为

$$G'_{\mathrm{K}}(s)=\frac{10\left(\dfrac{1}{2}s+1\right)}{s(s+1)\left(\dfrac{1}{8}s+1\right)^2}=\frac{10(0.5s+1)}{s(s+1)(0.125s+1)^2}$$

5）综合对数幅频特性和对数相频特性进行分析，确定最终的系统开环传递函数。首先根据初步求得的开环传递函数 $G'_{\mathrm{K}}(s)$绘制对应的对数相频特性曲线，如图中 $\varphi'(\omega)$所示，可以明显看出，$\varphi'(\omega)$与实验测得的对数相频特性曲线差别较大，实验所得的对数相频曲线在高频段具有较大的相角滞后，说明该系统还存在一个延迟环节 $\mathrm{e}^{-\tau s}$。因此，$G'_{\mathrm{K}}(s)$并不是系统真正的传递函数。设滞后相角之差为 $\Delta\varphi=\omega\tau(\mathrm{rad})=57.3\omega\tau(°)$，由图 3-32 可知，当 $\omega=40\mathrm{rad/s}$ 时，$\Delta\varphi=-270°-(-720)°=450°$，即 $57.4\times40\tau=450$，解之得 $\tau\approx0.2\mathrm{s}$。故可得到系统的最终开环传递函数为

$$G_{\mathrm{K}}(s)=\frac{10(0.5s+1)}{s(s+1)(0.125s+1)^2}\mathrm{e}^{-0.2s}$$

5.4 奈奎斯特稳定判据

5.4.1 引言

线性定常系统在时域中有劳斯稳定判据，可利用特征方程根与系数的关系表，判断闭环

特征根是否具有负实部来判断系统的稳定性；在频域中有奈奎斯特稳定判据（简称奈氏判据），可通过判断闭环系统的所有极点是否位于 s 平面的左半平面来判断系统的稳定性。即使系统数学模型未知，也可以通过实验的方法绘出系统的开环奈氏图，然后利用奈氏判据判断闭环系统的稳定性。奈氏判据是解决频域中如何利用开环频率特性判断闭环系统稳定性最常用的方法。它不但可以通过系统的开环信息判断闭环系统的绝对稳定性，直观地了解其相对稳定程度；而且对于不稳定的系统，还能够提示出改善系统稳定性的方法，因此被广泛地应用于控制系统的分析、设计与综合。

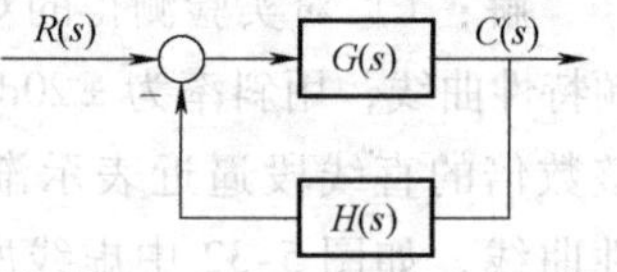

图 5-33 控制系统的典型结构图

控制系统的典型结构图如图 5-33 所示。

设

$$G(s)=\frac{M_1(s)}{N_1(s)},\quad H(s)=\frac{M_2(s)}{N_2(s)}$$

如果 $G(s)$ 和 $H(s)$ 没有零点和极点对消，则系统的开环传递函数为

$$G(s)H(s)=\frac{M_1(s)M_2(s)}{N_1(s)N_2(s)} \tag{5-55}$$

闭环传递函数为

$$\Phi(s)=\frac{G(s)}{1+G(s)H(s)}=\frac{M_1(s)N_2(s)}{N_1(s)N_2(s)+M_1(s)M_2(s)} \tag{5-56}$$

闭环特征方程为

$$D(s)=N_1(s)N_2(s)+M_1(s)M_2(s)=0 \tag{5-57}$$

系统稳定的条件是闭环极点全部位于 s 平面左半平面。为找出开环奈氏曲线与闭环极点之间的关系，引入辅助函数 $F(s)$，并设

$$F(s)=1+G(s)H(s)=\frac{N_1(s)N_2(s)+M_1(s)M_2(s)}{N_1(s)N_2(s)} \tag{5-58}$$

可见：

1）$F(s)$的极点就是开环传递函数的极点，其不稳定个数通常用 P 表示；$F(s)$的零点就是闭环传递函数的极点，其不稳定个数通常用 Z 表示。

2）辅助函数 $F(s)$和开环传递函数 $G(s)H(s)$只相差单位 1。

3）闭环系统稳定的条件转化为：$F(s)$的所有零点（即闭环极点）全部位于 s 平面左半平面，即 $Z=0$。

奈氏判据的数学基础是复变函数中的幅角原理，其基本思想是把系统的开环频率特性与复变函数理论联系起来，通过建立开环奈氏曲线 $G(j\omega)H(j\omega)$与辅助函数 $F(s)=1+G(s)H(s)$ 在 s 平面右半平面中零、极点数（Z、P）的关系，来判断闭环系统的稳定性。

5.4.2 幅角原理

1. 映射

引入映射的目的是为了找出 s 平面和 $F(s)$平面之间的关系。

因 s 为复数，故 $F(s)$为一单值、连续的复变函数。根据复变函数的理论，对于 s 平面上的每一点，在 $F(s)$平面上必有唯一的一个映射点与之对应。同理，在 s 平面上的任意一条

封闭曲线，在 $F(s)$ 平面上必有唯一的一条封闭曲线与之对应。

2. 幅角原理

如果 s 平面中有一条封闭曲线 Γ_s 包围复变函数 $F(s)$ 的 Z 个零点和 P 个极点（此曲线不经过 $F(s)$ 的任何零点和极点）时，则在 $F(s)$ 平面中必然映射出另一条封闭曲线 Γ_F；那么当 s 沿闭合曲线 Γ_s 顺时针方向转过一周时，映射曲线 Γ_F 逆时针方向包围 $F(s)$ 平面坐标原点的圈数为 N，则有关系式

$$N = P - Z \tag{5-59}$$

式中，N 为曲线 Γ_F 逆时针包围 $F(s)$ 平面坐标原点的圈数；Z 为曲线 Γ_s 内 $F(s)$ 的零点数；P 为曲线 Γ_s 内 $F(s)$ 的极点数。

映射关系如图 5-34 所示。

说明：

1）$N>0$，表示向量 $F(s)$ 沿曲线 Γ_F 逆时针包围 $F(s)$ 平面的坐标原点；$N=0$，表示曲线 Γ_F 不包围 $F(s)$ 平面的坐标原点；$N<0$，表示向量 $F(s)$ 沿曲线 Γ_F 顺时针包围 $F(s)$ 平面的坐标原点。

2）曲线 Γ_s、Γ_F 的形状不影响定理的应用及对问题的分析，曲线 Γ_F 包围 $F(s)$ 平面坐标原点的圈数仅由曲线 Γ_s 内所包围的 $F(s)$ 零、极点的数目决定。

3）曲线 Γ_s 可以选择在 s 平面上的任何位置，但 s 须按顺时针方向移动。

3. 奈氏路径及映射

为了判断系统的稳定性，即检验 $F(s)$ 是否有零点在 s 平面的右半平面，在 s 平面上所取的封闭曲线 Γ_s 应包含 s 平面的整个右半面，即由虚轴和半径为无穷大的右半圆所组成的封闭曲线，如图 5-35 所示。这样，s 沿闭合曲线 Γ_s 顺时针方向转过一周时，相当于 s 按顺时针方向沿着 $-j\infty \to 0 \to +j\infty \to -j\infty$ 绕行一周，其中 $+j\infty \to -j\infty$ 是沿半径 $r \to \infty$ 的半圆。这一闭合路径称为奈氏路径。

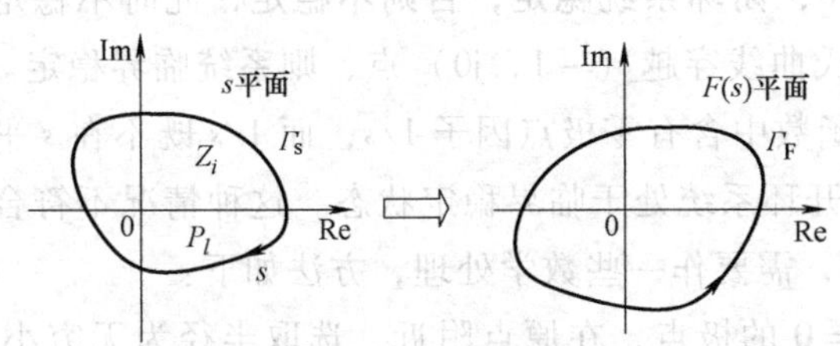

图 5-34 s 平面中 Γ_s 曲线与 $F(s)$ 平面中 Γ_F 曲线的映射关系

Z_i—Γ_s 曲线内 $F(s)$ 的零点（闭环极点）

P_l—Γ_s 曲线内 $F(s)$ 的极点（开环极点）

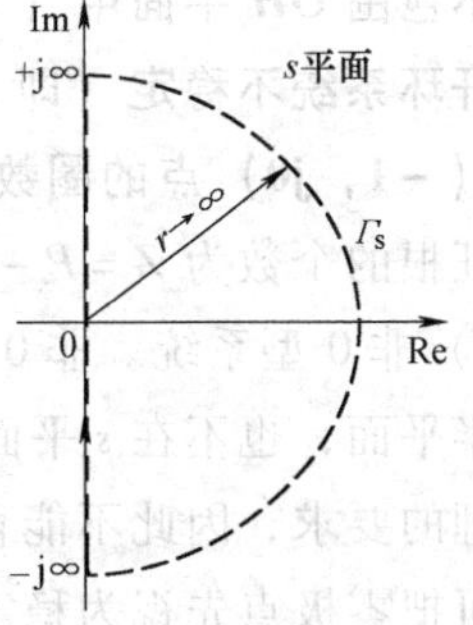

图 5-35 奈氏路径示意图

因为一般开环传递函数 $G(s)H(s)$ 中分母的阶次总是大于等于分子的阶次，所以有

$$\lim_{|s|\to\infty} F(s) = \lim_{|s|\to\infty}[1+G(s)H(s)] = 1 \text{或} 1+K$$

上式说明，当 s 沿半径为∞的半圆移动时，$F(s)$始终保持一个常量（1 或 $1+K$）。这样 s 平面上 s 按顺时针方向沿着封闭曲线 Γ_s（s 平面右半平面的包络线）转动一周时，映射到 $F(s)$平面上的 Γ_F 曲线仅由奈氏路径的 $-j\infty \to 0 \to +j\infty$，即整个虚轴 $\pm j\omega$ 部分决定，此时的 Γ_F 曲线即为 $F(j\omega)$曲线。而在奈氏路径中，$\omega = -\infty \to 0^- \to 0$ 和 $\omega = 0 \to 0^+ \to +\infty$ 是关于实轴对称的，所以一般只需画出 $\omega = 0 \to 0^+ \to +\infty$ 的虚轴在 $F(s)$平面的映射部分即可，为使奈氏判据使用起来简单，下面的讨论均指 $\omega = 0 \to 0^+ \to +\infty$ 的虚轴的映射部分。

4. $F(s)$平面与 GH 平面的映射关系

因为 $F(s)=1+G(s)H(s)$，即 $G(s)H(s)=-1+F(s)$，$F(s)$平面的坐标原点映射到 GH 平面（$G(s)H(s)$平面的简写，以下同）即为（-1，j0）点。因此，$\omega = 0 \to +\infty$ 变化时，$F(j\omega)$包围 $F(s)$平面坐标原点的圈数就等于开环奈氏曲线 $G(j\omega)H(j\omega)$包围 GH 平面上（-1，j0）点的圈数。

由以上分析，幅角原理可以叙述为：如果某系统的闭环传递函数和开环传递函数在 s 平面的右半平面中分别含有 Z 个极点和 P 个极点时，则 s 平面右半平面的包络线在 GH 平面中的映射就是奈氏曲线 $G(j\omega)H(j\omega)$，而且当 $\omega = 0 \to +\infty$ 变化时，奈氏曲线 $G(j\omega)H(j\omega)$逆时针方向包围 GH 平面中（-1，j0）点的圈数为

$$N=\frac{1}{2}(P-Z) \tag{5-60}$$

5.4.3 奈氏判据

由式（5-60）知，闭环系统在 s 平面右半平面的极点个数为 $Z=P-2N$，如 $Z\neq 0$，则闭环系统不稳定。根据幅角原理的使用条件，奈氏判据分两种情况叙述如下：

1）0 型系统。0 型系统开环传递函数中不含零极点因子 $1/s$，符合幅角原理的条件，因此，**奈氏判据**可叙述为：**如果开环系统稳定**（即 $P=0$），**则当 $\omega=0\to\infty$ 变化时，开环奈氏曲线不包围 GH 平面中（-1，j0）点**，即 $N=0$ 时，$Z=0$，**闭环系统稳定，否则不稳定；如果开环系统不稳定**（即 $P\neq 0$），**则当 $\omega=0\to\infty$ 变化时，开环奈氏曲线逆时针包围 GH 平面中（-1，j0）点的圈数 $N=P/2$ 时**，$Z=0$，**闭环系统稳定，否则不稳定**，此时不稳定闭环特征根的个数为 $Z=P-2N$。如果开环奈氏曲线穿越（-1，j0）点，则系统临界稳定。

2）非 0 型系统。非 0 型系统开环传递函数中含有零极点因子 $1/s$，而 $1/s$ 既不在 s 平面的左半平面，也不在 s 平面的右半平面，即开环系统处于临界稳定状态。这种情况不符合幅角原理的要求，因此不能直接应用奈氏判据，需要作一些数学处理，方法如下：

可把零极点先视为稳定极点。为避开 $s=0$ 的极点，在原点附近，选取半径为无穷小 ε，圆心在原点的四分之一圆作为曲线 Γ_s 在原点附近的部分，即$s=\varepsilon e^{j\alpha}$（$\varepsilon\to 0$，$0°\leqslant\alpha\leqslant 90°$），如图 5-36 所示。

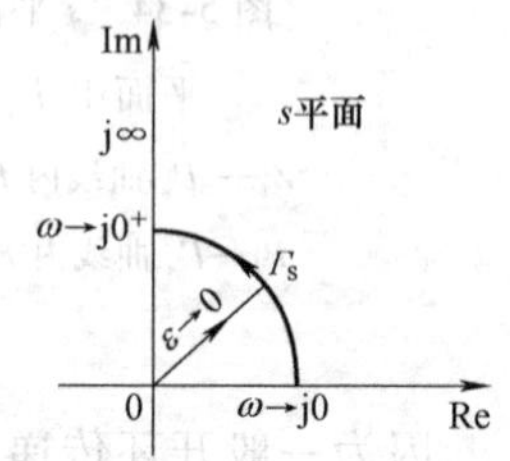

图 5-36 坐标原点处开环极点的处理

此时，开环传递函数可表示为

$$G(s)H(s)=\frac{K_0}{s^{\nu}}G_0(s)H_0(s),\quad \nu=1,2\cdots \tag{5-61}$$

其中，$G_0(s)H_0(s)$中不含积分环节。

当 $\varepsilon\to 0$ 时，将 $s=\varepsilon e^{j\alpha}$代入式（5-61），得到

$$G(s)H(s)=\frac{K_0}{s^{\nu}}G_0(s)H_0(s)\bigg|_{s=\varepsilon e^{j\alpha}}=\infty\angle(-\nu\alpha) \tag{5-62}$$

即

$$\begin{cases}A(\omega)=|G(s)H(s)|_{\varepsilon\to0}=\infty\\ \varphi(\omega)=\angle G(s)H(s)|_{\varepsilon\to0}=-\nu\alpha,\quad 0°\leqslant\alpha\leqslant90°\end{cases} \tag{5-63}$$

因此，当 s 沿半径为无穷小的圆弧从 j0 变化到 $\mathrm{j}0^+$ 时，α 从 0°变化到 90°，奈氏曲线则在无穷远处顺时针方向变化的角度为 $90°\nu$。

综上所述，**若开环系统含有 ν 个积分环节（即 ν 个零极点因子），在应用奈氏判据时，应先绘出 $\omega=0^+\to\infty$ 的奈氏曲线，再从 $\omega=0^+$ 处开始逆时针补画一个半径为∞，相角为 $90°\nu$ 的大圆弧增补线（至 $\omega=0$ 处），作为奈氏曲线的起始部分，然后再根据奈氏判据判断系统的稳定性**。下面通过例题分析作进一步说明。

【例 5-6】 试判断图 5-37 所示系统的稳定性。

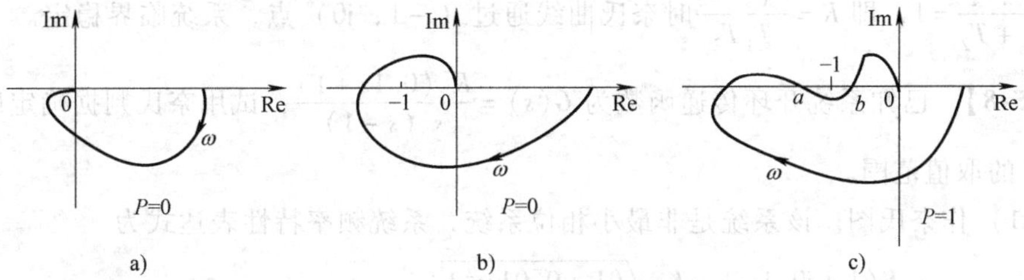

图 5-37　例 5-6 系统奈氏图

解： 由图 5-37 可知，3 个系统均为 0 型系统，不需作增补线。

图 5-37a，$P=0$，且 $N=0$，所以系统稳定。

图 5-37b，$P=0$，而 $N=-1$，所以系统不稳定。$Z=P-2N=2$，有两个正实部的闭环极点。

图 5-37c，$P=1$，而 $N=0$，所以系统不稳定。$Z=P-2N=1$，有一个正实部的闭环极点。

【例 5-7】 已知系统开环传递函数为 $G(s)=\dfrac{K}{s(T_1s+1)(T_2s+1)}$，其中，$T_1>0$，$T_2>0$，$K>0$，试用奈氏判据判断闭环系统的稳定性。

解： 1）作奈氏图。系统频率特性表达式为

$$G(\mathrm{j}\omega)=\frac{K}{\mathrm{j}\omega(1+\mathrm{j}\omega T_1)(1+\mathrm{j}\omega T_2)}$$

$$=\frac{K}{\omega\sqrt{(1+\omega^2{T_1}^2)(1+\omega^2{T_2}^2)}}\angle-90°-\arctan\omega T_1-\arctan\omega T_2$$

则系统奈氏曲线的起点为 $G(\mathrm{j}0)=\infty\angle-90°$，终点为 $G(\mathrm{j}\infty)=0\angle-270°$。因此，奈氏曲线位于第Ⅱ、Ⅲ象限，与负实轴有交点。

令 $\varphi(\omega_x)=-90°-\arctan\omega_xT_1-\arctan\omega_xT_2=-180°$，得

$$\omega_x^2=\frac{1}{T_1T_2},\quad \omega_x=\frac{1}{\sqrt{T_1T_2}}$$

则奈氏曲线与负实轴交点处的模值为 $A(\omega_x)=\dfrac{KT_1T_2}{T_1+T_2}$。

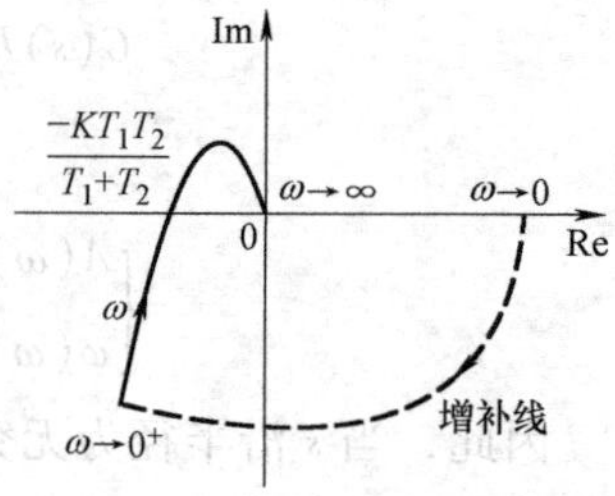

由此绘制该系统奈氏曲线，如图 5-38 中实线所示。

2）判断系统稳定性。本题所述系统是Ⅰ型系统，即有一个开环零极点，需作增补线，如图 5-38 中虚线所示。

由开环传递函数知 $P=0$，所以：

图 5-38　例 5-7 系统奈氏图

当 $\dfrac{KT_1T_2}{T_1+T_2}<1$，即 $K<\dfrac{T_1+T_2}{T_1T_2}$ 时奈氏曲线不包围（-1，j0）点，即 $N=0$，系统稳定；

当 $\dfrac{KT_1T_2}{T_1+T_2}>1$，即 $K>\dfrac{T_1+T_2}{T_1T_2}$ 时奈氏曲线顺时针包围（-1，j0）点一圈，即 $N=-1$，系统不稳定；

当 $\dfrac{KT_1T_2}{T_1+T_2}=1$，即 $K=\dfrac{T_1+T_2}{T_1T_2}$ 时奈氏曲线通过（-1，j0）点，系统临界稳定。

【例 5-8】 已知系统开环传递函数为 $G(s)=\dfrac{K(0.1s+1)}{s(s-1)}$，试用奈氏判据确定闭环系统稳定时 K 的取值范围。

解： 1）作奈氏图。该系统是非最小相位系统，系统频率特性表达式为

$$G(\mathrm{j}\omega)=-\frac{K(1+\mathrm{j}0.1\omega)}{\mathrm{j}\omega(1-\mathrm{j}\omega)}=\frac{K\sqrt{(1+0.01\omega^2)}}{\omega\sqrt{(1+\omega^2)}}\angle(-270^\circ+\arctan 0.1\omega+\arctan\omega)$$

则系统奈氏曲线的起点为 $G(\mathrm{j}0)=\infty\angle-270^\circ$；终点为 $G(\mathrm{j}\infty)=0\angle-90^\circ$，曲线位于第Ⅱ、Ⅲ象限，与负实轴有交点。

令 $\varphi(\omega_x)=-270^\circ+\arctan 0.1\omega_x+\arctan\omega_x=-180^\circ$，得交点处的频率 $\omega_x=\sqrt{10}$，则交点处的幅值 $A(\omega_x)=0.1K$。

由此绘制该系统奈氏曲线，如图 5-39 中实线所示。

2）确定系统稳定时的 K 值范围。本题所述系统是Ⅰ型系统，即有一个开环零极点，需作增补线，如图 5-39 中虚线所示。

由开环传递函数知 $P=1$，所以，当 $0.1K>1$，即 $K>10$ 时开环奈氏曲线逆时针包围（-1，j0）点半圈，即 $N=1/2=P/2$，系统稳定。故闭环系统稳定时 K 的取值范围是 $K>10$。

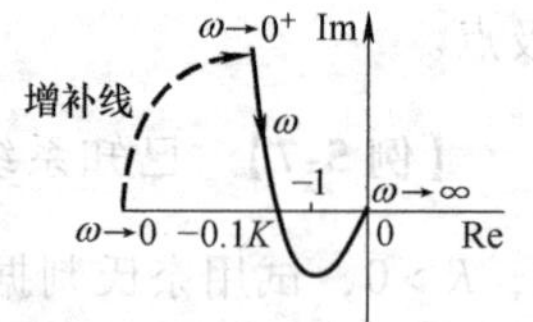

图 5-39　例 5-8 系统奈氏图

5.4.4　奈氏判据中 N 的简易判断方法

当开环奈氏曲线逆时针包围（-1，j0）点一圈，则其必然由上向下穿越（-1，j0）左边负实轴一次，所以可利用 $\omega=0\to\infty$ 变化时开环奈氏曲线上、下穿越（-1，j0）点左边负实轴的次数来计算 N，从而判断系统闭环稳定性。

将开环奈氏曲线从上而下，即逆时针穿越（-1，j0）左边负实轴称为正穿越一次，用 $N_+=1$ 表示，反之称为负穿越一次，用 $N_-=1$ 表示，如图 5-40a 所示；如果奈氏曲线起始或终止于（-1，j0）点以左的负实轴上，则称为半次穿越，同样有 $N_+=0.5$ 和 $N_-=-0.5$，如图 5-40b、c 所示。因此，开环奈氏曲线在 $\omega=0\to\infty$ 变化时，逆时针方向包围（-1，j0）点的圈数为

$$N = N_+ - N_- \tag{5-64}$$

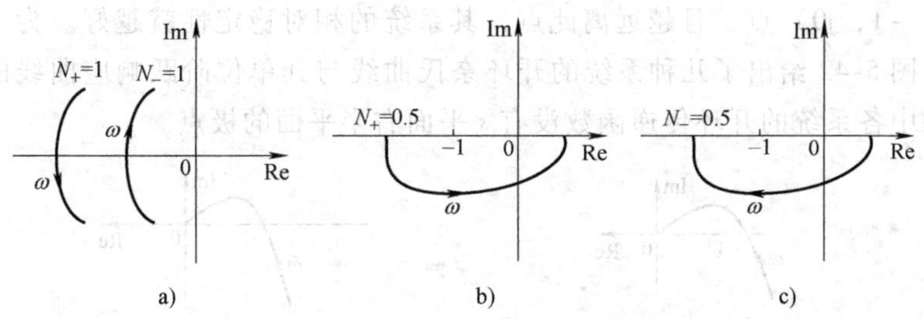

图 5-40　正、负穿越示意图

a）正、负穿越　b）半次正穿越　c）半次负穿越

【例 5-9】　试判别图 5-41 所示系统的稳定性。

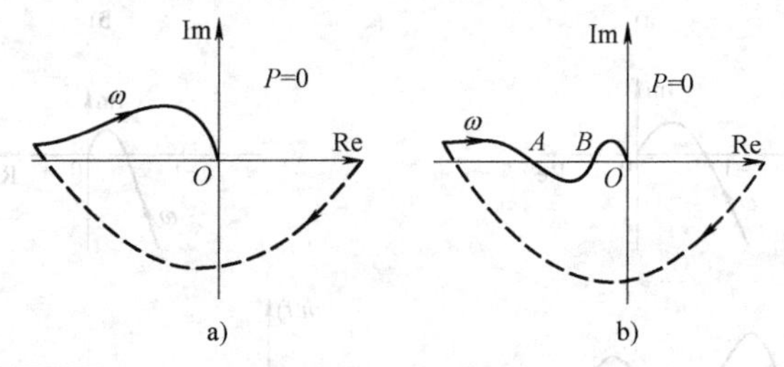

图 5-41　例 5-9 开环系统奈氏图

解：1）图 5-41a 中，$N_-=1$，$N_+=0$，$N=N_+-N_-=-1$，而 $P=0$，$N \neq P/2$，所以系统不稳定。

2）图 5-41b 可以分以下 4 种情况讨论：

若 $|OB|>1$，则 $N_+=1$，$N_-=2$，$N=N_+-N_-=-1$，而 $P=0$，$N \neq P/2$，所以系统不稳定。

若 $|OB|<1<|OA|$，则 $N_+=1$，$N_-=1$，$N=N_+-N_-=0$，且 $P=0$，$N=P/2=0$，所以系统稳定。

若 $|OA|=1$ 或 $|OB|=1$，奈氏曲线穿越（-1，j0）点，所以系统临界稳定。

若 $|OA|<1$，则 $N_+=0$，$N_-=1$，$N=N_+-N_-=-1$，而 $P=0$，$N \neq P/2$，所以系统不稳定。

5.5　稳定裕量

5.5.1　相对稳定性

对控制系统稳定性的判断是系统绝对稳定性问题。在分析或设计一个实际的控制系统时，只知道系统是否稳定是不够的，一个受扰动影响就不稳定的系统是不能投入实际使用的。因此人们总是希望所设计的控制系统不仅是稳定的，而且具有一定的稳定裕量，需要知道系统的稳定程度是否符合生产过程的要求。本节介绍表征系统稳定裕量的两个指标：相位裕量 γ 和增益裕量 h。

奈氏判据是基于开环奈氏曲线对 GH 平面上（ -1，j0）点包围情况定义的，如果奈氏曲线不包围（ -1，j0）点，且越远离此点，其系统的相对稳定性就越好。为了说明相对稳定性的概念，图 5-42 给出了几种系统的开环奈氏曲线与其单位阶跃响应曲线的对应关系示意图，假定图中各系统的开环传递函数没有 s 平面右半平面的极点。

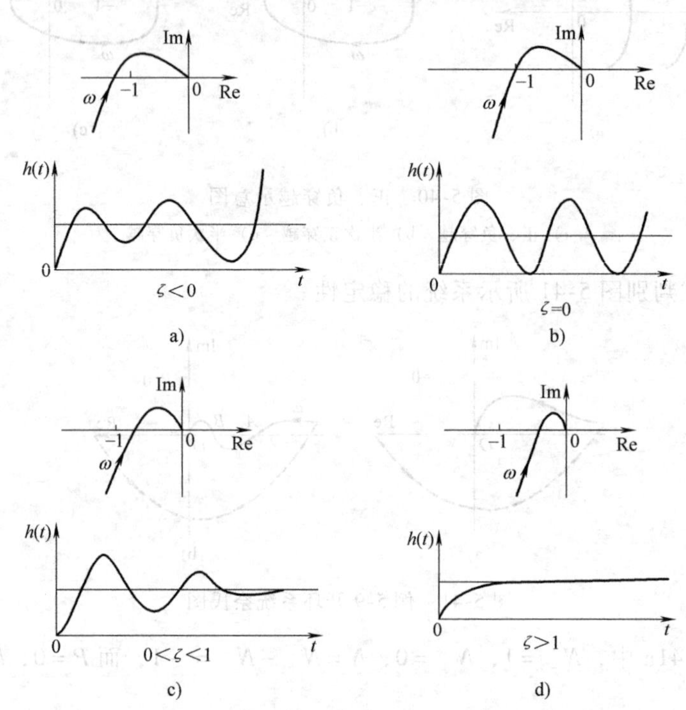

图 5-42　奈氏曲线与单位阶跃响应曲线的对应关系

a）不稳定，发散　b）临界稳定，等幅振荡　c）稳定，衰减振荡　d）稳定，单调上升

由图可知，图 5-42a、b 分别对应于较大的开环增益和临界开环增益，奈氏曲线包围和通过（ -1，j0）点，阶跃响应是振荡发散和等幅振荡的，系统为不稳定和临界稳定；而图 5-42c、d 对应于较小的开环增益，奈氏曲线不包围（ -1，j0）点，阶跃响应是衰减振荡和单调上升的，系统稳定。且随着奈氏曲线远离（ -1，j0）点程度的不同，振荡次数和超调量不同，越远离（ -1，j0）点，振荡就越小，当远离的距离足够大时，响应曲线变为单调上升，不出现超调。因此，开环奈氏曲线对（ -1，j0）点的接近程度完全描述了控制系统的稳定程度，以此为依据可定义描述系统相对稳定性的指标——相位裕量 γ 和增益裕量 h。

5.5.2　两个重要频率

为了引出稳定裕量的概念，先要定义两个重要的频率。

系统开环奈氏图如图 5-43 所示。设奈氏曲线与单位圆相交于 B 点，与负实轴相交于 C 点，这两点都是奈氏曲线上的特殊点，其位置与系统的稳定程度密切相关，因此将 B 点对应的频率称为增益截止频率（或幅值截止频率），C 点对应的频率称为相位穿越频率。

定义 5-2　对应于奈氏曲线上幅值为 1（或对数幅频特性曲线上幅值为 0dB）的点的频率称为**幅值截止频率**（以下简称**截止频率**），用 ω_c 表示，如图 5-43 中 B 点所示，即

$$A(\omega_c)=1 \quad 或 \quad L(\omega_c)=0\text{dB} \tag{5-65}$$

定义 5-3 对应于奈氏曲线上相位为 $-180°$（或对数相频特性曲线上相位为 $-180°$）的点的频率称为**相位穿越频率**（以下简称**穿越频率**），用 ω_x 表示，如图 5-43 中 C 点所示，即

$$\varphi(\omega_x) = -180° \tag{5-66}$$

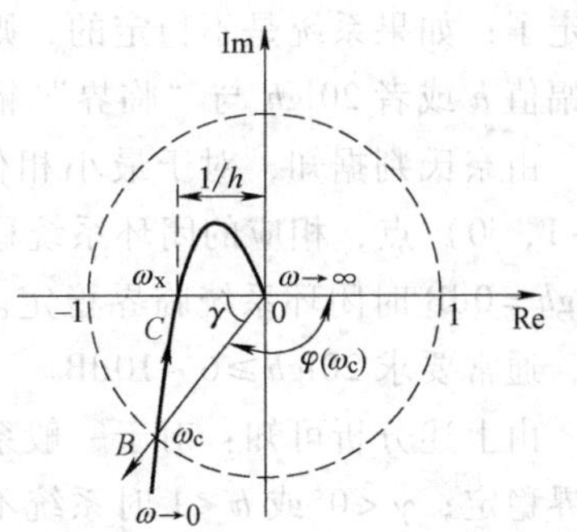

图 5-43　稳定裕量在奈氏图上的表示

5.5.3　两个稳定裕量指标

1. 相位裕量 γ

定义 5-4 在截止频率 ω_c 处，使系统达到临界稳定时尚可附加的相角滞后量定义为**相位裕量**，用字母 γ 表示。如图 5-43 所示，用公式表示为

$$\gamma = 180° + \varphi(\omega_c) = 180° + \angle G(j\omega_c) \tag{5-67}$$

意义：由图 5-43 可知，相位裕量就是奈氏曲线上幅值为 1 的点对应的向量与负实轴之间的夹角。其意义可用下式说明：

$$\varphi(\omega_c) - \gamma = -180° \tag{5-68}$$

相位裕量作为定量指标指明了：如果系统是稳定的，则其相位再滞后多少度系统就不稳定了；如果系统是不稳定的，那么其相位还需要改善（超前）多少度系统就稳定了。即相位裕量表示系统在截止频率处的实际相位值 $\varphi(\omega_c)$ 与"临界"相位值"$-180°$"之间的"差值"。

由奈氏判据知，对于最小相位系统，$\gamma > 0°$ 表示奈氏曲线不包围（-1，j0）点，相应的闭环系统稳定；$\gamma < 0°$ 表示奈氏曲线包围了（-1，j0）点，相应的闭环系统不稳定；$\gamma = 0°$ 表示奈氏曲线经过（-1，j0）点，相应的闭环系统临界稳定。一般 γ 越大，表示系统的相对稳定性越好，在工程实际中，通常要求 $\gamma = 30° \sim 70°$。

2. 增益裕量 h

定义 5-5 在穿越频率 ω_x 处，使系统达到临界稳定时，开环频率特性的幅值（增益）还可以增加的倍数定义为**增益裕量**，也称为**幅值裕量**，用字母 h 表示。如图 5-43 所示，用公式表示为

$$h = \frac{1}{A(\omega_x)} = \frac{1}{|G(j\omega_x)|} \tag{5-69}$$

在对数幅频特性中增益裕量用 20lg$h$ 表示，则

$$20\lg h = -20\lg A(\omega_x) = -20\lg|G(j\omega_x)| \tag{5-70}$$

意义：由图 5-43 可知，增益裕量就是开环奈氏曲线与负实轴交点处幅值的倒数，或者是对数幅频特性曲线上穿越频率 ω_x 对应幅值的负值。

其意义可用下式说明：

$$A(\omega_x)h = |G(j\omega_x)|h = 1 \tag{5-71}$$

或

$$20\lg A(\omega_x) + 20\lg h = 20\lg|G(j\omega_x)| + 20\lg h = 0\text{dB} \tag{5-72}$$

可见，增益裕量的意义在于，如果系统是稳定的，那么其开环幅值再增大 h 倍，则系统将处于临界稳定，或者在 Bode 图上，开环幅频特性曲线再向上平移 20lg$h$(dB)，系统就不

稳定了；如果系统是不稳定的，则与上述叙述相反。即增益裕量表示系统在穿越频率处的实际幅值 h 或者 $20\lg h$ 与“临界”幅值“1”或“0dB”之间的“差值”。

由奈氏判据知，对于最小相位系统，$h>1$ 或者 $20\lg h>0\text{dB}$ 时，表示奈氏曲线不包围 $(-1, \text{j}0)$ 点，相应的闭环系统稳定；$h<1$ 或者 $20\lg h<0\text{dB}$ 时闭环系统不稳定；$h=1$ 或者 $20\lg h=0\text{dB}$ 时闭环系统临界稳定。一般 h 越大，表示系统的相对稳定性越好，在工程实际中，通常要求 $20\lg h\geqslant 6\sim 10\text{dB}$。

由上述分析可知：对于一般系统，当 $\gamma>0°$ 且 $h>1$ 时系统稳定；$\gamma=0°$ 或 $h=1$ 时系统临界稳定；$\gamma<0°$ 或 $h<1$ 时系统不稳定。这也可以作为判断一般系统稳定性的依据。

说明：

1）对于开环不稳定（即 $P\neq 0$）的系统，不能简单用相位裕量和增益裕量来判断闭环系统的稳定性。如 5.4 节的例 5-8，读者可以自己分析。

2）一阶、二阶系统 γ 总是大于零，而 h 则无穷大。因此，理论上讲系统不会不稳定。但是，某些一阶和二阶系统的数学模型是在忽略了一些次要因素后建立的，实际系统常常是高阶的，其增益裕量不可能无穷大。因此，开环增益太大，系统仍可能不稳定。

3）在一般情况下，γ 和 h 是同时使用的。而对最小相位系统在判断绝对稳定性时，只使用其中一个就可以了，通常使用的是相位裕量 γ。但是在衡量系统的相对稳定程度时，指标 γ 和 h 必须同时使用，否则就会出现错误的判断，如图 5-44 所示。

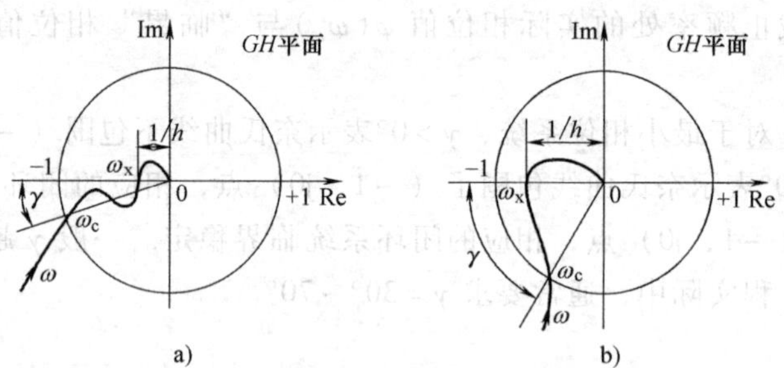

图 5-44　奈氏图中不同相位裕量和增益裕量的说明

图 5-44a 所示系统增益裕量 h 很大，但相位裕量 γ 却较小；图 5-45b 所示系统相位裕量 γ 很大，但增益裕量 h 却很小。若前者按增益裕量来衡量，而后者按相位裕量来衡量，两个系统都具有较好的性能。但实际上，两个系统的性能都不是很好。

4）两种特殊情况的处理。图 5-45 给出了两种特殊情况。其中，图 5-45a 中，奈氏曲线与单位圆有 3 个交点，其相位裕量 γ 的值各不相同；而在图 5-45b 中，奈氏曲线与负实轴有 3 个交点，其增益裕量 h 的值也各不相同。对此两种特殊情况，一般以最坏的情况确定稳定裕量。

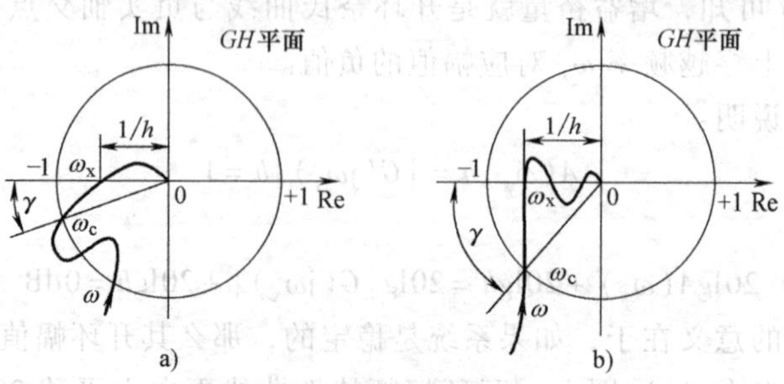

图 5-45　奈氏图中多个稳定裕量指标的处理

5.5.4 稳定裕量在Bode图中的表示

根据相对稳定性的定义，很容易分析出最小相位系统奈氏图与Bode图之间的关系，如图5-46所示。

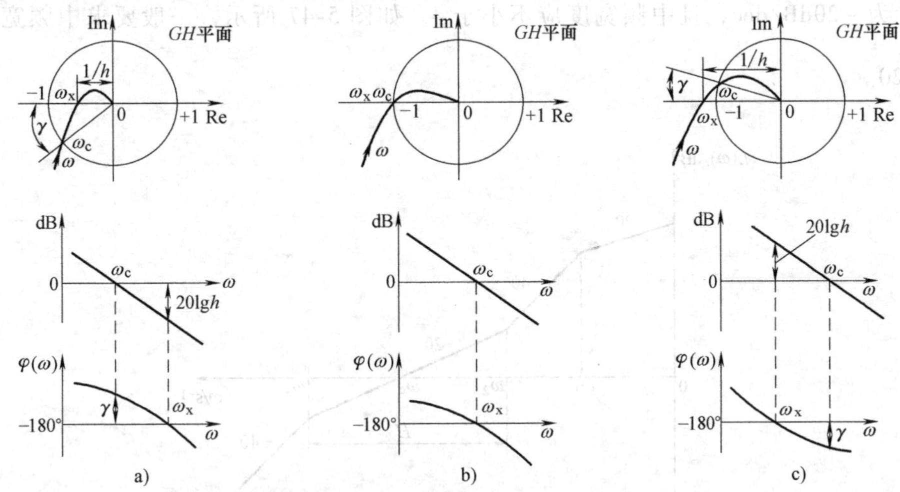

图5-46 稳定裕量在奈氏图与Bode图中的对应关系
a）稳定系统 b）临界稳定系统 c）不稳定系统

特点分析如下：

1）图5-46a所示系统中$\gamma>0°$，$h>1$，$20\lg h>0\text{dB}$，系统是稳定的，而且有$\omega_x>\omega_c$，幅值$A(\omega_x)<1$，相位的绝对值$|\varphi(\omega_c)|<180°$。

2）图5-46b所示系统中$\gamma=0°$，$h=1$，$20\lg h=0\text{dB}$，系统是临界稳定的，而且有$\omega_x=\omega_c$，幅值$A(\omega_x)=1$，相位的绝对值$|\varphi(\omega_c)|=180°$。

3）图5-46c所示系统中$\gamma<0°$，$h<1$，$20\lg h<0\text{dB}$，系统是不稳定的，此时有$\omega_x<\omega_c$，幅值$A(\omega_x)<1$，相位的绝对值$|\varphi(\omega_c)|>180°$。

根据上述3种情况，可以从Bode图上直接判断系统的稳定性。如果Bode图上的相位裕量γ和幅值裕量$20\lg h$均为正的，即相位裕量γ位于临界线−180°之上，幅值裕量$20\lg h$位于临界线0dB之下，系统一定是稳定的。对于最小相位系统，只需用相位裕量判断就可以了。

5.5.5 相对稳定性与对数幅频特性曲线中频段的关系

对数幅频特性的中频段一般指截止频率ω_c附近的一段，它表征系统相对稳定性的优劣。通常将稳定裕量和截止频率称为系统的频域动态指标，它们与系统的时域动态指标（超调量和调节时间）有着确定的对应关系，见5.6节分析。一般要求ω_c不能过低，以满足调节时间t_s的要求；在其附近应有−20dB/dec斜率的中频段，且所占的频带足够宽，以保证有足够的相位裕量，满足系统平稳性和超调量的要求。

对于最小相位系统，由于其对数幅频特性和对数相频特性有一一对应的关系，且相互唯一确定，因此可以根据对数幅频特性曲线的斜率来唯一地确定其相位裕量。**如果对数幅频特性曲线在截止频率处的斜率为−20dB/dec，则系统一定是稳定的，并且相位裕量也较大；**

如果对数幅频特性曲线在截止频率处的斜率为 -40dB/dec，则系统可能是稳定的，也可能是不稳定的，即使是稳定的，相位裕量也不大；如果对数幅频特性曲线在截止频率处的斜率是 -60dB/dec 及以上，则系统一定是不稳定的。

在设计系统时，为了获得足够大的相位裕量，开环对数幅频特性曲线在截止频率处的斜率应设计为 -20dB/dec，且中频宽度应不小于4。如图5-47所示，一般要求中频宽度 $H=\frac{\omega_3}{\omega_2}\geqslant 4\sim 20$。

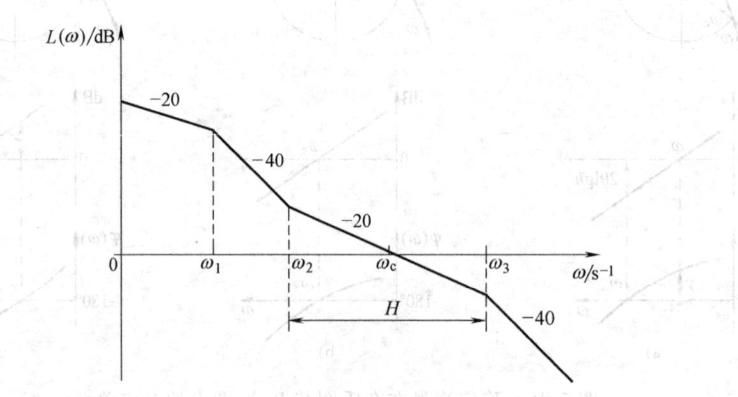

图5-47　最小相位系统的开环对数幅频特性

5.5.6　稳定裕量指标的求解

1. 根据传递函数求解

首先根据截止频率和穿越频率的定义求出 ω_c 和 ω_x，然后根据相位裕量和增益裕量的定义求出 γ 和 h。

【例5-10】　设单位反馈系统的开环传递函数为

$$G(s)=\frac{K}{s(s+1)(s+5)}$$

试求 $K=10$ 时系统的相位裕量和增益裕量。

解：将 $K=10$ 代入给定传递函数，并将传递函数写成标准形式得

$$G(s)=\frac{2}{s(s+1)(0.2s+1)}$$

根据截止频率的定义有

$$A(\omega_c)=\frac{2}{\omega_c\sqrt{\omega_c^2+1^2}\sqrt{(0.2\omega_c)^2+1^2}}=1$$

可按转折频率用分段线性化的方法近似求解，即

$$\begin{cases}A(\omega_c)\approx\dfrac{2}{\omega_c}, & \omega_c<1\\ A(\omega_c)\approx\dfrac{2}{\omega_c\omega_c}, & 1<\omega_c<5\\ A(\omega_c)\approx\dfrac{2}{\omega_c\omega_c\cdot 0.2\omega_c}, & \omega_c>5\end{cases}$$

解得

$$A(\omega_c) \approx \frac{2}{\omega_c \omega_c} = 1, \quad \omega_c \approx 1.4\mathrm{s}^{-1}$$

而

$$\gamma = 180° + \varphi(\omega_c) = 180° - 90° - \arctan\omega_c - \arctan 0.2\omega_c$$

将 $\omega_c = 1.4\mathrm{s}^{-1}$ 代入得，$\gamma \approx 20°$。

由穿越频率的定义有

$$\varphi(\omega_x) = -90° - \arctan\omega_x - \arctan 0.2\omega_x = -180°$$

解之得 $\omega_x = 2.2\mathrm{s}^{-1}$。

所以

$$h = \frac{1}{A(\omega_x)} = \frac{\omega_x \sqrt{\omega_x^2 + 1}\sqrt{(0.2\omega_x)^2 + 1}}{2} \approx 2.8$$

$$20\lg h = 20\lg 2.8 = 8.9\mathrm{dB}$$

2. 根据 Bode 图求解

首先根据对数幅频特性曲线写出开环传递函数，然后根据 ω_c 所在的频段利用 ω_c 的定义求解 ω_c 值，再根据相位裕量定义公式计算 γ 值；ω_x 及 h 按照其定义求解。

【例 5-11】 已知某单位反馈的最小相位系统，其开环对数幅频特性图如图 5-48 所示，试求开环传递函数，计算稳定裕量。

解： 由图 5-48 可知，$\omega_c = 3.16\mathrm{s}^{-1}$。该系统为Ⅱ型系统，由两个积分环节、一个一阶微分环节、两个惯性环节组成，两个转折频率分别是 $\omega_1 = 1$ 和 $\omega_2 = 10$，可以写出系统开环传递函数为

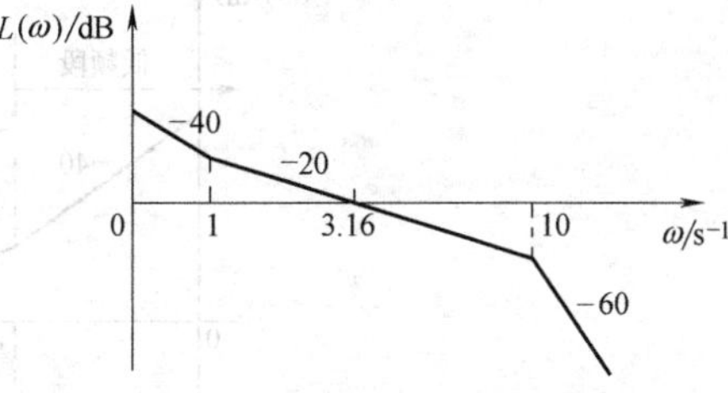

图 5-48 例 5-11 系统的 Bode 图

$$G(s) = \frac{K(s+1)}{s^2(0.1s+1)^2}$$

将低频段向下延伸，与 ω 轴交于 $\sqrt{K}$，则有

$$L(1) = 20\lg\frac{3.16}{1} = 40\lg\frac{\sqrt{K}}{1}$$

解之得 $K = 3.16$。

也可以按照分段线性法，因为 $1 < \omega_c < 10$，所以有 $A(\omega_c) \approx \frac{K\omega_c}{\omega_c^2} = 1$，则 $K = \omega_c = 3.16$。

故系统开环传递函数为 $G(s) = \frac{3.16(s+1)}{s^2(0.1s+1)^2}$。

由相位裕量的定义公式有

$$\gamma = 180° + \varphi(\omega_c) = 180° - 180° - 2\arctan 0.1\omega_c + \arctan\omega_c$$

将 $\omega_c = 3.16\mathrm{s}^{-1}$ 代入得，$\gamma \approx 37.4°$。

由穿越频率的定义有

$$\varphi(\omega_x) = -180° - 2\arctan 0.1\omega_x + \arctan\omega_x = -180°$$

解之得 $\omega_x=8.9\mathrm{s}^{-1}$。

因为 $1<\omega_x<10$，所以有

$$20\lg h=-20\lg A(\omega_x)\approx -20\lg\frac{K\omega_x}{\omega_x^2}=9\mathrm{dB}$$

因为 $\gamma>0°$，$20\lg h>0\mathrm{dB}$，所以闭环系统是稳定的。

5.6 频率特性与系统性能的关系

频域分析法是图解法，比时域分析法简便，且当系统的频率特性不满足性能指标要求时，可以直接从频率特性上分析如何改变系统的结构和参数来满足性能指标的要求。但时域分析法中的性能指标比频域分析法中的更具体、直观，且符合人们的习惯，因此本节主要研究频率特性与系统性能的关系及频域指标和时域指标的关系。

5.6.1 开环对数频率特性曲线与系统性能的关系

频率特性法的主要特点之一，是根据系统的开环频率特性分析闭环系统的性能。为了分析问题方便，通常将开环对数频率特性曲线分为低、中、高三个频段，这三个频段的划分不是很严格的。一般来说，第一个转折频率以前的部分称为低频段，截止频率 ω_c 附近的区段为中频段，中频段以后的部分（$\omega>10\omega_c$）为高频段，如图 5-49 所示。

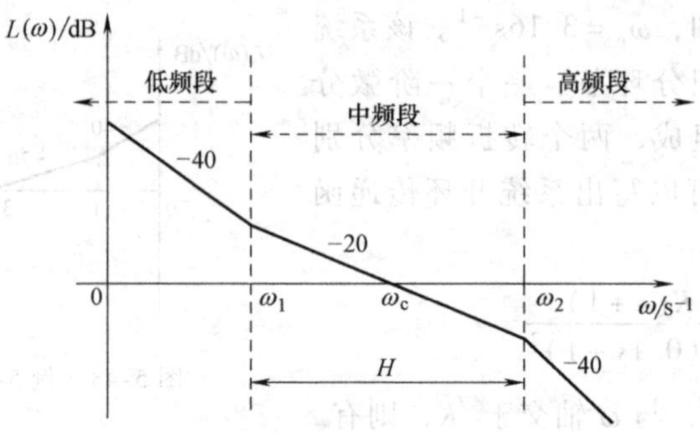

图 5-49 系统开环对数幅频特性

下面分析各频段与系统性能的关系。

1. 低频段

由 5.3 节分析可知，系统开环频率特性低频段对应的传递函数可近似表示为

$$G(s)=\frac{K}{s^{\nu}} \tag{5-73}$$

则其频率特性可表示为

$$G(\mathrm{j}\omega)=\frac{K}{(\mathrm{j}\omega)^{\nu}}=\frac{K}{\omega^{\nu}}\angle -90°\nu \tag{5-74}$$

对数幅频特性为

$$L(\omega)=20\lg\frac{K}{\omega^{\nu}}=20\lg K-20\nu\lg\omega \tag{5-75}$$

可见，开环频率特性的低频段，主要取决于积分环节的个数 ν 和开环增益 K。而且其对数幅频渐近线是一条过点（1，20lg$K$），斜率为 -20νdB/dec 的直线。因此，**积分环节的个数 ν 确定了低频段的斜率；开环增益 K 确定了低频段在 $\omega=1$ 处的高度**。由第 3 章分析可知，ν 和 K 均与系统的稳态误差有关，而且系统开环增益 K 越大，系统型别越高（ν 越大），稳态误差越小，稳态性能越好。因此**开环对数幅频特性的低频段反映了系统的稳态性能**，曲线低频段或其延长线在 $\omega=1$ 处位置越高，说明系统开环增益 K 越大；低频渐近线斜率越负，说明系统型别越高。这些均表明系统的稳态性能越好。

2. 中频段

中频段对系统的动态性能影响很大，它**反映了系统动态响应的平稳性和快速性**。

1）设系统开环对数幅频特性曲线中频段斜率为 -20dB/dec，且宽度足够。若只从平稳性和快速性考虑，该段可近似认为是一条斜率为 -20dB/dec 的直线，对应的开环传递函数可写为（$K=\omega_c$）

$$G(s)=\frac{K}{s}=\frac{\omega_c}{s} \tag{5-76}$$

对应的闭环传递函数为

$$\Phi(s)=\frac{G(s)}{1+G(s)}=\frac{1}{\dfrac{1}{\omega_c}s+1} \tag{5-77}$$

相当于一阶系统，时间常数 $T=\dfrac{1}{\omega_c}$。其阶跃响应单调上升，无超调，稳定裕量足够，即 $\gamma>0°$。调节时间

$$t_s=(3\sim4)T=\frac{3\sim4}{\omega_c} \tag{5-78}$$

可见，在一定条件下，ω_c 越大，t_s 就越小，响应速度也越快。因此，**截止频率和调节时间一样，反映了系统响应的快速性**。

2）设系统开环对数幅频特性中频段斜率为 -40dB/dec，且宽度足够。则该段可近似认为是一条斜率为 -40dB/dec 的直线，其开环传递函数为（$\sqrt{K}=\omega_c$）

$$G(s)=\frac{K}{s^2}=\frac{\omega_c^2}{s^2} \tag{5-79}$$

对应的闭环传递函数为

$$\Phi(s)=\frac{G(s)}{1+G(s)}=\frac{\omega_c^2}{s^2+\omega_c^2} \tag{5-80}$$

可见，该系统含有一对共轭纯虚根 $\pm j\omega_c$，相当于无阻尼二阶系统。其阶跃响应为等幅振荡，系统处于临界稳定状态，此时 $\gamma=0°$。

所以，**一般要求中频段斜率为 $-$20dB/dec，且宽度足够，以保证系统的相位裕量满足要求**。如图 5-49 所示，$H=\dfrac{\omega_2}{\omega_1}\geqslant4\sim20$。如果中频段的斜率为 -40dB/dec，则所占频带不能过宽，否则系统的稳定性将难以满足要求。若中频段斜率更负，闭环系统将难以稳定。因此，通常取中频段斜率为 -20dB/dec。

3. 高频段

在开环对数幅频特性的高频段，一般有 $L(\omega)=20\lg|G(\mathrm{j}\omega)|$ 远远小于 0dB，即 $|G(\mathrm{j}\omega)|$ 远远小于 1。故有

$$|\Phi(\mathrm{j}\omega)|=\frac{|G(\mathrm{j}\omega)|}{1+|G(\mathrm{j}\omega)|}\approx|G(\mathrm{j}\omega)| \tag{5-81}$$

可见，在高频段开环幅值和闭环幅值近似相等，因此系统开环幅频特性在高频段的幅值，直接反映了系统对输入端高频噪声信号的抑制能力。**高频段的斜率越负**，其分贝值越低，**表明系统的抗干扰能力越强**。

5.6.2 开环频域指标与闭环时域指标的关系

评价系统动态性能常用的开环频域指标有稳定裕量 γ 和 h、截止频率 ω_c；闭环时域指标有超调量 σ 和调节时间 t_s。而频域指标作为间接指标，和直接的时域指标之间也有着确定或近似的对应关系。

对于典型二阶系统，第 3 章已建立了时域指标超调量 σ 和调节时间 t_s 与系统特征参数阻尼比 ζ 和无阻尼振荡频率 ω_n 的关系式。而欲确定 γ 和 ω_c 与 σ 和 t_s 的关系，只需确定 γ 和 ω_c 关于 ζ、ω_n 的计算公式。

典型二阶系统开环频率特性为

$$G(\mathrm{j}\omega)=\frac{\omega_n^2}{\mathrm{j}\omega(2\zeta\omega_n+\mathrm{j}\omega)}=\frac{\omega_n^2}{\omega\sqrt{(2\zeta\omega_n)^2+\omega^2}}\angle\left(-90^\circ-\arctan\frac{\omega}{2\zeta\omega_n}\right)$$

由截止频率 ω_c 的定义可求得

$$\omega_c=\omega_n\sqrt{\sqrt{4\zeta^4+1}-2\zeta^2} \tag{5-82}$$

所以相位裕量为

$$\gamma=180^\circ+\varphi(\omega_c)=90^\circ-\arctan\frac{\omega_c}{2\zeta\omega_n}=\arctan\frac{2\zeta\omega_n}{\omega_c} \tag{5-83}$$

将式（5-82）代入式（5-83）得

$$\gamma=\arctan\frac{2\zeta}{\sqrt{\sqrt{4\zeta^4+1}-2\zeta^2}} \tag{5-84}$$

可见，相位裕量 γ 与阻尼比 ζ 之间具有固定的对应关系。而在时域分析法中，超调量 σ 与阻尼比 ζ 之间也具有固定的对应关系，因此**相位裕量 γ 与超调量 σ 一样，都唯一地由阻尼比 ζ 决定，反映了系统的相对稳定性**。三者之间的关系如图 5-50 所示。

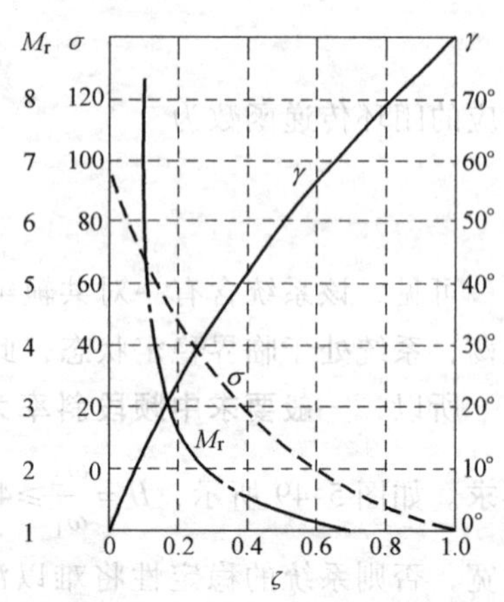

图 5-50 γ、σ、M_r 与 ζ 的关系曲线

由图 5-50 可知：**ζ 越大，γ 越大，σ 越小，系统稳定性越好**；反之亦然。为使系统具有良好的动态性能，一般希望 $\zeta=0.4\sim0.8$，$\gamma=30^\circ\sim70^\circ$。

当 $0<\zeta<0.707$ 时，可以近似认为 ζ 每增加 0.1，γ 增大 10°，即有

$$\gamma\approx100\zeta \tag{5-85}$$

由二阶系统 $t_s=\dfrac{3\sim4}{\zeta\omega_n}$，并结合式（5-83）可得

$$\omega_c t_s=\frac{6\sim8}{\tan\gamma} \tag{5-86}$$

由式（5-86）可知，截止频率 ω_c、相位裕量 γ 与调节时间 t_s 之间都有关系，在阻尼比 ζ 或相位裕量 γ 不变时，截止频率 ω_c 越大，调节时间 t_s 越短，响应速度越快。因此，ω_c 和 t_s 一样，反映了系统动态响应的快速性。

对于高阶系统，开环频域指标和时域指标之间不存在准确的解析关系，但通过对大量系统的研究验证，对于大多数实际系统，可归纳如下两个近似的估算公式：

$$\sigma=0.16+0.4\left(\frac{1}{\sin\gamma}-1\right),\quad 35°\leqslant\gamma\leqslant90° \tag{5-87}$$

$$t_s=\frac{k\pi}{\omega_c}(\mathrm{s}) \tag{5-88}$$

式中

$$k=2+1.5\times\left(\frac{1}{\sin\gamma}-1\right)+2.5\times\left(\frac{1}{\sin\gamma}-1\right)^2,\quad 35°\leqslant\gamma\leqslant90° \tag{5-89}$$

应用以上近似公式估算高阶系统的性能指标，一般偏保守，实际性能比估算结果要好。但作为初步设计时的估算，可为进一步的参数调节提供参考范围。

5.6.3 开环频域指标与闭环频域指标的关系

1. 闭环频域性能指标

闭环频率特性的表达式为

$$\Phi(\mathrm{j}\omega)=\frac{G(\mathrm{j}\omega)}{1+G(\mathrm{j}\omega)}=M(\omega)\angle\Phi(\omega) \tag{5-90}$$

图 5-51 为典型系统的闭环幅频特性图。其特点是低频部分变化缓慢平稳，随频率的不断增大，出现极大值，然后以较大的斜率衰减至零。这种典型特性可以用以下几个特征量来描述。

（1）零频幅值（M_0）

$\omega=0$ 时的闭环幅频值，表征了系统跟踪阶跃输入时的稳态精度。

（2）谐振峰值（M_r）

闭环幅频特性的最大值 M_m 与零频幅值 M_0 之比，即 $M_r=M_m/M_0$，表征了系统的相对稳定性。

（3）谐振频率（ω_r）

对应于出现谐振峰值时的频率，表征系统瞬态响应的速度。

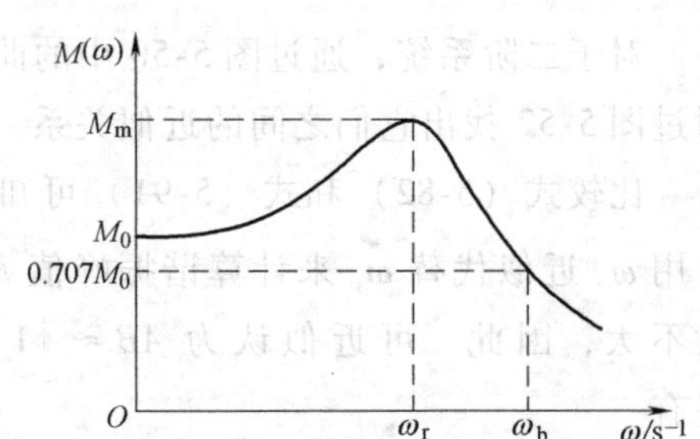

图 5-51 典型闭环幅频特性

（4）带宽频率（ω_b）

为闭环幅频特性的幅值减小到 $0.707M_0$ 时的频率，反映了系统对噪声的抑制能力。将频率范围 $0\leqslant\omega\leqslant\omega_b$ 定义为系统频带宽度，频带越宽，表明系统能通过较高频率信号的能力越强。因此，ω_b 高的系统，重现输入信号的能力强，但抑制输入端高频噪声的能力弱。

2. 开环截止频率 ω_c 与闭环带宽频率 ω_b 的关系

系统开环截止频率 ω_c 与闭环带宽频率 ω_b 有着密切的关系。如果两个系统的稳定程度相近，则 ω_c 大的系统，ω_b 也大；ω_c 小的系统，ω_b 也小。

下面具体分析其定量关系。对于二阶系统，由 5.2 节分析可知，系统出现谐振时，谐振频率 ω_r 和谐振峰值 M_r 的表达式为

$$\begin{cases}\omega_r = \omega_n\sqrt{1-2\zeta^2}, & 0\leqslant\zeta\leqslant 0.707\\ M_r = M(\omega_r) = \dfrac{1}{2\zeta\sqrt{1-\zeta^2}}, & 0\leqslant\zeta\leqslant 0.707\end{cases} \tag{5-91}$$

对于二阶系统，$\Phi(s)=\dfrac{\omega_n^2}{s^2+2\zeta\omega_n s+\omega_n^2}$，$\Phi(j\omega)=\dfrac{\omega_n^2}{\omega_n^2-\omega^2+j2\zeta\omega_n\omega}$，故 $M_0=1$，在带宽频率 ω_b处，有 $M(\omega_b)=\dfrac{\omega_n^2}{\sqrt{(\omega_n^2-\omega_b^2)^2+4\ (\zeta\omega_n\omega_b)^2}}=0.707$。解之可得

$$\omega_b = \omega_n\sqrt{\sqrt{4\zeta^4-4\zeta^2+2}-2\zeta^2+1} \tag{5-92}$$

由此，通过式（5-82）和式（5-92）可得到 ω_c 和 ω_b 的关系，即

$$\omega_b = \omega_c\frac{\sqrt{\sqrt{4\zeta^4-4\zeta^2+2}-2\zeta^2+1}}{\sqrt{\sqrt{4\zeta^4+1}-2\zeta^2}} \tag{5-93}$$

可见 ω_b 与 ω_c 的关系是阻尼比 ζ 的函数，当阻尼比一定时，ω_b 和 ω_c 成正比，也可以用来衡量系统的响应速度。

根据式（5-93）有

$$\begin{cases}\zeta=0.4, \omega_b=1.6\omega_c\\ \zeta=0.7, \omega_b=1.55\omega_c\end{cases}$$

对于高阶系统，在初步设计时，可近似取 $\omega_b=1.6\omega_c$。

3. 相位裕量 γ 与谐振峰值 M_r 的关系

相位裕量 γ 和谐振峰值 M_r 都可以反映系统超调量的大小，表征系统的相对稳定性。

对于二阶系统，通过图 5-50 中的曲线可以看到 γ 与 M_r 之间的关系。对于高阶系统，可通过图 5-52 找出它们之间的近似关系。

比较式（5-82）和式（5-91）可知，在有 M_r 出现时（$0<\zeta\leqslant 0.707$），$\omega_r\approx\omega_c$，就是说可用 ω_c 近似代替 ω_r 来计算谐振峰值 M_r，并且 γ 相对不大，因此，可近似认为 $AB\approx|1+G(j\omega)|$，于是有

$$M_r\approx\frac{|G(j\omega_c)|}{|1+G(j\omega_c)|}\approx\frac{|G(j\omega_c)|}{AB}=\frac{|G(j\omega_c)|}{|G(j\omega_c)|\sin\gamma}=\frac{1}{\sin\gamma} \tag{5-94}$$

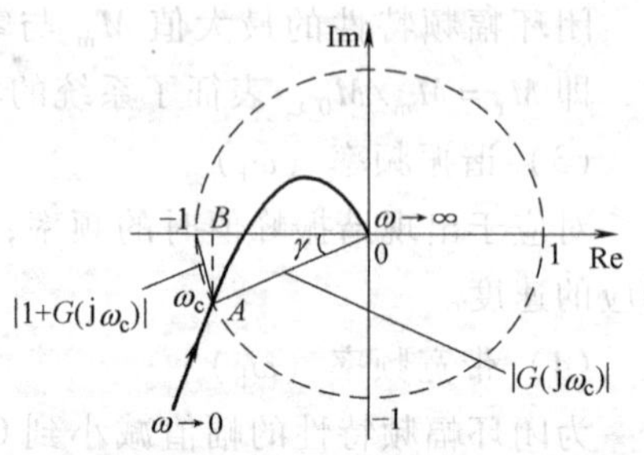

图 5-52　M_r 和 γ 之间近似关系的求取

γ 越小，式（5-94）的准确度越高。

将式（5-94）代入式（5-87）可得闭环谐振峰值和超调量的关系式为

$$\sigma = 0.16 + 0.4(M_r - 1),\quad 1 \leqslant M_r \leqslant 1.7 \tag{5-95}$$

在控制系统的设计中，一般先根据控制要求提出闭环频域指标 ω_b 和 M_r，再由式(5-94)确定相位裕量 γ 和选择合适的截止频率 ω_c，然后根据 γ 和 ω_c 选择校正装置的结构和参数。

5.7 例题精解*

【例 5-12】 系统开环传递函数为 $G(s)=\dfrac{K(\tau s+1)}{s^2(Ts+1)}$ $(\tau \neq T)$，试用奈氏判据判断闭环系统的稳定性。

解： 该系统为Ⅱ型系统，开环传递函数中没有不稳定极点，即 $P=0$。

1）$\tau > T$ 时，起点增补后奈氏图如图 5-53a 所示。$\omega = 0^+$ 时的相角略小于 $-180°$，曲线没有包围（-1，j0）点，$N=0=P$，所以闭环系统是稳定的。

2）$\tau < T$ 时，起点增补后奈氏图如图 5-53b 所示。$\omega = 0^+$ 时的相角略大于 $-180°$，曲线顺时针包围（-1，j0）点一圈，$N=-1\neq P$，所以闭环系统是不稳定的。

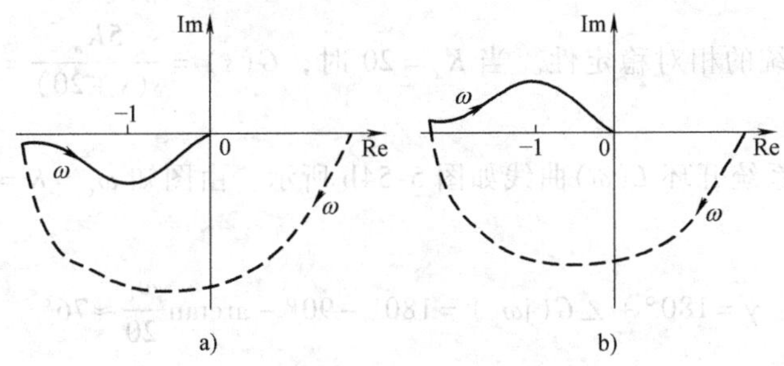

图 5-53　例 5-12 控制系统的奈氏图

a）$\tau > T$　b）$\tau < T$

【例 5-13】 磁盘驱动读取系统可近似为二阶模型，设其开环传递函数为 $G(s)=\dfrac{5K_a}{s(s+20)}$，取 $K_a=20$。试分析系统的稳定性和相对稳定性。

解： 1）该系统为Ⅰ型二阶系统，且 $m=0$，$n=2$，因此开环奈氏曲线沿负虚轴方向从无穷远处出发，沿负实轴方向终止于坐标原点。

由于

$$G(j\omega)=\frac{5K_a}{j\omega(j\omega+20)}=\frac{5K_a}{\omega\sqrt{\omega^2+20^2}}\angle\left(-90°-\arctan\frac{\omega}{20}\right)=-\frac{5K_a}{\omega^2+400}-j\frac{100K_a}{\omega(\omega^2+400)}$$

从而，$G(j0)=\infty\angle-90°$，$G(j\infty)=0\angle-180°$。

$K_a=20$ 时，该系统开环奈氏曲线起始渐近线实部为

$$\sigma_x=\lim_{\omega\to 0}\mathrm{Re}[G(j\omega)]=\lim_{\omega\to 0}\frac{-100}{\omega^2+400}=-0.25$$

由此，可以画出系统开环奈氏曲线如图 5-54a 所示。从 $\omega=0$ 开始逆时针补画 90°、半径为∞的圆弧增补线，由于 $G(j\omega)$ 在负实轴穿越 0 次，即 $N=0$。由系统开环传递函数知，

$P=0$，所以 $N=P$，由奈氏判据可知闭环系统是稳定的。

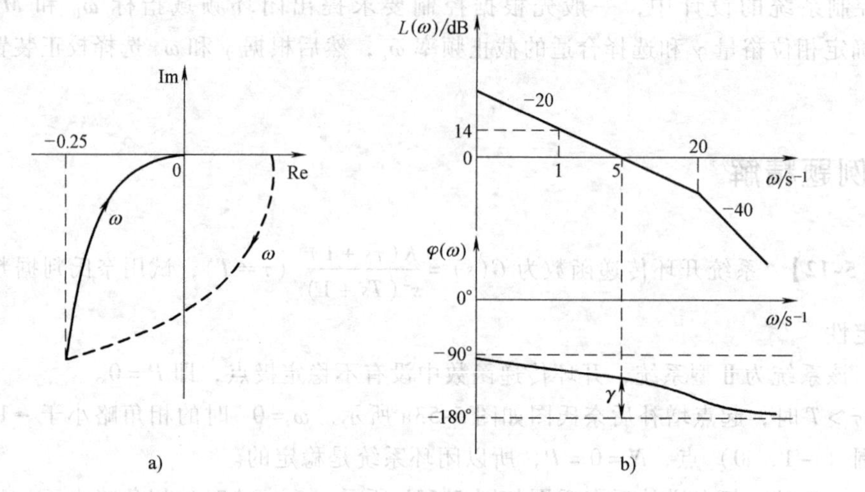

图 5-54　例 5-13 系统的频率特性图

a）奈氏图　b）Bode 图

2）下面分析系统的相对稳定性。当 $K_a=20$ 时，$G(s)=\dfrac{5K_a}{s(s+20)}=\dfrac{5}{s\left(\dfrac{1}{20}s+1\right)}$，$K=5$，$20\lg K\approx 14\text{dB}$，绘制系统开环 $L(\omega)$ 曲线如图 5-54b 所示。由图知 $\omega_c=K=5$。

从而

$$\gamma=180°+\angle G(\mathrm{j}\omega_c)=180°-90°-\arctan\frac{\omega_c}{20}\approx 76°$$

可见，当 $K_a=20$ 时，系统相对稳定性较好。

【例 5-14】　某单位反馈的最小相位系统，由实测数据作出的系统 Bode 图如图 5-55 所示，试求该系统的开环传递函数。

解： 由图 5-55 可知，$L(\omega)$ 和 $\varphi(\omega)$ 变化趋势基本一致，因此该系统为最小相位系统，其中有一个振荡环节，且在谐振频率处有 $20\lg M_r=3\text{dB}$，则 $M_r=1.41$。

由式（5-91），有 $M_r=\dfrac{1}{2\zeta\sqrt{1-\zeta^2}}=1.41$，简化得 $\zeta^4-\zeta^2+0.126=0$。

解之得 $\zeta_1=0.38$，$\zeta_2=0.92$（不产生谐振，舍去）。

谐振频率为

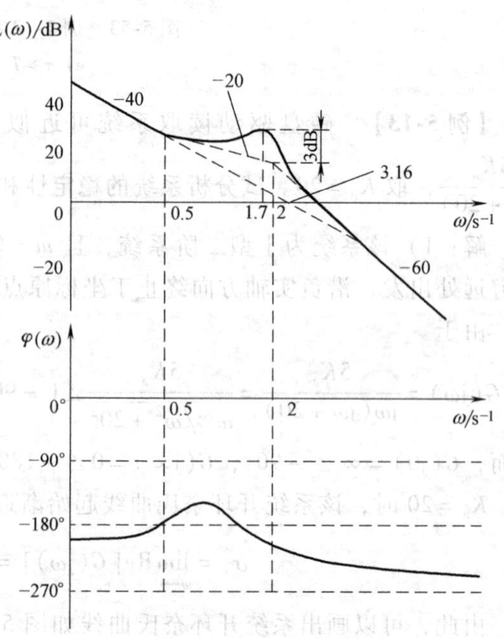

图 5-55　例 5-14 控制系统的 Bode 图

$$\omega_r=\omega_n\sqrt{1-2\zeta^2}=2\sqrt{1-2\times0.38^2}\approx1.7s^{-1}$$

其位置如图 5-55 所示。

由图 5-55 可见，低频段延长线与 0dB 线的交点频率 $\omega_0=3.16s^{-1}=\sqrt{K}$，$K=10$；一阶微分环节的转折频率 $\omega_1=0.5s^{-1}$，即 $\tau=\dfrac{1}{\omega_1}=2s$；振荡环节的无阻尼自然振荡频率 $\omega_n=2s^{-1}$，$T=\dfrac{1}{\omega_n}=0.5s$。故系统的传递函数为

$$G(s)=\frac{K(\tau s+1)}{s^2(T^2s^2+2\zeta Ts+1)}=\frac{10(2s+1)}{s^2(0.25s^2+0.38s+1)}$$

【例 5-15】 已知一单位反馈的位置随动系统的开环函数为 $G(s)=\dfrac{K}{s(0.2s+1)^2}$，其中 K 为系统总增益。试求：

1）使系统增益裕量为 20dB 的 K 值。

2）使系统相位裕量为 60°的 K 值。

解：系统开环频率特性为 $G(j\omega)=\dfrac{K}{j\omega(1+j0.2\omega)^2}$。

1）根据穿越频率的定义有 $\varphi(\omega_x)=-90°-2\arctan0.2\omega_x=-180°$，$\omega_x=5s^{-1}$。

据题意有

$$20\lg h=-20\lg|G(j\omega_x)|=20dB,\quad |G(j\omega_x)|=0.1$$

即，$\dfrac{K}{\omega_x[1+(0.2\omega_x)^2]}=0.1$，则 $K=1$。

2）由相位裕量的定义有

$$\gamma=180°+\varphi(\omega_c)=180°-90°-2\arctan0.2\omega_c=60°,\quad \omega_c=1.34s^{-1}$$

故，$|G(j\omega_c)|=\dfrac{K}{\omega_c[1+(0.2\omega_c)^2]}=1$，$K=1.44$。

【例 5-16】 已知最小相位系统的开环对数幅频渐近特性如图 5-56 所示，已知 ω_c 位于两个转折频率的几何中心。要求：

1）写出系统开环传递函数。

2）确定系统的相位裕量和增益裕量。

3）试估算系统的稳态误差、超调量和调节时间。

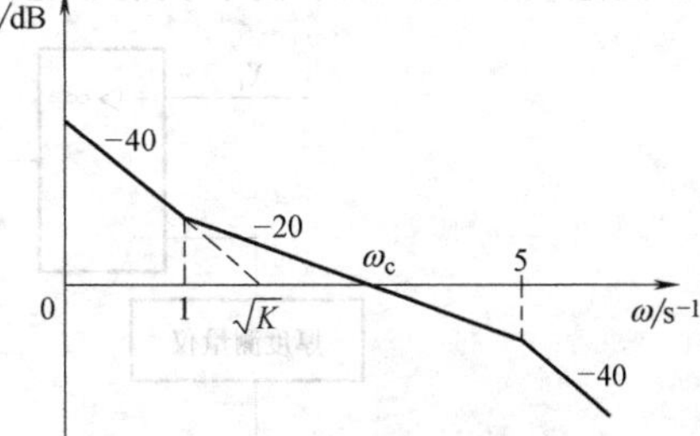

图 5-56 例 5-16 控制系统的 Bode 图

解：1）由题意，得 $\omega_c=\sqrt{1\times5}=2.24s^{-1}$。在图 5-56 中，作低频段向下的延长线，与 ω 轴交点的值为$\sqrt{K}$，于是可得 $L(1)=40\lg\dfrac{\sqrt{K}}{1}=20\lg\dfrac{\omega_c}{1}$，$K=\omega_c=2.24s^{-1}$。

由此可得，系统的开环传递函数为 $G(s)H(s)=\dfrac{2.24(s+1)}{s^2(0.2s+1)}$。

2）$\gamma=180°+\varphi(\omega_c)=180°-180°+\arctan\omega_c-\arctan0.2\omega_c=41.8°$

令 $\varphi(\omega_x) = -180° + \arctan\omega_x - \arctan 0.2\omega_c = -180°$，解之得 $\omega_x = 0$ 或 ∞，由图 5-56 知，应取 $\omega_x = \infty$，则

$$|G(j\omega_x)| = \frac{2.24\sqrt{1+(\omega_x)^2}}{\omega_x^2\sqrt{1+(0.2\omega_x)^2}} = 0$$

故，$h = \frac{1}{|G(j\omega_x)|} = \infty$，$20\lg h = \infty$。

3）由于该系统为Ⅱ型系统，所以系统的静态位置、静态速度和静态加速度误差系数分别为

$$K_p = \infty,\quad K_v = \infty,\quad K_a = K = 2.24$$

所以，系统跟踪阶跃信号和斜坡信号的稳态误差均为零；跟踪单位加速度信号的稳态误差为

$$e_{ssr} = \frac{1}{K_a} = \frac{1}{2.24} \approx 0.45$$

该系统为三阶系统，当 $K = 2.24$ 时，可计算出系统的闭环极点为

$$s_{1,2} = -1.38 \pm j1.76,\quad s_3 = -2.24$$

可见，s_3 和 $s_{1,2}$ 比较接近，系统不存在闭环主导极点，故应按高阶系统估算超调量和调节时间。

系统谐振峰值为 $M_r = \frac{1}{\sin\gamma} = \frac{1}{\sin 41.8°} \approx 1.5$

超调量为 $\sigma = [0.16 + 0.4(M_r - 1)] \times 100\% = [0.16 + 0.4(1.5 - 1)] \times 100\% = 36\%$

调整时间为 $t_s = \frac{K\pi}{\omega_c}$，其中，$K = 2 + 1.5(M_r - 1) + 2.5(M_r - 1)^2 = 3.375$，则 $t_s = 3.375 \times 3.14/2.24 \approx 4.7\text{s}$。

【例 5-17】 某工件切削加工检测系统示意图如图 5-57 所示。已知由检测-比较放大-电动机-齿轮-刀具组成的检测加工系统开环传递函数为 $G(s) = \frac{100}{s(s+4)}$。如果工件以 $v = 1\text{m/s}$ 的恒定速度移动，试求使系统能够稳定工作时的最大允许检测距离 d。

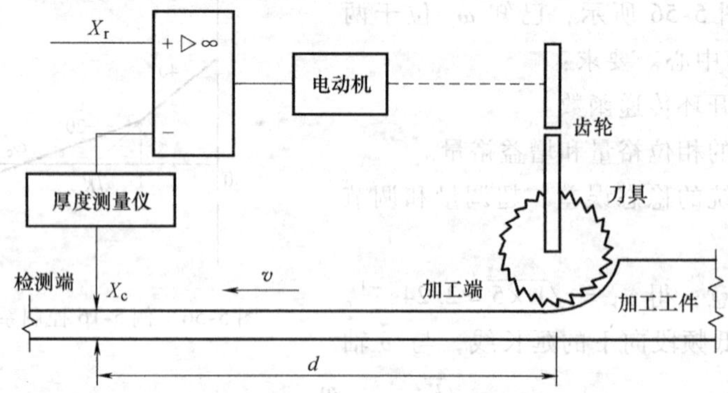

图 5-57　工件切削加工检测系统示意图

X_r—工件期望加工厚度　X_c—工件加工后的实际厚度

解： 由 $G(s) = \frac{100}{s(s+4)} = \frac{25}{s(0.25s+1)} = \frac{K}{s(T_1 s+1)}$ 可知，该系统为典型的Ⅰ型系统，而

且有 $K=25>\omega_1=\dfrac{1}{T_1}=\dfrac{1}{0.25}=4$，则 $\omega_c=\sqrt{K\omega_1}=\sqrt{25\times4}=10s^{-1}$（公式见表5-1）。

如果工件加工和检测之间没有时间延迟，则系统的相位裕量为

$$\gamma=180°-90°-\arctan(0.25\times10)=21.8°=0.38\text{rad}$$

由此可知，系统在不计检测延迟时的相位裕量仅有21.8°，而事实上，工件厚度的检测应在工件切削加工之后，而且有一个延迟时间 τ_0，即系统从工件加工到检测之间还应该有一个等效的延迟环节，其传递函数可表示为 $G(s)=e^{-\tau_0 s}$。延迟环节必然会带来系统相位上的滞后。因此，系统的实际相位裕量应为

$$\gamma'=\gamma-\tau_0\omega_c$$

要求系统能够稳定工作时，必须 $\gamma'>0$，即 $\tau_0\omega_c<\gamma$，由题意可知，$\tau_0=d/v$，于是有

$$\frac{d}{v}\omega_c<\gamma,\text{则 } d<\frac{\gamma v}{\omega_c}=\frac{0.38\times1}{10}=0.038\text{m}=3.8\text{cm}$$

由计算结果可知，最大允许检测距离仅有3.8cm，这样短的间距中安装厚度检测探头是很困难的。因此只有降低系统的开环增益 K，使截止频率 ω_c 减小，或者增加校正环节（详见第6章），使系统的相位裕量 γ 增大，才能使检测距离 d 增大。

由此例可见，延迟环节使系统相位裕量减小了（$\tau_0\omega_c$），特别是当 τ_0 或者 ω_c 较大时，延迟环节将使系统的稳定性明显变差。

5.8 MATLAB频域特性分析*

MATLAB包含了进行控制系统分析与设计所必需的工具箱函数。下面简单介绍以传递函数为对象关于Bode函数和Nyquist函数的用法，其他函数的用法请参考有关书籍。

5.8.1 用MATLAB绘制奈氏图

【例5-18】 某系统开环传递函数为 $G(s)=\dfrac{50}{(s+5)(s-2)}$，要求：

1）绘制系统的开环奈氏曲线，判断闭环系统的稳定性。

2）绘制闭环系统的单位脉冲响应曲线。

解： 根据系统开环传递函数，利用Nyquist函数绘出系统的奈奎斯特曲线，并根据奈氏判据判别闭环系统的稳定性，最后利用cloop函数构成闭环系统，并用impulse函数绘制出单位脉冲响应曲线，以验证系统的稳定性结论。

MATLAB程序为

```
% Example5.16
%
k=30;
z=[];
p=[-4  2];
[num,den]=zp2tf(z,p,k);
figure(1)
```

```
nyquist(num,den)
title('Nyquist Plot');
figure(2)
[numl,denl] = cloop(num,den);
impulse(numl,denl)
title('Impulse Response')
```

执行程序后得到奈氏曲线如图 5-58 所示，闭环系统单位脉冲响应曲线如图 5-59 所示。

从图 5-58 中可以看出，系统奈氏曲线按逆时针方向包围（-1，j0）点 1 圈，而开传递函数有一个 s 平面右半平面的极点，因此闭环系统稳定，这可由图 5-59 得到证实。

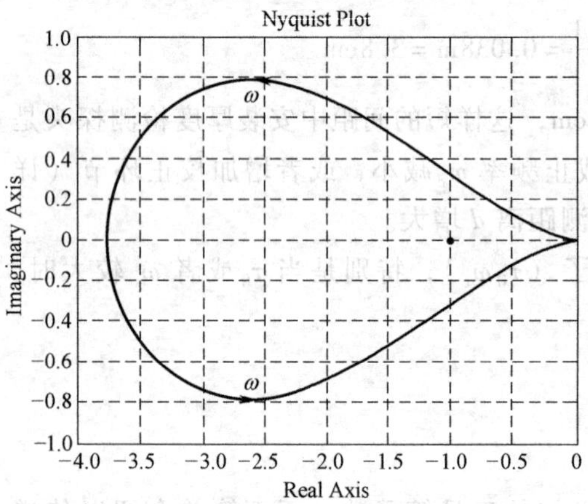

图 5-58　例 5-18 系统的奈氏曲线

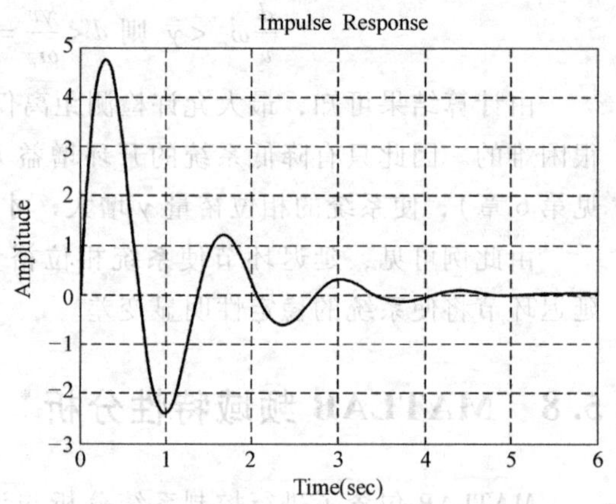

图 5-59　例 5-18 系统的单位脉冲响应曲线

5.8.2　用 MATLAB 绘制 Bode 图

【例 5-19】 已知二阶振荡系统的传递函数为 $G(s)=\dfrac{\omega_n^2}{s^2+2\zeta\omega_n s+\omega_n^2}$，试绘制 $\omega_n=6s^{-1}$，$\zeta=0.01$、0.05、0.2、0.7、2 时系统的 Bode 图。

解： MATLAB 程序为

```
% Example5.15
%
ωn = 6;
kosi = [0.01 0.05 0.2 0.72];
ω = logspace(0,2,10000);
figure(1);
num = [ωn^2];
for kos = kosi
den = [12* kos* ωn wn^2];
```

```
[mag,pha,w] = bode(num,den,w);
magdb = 20* log10(mag);
subplot(2,1,1);
semilogx(ω,magdb);
hold on
subplot(2,1,2);
semilogx(ω,pha);
hold on
end
subplot(2,1,1);
grid on;
title('Bode Plot');
xlabel('Frequency(rad/sec)');
ylabel('Gain dB');
subplot(2,1,2);
grid on;
xlabel('Frequency(rad/sec)');
ylabel('Phase deg');
```

执行后得图 5-60 所示的 Bode 图。

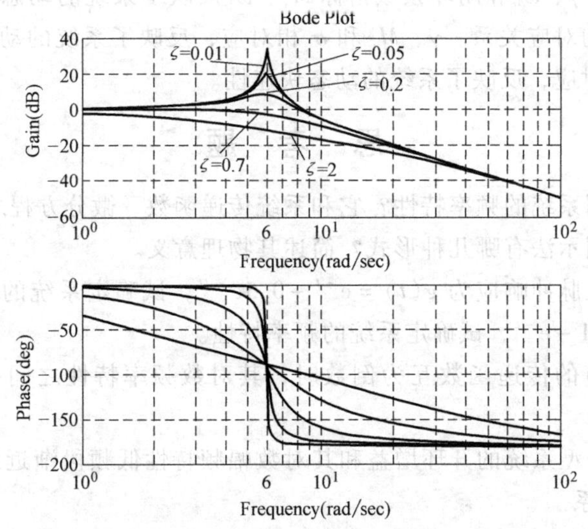

图 5-60　例 5-19 系统的 Bode 图

从图 5-60 中可以看出，当 $\omega \to 0$ 时，幅值 $20\lg|G(j\omega)|\to 0\text{dB}$，相位 $\varphi(\omega)\to 0°$；当 $\omega\to\infty$ 时，幅值 $20\lg|G(j\omega)|$ 沿 -20dB/dec 趋向无穷大，相位 $\varphi(\omega)\to -180°$；当 $\omega=\omega_n=6\text{s}^{-1}$ 时，频率响应进入转折点，相位 $\varphi(\omega_n)=-90°$；幅值在 $\zeta<0.7$ 时有谐振，而在 $\zeta>0.7$ 后单调变化。

本章小结

1. 频域分析法是以正弦信号角频率为自变量，利用频率特性曲线分析系统性能的方法。频率特性是线性定常系统在正弦输入信号作用下的稳态输出与输入之比。频率特性取决于系统本身的结构与参数，它表示了系统的固有特性，可以通过传递函数直接求取。所以，频率特性和传递函数、微分方程一样，是描述系统运动规律的又一种数学模型。

2. 频率特性曲线主要包括幅相频率特性曲线和对数频率特性曲线。幅相频率特性曲线又称幅相曲线或奈氏曲线；对数频率特性曲线包括对数幅频特性曲线和对数相频特性曲线。频域分析法的两个重要特点，一是根据系统的开环频率特性分析系统的闭环性能；二是可用实验的方法获取系统的 Bode 图，进而得到系统的传递函数。

3. 开环传递函数中不包含 s 平面右半平面零点和极点及延迟因子的系统称为最小相位系统。由典型环节组成的系统都是最小相位系统。这类系统的对数幅频特性和对数相频特性一一对应，因而只要根据其对数幅频特性曲线就能确定系统的开环传递函数和相应的性能。

4. 本章的难点之一是奈氏判据。奈氏判据是根据开环奈氏曲线包围（-1，j0）点的圈数 N 和开环传递函数在 s 平面右半平面的极点数 P 来判别对应闭环系统的稳定性。而系统的相对稳定性则用相位裕量和增益裕量两个指标来衡量。

5. 开环对数幅频特性中“三频段”的概念对系统的分析和设计都很重要。一个既有较好的动态响应，又有较高的稳态精度，既有理想的跟踪能力，又有满意的抗干扰能力的控制系统，其开环对数幅频特性低、中、高三个频段都应有合理的形状。

6. 开环频域指标 γ、ω_c 和闭环频域指标 M_r、ω_b 反映了系统的动态性能，它们和时域指标 σ、t_s 之间有一定的对应关系。γ、M_r 和 σ 相对应，反映了系统的动态平稳性和相对稳定性；ω_c、ω_b 和 t_s 相对应，反映了系统的动态快速性。

思考题

5-1 什么是控制系统的频率特性？它和系统传递函数、微分方程之间是什么关系？

5-2 频率特性图示法有哪几种形式？简述其物理意义。

5-3 若系统单位脉冲响应为 $g(t)=e^{-t}+0.5e^{-2t}$，试确定系统的频率特性；若系统单位阶跃响应为 $c(t)=1-e^{-t}$，试确定系统的频率特性。

5-4 当两个环节的传递函数互为倒数时，其对数频率特性之间有什么关系？试举例说明。

5-5 试分析非 0 型系统的开环增益和其对数幅频特性低频段渐近线（或其延长线）与 ω 轴交点处频率的关系。

5-6 振荡环节为什么会出现谐振？谐振频率和谐振峰值与什么因素有关系？

5-7 绘制系统开环奈氏曲线和用奈氏判据判断系统稳定性时分别应注意什么？为什么？

5-8 什么是最小相位系统？有什么特点？

5-9 试分析最小相位系统开环对数幅频特性和系统性能之间的对应关系。

5-10 试根据式（5-46）写出系统相位裕量的表达式，分析各环节对系统相对稳定性的影响。

5-11 试分析延迟环节对系统相对稳定性的影响。

5-12　某位置随动系统的结构图如图 5-61 所示。试分析系统的相位裕量及单位斜坡响应的稳态误差；若将电压放大倍数 K_2 降为原来的 1/5，系统的相位裕量和单位斜坡响应的稳态误差有何变化？

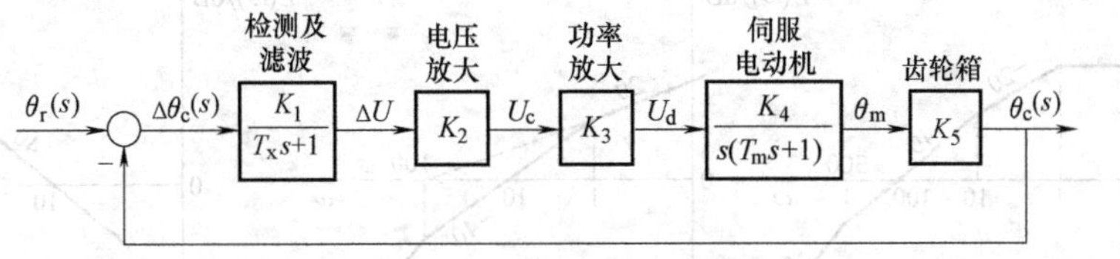

图 5-61　位置随动系统结构图

K_1—自整角机常数，$K_1 = 0.1\text{V}/(°) = 5.73\text{V/rad}$　K_2—电压放大器增益，$K_2 = 2$

K_3—功率放大器增益，$K_3 = 25$　K_4—电动机增益常数，$K_4 = 4\text{rad/V}$

K_5—齿轮箱变速比，$K_5 = 0.1$　T_x—输入滤波时间常数，$T_x = 0.01\text{s}$

T_m—电动机机电时间常数，$T_m = 0.2\text{s}$

习　　题

5-13　设一单位反馈系统开环传递函数为 $G(s) = \dfrac{9}{s+1}$。试根据频率特性的物理意义求系统在下列输入信号作用下的稳态输出。

（1）$r(t) = \sin(t + 30°)$

（2）$r(t) = 2\cos(2t - 45°)$

（3）$r(t) = \sin(t + 30°) - 2\cos(2t - 45°)$

5-14　某振荡器结构如图 5-62 所示，当输入 $r(t) = 2\sin t$ 时，测得输出 $c(t) = 4\sin(t - 45°)$。试确定参数 ζ 和 ω_n。

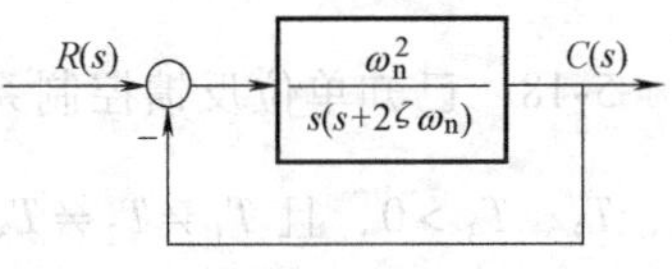

图 5-62　习题 5-14 图

5-15　试绘制下列开环传递函数对应的奈氏图和 Bode 图（$T>0$，$K>0$，$\tau>0$）。

（1）$G(s) = \dfrac{K}{s(Ts+1)}$　（2）$G(s) = \dfrac{K(\tau s+1)}{s^2(Ts+1)}(\tau \neq T)$

（3）$G(s) = \dfrac{s+1}{Ts+1}$　（4）$G(s) = \dfrac{-s+1}{Ts+1}$

（5）$G(s) = \dfrac{1}{s(s+1)(2s+1)}$　（6）$G(s) = \dfrac{4s+1}{s^2(s+1)(2s+1)}$

5-16　试求图 5-63 所示电路网络的频率特性，并画出它们的对数幅频渐近线。

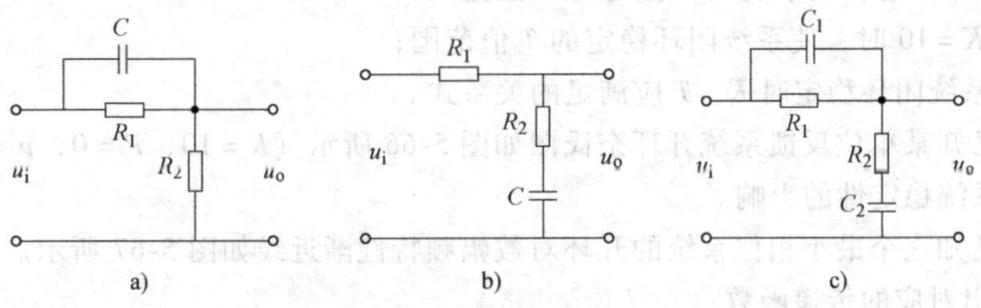

图 5-63　习题 5-16 图

5-17 已知最小相位系统对数幅频特性渐近线如图 5-64 所示。试分别写出对应传递函数。

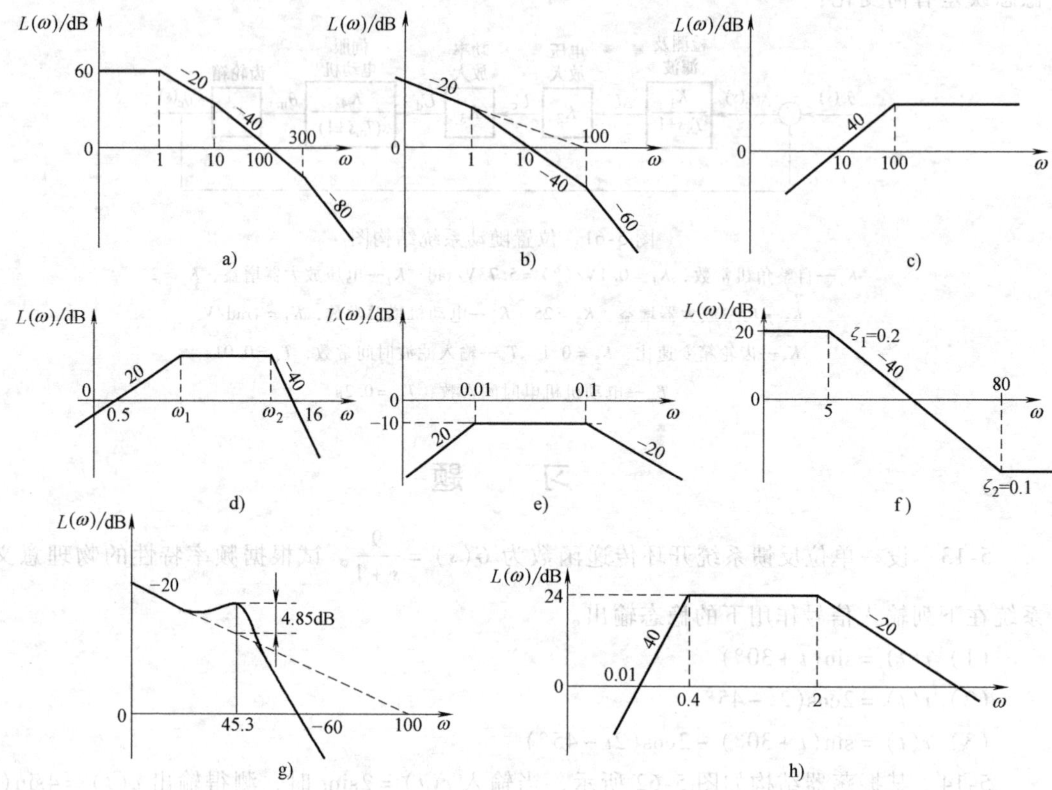

图 5-64 习题 5-17 图

5-18 已知单位反馈控制系统的开环传递函数为 $G(s)=\dfrac{K(T_3s+1)}{s^2(T_1s+1)(T_2s+1)}$（$K>0$，$T_1$、$T_2$、$T_3>0$，且 $T_1\neq T_2\neq T_3$），试绘制系统奈氏图，并判断闭环系统的稳定性。

5-19 设系统开环奈氏图如图 5-65 所示，试分别判断系统的稳定性。图中，P 为开环传递函数在 s 平面右半平面的极点数，ν 为积分环节的个数。

5-20 已知单位负反馈系统开环传递函数为 $G(s)=\dfrac{K}{s(Ts+1)(s+1)}$（$T>0$，$K>0$），试根据奈氏判据确定：

（1）当 $T=2$ 时，使系统闭环稳定的 K 值范围；

（2）当 $K=10$ 时，使系统闭环稳定的 T 值范围；

（3）使系统闭环稳定时 K、T 应满足的关系式。

5-21 已知某单位反馈系统开环奈氏图如图 5-66 所示（$K=10$，$P=0$，$\nu=1$），试分析 K 的取值对系统稳定性的影响。

5-22 已知三个最小相位系统的开环对数幅频特性渐近线如图 5-67 所示。要求：

（1）写出对应的传递函数；

（2）概略画出各个传递函数对应的对数相频特性曲线和奈氏图。

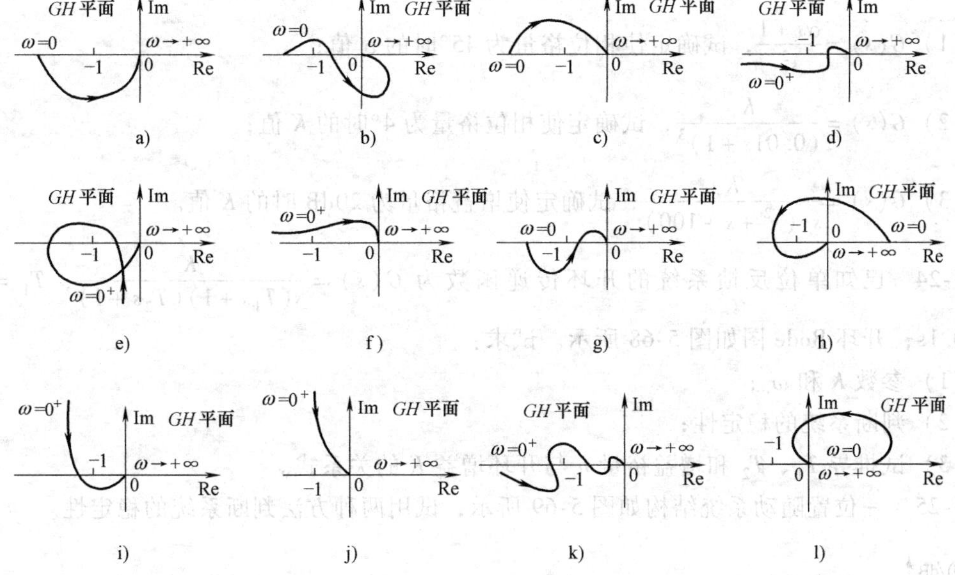

图 5-65 习题 5-19 图

a) $\nu=0$，$P=1$ b) $\nu=0$，$P=1$ c) $\nu=0$，$P=1$ d) $\nu=2$，$P=0$

e) $\nu=1$，$P=2$ f) $\nu=2$，$P=0$ g) $\nu=0$，$P=1$ h) $\nu=0$，$P=2$

i) $\nu=3$，$P=0$ j) $\nu=1$，$P=1$ k) $\nu=2$，$P=0$ l) $\nu=0$，$P=2$

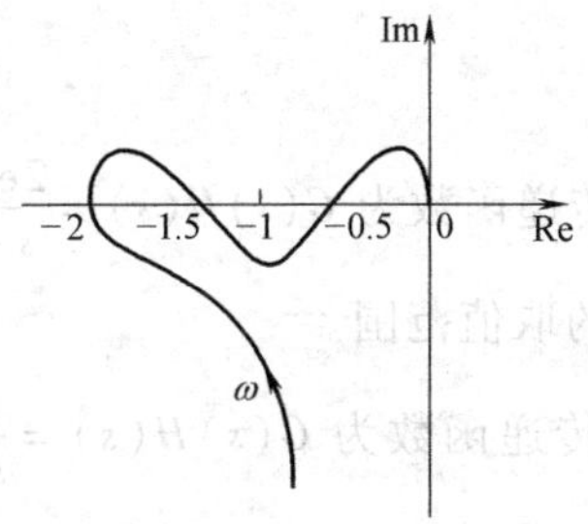

图 5-66 习题 5-21 图

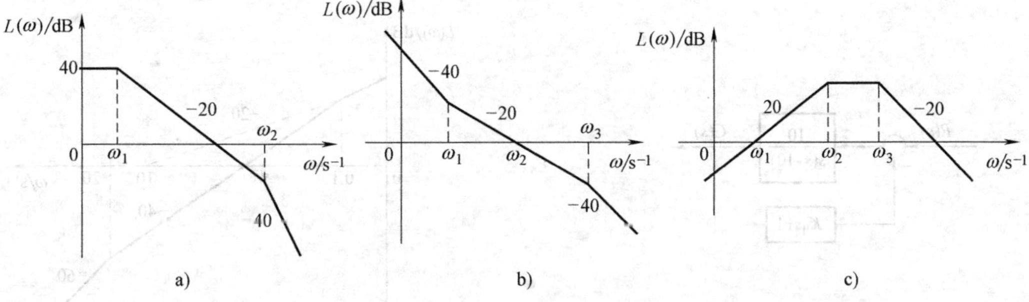

图 5-67 习题 5-22 图

5-23　设单位负反馈系统的开环传递函数分别为

（1）$G(s)=\dfrac{\alpha s+1}{s^2}$，试确定使相位裕量为45°时的 α 值；

（2）$G(s)=\dfrac{K}{(0.01s+1)^3}$，试确定使相位裕量为4°时的 K 值；

（3）$G(s)=\dfrac{K}{s\ (s^2+s+100)}$，试确定使增益裕量为20dB时的 K 值。

5-24　已知单位反馈系统的开环传递函数为 $G(s)=\dfrac{K}{s(T_1s+1)(T_2s+1)}$，$T_1=10\text{s}$，$T_2=0.1\text{s}$；开环Bode图如图5-68所示。试求：

（1）参数 K 和 ω_c；

（2）判断系统的稳定性；

（3）试推导 T_1、T_2 和增益裕量 h 与开环增益 K 的关系式。

5-25　一位置随动系统结构如图5-69所示，试用两种方法判断系统的稳定性。

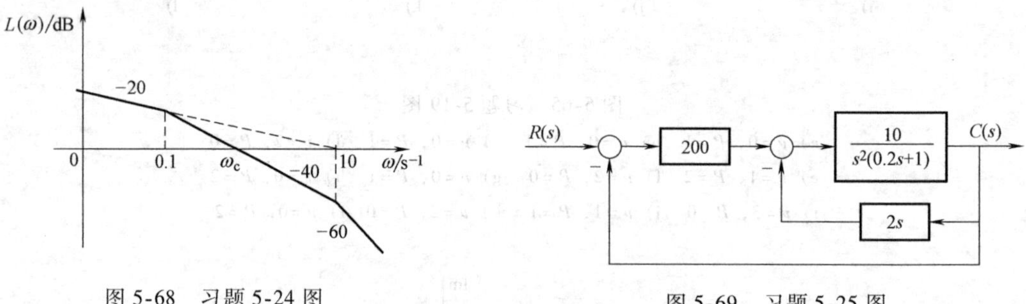

图5-68　习题5-24图　　　　图5-69　习题5-25图

5-26　已知延迟系统的开环传递函数为 $G(s)H(s)=\dfrac{2e^{-\tau s}}{s+1}$（$\tau>0$），试根据奈氏判据确定系统闭环稳定时，延迟时间 τ 的取值范围。

5-27　已知延迟系统的开环传递函数为 $G(s)H(s)=\dfrac{Ke^{-2s}}{s(s+1)(4s+1)}$（$K>0$，$\tau>0$），求闭环系统稳定时 K 的最大值。

5-28　已知系统结构图如图5-70所示，试确定闭环系统临界稳定时的 K_h 值。

5-29　某最小相位系统系统的开环对数幅频特性如图5-71所示。要求：

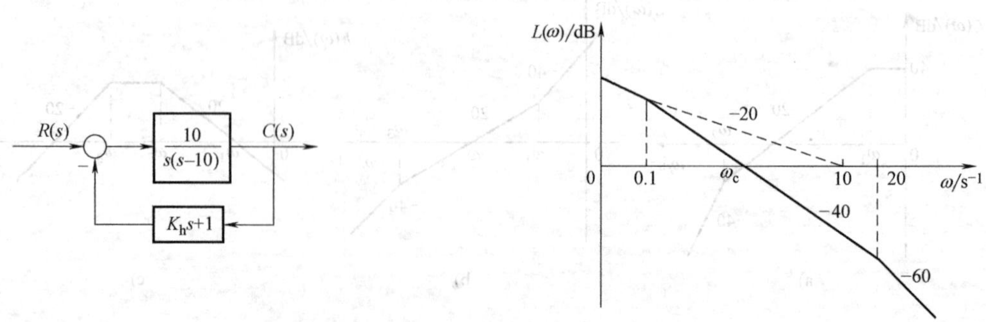

图5-70　习题5-28图　　　　图5-71　习题5-29图

（1）写出系统开环传递函数；

（2）求系统相位裕量并判断系统的稳定性；

（3）将其对数幅频特性曲线向右平移10倍频程，试讨论对系统性能的影响。

5-30 设最小相位系统开环对数幅频特性曲线如图5-72所示。

（1）写出系统开环传递函数 $G(s)$，并计算系统的相位裕量 γ；

（2）若给定输入信号 $r(t)=1+\frac{1}{2}t$ 时，系统稳态误差为多少？

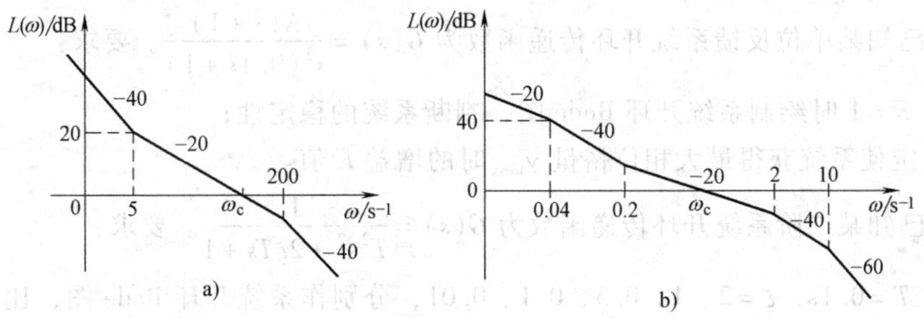

图5-72 习题5-30图

5-31 设单位反馈系统的开环传递函数为 $G(s)=\frac{K}{s(0.5s+1)(0.1s+1)}$。试确定：

（1）$\gamma=60°$时的开环增益 K 值；

（2）单位斜坡输入且 $e_{ss}=0.1$ 时的 K 值。

5-32 设单位反馈系统的开环传递函数为 $G(s)=\frac{K}{s(s+1)(s+2)}$。要求：

（1）验证当 $K=4$ 时，增益裕量 $20\lg h=3.5\text{dB}$；

（2）求 $K=3$ 时的相位裕量 γ 值。

MATLAB 实践与拓展题*

以下各题，要求用 MATLAB 画图和求解。

5-33 某单位反馈系统开环传递函数为 $G(s)=\frac{K}{s^{\nu}(s+1)(s+2)}$。要求：

（1）令 $\nu=1$，分别绘制 $K=1$、2、10 时系统的奈氏图，分析开环增益 K 变化时，系统奈氏曲线的变化情况，并得出结论；

（2）令 $K=1$，分别绘制 $\nu=1$、2、3 时系统的奈氏图，分析系统型别 ν 变化时，系统奈氏曲线的变化情况，并得出结论。

5-34 已知一双回路控制系统结构如图5-73所示，通过 MATLAB 绘图，并利用奈氏判据确定使系统稳定时 K 的取值范围。

5-35 已知某单位反馈系统开环传递函数为 $G(s)=\frac{K}{s(s+1)(s+2)}$。要求：

（1）当 $K=4$ 时绘制系统开环 Bode 图，在对数幅频特性曲线上标出低、高频段渐近线的斜率和截止频率，在对数相频特性曲线上标出低、高频段渐近线的相位和穿越频率；

（2）计算系统的稳定裕量 γ 和增益裕量 $20\lg h$，并判断系统的稳定性；

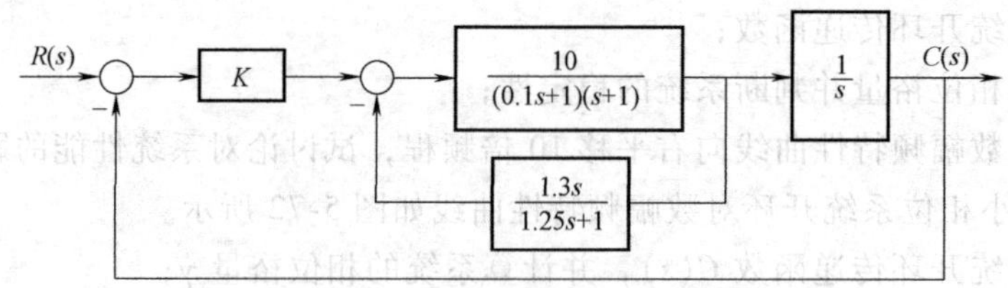

图 5-73　双回路控制系统结构图

（3）如果希望增益裕量 $20\lg h=16\text{dB}$，求出对应的 K 值。

5-36　已知某单位反馈系统开环传递函数为 $G(s)=\dfrac{K(s+1)}{s^2(0.1s+1)}$。要求：

（1）当 $K=1$ 时绘制系统开环 Bode 图，判断系统的稳定性；

（2）确定使系统获得最大相位裕量 $\gamma_{\max}$ 时的增益 K 值。

5-37　已知某二阶系统开环传递函数为 $G(s)=\dfrac{1}{T^2s^2+2\zeta Ts+1}$。要求：

（1）令 $T=0.1\text{s}$，$\zeta=2$、1、0.5、0.1、0.01，分别作系统开环 Bode 图，比较不同阻尼比时系统频率特性的差异，并得出结论；

（2）利用 Simulink 仿真环境，验证二阶系统频域指标与动态时域指标之间的对应关系。

5-38　已知某单位反馈系统开环传递函数为 $G(s)=\dfrac{100}{s^2+6s+100}$。要求：

（1）若 $\omega=0.1\sim1000\text{s}^{-1}$，用 logspacs 函数生成系统闭环 Bode 图，估计系统的谐振峰值 M_r、谐振频率 ω_r 和带宽频率 ω_b；

（2）由 M_r 和 ω_r 推算系统阻尼比 ζ 和无阻尼自然频率 ω_n，写出开环传递函数，并与已知传递函数作比较。

5-39　某小功率角度随动系统结构图如图 5-74 所示，忽略电动机的电磁惯性、功率放大器及角度传感器的惯性。设各环节传递函数分别为：电压放大器 $G_1(s)=K$，功率放大器 $G_2(s)=2$，传动机构及负载 $G_3(s)=\dfrac{0.5}{s(s+1)}$，角度传感器和滤波电路 $H(s)=\dfrac{1}{T_1s+1}$。要求：

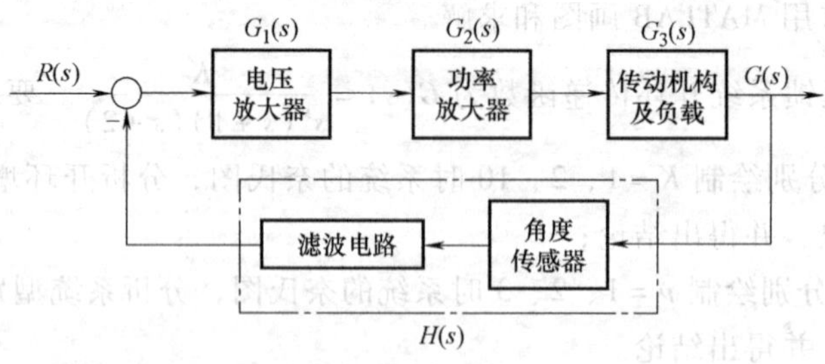

图 5-74　角度随动系统结构图

（1）忽略传感器与滤波电路惯性（即 $T_1=0$），设 $K=10$，判断系统是否稳定；

（2）若 $T_1=0$，试判断是否可通过调整 K 值，使系统相位裕量 $\gamma\geqslant30°$；

（3）若滤波电路惯性、电动机电磁惯性和功率放大器惯性的总效应不能忽略，其影响等效为一个惯性环节 $1/(0.2s+1)$，此时系统开环传递函数为 $G(s)=\dfrac{K}{s(s+1)(0.2s+1)}$，试判断此时是否可通过调整 K 值，使系统相位裕量 $\gamma\geqslant30°$。

第 6 章 控制系统的校正

【基本要求】

1. 正确理解控制系统校正的基本含义；
2. 熟练掌握系统校正的基本要求、常用的性能指标及其计算；
3. 熟练掌握常用的三种校正装置及其特点；
4. 重点掌握利用开环对数幅频特性曲线进行串联校正常用的基本方法；
5. 理解利用开环对数幅频特性曲线进行综合法校正的原理及特点；
6. 掌握 PID 控制的特点及工程校正的设计原理及方法；
7. 正确理解反馈校正的原理及特点；
8. 正确理解复合校正的原理及特点。

自动控制原理研究的范畴有两方面：一方面已知控制系统的结构和参数，研究和分析其三个基本性能，即稳定性、动态性能和稳态性能，称此过程为系统分析，本书的第 3 章 ~ 第 5 章就是采用不同的方法进行系统分析；另一方面是在被控对象已知的前提下，根据工程实际对系统提出的各项指标要求，设计一个新系统或改善性能不太好的原系统，使系统的各项性能指标均能满足实际需要，称此过程为系统校正（或综合）。本章就是研究控制系统校正的基本问题，并介绍基于 MATLAB 和 Simulink 的线性控制系统校正的一般方法。

通过本章的学习，应该建立系统校正的概念，掌握校正的方法和步骤，并能利用 MATLAB 和 Simulink 对系统进行校正分析，为进行实际系统设计建立理论基础。

6.1 校正的基本概念和方法

进行控制系统的校正与设计，不仅要了解被控对象的结构与参数，更要明确工程实际对系统提出的性能指标要求，这是系统设计的依据和目标。

6.1.1 校正的基本概念

所谓控制系统的校正，**是指根据工程对系统提出的性能指标要求，选择具有合适结构和参数的控制器，使之与被控对象组成的系统满足实际性能指标的要求。**校正的实质就是在系统中加入合适的环节或装置，使整个系统的结构和参数发生变化，即改善系统的零、极点分布或对数频率特性曲线的形状，从而改善系统的运行特性，使校正后系统的各项性能指标满足实际要求。校正装置结构的选择及其参数的整定过程，称为控制系统的校正。研究该问题的方法同系统分析一样，也有时域法、频域法和根轨迹法三种，这三种方法互为补充，而且以频域法的应用较为普遍。因此本章只介绍频域法，即利用开环对数频率特性曲线对线性定常系统进行校正的基本原理和方法，其他方法读者可参考有关文献。

控制系统的设计工作是从分析控制对象开始的。首先根据被控对象的具体情况选择执行元件；然后根据变量的性质和测量精度选择测量元件；为放大偏差信号和驱动执行元件，还要放置放大器。由被控对象、执行元件、测量元件和放大器组成基本的反馈控制系统。该系统除了放大器的增益可调外，其余部分的结构和参数均不能改变，称此部分为不可变部分或固有部分。当系统性能变差时，一般仅靠改变系统固有部分的增益是难以满足性能指标要求的，而需要在系统中加入一些合适的元件或装置，以改变系统的特性，满足给定的性能指标要求，这就要求对控制系统进行校正。

一般来说，校正的灵活性是很大的，为了满足同样的性能指标，不同的人可采用不同的校正方法，为满足同一个要求也可设计出不同的校正装置，到底采用何种校正方法或者校正装置，主要取决于实际情况（如对象的复杂程度、模型的给定方式等）和设计者的经验及习惯等，也就是说，校正问题的解不是唯一的。在对待控制系统校正的问题时，应仔细分析要求达到的性能指标及校正前固有系统的具体情况，以便设计出简单有效的校正装置，满足设计要求。

为了方便讨论，定义 $G_c(s)$、$G_0(s)$、$G(s)$ 分别表示校正装置、校正前及校正后系统的开环传递函数；固有系统的指标不加上脚标，如 ω_c、γ 或 h，校正后系统的指标和希望的指标值加上脚标“′”，如 ω_c'、γ' 或 h'。

6.1.2 常用的校正方法

在线性控制系统中，常用的校正设计方法有分析法和综合法两类。分析法又称试探法。用分析法设计校正装置比较直观，在物理上易于实现，但设计过程带有试探性，要求设计者有一定的工程经验。综合法又称为期望频率特性法，这种设计方法物理意义明确，但校正装置传递函数可能较为复杂，在物理上不易于实现。

按照校正装置在系统中的位置，以及它和系统固有部分的不同连接方式，校正方式可分为串联校正、反馈校正和复合校正等。

1. 串联校正

串联校正是指校正装置 $G_c(s)$ 接在系统的前向通道中，与固有部分 $G_0(s)$ 成串联连接的方式，如图 6-1 所示。

为了减少校正装置的输出功率，降低系统功率损耗和成本，串联校正装置一般装设在前向通道综合放大器之前，误差测量点之后的位置。串联校正的特点是结构简单，易于实现，但通常需附加放大器，且对于系统参数变化比较敏感。

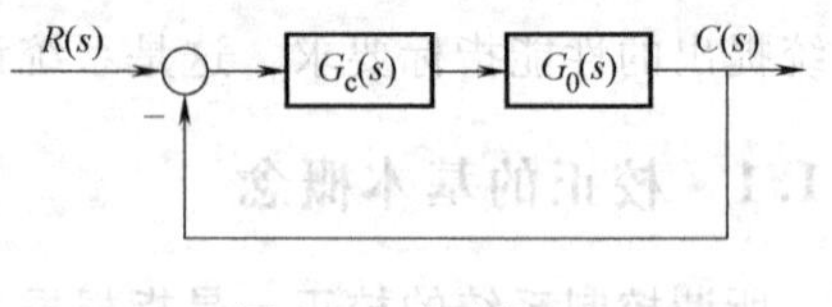

图 6-1 串联校正

串联校正按照校正装置的特点分为超前校正、滞后校正和滞后-超前校正三种。校正后系统的开环传递函数为

$$G(s) = G_0(s)G_c(s) \tag{6-1}$$

相应的幅频和相频特性分别为

$$L(\omega) = L_0(\omega) + L_c(\omega) \tag{6-2}$$

$$\varphi(\omega) = \varphi_0(\omega) + \varphi_c(\omega) \tag{6-3}$$

2. 反馈校正

反馈校正是指校正装置 $G_c(s)$ 接在系统的局部反馈通道中，与系统的固有部分或其中的

某一部分 $G_2(s)$ 成反馈连接的方式，如图 6-2 所示。其中，校正环的开环传递函数为

$$G_J(s)=G_2(s)G_c(s) \tag{6-4}$$

由于反馈校正的信号是从高功率点传向低功率点，故不需加放大器。反馈校正的特点是不仅能改善系统性能，且对于系统参数波动及非线性因素对系统性能的影响有一定的抑制作用，但其结构比较复杂，实现相对困难。

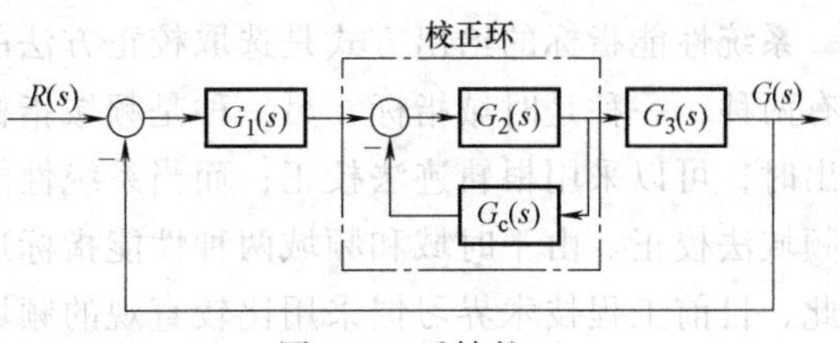

图 6-2　反馈校正

3. 复合校正

复合校正也称复合控制，实现方法是在反馈控制系统中，沿外部输入信号（给定和扰动）的方向增设一前馈补偿装置，形成前馈控制（也称顺馈控制）。很明显，前馈控制是一种开环控制方式。开环前馈控制与闭环反馈控制相结合，就构成了复合控制。按照输入信号的不同，复合校正有两种基本形式，如图 6-3 所示。其中，图 6-3a 为按给定补偿的复合校正，$G_r(s)$ 为按给定 $R(s)$ 补偿的校正装置；图 6-3b 为按扰动补偿的复合校正，$G_d(s)$ 为按扰动 $D(s)$ 补偿的校正装置。前馈补偿装置的设置将系统输入信号分为两个通道，两个通道的作用在系统误差测量端（按给定补偿）或输出端（按扰动补偿）相互抵消，使被控量基本不受输入干扰影响，即在偏差产生之前就形成了防止偏差产生的控制作用。

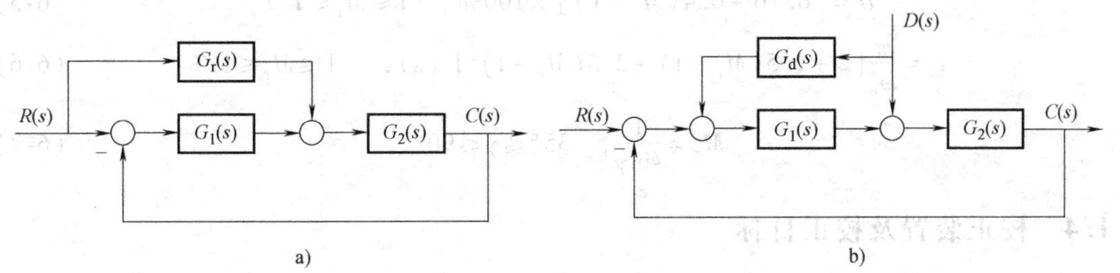

图 6-3　复合校正

a）按给定补偿的复合校正　b）按扰动补偿的复合校正

复合控制系统充分利用开环控制与闭环控制的优点，解决了系统静态与动态、抑制干扰与跟随给定两方面的矛盾，极大地改善了系统的性能。

在系统设计中，究竟采用哪种校正方式，取决于系统中的信号性质、技术实现的方便性、可供选用的元件、抗干扰性、经济性、使用环境条件以及设计者的经验等因素。一般来说，对于一个具体的单输入、单输出线性定常系统，宜选用串联校正或反馈校正。通常由于串联校正比较简单，易于实现，所以工程实际中应用较多，也是本章学习的重点内容。

6.1.3　校正的性能指标

性能指标通常是由使用单位或被控对象的设计制造单位提出的。不同的控制系统对性能指标的要求有不同的侧重。例如，恒值控制系统对平稳性和稳态精度要求较高，对快速性要求次之；而随动控制系统则侧重于对快速性的要求，对平稳性和稳态精度要求次之。因此，对系统性能指标的提出，应以满足实际需要与可能为依据，不能片面追求过高的性能指标要

求，否则不仅造成经济浪费，而且有可能使系统中的某些装置超出其强度极限，造成设备损坏，使设计失败。

系统性能指标的给出方式是选取校正方法的依据。实际中，控制系统性能指标的给出方式有两种：一种是时域指标，另一种是频域指标。一般来说，当系统以时域性能指标的形式给出时，可以采用根轨迹法校正；而当系统性能指标以频域特征量的形式给出时，则可以采用频域法校正。由于时域和频域两种性能指标通过第 5 章中给出的近似公式可以进行互换，因此，目前工程技术界习惯采用比较直观的频域法校正。

概括来说，控制系统校正所依据的性能指标分为动态指标和稳态指标两类。常用的主要性能指标如下。

1. 稳态性能指标

稳态性能指标主要指稳态误差 e_{ss} 或静态误差系数，包括静态位置误差系数 K_p、静态速度误差系数 K_v 和静态加速度误差系数 K_a。

2. 动态性能指标

动态性能指标包括频域指标和时域指标两类。

频域指标有截止频率 ω_c、相位裕量 γ、增益裕量 $20\lg h$ 和谐振峰值 M_r。

时域指标有上升时间 t_r、调节时间 t_s、超调量 σ。

常用的换算公式有：

$$\sigma=[0.16+0.4(M_r-1)]\times 100\%,\quad 1\leqslant M_r\leqslant 1.7 \tag{6-5}$$

$$t_s=\frac{\pi}{\omega_c}[2+1.5(M_r-1)+2.5(M_r-1)^2]\ (\mathrm{s}),\quad 1\leqslant M_r\leqslant 1.7 \tag{6-6}$$

$$M_r=\frac{1}{\sin\gamma},\quad 35°\leqslant\gamma\leqslant 90° \tag{6-7}$$

6.1.4 校正装置及校正目标

1. 校正装置

控制系统的校正装置可以是电气的、机械的或其他性质的物理元部件。常用的电气校正装置分为有源和无源两种。

常见的无源校正装置有 RC 双端口电路网络、微分变压器等。这种校正网络原理、线路简单，容易理解，且无须外加直流电源；但其缺点是本身没有增益，负载效应明显，因此，在接入系统时为消除负载效应，一般需增设隔离放大器。有源校正装置是以运算放大器为核心元件的有源电路网络。由于运算放大器本身具有高输入阻抗和低输出阻抗的特点及较强的带负载能力，接入系统时不需外加隔离放大器，而且这种校正网络调节使用方便，因此被广泛应用于工程实际中。

2. 校正目标

频域法校正主要是改善系统开环对数幅频特性曲线的形状，其目标就是通过增设适当的校正环节，使校正后系统开环对数幅频特性曲线的三个频段都能满足要求。即：

1）低频段要有一定的高度和斜率，以满足稳态精度的要求，因此校正后的系统应该是Ⅰ型或Ⅱ型系统。

2）中频段的截止频率 ω_c 要足够大，以满足动态快速性的要求；中频段的斜率要求为

$-20\mathrm{dB/dec}$，并有足够的宽度，即 $H=4\sim20$，以满足相对稳定性的要求。

3）高频段要有较大的负斜率，一般应小于等于 $-40\mathrm{dB/dec}$，以满足抑制高频噪声的要求。

这样，从系统开环对数幅频特性曲线来看，需要进行校正的情况通常可分为如下三种基本类型。

1）如果一个系统是稳定的，而且有满意的动态性能，但稳态误差过大时，必须增加低频段增益以减小稳态误差，如图6-4a中虚线所示，同时尽可能保持中频段和高频段不变。

2）如果一个系统是稳定的，且具有满意的稳态精度，但其动态响应较差时，则应改变中频段和高频段，如图6-4b中虚线所示，以改变截止频率和相位裕量。

3）如果一个系统无论其稳态响应还是动态响应都不满意，就是说整个特性都需要加以改善，则必须通过增加低频增益并改变中频斜率的综合方法来改善系统综合性能，如图6-4c中虚线所示。

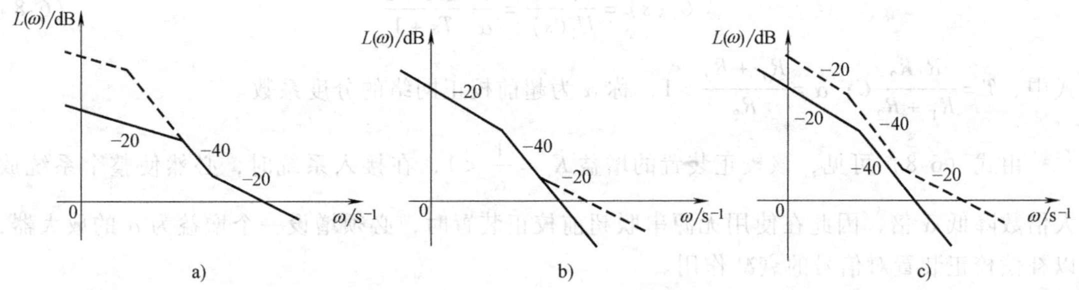

图6-4　校正前后对数幅频特性

a）增加低频增益　b）改善中频段斜率　c）增加低频增益，改善中频斜率

以上三种情况需要不同的校正装置来实现。总之，校正后的控制系统应具有足够的稳定裕量、满意的动态响应和稳态精度。但是，当难以使系统所有指标均达到较高的要求时，则只能根据不同类型系统的要求，有侧重地解决。

6.2　串联超前校正

一般而言，当控制系统的开环增益增大到满足其稳态精度时，系统有可能就不稳定，或者稳定裕量不够，动态性能达不到设计要求。为此，需要在系统前向通道中增设一个超前校正装置，以实现在开环增益增大的情况下，系统的动态性能也能满足设计要求。本节先讨论超前校正装置的特点，然后介绍超前校正的原理和超前校正装置的设计方法。

6.2.1　超前校正装置及特点

具有相位超前特性（即正相移）的校正装置称为超前校正装置。超前校正装置具有微分控制的作用，控制工程中常用的比例微分（PD）调节器就是一种超前校正装置。**一般配置在被校正系统的中频段，用以改善动态性能。**

图6-5a、b分别为无源超前校正装置和有源超前校正装置的典型电路图。

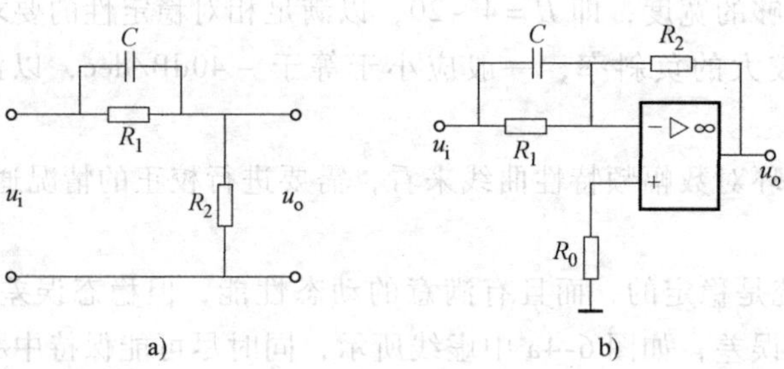

图 6-5　超前校正装置电路图

a）无源超前校正网络　b）有源超前校正网络（PD）

为简单起见，以下以图 6-5a 无源超前校正网络为例，分析超前校正装置的特点。其传递函数为

$$G_c(s)=\frac{U_o(s)}{U_i(s)}=\frac{1}{\alpha}\frac{\alpha Ts+1}{Ts+1} \tag{6-8}$$

式中，$T=\frac{R_1R_2}{R_1+R_2}C$；$\alpha=\frac{R_1+R_2}{R_2}>1$，称 α 为超前校正网络的分度系数。

由式（6-8）可见，该校正装置的增益 $K_c=\frac{1}{\alpha}<1$，在接入系统时，必然使整个系统放大倍数降低 α 倍，因此在使用无源串联超前校正装置时，必须增设一个增益为 α 的放大器，以补偿校正装置对信号的衰减作用。

假设该装置的衰减作用已被放大器所补偿，则式（6-8）可写为

$$G_c(s)=\frac{\alpha Ts+1}{Ts+1} \tag{6-9}$$

两个转折频率分别为 $\omega_1=\frac{1}{\alpha T}$，$\omega_2=\frac{1}{T}$。

其对数幅频特性和对数相频特性表达式分别为

$$L(\omega)=20\lg A(\omega)=20\lg\frac{\sqrt{(\alpha\omega T)^2+1}}{\sqrt{(\omega T)^2+1}} \tag{6-10}$$

$$\varphi(\omega)=\arctan\alpha\omega T-\arctan\omega T \tag{6-11}$$

其对数频率特性曲线（Bode 图）如图 6-6 所示。

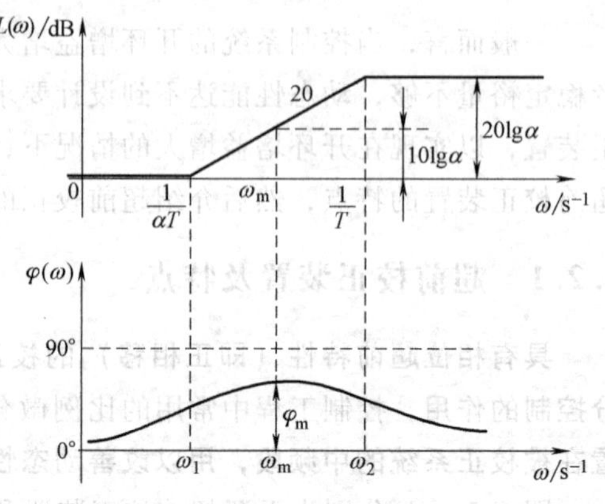

图 6-6　超前校正装置的 Bode 图

可见，超前校正装置具有两个特点：

1）幅值抬高。高频段相对于低频段幅值抬高，抬高的数值为

$$\Delta L(\omega)=L\left(\frac{1}{T}\right)=20\lg\frac{1/T}{1/(\alpha T)}=20\lg\alpha \tag{6-12}$$

2）相位超前。超前校正网络在整个 ω 的变化范围内始终具有正相移，即 $\varphi_c(\omega)>0°$，具有相位超前的作用，且在角频率为 ω_m 处，

产生最大超前相位角 φ_m。确定 ω_m 和 φ_m 的方法如下：

将式（6-11）对 ω 求导，即令 $\dfrac{d\varphi(\omega)}{d\omega}=0$，求得产生最大超前角 φ_m 时的 ω_m 值为

$$\omega_m=\frac{1}{T\sqrt{\alpha}}=\sqrt{\frac{1}{\alpha T}\frac{1}{T}}=\sqrt{\omega_1\omega_2} \tag{6-13}$$

可见，在对数坐标系中，**ω_m 恰好是两个转折频率的几何中心**，ω_m 处的幅值为

$$L(\omega_m)=20\lg\frac{\omega_m}{\omega_1}=20\lg\frac{1/(T_s\alpha)}{1/(T\alpha)}=10\lg\alpha \tag{6-14}$$

将式（6-13）代入式（6-11）中，得最大超前相位角 φ_m 为

$$\varphi_m=\varphi(\omega_m)=\arctan\frac{\alpha-1}{2\sqrt{\alpha}}=\arcsin\frac{\alpha-1}{\alpha+1} \tag{6-15}$$

可见，超前网络所能提供的最大超前角 φ_m 只与分度系数 α 有关，且 α 越大，φ_m 越大，超前网络的微分作用越强，但同时 α 越大也意味着高频噪声越大，而且当 $\alpha>20$ 以后，φ_m 随 α 的变化会很小，且物理实现上较困难。因此，为较好发挥超前校正装置的作用，实际使用中一般选用 $5<\alpha<20$ 比较合适（$\varphi_m=42°\sim65°$）。φ_m 与 α 的关系在系统的校正与设计中很有用，可根据系统校正所需要提供的最大超前相位角 φ_m，来计算超前校正装置的分度系数 α。

6.2.2 超前校正装置的设计

1. 超前校正的基本原理

根据超前校正装置的特点，一般将其设置在系统中频段。超前校正的实质是利用超前装置高频幅值抬高的特性，增大系统截止频率，改善快速性；利用其能为系统提供正相移的特点，使系统相位裕量增大，提高相对稳定性。如图 6-7 所示。

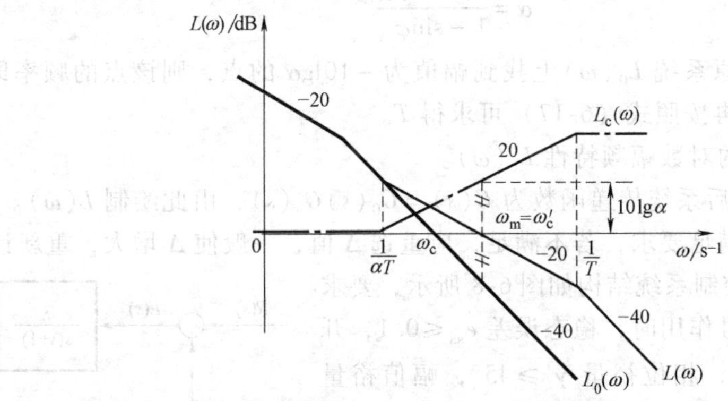

图 6-7 超前校正的基本原理

超前校正装置的设计，就是正确选择校正装置两个参数 α 和 T 的过程。设计的原则就是使校正装置的两个转折频率 $1/(\alpha T)$ 和 $1/T$ 落在原系统截止频率 ω_c 两旁，并使校正后系统的截止频率 $\omega_c'=\omega_m$，以尽可能利用 φ_m 发挥超前校正的作用，改善原系统中频段的特性，达到改善系统动态性能的目的。

2. 校正装置的设计步骤

利用频域法进行串联超前校正的设计步骤如下：

1）根据稳态指标的要求，确定满足稳态要求的原系统传递函数 $G_0(s)$，绘制其对应的

对数幅频特性 $L_0(\omega)$，并计算相应的截止频率 ω_c 和相位裕量 γ，如 $\omega_c<\omega_c'$ 或 $0°<\gamma<\gamma'$，则可以使用串联超前校正。

2）设计校正装置。在已满足稳态性能要求的前提下，设计满足动态指标的校正装置。设校正装置传递函数为 $G_c(s)=\dfrac{\alpha Ts+1}{Ts+1}$，分两种情况确定校正装置的参数 α 和 T。

① 若给定的指标是截止频率 ω_c'，则按如下方法确定：

设需提供的最大超前角频率为 ω_m，且使 $\omega_m=\omega_c'$，则校正装置 $G_c(s)$ 必须使校正后的系统在 $\omega_m=\omega_c'$ 处幅值抬高 $10\lg\alpha$，才能达到校正目的，如图 6-7 所示。即

$$-L_0(\omega_c')=L_c(\omega_m)=10\lg\alpha \tag{6-16}$$

式中，$L_0(\omega_c')$ 表示原系统在校正后截止频率 ω_c' 处的对数幅值，可根据 $L_0(\omega)$ 计算出；$L_c(\omega_m)$ 表示校正装置在最大超前相位角频率 ω_m 处的对数幅值。

由式（6-16）可确定 α 值，则时间常数 T 为

$$T=\frac{1}{\omega_m\sqrt{\alpha}} \tag{6-17}$$

② 若给定的指标是相位裕量 γ'，则按如下方法确定：

首先按式（6-18）确定校正装置在 $\omega_m=\omega_c'$ 处需要提供的最大超前相角 φ_m：

$$\varphi_m=\gamma'-\gamma+\Delta \tag{6-18}$$

其中，Δ 用于补偿因超前校正装置的引入，使系统截止频率增大而给原系统带来的相角滞后量。一般地，如果原系统开环对数幅频特性曲线在其截止频率 ω_c 处的斜率为 -40dB/dec，则取 $\Delta\approx5°\sim12°$；如果为 -60dB/dec，则取 $\Delta\approx15°\sim20°$。

由式（6-15）可推得

$$\alpha=\frac{1+\sin\varphi_m}{1-\sin\varphi_m} \tag{6-19}$$

根据校正原则，在原系统 $L_0(\omega)$ 上找到幅值为 $-10\lg\alpha$ 的点，则该点的频率即为 $\omega_m=\omega_c'$，从而可确定 α 值。再按照式（6-17）可求得 T。

最后绘制校正装置的对数幅频特性 $L_c(\omega)$。

3）指标校验。校正后系统传递函数为 $G(s)=G_0(s)G_c(s)$，由此绘制 $L(\omega)$。验算校正后系统的相位裕量是否满足要求，若不满足，应重选 Δ 值，一般使 Δ 增大，重新计算。

【例 6-1】 某恒温控制系统结构如图 6-8 所示，要求系统在单位斜坡输入信号作用时，稳态误差 $e_{ss}\leqslant0.1$，开环截止频率 $\omega_c'\geqslant4.4\text{s}^{-1}$，相位裕量 $\gamma'\geqslant45°$，幅值裕量 $20\lg h'\geqslant10\text{dB}$，试设计串联校正装置。

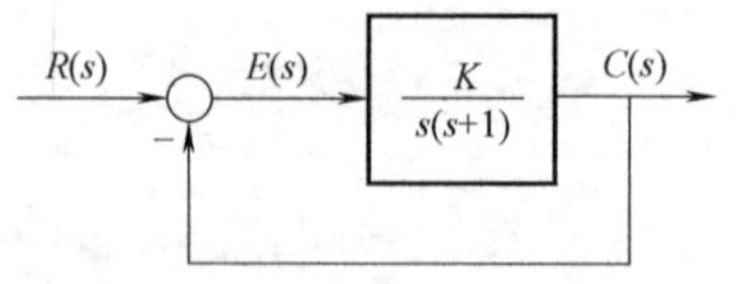

图 6-8 例 6-1 待校正系统结构图

解：1）确定开环增益 K，绘制原系统对数幅频特性，确定原系统相位裕量 γ。由图 6-8 知原系统为Ⅰ型系统，且要求单位斜坡信号作用时 $e_{ss}\leqslant0.1$，则 $e_{ss}=\dfrac{1}{K}\leqslant0.1$，即 $K\geqslant10$，取 $K=10$。则满足稳态要求的待校正系统传递函数为 $G_0(s)=\dfrac{10}{s(s+1)}$，绘制其对数幅频特性曲线，如图 6-9 中 $L_0(\omega)$ 所示。

由图 6-9 知，$\omega_c>1$，则令

$$A(\omega_c) \approx \frac{10}{\omega_c \omega_c} = 1$$

得原系统截止频率为 $\omega_c \approx 3.2 < 4.4$，相位裕量为

$$\gamma = 180° + \varphi_0(\omega_c) = 180° - 90° - \arctan\omega_c \approx 17.9° < 45°$$

由于原系统稳定，而截止频率和相位裕量都小于要求值，故采用串联超前校正较为合适。

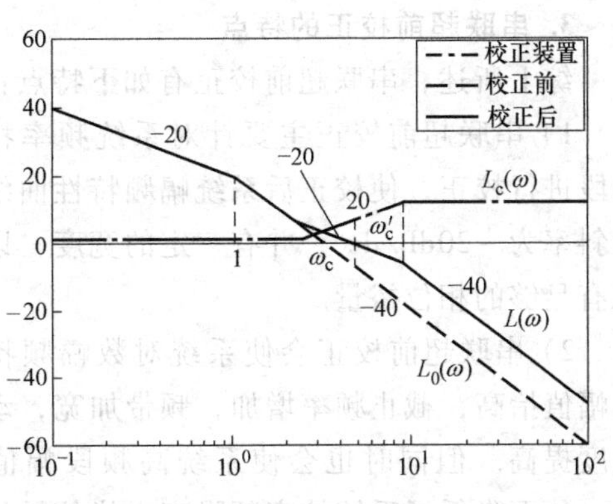

图 6-9　例 6-1 系统的开环对数幅频特性

2）设校正装置传递函数为 $G_c(s) = \dfrac{\alpha Ts+1}{Ts+1}$，确定参数 α 和 T。根据校正原则，取

$$\omega_m = \omega_c' = 4.4$$

要使校正后的系统在截止频率 $\omega_c' = 4.4$ 处的幅值为零，即要求校正装置将原系统在 ω_c' 处的幅值抬高 $10\lg\alpha$，根据图 6-9 有

$$L_0(\omega_c') \approx -40\lg\frac{\omega_c'}{\omega_c} = -10\lg\alpha$$

解之得 $\alpha = \left(\dfrac{\omega_c'}{\omega_c}\right)^4 = \left(\dfrac{4.4}{3.2}\right)^4 \approx 4$。

则时间常数 T 为

$$T = \frac{1}{\omega_m\sqrt{\alpha}} = 0.114\text{s},\quad \alpha T = 4 \times 0.114 = 0.456$$

校正装置的传递函数为 $G_c(s) = \dfrac{\alpha Ts+1}{Ts+1} = \dfrac{0.456s+1}{0.114s+1}$，由此绘制 $L_c(\omega)$ 如图 6-9 所示。

3）验算校正后系统的相位裕量。

校正后系统传递函数为

$$G(s) = G_0(s)G_c(s) = \frac{10(0.456s+1)}{s(s+1)(0.114s+1)}$$

由此绘制 $L(\omega)$ 如图 6-9 所示。也可根据串联校正的原理 $L(\omega) = L_0(\omega) + L_c(\omega)$ 绘制 $L(\omega)$。校正后系统的相位裕量为

$$\gamma' = 180° + \varphi(\omega_c')$$
$$= 180° + (\arctan 0.456 \times 4.4 - 90° - \arctan 4.4 - \arctan 0.114 \times 4.4) = 49.8° > 45°$$

由图 6-9 中 $L(\omega)$ 可知，校正后系统穿越频率 $\omega_x' = \infty$，因而增益裕量 $20\lg h' = \infty$，系统性能完全得到满足。

将校正装置的频率特性和校正后系统的频率特性与原系统频率特性绘制在同一坐标系中，如图 6-9 所示。可见超前校正是利用校正装置直接改变原系统中频段特性的斜率，使校正后特性曲线以 -20dB/dec 斜率穿越 ω 轴，提高了截止频率，增加了相位裕量，改善了系统的动态性能。

校正前后系统的单位阶跃响应如图 6-10 所示。由图可见，校正后系统的响应 $c(t)$，相比于校正前系统的响应 $c_0(t)$，超调量更小，调节时间更短，因此超前校正改善了系统的动态性能。

3. 串联超前校正的特点

综上所述，串联超前校正有如下特点：

1）串联超前校正主要针对系统频率特性的中频段进行校正，使校正后系统幅频特性曲线的中频段斜率为 -20dB/dec，并有一定的宽度，以保证系统有足够的相位裕量。

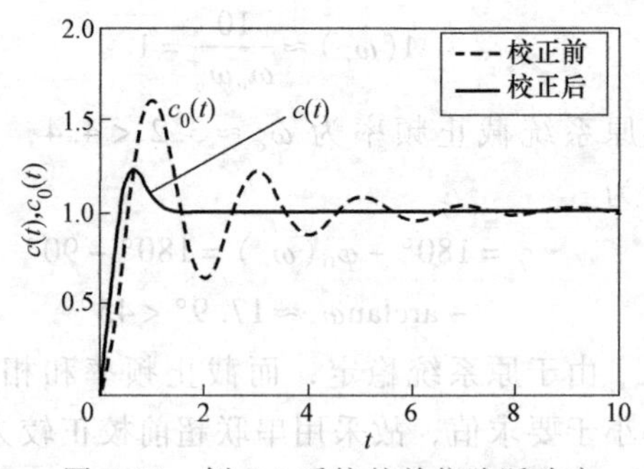

图 6-10　例 6-1 系统的单位阶跃响应

2）串联超前校正会使系统对数幅频特性中频段幅值抬高，截止频率增加，频带加宽，动态响应速度提高。但同时也会使系统高频段幅值随着提高，从而降低了系统抗高频噪声干扰信号的能力，这一明显的缺点，使用时应注意。

以下两种情况不宜采用串联超前校正：

1）串联超前校正很难使原系统的低频特性得到改善，因此主要用于系统的稳态性能已符合要求，而动态性能有待改善的场合。

2）由于单级超前校正装置所能提供的相位超前角有限，两级又太复杂，所以串联超前装置一般不用于不稳定系统（即 $\gamma<0°$）的校正，主要用于已稳定但相位裕量不满足要求的系统（即 $0°<\gamma<\gamma'$）的性能校正。

6.3　串联滞后校正

当控制系统的动态性能已满足要求，而其稳态精度不太满意时，这就要求所加的校正装置既要使系统的开环增益有较大的增加，以满足稳态性能的要求；又要使系统的动态性能不发生明显的变化。采用滞后校正就能达到此目的。

6.3.1　滞后校正装置及特点

具有相位滞后特性（即负相移）的校正装置称为滞后校正装置。滞后校正装置具有积分控制的作用，控制工程中常用的比例积分（PI）调节器就是一种滞后校正装置。

图 6-11a、b 分别为无源滞后校正装置和有源滞后校正装置的电路图。

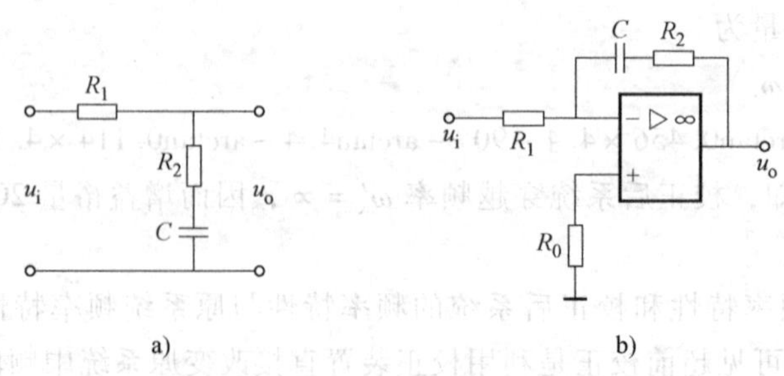

图 6-11　滞后校正网络电路图

a）无源滞后校正网络　b）有源滞后校正网络（PI）

与超前校正一样，为简单起见，以下以图 6-11a 无源滞后校正网络为例，分析滞后校正装置的特点。其传递函数为

$$G_c(s)=\frac{U_o(s)}{U_i(s)}=\frac{Ts+1}{\beta Ts+1} \tag{6-20}$$

式中，$T=R_2C$；$\beta=\dfrac{R_1+R_2}{R_2}>1$，称$\beta$为滞后校正装置的分度系数。

由式（6-20）可见，该校正装置的增益为1，接入系统时不会改变其放大倍数，因此不必外加放大器。

滞后校正装置的对数幅频特性和对数相频特性分别为

$$L(\omega)=20\lg A(\omega)=20\lg\frac{\sqrt{(\omega T)^2+1}}{\sqrt{(\beta\omega T)^2+1}} \tag{6-21}$$

$$\varphi(\omega)=\arctan\omega T-\arctan\beta\omega T \tag{6-22}$$

其对数幅频特性曲线（Bode 图）如图 6-12 所示。

可见，滞后校正装置具有与超前校正装置相反的两个特点：

1）幅值衰减。高频段相对于低频段幅值降低，有低通滤波的功能，衰减的最大数值为

$$\Delta L(\omega)=L\left(\frac{1}{T}\right)=-20\lg\frac{\omega_2}{\omega_1}=-20\lg\beta \tag{6-23}$$

2）相位滞后。滞后校正网络在整个ω的变化范围内始终具有负相移，即$\varphi(\omega)<0°$，其最大滞后角φ_m位于两个转折频率的几何中心点ω_m处，即

$$\omega_m=\frac{1}{T\sqrt{\beta}}=\sqrt{\frac{1}{\beta T}\frac{1}{T}}=\sqrt{\omega_1\omega_2} \tag{6-24}$$

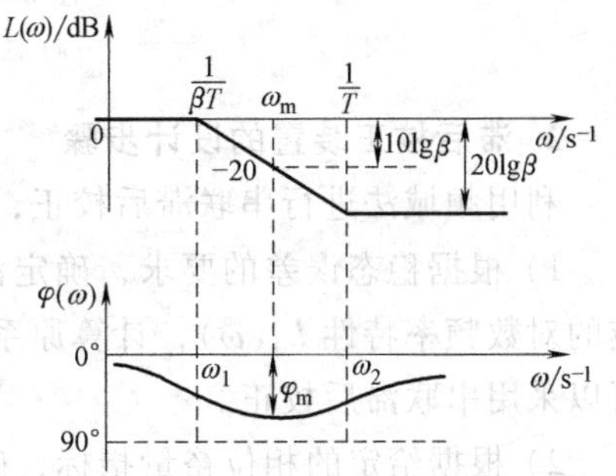

图 6-12　滞后校正装置的 Bode 图

$$\varphi_m=\arcsin\frac{1-\beta}{1+\beta} \tag{6-25}$$

可见，滞后装置的最大滞后角φ_m只与分度系数β有关，且β越大，φ_m越大，即滞后作用越强。

6.3.2　滞后校正装置的设计

1. 滞后校正的基本原理

串联滞后校正是利用滞后装置的高频幅值衰减特性，使系统中、高频段幅值衰减，开环截止频率降低，从而增加系统的相位裕量，同时提高抑制高频噪声的能力，但快速性变差，如图 6-13a 所示。

如原系统稳定，若要在保持系统动态性能基本不变的情况下，改善其稳态性能，则可在引入滞后校正装置的同时，增大系统增益，使系统对数幅频特性曲线平行上移，如图 6-13b 所示从$L(\omega)\to L'(\omega)$，以补偿截止频率的降低，这样既可维持相位裕量和截止频率基本不变，又改善了系统的稳态精度。

此外，系统引入滞后校正装置时，其滞后的相位角会影响系统的相位裕量，为尽量减小其对系统相对稳定性的影响，一般将滞后装置设置在低频段，并远离截止频率。

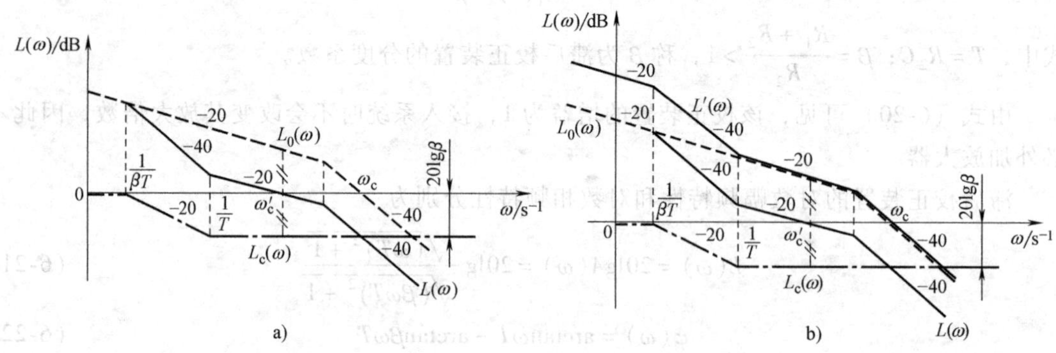

图 6-13　滞后校正装置的 Bode 图

a）改善动态性能　b）改善稳态性能

2. 滞后校正装置的设计步骤

利用频域法进行串联滞后校正，关键是确定校正装置的参数 β 和 T，具体步骤如下：

1）根据稳态误差的要求，确定满足稳态要求的原系统开环传递函数 $G_0(s)$，绘制其对应的对数频率特性 $L_0(\omega)$，计算原系统的截止频率 ω_c 和相位裕量 γ，如 $\omega_c>\omega_c'$或 $\gamma<0°$时，可以采用串联滞后校正。

2）根据给定的相位裕量指标，确定校正后系统的截止频率 ω_c'。考虑到滞后网络在新的截止频率 ω_c' 处会产生一定的相角滞后 Δ，因此要求原系统在 ω_c'处的相位裕量为

$$\gamma(\omega_c')=\gamma'+\Delta \tag{6-26}$$

式中，γ' 是指标要求值，一般取 $\Delta=5°\sim15°$。

在原系统相位裕量表达式中代入 ω_c'即可得到 $\gamma(\omega_c')$，从而由式（6-26）可确定 ω_c'；也可以在原系统相频特性上读取相位为 $\gamma'+\Delta$ 对应的频率，即为 ω_c'。

3）确定校正装置的参数 β 和 T。方法是计算原系统对数幅频特性在 ω_c'处幅值下降到 0dB 时的衰减量 $L_0(\omega_c')$，并使

$$L_0(\omega_c')=20\lg\beta \tag{6-27}$$

即可确定 β 值。

为了减小滞后装置在 ω_c' 处产生的滞后相移带来的不利影响，其两个转折频率必须明显小于 ω_c'。一般取校正装置的第二个转折频率 $\omega_2=\frac{1}{T}=\left(\frac{1}{4}\sim\frac{1}{10}\right)\omega_c'$，由此可确定校正装置的时间常数 T，则另一转折频率 $\omega_1=\frac{1}{\beta T}$。

写出校正装置传递函数 $G_c(s)=\frac{Ts+1}{\beta Ts+1}$，并绘制 $L_c(\omega)$。

4）校验指标。校正后系统开环传递函数为 $G(s)=G_0(s)G_c(s)$，由此绘制 $L(\omega)$。验算校正后系统的相位裕量和增益裕量是否满足要求，若不满足，则重选 Δ 或者 ω_2，一般使 Δ 增大或者 ω_2 减小，重新计算。

【例 6-2】　已知一直流电动机的转速控制系统如图 6-14 所示，若要求系统在单位斜坡

输入信号作用时静态速度误差系数 $K_v=10$，相位裕量 $\gamma'\geqslant 30°$，试采用串联滞后网络进行校正。

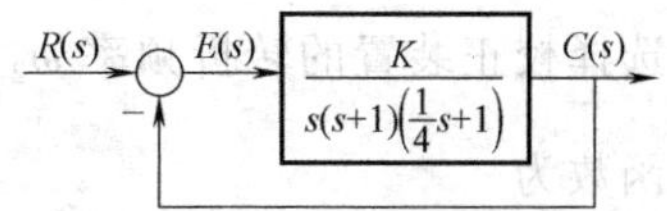

图 6-14　例 6-2 待校正系统结构图

解：1）确定开环增益 K，绘制原系统对数频率特性，确定原系统相位裕量 γ。原系统为Ⅰ型系统，且 $K_v=10$，则 $K=K_v=10$。

原系统开环传递函数为 $G_0(s)=\dfrac{10}{s(s+1)(0.25s+1)}$，其对数幅频特性如图 6-15 中 $L_0(\omega)$所示。

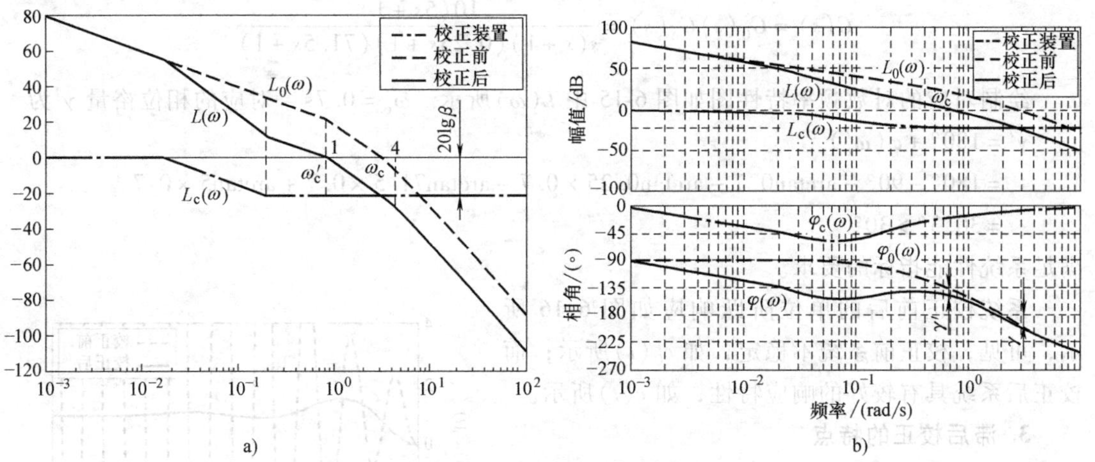

图 6-15　例 6-2 系统的对数幅频特性

a）对数幅频特性渐近线　b）Bode 图

由图 6-15 可见，$1<\omega_c<4$，则

$$A(\omega_c)\approx\frac{10}{\omega_c\omega_c}=1,\quad \omega_c=3.16\text{s}^{-1}$$

则校正前系统相位裕量为

$$\gamma=180°+\varphi(\omega_c)=180°+(-90°-\arctan\omega_c-\arctan 0.25\omega_c)=-21°<30°$$

可见原系统不稳定，按照相位裕量 γ'的要求，若采用串联超前校正方法，需校正网络提供的最大正相移为 $\varphi_m=\gamma+\gamma'+\Delta=56°\sim61°$（$\Delta=5°\sim10°$），如此大的相位补偿在实际中难以实现，故选用串联滞后校正。

2）根据给定的相位裕量 γ'，确定校正后系统的截止频率 ω_c'。取滞后网络在校正后系统的截止频率 ω_c' 处产生的滞后相角 $\Delta=15°$，在原系统相频特性曲线上找出相位裕量为 $\gamma'+\Delta=30°+15°=45°$所对应的点的频率值，即 $\omega_c'=0.7\text{s}^{-1}$（通过作图法求得）。也可由原系统 $G_0(s)=\dfrac{10}{s(s+1)(0.25s+1)}$和式（6-26）计算如下：

$$\gamma(\omega_c')=180°+\varphi_0(\omega_c')=180°-90°-\arctan\omega_c'-\arctan 0.25\omega_c'=45°$$

解之得 $\omega_c'=0.7\text{s}^{-1}$（通过计算法或试探法求得）。

3）确定校正装置的参数 β 和 T。由图 6-15 得，原系统在 ω_c'处的对数幅值为 $L_0(\omega_c')\approx 20\lg 10/\omega_c'=20\lg 14.3$，要使其幅值在 ω_c'处下降到 0dB，令 $L_0(\omega_c')=20\lg\beta=20\lg 14.3$，则 $\beta=14.3$。

选择校正装置的转折频率 $\omega_2=\frac{1}{T}=\frac{1}{4}\omega_c'=0.2\mathrm{s}^{-1}$，则 $T=5\mathrm{s}$，$\beta T=71.5\mathrm{s}$。校正装置的传递函数为

$$G_c(s)=\frac{Ts+1}{\beta Ts+1}=\frac{5s+1}{71.5s+1}$$

绘制对应的对数频率特性图如图 6-15 中 $L_c(\omega)$ 所示。

4）指标校验。校正后系统的传递函数为

$$G(s)=G_0(s)G_c(s)=\frac{10(5s+1)}{s(s+1)(0.25s+1)(71.5s+1)}$$

绘制对应的对数频率特性图如图 6-15 中 $L(\omega)$ 所示。$\omega_c'=0.7\mathrm{s}^{-1}$ 对应的相位裕量 γ' 为

$$\begin{aligned}\gamma'&=180^\circ+\varphi(\omega_c')\\&=180^\circ-90^\circ-\arctan0.7-\arctan0.25\times0.7-\arctan71.5\times0.7+\arctan5\times0.7\\&=30.3^\circ>30^\circ\end{aligned}$$

满足系统性能指标的要求。

系统校正前后的单位阶跃响应如图 6-16 所示，可见，校正前系统不稳定，如 $c_0(t)$ 所示；而校正后系统具有较好的响应特性，如 $c(t)$ 所示。

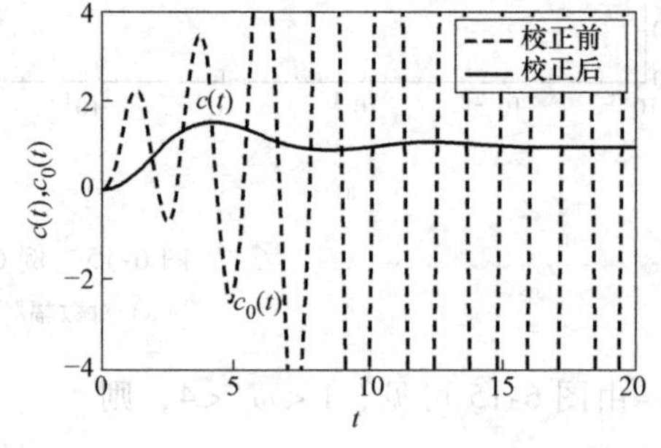

图 6-16　例 6-2 系统的单位阶跃响应

3. 滞后校正的特点

根据以上的分析可知，串联滞后校正有如下优点：

1）在不改变系统稳态性能的前提下，开环截止频率减小，相位裕量增加，提高了系统的相对稳定性。

2）由于稳定裕量的增加，系统有裕量允许增大其开环增益，提高了稳态性能。

如例 6-2 中，如果将已校正系统的对数幅频特性 $L(\omega)$ 向上平移 $20\lg2\approx6\mathrm{dB}$，其截止频率和相位裕量变化不大，但开环增益却增大了 2 倍。

3）系统高频段的幅值降低，提高了系统抗高频干扰的能力。

滞后校正也有一些缺点，如：

1）用于改善系统动态性能时，会使校正后系统开环截止频率减小，动态响应速度下降，如图 6-13a 所示。

2）为避免滞后校正装置负相移的不利影响，一般需要校正装置有较大的时间常数，有时难以实现。

串联滞后校正主要用于需要改善稳态精度的场合，也可用于对响应速度要求不高，在截止频率处相位变化较大的系统和要求抗高频干扰信号能力较强的系统。

4. 串联超前校正和滞后校正的比较

超前校正和滞后校正是两种基本的串联校正，这两种校正方法在完成系统校正任务方面是相同的，但有以下不同之处：

1）超前校正是利用超前网络的相角超前特性实现校正作用，而滞后校正则是利用滞后网络的高频幅值衰减特性完成校正任务。

2）为了满足严格的稳态性能要求，当采用无源校正网络时，超前校正要求一定的附加增益，而滞后校正一般不需要附加增益。

3）对于同一系统，采用超前校正的系统带宽大于采用滞后校正的系统带宽。从提高系统响应速度的角度看，希望系统带宽越大越好；但带宽越大则系统越易受噪声干扰的影响，因此如果系统输入端噪声电平较高，一般不宜采用超前校正。

最后指出，在有些应用方面，采用滞后校正可能会得出时间常数大到不能实现的结果。这种现象的出现，是由于需要在足够小的频率值上安置滞后网络第一个转折频率，以保证在需要的频率范围内产生有效的高频幅值衰减所致。在这种情况下，最好采用性能较完善的滞后-超前校正。

6.4 串联滞后-超前校正

如果一个系统的固有特性与所要求的性能指标差别较大，仅仅采用超前校正或滞后校正都不能满足要求时，可采用这两种装置的组合，即串联滞后-超前校正装置进行补偿。这种方法综合了超前校正和滞后校正的优点，能全面提高系统的各项性能指标。

6.4.1 滞后-超前校正装置及特点

低频段具有相位滞后（即负相移）特性，高频段又具有相位超前（即正相移）特性的校正装置称为滞后-超前校正装置。这种校正装置低频段具有积分控制的作用，高频段具有微分控制的作用，一般装设在被校正系统的低、中频段，用以改善系统的综合性能。控制工程中常用的比例-积分-微分（PID）调节器即为一种滞后-超前校正网络。

图 6-17a、b 分别为无源滞后-超前校正装置和有源滞后-超前校正装置的电路图。

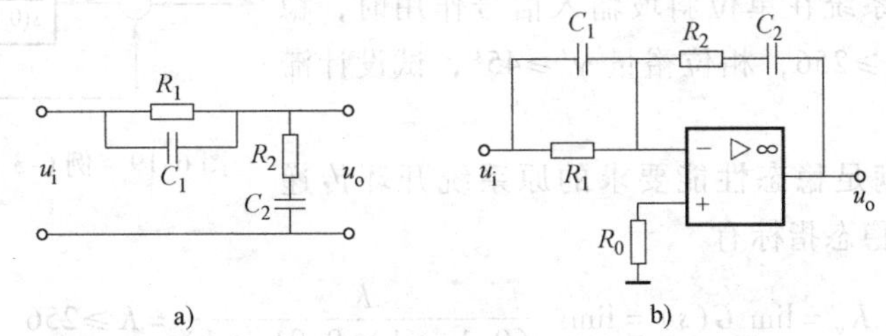

图 6-17　滞后-超前校正网络电路图

a）无源滞后-超前校正网络　b）有源滞后-超前校正网络（PID）

下面以图 6-17a 无源滞后-超前校正网络为例，分析滞后-超前校正装置的特点。其传递函数为

$$G_c(s)=\frac{U_o(s)}{U_i(s)}=\frac{(T_is+1)(T_ds+1)}{(\lambda T_is+1)\left(\dfrac{T_d}{\lambda}s+1\right)},\quad \lambda T_i>T_i>T_d>\frac{T_d}{\lambda} \tag{6-28}$$

式中，$T_i = R_2C_2$；$T_d = R_1C_1$；$\lambda = \dfrac{T_i + T_d + R_1C_2 + \sqrt{(T_i + T_d + R_1C_2)^2 - 4T_dT_i}}{2T_i} > 1$，称 λ 为滞后-超前网络的分度系数。

滞后-超前校正装置的对数频率特性曲线（Bode 图）如图 6-18 所示。

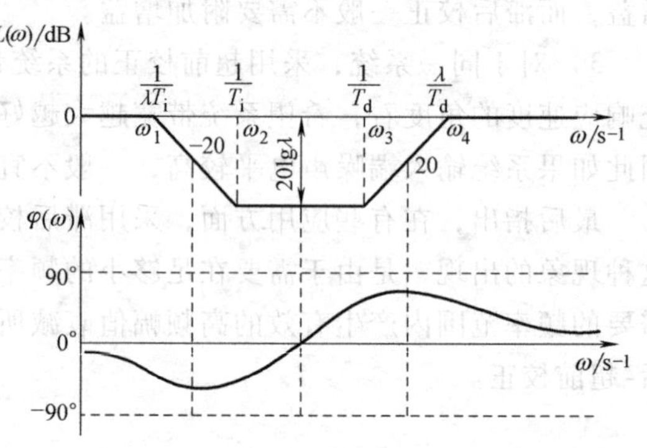

图 6-18　滞后-超前校正装置的 Bode 图

由图 6-18 可见，对数幅频特性的低频段呈现为滞后网络的特性，有利于改善系统的稳态性能；而高频段呈现为超前网络的特性，有利于改善系统的动态性能。当控制系统的响应速度、相位裕量和稳态精度都要求较高时，可采用串联滞后-超前校正装置。在系统设计时，滞后部分设置在系统较低的频段，而超前部分设置在系统的中频段。

6.4.2　滞后-超前校正装置的设计

滞后-超前校正的实质就是利用滞后部分造成低频段幅频特性衰减的特点，增大开环增益，提高系统的稳态精度；而利用超前部分提高中频段幅频特性的高度，增大截止频率和相位裕量，改善系统的动态性能。两者相辅相成，达到了同时改善系统动态和稳态性能的目的。如果未校正系统不稳定，且对校正后系统的动态性能和稳态性能均有较高的要求时，宜采用串联滞后-超前校正。

滞后-超前校正装置的设计就是正确选择参数 T_i、T_d 和 λ 的过程。下面举例说明滞后-超前校正装置的设计步骤。

【例 6-3】　已知一角位移随动控制系统结构如图 6-19所示，若要求系统在单位斜坡输入信号作用时，稳态速度误差系数 $K_v \geqslant 256$，相位裕量 $\gamma' \geqslant 45°$，试设计滞后-超前校正装置。

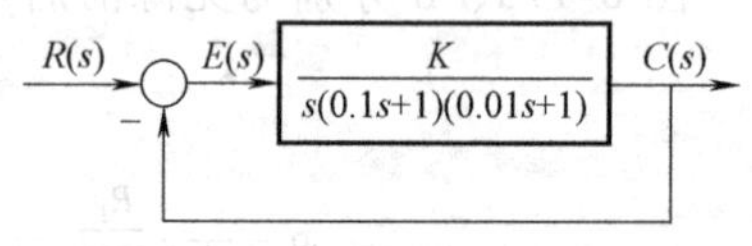

图 6-19　例 6-3 待校正系统结构图

解： 1）确定满足稳态性能要求的原系统开环传递函数和指标。根据稳态指标有

$$K_v = \lim_{s\to 0} sG(s) = \lim_{s\to 0} s\frac{K}{s(0.1s+1)(0.01s+1)} = K \geqslant 256$$

取 $K = 256$，则满足稳态性能要求的原系统开环传递函数为

$$G_0(s) = \frac{256}{s(0.1s+1)(0.01s+1)}$$

绘制其对数频率特性曲线如图 6-20 中 $L_0(\omega)$ 所示。

由图 6-20 知 $10 < \omega_c < 100$，令 $A(\omega_c) \approx \dfrac{256}{0.1\omega_c^2} = 1$，得原系统截止频率 $\omega_c = 50.6\text{s}^{-1}$，对应的相位裕量为

$$\gamma = 180° + \varphi_0(\omega_c) = 180° - 90° - \arctan 0.1\omega_c - \arctan 0.01\omega_c = -15.6 < 45°$$

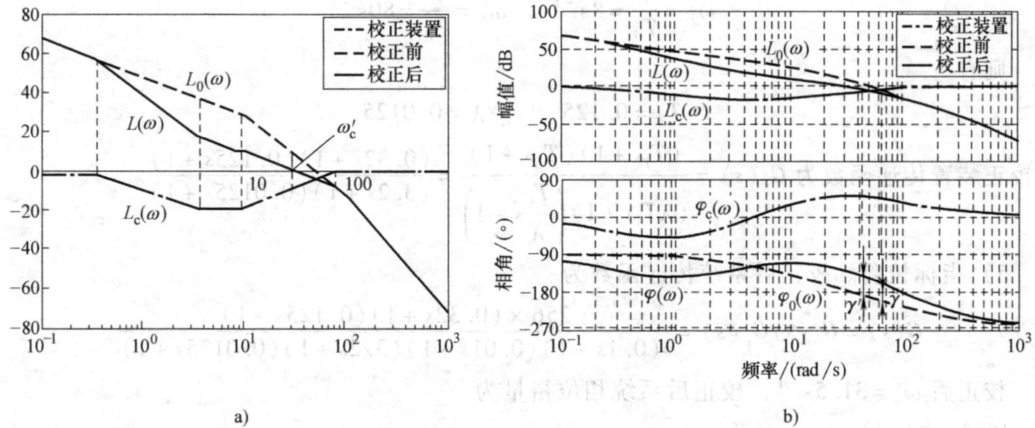

a)　　　　　　　　b)

图 6-20　例 6-3 系统的对数幅频特性

a）对数幅频特性曲线　b）Bode 图

由于原系统不稳定，且需要补偿的超前角度较大，故采用滞后-超前校正。

2）根据要求的相位裕量 γ'，确定校正后系统的截止频率 ω_c'。根据设计经验，一般选取原系统在相位裕量为 0°时的频率为校正后系统的截止频率，此时由校正网络提供指标所需要的相位裕量值是不成问题的。

从原系统相频特性可见，当 $\omega=31.5\text{s}^{-1}$ 时，其相位角为 $\varphi(31.5)=-180°$，即原系统在此频率处相位裕量 $\gamma(31.5)=0°$。因此可取 $\omega_c'=31.5\text{s}^{-1}$，根据题意，此频率处可由滞后-超前校正网络提供最小 45°的正相移。

3）确定校正装置滞后部分的参数 T_i 和 λT_i。为了减小校正装置滞后部分的负相移对校正后系统相位裕量的不利影响，一般选取分度系数 λ 和滞后部分的第二个转折频率分别为

$$\lambda=\frac{\omega_2}{\omega_1}=\frac{\omega_4}{\omega_3}=10,\quad \omega_2=\frac{1}{T_i}=\frac{\omega_c'}{10} \tag{6-29}$$

则有

$$T_i=\frac{10}{\omega_c'}=\frac{10}{31.5}=0.32,\quad \lambda T_i=3.2$$

4）确定校正装置超前部分的参数 T_d 和 $\frac{T_d}{\lambda}$。在原对数幅频特性上求 $L_0(\omega_c')$，由 $G_0(s)$ 得

$$L_0(\omega_c')=L_0(31.5)\approx 20\lg\frac{256}{31.5\times 0.1\times 31.5}\approx 8.2\text{dB}$$

或者，由图 6-20a 中 $L_0(\omega)$ 得

$$L_0(31.5)=40\lg\frac{\omega_c}{\omega_c'}=40\lg\frac{50.6}{31.5}\approx 8.2\text{dB}$$

要使校正后系统截止频率 $\omega_c'=31.5\text{s}^{-1}$，需使校正装置超前部分在该频率处的幅值为 -8.2dB，即 $L_c(31.5)=-8.2$dB。据此，可通过点（31.5，-8.2）作 $+20$dB/dec 直线，与 $-20\lg\lambda=-20$dB 直线及 0dB 线的交点，就确定了校正装置超前部分的转折频率。由作图可得

$$\omega_3 = \frac{1}{T_d} = 8\text{s}^{-1}, \quad \omega_4 = \frac{\lambda}{T_d} = 80\text{s}^{-1}$$

则有

$$T_d = 0.125, \quad T_d/\lambda = 0.0125$$

故校正装置传递函数为 $G_c(s) = \dfrac{(T_i s + 1)(T_d s + 1)}{(\lambda T_i s + 1)\left(\dfrac{T_d}{\lambda} s + 1\right)} = \dfrac{(0.32s + 1)(0.125s + 1)}{(3.2s + 1)(0.0125s + 1)}$。

5）指标校验。校正后系统传递函数为

$$G(s) = G_0(s)G_c(s) = \frac{256 \times (0.32s + 1)(0.125s + 1)}{s(0.1s + 1)(0.01s + 1)(3.2s + 1)(0.0125s + 1)}$$

校正后 $\omega_c' = 31.5\text{s}^{-1}$，校正后系统相位裕量为

$$\begin{aligned}\gamma' &= 180° + \varphi(\omega_c') \\ &= 180° + (-90° - \arctan 0.1 \times 31.5 - \arctan 0.01 \times 31.5 - \arctan 3.2 \times 31.5 - \arctan 0.0125 \times \\ &\quad 31.5 + \arctan 0.32 \times 31.5 + \arctan 0.125 \times 31.5) \approx 49° > 45°\end{aligned}$$

满足性能指标要求。

将校正装置的频率特性和校正后系统的频率特性绘制在同一坐标系中，如图 6-20 所示。系统校正前、后的单位阶跃响应如图 6-21 所示。可见，校正前系统不稳定，如 $c_0(t)$ 所示；而校正后系统具有较好的动态响应和稳态响应特性，如 $c(t)$ 所示。

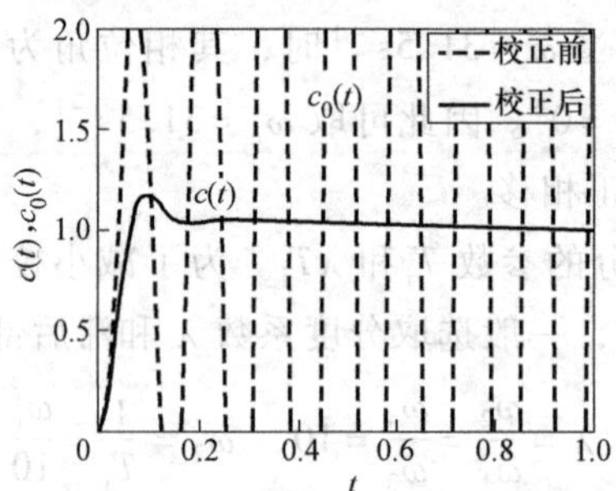

图 6-21　例 6-3 系统的单位阶跃响应

6.5　PID 控制器

在工程设计中，**常用比例、积分和微分控制规律组成串联校正装置，通常称为 PID 控制器或 PID 调节器**。其参数可由最佳性能要求而规范和简化得到的期望特性来确定，这种工程化的方法，称为串联工程法校正，其设计过程既简单又易于实现，常用来实现自动调节系统和随动控制系统的设计与校正。

前面几节介绍的校正装置是根据其相频特性的超前或滞后来区分的，而 PID 控制（又称为 PID 校正）主要是从其数学模型的构成来考虑的，二者之间有一定的内在联系。PID 控制就是对误差信号进行比例、积分、微分运算后，形成的一种控制规律，系统结构如图6-22 所示。

PID 控制器传递函数为

$$G_c(s)=K_p+\frac{K_i}{s}+K_d s \qquad (6\text{-}30)$$

式中，K_p、K_i、K_d分别是比例、积分和微分系数。

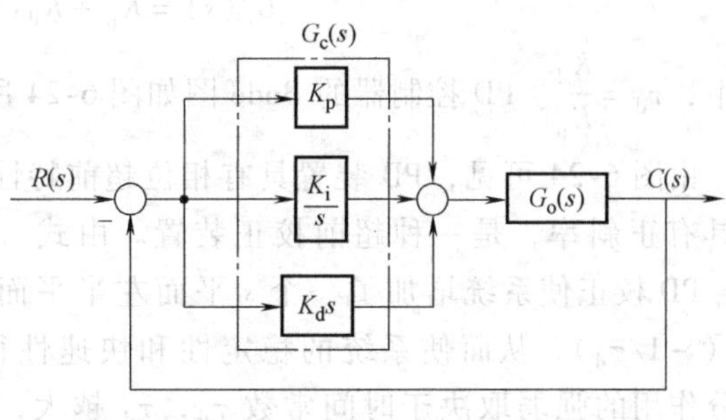

图 6-22　PID 控制系统结构图

随着电子技术和计算机技术的迅速发展，在各种控制器中，常常配置 PID 控制单元，其参数可以根据对实际系统的性能要求进行调整。由于其参数调节范围大，操作简单，因而在生产过程控制中得到了广泛应用。

在 PID 控制中，比例控制是体现控制作用强弱的基本单元，为满足实际系统对控制性能的不同要求，再分别引入积分控制或微分控制或同时引入积分和微分控制，因而有 PI、PD 和 PID 三种控制器。

6.5.1　比例-积分（PI）控制器

PI 控制器是在比例控制的基础上叠加一个积分环节形成，其传递函数为

$$G_c(s)=K_p+\frac{K_i}{s}=\frac{K_i(\tau_i s+1)}{s} \qquad (6\text{-}31)$$

式中，$\tau_i=\dfrac{K_p}{K_i}$。PI 控制器的 Bode 图如图 6-23 所示。

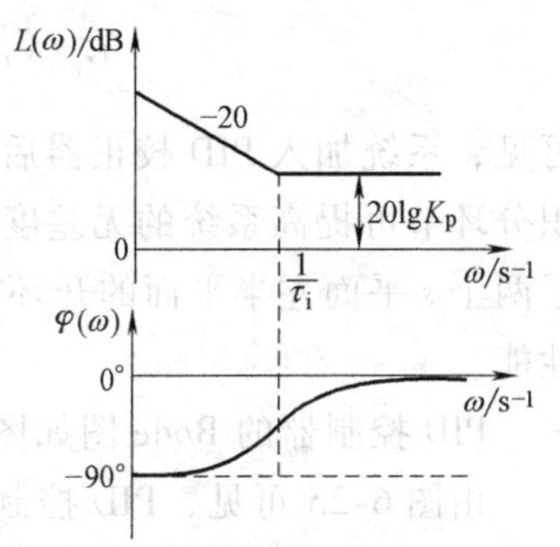

图 6-23　PI 控制器的 Bode 图

由图 6-23 可见，PI 校正装置具有负相移的特性，是一种滞后校正装置。由式（6-31）可知，如果使用 PI 控制器，相当于在系统中同时引入了比例环节 K_i、积分环节$\dfrac{1}{s}$和一阶微分环节（$\tau_i s+1$）。积分环节的引入，使系统的型别（无差度）提高，从而使系统的稳态精度大为改善，但同时将引起 $-90°$的相移，对系统的稳定性极为不利；而一阶微分环节的引入，又相当于给系统增加了一个小于 90°的正相移，削弱了积分环节的不利影响，同时也相当于给系统引入了一个 s 平面左半平面的开环零点（$-1/\tau_i$），会使系统的稳定性和快速性得到改善。因此引入 PI 校正后，只要适当选择参数 K_p 和 K_i，就可使系统的稳态性能和动态性能均满足要求。

如果系统固有部分开环传递函数为 $G_0(s)=\dfrac{K}{s(Ts+1)}$，若要求校正后系统在斜坡信号输入时无静差，即可引入 PI 校正装置，则校正后系统开环传递函数为 $G(s)=G_0(s)G_c(s)=\dfrac{KK_i(\tau_i s+1)}{s^2(Ts+1)}$。系统由Ⅰ型变成Ⅱ型，实现了阶跃信号和斜坡信号输入无静差，提高了稳态精度。

6.5.2　比例-微分（PD）控制器

PD 控制器是在比例控制的基础上叠加一个微分环节形成，其传递函数为

$$G_c(s)=K_p+K_d s=K_p(\tau_d s+1) \tag{6-32}$$

式中，$\tau_d=\dfrac{K_d}{K_p}$。PD 控制器的 Bode 图如图 6-24 所示。

由图 6-24 可见，PD 装置具有相位超前特性，其高频段具有正斜率，是一种超前校正装置。由式（6-32）可知，PD 校正使系统增加了一个 s 平面左半平面的开环零点（$-1/\tau_d$），从而使系统的稳定性和快速性得到改善。微分作用的强弱取决于时间常数 τ_d，τ_d 越大，微分作用越强。

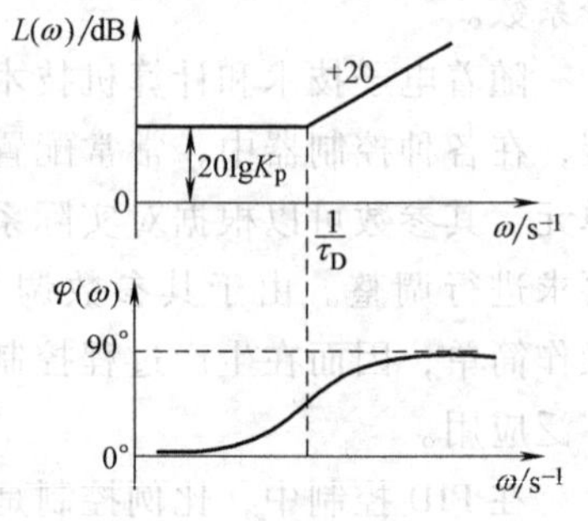

图 6-24　PD 控制器的 Bode 图

由于 PI 校正能改善系统的稳态性能，但会使系统的动态性能变差；PD 校正将使系统的动态性能（相对稳定性和快速性）得到改善，但由于其高频段具有正斜率，对高频噪声干扰信号有一定的放大作用，使校正后系统的抗干扰能力下降，必须再增设滤波器进行消噪。为了能兼顾二者的优点，尽可能减小其副作用，实际工程中常采用两者的结合，即比例-积分-微分（PID）校正。

6.5.3　比例-积分-微分（PID）控制器

由式（6-30）知，PID 控制器的传递函数为

$$G_c(s)=K_p+\frac{K_i}{s}+K_d s=K_c\frac{(\tau_1 s+1)(\tau_2 s+1)}{s} \tag{6-33}$$

可见，系统加入 PID 校正器后，相当于在系统中引入了一个积分环节和两个一阶微分环节。积分环节可提高系统的无差度，改善稳态性能；两个一阶微分环节的引入相当于给系统增加了两个 s 平面左半平面的开环零点，提高了系统的相对稳定性和快速性，改善了系统的动态性能。

PID 控制器的 Bode 图如图 6-25 所示。

由图 6-25 可见，PID 控制器实际上结合了 PI 控制器和 PD 控制器的优点，低频段相位滞后，中、高频段相位超前，因而是一种滞后-超前校正装置。与 PI 控制器相比较，PID 控制器多了一个负实数的零点，因而在改善动态性能方面更具有优越性。

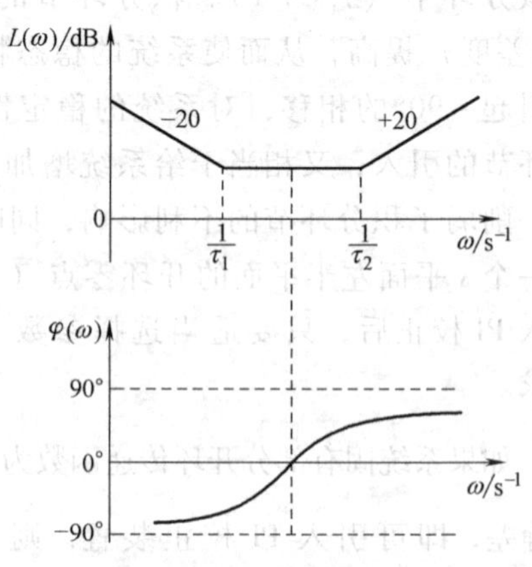

图 6-25　PID 控制器的 Bode 图

【例 6-4】　设系统固有部分开环传递函数为 $G_0(s)=\dfrac{35}{s(0.2s+1)(0.001s+1)(0.005s+1)}$，要求加速度信号输入无误差，且 $\omega_c'\geqslant 30\text{s}^{-1}$，$\gamma'\geqslant 40°$。试设计校正装置。

解： 绘制固有部分的对数频率特性曲线，如图 6-26 中的 $L_0(\omega)$ 和 $\varphi_0(\omega)$ 所示。

由图 6-26 可求得 $\omega_c=14\text{s}^{-1}$，$\gamma=7.7°$。可见，原系统的指标都不满足要求，且相位裕量过小，稳定性较差。要使得加速度信号输入无误差，且动、稳态性能都有所改善，可引入

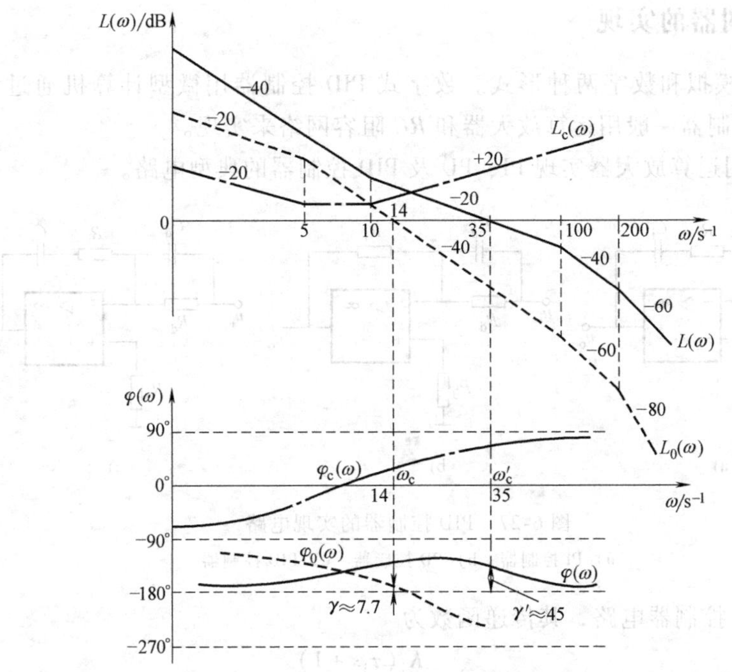

图 6-26　例 6-4 PID 校正对系统性能的影响

PID 校正。

设 $G_c(s)=K_c\dfrac{(\tau_1 s+1)(\tau_2 s+1)}{s}$，**为使校正后系统结构不致太复杂，可用校正装置的一阶微分环节对消掉原系统中的大惯性环节**，取 $\tau_1=0.2$；按照中频宽度的要求可取 $\tau_2=0.1$；为了使校正对系统的抗干扰能力影响不太大，可取 $K_c=1$。则校正装置为

$$G_c(s)=\frac{(0.2s+1)(0.1s+1)}{s}$$

校正后系统开环传递函数为 $G(s)=G_0(s)G_c(s)=\dfrac{35(0.1s+1)}{s^2(0.01s+1)(0.005s+1)}$。

绘制校正装置及校正后系统的对数频率特性曲线，如图 6-26 中的 $L_c(\omega)$、$\varphi_c(\omega)$ 和 $L(\omega)$、$\varphi(\omega)$ 所示。可见，校正后系统为Ⅱ型系统，保证了加速度信号输入无误差的要求；由图 6-26 可求得校正后 $\omega'_c=35\mathrm{s}^{-1}>30\mathrm{s}^{-1}$，$\gamma'=45°>40°$，满足动态要求。

综上分析，PID 校正兼顾了系统稳态性能和动态性能的改善。低频段，PID 中的积分部分起滞后校正的作用，使系统的无差度提高，从而大大改善系统的稳态性能；中频段，PID 中的微分部分起超前校正的作用，使系统的相位裕量和截止频率增加，改善了系统的动态性能。

PID 控制器是工业控制中广泛采用的一种控制方式，在实际应用中，只要合理选择控制器的参数（K_p，K_i，K_d），即可全面提高系统的控制性能，实现有效控制。因此，在要求较高的场合，较多采用 PID 校正。PID 控制器的形式有多种，可根据系统的具体情况和要求选用。国内生产的 DDZ 系列自动控制仪表中配有可选用的 PID 校正控制单元，目前使用较多的智能控制仪表中也普遍使用各种改进型的 PID 控制算法。

6.5.4 PID 控制器的实现

PID 控制器有模拟和数字两种形式。数字式 PID 控制器用微型计算机通过计算软件实现；模拟式 PID 控制器一般用运算放大器和 RC 阻容网络来实现。

图 6-27 就是用运算放大器实现 PI、PD 及 PID 控制器的典型电路。

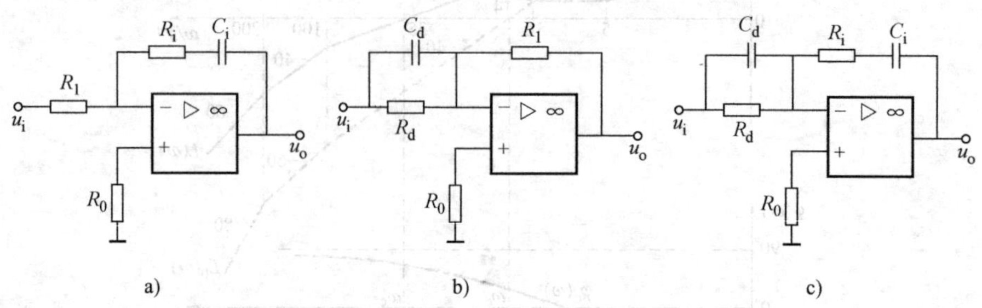

图 6-27　PID 控制器的实现电路

a）PI 控制器　b）PD 控制器　c）PID 控制器

图 6-27a 是 PI 控制器电路，其传递函数为

$$G_c(s) = \frac{K_i(\tau_i s + 1)}{s} \tag{6-34}$$

式中，$K_i = \dfrac{1}{R_1 C_i}$；$\tau_i = R_i C_i$。

图 6-27b 是 PD 控制电路，其传递函数为

$$G_c(s) = K_p(\tau_d s + 1) \tag{6-35}$$

式中，$K_p = \dfrac{R_1}{R_d}$；$\tau_d = R_d C_d$。

图 6-27c 是 PID 控制电路，其传递函数为

$$G_c(s) = K_c \frac{(\tau_i s + 1)(\tau_d s + 1)}{s} \tag{6-36}$$

式中，$K_c = \dfrac{1}{R_d C_i}$；$\tau_i = R_i C_i$；$\tau_d = R_d C_d$。

上述电路是一些常用的典型电路，不是唯一的实现电路，用运算放大器和 RC 阻容电路还可以组成其他形式的 PI、PD 及 PID 控制电路。

6.6 期望频率特性法校正

在线性系统设计中，常用的校正装置设计方法有两种，即分析法和综合法，前述介绍的设计方法均属于分析法。分析法又称试探法，比较直观，物理上易于实现，一般要求设计者有一定的工程设计经验，设计过程带有试探性，是工程设计中经常采用的方法。**综合法又称期望特性法**，其设计依据是闭环系统各项性能指标与开环对数频率特性之间确定的对应关系。**在系统设计时，根据对系统提出的性能指标要求，绘制期望的开环对数幅频特性曲线，然后与原系统的对数频率特性曲线相比较，从而确定校正装置**。尽管利用综合法得到的校正

装置有时难于准确实现，但该种方法还是复杂系统设计的有效方法。

采用期望特性法进行工程设计的一般过程如图 6-28 所示。

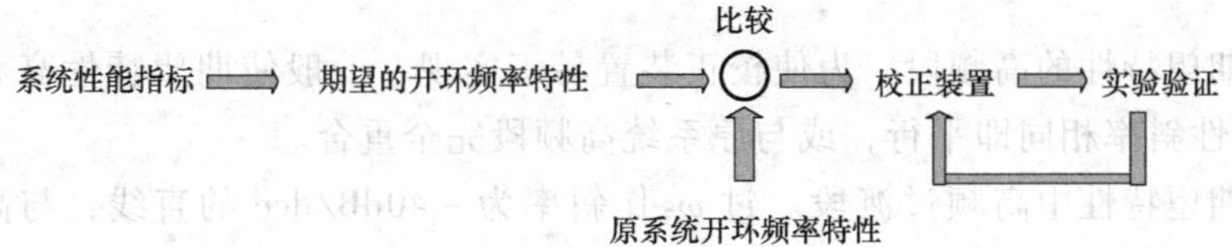

图 6-28　采用期望特性法进行工程设计的一般过程

6.6.1　期望开环对数幅频特性曲线的绘制

自动控制系统期望开环对数幅频特性的一般形状如图 6-29 所示。其各段特性曲线的斜率与系统性能之间的关系如下：

$\omega<\omega_1$（$-40\sim-20$dB/dec）——低频段，满足系统稳态精度的要求；

$\omega_1<\omega<\omega_2$（-40dB/dec）——低中频过渡段，兼顾系统稳态和动态性能的要求；

$\omega_2<\omega<\omega_3$（-20dB/dec）——中频段，满足系统动态性能的要求；

$\omega_3<\omega<\omega_4$（-40dB/dec）——中高频过渡段，兼顾动态性能和抑制高频噪声的要求；

$\omega>\omega_4$（$-80\sim-40$dB/dec）——高频段，满足系统增益裕量和抑制高频噪声的要求。

采用期望特性法进行系统设计，是根据已知的系统时域或频域性能指标，逐段绘制期望开环对数幅频特性曲线，然后与原系统开环对数幅频特性曲线比较，从而确定校正装置的频率特性或传递函数。因此绘制系统的期望对数幅频特性是首要问题，一般步骤如下：

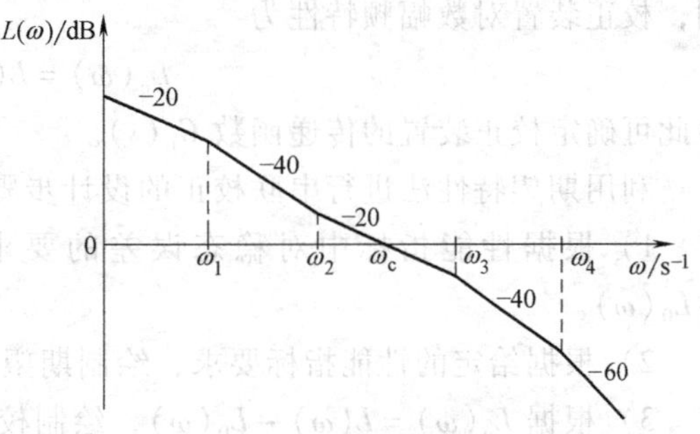

图 6-29　期望开环对数幅频特性的一般形状

1）绘制期望特性的中频段。根据给定的时域性能指标超调量 σ 和调节时间 t_s，由近似换算公式（6-5）~式（6-7），分别计算出谐振峰值 M_r 和截止频率 ω_c，然后由式（6-37）和式（6-38）确定期望特性截止频率左右两侧的转折频率 ω_2 和 ω_3：

$$\omega_2\leqslant\omega_c\frac{M_r-1}{M_r}\tag{6-37}$$

$$\omega_3\geqslant\omega_c\frac{M_r+1}{M_r}\tag{6-38}$$

根据式（6-37）和式（6-38）选取 ω_2 和 ω_3 时，应注意保证中频宽度 $H=\omega_3/\omega_2=4\sim20$。

确定好 ω_2 和 ω_3 后，在对数坐标系中标出 ω_2 和 ω_3 位置；然后过 ω_c 作一条斜率为 -20dB/dec 的直线段，左边至 ω_2，右边至 ω_3，即为期望特性中频段。

2）绘制期望特性的低频段。根据对系统稳态误差或误差系数的要求，确定期望特性的低频段。若原系统的稳态性能已符合要求，则其低频特性就是期望特性的低频特性。

3）绘制期望特性低中频过渡段。过 ω_2 作斜率为 -40dB/dec 的直线，与低频段特性相交的频率为 ω_1。过渡段一般与前后段特性斜率相差 -20dB/dec，否则，对期望特性的性能影响较大。

4）绘制期望特性的高频段。为使校正装置易于实现，一般使期望特性高频特性斜率与原系统高频特性斜率相同即平行，或与原系统高频段完全重合。

5）绘制期望特性中高频过渡段。过 ω_3 作斜率为 -40dB/dec 的直线，与高频段特性相交的频率为 ω_4。

至此，期望特性绘制完毕。

6.6.2　期望特性法串联校正

设原系统传递函数为 $G_0(s)$，校正装置传递函数为 $G_c(s)$，则校正后系统开环传递函数为

$$G(s)=G_0(s)G_c(s)$$

开环频率特性为

$$G(j\omega)=G_0(j\omega)G_c(j\omega)$$

开环对数幅频特性为

$$L(\omega)=L_0(\omega)+L_c(\omega)$$

则，校正装置对数幅频特性为

$$L_c(\omega)=L(\omega)-L_0(\omega)$$

由此可确定校正装置的传递函数 $G_c(s)$。

利用期望特性法进行串联校正的设计步骤如下：

1）根据性能指标中对稳态误差的要求，绘制满足稳态性能的原系统对数幅频特性 $L_0(\omega)$。

2）根据给定的性能指标要求，绘制期望对数幅频特性 $L(\omega)$。

3）根据 $L_c(\omega)=L(\omega)-L_0(\omega)$，绘制校正装置的对数幅频特性 $L_c(\omega)$，从而确定其传递函数 $G_c(s)$。

4）验算校正后系统性能是否满足要求，若不满足，适当调整期望特性中频段各转折频率值，并重新计算。

【例 6-5】　已知某随动系统结构如图 6-30 所示，若要求系统在单位斜坡输入信号作用时，静态速度误差系数 $K_v\geqslant 70$，调节时间 $t_s\leqslant 1\text{s}$，超调量 $\sigma\leqslant 30\%$，试采用期望特性法对系统进行串联校正。

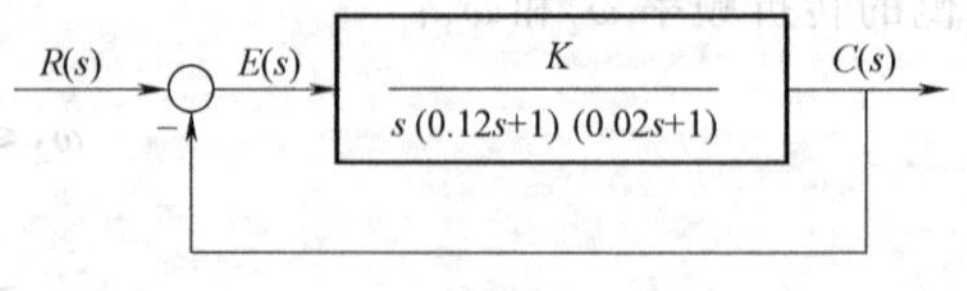

图 6-30　例 6-5 待校正系统结构图

解：1）确定开环增益 K，绘制原系统对数幅频特性图。由稳态速度误差系数可确定系统开环增益，即

$$K_v=\lim_{s\to 0}sG(s)=\lim_{s\to 0}s\frac{K}{s(0.12s+1)(0.02s+1)}=K\geqslant 70$$

取 $K=70$，则满足稳态性能的原系统传递函数为 $G_0(s)=\dfrac{70}{s(0.12s+1)(0.02s+1)}$，其对数幅

频特性曲线如图 6-31 中 $L_0(\omega)$所示。

2）根据给定的性能指标要求，绘制期望对数幅频特性。

① 确定期望特性截止频率 ω'_c。把调节时间 $t_s = 1\text{s}$ 和超调量 $\sigma = 30\%$ 代入高阶系统时域性能指标和频域性能指标的关系式（6-5）和式（6-6）中，可得

$$0.3 = 0.16 + 0.4(M_r - 1)$$

$$1 = \frac{\pi}{\omega_c}[2 + 1.5(M_r - 1) + 2.5(M_r - 1)^2]$$

解之得谐振峰值 $M_r = 1.35$，截止频率 $\omega'_c = 8.89$，在此取 $\omega'_c \approx 10$。

② 确定期望特性中频段的两个转折频率 ω_2 和 ω_3。由式（6-37）和式（6-38）可知

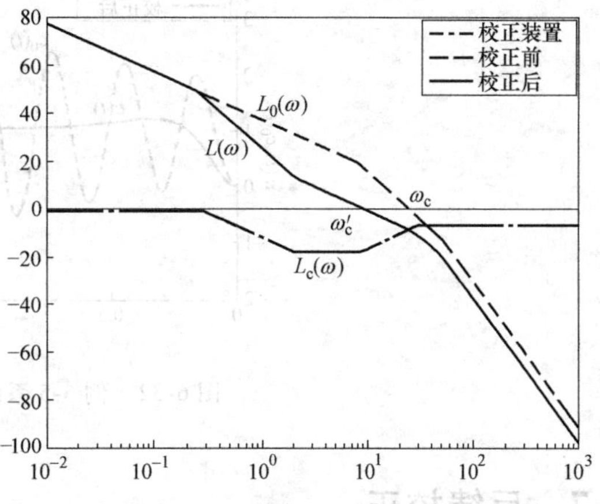

图 6-31　例 6-5 系统的对数幅频特性

$$\omega_2 \leqslant \omega'_c \frac{M_r - 1}{M_r} = 10 \times \frac{1.35 - 1}{1.35} = 2.6$$

$$\omega_3 \geqslant \omega'_c \frac{M_r + 1}{M_r} = 10 \times \frac{1.35 + 1}{1.35} = 17.4$$

在此取 $\omega_2 = 2$，$\omega_3 = 30$，则中频宽度 $H = \dfrac{\omega_3}{\omega_2} = 15$ 较为合适。

③ 绘制期望对数幅频特性。由于原系统的稳态性能已符合要求，则其低频特性就作为期望特性的低频段，斜率为 -20dB/dec；在 ω_2 和 ω_3 之间过 ω'_c 作斜率为 -20dB/dec 的直线段，即为期望特性的中频段；过 ω_2 点向左作斜率为 -40dB/dec 的直线，交期望特性低频段于 ω_1 点，对应的频率值为 $\omega_1 = 0.25$，由此确定了低、中频过渡段；过 ω_3 点向右作斜率为 -40dB/dec 的直线，至频率值 $\omega_4 = 1/0.02 = 50$，即为中、高频过渡段；过 ω_4 点作原系统高频段的平行线，即 -60dB/dec 的直线，为希望特性的高频段。至此，期望对数幅频特性绘制完成，如图 6-31 中 $L(\omega)$所示，其开环传递函数为

$$G(s) = \frac{70(s/2 + 1)}{s(s/0.25 + 1)(s/30 + 1)(s/50 + 1)}$$

3）确定校正装置的对数幅频特性及其传递函数。由 $L_c(\omega) = L(\omega) - L_0(\omega)$可得到校正装置的对数幅频特性，如图 6-31 中 $L_c(\omega)$所示，对应传递函数可由其可直接写出，也可通过下式求得

$$G_c(s) = G(s)/G_0(s) = \frac{(s/2 + 1)(0.12s + 1)}{(s/0.25 + 1)(s/30 + 1)} = \frac{(0.5s + 1)(0.12s + 1)}{(4s + 1)(0.03s + 1)}$$

4）指标检验。通过 MATLAB 仿真，校正后系统截止频率 $\omega'_c = 8.5$，相位裕量 $\gamma' = 52.9°$，调节时间 $t'_s = 0.82\text{s}$，超调量 $\sigma' = 21\%$，完全满足性能指标要求。

校正前、后系统的单位阶跃响应如图 6-32 所示。可见，校正前系统不稳定，如 $c_0(t)$所示；而校正后系统具有较好的动态响应和稳态响应特性，如 $c(t)$所示。

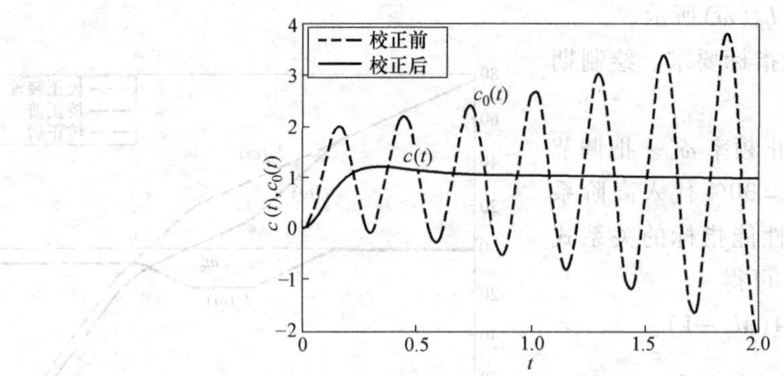

图 6-32　例 6-5 系统的单位阶跃响应

6.7　反馈校正

前面所述的控制系统校正方法均属于串联校正，为了改善控制系统的性能，也常常采用反馈校正。反馈校正除了可获得与串联校正相同的效果外，还能消除被反馈校正所包围部分的元件参数波动对系统的不利影响，从而提高控制系统的整体性能。

6.7.1　反馈校正的原理

1. 反馈校正的基本概念

所谓反馈校正就是在系统的局部环节中引入负反馈以实现对系统性能的改善，因此反馈校正是一种局部校正，如图 6-33 所示。

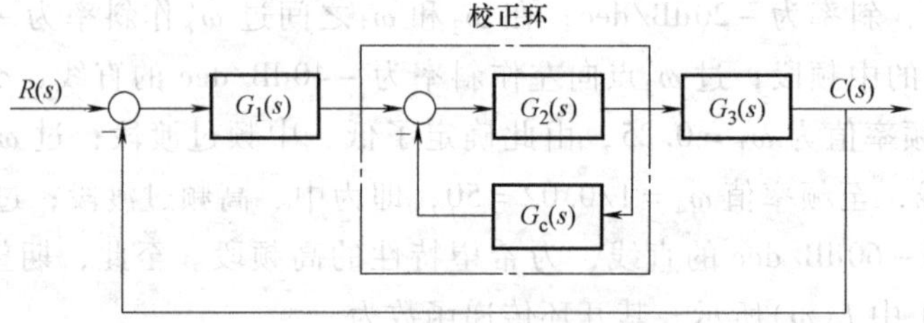

图 6-33　反馈校正系统结构图

在反馈校正方式中，校正装置 $G_c(s)$ 反馈包围了系统固有部分的部分环节（或部件）$G_2(s)$，它同样可以改变系统的结构、参数和性能。设计时通过选择校正装置的结构和参数，便可以达到改善系统性能的目的。

反馈校正通常又可分为硬反馈校正和软反馈校正。硬反馈校正装置的主体是比例环节（也可能还含有小惯性环节），它在系统的动态和稳态过程中都起作用；软反馈校正装置的主体是微分反馈（也可能还含有小惯性环节），它只在系统的动态过程中起作用，当系统到达稳态时，形同开路，不起作用。

2. 反馈校正的基本原理

反馈校正的基本原理是：用反馈校正装置包围原系统前向通道中，影响系统性能的一个或多个环节，形成局部反馈环；合理选择校正装置的结构和参数，使系统的频率特性朝着期望的目标变化，从而改善系统性能。

在图6-33中，$G_c(s)$为反馈校正装置，并设$G_J(s)=G_2(s)G_c(s)$为校正环的开环传递函数。

校正前原系统开环传递函数为

$$G_0(s)=G_1(s)G_2(s)G_3(s) \tag{6-39}$$

校正后系统开环传递函数为

$$G(s)=\frac{G_1(s)G_2(s)G_3(s)}{1+G_2(s)G_c(s)}=\frac{G_0(s)}{1+G_J(s)} \tag{6-40}$$

当$|G_J(s)|\ll 1$,即$L_J(\omega)=20\lg|G_J(j\omega)|\ll 0\text{dB}$时，$G(s)\approx G_0(s)$，$G(j\omega)\approx G_0(j\omega)$，说明在$L_J(\omega)\ll 0\text{dB}$的频带范围内反馈校正基本不起作用。

而在$|G_J(s)|\gg 1$，即$L_J(\omega)=20\lg|G_J(j\omega)|\gg 0\text{dB}$时有

$$G(s)\approx\frac{G_0(s)}{G_J(s)}=\frac{G_1(s)G_3(s)}{G_c(s)} \tag{6-41}$$

则校正环的开环传递函数为

$$G_J(s)=\frac{G_0(s)}{G(s)} \tag{6-42}$$

其对数幅频特性为

$$L_J(\omega)=L_0(\omega)-L(\omega) \tag{6-43}$$

其中，$L_J(\omega)=20\lg|G_J(j\omega)|=20\lg|G_2(j\omega)G_c(j\omega)|$为校正环开环对数幅频特性；$L_0(\omega)=20\lg|G_0(j\omega)|$为原系统开环对数幅频特性；$L(\omega)=20\lg|G(j\omega)|$为校正后系统开环对数幅频特性。

由式（6-41）可知，只要适当选择反馈校正装置$G_c(s)$的相关参数，就可消除$G_2(s)$对系统的影响，有效地改善系统特性。在控制系统初步设计时，往往把条件$|G_J(s)|\gg 1$或$L_J(\omega)=20\lg|G_J(j\omega)|\gg 0\text{dB}$简化为

$$|G_J(s)|>1\text{或}L_J(\omega)=20\lg|G_J(j\omega)|>0\text{dB} \tag{6-44}$$

这样做的结果虽然会产生一定的误差，但是可以验证，此时的最大误差不超过3dB，在工程允许的范围之内。

可见，在$L_J(\omega)=L_0(\omega)-L(\omega)>0\text{dB}$（或者$L_0(\omega)>L(\omega)$）的频带范围内，用原系统频率特性$L_0(\omega)$减去校正后系统频率特性（期望频率特性）$L(\omega)$，即可得到校正环的开环对数幅频特性，进而可以确定反馈校正装置$G_c(s)$。这就是反馈校正的基本原理。

6.7.2 反馈校正的设计

一般地，反馈校正装置按以下步骤设计：

1）根据稳态性能的要求，绘制原系统开环对数频率特性$L_0(\omega)$。

2）根据对系统提出的动态性能指标要求，绘制系统期望开环对数频率特性$L(\omega)$。

3）由作图法确定$L_J(\omega)$，并写出$G_J(s)$。具体方法是：在$L_0(\omega)>L(\omega)$的频带范围内，校正装置起作用，由式（6-43）确定反馈校正环的开环对数频率特性$L_J(\omega)$；在此频带范围之外，校正装置不起作用，要求$L_J(\omega)<0\text{dB}$，且为使校正装置尽可能简单，一般将$L_J(\omega)$按穿越0dB线时的斜率向低频和高频延伸即可。根据绘制的$L_J(\omega)$可写出校正环的传

递函数 $G_J(s)$。

4）确定校正装置传递函数。由式（6-42）得 $G_c(s)=G_J(s)/G_2(s)$。

5）校验校正后系统性能是否满足要求，若不满足，适当调整期望特性中频段的转折频率和中频宽度，再重新计算。

下面举例说明反馈校正装置的设计过程。

【例 6-6】 设反馈校正系统结构如图 6-33 所示，其中 $G_1(s)=K_1$，$G_2(s)=\dfrac{5}{(0.1s+1)(0.02s+1)}$，$G_3(s)=\dfrac{1}{s}$。若要求校正后系统的静态速度误差系数 $K_v\geqslant 200$，超调量 $\sigma\leqslant 40\%$，调节时间 $t_s\leqslant 1\text{s}$。试确定反馈校正装置 $G_c(s)$。

解：1）根据稳态性能的要求，确定满足稳态精度的原系统开环传递函数 $G_0(s)$。根据题意取 $K_v=200$，则

$$K_v=\lim_{s\to 0}sG(s)=\lim_{s\to 0}s\frac{K_1\times 5\times 1}{(0.1s+1)(0.02s+1)s}=200$$

解之得 $K_1=40$。

满足稳态精度的原系统开环传递函数为 $G_0(s)=\dfrac{200}{s(0.1s+1)(0.02s+1)}$，其开环对数幅频特性曲线如图 6-34 中 $L_0(\omega)$ 所示。

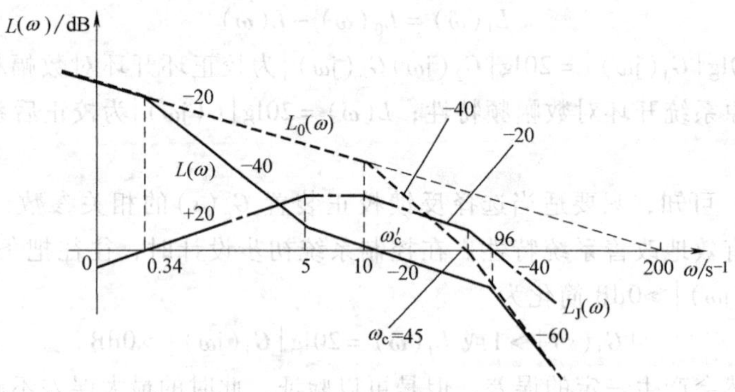

图 6-34 例 6-6 系统的 Bode 图

由图 6-34 有，$L(10)\approx 20\lg\dfrac{200}{10}=40\lg\dfrac{\omega_c}{10}$，即 $\omega_c=\sqrt{10\times 200}$，解之得 $\omega_c\approx 45\text{s}^{-1}$。

2）期望开环对数幅频特性的设计。取性能指标 $\sigma=40\%$，$t_s=1\text{s}$，代入式（6-5）和式（6-6）中，得校正后系统的动态指标为 $\omega_c'=13.5\text{s}^{-1}$，$M_r=1.6$。

为满足指标要求，必须使校正后系统中频段以 -20dB/dec 穿过 0dB 线。可认为期望频率特性斜率的变化规律为 $-20\text{dB/dec}\to -40\text{dB/dec}\to -20\text{dB/dec}\to -60\text{dB/dec}$。

为使校正装置简单，过 ω_c' 作 -20dB/dec 直线，高频段交 $L_0(\omega)$ 于 $\omega_3=96\text{s}^{-1}$，则

$$\omega_2\leqslant \omega_c\frac{M_r-1}{M_r}=13.5\times\frac{1.6-1}{1.6}\approx 5.06$$

取 $\omega_2=5\text{s}^{-1}$，验证校正后系统中频宽度 $H=\dfrac{\omega_3}{\omega_2}=19.2$，满足一般要求。

过 ω_2 对应点作 -40dB/dec 的直线，交原系统特性 $L_0(\omega)$ 于 $\omega_1=0.34\text{s}^{-1}$。为使校正后

系统简单，且不影响原系统的稳态精度和抗干扰能力，应使校正后系统的低、高频段均与原系统重合。

至此期望特性绘制完成，如图 6-34 中 $L(\omega)$所示，由此可得校正后系统的开环传递函数为

$$G(s)=\frac{200\left(\frac{1}{5}s+1\right)}{s\left(\frac{1}{0.34}s+1\right)\left(\frac{1}{96}s+1\right)^2}=\frac{200(0.2s+1)}{s(2.94s+1)(0.01s+1)^2}$$

3）确定校正环的开环对数频率特性 $L_J(\omega)$。由图 6-34 可知，反馈校正装置只在$0.34<\omega<96(L_0(\omega)>L(\omega))$ 的频段内起作用，在此频率范围内，由 $L_J(\omega)=L_0(\omega)-L(\omega)$可得到此频段内校正环的开环对数幅频特性；在 $\omega<0.34$ 和 $\omega>96$ 的频段内不起作用，只要让曲线保持穿越 0dB 线时的斜率不变即可。由此可得到校正环的开环对数幅频特性曲线，如图 6-34 中的 $L_J(\omega)$所示。

由 $L_J(\omega)$有 $K_c=1/0.34=2.9$，则得到校正环的开环传递函数为

$$G_J(s)=\frac{2.94s}{(0.2s+1)(0.1s+1)(0.02s+1)}$$

校正环在 $\omega_3=96\mathrm{s}^{-1}$处的相位裕量为

$$\gamma_J(\omega_3)=180°+90°-\arctan0.2\times96-\arctan0.1\times96-\arctan0.02\times96=36.5°>0°$$

可见校正环稳定。

在 $\omega'_c=13.5\mathrm{s}^{-1}$处的对数幅值 $L_J(\omega'_c)$为

$$L_J(\omega'_c)\approx20\lg\frac{2.94\omega'_c}{0.2\omega'_c\times0.1\omega'_c}\approx21\mathrm{dB}$$

基本满足 $L_J(\omega)\gg0\mathrm{dB}$ 的要求，说明在误差允许的范围之内。

4）确定校正装置传递函数。由式（6-42）得 $G_c(s)=\dfrac{G_J(s)}{G_2(s)}=\dfrac{0.6s}{0.2s+1}$。

5）指标校验。由校正后的开环传递函数验算得 $K_v=200$，$\gamma'=63.3°$，$\omega'_c=13.5\mathrm{s}^{-1}$，$M_r=1.12$，$\sigma=21.6\%$，$t_s=0.54\mathrm{s}$，全部满足系统性能指标要求。

6.7.3 反馈校正的其他应用

从图 6-33 可知，反馈校正的信号是从高功率点传向低功率点，故不需加放大器；反馈校正不仅能改善系统性能，而且对于系统参数波动及非线性因素对系统性能的影响等方面有一定的抑制作用。

1. 硬反馈（比例负反馈）可提高一阶系统的快速性

硬反馈系统结构如图 6-35 所示。

当加入硬反馈环节 K_c后，系统传递函数为

$$G(s)=\frac{C(s)}{R(s)}=\frac{K'}{T's+1} \tag{6-45}$$

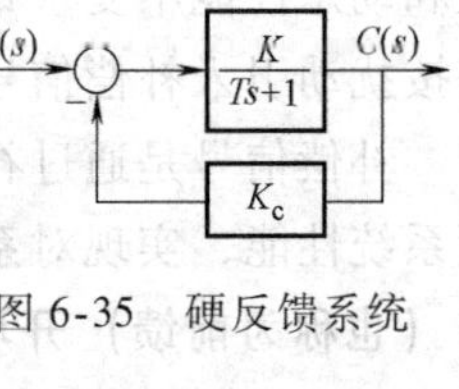

式中，$K'=\dfrac{K}{1+KK_c}$；$T'=\dfrac{T}{1+KK_c}$。可见加入硬反馈后，系统仍为惯性环节，只是增益和时间常数都减小了。时间常数减小，必然

图 6-35 硬反馈系统

会减弱惯性作用，提高系统动态响应速度。而实际中增益的减小，可通过提高前置放大器的增益来弥补。

2. 软反馈（微分负反馈）**可提高系统的相对稳定性**

软反馈系统结构如图 6-36 所示，反馈校正装置为理想比例微分环节。

当加入软反馈后，系统传递函数为

$$G(s)=\frac{C(s)}{R(s)}=\frac{\omega_n^2}{s^2+(2\zeta\omega_n+K_c\omega_n^2)s+\omega_n^2} \tag{6-46}$$

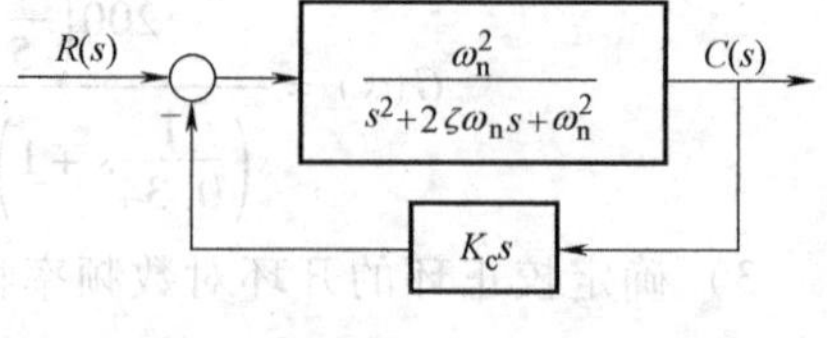

图 6-36　软反馈系统

显然，校正后系统的无阻尼自然频率未变，即 $\omega'_n=\omega_n$，而阻尼比发生了变化，令

$$2\zeta\omega_n+K_c\omega_n^2=2\zeta'\omega_n$$

则

$$\zeta'=\zeta+\frac{1}{2}K_c\omega_n \tag{6-47}$$

故校正后系统的阻尼比增大，超调量减小，提高了系统的相对稳定性。

反馈校正还可应用于其他许多场合，如可消除或改善对系统性能有不利影响的环节；可以降低系统参数变化对系统性能的影响；可以降低前向通道中某些元部件的灵敏度，从而降低系统对参数变化的敏感性；还可用来削弱系统的非线性影响等。反馈校正效果显著，但实现起来较为复杂。

6.8　复合校正

线性控制系统的串联校正和反馈校正是常用的校正方法，其共同特点是校正装置均接在闭环控制回路内，系统是通过反馈控制调节的。该种校正方式结构简单，校正装置容易实现。但常常存在系统动态性能和稳态性能、跟随给定与克服扰动之间的矛盾，特别是对于克服低频强扰动信号，一般通过这两种基本校正方式是难以满足要求的。因而在一些要求高精度的控制系统中，常常采用复合校正方式。

本节介绍复合校正的基本概念及复合校正的两种实现方式，即按扰动补偿的复合校正和按输入补偿的复合校正，并分别研究其系统组成结构、校正原理及设计方法。

6.8.1　复合校正的基本概念

由第 3 章分析可知，减小或消除系统的稳态误差，一般可通过提高系统的开环增益，或增加系统中积分环节个数的方法实现。但这两种方法在提高系统控制精度的同时，都会降低系统的稳定性，严重时会使系统不稳定。为此可采用误差补偿的方法，即在原有的负反馈闭环控制系统中，引入与给定信号或扰动信号有关的开环补偿信号，可以实现在保持系统稳定性和动态性能不变（即不改变原系统闭环特征方程）的同时，提高系统的控制精度，尤其是按扰动引入补偿信号的系统，几乎可以抑制所有可测干扰信号的影响。

补偿信号是通过补偿装置引入的，称此系统为复合控制系统，利用复合控制方式改善原有系统性能，实现对系统设计，即为复合校正。**复合校正是在原负反馈控制系统中，加入顺馈（也称为前馈）开环校正通道，组成一个有机整体，构成复杂控制系统以改善系统性能。**

6.8.2 按扰动补偿的复合校正

按扰动补偿的复合校正系统结构如图 6-37 所示。其中，$D(s)$是可测但不可控的扰动信号，$G_d(s)$是按 $D(s)$信号方向加入的顺馈补偿装置传递函数，$G_1(s)$是控制器传递函数，$G_2(s)$是被控对象的传递函数。

引入扰动补偿通道的目的是通过正确选择补偿装置 $G_d(s)$，使扰动输入 $D(s)$不影响系统的输出 $C(s)$或大大降低对输出的影响，从而增强系统的抗干扰能力，提高控制精度，具体分析如下。

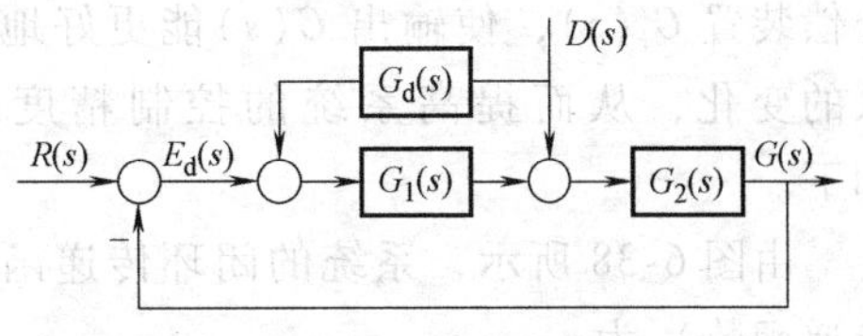

图 6-37 按扰动补偿的复合校正系统

在给定输入 $R(s)=0$ 时，扰动对输出的传递函数（即扰动传递函数）为

$$\Phi_d(s)=\frac{C(s)}{D(s)}=\frac{G_2(s)+G_d(s)G_1(s)G_2(s)}{1+G_1(s)G_2(s)} \tag{6-48}$$

要使扰动不影响系统的输出响应，就必须使扰动到输出的传递函数为零，由式（6-48）得

$$G_2(s)+G_d(s)G_1(s)G_2(s)=0$$

则校正装置的传递函数为

$$G_d(s)=-\frac{1}{G_1(s)} \tag{6-49}$$

可见，当选择校正装置的传递函数为反馈控制器传递函数的倒数，且符号相反时，即可实现对扰动信号的全补偿。式（6-49）为**扰动全补偿条件**。

对该问题的阐述也可从计算扰动作用下的误差$E(s)$入手。由图 6-37 可知，在给定输入 $R(s)=0$ 时，扰动误差为

$$E_d(s)=-C(s)=-\frac{G_2(s)+G_d(s)G_1(s)G_2(s)}{1+G_1(s)G_2(s)}D(s) \tag{6-50}$$

要使扰动误差为零，令式（6-50）为零，即可得到式（6-49）同样的扰动全补偿条件。

通过上述的分析可见，采用按扰动补偿的复合校正，从理论上可以完全补偿扰动信号对系统的不利影响，但实际中不容易实现全补偿。一方面，有些扰动信号不可测量，根本无法实现全补偿；另一方面，补偿装置 $G_d(s)$不容易获得，这是因为一般装置的传递函数都是有理真分式，即分母阶数高于分子阶数，而按式（6-49），顺馈补偿校正装置 $G_d(s)$为 $G_1(s)$的倒数，即 $G_d(s)$将出现分子阶数高于分母阶数，这在实际中很难通过物理器件实现。因此顺馈补偿只能是对扰动作用进行部分补偿，而遗留问题仍由反馈回路进行偏差控制。复合控制系统正是集两者的优点，由顺馈控制对系统中主要扰动的影响进行部分补偿，而通过反馈控制进一步消除该扰动的影响，同时反馈控制还能克服系统中其他扰动的影响。

另外，当 $G_d(s)$的分子阶次高于分母阶次时，可适当增加时间常数很小的惯性环节，使 $G_d(s)$的分子、分母阶数相同，在物理上能够实现，可以达到近似全补偿要求，这样可在扰动信号作用的主要频段内实现全补偿。

按扰动补偿的复合校正系统，在提高系统抗干扰能力的同时，不改变系统的稳定性，它解决了提高系统稳定性和减小稳态误差之间的矛盾，是一种较好的校正方式。

6.8.3 按输入补偿的复合校正

按输入补偿的复合校正系统结构如图 6-38 所示。其中 $G_r(s)$ 是按给定输入信号 $R(s)$ 方向加入的顺馈补偿装置传递函数。

引入输入顺馈补偿通道的目的是通过正确选择补偿装置 $G_r(s)$，使输出 $C(s)$ 能更好地跟随给定输入的变化，从而提高系统的控制精度，具体分析如下。

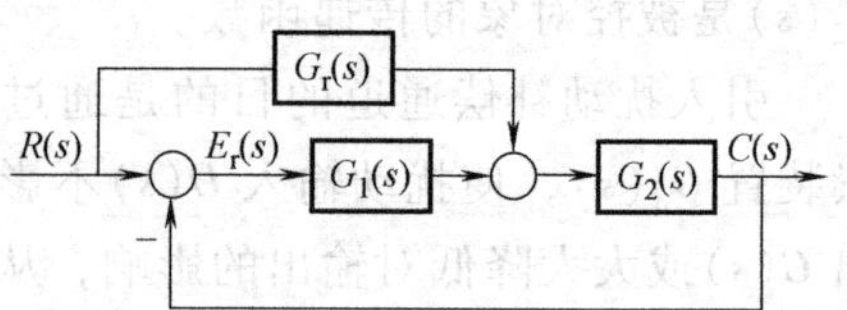

图 6-38 按输入补偿的复合校正系统

由图 6-38 所示，系统的闭环传递函数（即给定传递函数）为

$$\Phi_r(s)=\frac{C(s)}{R(s)}=\frac{G_1(s)G_2(s)+G_r(s)G_2(s)}{1+G_1(s)G_2(s)} \tag{6-51}$$

要使输出跟随输入变化，并完全复现输入，可令式（6-51）为 1，即

$$G_1(s)G_2(s)+G_r(s)G_2(s)=1+G_1(s)G_2(s)$$

得校正装置传递函数为

$$G_r(s)=\frac{1}{G_2(s)} \tag{6-52}$$

可见，当选择校正装置的传递函数为被控对象传递函数的倒数时，可使输出完全复现输入，具有很好的跟随性能。称式（6-52）为**给定全补偿条件**。

同样对该问题的阐述也可从计算给定作用下的误差 $E_r(s)$ 入手。由图 6-38 可知

$$E_r(s)=R(s)-C(s)=R(s)-R(s)\Phi_r(s)=R(s)[1-\Phi_r(s)] \tag{6-53}$$

把式（6-51）代入式（6-53）中，得给定误差为

$$E_r(s)=\frac{1-G_r(s)G_2(s)}{1+G_1(s)G_2(s)}R(s) \tag{6-54}$$

要使输出完全复现输入，必须使给定误差为零，即式（6-54）等于零，由此得到与式(6-52)同样的给定全补偿条件。

采用按输入补偿的复合校正，从理论上看确实能实现全补偿，但实际中仍然存在着能否实现的问题。因为除了受与按扰动补偿相同的限制因素外，还存在复杂系统受控对象模型不易建立的问题，这都导致了补偿控制应用的局限性。

按输入补偿的复合校正系统，在提高系统稳态精度的同时，不改变原系统的稳定性，这点从系统闭环传递函数表达式（6-51）可以看出，其闭环特征方程与校正前相同，因此校正前后系统稳定性不变。

总之，无论是按扰动补偿的复合校正，还是按输入补偿的复合校正，都属于顺馈控制，而顺馈控制属于开环控制，因此要求组成补偿装置的各种元器件具有较高的参数稳定性，否则会影响补偿效果，并给系统输出造成新的误差，这点在使用时应特别注意。

【例 6-7】 一复合控制的直流调速系统结构如图 6-39 所示，图中，$G_d(s)$ 为顺馈补偿装置的传递函数，$D(s)$ 为可测量的干扰量。要求：

1）确定 $G_d(s)$ 使干扰对系统无影响。

2）若 $K_1=2$，试选择 K_2 使闭环系统具有最佳阻尼比。

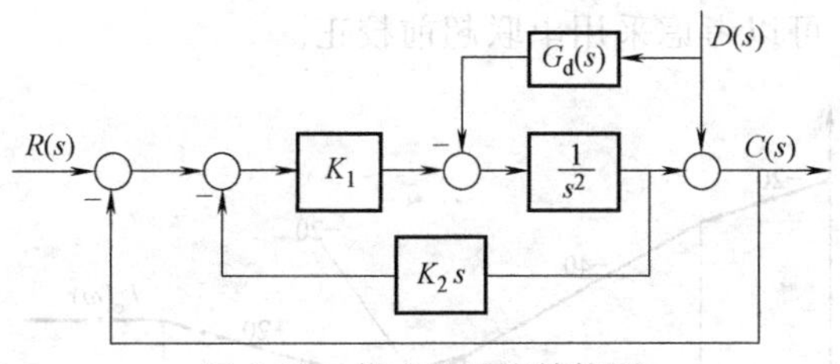

图 6-39　例 6-7 系统结构图

解：1）如图 6-39 所示，当 $R(s)=0$，$D(s)$单独作用时，由梅森公式得

$$\Delta = 1 + \frac{K_1K_2}{s} + \frac{K_1}{s^2},\quad P_1 = 1,\quad \Delta_1 = 1 + \frac{K_1K_2}{s},\quad P_2 = -\frac{G_d(s)}{s^2},\quad \Delta_2 = 1$$

则

$$\Phi_d(s) = \frac{C_d(s)}{D(s)} = \frac{P_1\Delta_1 + P_2\Delta_2}{\Delta} = \frac{1 + \frac{K_1K_2}{s} - \frac{G_d(s)}{s^2}}{\Delta}$$

根据题意，要使干扰对系统无影响，可令 $C_d(s)=0$，得

$$1 + \frac{K_1K_2}{s} - \frac{G_d(s)}{s^2} = 0$$

解之得

$$G_d(s) = s^2 + K_1K_2 s$$

为使得 $G_d(s)$有效，并达到近似全补偿，可增加两个小惯性环节，使 $G_d(s)$分子与分母阶次相同，即取

$$G_d(s) = \frac{s^2 + K_1K_2 s}{(Ts+1)^2},\quad \frac{1}{T} > K_1K_2 \text{或} T < \frac{1}{K_1K_2}$$

2）当 $D(s)=0$，$R(s)$单独作用时，系统闭环传递函数为

$$\Phi(s) = \frac{C(s)}{R(s)} = \frac{K_1}{s^2 + K_1K_2 s + K_1} = \frac{\omega_n^2}{s^2 + 2\zeta\omega_n s + \omega_n^2}$$

则 $K_1 = \omega_n^2$，$K_1K_2 = 2\zeta\omega_n$，$K_2 = 2\zeta/\sqrt{K_1}$。

当系统具有最佳阻尼比时，$\zeta = 0.707$，并将 $K_1 = 2$ 代入上式得，$K_2 = 1$。

6.9　例题精解*

【例 6-8】　某直流调速系统开环传递函数为 $G(s) = \dfrac{K}{s(0.1s+1)(0.001s+1)}$，要求校正后系统达到：①相位裕量 $\gamma' \geqslant 45°$；②静态速度误差系数 $K_v = 1000$。试设计串联校正装置。

解：1）由系统传递函数可知，该系统为Ⅰ型系统。由稳态指标要求有 $K_v = K = 1000$。故满足稳态性能的原系统开环传递函数为 $G_0(s) = \dfrac{1000}{s(0.1s+1)(0.001s+1)}$。

由 $G_0(\omega)$ 绘制 $L_0(\omega)$，如图 6-40 所示。由图得 $\omega_c = 100\text{s}^{-1}$，$\gamma = 0°$，系统处于临界稳定状态。

根据要求 $\gamma' \geqslant 45°$，可以考虑采用串联超前校正。

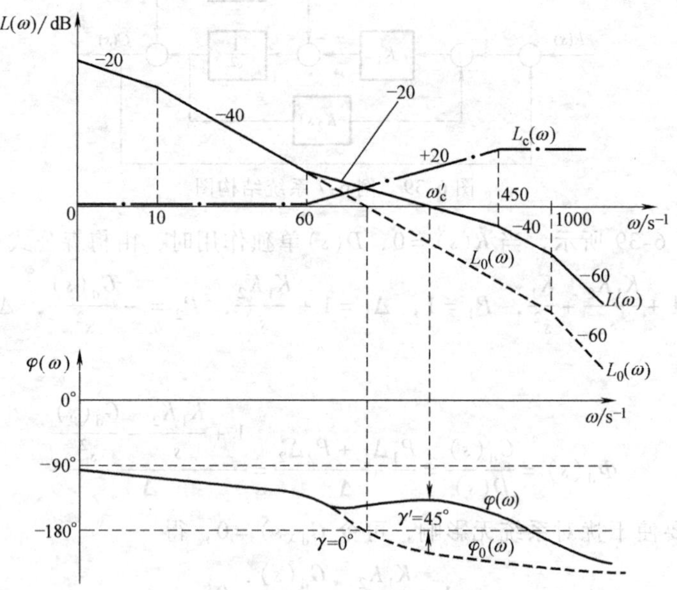

图 6-40　例 6-8 系统的开环 Bode 图

2）设串联超前装置传递函数为 $G_c(s)=\dfrac{\alpha Ts+1}{Ts+1}$，并取补偿裕量 $\Delta=5°$。则 $\varphi_m=\gamma'-\gamma+\Delta=50°$，$\alpha=\dfrac{1+\sin\varphi_m}{1-\sin\varphi_m}=7.5$，校正装置在最大相位角 φ_m 处的对数幅值为 $L_c(\omega_m)=10\lg\alpha=8.75\text{dB}$。

在 $L_0(\omega)$ 上找出幅值为 -8.75dB 的点对应的频率即为 $\omega'_c=\omega_m=165\text{s}^{-1}$。也可由图6-40计算，即

$$40\lg\frac{\omega'_c}{\omega_c}=10\lg\alpha,\quad \omega'_c=\omega_m=\omega_c\sqrt[4]{\alpha}\approx 165\text{s}^{-1}$$

$$T=\frac{1}{\omega_m\sqrt{\alpha}}=0.0022,\quad \alpha T=0.0165$$

故校正装置传递函数为 $G_c(s)=\dfrac{0.0165s+1}{0.0022s+1}$。由此绘制曲线 $L_c(\omega)$，如图 6-40 所示。

3）校正后系统开环传递函数为 $G(s)=G_0(s)G_c(s)=\dfrac{1000(0.0166s+1)}{s(0.1s+1)(0.001s+1)(0.0022s+1)}$，由此绘制校正后系统的 $L(\omega)$ 和 $\varphi(\omega)$，由图可求得校正后系统的 $\gamma'\approx 45°$，基本满足要求。

【例 6-9】 某恒值控制系统开环传递函数为 $G_0(s)=\dfrac{40}{s(0.2s+1)(0.0625s+1)}$，试分析：

1）若要求校正后系统的相位裕量为 30°，增益裕量为 10～12dB，试分析用串联超前校正装置能否实现。

2）若要求校正后系统的相位裕量为 50°，增益裕量为 30～40dB，试设计串联滞后校正装置。

解： 由 $G_0(s)$ 知，$K=40$，$20\lg K=32\text{dB}$，$\nu=1$，两个转折频率为 $\omega_1=5$，$\omega_2=16$。绘制原系统的对数幅频特性曲线，如图 6-41 中的 $L_0(\omega)$ 所示。

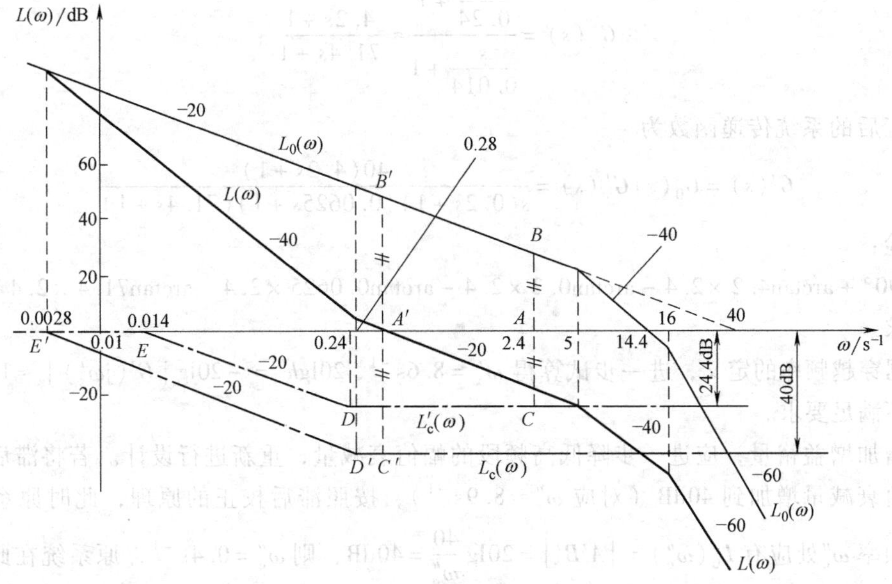

图 6-41　例 6-9 系统对数幅频特性

注：$|AB|=|AC|=24.4\text{dB}$，$|A'B'|=|A'C'|=40\text{dB}$

由图 6-41 得，$L_0(5)=20\lg\dfrac{40}{5}=40\lg\dfrac{\omega_c}{5}$，$\omega_c\approx14.1\text{s}^{-1}$，$\gamma=90°-\arctan\dfrac{\omega_c}{5}-\arctan\dfrac{\omega_c}{16}=-22°$，原系统不稳定。

1）设计超前校正装置。若采用超前校正，则需要校正装置提供的最大超前相位角为（取 $\Delta=5°\sim12°$）

$$\varphi_m=\gamma'-\gamma+\Delta=30°-(-22°)+5°\sim10°=57°\sim62°$$

可见，系统需要校正装置提供的正相移比较大，又因为超前校正将使系统中频段幅值抬高，校正后的截止频率 ω'_c 必然大于原系统的 $\omega_c=14.1\text{s}^{-1}$，而原系统在 $\omega=16\text{s}^{-1}$ 之后的相角下降很快，因此用一级超前校正装置难以满足系统要求。

2）设计滞后校正装置。希望原系统在校正后截止频率 ω'_c 处的相位裕量为（取 $\Delta=5°$）

$$\gamma(\omega'_c)=\gamma'+\Delta=55°$$

即 $180°-90°-\arctan0.2\omega'_c-\arctan0.0625\omega'_c=55°$，解之得 $\omega'_c\approx2.4\text{s}^{-1}$。如果对应 ω'_c 的公式是难以求解的三角方程时，可由 Bode 图得出 ω'_c 的大致范围，然后代入三角方程进行反复试算，求出比较合适的 ω'_c 取值。取滞后校正装置的第二个转折频率 $\omega_2=\dfrac{1}{10}\omega'_c=0.24\text{s}^{-1}$。

原系统在 ω'_c 处对数幅值为 $L_0(\omega'_c)=|AB|=20\lg\dfrac{40}{2.4}=24.4\text{dB}$，如图 6-41 所示。根据滞后校正的原理，过（2.4，−24.4）点作水平线，并向左延长 10dec 到 $\omega=0.24\text{s}^{-1}$ 处，再向左作斜率为 −20dB/dec 的直线，交 0dB 线于 E 点，从而得到校正装置的对数幅频特性曲线如图 6-41 中的 $L'_c(\omega)$ 所示。由 $L'_c(\omega)$ 得，$20\lg\dfrac{0.24}{\omega_E}=24.4\text{dB}=20\lg\dfrac{40}{2.4}$，解之得 $\omega_E\approx0.014\text{s}^{-1}$。由此可得，初步设计的滞后校正装置的传递函数为

$$G'_c(s)=\frac{\dfrac{s}{0.24}+1}{\dfrac{s}{0.014}+1}\approx\frac{4.2s+1}{71.4s+1}$$

校正后的系统传递函数为

$$G'(s)=G_0(s)G'_c(s)=\frac{40(4.2s+1)}{s(0.2s+1)(0.0625s+1)(71.4s+1)}$$

校验：

$\gamma'=90°+\arctan4.2\times2.4-\arctan0.2\times2.4-\arctan0.0625\times2.4-\arctan71.4\times2.4\approx50°$
满足要求。

根据穿越频率的定义，进一步试算得 $\omega'_x=8.6\text{s}^{-1}$，$20\lg h'=-20\lg|G'(j\omega'_x)|\approx18.9\text{dB}<30\text{dB}$，不满足要求。

要增加增益裕量，应进一步降低高频段的幅值衰减量，重新进行设计。若将滞后环节高频段幅值衰减量增加到 40dB（对应 $\omega''_x\approx8.9\text{s}^{-1}$），按照滞后校正的原理，此时原系统在新的截止频率 ω''_c 处应有 $L_0(\omega''_c)=|A'B'|=20\lg\dfrac{40}{\omega''_c}=40\text{dB}$，则 $\omega''_c=0.4\text{s}^{-1}$，原系统在此处的相位裕量为 $\gamma(\omega''_c)=90°-\arctan0.2\times0.4-\arctan0.625\times0.4=84°$，足够大。

取校正装置的 $\omega'_2=0.28\text{s}^{-1}$，此时有 $\varphi_c(\omega'_2)\approx-43°$，$\gamma\approx84°-34°=50°$。过（0.28，-40）点向右作水平线，并由此点向左作斜率为 -20dB/dec 的直线，交 0dB 线于 E' 点，从而得到新的滞后校正装置对数幅频特性曲线，如图 6-41 中的 $L_c(\omega)$ 所示。由 $L_c(\omega)$ 得，$20\lg\dfrac{0.28}{\omega_{E'}}=40\text{dB}$，解之得 $\omega_{E'}\approx0.0028\text{s}^{-1}$。由此可得，新的滞后校正装置的传递函数为

$$G_c(s)=\frac{\dfrac{s}{0.28}+1}{\dfrac{s}{0.0028}+1}=\frac{3.6s+1}{357.1s+1}$$

校正后的系统传递函数为

$$G(s)=G_0(s)G_c(s)=\frac{40(3.6s+1)}{s(0.2s+1)(0.0625s+1)(357.1s+1)}$$

重新校验：

$$\omega''_c=0.4\text{s}^{-1}$$

$\gamma''=90°-\arctan0.2\times0.4-\arctan0.0625\times0.4-\arctan357.1\times0.4+\arctan3.6\times0.4\approx50°$
基本满足，此时 $\omega''_x\approx8.9\text{s}^{-1}$，$20\lg h''=-20\lg|G(j\omega''_x)|\approx32\text{dB}>30\text{dB}$，满足要求。

6.10 基于 MATLAB 和 Simulink 的系统校正*

在 6.2～6.7 节中讲述了采用分析法和综合法进行线性控制系统的校正，其设计方法都是在工程经验的基础上，采用一定的理论推算，从而确定校正装置，达到改善系统性能的目的。

本节介绍基于 MATLAB 和 Simulink 的线性控制系统校正问题。首先介绍基于 MATLAB 的线性控制系统串联超前校正和串联滞后校正；然后介绍基于 Simulink 的线性控制系统校

正。通过实例说明利用 MATLAB 和 Simulink 进行线性控制系统校正的方法及步骤。

6.10.1 相位超前校正

由 6.2 节可知，超前校正的实质就是设法使校正装置的最大超前角频率 ω_m 等于校正后系统截止频率 ω'_c，通过提高原系统中频段特性的高度，增大系统的截止频率，提高系统的相位裕量，达到改善系统动态性能的目的。

设超前校正装置传递函数为

$$G_c(s)=\frac{\alpha Ts+1}{Ts+1},\qquad \alpha>1 \tag{6-55}$$

取校正后系统的截止频率 $\omega'_c=\omega_m$，原系统在 ω'_c处的对数幅值为 $L_0(\omega'_c)$（可在原系统对数幅频特性曲线上读取），则

$$-L_0(\omega'_c)=10\lg\alpha \tag{6-56}$$

由此得

$$\alpha=10^{-\frac{L_0(\omega'_c)}{10}} \tag{6-57}$$

由 $\omega_m=\dfrac{1}{T\sqrt{\alpha}}$得时间常数 T 为

$$T=\frac{1}{\omega_m\sqrt{\alpha}} \tag{6-58}$$

利用 MATLAB 进行系统校正，就是借助 MATLAB 相关语句进行上述运算，从而确定校正装置，达到系统校正的目的。

【例 6-10】 图 6-42 所示为磁盘驱动读取系统结构图，其中被控对象传递函数为 $G_0(s)=\dfrac{5K_a}{s(s+20)}$，检测传感器传递函数为 $H(s)=1$。试设计一合适的串联校正装置 $G_c(s)$，使校正后系统满足如下指标：速度误差系数 $K_v\geqslant125$，相位裕量 $\gamma'\geqslant40°$，增益裕量 $20\lg h'\geqslant10\text{dB}$。

解： 1）调整原系统开环增益 K_a，使校正后系统满足稳态速度误差系数的要求。根据题意有 $K_v=5K_a/20\geqslant125$，$K_a\geqslant500$，取 $K_a=500$，则原系统的开环传递函数为

$$G(s)=\frac{2500}{s(s+20)}=\frac{125}{s(0.05s+1)}$$

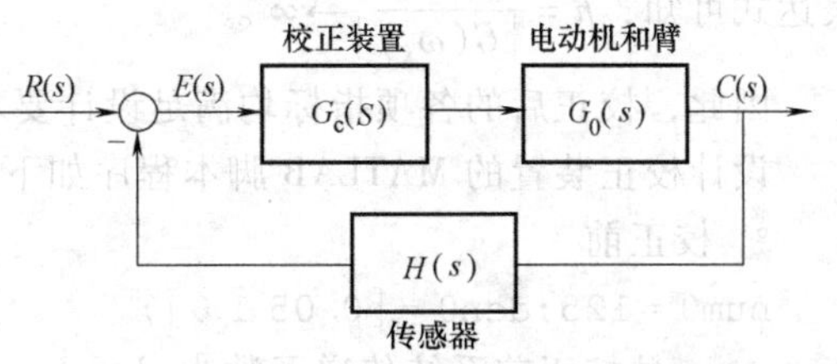

图 6-42 磁盘驱动读取系统的结构图

2）计算原系统的性能指标。根据原系统开环传递函数绘制其对数幅频特性曲线，如图 6-43 中 $L_0(\omega)$所示。由图知 $\omega_c>20$，则

$$A(\omega_c)=\frac{125}{\omega_c\sqrt{(0.05\omega_c)^2+1}}=1$$

解之得 $\omega_c=48$，其对应的相位裕量为

$$\gamma=180°+\varphi_0(\omega_c)=180°-90°-\arctan0.05\omega_c\approx23°<40°$$

由于相位裕量低于指标要求，考虑到超前装置有使相位超前的特点，故采用串联超前校正。

3）设计校正装置。设校正装置传递函数为 $G_c(s)=\dfrac{\alpha Ts+1}{Ts+1}$，确定参数 α 和 T。根据校正要求，要使校正后系统的相位裕量不小于40°，要求校正装置在 $\omega'_c=\omega_m$ 处提供的最大超前角为（取补偿量 $\Delta=10°$）

$$\varphi_m=\gamma'-\gamma+\Delta=27°$$

则

$$\alpha=\frac{1+\sin\varphi_m}{1-\sin\varphi_m}\approx2.7$$

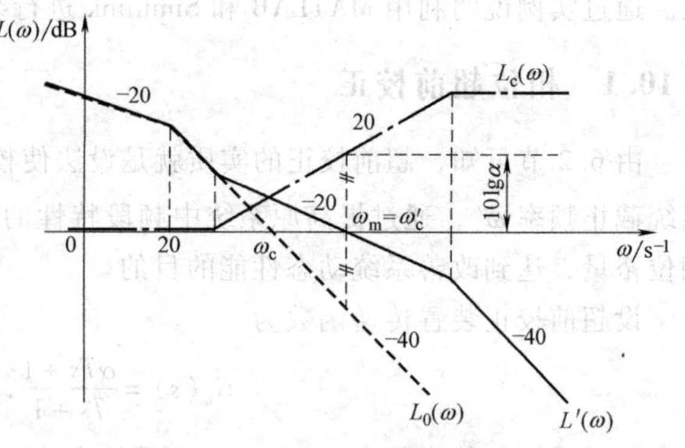

图 6-43　例 6-10 系统的对数幅频特性（渐近线）

校正装置在最大相位角 φ_m 处的对数幅值 $L_c(\omega_m)=10\lg\alpha\approx4.3\ \text{dB}$。在 $L_0(\omega)$ 中找出幅值为 -2.3dB 的点对应的频率即为 $\omega_m=\omega'_c$。ω'_c 也可由图 6-43 计算，即

$$40\lg\frac{\omega_m}{\omega_c}=10\lg\alpha,\quad \omega'_c=\omega_m=\omega_c\sqrt[4]{\alpha}\approx61.5\ \text{s}^{-1}$$

于是

$$T=\frac{1}{\omega_m\sqrt{\alpha}}\approx0.01,\quad \alpha T=0.027$$

故校正装置传递函数为 $G_c(s)=\dfrac{0.027s+1}{0.01s+1}$。由此绘制校正装置的 $L_c(\omega)$ 如图 6-43 所示。

4）校正后指标校验。校正后系统的开环传递函数为

$$G(s)=G_0(s)G_c(s)=\frac{125(0.027s+1)}{s(0.05s+1)(0.01s+1)},\quad \omega'_c=61.5\ \text{s}^{-1}$$

由此绘制校正后系统的 $L'(\omega)$，如图 6-43 所示。计算校正后系统相位裕量为

$$\gamma'=180°+\varphi(\omega'_c)\approx45.3°>40°$$

由校正后系统的 $L'(\omega)$ 可知，穿越频率 $\omega'_x\to\infty$，则由校正后系统的开环传递函数 $G(s)$ 表达式可知，$h=\dfrac{1}{|G(\omega_x)|}\to\infty$。

因此，校正后的各项指标均满足设计要求。

设计校正装置的 MATLAB 脚本程序如下：

```
% 校正前
num0 =125;den0 =[0.05 1 0];
disp('校正前系统传递函数为:')
sys0 =tf(mum0,den0)
[Gm0,Pm0,Wg0,Wc0] =margin(sys0);
sprintf('校正前相位裕量 =% f',Pm0)

% 设计校正装置
PhiM =40 - Pm0 +9.61;
a =sin(PhiM* pi/180);
alpha =(1 +a)/(1 -a);
```

```
Wm = Wc0* alpha^(1/4);
T = 1/(Wm* sqrt(alpha));
alpha_T = alpha* T;
disp('校正装置的传递函数为:')
sysc = tf([alpha_T 1],[T 1])

% 验证
num1 = conv(num0,[alpha_T 1]);
den1 = conv([0.05 1 0],[T 1]);
disp('校正后系统传递函数为:')
sys1 = tf(num1,den1)
[Gm1,Pm1,Wg1,Wc1] = margin(sys1)
sprintf('校正后相位裕量 = %f',Pm1)

figure;margin(sys0);      % 校正前 Bode 图
figure;margin(sys1);      % 校正后 Bode 图
```

校正前后系统 Bode 图如图 6-44 所示。

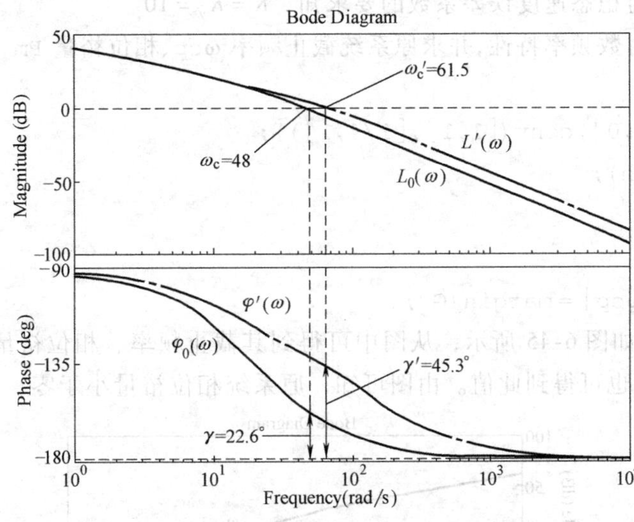

图 6-44　例 6-10 系统校正前后的 Bode 图

从仿真结果可见，校正后系统截止频率、相位裕量、增益裕量等各项性能指标均达到要求。

进一步的仿真验证可知，校正前系统的时域动态性能指标为 $\sigma=52.88\%$，$t_p=0.064\text{s}$，$t_s=0.3\text{s}$；校正后系统的时域动态性能指标为 $\sigma=26.46\%$，$t_p=0.047\text{s}$，$t_s=0.026\text{s}$。比较两组时域指标值可见，通过引入设计的校正装置，系统的动态性能得到了较好的改善。

6.10.2　相位滞后校正

由 6.3 节可知，滞后校正的实质就是利用校正装置的滞后特性，使系统中、高频段频率特性衰减，从而降低开环截止频率，增加相位裕量，提高系统的动态性能。

设滞后校正装置传递函数为

$$G_c(s)=\frac{Ts+1}{\beta Ts+1},\quad \beta>1 \tag{6-59}$$

若校正后系统的截止频率为 ω'_c，原系统在 ω'_c处的对数幅值为 $L_0(\omega'_c)$，则

$$L_0(\omega'_c)=20\lg\beta \tag{6-60}$$

由此得

$$\beta=10^{\frac{L_0(\omega'_c)}{20}} \tag{6-61}$$

选择校正装置的第二个转折频率$\frac{1}{T}=\frac{\omega'_c}{4\sim10}$，则 $T=\frac{4\sim10}{\omega'}$，由此可确定校正装置。

利用 MATLAB 进行系统校正，就是借助 MATLAB 相关语句进行上述运算，从而确定校正装置，达到系统校正的目的。

【例 6-11】 已知线性系统开环传递函数为

$$G(s)=\frac{K}{s(s+1)(s/4+1)}$$

要求系统在单位斜坡输入信号作用时，稳态速度误差系数 $K_v=10$，相位裕量 $\gamma'\geqslant30°$，试利用 MATLAB 进行串联滞后校正设计。

解： 根据系统对稳态速度误差系数的要求知，$K=K_v=10$。

```
% 绘制原系统对数频率特性,并求原系统截止频率 ωcp、相位裕量 Pm
num=[10];
den=conv([1,0],conv([1,1],[1/4,1]));
G=tf(num,den);
bode(G);
margin(G);
[Gm,Pm,ωcg,ωcp]=margin(G);
```

原系统 Bode 图如图 6-45 所示，从图中可得到其截止频率、相位裕量，另外，在 MATLAB Workspace 下，也可得到此值。由图可知，原系统相位裕量小于零，系统不稳定，故采

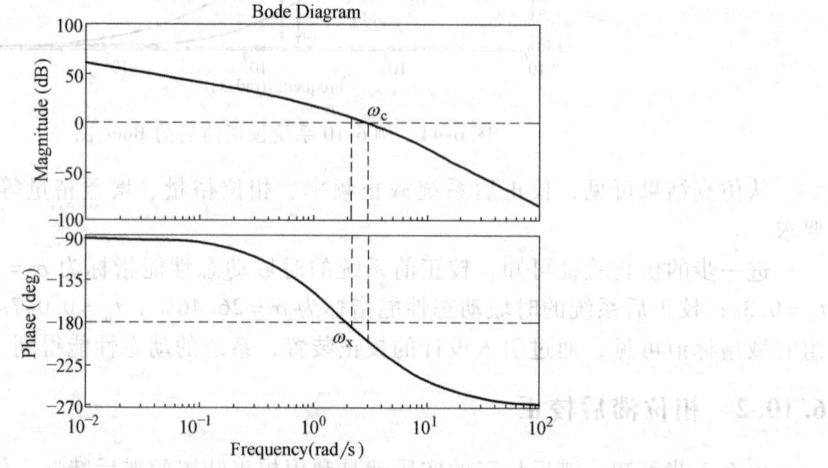

图 6-45　例 6-11 校正前系统的 Bode 图

用串联滞后校正较为合适。

取滞后装置补偿裕量 $\Delta=15°$，根据滞后校正的原理有 $\gamma(\omega'_c)=\gamma'+\Delta=30°+15°=45°$，从相频特性曲线中测得 45°相位裕量对应的频率值为 $\omega'_c=0.7$，此即为校正后系统的截止频率。

```
% 求原系统在 ω'c=0.7 处的对数幅值 L

L=20* log10(10/(0.7* sqrt(0.7^2+1)* sqrt((0.7/4)^2+1)));
% 求校正装置参数 beta,T
beta=10^(L/20);
ωc=0.7;
T=4/wc;
% 求校正装置 Gc
numc=[T,1];
denc=[beta* T,1];
Gc=tf(numc,denc);
% 求校正后传递函数 Ga
numa=conv(num,numc);
dena=conv(den,denc);
Ga=tf(numa,dena);
% 求校正后对数频率特性,并与原系统及校正装置频率特性进行比较
w=logspace(-3,1);
bode(Ga,ω);
hold on;
bode(G,':',w);
hold on;
bode(G,'-.');
legend('after','before','proofread')
grid;
```

校正前后系统 Bode 图如图 6-46 所示，校正装置参数 $\beta=11.528$，$T=5.7143$，校正装置传递函数为 $G_c(s)=\dfrac{5.7143s+1}{65.875s+1}$。

```
% 求校正后系统截止频率 ωcp、相位裕量Pm
bode(Ga);
margin(Ga);
[Gm,Pm,wcg,wcp]=margin(Ga);
```

从图 6-45 可见，校正后系统的截止频率、相位裕量等各项性能指标均达到要求。

6.10.3 利用 Simulink 工具箱实现系统校正

线性控制系统校正不仅可以在 MATLAB 下，利用 MATLAB 语句通过编程来实现，而且

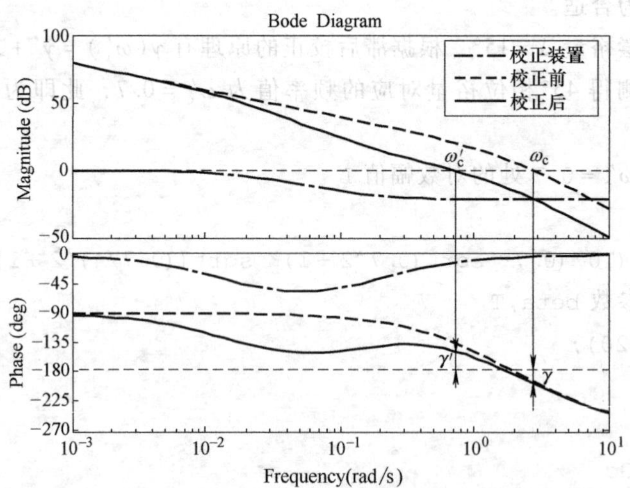

图 6-46 例 6-11 校正前后系统的 Bode 图

也可利用 MATLAB 下的 Simulink 工具箱实现系统建模和对校正前后系统性能进行验证。

下面以 6.2 节中的串联超前校正为例，介绍利用 Simulink 工具箱实现对系统校正装置的验证方法。

【例 6-12】 利用 Simulink 工具箱对例 6-1 所设计的串联超前校正装置进行验证。

解： 1）根据系统对稳态误差的要求，取开环增益 $K=K_v=1/e_{ss}=10$，原系统开环传递函数为 $G_0(s)=\dfrac{10}{s(s+1)}$。由此可在 Simulink 下建立原系统的仿真模型，如图 6-47 所示。

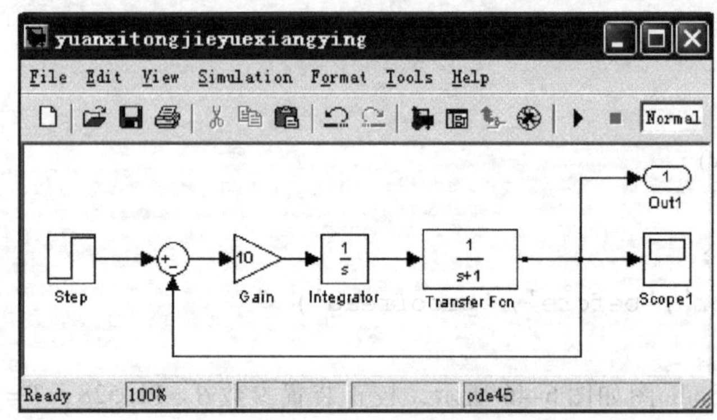

图 6-47 例 6-12 原系统仿真模型

系统运行后，其输出阶跃响应如图 6-48a 所示（通过示波器显示），也可在 MATLAB Command Window，键入 plot（tout，yout），绘出图 6-48b 所示波形。

由图 6-48 可见原系统超调量大、响应时间长，不符合要求。

2）由例 6-1 可知串联超前装置为 $G_c(s)=\dfrac{0.45122s+1}{0.11447s+1}$，校正后系统开环传递函数为 $G(s)=G_0(s)G_c(s)=\dfrac{10(0.45122s+1)}{s(s+1)(0.11447s+1)}$。在 Simulink 下建立校正后系统的仿真模型，如图 6-49 所示。

系统运行后，得到校正前后系统阶跃响应曲线，如图 6-50a 所示；同样也可在 MATLAB

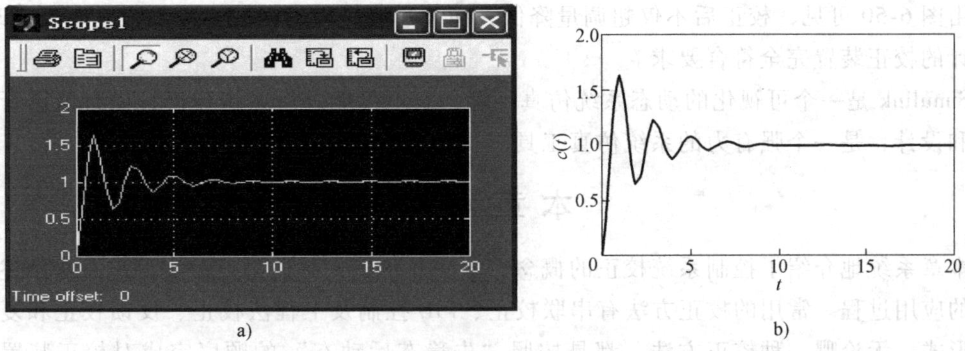

图 6-48　例 6-12 原系统单位阶跃响应曲线

a）Simulink 下示波器波形　b）MATLAB 下波形

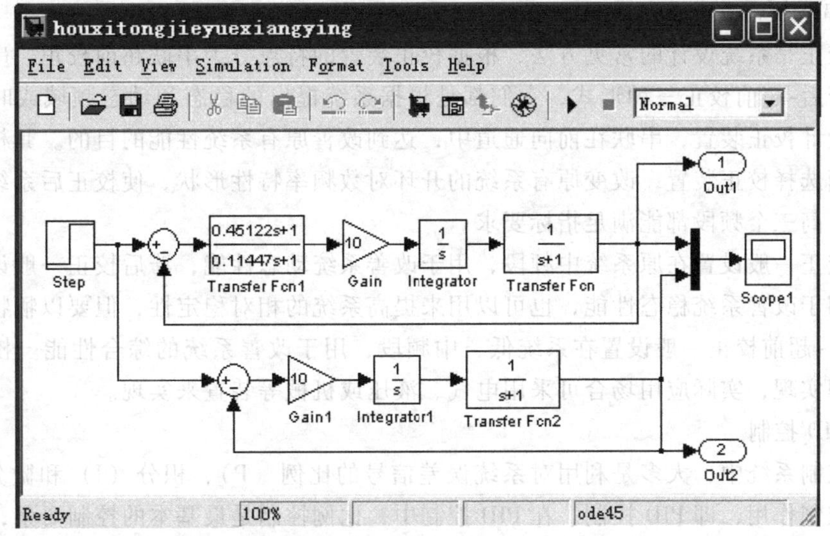

图 6-49　例 6-12 校正后系统仿真模型

Command Window，键入 plot（tout，yout），绘出图 6-50b 所示波形。图中 $c_0(t)$ 和 $c(t)$ 分别为校正前和校正后系统的单位阶跃响应曲线。

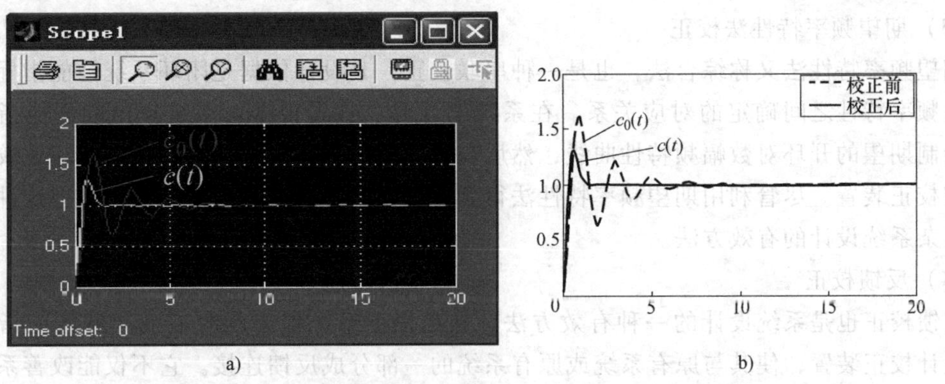

图 6-50　例 6-12 校正前后系统单位阶跃响应曲线比较

a）Simulink 下示波器波形　b）MATLAB 下波形

由图 6-50 可见，校正后不仅超调量降低，而且过渡过程时间减小，系统性能大大改善，所设计的校正装置完全符合要求。

Simulink 是一个可视化的动态系统仿真环境，它不仅能进行系统建模，而且能进行系统分析和设计，是一个强有力的系统仿真工具。

本章小结

本章系统地介绍了控制系统校正的概念、方法及步骤，并通过典型实例进一步阐述了其具体的应用过程。常用的校正方法有串联校正、PID 控制及工程法校正、反馈校正和复合校正等形式。无论哪一种校正方法，都是按照“先稳态后动态”的顺序完成对校正装置的设计，即先计算满足稳态要求的系统增益，画出此增益下的 Bode 图，然后考虑满足动态性能的补偿问题。

（1）串联校正

串联校正是系统设计的常见方法，根据校正装置的特点分为串联超前校正、串联滞后校正和串联滞后-超前校正三种形式，它们都是根据系统提出的稳态和动态频域或时域性能指标要求，设计校正装置，串联在前向通道中，达到改善原有系统性能的目的。其校正的实质是通过适当选择校正装置，改变原有系统的开环对数频率特性形状，使校正后系统频率特性的低、中、高三个频段都能满足指标要求。

超前校正一般设置在原系统中频段，用于改善系统动态性能；滞后校正一般设置在系统低频段，用于改善系统稳态性能，也可以用来提高系统的相对稳定性，但要以牺牲快速性为代价；滞后-超前校正一般设置在系统低、中频段，用于改善系统的综合性能。校正装置必须能够物理实现，实际应用场合可采用电气、液压或机械等装置来实现。

（2）PID 控制

现代控制系统中，大多是利用对系统误差信号的比例（P）、积分（I）和微分（D）运算来产生控制作用，即 PID 控制。在 PID 控制中，比例控制是最基本的控制要素，为满足实际系统控制指标的不同要求，再分别引入积分控制或微分控制，因而有 PI 控制、PD 控制和 PID 控制。PID 控制和串联校正有着内在联系，PI 控制是一种滞后校正，PD 控制是一种超前校正，PID 控制是一种滞后-超前校正。由于 PID 控制器参数调节范围大，在生产过程控制中得到广泛应用。

（3）期望频率特性法校正

期望频率特性法又称综合法，也是一种串联校正。其设计依据是闭环系统性能指标与开环对数频率特性之间确定的对应关系。在系统设计时，首先根据对系统提出的性能指标要求，绘制期望的开环对数幅频特性曲线，然后与原系统的开环对数幅频特性曲线相比较，从而确定校正装置。尽管利用期望频率特性法得到的校正装置有时难以准确实现，但这种方法仍是复杂系统设计的有效方法。

（4）反馈校正

反馈校正也是系统设计的一种有效方法，它是根据系统提出的时域或频域性能指标要求，设计校正装置，使其与原有系统或原有系统的一部分成反馈连接。它不仅能改善系统性能，而且能带来许多串联校正所无法得到的优点，尤其是可以消除原有系统不希望有的特性和消除参数变化对系统性能的影响。反馈校正虽然效果较好，但实现起来较为复杂。

（5）复合校正

复合校正是在反馈控制回路中，加入顺馈校正通路，构成复杂控制系统以改善系统性能的校正方式。复合校正按引入校正信号的位置不同，分为按给定补偿的复合校正和按扰动补偿的复合校正两种。复合校正系统充分利用开环顺馈控制与闭环反馈控制两者的优点，解决了系统稳态性能与动态性能、抑制扰动与跟随给定两方面的矛盾，极大地改善了系统的性能，常用于精度要求较高的控制系统校正。但系统结构复杂，实现比较困难。

利用 MATLAB 和 Simulink 进行系统校正，可以增强对系统校正的认识，能直观地看到并分析校正的效果，是系统设计的有效工具。

总之，控制系统的校正与设计是一个复杂的过程，绝不仅仅局限于对设计理论的理解，应用时应考虑实现问题，并且具体问题具体分析。只有把理论和实践结合起来，才能不断地深化对理论的理解，并在实践中加以应用，从而有效地解决实际设计问题。根据以上的分析，不难看出：

1）校正装置的选择不是唯一的。本章介绍了几种常用的校正装置，如超前与滞后、有源与无源、串联与反馈等，不同类型的校正装置可能都能满足同一系统的校正要求。

2）校正装置的设计方法与步骤不是唯一的。可以根据需要采取不同的方法和步骤来完成系统的设计，这在很多的文献中都有介绍。如滞后-超前校正装置的设计中，可以先确定超前部分，也可以先确定滞后部分，只要设计出的校正装置能够使系统满足指标要求即可。

3）控制系统的各种校正和设计方法，都不是建立在严格的数学分析基础之上的，均有“试凑”的成分。在实施过程中需要以理论指导，进行反复比较、调整、修改以及实验验证，以获得预期的校正效果，这就要求领会系统校正的基本思想，灵活运用。

思　考　题

6-1　控制系统频域法校正的基本原则是什么？校正常用的性能指标有哪些？

6-2　设超前校正装置的传递函数为 $G_c(s)=\dfrac{Ts+1}{\alpha Ts+1}(\alpha<1)$，试证明取得最大超前相角 φ_m 时的频率 ω_m 位于校正装置两个转折频率的几何中心，并推导 ω_m 和 φ_m 的表达式。

6-3　试分析三种串联校正的优缺点，并分析各转折频率如何设置才能在充分利用其优点的同时减小其缺点对系统性能的影响。

6-4　试分析式（6-18）和式（6-26）中补偿量 Δ 的含义有什么不同？

6-5　某角度随动系统如图 6-51 所示，试回答：

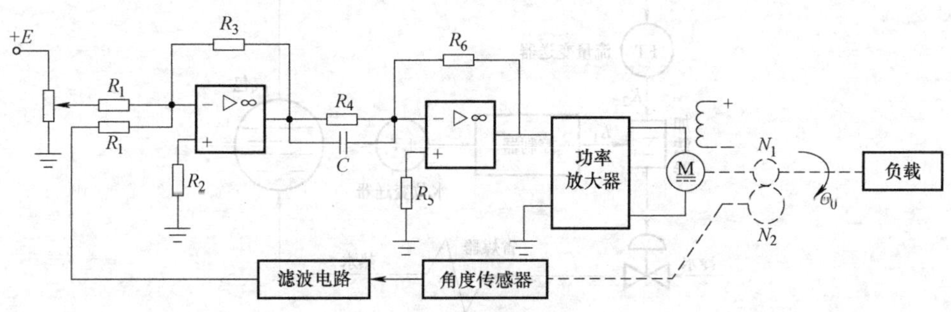

图 6-51　思考题 6-5 图

(1) 哪些元件属于系统的固有部分？哪些元件构成系统的校正装置？

(2) 该系统的校正装置属于串联、反馈还是复合校正？

6-6 图 6-52a 所示为某角度随动控制系统图，其中由测速发电机 TG 和超前阻容网络 R_3C_1 构成局部反馈校正，校正前、后系统主回路和局部校正回路开环对数幅频特性分别如图 6-52b 中的 $L_0(\omega)$、$L(\omega)$、$L_J(\omega)$ 所示。试根据图 6-52b 解释系统中局部反馈如何提高电动机角度随动系统的平稳性？

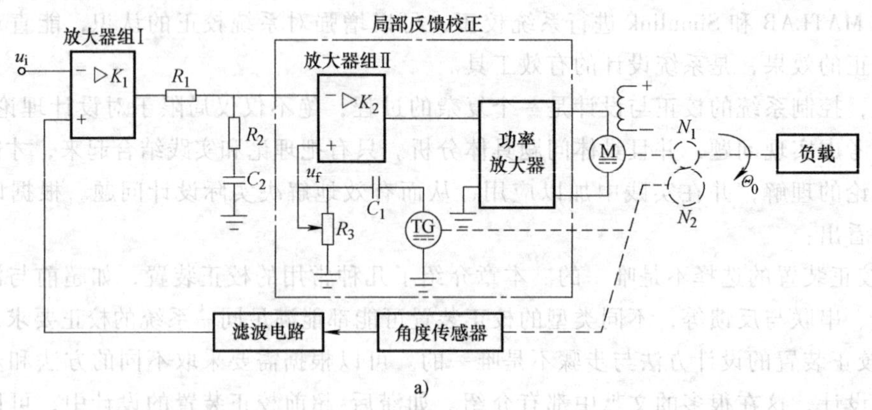

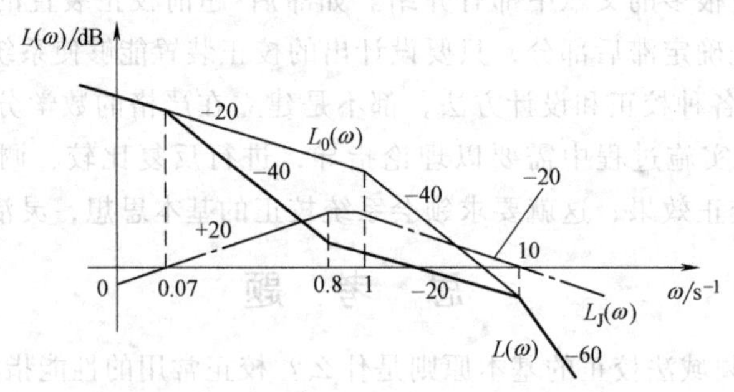

图 6-52 思考题 6-6 图

a) 原理图 b) Bode 图

6-7 图 6-53 所示是锅炉汽包水位控制系统原理图，其中液位变送器 LT 测量汽包水位，流量变送器 FT 测量蒸汽流量，K_1 和 K_2 为对应信号进入加法器前所相乘的系数。图中汽包

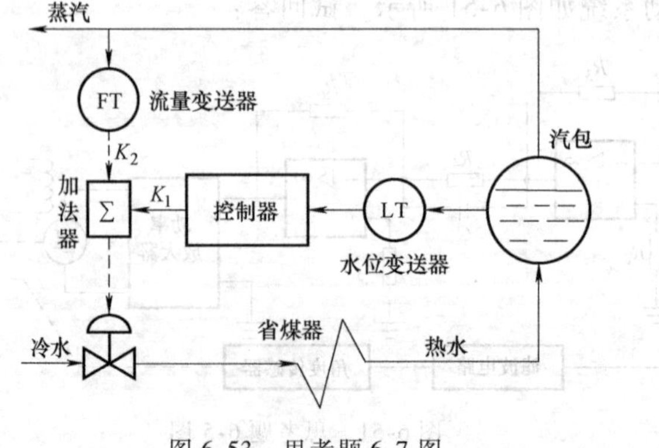

图 6-53 思考题 6-7 图

水位为被控量，蒸汽流量是扰动量。

（1）解释该系统的工作原理；

（2）判断该系统属于按扰动补偿的复合校正，还是按给定补偿的复合校正？

习　题

6-8　恒温控制系统开环传递函数为

$$G_0(s)=\frac{200}{s(0.1s+1)}$$

试设计一个串联校正网络，使校正后系统的相位裕量不小于 40°，截止频率不低于 $60\mathrm{s}^{-1}$。

6-9　某伺服控制系统的开环传递函数为

$$G_0(s)=\frac{K}{s(0.1s+1)}$$

若要求校正后系统的稳态速度误差系数 $K_v \geqslant 100$，相位裕量 $\gamma' \geqslant 50°$，试确定串联校正装置。

6-10　已知直流电动机调速控制系统开环传递函数为

$$G_0(s)=\frac{K}{s(s+1)(0.5s+1)}$$

试设计串联校正装置，使校正后系统开环增益 $K=5$，相位裕量 $\gamma' \geqslant 40°$，增益裕量 $20\lg h' \geqslant 10\mathrm{dB}$。

6-11　某位置随动系统开环传递函数为

$$G_0(s)=\frac{30}{s(0.1s+1)(0.2s+1)}$$

若要求校正后系统的相位裕量 $\gamma' \geqslant 40°$，增益裕量 $20\lg h' \geqslant 10\mathrm{dB}$，截止频率 $\omega_c' \geqslant 2.3\mathrm{s}^{-1}$，试设计串联校正装置。

6-12　单位反馈系统开环传递函数为

$$G_0(s)=\frac{K}{s(0.1s+1)(0.01s+1)}$$

试设计串联滞后-超前校正装置，使校正后系统达到：①稳态速度误差系数 $K_v \geqslant 256$；②截止频率 $\omega_c' \geqslant 30\mathrm{s}^{-1}$，相位裕量 $\gamma' \geqslant 35°$。

6-13　设控制系统结构如图 6-54 所示，其中 $G_c(s)$ 是反馈校正装置，若要求校正后系统的稳态速度误差系数 $K_v=200$，超调量 $\sigma' \leqslant 25\%$，调节时间 $t_s' \leqslant 0.5\mathrm{s}$，试确定反馈校正装置 $G_c(s)$。

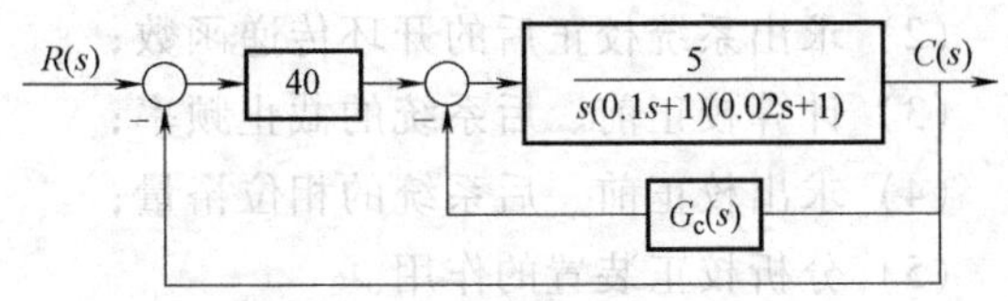

图 6-54　习题 6-13 系统结构图

6-14　图 6-55 所示为某单位反馈的最小相位系统在校正前、后的对数幅频特性曲线，其中 $L_0(\omega)$ 为校正前，$L(\omega)$ 为校正后。试分析校正前后系统动、稳态性能（γ、σ、t_s、e_{ss}）的变化情况。

6-15　图 6-56 所示为某单位反馈的最小相位系统在校正前、后的对数幅频特性曲线，其中 $L_0(\omega)$ 为校正前，$L(\omega)$ 为校正后。试求：

（1）写出校正前、后系统的开环传递函数；

（2）求出串联校正装置的传递函数；

（3）求出校正前、后系统的相位裕量；

（4）分析校正对系统动、稳态性能（σ、t_s、e_{ss}）的影响。

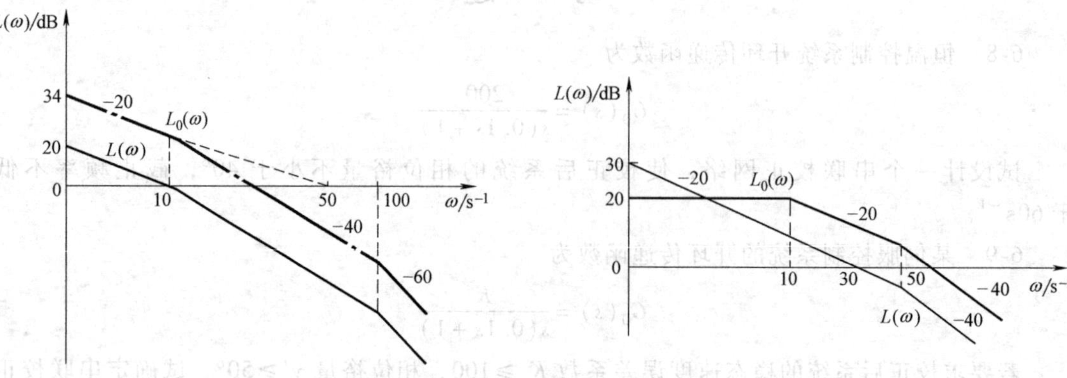

图 6-55　习题 6-14 系统校正前、后对数幅频特性　　图 6-56　习题 6-15 系统校正前、后对数幅频特性

6-16　图 6-57 中 $L_0(\omega)$为某单位反馈的最小相位系统校正前的对数幅频特性，$L_c(\omega)$为校正装置的对数幅频特性。试求：

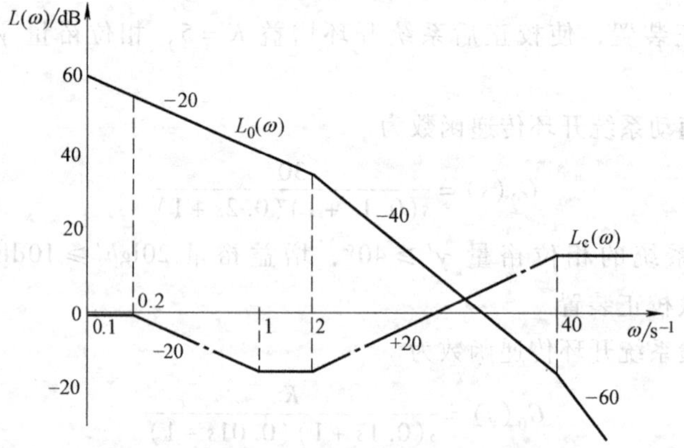

图 6-57　习题 6-16 系统固有部分和校正装置的对数幅频特性

（1）写出校正前系统的开环传递函数和校正装置的传递函数；

（2）求出系统校正后的开环传递函数；

（3）计算校正前、后系统的截止频率；

（4）求出校正前、后系统的相位裕量；

（5）分析校正装置的作用。

6-17　已知单位反馈系统，校正前和串联校正装置的对数幅频特性曲线 $L_0(\omega)$和$L_c(\omega)$如图 6-58a、b 所示。试求：

（1）在图中绘制校正后各系统的对数幅频特性曲线，并写出对应的开环传递函数；

（2）分析各校正装置对系统的作用，并比较其优缺点。

6-18　图 6-59 是采用 PD 串联校正的控制系统，PD 控制器的传递函数为 $G_c(s) = K_d s +$

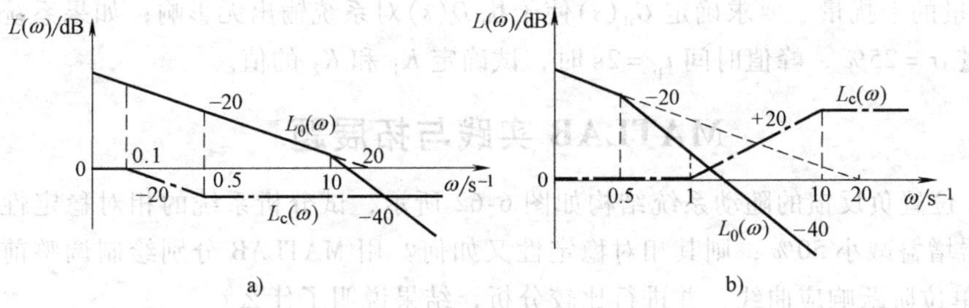

图 6-58　习题 6-17 串联校正系统

K_p。试计算：

（1）当 $K_p=10$，$K_d=1$ 时，系统相位裕量 γ；

（2）若要求系统截止频率 $\omega'_c=5s^{-1}$，相位裕量 $\gamma'=50^\circ$，此时 K_p、K_d 的值。

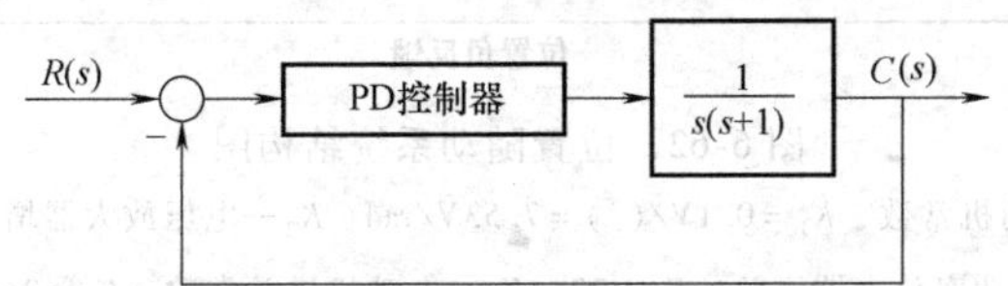

图 6-59　习题 6-18 PD 串联校正的控制系统

6-19　图 6-60 为三种串联校正装置的 Bode 图，它们均由最小相位环节组成。若控制系统为单位负反馈系统，其开环传递函数为 $G(s)=\dfrac{100}{s^2(0.01s+1)}$。试问：

（1）这些校正装置中，哪一种可使校正后系统的相对稳定性最好？

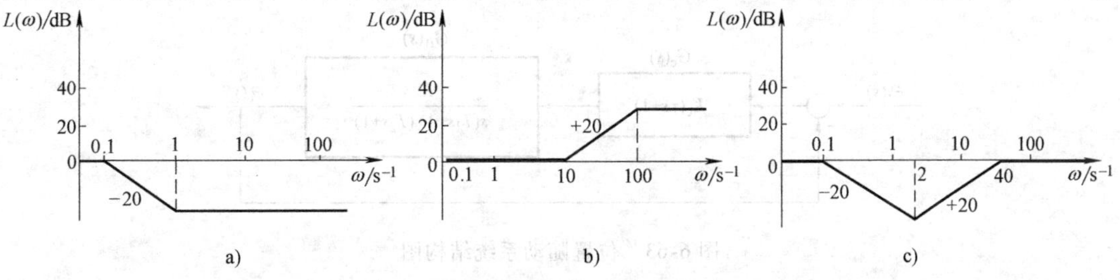

图 6-60　习题 6-19 校正装置的 Bode 图

（2）为了将 12Hz 的正弦噪声削弱 10 倍左右，应该采用哪一种校正装置？

6-20　设复合控制系统结构如图 6-61 所示。图中 $G_d(s)$ 为顺馈补偿装置的传递函数，D

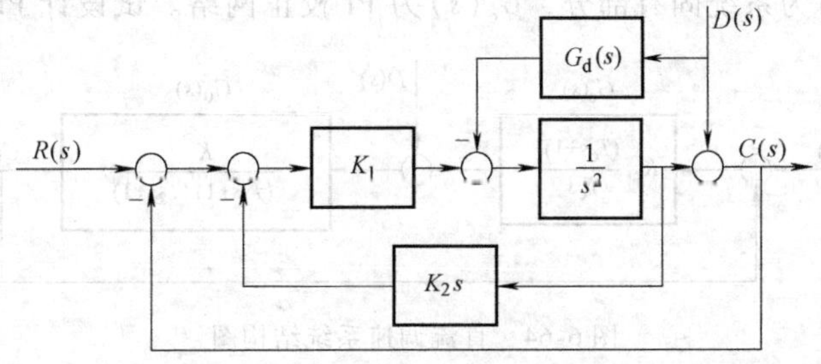

图 6-61　习题 6-20 系统结构图

(s)为可测量的干扰量。要求确定 $G_d(s)$ 使干扰 $D(s)$ 对系统输出无影响；如果系统单位阶跃响应超调量 $\sigma=25\%$，峰值时间 $t_p=2s$ 时，试确定 K_1 和 K_2 的值。

MATLAB 实践与拓展题*

6-21　位置负反馈的随动系统结构如图 6-62 所示，试分析系统的相对稳定性。如果将功率放大器增益减小 50%，则其相对稳定性又如何？用 MATLAB 分别绘制调整前后系统的 Bode 图和单位阶跃响应曲线，并进行比较分析，结果说明了什么？

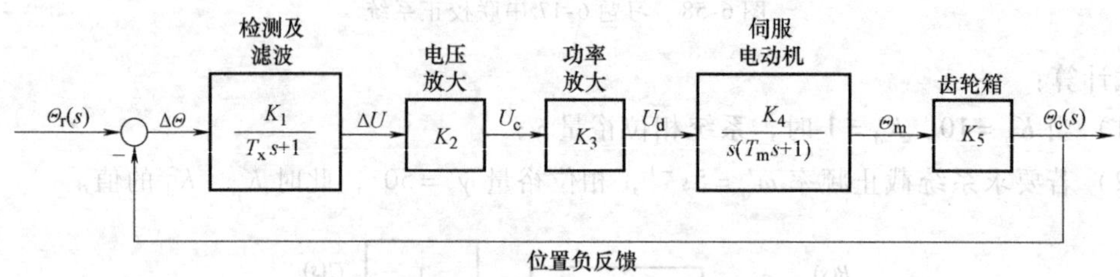

图 6-62　位置随动系统结构图

K_1—自整角机常数，$K_1=0.1\text{V}/(°)=7.53\text{V/rad}$　K_2—电压放大器增益，$K_2=2$

K_3—功率放大器增益，$K_3=20$　K_4—电动机增益常数，$K_4=2\text{rad/V}$

K_5—齿轮箱变速比，$K_5=0.1$　T_x—输入滤波器时间常数，$T_x=0.01s$

T_m—电动机机电时间常数，$T_m=0.2s$

6-22　如图 6-63 所示的位置随动系统，$G_0(s)$ 为系统固有部分，$G_c(s)$ 为 PD 校正网络。试设计 PD 装置的参数（为使校正后系统结构简单，可使 PD 中的微分环节抵消掉原系统中的大惯性环节），使校正后系统稳态性能不变，截止频率 $\omega_c'\geqslant 35s^{-1}$，相位裕量 $\gamma'\geqslant 60°$。通过 MATLAB 分别绘制校正前后系统的 Bode 图和单位阶跃响应曲线，并进行比较分析。

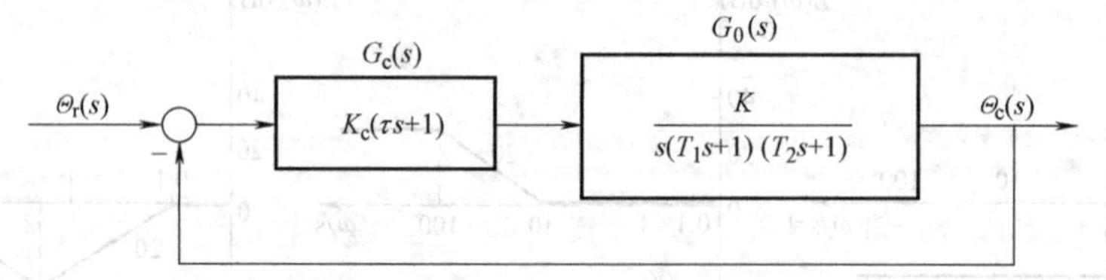

图 6-63　位置随动系统结构图

$K=30$，$T_1=0.2s$，$T_2=0.01s$

6-23　电动机直流调速系统中，系统固有部分往往不含积分环节，为实现转速的无差调节，通常可以在系统前向通道的功率放大器之前串联 PI 网络构成转速调节器，系统结构如图 6-64 所示，$G_0(s)$ 为系统固有部分，$G_c(s)$ 为 PI 校正网络。试设计 PI 装置的参数，使校

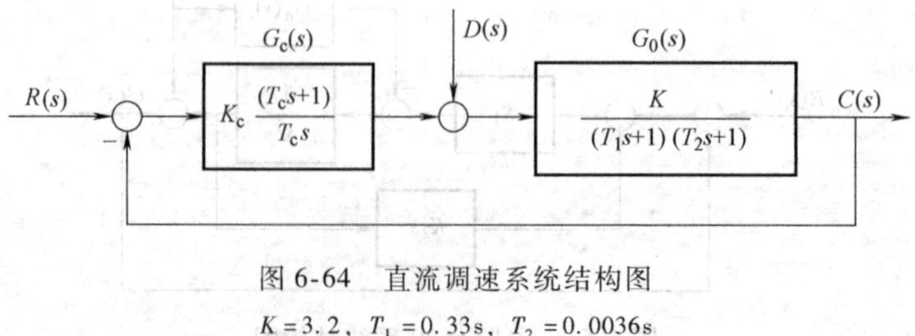

图 6-64　直流调速系统结构图

$K=3.2$，$T_1=0.33s$，$T_2=0.0036s$

正后系统单位斜坡误差 $e_{ss} \leqslant 0.24$，截止频率 $\omega_c' \geqslant 13s^{-1}$，相位裕量 $\gamma' \geqslant 60°$。通过 MATLAB 分别绘制校正前后系统的 Bode 图和单位阶跃响应曲线，并进行比较分析（指示：可取 $T_c = T_1 = 0.33s$）。

6-24　角度跟随系统结构如图 6-65 所示，$G_0(s)$ 为系统固有部分，$G_c(s)$ 为 PID 校正网络。要使系统在加速度信号作用下无静差，截止频率 $\omega_c' \geqslant 35s^{-1}$，相位裕量 $\gamma' \geqslant 45°$。试选择 PID 装置的参数，通过 MATLAB 分别绘制校正前后系统的 Bode 图和单位阶跃响应曲线，并进行比较分析。

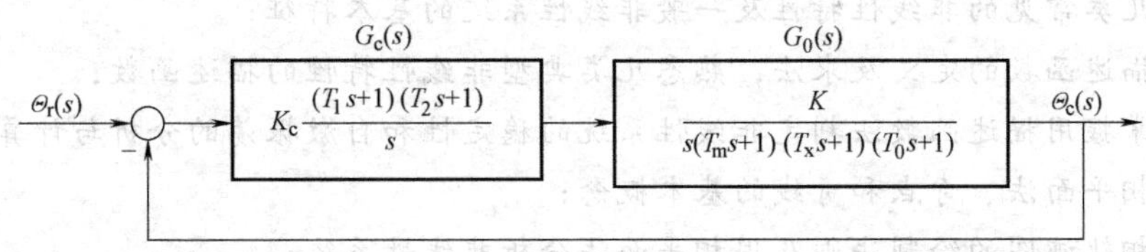

图 6-65　角度跟随系统结构图

K—系统总增益，设 $K = 35$　T_m—电动机机电时间常数，取 $T_m = 0.2s$

T_x—检测滤波器时间常数，设 $T_x = 0.01s$　T_0—晶闸管整流滤波装置延迟时间常数，设 $T_0 = 0.005s$

第7章　非线性系统分析

【基本要求】

1. 掌握非线性系统的定义及判定；
2. 熟悉几类常见的非线性特性及一般非线性系统的基本特征；
3. 掌握描述函数的定义及求法，熟悉几类典型非线性特性的描述函数；
4. 重点掌握用描述函数法判定非线性系统的稳定性和自激振荡的分析与计算；
5. 掌握相平面法、奇点和奇线的基本概念；
6. 了解相轨迹图的绘制法则及用相平面法分析非线性系统；
7. 掌握 MATLAB 在非线性系统分析中的应用。

在实际控制对象中，完全线性的系统是不存在的，任何物理系统都不同程度地带有非线性特性，许多电气系统、机械系统、液压系统和气动系统等在变量之间都包含着非线性关系。例如，在驾驶仪纵向稳定回路中的垂直陀螺仪或角速度陀螺仪，由于它们的输出轴上存在摩擦，因此在测量时就总有不灵敏的死区存在；晶体放大器中晶体管或磁放大器的铁芯在大输入信号作用下，放大器会超出线性范围而出现饱和现象；由于齿轮和连杆等传动机构的加工精度和装配限制，在传动过程中就会存在间隙特性。虽然利用“小偏差理论”，多数控制系统在一定工作范围内都可以近似为线性系统来加以研究，而且实践已证明，这在解决多数控制系统的设计计算时是可行的。但是，对于另外一些系统，由于非线性严重，以致无论在多么小的工作范围内，线性化都是不可能的，这些非线性系统被称为是“本质非线性”。一般来说，具有本质非线性的系统，必须按照非线性系统的理论来分析和研究。

本章研究的主要内容是非线性系统的稳定性、自激振荡和利用非线性特性改善系统性能。常用的方法有相平面法、描述函数法和计算机仿真等。

7.1　引言

只要系统中含有一个或一个以上的非线性元件，就是非线性系统。非线性系统的研究对象，一般都是针对不能采用小偏差线性化方法进行处理的本质非线性系统。由于非线性概括了最广泛的数学关系，线性系统仅是非线性系统的特殊情形，因此，严格意义上来说所有实际的控制系统都是非线性系统。在通常情况下，非线性系统的数学模型可以分为线性与非线性两部分。在多数情况下，线性部分用线性微分方程或传递函数表示，而非线性部分则用非线性方程或静特性（稳态时）来描述输入输出关系。但目前尚没有统一的方法来分析和综合非线性系统。

因为线性系统满足叠加原理，所以系统分析的一般方法都是先将信号分解为基本信号的叠加，求得基本信号作用下系统的响应，最后将基本信号的响应叠加即可得到任意输入信号作用下的系统响应。例如，在时域中，由于可以将任意信号分解为无穷多个脉冲信号的叠加，因而系统的响应也为无穷多个脉冲响应的叠加，用数学形式来表达即为卷积；由卷积出发，可以得到所有变换域（频域、复域、z 域）的系统函数及系统函数的物理意义。

非线性系统不满足叠加原理，因此不能用脉冲响应或阶跃响应来表征系统的动态特性，也就不能用系统函数的概念来分析非线性系统。作为系统函数的一种，频率特性法原则上也不能用来描述非线性系统的动态性质。

非线性系统的数学模型在多数情况下可以用 n 阶非线性矢量微分方程表达，即

$$\dot{x}=f(t,x,u) \tag{7-1}$$

其中，x 为 n 维状态变量，u 为非线性函数的输入，f 为非线性函数关系。

若和线性系统一样，要求解非线性系统的时域响应，就必须求出方程（7-1）的解，但一般来说，这都是非常困难的，为此有关非线性微分方程解的性质（存在性与唯一性等）以及求解方法本章将不加以讨论。借助于近年来计算机科学的飞速发展，利用数值求解算法（如龙格-库塔法等）即可方便地求得非线性系统的时域响应，因此本章最后将简单介绍基于 MATLAB 的非线性系统分析。

7.2 典型非线性特性

7.2.1 常见的几种典型非线性特性

在实际系统中常见的非线性特性有饱和、死区、间隙、摩擦和继电器特性等。本节从物理概念出发，借助线性理论，对上述非线性特性进行定性的分析和简单说明。虽然这种方式不够严谨，但所得结论对工程实践具有一定的参考价值。

1. 饱和

许多元件都具有饱和特性。在铁磁元件及各种放大器中都存在，执行元件的功率限制也是一种饱和现象。其特点是当输入信号超过某一范围后，输出信号不再随输入信号变化，而是保持某一常值，如图 7-1a 所示。在实际运用中，为简化问题，常采用简单的折线代替实际的非线性曲线，将非线性特性典型化，由此产生的误差一般处于工程所允许的范围内。理想的饱和特性如图 7-1b 所示，图中，x_1 为输入信号，x_2 为输出信号。当 $|x_1|\leqslant s$ 时，x_2 与 x_1 呈线性关系，即 $x_2=Kx_1$，$K=\tan\alpha$；而当 $|x_1|>s$ 时，输出饱和，$x_2=Ks$。

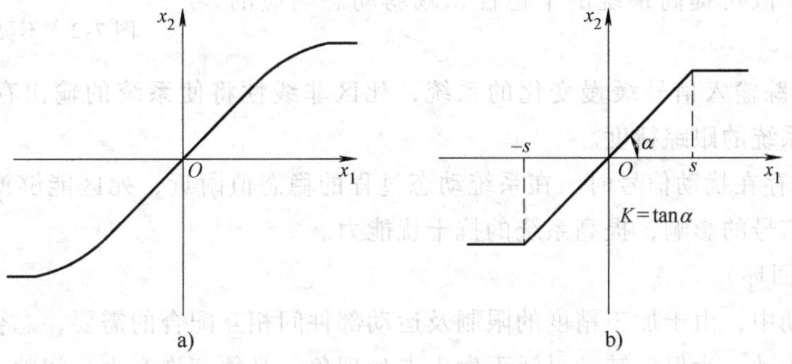

图 7-1 理想与实际饱和特性

a）实际饱和特性 b）理想饱和特性

设

$$x_2 = f(x_1) \tag{7-2}$$

将非线性特性视为一个环节，按照线性系统比例环节的描述，定义非线性环节输入与输出的比值为等效增益，即

$$k = \frac{x_2}{x_1} = \frac{f(x_1)}{x_1} \tag{7-3}$$

由此，可将非线性特性看作为一个变增益的比例环节。

饱和非线性特性对系统性能的影响如下：

1）从饱和特性曲线上可以看出，其等效增益随着输入信号的加大逐渐减小，使稳定系统的开环增益有所下降，超调量降低，故对动态响应的平稳性是有利的。

2）由于饱和特性在大信号时的等效增益很低，故带饱和特性的控制系统，一般在大起始偏离下总是具有收敛性质，不会造成越振越大的不稳定现象，可使不稳定的系统响应由发散振荡变为等幅振荡。

3）由于饱和特征，系统的等效增益降低，进而降低了系统的稳态精度。但对快速性而言，则相对复杂一些，随系统的结构参数不同而不同，不能一概而论。

2. 不灵敏区（死区）

存在不灵敏区的元件，在输入信号很小时系统没有输出。一些测量元件、变换部件和各种放大器，在零位附近常有不灵敏区；作为执行元件的电动机，由于轴上有静摩擦，故加给电枢的电压必须达到某一数值，即所谓空载启动电压，电动机才能开始转动，这个空载启动电压就是电动机的不灵敏区。不灵敏区的特性如图 7-2 所示，图中 Δ 表示不灵敏区，也称为死区。当 $|x_1| \leqslant \Delta$ 时，输出 $x_2 = 0$，而当 $|x_1| > \Delta$ 时，输出 x_2 与输入 $x_1 - \Delta$ 或 $x_1 + \Delta$ 呈线性关系。

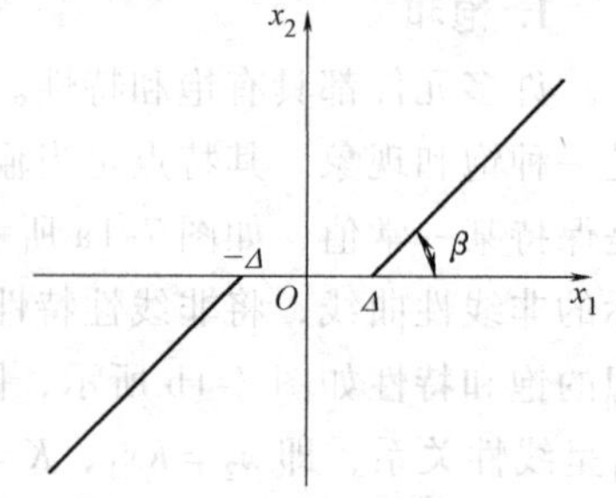

图 7-2　不灵敏区特性

死区非线性特性对系统性能的影响如下：

1）死区非线性特性最主要的影响就是增大系统的稳态误差。例如，假设电压放大元件存在死区，则当系统偏差信号小于 Δ 时，等效增益为零，系统相当于开环系统，不会产生任何的控制作用。

2）从等效增益的角度来看，死区特性的存在减小了系统的开环增益，故可提高系统的平稳性，减弱动态响应的振荡倾向。

3）对于跟踪输入信号缓慢变化的系统，死区非线性将使系统的输出存在时间上的滞后，进而影响系统的跟踪精度。

4）当系统存在扰动信号时，在系统动态过程的稳态值附近，死区能够滤除振荡振幅小于死区的干扰信号的影响，提高系统的抗干扰能力。

3. 间隙（回环）

在机械传动中，由于加工精度的限制及运动部件间相互配合的需要，总会有一些间隙存在。例如齿轮传动，为保证转动灵活不发生卡死现象，必须容许有少量间隙存在，但间隙的量也不应过大。另外，铁磁元件中的磁滞现象也是一种回环特性。间隙特性如图 7-3 所示，显然，系统的输入与输出关系是一个多值映射，具体的取值由箭头的方向亦即输入的运动方

向决定。

间隙非线性特性对系统性能的影响如下：

1）间隙特性的存在会降低系统精度，增加系统的稳态误差，这相当于死区的影响。

2）间隙特性的存在使系统的频率响应在相位上产生滞后，相当于在开环系统中引入了一个相角滞后环节，致使系统的相位裕量变小，加剧过渡过程的振荡，动态性能变差，甚至会引起系统的不稳定。这可以从能量的角度加以定性说明。当主动轮转向时，由于间隙的存在，会走过一段空行程，期间不带动负载，导致能量积累；当主动轮越过间隙带动负载时，积累能量的释放将使负载运动变化加剧。间隙过大，蓄能过多，甚至会造成系统自振。

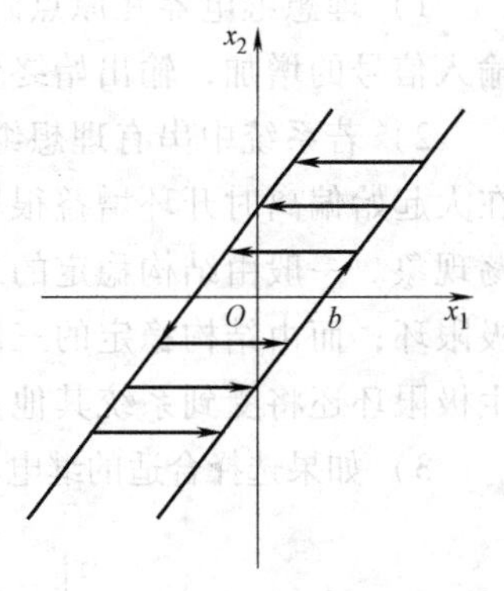

图 7-3　间隙特性

通常，可以通过提高齿轮加工精度和装配精度减小间隙，使用双片齿轮消除间隙，或设计各种校正装置补偿间隙的影响。

4. 摩擦

在机械传动机构中，摩擦是必然存在的物理因素。摩擦力包括黏性摩擦力、静摩擦力和库仑摩擦力。当机械工作面进入滑动接触时都存在着静摩擦力。主导的黏性摩擦力 M_r 与滑动表面的相对速度 ω 呈线性正比关系，即

$$M_r = f\omega$$

其中，f 为黏性摩擦系数。在图 7-4 中，M_1 为运动开始所需克服的静摩擦力矩，M_2 为库仑动摩擦力矩，表现为与相对运动方向相反的恒制动力矩。通常情况下，由于接触表面的不规则，M_1 总是大于 M_2，即开始时静摩擦力矩一般大于初始动摩擦力矩。随着初始运动速度的提高，M_1 逐渐减小为 M_2，在实际情形下，这一减小过程近似是突变的。最后，理想情形下运动物体仅受动摩擦力矩的影响。

摩擦非线性特性对系统性能的影响如下：

1）对小功率的随动系统来说，相当于在执行机构中引入死区，这会增加稳态误差，降低精度。

2）在复现缓慢变化的低速指令时，会造成系统输出做不平滑的跳跃式跟踪运动，这种现象称为低速爬行现象，进而影响系统的低速平稳性。在工程实际中，这种低速爬行现象是非常有害的。

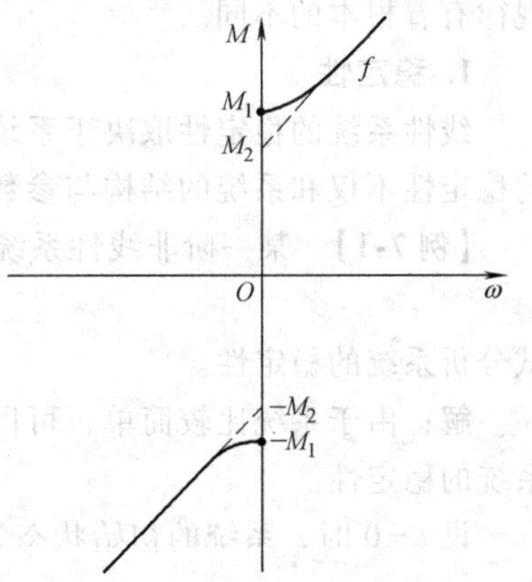

图 7-4　摩擦力矩示意图

5. 继电器特性

继电器是广泛应用于控制系统、保护装置和通信设备中的器件，在控制系统中，常常把继电器作为一个功率增益很大的非线性功率放大器。由于继电器吸合电压（电流）与释放电压（电流）不等，使其特性中包含了死区、回环及饱和特性，如图 7-5 所示。其中图 7-5a 表示理想继电器特性，当吸合与释放值都很小时，可视为这种情况；图 7-5b 表示带死区的继电器特性，此时吸合与释放值较大且二者数值接近；图 7-5c 则为一般继电器特性。

继电器非线性特性对系统性能的影响如下：

1）理想继电器在原点附近存在跳变，等效增益趋于无穷大；在原点以外的地方，随着输入信号的增加，输出始终保持为常值，等效增益逐渐减小。

2）若系统中串有理想继电器，在小起始偏离时开环增益较大，运动状态呈发散性质；在大起始偏离时开环增益很小，系统具有收敛性质。因而，继电器特性常常会使系统产生振荡现象。一般由结构稳定的二阶线性环节和带有回环的继电器特性构成的非线性系统会存在极限环；而由结构稳定的三阶及以上线性环节和各类继电器特性构成的非线性系统，是否产生极限环还将受到系统其他参数的影响。

3）如果选择合适的继电器特性可提高系统的响应速度，也可用于构成正弦信号发生器。

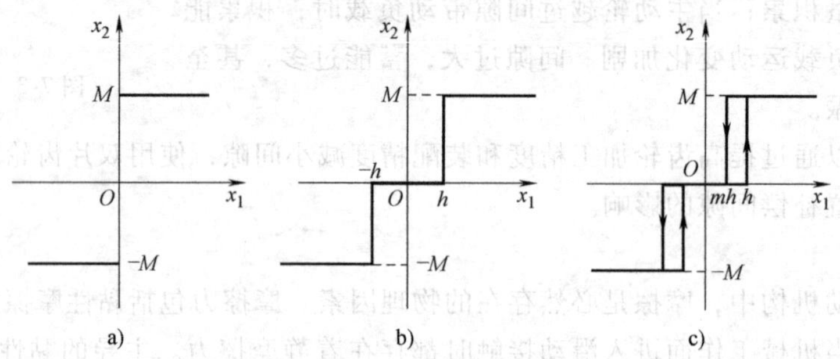

图 7-5　继电器特性示意图

a）理想继电器特性　b）带死区的继电器特性　c）一般继电器特性

以上是对部分常见的非线性特性的定性说明，其中的结论应视具体情况具体分析，不能一概而论。若要对非线性系统进行较为准确和严密的定量分析，还必须采用其他的方法。

7.2.2　非线性系统的特征

线性系统与非线性系统的本质差别在于是否满足叠加原理，由于这一区别，它们的运动规律有着根本的不同。

1. 稳定性

线性系统的稳定性取决于系统的结构与参数，与起始状态及输入信号无关。非线性系统的稳定性不仅和系统的结构与参数有关，还和起始状态及输入信号有着直接关系。

【例 7-1】　某一阶非线性系统的微分方程为

$$\dot{x}-(x-1)x=0 \tag{7-4}$$

试分析系统的稳定性。

解：由于系统比较简单，可以直接求解出在不同起始状态下系统的时域响应，从而判定系统的稳定性。

设 $t=0$ 时，系统的初始状态为 x_0，由式（7-4）得

$$\frac{\mathrm{d}x}{x(x-1)}=\mathrm{d}t$$

积分得

$$x(t)=\frac{x_0\mathrm{e}^{-t}}{1-x_0+x_0\mathrm{e}^{-t}}$$

相应的时间响应随初始条件而变。当 $x_0>1$，$t<\ln\dfrac{x_0}{x_0-1}$时，随着 t 的增大，$x(t)$ 递增；当 $t=\ln\dfrac{x_0}{x_0-1}$时，$x(t)$ 为无穷大。当 $x_0<1$ 时，$x(t)$ 递减并趋于 0。利用 MATLAB 软件可以方便地得到该非线性系统在初始状态 $x_0=-1$、-0.5、0、0.5、0.75、1 和 1.05 时的响应曲线，如图 7-6 所示。

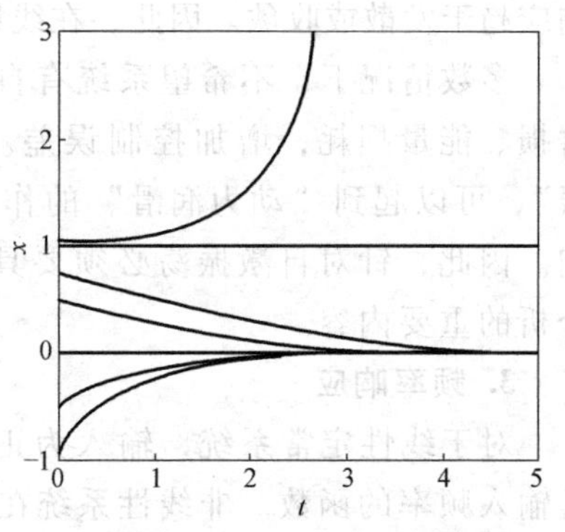

图 7-6　不同初始条件下的非线性系统响应曲线

从曲线及微分方程可以看出，该非线性系统存在两个平衡状态，即 $x=0$ 和 $x=1$。按稳定性的定义，对平衡状态 $x=1$ 来说，系统只要有一个很小的偏离，就再也不会回到这一平衡状态。因此，$x=1$ 是一个不稳定的平衡状态。而对于平衡状态 $x=0$，系统最终是否会收敛于这一平衡态，还与起始的偏离大小即初始状态有关。当 $x_0>1$ 时，响应曲线发散；当 $x_0<1$ 时，响应曲线最终收敛于平衡状态。因此，这一平衡状态不是大范围渐近稳定的，只具有小范围的稳定性。

由例 7-1 可见，非线性系统可能存在多个平衡状态，每个平衡状态的稳定性除了取决于系统的结构、参数以外，还与初始条件有关。同理，非线性系统的稳定性必然还与输入信号的形式、幅值有直接关系，此处不再展开。

2. 自激振荡

考虑著名的范德波尔方程

$$\ddot{x}-2\rho\ (1-x^2)\ \dot{x}+x=0,\quad \rho>0 \tag{7-5}$$

该方程描述了具有非线性阻尼的非线性二阶系统。图 7-7 给出了在 MATLAB 下仿真的结果。图中 $\rho=0.707$，粗实线对应的初始状态为 $x_0=2$，细实线对应的初始状态为 $x_0=3$，虚线对应的初始状态为 $x_0=1$，图中右上方小框内即为方程的初始状态。可见，无论起始条件如何，经过一段时间后，系统都会收敛于幅值为 2 的等幅振荡。在学习了后面的描述函数法后，可以求出此系统的振幅和频率。

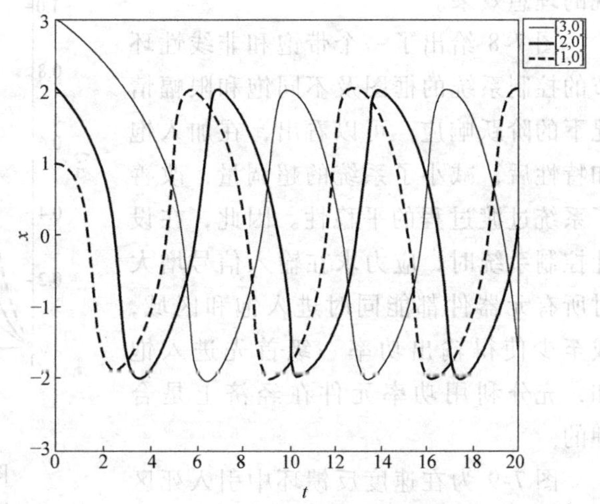

图 7-7　非线性系统的自激振荡

由图 7-7 可知，在非周期信号的作用下，非线性系统中存在稳定的周期运动。这种在没有外界周期变化信号的作用下，系统内产生的具有固定振幅和频率的稳定周期运动，称为**自激振荡**，简称**自振**，或称为**自持振荡**。

从前面线性系统的分析已知，非周期信号作用于线性系统时，只有在临界状态下才会产生周期运动，但这一周期运动实际上是观察不到的。因为一旦系统的参数发生微小的变化，都会使系统极点向左或右偏移，临界状态就被破坏，响应趋于发散或收敛。因此，在线性系统中没有自激振荡的运动形式。

多数情况下，不希望系统有自激振荡产生。长时间的自激振荡一方面会造成机械的磨损、能量损耗，增加控制误差。但另一方面，通过在系统中引入小幅度的高频"颤振"，可以起到"动力润滑"的作用，有利于减小或消除间隙、死区及摩擦等因素的影响。因此，针对自激振荡必须要具体问题具体分析。有关自激振荡的研究是非线性系统分析的重要内容。

3. 频率响应

对于线性定常系统，输入为正弦信号，则输出为同频率的正弦信号，其幅值和相位是输入频率的函数。非线性系统在正弦信号作用下的响应则复杂得多，常常有倍频和分频等谐波分量，呈现出一些在线性系统中所没有的特殊现象，如跳跃谐振、倍频振荡以及频率捕捉现象等。

一般来说，线性系统响应的模态总是和输入信号的模态相同，而非线性系统则常含有输入信号中所没有的模态（如自激振荡等）。

非线性系统还有很多其他的特点，此处不再详述。

7.2.3 非线性特性的应用

在实际系统的控制器设计过程中，非线性特性通常是需要克服的不利因素，然而有时也可人为地采用非线性部件或非线性控制器来改善系统性能或简化系统结构。例如，可利用非线性的继电器来控制执行电动机，在 Bang-Bang 控制器的作用下使电动机始终工作在最大电压，充分发挥其调节能力，获得时间最优的控制系统；在温控系统中，若利用非线性形式的饱和 PID 控制器，往往也可以减少上升时间。因此，应用非线性理论，不仅可以分析和综合非线性系统，而且可以利用非线性系统的优点来改善系统性能，获得线性系统所无法实现的理想效果。

图 7-8 给出了一个带饱和非线性环节的控制系统的框图及不同饱和限幅情况下的阶跃响应。可以看出，在加入饱和特性后，减小了系统的超调量，改善了系统过渡过程的平稳性。因此，在设计控制系统时，应力求在输入信号增大时所有元器件都能同时进入饱和区域，或至少使得输出功率一级首先进入饱和，充分利用功率元件在经济上是合理的。

图 7-9 为在速度反馈环中引入死区特性的磁盘驱动读取系统。在线性控制

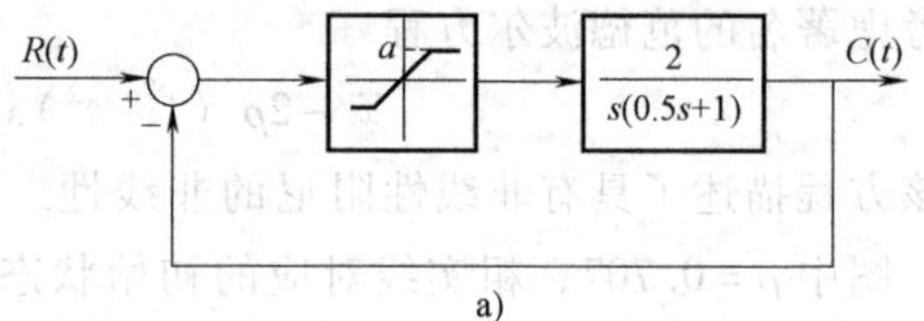

a)

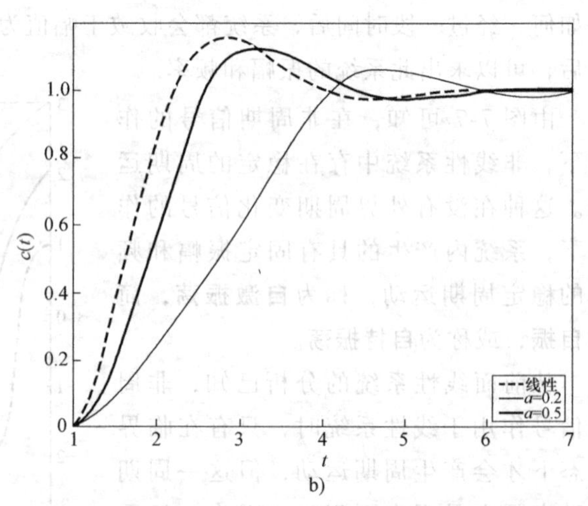

b)

图 7-8 饱和非线性对系统特性的影响

a）带饱和非线性系统框图 b）不同限幅时的阶跃响应

系统中，常用速度反馈来增加系统的阻尼，改善动态响应的平稳性。但是这种校正在减小系统超调的同时，往往降低了系统的响应速度，影响系统的稳态精度。采用非线性校正，在速度反馈通道中串入死区特性，当系统输出量较小，小于死区 ε_0 时，没有速度反馈，系统处于弱阻尼状态，响应较快；而当输出量增大，超过死区 ε_0 时，速度反馈被接入，系统阻尼增大，从而抑制了超调量，使输出快速、平稳地跟踪输入指令。

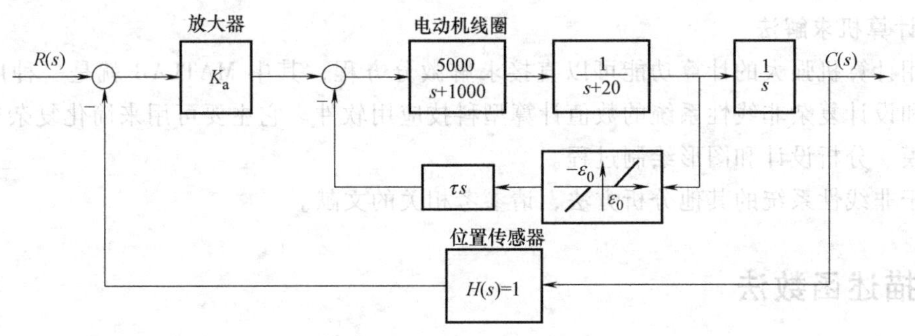

图 7-9　磁盘驱动读取系统的非线性阻尼控制结构图

图 7-10 中曲线分别为磁盘驱动读取系统分别在无速度反馈、采用线性速度反馈和采用非线性速度反馈三种情况下的阶跃响应曲线。由图可见，非线性速度反馈时，系统的动态过程既快又稳。

7.2.4　非线性系统的分析方法

计算机技术是分析非线性系统的有力工具，借助于计算机，利用数值分析的方法，可以方便地求取系统的时域响应。MATLAB 软件就提供了一个很好的仿真平台。但是，仅有计算机是远远不够的。在设计系统时，要有明确的思路及正确的方向。首先，需要根据工艺及技术指标的要求，确定系统的结构；其次，要合理整定系统参数，使各项性能指标得到优化。因此，需要有相对简便、直观的方法，能够看出系统结构与参数变化时对系统性能的影响，从而为结构与参数的调整提供正确的方向。在此基础上再结合计算机仿真，对系统参数进行优化选择。目前，工程上常用的分析方法有小偏差线性化法、分段线性化法、描述函数法、相平面法及反馈线性化法等。本章将重点介绍描述函数法和相平面法，并对基于 MATLAB 的非线性系统分析作简要介绍。

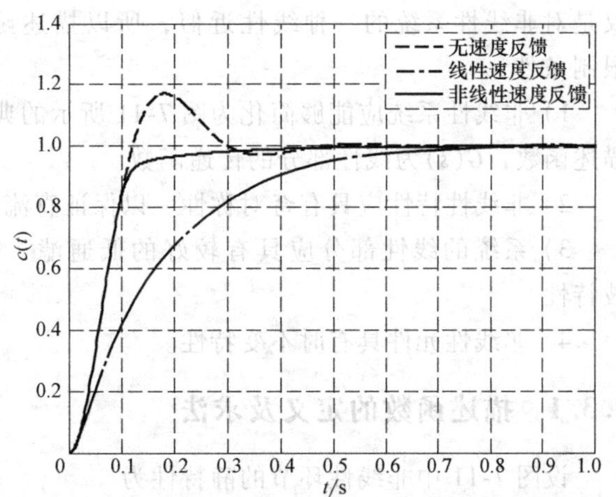

图 7-10　不同反馈作用下磁盘驱动读取系统的阶跃响应

1. 描述函数法

描述函数法是基于频域的等效线性化的图解分析方法，是线性理论中频率法的一种推广。它通过谐波线性化，将非线性特性近似表示为复变增益环节，利用线性系统频率法中的稳定判据，分析非线性系统的稳定性和自激振荡。它适用于任何阶次、非线性程度较低的非线性系统，所得结果比较符合实际，故得到了广泛的应用。

2. 相平面法

相平面法是基于时域的一种图解分析方法。它是利用二阶系统的状态方程，绘制由状态变量所构成的相平面中的相轨迹，由此对系统的时间响应进行判别，所得结果比较精确和全面。但它只适用于一、二阶的系统。

3. 计算机求解法

利用计算机强大的计算功能可以直接求解微分方程，其中 MATLAB 就是一种广泛应用于分析和设计复杂非线性系统的数值计算型科技应用软件。它主要可用来简化复杂非线性系统的建模、分析设计和图形绘制过程。

对于非线性系统的其他分析方法，请参考相关的文献。

7.3 描述函数法

本节将要讨论的描述函数法是一种不受阶次限制的非线性系统分析方法，是由 P. J. Daniel 在 1940 年首先提出的。它是在对系统正弦信号作用下的输出进行谐波线性化处理后得到的，表达形式类似于线性理论中的幅相频率特性。描述函数法主要用来分析在无外作用的情况下，非线性系统的稳定和自激振荡问题。由于描述函数法只能用来研究系统的频率响应特性，因此它并不能给出系统的时间响应信息。而且因为描述函数法仅是对非线性系统的一种线性近似，所以描述函数法在分析非线性系统时需要满足如下限制条件：

1）非线性系统应能够简化为图 7-11 所示的典型结构形式。图中 $N(X)$ 为非线性部分的描述函数，$G(s)$ 为线性部分的传递函数。

2）非线性特性应具有奇对称性，以保证直流分量为零。

3）系统的线性部分应具有较好的低通滤波特性。

4）非线性元件具有时不变特性。

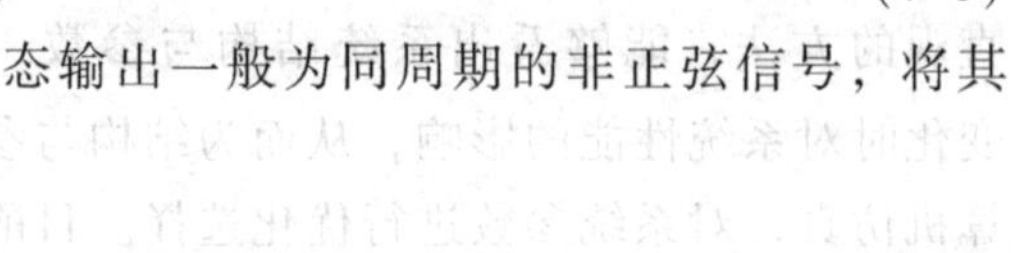

r(t)　x(t)　N(X)　y(t)　G(s)　c(t)

图 7-11　非线性系统的典型结构形式

7.3.1 描述函数的定义及求法

设图 7-11 中非线性环节的静特性为

$$y = f(x) \tag{7-6}$$

当加以正弦输入信号 $x(t) = X\sin\omega t$ 时，其稳态输出一般为同周期的非正弦信号，将其展开为傅里叶级数

$$\begin{aligned} y(t) &= A_0 + \sum_{n=1}^{\infty}(A_n\cos n\omega t + B_n\sin n\omega t) \\ &= A_0 + \sum_{n=1}^{\infty} Y_n\sin(n\omega t + \phi_n) \end{aligned} \tag{7-7}$$

式中，A_0、A_n、B_n 分别为直流分量、n 次余弦分量和 n 次正弦分量系数；Y_n、ϕ_n 分别为周期分量的幅值和相位。

$$A_0 = \frac{1}{2\pi}\int_0^{2\pi} y(t)\,\mathrm{d}\omega t \tag{7-8}$$

$$A_n = \frac{1}{\pi}\int_0^{2\pi} y(t)\cos n\omega t\,\mathrm{d}\omega t \tag{7-9}$$

$$B_n = \frac{1}{\pi}\int_0^{2\pi} y(t)\sin n\omega t\,\mathrm{d}\omega t \tag{7-10}$$

$$Y_n = \sqrt{A_n^2 + B_n^2}$$

$$\phi_n = \arctan\frac{A_n}{B_n}$$

若非线性特性为奇对称，则直流分量 $A_0=0$；同时，各谐波分量的幅值与基波相比一般都比较小；再考虑到实际系统一般都具有低通特性，因此，可以忽略式（7-7）中的高次谐波分量，只考虑基波分量，则

$$y(t) = A_1\cos\omega t + B_1\sin\omega t = Y_1\sin(\omega t + \phi_1) \tag{7-11}$$

式中

$$Y_1 = \sqrt{A_1^2 + B_1^2},\quad \phi_1 = \arctan\frac{A_1}{B_1}$$

式（7-11）表明，非线性元件在正弦输入情况下，其输出也近似为一个同频率的正弦信号，只是幅值和相位发生了变化，可以近似认为具有和线性环节相类似的频率响应形式。由于只是用一次基波代替了系统的总输出，因此，这种近似也称为谐波线性化。

非线性环节进行谐波线性化处理后，可以依照线性环节频率特性的定义，建立非线性环节的等效频率特性，即描述函数。定义在**正弦输入信号作用下，非线性环节的稳态输出中基波分量和输入正弦信号的复数比为非线性环节的描述函数**，用 $N(X)$ 表示，即

$$N(X) = \frac{Y_1\angle\phi_1}{X\angle 0} = \frac{Y_1}{X}\mathrm{e}^{\mathrm{j}\phi_1} = \frac{B_1 + \mathrm{j}A_1}{X} = |N(X)|\,\mathrm{e}^{\mathrm{j}\angle N(X)} \tag{7-12}$$

式中，$|N(X)| = \dfrac{Y_1}{X} = \dfrac{\sqrt{A_1^2+B_1^2}}{X}$ 为描述函数的幅值；$\angle N(X) = \phi_1$ 为描述函数的相位。若非线性特性为 X 的奇函数，则有 $A_0=0$，$A_1=0$，$\phi_1=0$，$N(X)=\dfrac{B_1}{X}$ 为实函数。

【例 7-2】 设非线性放大器输入输出特性为

$$y = \frac{1}{2}x + \frac{1}{4}x^3 = \left(\frac{1}{2} + \frac{1}{4}x^2\right)x$$

试计算其描述函数。

解：因为 $y(x)$ 为 x 的奇函数，故有 $A_0=0$，$A_1=0$，$\phi_1=0$。计算 B_1：

$$\begin{aligned}
B_1 &= \frac{1}{\pi}\int_0^{2\pi}\left(\frac{1}{2}x + \frac{1}{4}x^3\right)\sin\omega t\,\mathrm{d}\omega t \\
&= \frac{1}{\pi}\int_0^{2\pi}\left(\frac{1}{2}X\sin\omega t + \frac{1}{4}X^3\sin^3\omega t\right)\sin\omega t\,\mathrm{d}\omega t \\
&= \frac{1}{\pi}\int_0^{2\pi}\left(\frac{1}{2}X\sin^2\omega t + \frac{1}{4}X^3\sin^4\omega t\right)\mathrm{d}\omega t \\
&= \frac{1}{2}X + \frac{3}{16}X^3
\end{aligned}$$

代入式（7-12）中，得描述函数为

$$N(X)=\frac{B_1}{X}=\frac{1}{2}+\frac{3}{16}X^2$$

系统的静特性曲线与描述函数曲线分别如图 7-12a、b 所示。

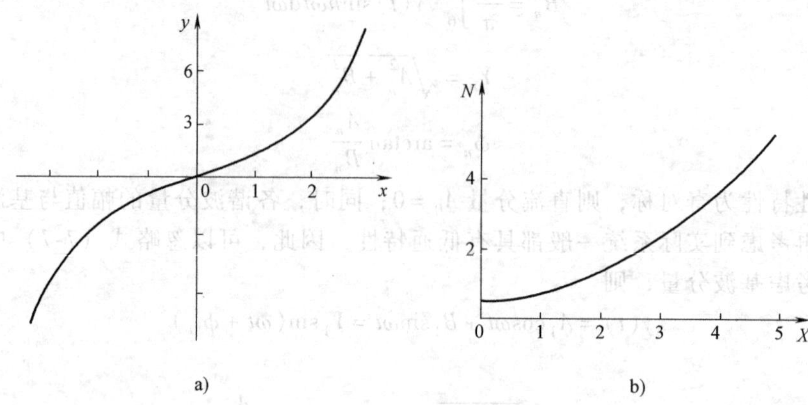

图 7-12　非线性放大器的特性曲线及描述函数曲线

a）静特性曲线　b）描述函数曲线

从例 7-2 可以看出，描述函数主要是输入信号振幅的函数，只有当非线性特性是 X 的非单值函数时，才与输入信号频率有关，这正是非线性特性的一种反映。因此，描述函数法本质上是不同于线性环节的频率特性，是非线性理论的一个概念。

7.3.2　典型非线性特性的描述函数

计算描述函数首先要确定正弦输入作用下的稳态输出，一般采用图解法得到稳态输出的波形，然后再由波形写出输出的数学表达式。在计算系数 A_1、B_1时，可以利用被积函数的对称性简化计算过程。下面介绍几种典型非线性特性的描述函数。

1. 理想继电器特性的描述函数

理想继电器特性在正弦输入信号 $x(t)=X\sin\omega t$ 作用下的波形如图 7-13 所示。

由于理想继电器特性为单值的奇函数，$A_0=0$，$A_1=0$，$\phi_1=0$，$y(t)$ 是周期为 2π 的方波，且关于 π 点奇对称，故有

$$B_1=\frac{4}{\pi}\int_0^{\pi/2}M\sin\omega t\mathrm{d}\omega t=-\frac{4M}{\pi}\cos\omega t\Big|_0^{\pi/2}=\frac{4M}{\pi}$$

描述函数为

$$N(X)=\frac{B_1}{X}=\frac{4M}{\pi X}\tag{7-13}$$

式（7-13）表明，理想继电器特性的描述函数是只与输入信号振幅有关的实函数。

2. 死区特性的描述函数

图 7-14 所示为死区特性及输入输出波形。由于特性仍为单值奇函数，故只需要求解 B_1，描述函数为只与输入信号振幅有关的实函数，以后类似情形将不再作特别说明。

$$B_1=\frac{1}{\pi}\int_0^{2\pi}y(t)\sin\omega t\mathrm{d}\omega t$$

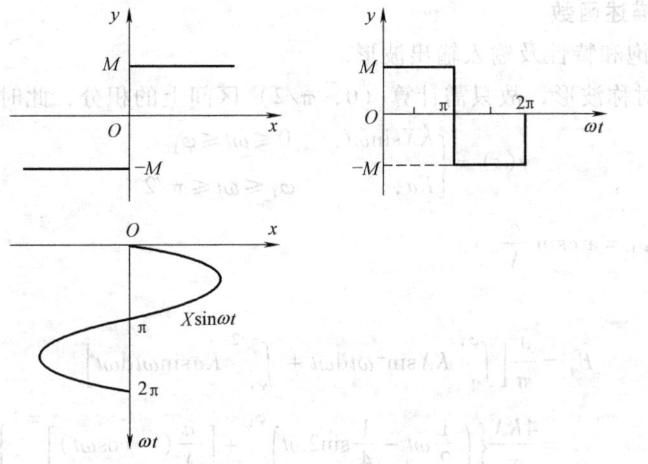

图 7-13　理想继电器特性正弦输入作用下的输出

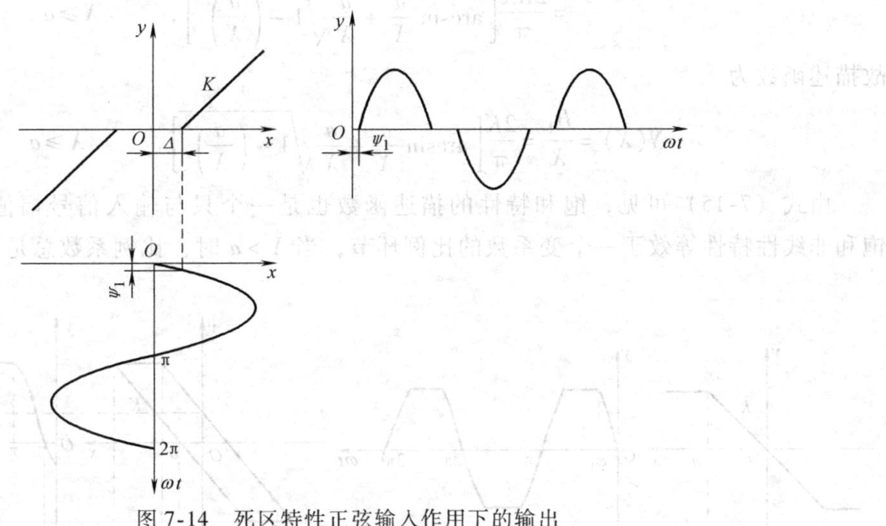

图 7-14　死区特性正弦输入作用下的输出

$$
\begin{aligned}
&= \frac{1}{\pi}\int_0^{2\pi} K(X\sin\omega t - \Delta)\sin\omega t \mathrm{d}\omega t \\
&= \frac{4}{\pi}\int_{\psi_1}^{\pi/2} K(X\sin\omega t - \Delta)\sin\omega t \mathrm{d}\omega t \\
&= \frac{2KX}{\pi}\left[\frac{\pi}{2} - \arcsin\frac{\Delta}{X} - \frac{\Delta}{X}\sqrt{1-\left(\frac{\Delta}{X}\right)^2}\right], \qquad X \geqslant \Delta
\end{aligned}
$$

其中

$$
X\sin\psi_1 = \Delta, \quad \psi_1 = \arcsin\frac{\Delta}{X}
$$

死区特性的描述函数为

$$
N(X) = \frac{B_1}{X} = \frac{2K}{\pi}\left[\frac{\pi}{2} - \arcsin\frac{\Delta}{X} - \frac{\Delta}{X}\sqrt{1-\left(\frac{\Delta}{X}\right)^2}\right], \qquad X \geqslant \Delta \tag{7-14}
$$

由式（7-14）可见，死区特性的描述函数是一个与输入信号幅值相关的实数。当 Δ/X 足够小时，$N(X)$趋近于 K，即输入幅值很大或死区很小时，死区的影响可以忽略。

3. 饱和特性的描述函数

图 7-15 所示为饱和特性及输入输出波形。

$x(t)$和$y(t)$为对称波形，故只需计算（0，π/2）区间上的积分，此时$y(t)$的表达式为

$$y(t)=\begin{cases}KX\sin\omega t, & 0\leqslant\omega t\leqslant\varphi_1\\ Ka, & \varphi_1\leqslant\omega t\leqslant\pi/2\end{cases}$$

式中，$X\sin\varphi_1=a$；$\varphi_1=\arcsin\dfrac{a}{X}$。

计算 B_1，有

$$\begin{aligned}B_1&=\frac{4}{\pi}\left[\int_0^{\varphi_1}KX\sin^2\omega t\mathrm{d}\omega t+\int_{\varphi_1}^{\pi/2}Ka\sin\omega t\mathrm{d}\omega t\right]\\&=\frac{4KX}{\pi}\left\{\left(\frac{1}{2}\omega t-\frac{1}{4}\sin2\omega t\right)_0^{\varphi_1}+\left[\frac{a}{X}(-\cos\omega t)\right]_{\varphi_1}^{\pi/2}\right\}\\&=\frac{2KX}{\pi}\left[\arcsin\frac{a}{X}+\frac{a}{X}\sqrt{1-\left(\frac{a}{X}\right)^2}\right],\qquad X\geqslant a\end{aligned}$$

故描述函数为

$$N(X)=\frac{B_1}{X}=\frac{2K}{\pi}\left[\arcsin\frac{a}{X}+\frac{a}{X}\sqrt{1-\left(\frac{a}{X}\right)^2}\right],\qquad X\geqslant a \tag{7-15}$$

由式（7-15）可见，饱和特性的描述函数也是一个只与输入信号幅值相关的实函数。饱和非线性特性等效于一个变系数的比例环节，当 $X>a$ 时，比例系数总是小于 K 的。

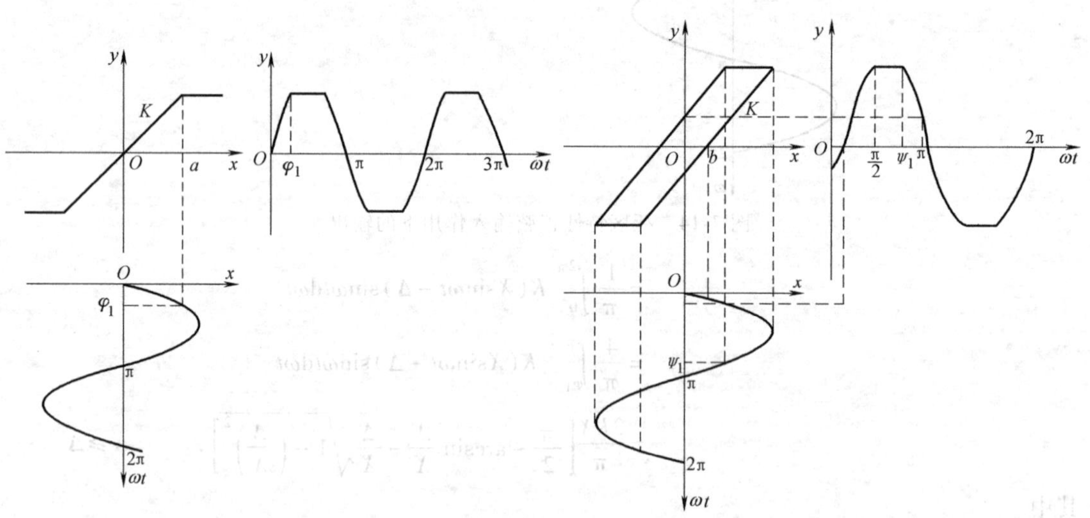

图 7-15　饱和特性正弦输入作用下的输出　　　图 7-16　间隙特性正弦输入作用下的输出

4. 间隙特性的描述函数

间隙特性及输入输出波形如图 7-16 所示。间隙特性是多值函数，A_1、B_1 均不为 0，描述函数为输入信号振幅的复函数。

在正弦输入信号的作用下，$y(t)$为有时间滞后且削顶的正弦波，其前半周期与后半周期波形相同，符号相反。故计算时可只半波积分，此时 $y(t)$的表达式为

$$y(t)=\begin{cases}K(X\sin\omega t-b), & 0\leqslant\omega t\leqslant\pi/2\\ K(X-b), & \pi/2\leqslant\omega t\leqslant\psi_1\\ K(X\sin\omega t+b), & \psi_1\leqslant\omega t<\pi\end{cases}$$

其中，$X\sin(\pi-\psi_1)=X-2b$，故 $\pi-\psi_1=\arcsin(1-2b/X)$，则 $\psi_1=\pi-\arcsin(1-2b/X)$。

计算 A_1 与 B_1，有

$$\begin{aligned}A_1&=\frac{2}{\pi}\left[\int_0^{\pi/2}K(X\sin\omega t-b)\cos\omega t\mathrm{d}\omega t+\int_{\pi/2}^{\psi_1}K(X-b)\cos\omega t\mathrm{d}\omega t\right.\\&\quad\left.+\int_{\psi_1}^{\pi}K(X\sin\omega t+b)\cos\omega t\mathrm{d}\omega t\right]\\&=\frac{4Kb}{\pi}\left(\frac{b}{X}-1\right),\qquad X\geqslant b\end{aligned}\tag{7-16}$$

$$\begin{aligned}B_1&=\frac{2}{\pi}\left[\int_0^{\pi/2}K(X\sin\omega t-b)\sin\omega t\mathrm{d}\omega t+\int_{\pi/2}^{\psi_1}K(X-b)\sin\omega t\mathrm{d}\omega t\right.\\&\quad\left.+\int_{\psi_1}^{\pi}K(X\sin\omega t+b)\sin\omega t\mathrm{d}\omega t\right]\\&=\frac{KX}{\pi}\left[\frac{\pi}{2}+\arcsin\left(1-\frac{2b}{X}\right)+2\left(1-\frac{2b}{X}\right)\sqrt{\frac{b}{X}\left(1-\frac{b}{X}\right)}\right],\qquad X\geqslant b\end{aligned}$$

描述函数为

$$\begin{aligned}N(X)&=\frac{B_1}{X}+\mathrm{j}\frac{A_1}{X}\\&=\frac{K}{\pi}\left[\frac{\pi}{2}+\arcsin\left(1-\frac{2b}{X}\right)+2\left(1-\frac{2b}{X}\right)\sqrt{\frac{b}{X}\left(1-\frac{b}{X}\right)}\right]+\mathrm{j}\frac{4Kb}{\pi X}\left(\frac{b}{X}-1\right),\qquad X\geqslant b\end{aligned}\tag{7-17}$$

由式（7-17）可见，间隙特性的描述函数是一个只与输入幅值相关的复函数，说明输出一次谐波分量与输入信号之间有相位差，且输出滞后于输入。

5. 一般继电器特性的描述函数

图 7-17 所示为一般继电器特性及输入输出波形。

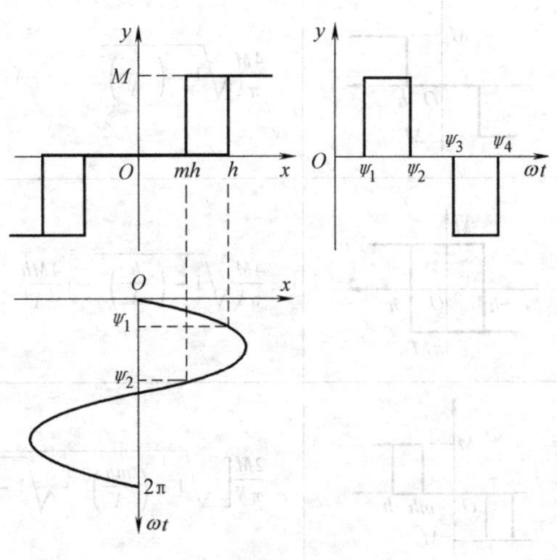

图 7-17　一般继电器特性正弦输入作用下的输出

图 7-17 中，ψ_1、ψ_2、ψ_3、ψ_4 为 $y(t)$ 的起始角与截止角，由波形图可得

$$\psi_1=\arcsin\frac{h}{X}$$

$$\psi_2=\pi-\arcsin\frac{mh}{X}$$

$$\psi_3=\pi+\arcsin\frac{h}{X}$$

$$\psi_4=2\pi-\arcsin\frac{mh}{X}$$

输出 $y(t)$ 的数学表达式为

$$y(t)=\begin{cases}M, & \psi_1\leqslant\omega t\leqslant\psi_2\\ 0, & 0\leqslant\omega t<\psi_1,\ \psi_2<\omega t<\psi_3,\ \psi_4<\omega t\leqslant2\pi\\ -M, & \psi_3\leqslant\omega t\leqslant\psi_4\end{cases}$$

计算 A_1 与 B_1 得

$$
\begin{aligned}
A_1 &= \frac{1}{\pi}\left(\int_{\psi_1}^{\psi_2} M\cos\omega t\mathrm{d}\omega t - \int_{\psi_3}^{\psi_4} M\cos\omega t\mathrm{d}\omega t\right) \\
&= \frac{2Mh}{\pi X}(m-1), \qquad X \geqslant h \\
B_1 &= \frac{1}{\pi}\left(\int_{\psi_1}^{\psi_2} M\sin\omega t\mathrm{d}\omega t - \int_{\psi_3}^{\psi_4} M\sin\omega t\mathrm{d}\omega t\right) \\
&= \frac{2M}{\pi}\left[\sqrt{1-\left(\frac{mh}{X}\right)^2} + \sqrt{1-\left(\frac{h}{X}\right)^2}\right], \qquad X \geqslant h
\end{aligned}
$$

描述函数为

$$
N(X) = \frac{2M}{\pi X}\left[\sqrt{1-\left(\frac{mh}{X}\right)^2} + \sqrt{1-\left(\frac{h}{X}\right)^2}\right] + \mathrm{j}\frac{2Mh}{\pi X^2}(m-1), \qquad X \geqslant h \tag{7-18}
$$

显然，从式（7-18）可见，一般继电器特性的描述函数也是一个只与输入信号幅值相关的复函数，它同样使得输出一次谐波分量的相位滞后于输入信号的相位。若令 m 取得不同的值，可以直接得到其他几种继电器特性的描述函数。

表 7-1 列出了典型的非线性特性及描述函数，以供查阅。

表 7-1　典型非线性特性及描述函数

非线性特性	描述函数 $N(X)$
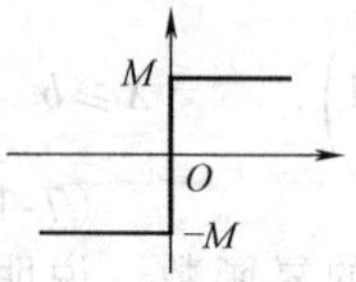	$\frac{4M}{\pi X}$
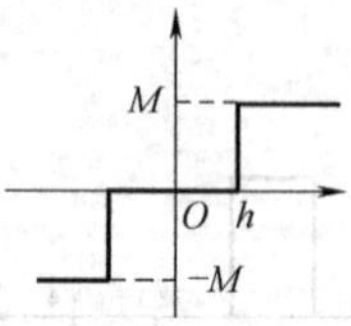	$\frac{4M}{\pi X}\sqrt{1-\left(\frac{h}{X}\right)^2} \qquad X \geqslant h$
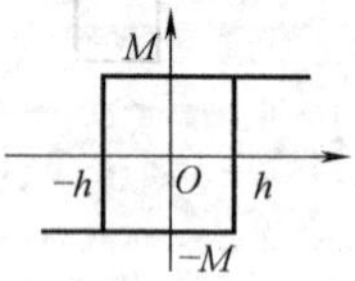	$\frac{4M}{\pi X}\sqrt{1-\left(\frac{h}{X}\right)^2} - \mathrm{j}\frac{4Mh}{\pi X^2} \qquad X \geqslant h$
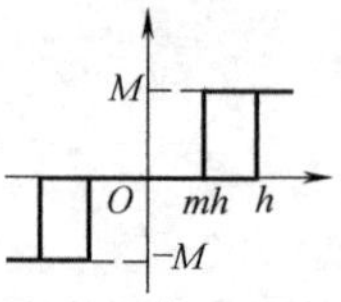	$\frac{2M}{\pi X}\left[\sqrt{1-\left(\frac{mh}{X}\right)^2} + \sqrt{1-\left(\frac{h}{X}\right)^2}\right] + \mathrm{j}\frac{2Mh}{\pi X^2}(m-1) \qquad X \geqslant h$
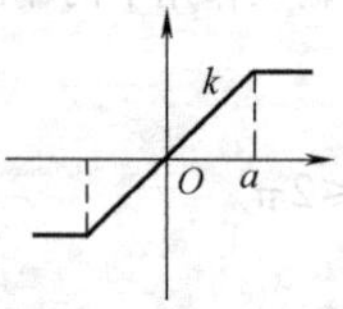	$\frac{2k}{\pi}\left[\arcsin\frac{a}{X} + \frac{a}{X}\sqrt{1-\left(\frac{a}{X}\right)^2}\right] \qquad X \geqslant a$

（续）

非线性特性	描述函数 $N(X)$
	$\frac{2k}{\pi}\left[\frac{\pi}{2}-\arcsin\frac{\Delta}{X}-\frac{\Delta}{X}\sqrt{1-\left(\frac{\Delta}{X}\right)^2}\right] \quad X\geqslant\Delta$
	$\frac{k}{\pi}\left[\frac{\pi}{2}+\arcsin\left(1-\frac{2b}{X}\right)+2\left(1-\frac{2b}{X}\right)\sqrt{\frac{b}{X}\left(1-\frac{2b}{X}\right)}\right]+\mathrm{j}\frac{4kb}{\pi X}\left(1-\frac{2b}{X}\right) \quad X\geqslant 2b$
	$\frac{2k}{\pi}\left[\arcsin\frac{a}{X}-\arcsin\frac{\Delta}{X}+\frac{a}{X}\sqrt{1-\left(\frac{a}{X}\right)^2}-\frac{\Delta}{X}\sqrt{1-\left(\frac{a}{X}\right)^2}\right] \quad X\geqslant a$

6. 组合非线性特性的描述函数

当非线性系统中含有两个以上的非线性环节时，一般不能照搬线性环节的串并联方法来求取总的描述函数，而应按照下列方法进行计算。

(1) 非线性并联

两个非线性环节并联后总的描述函数，等于两个并联环节描述函数的和。

从表 7-1 中可以看出，死区非线性特性描述函数（设为 N_1）与饱和非线性特性的描述函数（设为 N_2）有着某种联系，当 $\Delta=a$ 时，有

$$N_1+N_2=k=N$$

可见，这两个非线性特性叠加后，成为一个线性的放大器。叠加即并联连接，这一点也可以从波形图的叠加上看出来。利用这个特点，可以改善非线性系统的性能。

(2) 非线性串联

若两个非线性环节串联，则要仿照求描述函数的过程，利用作图的方式求出等效的非线性特性，如图 7-18 和图 7-19 所示。这两个非线性环节串联后的等效环节为带死区的饱和特性。

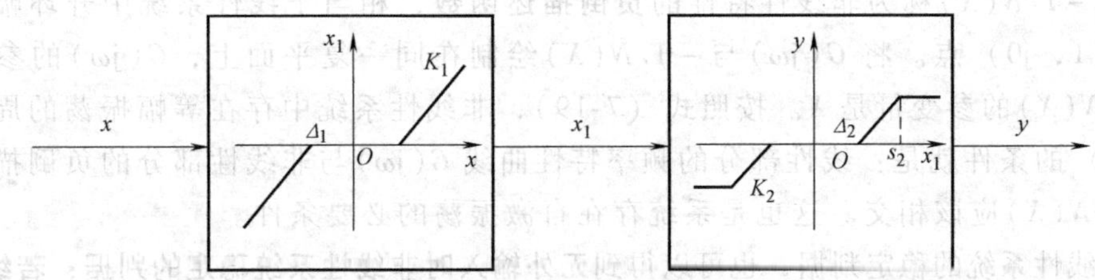

图 7-18　非线性环节串联

由作图法可知，两个串联环节的顺序相交换，会得到不同的等效特性。描述函数需要按照串联后的等效非线性特性来求取，不能直接计算。

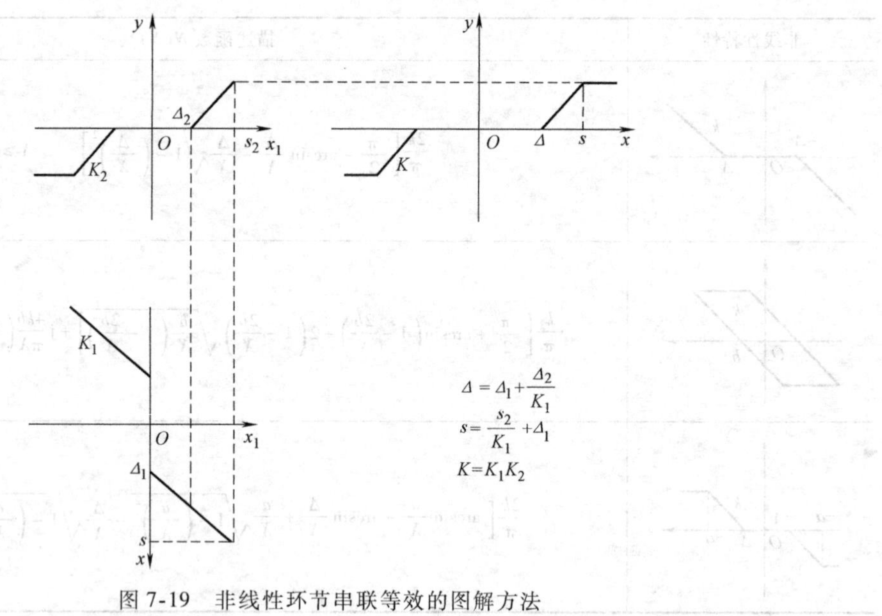

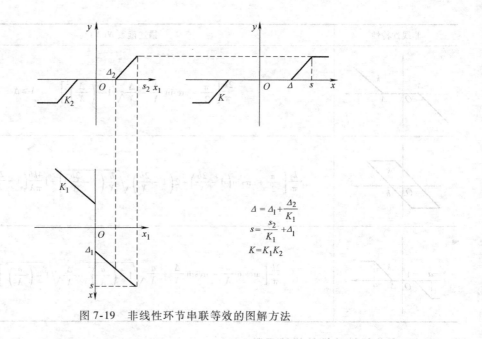

图 7-19　非线性环节串联等效的图解方法

7.3.3　非线性系统的稳定性分析

描述函数是对非线性环节进行谐波线性化处理后得到的，故可将线性系统的相关理论推广到非线性系统。由于在谐波线性化处理过程中，基波是非线性环节在正弦输入作用下的稳态输出，因此，描述函数法只能用于分析非线性系统自激振荡的稳定性及其振幅和频率，而不能求得非线性系统的时间响应。在后续的讨论中，总是假定非线性系统具有图 7-11 所示的典型结构，并且系统的线性部分的极点全部位于复平面的左半部，外输入 $r(t)=0$。

线性频域理论中，奈氏判据是常用的稳定性判据。根据奈氏判据，如果闭环系统处于临界稳定状态，则其开环幅频特性曲线应穿过（-1，j0），即在这一点上开环幅频特性等于 -1。仿照这一条件，可以得到非线性系统具有等幅振荡的周期运动的条件为等效的开环幅频特性

$$N(X)G(\mathrm{j}\omega)=-1 \tag{7-19}$$

即

$$G(\mathrm{j}\omega)=-\frac{1}{N(X)} \tag{7-20}$$

其中 $-1/N(X)$ 称为非线性特性的**负倒描述函数**，相当于线性系统中开环幅相平面中的（-1，j0）点。将 $G(\mathrm{j}\omega)$ 与 $-1/N(X)$ 绘制在同一复平面上，$G(\mathrm{j}\omega)$ 的参变量是 ω，$-1/N(X)$ 的参变量是 X。按照式（7-19），非线性系统中存在等幅振荡的周期运动（极限环）的条件就是：线性部分的频率特性曲线 $G(\mathrm{j}\omega)$ 与非线性部分的负倒描述函数曲线 $-1/N(X)$ 应该相交。这也是系统存在自激振荡的必要条件。

仿照线性系统的稳定判据，也可以得到**无外输入时非线性系统稳定的判据：若线性系统频率特性曲线 $G(\mathrm{j}\omega)$ 不包围非线性部分的负倒描述函数曲线 $-1/N(X)$，则系统稳定；反之，若 $G(\mathrm{j}\omega)$ 曲线包围 $-1/N(X)$ 曲线，则系统不稳定**。图 7-20a、b 分别给出了对应的两种情况。

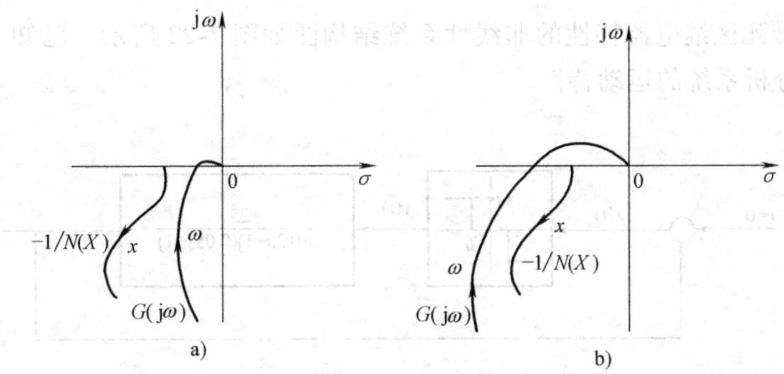

图 7-20　利用负倒描述函数曲线判定系统的稳定性
a）系统稳定　b）系统不稳定

7.3.4　自激振荡的分析与计算

当 $G(\mathrm{j}\omega)$ 曲线与 $-1/N(X)$ 曲线相交，即至少存在一组参数 $(X,\ \omega)$ 满足式（7-20）时，非线性系统存在等幅振荡的周期运动。这些周期运动状态是否是稳定的，或者说极限环是否是稳定的，可以由两曲线的相对位置来判断。

图 7-21 给出了两曲线相交的示意图。首先来考察交点 A 所对应的周期运动。如果非线性系统受到扰动的作用偏离了 A 点，比如振幅减小，降至 C 点所对应的值。按照前述的稳定判据，C 点位于 $G(\mathrm{j}\omega)$ 之外，即此点所对应的 $-1/N(X)$ 不被 $G(\mathrm{j}\omega)$ 所包围，系统处于稳定的运动状态，则振幅将进一步减小，远离 A 点直到衰减到零；若 A 点的状态受扰动作用使振幅增大，偏离到 D 点，则此点对应的 $-1/N(X)$ 被 $G(\mathrm{j}\omega)$ 所包围，系统处于不稳定状态，振幅将继续增大，系统状态偏离 A 点越来越远。可见，对于 A 点来说，在微小的扰动作用下，系统偏离原来的状态后，将再不会回到原状态。因此，A 点对应的是不稳定的周期运动。再来考察 B 点的情况。若系统受扰动作用偏离到 E 点，系统稳定，振幅减小，运动状态会向 B 点移动；若偏离到 F 点，系统不稳定，振幅增大，运动状态也会向 B 点移动。故 B 点对应的是稳定的周期运动，即系统存在自激振荡，稳定的边界为 A 点。B 点对应的参数（X_B，ω_B）即为稳定周期运动的振荡幅值与频率，即 $c(t) = -x(t) = -X_B\sin\omega_B t$。

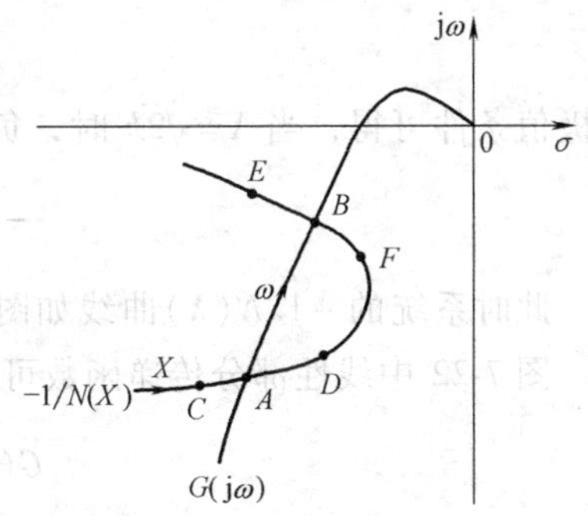

图 7-21　确定系统自激振荡原理

综合上述分析过程，在复平面上可将 $G(\mathrm{j}\omega)$ 曲线包围的区域视为不稳定区域，$G(\mathrm{j}\omega)$ 曲线不包围的区域视为稳定区域，则有下述**周期运动稳定性判据**：

在 $G(\mathrm{j}\omega)$ 曲线和 $-1/N(X)$ 曲线的交点处，若 $-1/N(X)$ 曲线沿着振幅 A 增加的方向由不稳定区域进入稳定区域时，该交点对应的周期运动是稳定的。反之，若 $-1/N(X)$ 曲线沿着振幅 A 增加的方向在交点处由稳定区域进入不稳定区域时，该交点对应的周期运动是不稳定的。若交点处两条曲线几乎垂直相交，且非线性环节输出的高次谐波分量被线性部分充分衰减，则分析结果是准确的。若两曲线在交点处几乎相切，则在一些情况下（取决于高次谐波的衰减程度）不存在自激振荡。

【例 7-3】 带死区继电器特性的非线性系统结构图如图 7-22 所示，已知 $M=1$，$h=0.5$，试用描述函数法分析系统的运动特性。

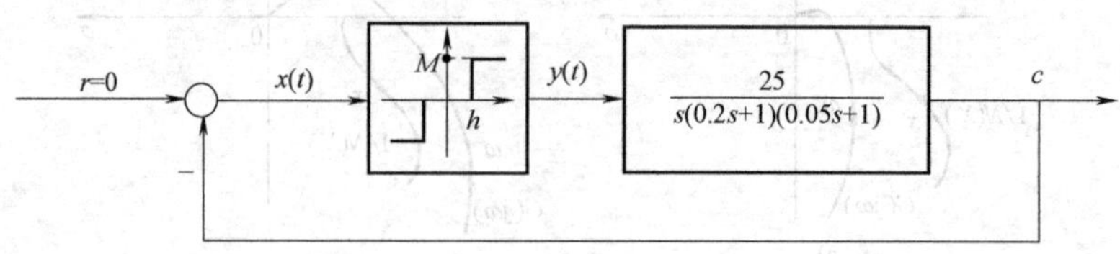

图 7-22 带死区继电器特性的非线性系统框图

解： 首先绘制负倒描述函数曲线。由表 7-1，可得死区继电器特性的描述函数为

$$N(X)=\frac{4M}{\pi X}\sqrt{1-\left(\frac{h}{X}\right)^2},\qquad X\geqslant h$$

显然，负倒描述函数曲线位于复平面的负实轴上。令 $x=h/X$，则

$$N(X)=N(x)=\frac{4M}{\pi h}x\sqrt{1-x^2},\qquad x\leqslant 1$$

$$\frac{\mathrm{d}N(x)}{\mathrm{d}x}=\frac{4M}{\pi h}\frac{1-2x^2}{\sqrt{1-x^2}}$$

令 $\mathrm{d}N(x)/\mathrm{d}x=0$，解得

$$x=\frac{h}{X}=\frac{\sqrt{2}}{2}$$

由极值条件可得，当 $X=\sqrt{2}h$ 时，负倒描述函数曲线 $-1/N(X)$ 有一个极大值，其值为

$$-\frac{1}{N(X)}=-\frac{\pi h}{2M}=-0.785$$

此时系统的 $-1/N(X)$ 曲线如图 7-23 所示。

图 7-22 中线性部分传递函数可表示为

$$G(s)=\frac{K}{s(T_1s+1)(T_2s+1)}$$

则

$$G(\mathrm{j}\omega)=\frac{K}{\mathrm{j}\omega(\mathrm{j}T_1\omega+1)(\mathrm{j}T_2\omega+1)}$$

$$=\frac{-K(T_1+T_2)\omega-\mathrm{j}K(1-T_1T_2)\omega^2}{\omega[(1-T_1T_2\omega^2)^2+(T_1+T_2)^2\omega^2]}$$

令 $G(\mathrm{j}\omega)$ 虚部为零，并有 $T_1=0.2\mathrm{s}$，$T_2=0.05\mathrm{s}$，得到其穿越负实轴的频率为

$$\omega_x=\frac{1}{\sqrt{T_1T_2}}=\frac{1}{\sqrt{0.2\times0.05}}=10^{-1}\mathrm{s}$$

在同一平面中绘制 $G(\mathrm{j}\omega)$ 曲线如图 7-23 所示。

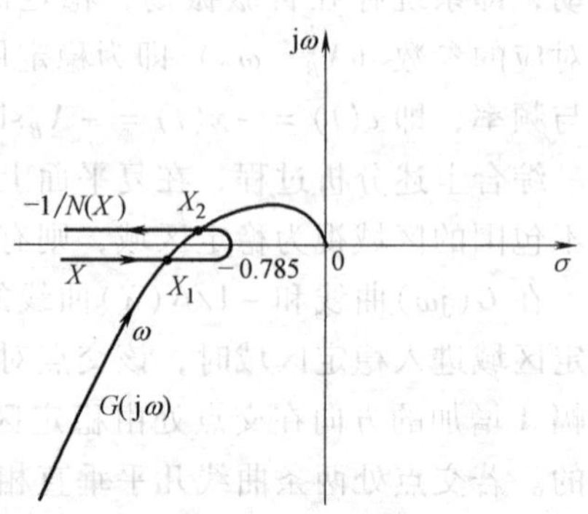

图 7-23 例 7-3 非线性系统频率特性

将 $G(\mathrm{j}\omega)$ 表达式代入得，$G(\mathrm{j}\omega)$ 曲线与负实轴的

交点为

$$G(\mathrm{j}\omega_x)=\frac{-KT_1T_2}{T_1+T_2}=\frac{-25\times0.2\times0.05}{0.2+0.05}=-1$$

按式（7-20）可求得 $G(\mathrm{j}\omega)$曲线与 $-1/N(X)$曲线的交点为

$$\begin{cases}\omega_1=10\\X_1=0.556\end{cases}\qquad\begin{cases}\omega_2=10\\X_2=1.14\end{cases}$$

这表明，系统存在两个相同频率、不同振幅的周期运动。根据周期运动稳定性判定方法可知，X_1对应不稳定的周期运动，X_2对应稳定的周期运动。因此，在 $X=X_2$点，系统存在自激振荡，此时系统的输出响应为 $c(t)=-x(t)=-1.14\sin10t$。

【例 7-4】 图 7-24 所示为带饱和非线性特性的控制系统。图中，$k=2$，$a=1.5$，试分析：

1）$K=10$ 时非线性系统的运动情况。

2）欲使系统不出现自激振荡，确定 K 的临界值。

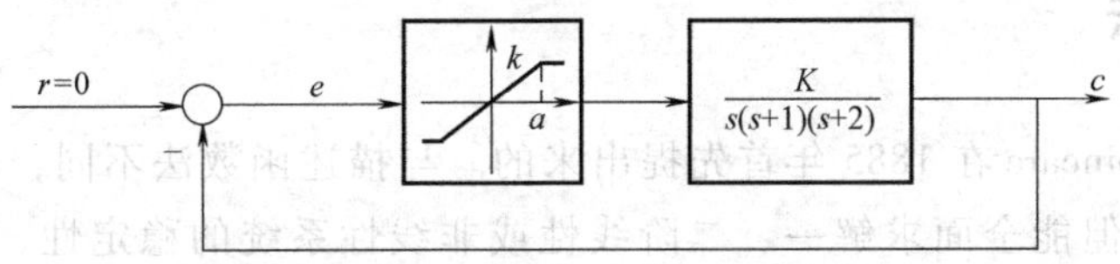

图 7-24　带饱和非线性特性控制系统框图

解：1）查表 7-1，可得饱和非线性特性的负倒描述函数为

$$\frac{-1}{N(X)}=\frac{-\pi}{2k\left[\arcsin\dfrac{a}{X}+\dfrac{a}{X}\sqrt{1-\left(\dfrac{a}{X}\right)^2}\right]},\qquad X\geqslant a$$

当 $X=a$ 时，$-1/N(X)=-1/k=-0.5$；

当 $X=\infty$ 时，$-1/N(X)=-\infty$，故负倒描述函数曲线为实轴上$(-\infty,\ -0.5]$，如图 7-25 所示。

当 $K=10$ 时，求 $G(\mathrm{j}\omega)$曲线与负实轴的交点，令 $\varphi(\omega)=-\pi$，有

$$\varphi(\omega)=-\pi/2-\arctan\omega-\arctan0.5\omega=-\pi$$

整理得

$$\arctan\omega+\arctan0.5\omega=\pi/2$$

即

$$\frac{\omega+0.5\omega}{1-0.5\omega^2}=\infty$$

则

$$1-0.5\omega^2=0$$

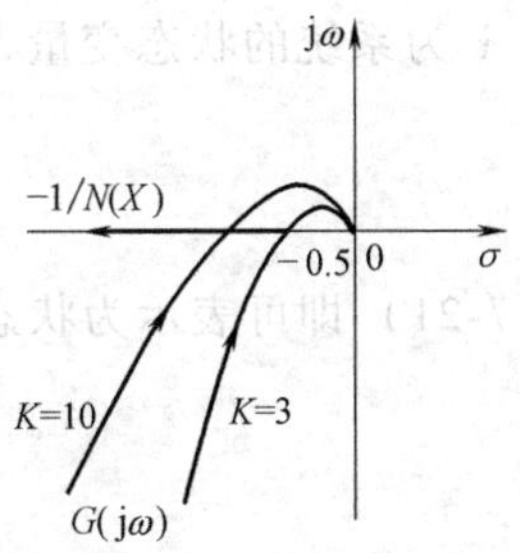

图 7-25　例 7-4 非线性系统频率特性

解得 $\omega=\sqrt{2}\mathrm{rad/s}$。

将所求频率代入 $G(\mathrm{j}\omega)$的幅频特性，有

$$\left|G(\mathrm{j}\omega)\right|_{\omega=\sqrt{2}}=\left.\frac{K}{\omega\sqrt{1+\omega^2}\sqrt{4+\omega^2}}\right|_{\omega=\sqrt{2}}=\frac{5}{3}$$

则 $-1/N(X)=-5/3$，进一步可得 $N(X)=0.6$，代入描述函数，求得 $X=4.38$。

因此当 $K=10$ 时系统存在自激振荡，系统输出为

$$c(t)=4.38\sin\sqrt{2}t$$

2）欲使系统不出现自激振荡，要求 $G(\mathrm{j}\omega)$ 曲线与负实轴的交点位于（-0.5，j0）点的右侧，则

$$|G(\mathrm{j}\omega)|_{\omega=\sqrt{2}}=\left.\frac{K}{\omega\sqrt{1+\omega^2}\sqrt{4+\omega^2}}\right|_{\omega=\sqrt{2}}\leqslant 0.5$$

解得 $K=3$，即 K 的临界值为 3。

尽管振幅很小的自激振荡在某些工程应用范围内是允许的，但一般不希望自激振荡出现在控制系统中。因此在应用描述函数法设计非线性控制系统时，可以通过调整系统参数，或者在线性系统中加入适当的串联或反馈校正环节来改变 $G(\mathrm{j}\omega)$ 与 $-1/N(X)$ 曲线的相对位置，以达到消除自激振荡和提高系统稳定性的目的。

7.4 相平面法

相平面法是 Poincare 在 1885 年首先提出来的。与描述函数法不同，相平面法仅可以分析一、二阶系统，但能全面求解一、二阶线性或非线性系统的稳定性、暂（动）态响应、平衡位置以及初始条件和参数对系统运动的影响。由于相平面法较为直观和准确，能够全面地表征系统的运动状态，因此其得到了广泛的应用。本节介绍相平面的定义、绘制及应用相平面法分析非线性系统的一般方法，并以二阶系统为例，详细介绍相平面法的应用。

7.4.1 相平面法的基本概念

1. 相平面、相轨迹和相平面图

二阶时不变系统（可以是线性的，也可以是非线性的）一般可用下列常微分方程来描述：

$$\ddot{x}+f(x,\ \dot{x})=0 \tag{7-21}$$

式中，设输入信号为零，x 表示系统中的某一个物理量，$f(x,\ \dot{x})$ 是 x 和 $\dot{x}$ 的解析函数。选定 x 和 $\dot{x}$ 为系统的状态变量，令

$$\begin{cases}x_1=x\\x_2=\dot{x}\end{cases} \tag{7-22}$$

则式（7-21）即可表示为状态方程

$$\begin{aligned}\dot{x}_1&=x_2\\\dot{x}_2&=-f(x_1,\ x_2)\end{aligned} \tag{7-23}$$

若在所讨论的时间范围内，对于任意给定的时刻，系统的一组状态变量的值都是已知的，则可以掌握系统运动的全部信息。通过相轨迹，就可以做到这一点。以 x 为横坐标，$\dot{x}$ 为纵坐标，构成一个直角坐标平面，称为**相平面**；在相平面上表示系统运动状态的点（x，$\dot{x}$）移动所形成的轨迹称为**相轨迹**。相轨迹的起始点由系统的初始条件（x_0，$\dot{x}_0$）确定，相轨迹上用箭头方向表示随参变量时间 t 的增加，系统的运动方向。以各种可能的初始条件为起始点，可以得到相轨迹簇，相平面和相轨迹簇合称为**相平面图**。

2. 相轨迹和相平面图的性质

（1）相轨迹的斜率

若相轨迹上任意一点的斜率为α，则

$$\alpha=\frac{\mathrm{d}\dot{x}}{\mathrm{d}x}=\frac{\mathrm{d}\dot{x}/\mathrm{d}t}{\mathrm{d}x/\mathrm{d}t}=\frac{\ddot{x}}{\dot{x}}=-\frac{f(x,\ \dot{x})}{\dot{x}} \tag{7-24}$$

（2）相轨迹的对称性

按照图形对称的条件，关于横轴或纵轴对称的曲线，其对称点处的斜率大小相等，符号相反；关于原点对称的曲线，其对称点处斜率大小相等，符号相同。

若在对称点（x，$\dot{x}$）和（$-x$，$\dot{x}$）上满足

$$f(x,\ \dot{x})=-f(-x,\ \dot{x}) \tag{7-25}$$

则相轨迹关于$\dot{x}$对称（左右对称）。此时，$f(x,\ \dot{x})$是x的奇函数。

若在对称点（x，$\dot{x}$）和（x，$-\dot{x}$）上满足

$$f(x,\ \dot{x})=f(x,\ -\dot{x}) \tag{7-26}$$

则相轨迹关于x对称（上下对称）。此时，$f(x,\ \dot{x})$是$\dot{x}$的偶函数。

若在对称点（x，$\dot{x}$）和（$-x$，$-\dot{x}$）上满足

$$f(x,\ \dot{x})=-f(-x,\ -\dot{x}) \tag{7-27}$$

则相轨迹关于原点对称。

（3）相平面图的奇点

由相轨迹斜率的定义可知，相平面上的一个点$(x,\ \dot{x})$只要不同时满足$\dot{x}=0$与$f(x,\ \dot{x})=0$，则该点的相轨迹斜率由式（7-24）唯一确定，通过该点的相轨迹只能有一条，即相轨迹曲线簇不会在该点相交；同时满足$\dot{x}=0$与$f(x,\ \dot{x})=0$的点称为**奇点**，该点的相轨迹斜率为$\frac{0}{0}$型的不定形式，通过该点的相轨迹可能不止一条，且彼此的斜率也不相同，即相轨迹曲线簇在该点相交。

如在一条线上都满足$\dot{x}=0$与$f(x,\ \dot{x})=0$，则称该直线为**奇线**。

（4）相轨迹的运动方向

在相平面的上半平面，$\dot{x}>0$，所以系统状态沿相轨迹曲线运动的方向是x增大的方向，即向右运动；在相平面的下半平面，则是向左运动。因此，有时候在绘制相轨迹时也可不用箭头标明方向。

7.4.2 相轨迹图的绘制

相轨迹的绘制方法有解析法与图解法两种。解析法通过求解微分方程找出x与$\dot{x}$的解析关系，从而在相平面上绘制相轨迹。具体方法为参变量t消去法和直接积分法。图解法常用的有两种，即等倾线法和圆弧近似法（δ法）。这里只介绍解析法中的直接积分法和图解法中的等倾线法，其他的方法请参考有关书籍。

1. 解析法

解析法适用于比较简单，或者可以分段线性化的微分方程。下面通过一个例题来说明如何利用直接积分法得出相轨迹方程。

【例7-5】 已知一个简单的卫星控制系统是由一对推进器控制的简单旋转惯性单元组成，推进器结构如图7-26所示，推进器可以提供一个正转矩U（正向启动）或负转矩（负

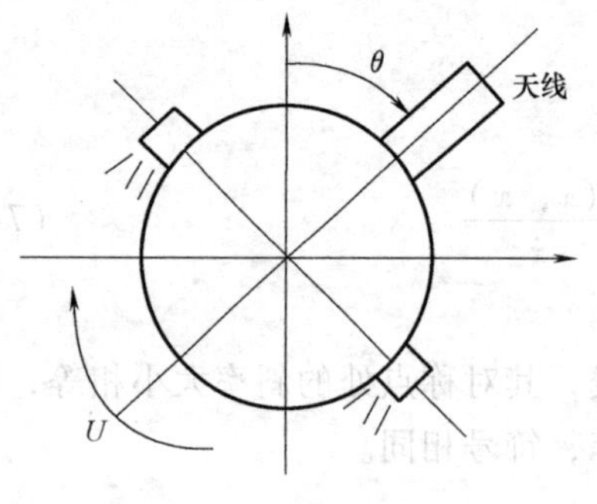

图 7-26 卫星的推进器结构图

向启动)，而控制系统的作用是通过适当地发动推进器来维持卫星天线角度为零。卫星控制系统结构框图如图 7-27 所示。试用相平面解析法分析系统的稳定性。

解：卫星的数学模型为 $\ddot{\theta}=u$，其中，u 是推进器提供的转矩，θ 是卫星角度。在相平面上分析，当推进器被启动时系统的控制律如下：

$$e=-\theta,\ u(t)=\begin{cases}-U, & \theta>0\\ U, & \theta<0\end{cases} \tag{7-28}$$

式 (7-28) 说明如果角度 θ 是正的，推进器就会反向推动，反之亦然。

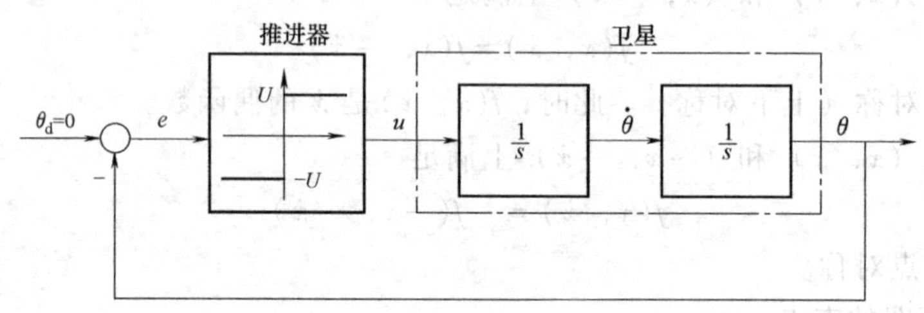

图 7-27 卫星控制系统

为绘制系统的相平面图，首先考虑推进器提供正转矩 U 时的轨迹。此时系统动态方程为 $\ddot{\theta}=U$，即 $\dot{\theta}\mathrm{d}\dot{\theta}=U\mathrm{d}\theta$，对应的相平面轨迹是一簇由 $\dot{\theta}^2=2U\theta+C_1$ 确定的抛物线的集合，当推进器提供负转矩 $-U$ 时，相轨迹同理可得 $\dot{x}^2=-2Ux+C_2$，其中 C_1 和 C_2 是由系统初始条件决定的常数，则整个闭环控制系统的完整相平面图如图 7-28 所示。图中的纵轴代表切换的开关线，控制输入以及相轨迹都在这条线上进行切换。若从一个非零初始角度开始，卫星会在喷射机的作用下做周期性的振荡运动，即系统临界稳定，不能正常工作。若增加速度反馈可使系统收敛到零度角，见例 7-8。

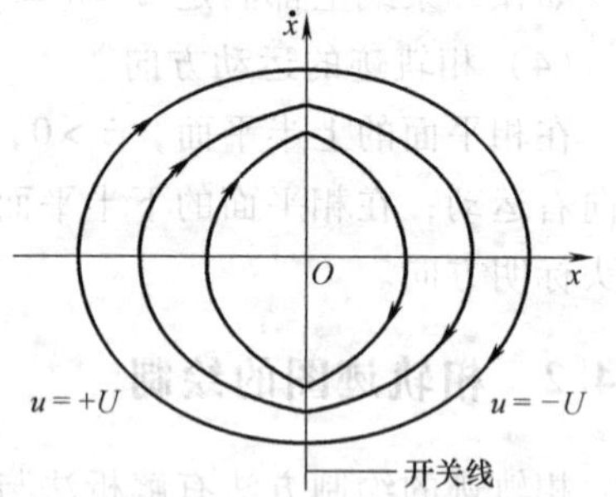

图 7-28 卫星控制系统相平面图

2. 等倾线法

等倾线法是一种图解的方法，其特点是用一系列不同斜率的短线段来近似表示系统的相轨迹曲线。所谓等倾线即指相平面上相轨迹斜率相等的各点的连线。由相轨迹斜率的定义式 (7-24) 可知，若斜率 α 为常数，则相应的等倾线方程应为

$$\alpha\dot{x}=-f(x,\ \dot{x}) \tag{7-29}$$

当相轨迹经过该等倾线上任一点时，其切线的斜率都相等，均为 α。取 α 为若干不同的常数，即可在相平面上绘制出等倾线簇。在等倾线上各点处作斜率为 α 的短线段，则这些短线段在相平面上构成了相轨迹切线的“方向场”，如图 7-29 所示。从某一初始点出发，沿着“方向场”各点的切线方向将这些短线段用光滑曲线连接起来，便可得到一条相轨迹。

下面以二阶欠阻尼系统为例说明等倾线法。设系统的微分方程为

$$\ddot{x} + 2\zeta\omega_{\mathrm{n}}\dot{x} + \omega_{\mathrm{n}}^2 x = 0 \tag{7-30}$$

为了求出等倾线方程，先在微分方程中表达出相轨迹斜率。令 $\mathrm{d}\dot{x}/\mathrm{d}x = \alpha$，则有

$$\dot{x}\frac{\mathrm{d}\dot{x}}{\mathrm{d}x} + 2\zeta\omega_{\mathrm{n}}\dot{x} + \omega_{\mathrm{n}}^2 x = 0$$

$$\dot{x} = -\frac{\omega_{\mathrm{n}}^2}{2\zeta\omega_{\mathrm{n}} + \alpha}x \tag{7-31}$$

式（7-31）即为相轨迹的**等倾线方程**。

设 $\zeta = 0.707$，$\omega_{\mathrm{n}} = 1$，按式（7-31）求得对应于不同 α 值的等倾线簇，如图 7-30 所示。为简单起见，图中仅画出了部分的等倾线。

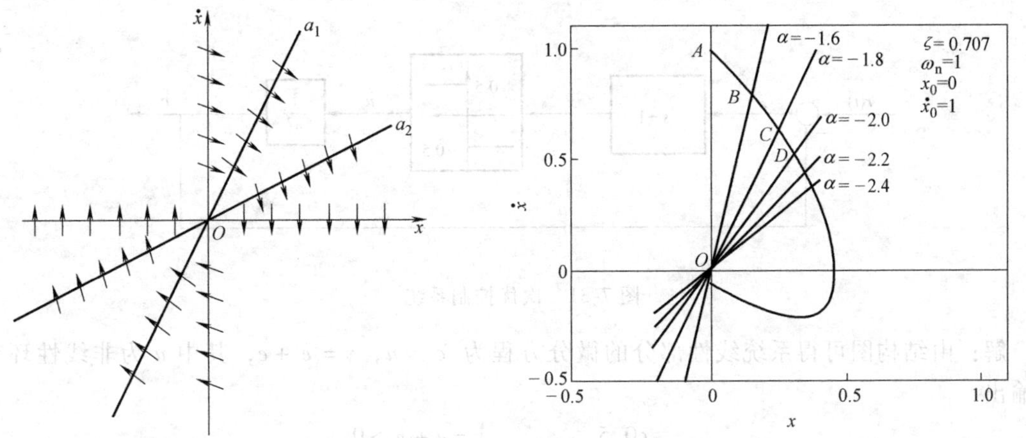

图 7-29　等倾线示意图　　图 7-30　用等倾线法绘制相轨迹

在 A 点处，等倾线的斜率为 $\alpha = -1.414$，按此斜率绘制短线段，此短线段交 $\alpha = -1.6$ 的等倾线于 B 点，近似认为此短线段 AB 是相轨迹的一部分。同样，由 B 点出发，在等倾线 $\alpha = -1.6$ 与 $\alpha = -1.8$ 之间作斜率为 -1.6 的短线段，交 $\alpha = -1.8$ 的等倾线于 C 点，近似认为 BC 就是相轨迹的一部分。重复进行这一步骤，就可以得到从初始点出发，由各短线段组成的折线。这条折线就近似为相轨迹曲线。

上述作图方法，由于近似和作图误差，以及误差的积累，结果可能误差较大。为提高作图精度就要多取一些等倾线，特别是在相轨迹的斜率变化比较剧烈的地方，等倾线要取得更密些。但是，等倾线过多，工作量大，积累误差也大。因此，等倾线的密度要适当。

等倾线法给出了一种可以用计算机绘制相轨迹的方法，但现在人们往往更倾向于采用直接求解系统响应的方法来绘制相轨迹。例如，利用 MATLAB 就可以方便地画出相轨迹。

3. 由相平面图求系统运动的时间响应

相平面图清晰地描绘了系统状态 x 和 $\dot{x}$ 的关系及运动过程，故可得到二阶系统稳定性和运动的全部信息。但是，相平面图不直接显示运动与时间的关系，一般情况下，由相平面图求时间响应的方法是一个逐步求解的过程。

在相轨迹上从初始点开始，沿相轨迹的运动方向选取若干点（x_i，$\dot{x}_i$）（$i = 0$，1，

2，…，n），若计算出相邻两点（x_i，$\dot{x}_i$）与（x_{i+1}，$\dot{x}_{i+1}$）的时间增量 Δt_i，则系统从初态（x_0，$\dot{x}_0$）运动至（x_n，$\dot{x}_n$）的时间为

$$t = \sum_{i=0}^{n-1} \Delta t_i \tag{7-32}$$

由式（7-32），求解时间 t 就转化为计算相邻两点间的时间增量 Δt_i。通常有三种不同的求解方法，即增量法、积分法与圆弧近似法。下面通过例题来说明利用相平面法求解运动响应时间。

【例 7-6】 设次优控制系统如图 7-31 所示，输入 $r(t)=6$，初始条件 $c(0)=\dot{c}(0)=0$。试在 $\dot{e}$-e 平面上绘制该系统相轨迹，并问经过多长时间，系统的状态可以到达平衡位置？

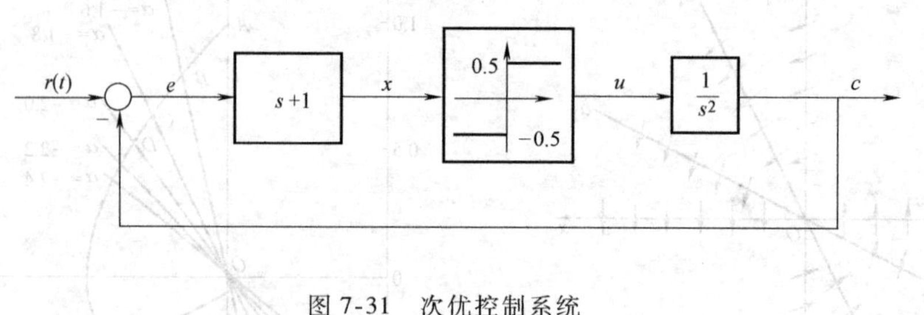

图 7-31 次优控制系统

解： 由结构图可得系统线性部分的微分方程为 $\ddot{c}=u$，$x=\dot{e}+e$，其中 u 为非线性环节的输出

$$u=\begin{cases}0.5, & x=e+\dot{e}>0\\ -0.5, & x=e+\dot{e}<0\end{cases}$$

开关线方程为 $\dot{e}+e=0$。由于在比较点处有 $e=r-c=6-c$，因此可得

$$\ddot{e}=-\ddot{c}=-u$$

即

$$\ddot{e}=\begin{cases}-0.5, & e+\dot{e}>0\\ 0.5, & e+\dot{e}<0\end{cases}$$

在Ⅰ区（$e+\dot{e}>0$），对 $\ddot{e}=-0.5$ 积分后有

$\dot{e}=0.5t+\dot{e}(0)$，$e=-0.25t^2+\dot{e}(0)t+e(0)$

则 $t=2[\dot{e}-\dot{e}(0)]$，消去 t 可得

$$e=-\dot{e}^2+\dot{e}^2(0)+e(0) \quad ①$$

为一向右凸的抛物线方程。

在Ⅱ区（$e+\dot{e}<0$），对 $\ddot{e}=0.5$ 积分并消去 t 后可得

$$e=\dot{e}^2-\dot{e}^2(0)+e(0) \quad ②$$

为一向左凸的抛物线方程。其 $\dot{e}$-e 相轨迹如图 7-32 所示。

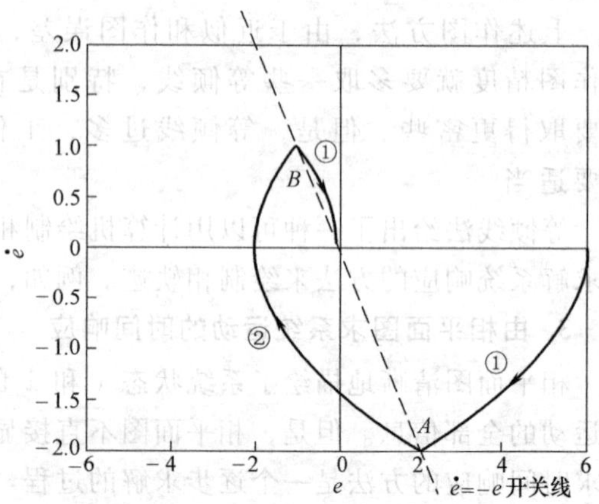

图 7-32 系统的 e-e 相轨迹

由于 $c(0)=\dot{c}(0)=0$，可得 $e(0)=6$，

$\dot{e}(0)=0$。由①式可得 A 点坐标为（2，-2），由②式可得 B 点坐标为（-1，1）。

相轨迹起始点为 $e(0)=6$，$\dot{e}(0)=0$，在Ⅰ区（$e+\dot{e}>0$），按抛物线①运动，直到 A 点，后进入Ⅱ区（$e+\dot{e}<0$），又按抛物线②运动，与开关线交于 B 点，在 B 点再次切换，又按抛物线①运动，最后收敛于原点。

从起始点运动到 A 点所需时间按①式计算：$t_1=2[\dot{e}(0)-\dot{e}(A)]=2[0-(-2)]=4\text{s}$

从 A 点运动到 B 点所需时间按②式计算：$t_2=2[\dot{e}(B)-\dot{e}(A)]=2[1-(-2)]=6\text{s}$

从 B 点运动到原点所需时间按①式计算：$t_3=2[\dot{e}(B)-\dot{e}(0)]=2(1-0)=2\text{s}$

因此，总共需时间

$$t=t_1+t_2+t_3=12\text{s}$$

则系统的状态可以到达平衡位置。

7.4.3 奇点和奇线

利用等倾线法固然可以绘制出系统的相轨迹，但作图量还是比较大。如果事先能够知道相轨迹的运动趋势，可以大大加快绘制相轨迹的速度。由于相轨迹主要针对二阶系统，故可以对常见二阶系统的相轨迹进行典型归纳，然后将实际的系统表示（或近似）为一种或几种典型形式的组合。在对系统进行粗略的分析时是可行的，并可由此指出改进系统结构与参数的方向。在此基础上，若要求较为准确的定量信息，则可以利用计算机进行仿真。

对于许多非线性系统，常可以进行分段的线性化处理，如前述的各种常见非线性特性都可以用这种方法；对于一些非线性的微分方程，为研究各平衡状态附近的运动特性，可在平衡点附近作增量线性化处理。因此，可以从线性二阶系统的相轨迹入手，对各种典型形式进行归纳，以此作为非线性系统相平面分析的基础。

1. 奇点

设二阶线性系统的微分方程为

$$\ddot{x}+2\zeta\omega_n\dot{x}+\omega_n^2x=0 \tag{7-33}$$

其斜率为

$$\alpha=\frac{\mathrm{d}\dot{x}}{\mathrm{d}x}=-\frac{2\zeta\omega_n\dot{x}+\omega_n^2x}{\dot{x}} \tag{7-34}$$

从斜率的公式（7-34）可以看出，二阶线性系统在相平面原点处的斜率为$\frac{0}{0}$型，因此（0，0）为奇点。在奇点处，$\dot{x}=0$，$\ddot{x}=0$，即系统的运动速度与加速度同时为零，系统处于静止状态。故相平面的奇点也称为**平衡点**。

设系统的特征根为 $s_{1,2}=\lambda_{1,2}=-\zeta\omega_n\pm\omega_n\sqrt{\zeta^2-1}$，系统的自由运动形式完全由特征根在复平面上的分布决定。由于奇点也是平衡点，因此可按特征根的不同分布来划分奇点（0，0）的类型。

1）当 $0<\zeta<1$ 时，λ_1、λ_2 为一对具有负实部的共轭复根，系统处于欠阻尼状态。其零输入响应为衰减振荡，收敛于零。对应的相轨迹是一簇对数螺旋线，收敛于相平面原点，如图 7-33a 所示。这时原点对应的奇点称为**稳定焦点**。

2）当 $-1<\zeta<0$ 时，λ_1、λ_2 为一对具有正实部的共轭复根，系统的零输入响应是

振荡发散的。对应的相轨迹是发散的对数螺旋线，如图 7-33b 所示。这时奇点称为**不稳定焦点**。

3）当 $\zeta>1$ 时，λ_1、λ_2 为两个负实根，系统处于过阻尼状态。其零输入响应呈指数衰减状态。对应的相轨迹是一簇趋向相平面原点的抛物线，如图 7-33c 所示。相平面原点为奇点，称为**稳定节点**。

4）当 $\zeta<-1$ 时，λ_1、λ_2 为两个正实根，系统的零输入响应为非周期发散的。对应的相轨迹是由原点出发的发散的抛物线簇，如图 7-33d 所示。相应的奇点称为**不稳定节点**。

5）当 $\zeta=0$ 时，λ_1、λ_2 为一对共轭纯虚根，系统处于无阻尼运动状态，系统的相轨迹是一簇同心椭圆，如图 7-33e 所示。这种奇点称为**中心点**。

6）若系统的微分方程为 $\ddot{x}+2\zeta\omega_n\dot{x}-\omega_n^2x=0$，$\lambda_1$、$\lambda_2$ 为两个符号相反的实根，此时系统的零输入响应是非周期发散的。对应的相轨迹如图 7-33f 所示。这时奇点称为**鞍点**。

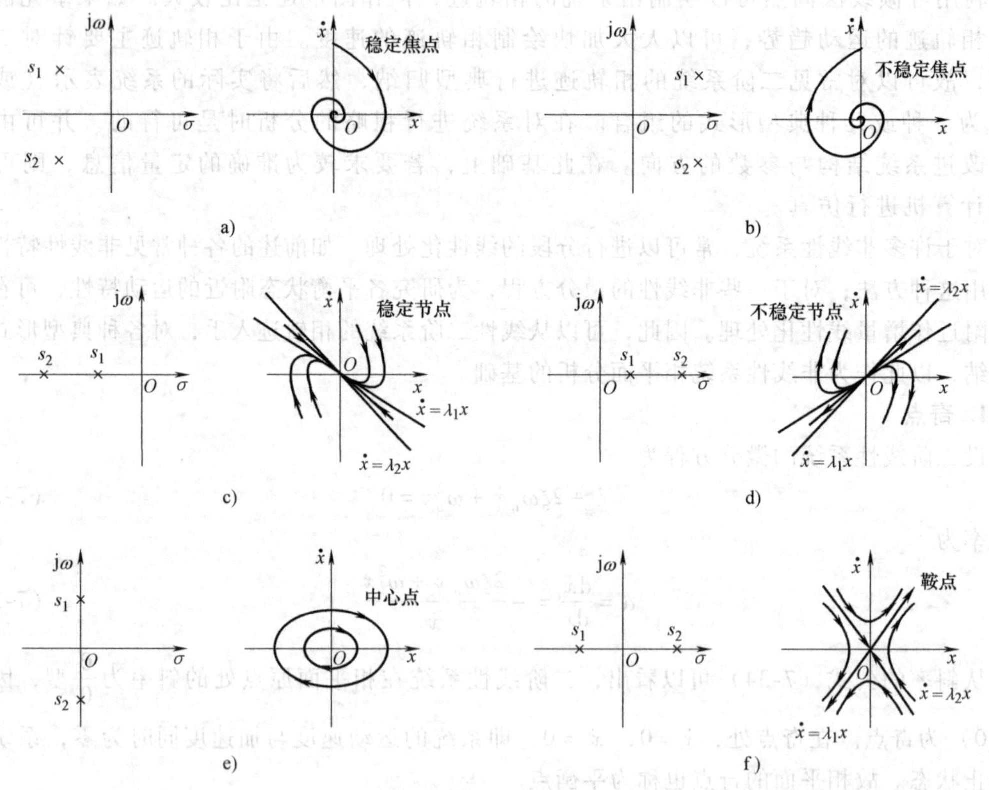

图 7-33　奇点的分类

a）稳定焦点　b）不稳定焦点　c）稳定节点　d）不稳定节点　e）中心点　f）鞍点

线性二阶系统只有一个平衡状态，因此相轨迹只有一个奇点。对于零输入的线性二阶系统，奇点就位于相平面的坐标原点。一旦知道了奇点的位置和类型，则奇点附近的相轨迹形状就能确定，系统的全部运动规律也可以完全清楚了。但非线性二阶系统可能存在多个平衡状态，因此也就可能具有多个不同位置和类型的奇点。下面将通过一个例子来说明如何通过奇点来确定非线性系统的相轨迹形状。

【例 7-7】 已知二阶非线性系统的微分方程式为

$$2\ddot{x}+\dot{x}^2+x=0$$

试确定奇点及其类别。

解：由系统的微分方程有

$$\ddot{x}=-f(x,\ \dot{x})=-\frac{1}{2}(\dot{x}^2+x)$$

由奇点的定义 $\dot{x}=0$ 与 $f(x,\ \dot{x})=0$，可得

$$\begin{cases}x=0\\ \dot{x}=0\end{cases}$$

因此，奇点在原点。在奇点处将 $f(x,\ \dot{x})$ 展开为泰勒级数，忽略二阶以上的高次项，得

$$f(x,\ \dot{x})=f\ (0,\ 0)+\left.\frac{\partial f(x,\ \dot{x})}{\partial\dot{x}}\right|_{\substack{x=0\\ \dot{x}=0}}\dot{x}+\left.\frac{\partial f(x,\ \dot{x})}{\partial x}\right|_{\substack{x=0\\ \dot{x}=0}}x=\frac{1}{2}x$$

从而将非线性方程在奇点处线性化为

$$\ddot{x}+\frac{1}{2}x=0$$

由线性化方程可得特征根为 $s_{1,2}=\pm\mathrm{j}\frac{\sqrt{2}}{2}$，是一对纯虚根，所以奇点为中心点。由微分方程也可以求得等倾线方程为一簇过原点的抛物线，画出其相轨迹如图 7-34 所示（图中等倾线未画出）。由图可以看出，相轨迹是围绕原点的封闭曲线簇，同样也说明奇点为中心点。

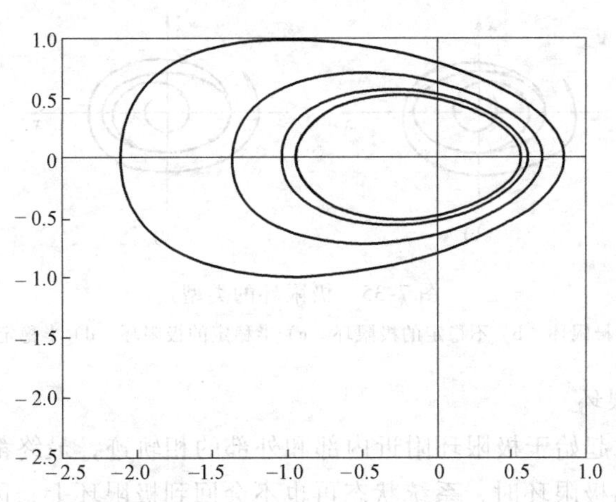

图 7-34 例 7-7 二阶非线性系统的相轨迹

由于并非所有非线性系统的微分方程都是解析的，因此通常可根据非线性元件的特点，将整个相平面划分为若干个可解析的线性区域，进而绘制各区域的相轨迹，以得到整个系统的近似相轨迹。

但也需强调的是，每个奇点只能反映非线性系统在该点附近的相轨迹形状，并不能确切得到整个系统的相轨迹图。由于各类相轨迹并不孤立存在于各区域内，它们既具有独立性，

又彼此有机结合，因此要更精确地绘制完整的相轨迹图，还需要研究奇线。

2. 奇线

对线性系统来说，奇点的类型完全确定了系统的性质。而对非线性系统来说，一方面，奇点的类型只能反映平衡位置附近系统的行为，不能确定整个相平面上的运动状态；另一方面，非线性系统的奇点可能不止一个，整个系统的相轨迹，特别是远离奇点的部分，取决于多个奇点的共同作用。这时候，对于极限环的讨论就很重要。

前面曾经把由奇点组成的线段称为奇线，这里将奇线的概念加以推广。在非线性系统的相轨迹中，可能会存在特殊的相轨迹，将相平面划分为具有不同运动特点的多个区域，这种特殊的相轨迹就称为**奇线**。**极限环**就是最常见的一种奇线，它是相平面上一条孤立的封闭相轨迹，而且附近的其他相轨迹都无限地趋向或者离开它。极限环作为一条相轨迹，既不存在平衡点，也不趋向无穷远，而是一个无首无尾的封闭环圈，它把相平面划分为内部平面和外部平面两个部分。任何一条相轨迹都不能从内部平面直接穿过极限环进入外部平面，也不能从外部平面直接穿过极限环进入内部平面。极限环可分为稳定、不稳定与半稳定三种。

（1）稳定的极限环

如果起始于极限环附近的内部和外部的相轨迹最终都趋于极限环上，则该极限环称为稳定的极限环，如图 7-35a 所示。当系统受到小扰动的作用而偏离极限环时，经过一段时间后，系统的状态又能回到极限环上。因此，系统在稳定的极限环上运动就表现为自激振荡。极限环轴向与径向的最大值分别对应自激振荡的振幅与最大变化率。从减小自激振荡对机械系统的磨损与冲击来说，希望这种极限环的尺寸尽可能小。

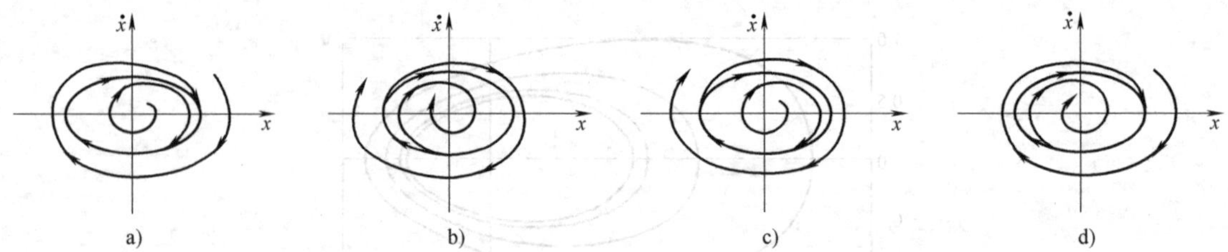

图 7-35　极限环的类型

a）稳定的极限环　b）不稳定的极限环　c）半稳定的极限环　d）半稳定的极限环

（2）不稳定的极限环

如图 7-35b 所示，起始于极限环附近内部和外部的相轨迹，最终都卷离极限环。当系统受到很小的扰动而偏离极限环时，系统状态再也不会回到极限环上，因此称为不稳定的极限环。注意，极限环的不稳定指的是系统的运动状态在该极限环上是不可维持的，而不是就意味着系统的不稳定。恰恰相反，对于起始于极限环内部平面的相轨迹，最终都会趋于平衡点，系统是渐近稳定的。而外部平面则属于不稳定的区域。所以在设计系统时，尽量增大这种极限环的尺寸，使系统有较大的稳定域。

（3）半稳定的极限环

如果极限环附近两侧的相轨迹，一侧是卷向极限环，而另一侧卷离极限环，则该极限环称为半稳定的极限环，如图 7-35c、d 所示。对于图 7-35c 所示的系统显然是一个不稳定的系统，设计系统时应设法避免；而图 7-35d 所示的系统则同不稳定的极限环一样，应使它的尺寸尽可能大。

在一些复杂的非线性控制系统中，可能会出现两个或两个以上的极限环。这时非线性系统的工作状态，不仅取决于初始条件，也取决于扰动的方向和大小。在实验中，只有稳定的极限环才能观察到，不稳定或半稳定的极限环都是无法观察到的。

7.4.4 用相平面法分析非线性系统

考察前述的常见非线性特性，可以看出，它们多数都可以表示成分段的直线。根据这一特点，在相平面上就可以用几条分界线（称为**开关线**）把相平面分割成几个区域，在每个区域内系统都可以看作是线性的，非线性系统的相平面分析就转化为绘制线性系统的相轨迹。每个区域的相轨迹绘制完成后，再根据系统运动的连续性，在开关线处将相邻区域的相轨迹连接起来，就可以得到非线性系统的相轨迹。由相轨迹就可以得到系统的相关信息，如是否存在自激振荡、系统运动的模态及稳定性等。下面通过几个例题来说明这一方法。

【例 7-8】 为改善例 7-5 中卫星控制系统的性能，增加图 7-36 所示的速度反馈和比例环节，当要求卫星姿态角跟踪阶跃指令信号 $\theta_d = R \cdot 1(t)$ 时，试绘制系统的 e-$\dot{e}$ 相轨迹。

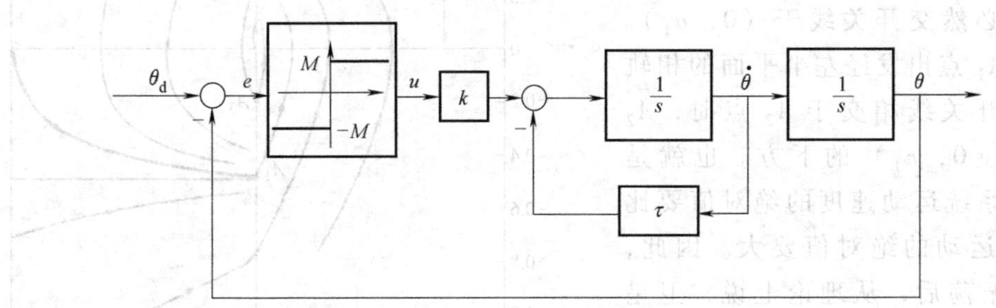

图 7-36 带理想继电器特性的卫星控制系统

解： 加入速度反馈和比例环节后，卫星控制系统的数学模型为

$$\frac{\Theta(s)}{U(s)} = \frac{k}{s(s+\tau)} = \frac{K}{s(Ts+1)}$$

其中，$K = k/\tau$，$T = 1/\tau$。

因此

$$T\ddot{\theta} + \dot{\theta} = Ku,\quad e = \theta_d - \theta = R - \theta$$

另由理想继电器特性，有

$$u = \begin{cases} +M, & e > 0 \\ -M, & e < 0 \end{cases}$$

故相平面上的开关线为直线 $e = 0$，它将相平面分成两个部分，设右边为Ⅰ区，左边为Ⅱ区。

系统分段形式的微分方程为

$$\text{Ⅰ区：}T\ddot{e} + \dot{e} + KM = 0,\quad e > 0$$

$$\text{Ⅱ区：}T\ddot{e} + \dot{e} - KM = 0,\quad e < 0$$

系统初始条件为 $e(0) = R$，$\dot{e}(0) = 0$。由微分方程可以看出，当 $\dot{e} = 0$ 时，$\ddot{e} \neq 0$。因

此，无论是Ⅰ区还是Ⅱ区，都不存在奇点。由于不能由奇点确定相轨迹，故由等倾线入手。对于Ⅰ区，等倾线方程为

$$\dot{e}=\frac{-KM/T}{\alpha+1/T}$$

这是一簇平行于 e 轴的直线，斜率均为零。考虑一种特殊的情况，令 $\alpha=0$，等倾线方程为 $\dot{e}=-KM$，此时，等倾线斜率与相轨迹的斜率完全相等，等倾线与相轨迹完全重合。按前述等倾线的绘制方法，易知其他的相轨迹必然都无限趋向于这条特殊的相轨迹；同时，等倾线为平行于 e 轴的直线，除这条特殊的相轨迹外，其他的相轨迹是一簇曲线。对于Ⅱ区，与Ⅰ区的类似，只是特殊的相轨迹方程为 $\dot{e}=KM$，也可以利用相轨迹的对称性说明。图 7-37 给出了卫星控制系统的 e-$\dot{e}$ 相轨迹。

现在来考察开关线的作用。系统初始条件为（1，0）时的相轨迹如图 7-37 中的粗实线所示。经过右半平面后，这条相轨迹与开关线相交于 A_1 点。设 A_1 点的坐标为（0，$-a_1$），按照对称性，初始条件为（-1，0）的相轨迹必然交开关线于（0，a_1）。因此，从 A_1 点出发经左半平面的相轨迹再次与开关线相交于 A_2 点时，A_2 点就位于（0，a_1）的下方。也就是说，A_1 点系统运动速度的绝对值要比 A_2 点系统运动的绝对值要大。因此，经过多次振荡后，从理论上说，卫星控制系统的误差 e 最终会收敛于原点，即卫星姿态角的运动曲线呈衰减振荡的形式，没有静态误差。

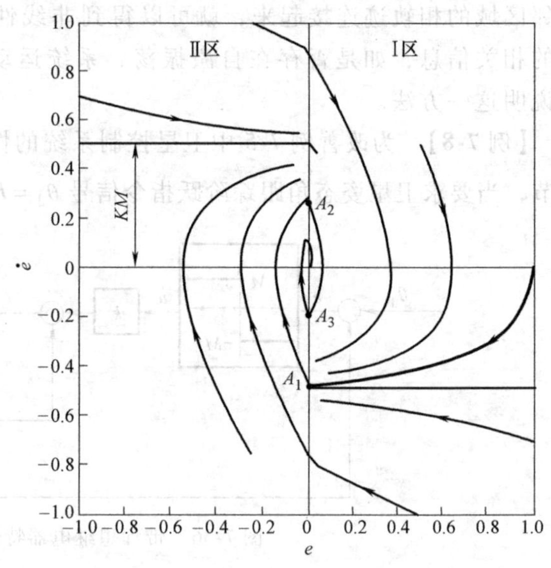

图 7-37　理想继电器特性控制系统相轨迹

如果继电器元件有一定的延时，则相平面上的开关线会比理想的情况延后一个角度，即发生右倾。开关线的倾斜就会使刚才所分析的情况不复存在，造成相邻区域的转换延迟。可以证明，此时系统状态会收敛于原点附近的一个稳定的极限环上，系统产生了自激振荡（见例 7-9 的分析）。

【例 7-9】　图 7-38 所示控制系统的继电器特性具有滞环，试绘制系统的相轨迹。

解： 带滞环继电器特性（图7-5c 中令 $m=-1$）的数学表达形式为

$$\dot{e}>0\quad u=\begin{cases}+M, & e>h\\ -M, & e<h\end{cases}$$

$$\dot{e}<0\quad u=\begin{cases}+M, & e>-h\\ -M, & e<-h\end{cases}$$

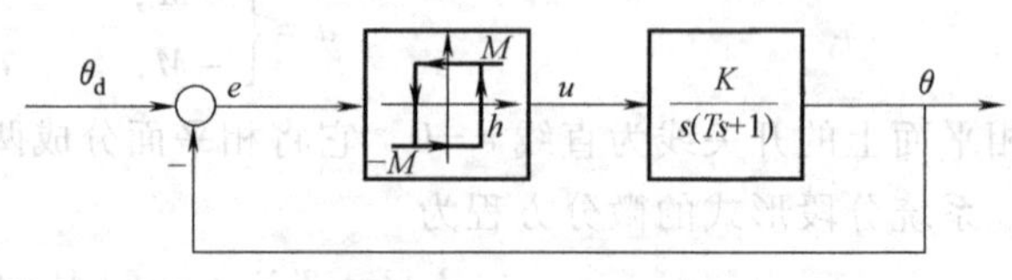

图 7-38　带滞环继电器特性控制系统框图

则系统分段形式的微分方程为

$$T\ddot{e}+\dot{e}+KM=0,\qquad e>h\text{ 或 }e>-h,\ \dot{e}<0$$
$$T\ddot{e}+\dot{e}-KM=0,\qquad e<-h\text{ 或 }e<h,\ \dot{e}>0$$

因此，有三条开关线 $e=h$、$\dot{e}>0$，$e=-h$、$\dot{e}<0$ 以及$\dot{e}=0$、$e\in(-h,\ h)$。开关线为折线，将相平面划分为左右两个区域。和例 7-8 相比，只是开关线分别发生了平移。下半平面开关线的平移，使得在右半区域的运动时间延长（A_1 点横坐标向左移）；上半平面开关线右移，同样使得系统在左半区域的运动时间延长（A_2 点横坐标向右移，纵坐标向上移），从而例 7-8 中的衰减关系将不复存在，相轨迹绕原点形成一条封闭的曲线，即有极限环存在，如图 7-39 所示。从图中可以看出，极限环的内部与外部起始的相轨迹都卷向极限环，故为稳定的极限环，系统存在自激振荡。

由此可见，滞环特性的存在将导致系统产生自激振荡，给系统带来不良影响。按前面对极限环的讨论，应尽量减小它的尺寸。从图 7-39 中可以看出，极限环纵向的大小主要取决于 KM，横向的大小主要取决于滞环宽度 h。当然，极限环的大小也与系统的参数 T 有关系。图 7-40 给出了 T 取 1s、2s 及 0.5s（其他参数相同）时的相轨迹。

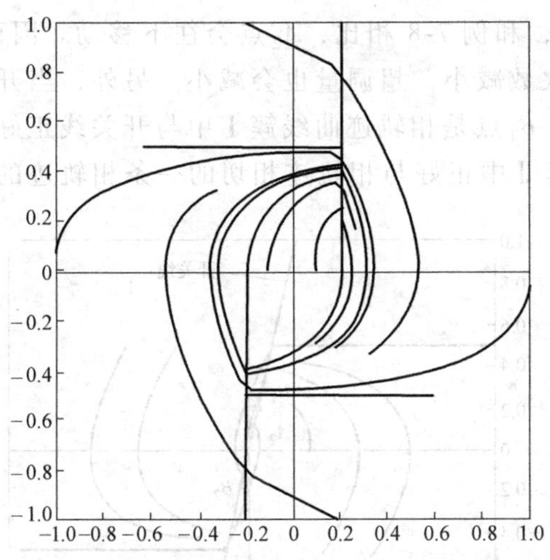

图 7-39　带滞环继电器控制系统相轨迹

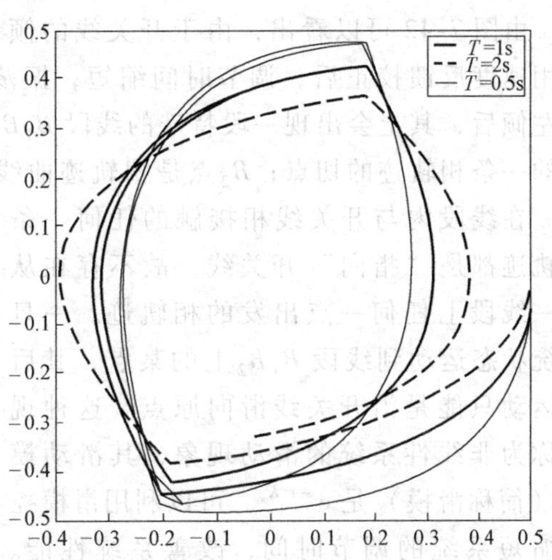

图 7-40　不同 T 值下的极限环大小

比较例 7-8 与例 7-9 可以发现，当开关线变化时，会使相轨迹的性质产生根本的变化。从例 7-9 来看，参数的调整只能改变极限环的尺寸，要彻底消除自激振荡，就只能改变系统的结构，常用的方法是引入速度反馈（或局部反馈）。从相轨迹的角度来说，引入速度反馈后，可以改变开关线的位置与倾角，以改善系统性能。下面通过例子来说明。

【例 7-10】　在例 7-8 中，若在理想继电器特性环节处引入速度反馈，如图 7-41 所示，试绘制系统的相轨迹。

解： 系统误差 $e=-\theta$，继电器非线性环节输入为

$$x=e-K_s\dot{\theta}=-\theta-K_s\dot{\theta}=e+K_s\dot{e}$$

加入速度反馈后，继电器的输出为

$$u=\begin{cases}+M, & e+K_s\dot{e}>0\\ -M, & e+K_s\dot{e}<0\end{cases}$$

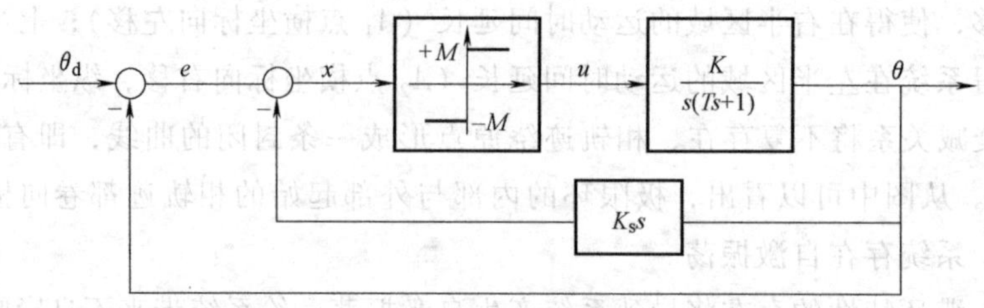

图 7-41 带速度反馈的非线性控制系统

开关线方程为 $e+K_s\dot{e}=0$，和例 7-8 相比，开关线发生向左的倾斜，斜率为 $-1/K_s$，误差方程没有变化。其相轨迹如图 7-42 所示。

由图 7-42 可以看出，由于开关线的倾斜，和例 7-8 相比，A_2点会往下移动。因而，采用速度反馈校正后，调节时间缩短，振荡次数减小，超调量也会减小。另外，当开关线左倾后，其上会出现一段特殊的线段 B_1B_2。B_1点是相轨迹曲线簇Ⅰ中与开关线正好相切的一条相轨迹的切点；B_2点是相轨迹曲线簇Ⅱ中正好与相轨迹相切的一条相轨迹的切点。在线段内与开关线相接触的任何一条相轨迹都是“指向”开关线，故不存在从这一线段上任何一点出发的相轨迹。一旦系统状态运动到线段 B_1B_2上的某点，其后的运动只能是沿开关线滑向原点。这种现象称为非线性系统的滑动现象，其滑动模态（简称滑模）是 e^{-t/K_s}。可以利用滑模控制缩短系统的调节时间，改善系统性能。滑模控制在变结构系统的设计中有着非常重要的作用。

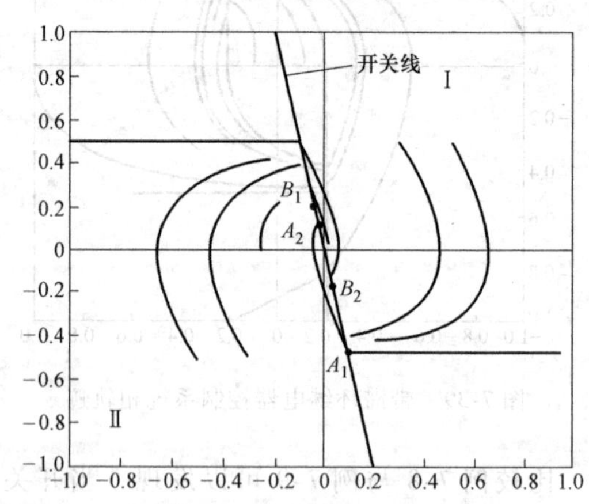

图 7-42 引入速度反馈带理想继电器特性控制系统的相轨迹

在例 7-9 中，控制系统加入速度反馈后的相轨迹如图 7-43 所示。从图中可以看出，引入反馈后，开关线左倾，使得系统的相轨迹在相邻两个区域间的转换提前，从而使得系统的超调量和极限环减小，同时也减小了控制的滞后影响。

通过两个引入速度反馈的例子可以看出，要改善系统的性能，关键是使开关线左倾，使相轨迹转换提前。由于开关线的倾角与反馈系数成正比，当 $0<K_s<T$ 时，系统性能的改善将随着 K_s的增大而愈加明显。如果由于某种原因（如前面提到的继电器元件的延时）使开关线右倾，则与上述过程相反，会对系统产生不良影响，可能造成自激振荡及超调量、调节时间增大等。

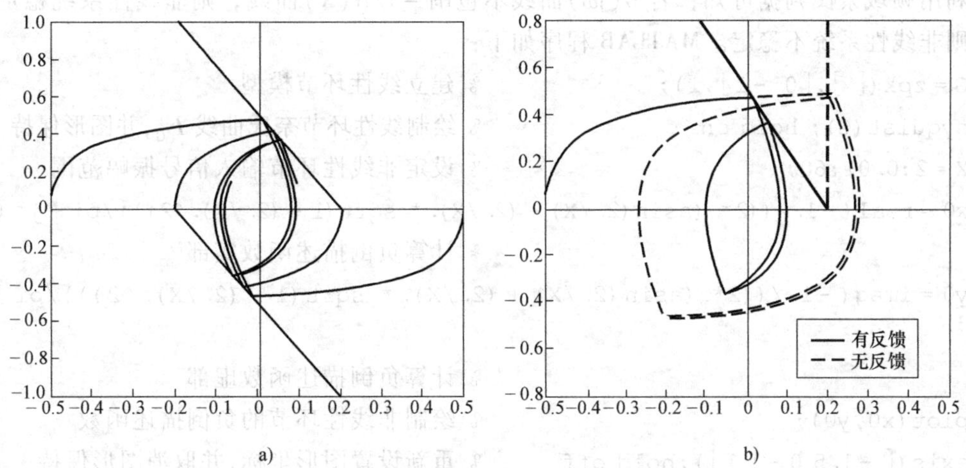

图 7-43 速度反馈对滞环继电器特性系统的影响

a）带速度反馈的相轨迹 b）有速度反馈与无反馈时极限环比较

7.5 MATLAB 在非线性系统分析中的应用*

1. MATLAB 的微分方程高阶数值解

非线性系统的分析以解决稳定性问题为中心，一般采用描述函数法和相平面法来进行分析。下面首先介绍 MATLAB 中常用的求解微分方程的命令 ode45，再结合具体实例说明其在非线性控制系统分析中的应用。

【例 7-11】 设带饱和非线性的控制系统如图 7-44 所示，试分别用描述函数法和相平面法判断系统的稳定性，并画出系统 $c(0)=-3$，$\dot{c}(0)=0$ 时的相轨迹和相应的时间响应曲线。

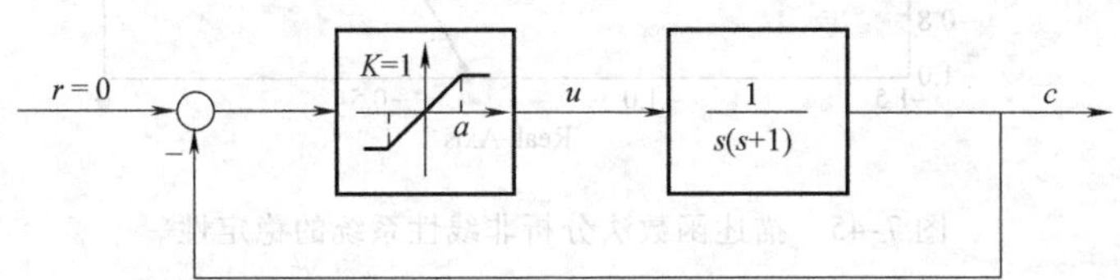

图 7-44 饱和非线性系统（$a=2$）

解：（1）描述函数法

非线性环节的描述函数为

$$N(X)=\frac{2}{\pi}\left[\arcsin\frac{2}{X}+\frac{2}{X}\sqrt{1-\left(\frac{2}{X}\right)^2}\right],\qquad X\geqslant 2$$

依据描述函数法判断系统的稳定性，需先在复平面内分别绘制出线性环节的 $G(j\omega)$ 曲线和负倒描述函数 $-1/N(X)$ 曲线，由于 $G(s)$ 为线性环节，且

$$G(s)=-\frac{1}{N(X)}$$

利用频域奈氏判据可知，若 $G(\mathrm{j}\omega)$ 曲线不包围 $-1/N(X)$ 曲线，则非线性系统稳定；反之，则非线性系统不稳定。MATLAB 程序如下：

```
G=zpk([ ],[0 -1],1);                     % 建立线性环节模型
nyquist(G); hold on                      % 绘制线性环节奈氏曲线Γ_G,并图形保持
X=2:0.01:60;                             % 设定非线性环节输入信号振幅范围
x0=real(-1./((2*(asin(2./X)+(2./X).*sqrt(1-(2./X).^2)))/pi+j*0));
                                         % 计算负倒描述函数实部
y0=imag(-1./((2*(asin(2./X)+(2./X).*sqrt(1-(2./X).^2)))/pi+j*
0));
                                         % 计算负倒描述函数虚部
plot(x0,y0);                             % 绘制非线性环节的负倒描述函数
axis([-1.5 0 -1 1]);hold off             % 重新设置图形坐标,并取消图形保持
```

在 MATLAB 中运行上述 M 文件，并作 $G(\mathrm{j}\omega)$ 曲线和负倒描述函数 $-1/N(X)$ 的曲线，如图 7-45 所示。由于图中 $G(\mathrm{j}\omega)$ 曲线不包围 $-1/N(X)$ 曲线，因此根据非线性稳定判据可知，该非线性系统稳定。

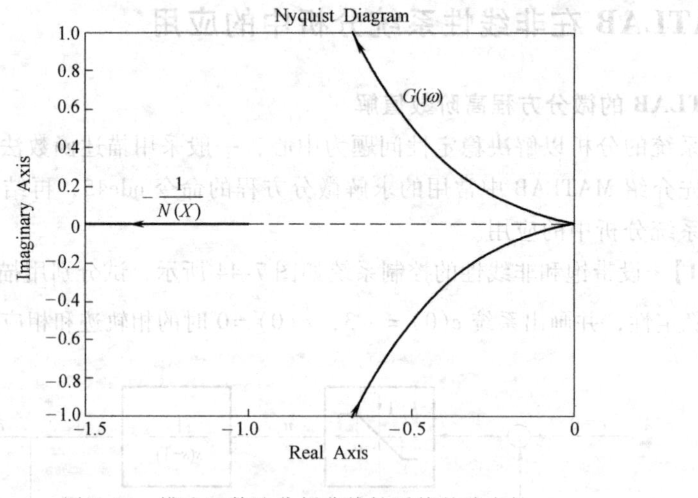

图 7-45 描述函数法分析非线性系统的稳定性

（2）相平面法

描述该系统的微分方程为

$$\ddot{c}+\dot{c}=\begin{cases}2, & c<-2\\ -c, & |c|>2\\ -2, & c>2\end{cases}$$

若在相平面上精确绘制 c-$\dot{c}$ 曲线，需要首先确定上述系统微分方程在一定初始条件下的解。借助于 MATLAB 软件，可以大大简化求解步骤，进而通过分析相轨迹的运动形式，直观地判断非线性系统的稳定性。MATLAB 程序如下：

```
t=0:0.01:30;                     % 设定仿真时间为30s
c0=[-3 0]';                      % 给定初始条件c(0)=-3,ċ(0)=0
```

```
[t,c] = ode45('fun',t,c0);          % 求解初始条件下的系统微分方程
figure(1)
plot(c(:,1),c(:,2)); grid           % 绘制相平面图,其中 c(:,1)为 c(t)值,c(:,2)
                                    为ċ(t)值
figure(2)
plot(t,c(:,1)); grid;               % 绘制系统时间响应曲线
xlabel('t(s)'); ylabel('c(t)')      % 添加坐标说明
                                    % 调用函数 fun.m
function dc = fun(t, c)             % 描述系统的微分方程
dc1 = c(2);                         % c(1)表示 c(t),c(2)表示ċ(t),d 表示一阶
                                    导数
if (c(1) < -2)
dc2 = 2 - c(2);                     % 当 c < -2 时,c̈ = 2 - ċ
elseif (abs(c(1)) < 2)
dc2 = - c(1) - c(2);                % 当 |c| < 2 时,c̈ = - c - ċ
else dc2 = -2 - c(2);               % 否则当 c > 2 时,c̈ = -2 - ċ
end
dc = [dc1 dc2]';
```

在 MATLAB 中运行 M 文件后，得到系统相轨迹和相应的时间响应曲线分别如图 7-46 和图 7-47 所示。由图可见，系统振荡收敛，系统的奇点为稳定焦点。

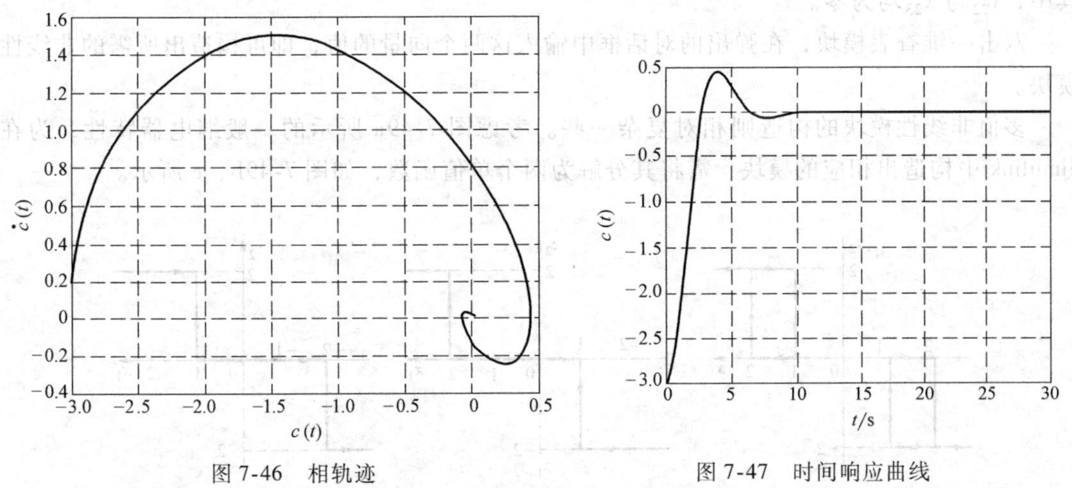

图 7-46　相轨迹　　　　图 7-47　时间响应曲线

在此需指出的是，等倾线的相轨迹绘制步骤简单，一般适用于分析由常见的非线性特性和一阶、二阶线性环节组合而成的非线性系统，但对于带高阶线性环节的非线性系统分析却往往无能为力。借助于 MATLAB，通过分段求解微分方程，该方法可以将高阶系统的运动过程转化为包括位置、速度和加速度等变量的多维空间上的广义相轨迹，从而能直观、准确地反映系统的特性。

2. Simulink 建模与仿真

在 MATLAB 中基于 Simulink 的非线性系统分析主要包括非线性环节的建模及仿真分析两个方面。

利用 Simulink 提供的模块，可以搭建出任意形状的非线性静态模块。这里分单值非线性与多值非线性两种情况。单值非线性静态模块可以由一维查表模块（即 Look-Up Table）构造出来。图 7-48 所示为一个单值非线性环节的静态特性。用一组向量可以唯一地表示此非线性函数，如式（7-35）所示。

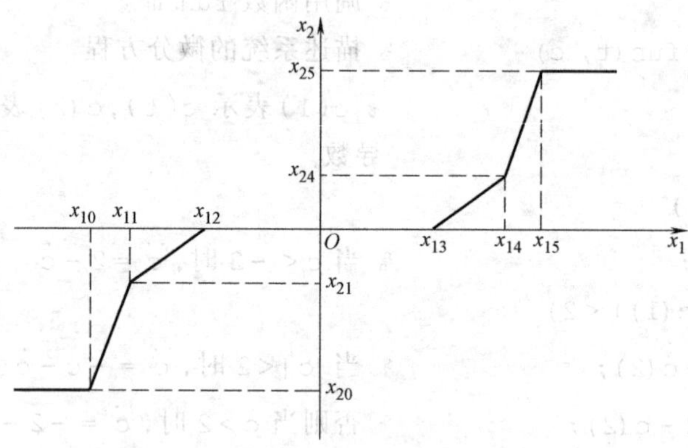

图 7-48　单值非线性函数

$$\begin{cases} X_1 = [x_{10},\ x_{11},\ x_{12},\ x_{13},\ x_{14},\ x_{15}] \\ X_2 = [x_{20},\ x_{21},\ x_{22},\ x_{23},\ x_{24},\ x_{25}] \end{cases} \tag{7-35}$$

其中，x_{22} 与 x_{23} 均为零。

双击一维查表模块，在弹出的对话框中输入这两个向量的值，即可构造出所需的非线性模块。

多值非线性模块的构造则相对复杂一些。考虑图 7-49a 所示的一般继电器特性，为在 Simulink 中构造出相应的模块，需将其分解为两个单值函数，如图 7-49b、c 所示。

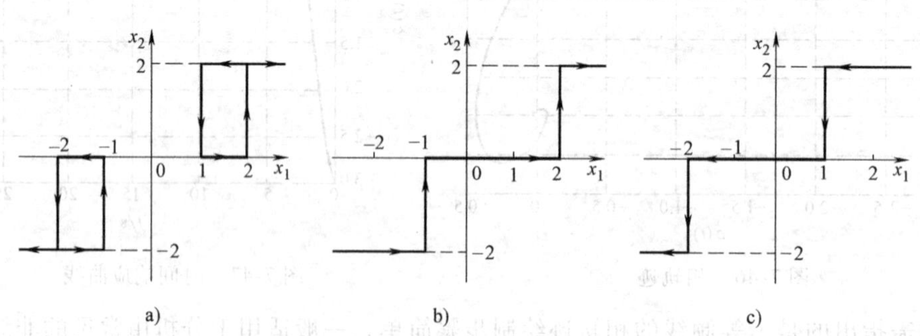

图 7-49　一般继电器特性分解为单值函数

a）一般继电器特性　b）当输入增加时　c）当输入减小时

按照单值非线性模块的构造方法，可以分别得到当输入增加和当输入减小时的非线性特性。式（7-36）与式（7-37）给出了两个查表模块的输入输出向量，式中，*eps* 是一个很小的系统保留常数，以此来表达在某点附近静态特性的跳变情况。

$$\begin{cases} X_1 = [-3, \ -1, \ -1+eps, \ 2, \ 2+eps, \ 3] \\ X_2 = [-2, \ -2, \ 0, \ 0, \ 2, \ 2] \end{cases} \tag{7-36}$$

$$\begin{cases} X_1 = [-3, \ -2, \ -2+eps, \ 1, \ 1+eps, \ 3] \\ X_2 = [-2, \ -2, \ 0, \ 0, \ 2, \ 2] \end{cases} \tag{7-37}$$

由于一般继电器特性在不同输入变化的情况下可分解为两个单值函数，利用 Simulink 模块组中提供的记忆模块（Memory）与开关模块，即可构造出一般继电器的模块，如图7-50所示。

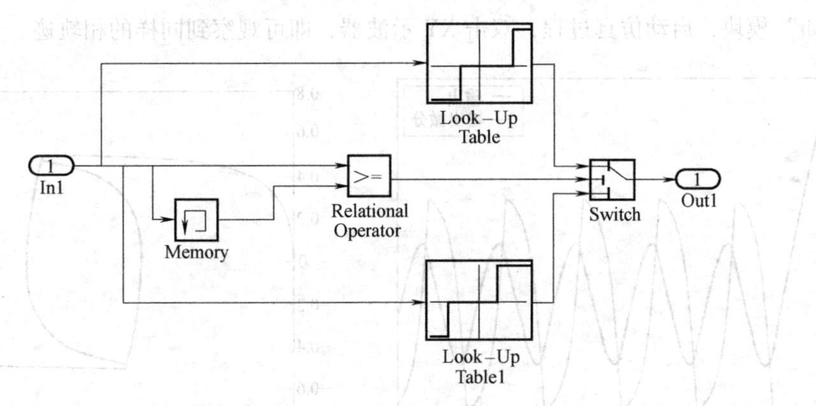

图 7-50　一般继电器特性的 Simulink 模型

在以上建模过程中，相关的模块可以通过查看系统帮助来了解其用法。对于比较复杂的非线性特性或算法，不适合用普通的 Simulink 模块来搭建，这时需要用编程形式设计出 S-函数模块。

利用 Simulink 可以方便地得到非线性系统的时域响应和相轨迹图。下面利用 Simulink 对例 7-9 中的带滞环继电器特性的非线性控制系统进行建模与仿真。为便于观察不同初始条件与参数变化时的相轨迹，搭建系统的仿真模型如图 7-51 所示。

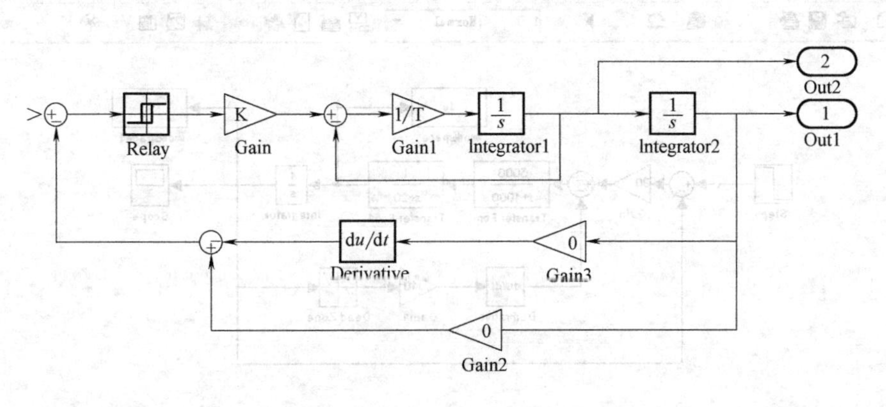

图 7-51　带滞环继电器特性非线性系统的仿真模型

在图 7-51 中，两个积分器的初始值对应系统的初始状态。为保证仿真精度，可以将默认的相对误差限（Relative Tolerance）设置成 1e-8 或者更小的值。用下面的语句可以启动仿真过程并观察初始条件下的时域响应及相轨迹，如图 7-52 与图 7-53 所示。

```
ph=0.2;  mh=-0.2;                  %  设置回环宽度
T=0.5;  K=0.5;
[t,x,y]=sim('e7cyc',40);           %  启动仿真过程,e7cyc.mdl 为系统模型
plot(t,y);                          %  绘制响应曲线
plot(y(:,1),y(:,2))                 %  绘制相轨迹
```

也可以不用命令语句，直接在 Simulink 中对非线性系统进行仿真，只需要将图 7-51 中的输出模块换成示波器即可。例如，为观察系统的相轨迹，可将原接入 out1 与 out2 两模块的信号接入“XY Graph”模块，启动仿真过程，双击 XY 示波器，即可观察到同样的相轨迹。

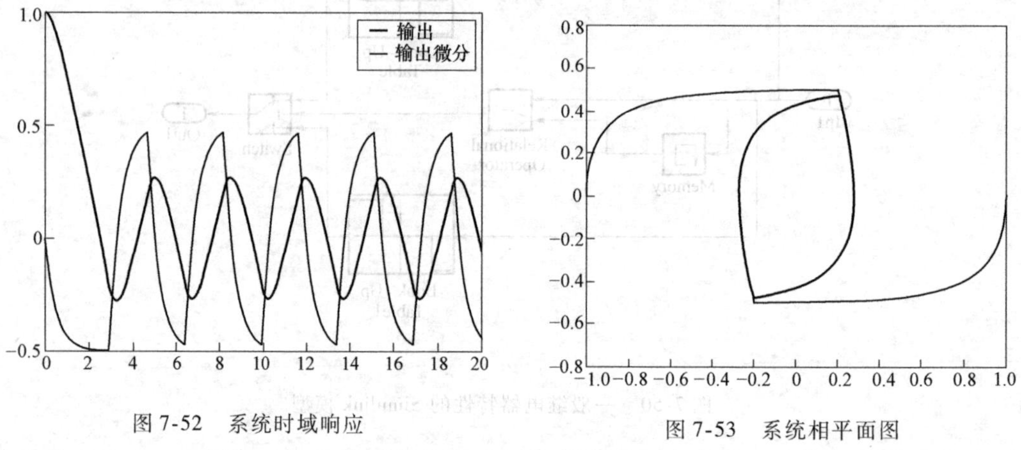

图 7-52　系统时域响应

图 7-53　系统相平面图

【例 7-12】 已知带死区特性的磁盘驱动读取系统如图 7-9 所示，试在 MATLAB Simulink 工具箱中搭建系统仿真模型，并画出系统采用非线性速度反馈情况下的相平面图。

解：利用 MATLAB Simulink 工具箱搭建系统的仿真模型，如图 7-54 所示（这里取 $K_a=80$，$\tau=10$，$\varepsilon_0=0.8$）。

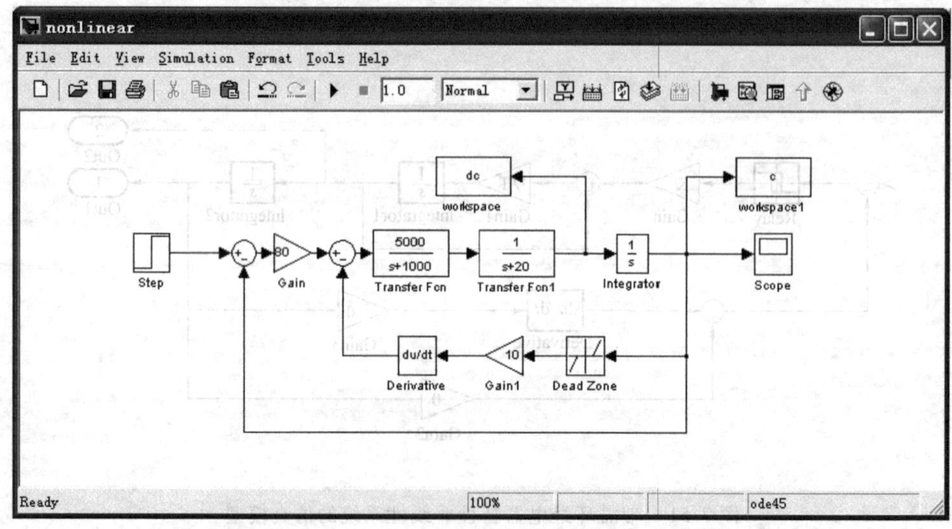

将系统输出 c 和 $\dot{c}$ 存储于工作空间 workspace，再利用 plot 命令绘制系统在单位阶跃响应下的相轨迹，如图 7-55 所示，由图可见，系统稳定收敛，同时无超调。

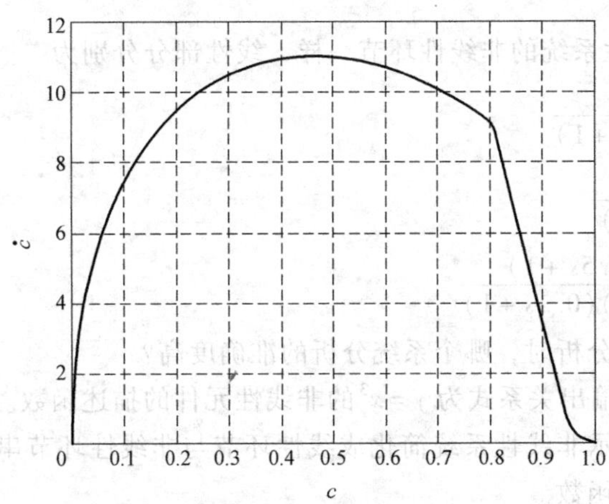

图 7-55　磁盘驱动读取系统在单位阶跃响应下的相平面图

本章小结

非线性系统与线性系统的本质差别在于是否满足叠加原理。非线性系统有许多线性系统所没有的特点，自激振荡就是其中的一种。这是一种稳定的周期运动，即使受到一定范围内扰动的影响，振荡也能够维持。研究自激振荡，是非线性系统理论的一个重要内容。

本章介绍了非线性系统的三种分析方法：描述函数法、相平面法以及基于 Simulink 的系统分析。

描述函数法是分析非线性系统稳定性和自激振荡的常用方法，但由于没有考虑外作用的影响，不能用来求解系统的响应。它适用于非线性程度较低，线性部分低通滤波特性较好的系统。在应用时应注意其限制条件，否则，可能得到错误的结论。

相平面法内容包括相平面与相轨迹、奇点与极限环等。它适用于一阶和二阶的系统，可以用来判定系统的稳定性与自激振荡，计算动态响应。

利用 Simulink 仿真平台，可以对非线性系统进行直观有效的分析与设计。它可以建立任意的非线性特性的模型，直接求解系统的时域响应，对极限环进行精确的分析，是一个强有力的辅助分析设计工具。

思考题

7-1　实际系统一般都具有一定程度的非线性特性和时变特性，但是理论分析和设计经常采用线性时不变模型的原因是什么？

7-2　线性元件的传递函数与非线性元件的描述函数有何异同点？线性元件可以有描述函数吗？

7-3　非线性系统中线性部分的频率特性曲线与非线性元件的负倒描述函数曲线相交时，系统一定能够产生稳定的自激振荡吗？

7-4　二阶以上的系统能否绘制相轨迹？可以用相平面法分析吗？

7-5　通过相平面上任意一点的相轨迹只有一条吗？

习　题

7-6　设三个非线性系统的非线性环节一样，线性部分分别为

(1) $G(s)=\dfrac{1}{s(0.1s+1)}$

(2) $G(s)=\dfrac{2}{s(s+1)}$

(3) $G(s)=\dfrac{2(1.5s+1)}{s(s+1)(0.1s+1)}$

试问用描述函数法分析时，哪个系统分析的准确度高？

7-7　试确定输入-输出关系式为 $y=x^3$ 的非线性元件的描述函数。

7-8　将图 7-56 所示非线性系统简化成线性环节与非线性环节串联的典型结构图形式，并写出线性部分的传递函数。

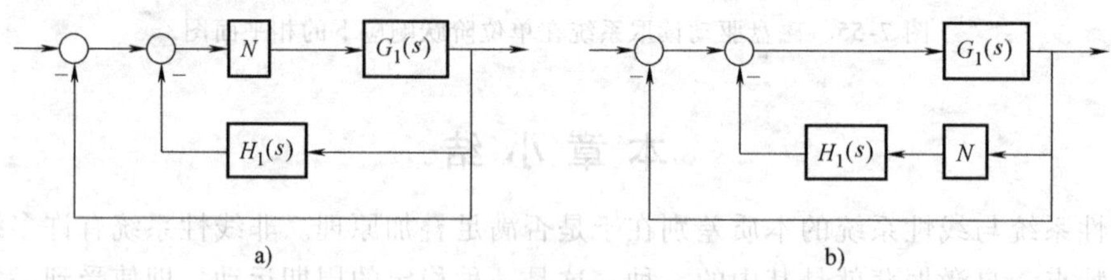

图 7-56　习题 7-8 非线性系统结构图

7-9　根据已知非线性特性的描述函数求图 7-57 所示各种非线性特性的描述函数。

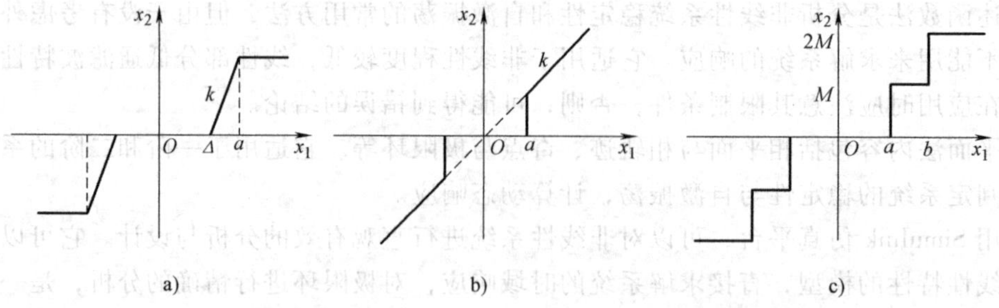

图 7-57　习题 7-9 的非线性特性

a）非线性特性 1　b）非线性特性 2　c）非线性特性 3

7-10　判断图 7-58 所示各系统是否稳定；$-1/N(X)$ 与 $G(\mathrm{j}\omega)$ 的交点是否为自激振荡点。

7-11　已知非线性系统的结构图如图 7-59 所示。图中非线性环节的描述函数为

$$N(X)=\frac{X+6}{X+2},\qquad X>0$$

试用描述函数法确定：

(1) 使该非线性系统稳定、不稳定以及产生周期运动时，线性部分的 K 值范围；

(2) 判断周期运动的稳定性，并计算稳定周期运动的振幅和频率。

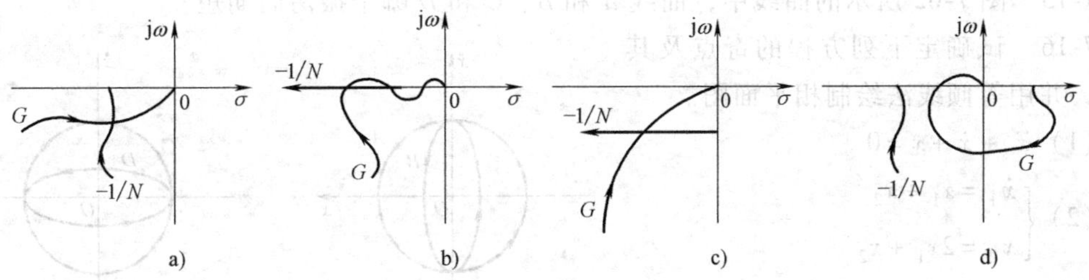

图 7-58　习题 7-10 自激振荡分析

a）系统 1　b）系统 2　c）系统 3　d）系统 4

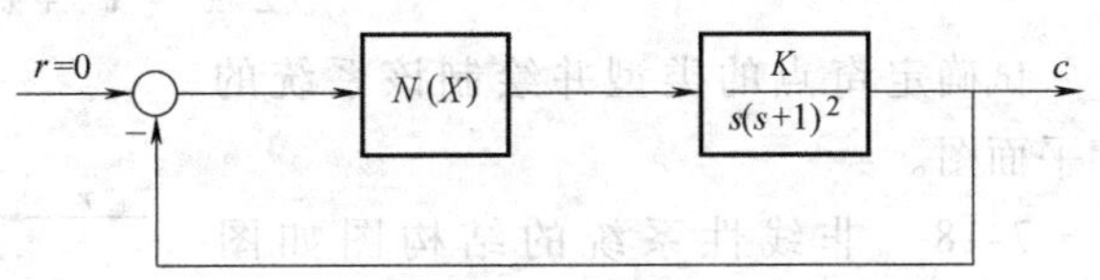

图 7-59　习题 7-11 非线性系统结构图

7-12　带有弹簧轴的仪表伺服系统的结构如图 7-60 所示，试用描述函数法确定线性部分为下列传递函数时系统是否稳定？是否存在自激振荡？若有，求出其振幅和频率。

（1）$G(s)=\dfrac{4000}{s(20s+1)(10s+1)}$

（2）$G(s)=\dfrac{20}{s(10s+1)}$

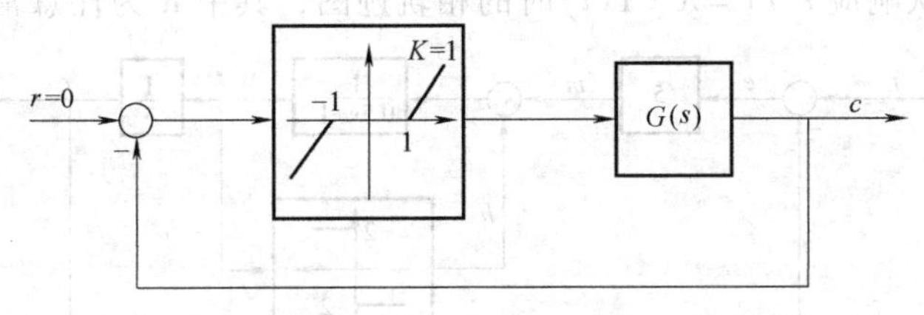

图 7-60　习题 7-12 仪表伺服系统

7-13　用描述函数法分析图 7-61 所示系统的稳定性，并判断系统是否存在自激振荡。若存在自激振荡，求出振幅和频率（$M>h$）。

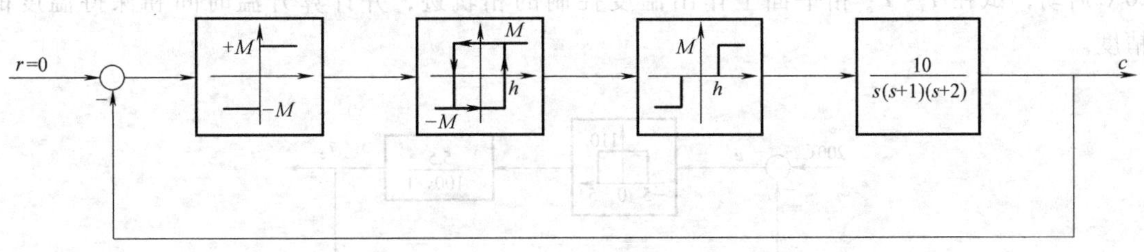

图 7-61　习题 7-13 非线性系统结构图

7-14　设一阶非线性系统的微分方程为

$$\ddot{x}+\dot{x}+x=0$$

试确定系统有几个平衡状态？分析平衡状态的稳定性，并画出系统的相轨迹图。

7-15　图 7-62 所示的曲线中，曲线 A 和 B、C 和 D 哪个振荡周期短？

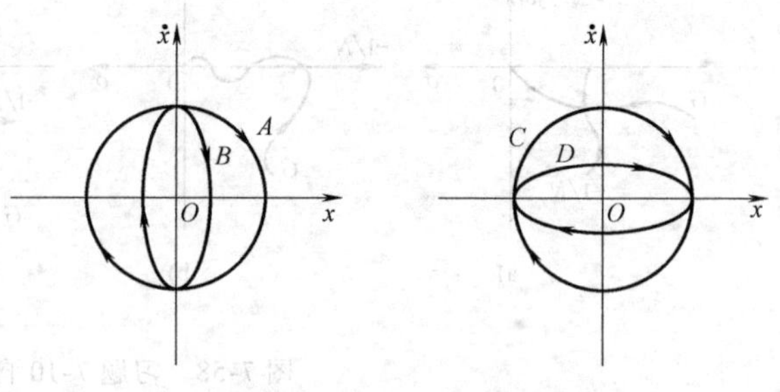

图 7-62　习题 7-15 相轨迹图

7-16　试确定下列方程的奇点及其类型，并用等倾线法绘制相平面图。

（1）$\ddot{x}+\dot{x}+x=0$

（2）$\begin{cases}\dot{x}_1=x_1+x_2\\ \dot{x}_2=2x_1+x_2\end{cases}$

（3）$\ddot{x}+\sin x=0$

7-17　已知二阶非线性系统微分方程为

$$2\ddot{x}+\dot{x}^2+x=0$$

试确定奇点的类型并绘制该系统的相平面图。

7-18　非线性系统的结构图如图 7-63所示。试用相平面法分析该系统在 $\beta=0$、$\beta<0$ 和 $\beta>0$ 三种情况下相轨迹的特点。

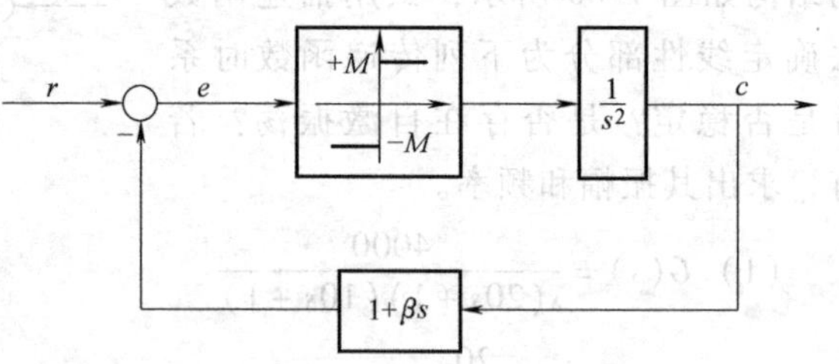

图 7-63　习题 7-18 系统结构图

7-19　某自动控制系统采用非线性反馈改善系统性能，其框图如图 7-64 所示。试绘制系统阶跃响应 $r(t)=R\cdot 1(t)$ 时的相轨迹图，其中 R 为任意常数。

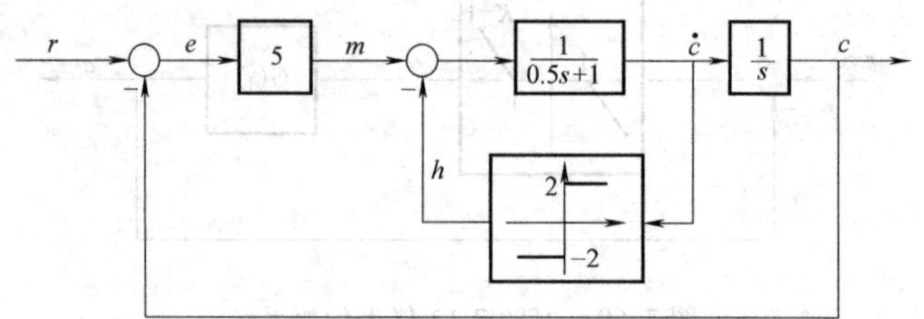

图 7-64　习题 7-19 系统结构图

7-20　设恒温箱系统动态结构图如图 7-65 所示。若要求温度保持 200℃，恒温箱由常温 20℃启动，试在 T_e-$\dot{T}_e$ 相平面上作出温度控制的相轨迹，并计算升温时间和保持温度的精度。

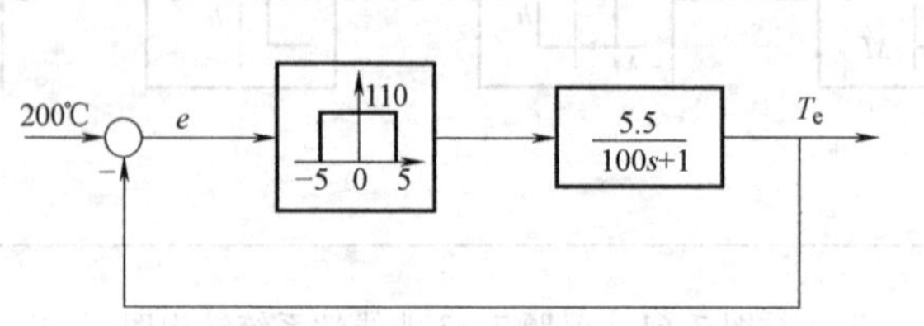

图 7-65　习题 7-20 恒温箱结构图

7-21　设非线性系统结构图如图 7-66 所示，当输入 r 为单位斜坡函数时，试在 e-$\dot{e}$平面上绘制相轨迹图。

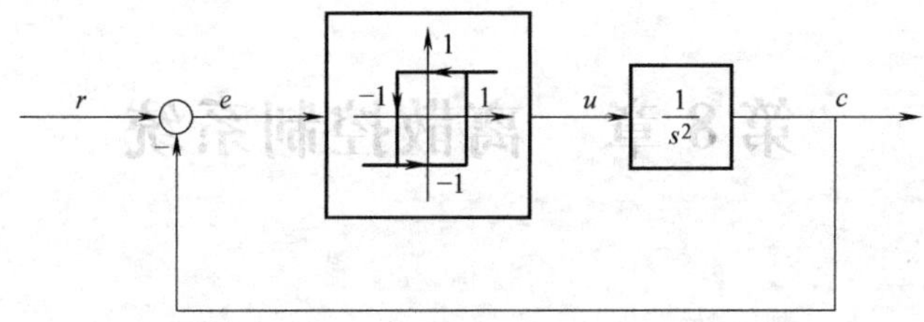

图 7-66　习题 7-21 非线性系统结构图

MATLAB 实践与拓展题*

7-22　试在 Simulink 下建立图 7-8a 所示的非线性系统，并分析：

（1）带饱和非线性特性时，超调量产生的原因并计算超调量；

（2）饱和限幅值对系统性能指标的影响；

（3）带饱和非线性特性时，系统的开环放大倍数及惯性时间常数、阻尼系数与无阻尼自激振荡频率与系统性能指标的关系。

7-23　设非线性系统结构图如图 7-67 所示，试求：

（1）给出非线性系统的等效结构图（如图 7-11 所示的典型形式）；

（2）分析系统运动情况并计算自激振荡参数；

（3）利用 MATLAB 绘制相轨迹和自激振荡曲线。

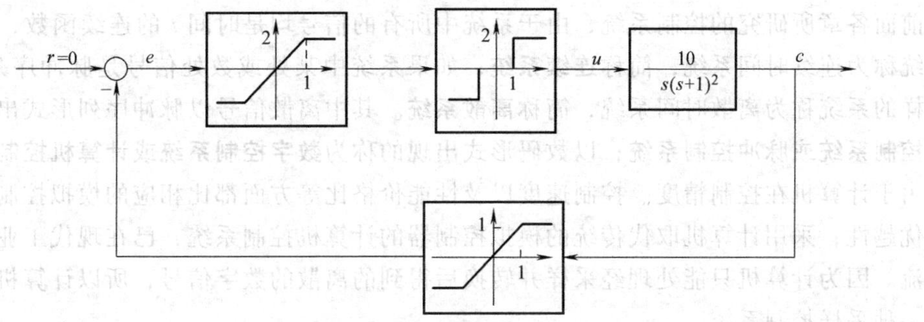

图 7-67　非线性系统结构图

第8章　离散控制系统

【基本要求】

1. 正确理解离散控制系统的基本概念和特点；
2. 理解信号采样和复现过程的物理意义及数学描述，掌握零阶保持器的特性，能运用香农采样定理进行信号复现的判断；
3. 掌握 z 变换及 z 反变换的定义、定理和应用；
4. 熟练掌握脉冲传递函数及根据结构图求闭环脉冲传递函数，理解离散系统的稳定性条件，掌握双线性变换和劳斯稳定性判据的应用以及稳态误差的计算；
5. 理解离散系统暂态响应与 z 平面上脉冲传递函数零、极点分布的关系；
6. 学会在时域内用输出脉冲序列对离散系统的动态性能进行分析。

8.1　引言

8.1.1　离散系统的基本概念

前面各章所研究的控制系统，由于系统中所有的信号均是时间 t 的连续函数，因此这样的系统称为连续时间系统，简称**连续系统**；如果系统中某处或数处信号是脉冲序列或数码，则这样的系统称为离散时间系统，简称**离散系统**。其中离散信号以脉冲序列形式出现的称为**采样控制系统**或**脉冲控制系统**；以数码形式出现的称为**数字控制系统**或**计算机控制系统**。

由于计算机在控制精度、控制速度以及性能价格比等方面都比相应的模拟控制器具有明显的优越性，采用计算机取代传统的模拟控制器的计算机控制系统，已在现代工业控制中成为主流。因为计算机只能处理经采样并转换后得到的离散的数字信号，所以计算机控制系统也是一种采样控制系统。

如图 8-1 所示，在计算机控制系统中离散时间给定值 $r^*(t)$ 在采样时刻被送入计算机，与测量及 A-D 转换后送入计算机的被控量 $c(t)$ 的采样信号 $c^*(t)$ 在计算机中进行比较，并根据一定的控制算法产生数字控制信号 $u^*(t)$，$u^*(t)$ 经 D-A 转换后变成模拟信号 $u(t)$，送入被控对象，以使被控量 $c(t)$ 的变化满足控制系统的要求。

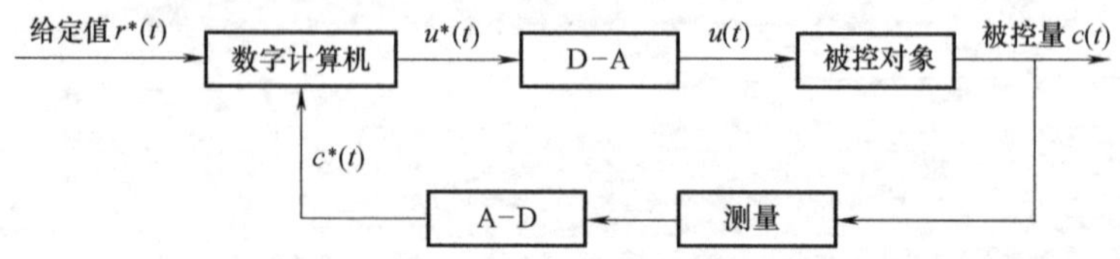

图 8-1　计算机控制系统示意图

显然，在计算机控制系统中，$r^*(t)$、$c^*(t)$、$u^*(t)$ 等均是离散信号。由于这些信号只是在某些离散的时刻取值，属于离散时间信号，因此通常采用离散时间系统的理论来分析和综合离散控制系统，它们与原来所处理的连续时间系统有着本质上的区别。

根据采样器在系统中所处的位置不同，可构成各种离散系统。如果采样器位于系统闭合回路之外或系统本身不存在闭合回路，则称为开环离散系统；如果采样器位于系统闭合回路之内，则称为闭环离散系统。在各种离散控制系统中，用得最多的是误差采样控制的闭环系统。

本章将讨论离散控制系统的基本理论、数学工具和简单的离散控制系统的分析与综合方法。在学习中应特别注意这些方法与连续系统有关方法的联系与区别。

8.1.2 离散系统的特点

离散控制系统特别是数字控制系统在自动控制领域得到了广泛的应用，主要是由于离散控制系统较一般的连续控制系统具有如下一些优点：

1）数字计算机能够保证足够高的计算精度。

2）在数字控制系统中可以采用高精度检测元件和执行元件，从而提高整个系统的精度。

3）数字信号或脉冲信号的抗干扰能力强，可以提高系统的抗干扰能力。

4）可以采用分时控制方式，用一台计算机可以同时控制多个控制系统，提升设备的利用率，并且可以采用不同的控制规律进行控制。

5）由于计算机可以进行复杂的数学运算，所以一些模拟控制器难以实现的控制律（特别对复杂的控制过程），如自适应控制、最优控制、智能控制等，只有数字计算机才能完成。

因此，离散控制系统，特别是数字控制系统，具有连续系统所不具备的优越性，并已广泛应用于自动控制各领域中。由于离散控制系统与连续控制系统之间存在着一些本质上的差别，所以前面章节介绍的连续控制系统的分析和设计方法不能直接应用于离散控制系统。

8.2 信号的采样与复现

8.2.1 采样过程

图 8-1 所示的计算机控制系统每隔一定的时间间隔进行一次控制循环，在每一次循环中，首先是输入信号通过 A-D 转换器被转换成数字信号后输入到计算机，计算机根据输入信号执行控制程序计算出控制量，然后输出控制信号。在整个控制过程中，计算机不断地重复这一循环。A-D 转换实际上包括两个过程，一个是每隔时间间隔 T 采入模拟信号的瞬时值即采样过程，相应的时间间隔 T 称为**采样周期**；另一个是将采样所得的离散时间信号转换为数字信号的**量化过程**。对采样过程来说，若在系统各处的采样周期 T 均相等，则称为**周期采样**。若系统在各处以两种或两种以上的采样周期采样则称为**多速率采样**。本章只讨论周期采样，它也是最常见的采样形式。

采样过程是由采样开关实现的，采样开关每隔一定时间 T 闭合一次，闭合时间为 τ，于是将连续信号时间 $f(t)$ 变成离散的采样信号 $f^*(t)$，如图 8-2 所示。

通常采样持续时间 τ 与采样周期 T 相比很短，在理想采样开关的情况下有 $\tau\to 0$。这时可

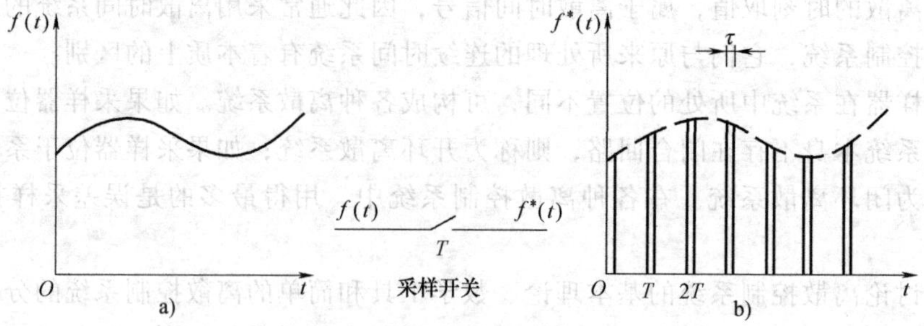

图 8-2　采样过程

a）模拟信号　b）采样信号

以将采样信号$f^*(t)$看成是一有强度、无宽度的理想脉冲序列，即将$f^*(t)$看成是脉冲序列

$$\delta_{\mathrm{T}}(t) = \sum_{k=-\infty}^{\infty} \delta(t-kT) \tag{8-1}$$

被$f(t)$调幅的结果，即

$$\begin{aligned} f^*(t) &= f(t)\delta_{\mathrm{T}}(t) = f(t)\sum_{k=-\infty}^{\infty}\delta(t-kT) \\ &= f(0)\delta(t) + f(T)\delta(t-T) + f(2T)\delta(t-2T) + \cdots \\ &= \sum_{k=0}^{\infty} f(kT)\delta(t-kT) \end{aligned} \tag{8-2}$$

如图 8-3 所示。

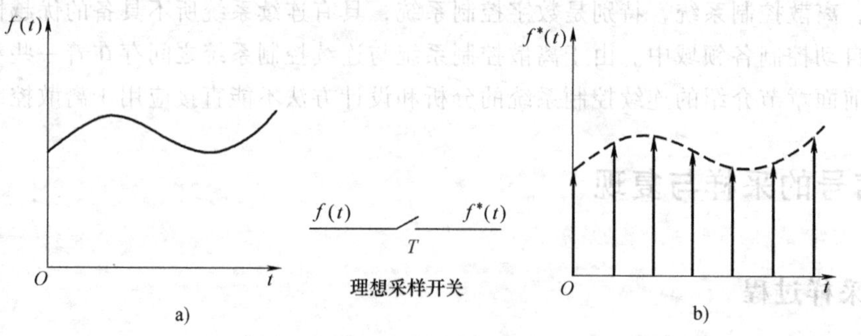

图 8-3　理想采样开关的采样过程

a）模拟信号　b）理想脉冲序列

8.2.2　采样定理

$\delta_{\mathrm{T}}(t)$是一个周期函数，它可以展开成傅氏级数的形式

$$\delta_{\mathrm{T}}(t) = \sum_{k=-\infty}^{\infty} C_k \mathrm{e}^{\mathrm{j}k\omega_s t} \tag{8-3}$$

式中，$\omega_s = \dfrac{2\pi}{T}$称为**采样频率**；$C_k$ 是傅氏级数的系数

$$C_k = \frac{1}{T}\int_{-\frac{T}{2}}^{\frac{T}{2}} \delta_{\mathrm{T}}(t)\mathrm{e}^{-\mathrm{j}k\omega_s t}\mathrm{d}t = \frac{1}{T} \tag{8-4}$$

从而有

$$\delta_{\mathrm{T}}(t) = \frac{1}{T}\sum_{k=-\infty}^{\infty} \mathrm{e}^{\mathrm{j}k\omega_s t} \tag{8-5}$$

由式（8-5）可以得到$f^*(t)$的另一个表达式为

$$f^*(t) = f(t)\delta_{\mathrm{T}}(t) = \frac{1}{T}\sum_{k=-\infty}^{\infty} f(t)\mathrm{e}^{\mathrm{j}k\omega_s t} \tag{8-6}$$

对式（8-6）求拉氏变换，注意到拉氏变换的位移性质有

$$F^*(s) = L[f^*(t)] = L\left\{\frac{1}{T}\sum_{k=-\infty}^{\infty} f(t)\mathrm{e}^{\mathrm{j}k\omega_s t}\right\}$$

$$= \frac{1}{T}\sum_{k=-\infty}^{\infty} F(s + \mathrm{j}k\omega_s) \tag{8-7}$$

其中$F(s)$为$f(t)$的拉氏变换。由式（8-7）可见，$F^*(s)$是一个周期为$\mathrm{j}\omega_s$的周期函数，即$F^*(s)=F^*(s+\mathrm{j}m\omega_s)$，$m$为整数。将$s=\mathrm{j}\omega$代入式（8-7）即得$f^*(t)$的频率特性为

$$F^*(\mathrm{j}\omega) = \frac{1}{T}\sum_{k=-\infty}^{\infty} F(\mathrm{j}\omega + \mathrm{j}k\omega_s) \tag{8-8}$$

其中$F(\mathrm{j}\omega)$为$f(t)$的傅氏变换。设$F(\mathrm{j}\omega)$的频谱如图 8-4a 所示，则$F^*(\mathrm{j}\omega)$的频谱如图 8-4b 所示。

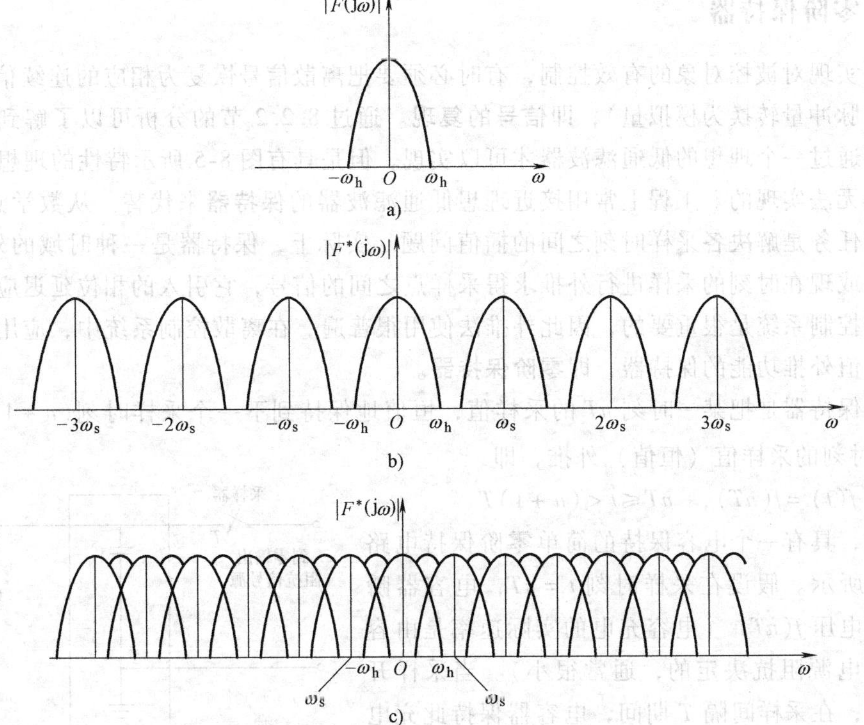

图 8-4　函数采样前后的频谱变化

a）连续频谱　b）$\omega_s>2\omega_h$情形　c）$\omega_s<2\omega_h$情形

由图 8-4 可见，连续信号 $f(t)$ 经采样后，其频谱将沿频率轴以采样频率 ω_s 为周期而无限重复。如果 $f(t)$ 的频谱宽度是有限的，频谱最大宽度为 ω_h，且满足 $\frac{\omega_s}{2} \geqslant \omega_h$，则 $f^*(t)$ 的两相邻频谱不相互重叠，如图 8-4b 所示。在这种情况下，若在 $f^*(t)$ 后面加上一个频谱如图 8-5 所示的理想滤波器，则经滤波后即可得到 $f(t)$ 的频谱。换而言之，可以由 $f^*(t)$ 无失真地恢复 $f(t)$。反之，若 $\frac{\omega_s}{2} < \omega_h$，则 $f^*(t)$ 的两相邻频谱相互重叠，产生了失真，则连续时间信号 $f(t)$ 不可能不失真地恢复，如图8-4c 所示。总结起来就是著名的香农采样定理。

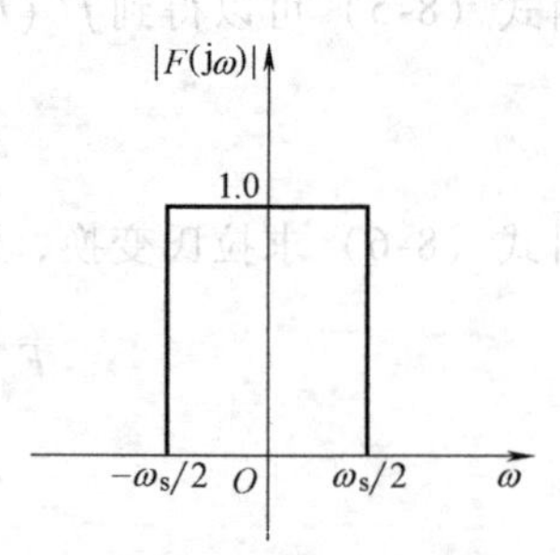

图 8-5 理想滤波器的频谱

香农采样定理：如果对信号 $f(t)$ 的采样频率 $\omega_s = \frac{2\pi}{T}$ 大于或等于 $2\omega_h$，即

$$\omega_s \geqslant 2\omega_h \tag{8-9}$$

则可由 $f(t)$ 的采样信号 $f^*(t)$ 不失真地恢复到 $f(t)$。其中 ω_h 为 $f(t)$ 的有限带宽。

在实际应用中，香农采样定理只是给出了选择采样频率（或采样周期）的一个指导原则。通常还必须综合各个方面的因素来选择采样频率，即式（8-9）给出了采样频率的取值下限，而在实际工程中，一般总是取 $\omega_s > 2\omega_h$，而不取恰好等于 $2\omega_h$ 的情形。

8.2.3 零阶保持器

为了实现对被控对象的有效控制，有时必须要把离散信号恢复为相应的连续信号（D-A 转换中的脉冲量转换为模拟量），即**信号的复现**。通过 8.2.2 节的分析可以了解到，信号的复现需要通过一个理想的低通滤波器才可以实现，但是具有图 8-5 所示特性的理想滤波器在物理上是无法实现的。工程上常用接近理想低通滤波器的**保持器**来代替。从数学意义来说，保持器的任务是解决各采样时刻之间的插值问题。实际上，保持器是一种时域的外推装置，即按过去或现在时刻的采样进行外推求得采样点之间的信号，它引入的相位延迟应较小，这对于反馈控制系统是很重要的，因此外推法使用很普遍。在离散控制系统中，应用最广泛的是具有恒值外推功能的保持器，即**零阶保持器**。

零阶保持器是把某一时刻 nT 的采样值，恒值地保持到下一个采样时刻 $(n+1)T$，也就是按 nT 时刻的采样值（恒值）外推，即

$$f(t) = f(nT), \quad nT \leqslant t < (n+1)T$$

例如，具有一个电容保持的简单零阶保持电路如图 8-6 所示。假设在采样时刻 $t = nT$，电容器瞬时被充到电压 $f(nT)$（电容充电的实际速率是由容抗和实际电源阻抗决定的，通常很小）。当采样开关打开后，在采样间隔 T 期间，电容器保持此充电电压直至下一个采样时刻。如果放大器的输入阻抗为无穷大，则电容器就没有放电回路了。零阶保持电路就将输入的 δ 脉冲扩展成一系列宽度为 T 的矩

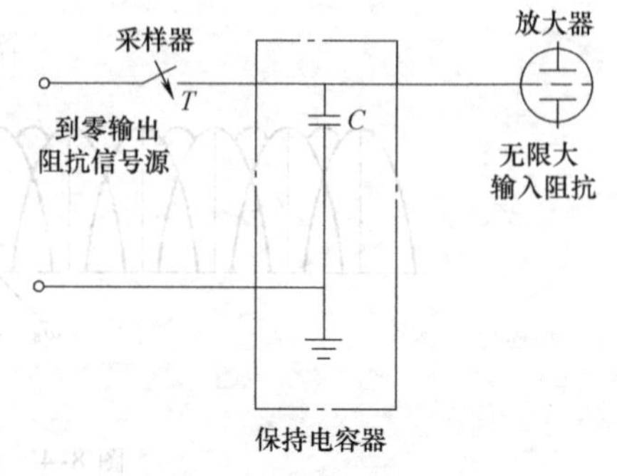

图 8-6 采样器和零阶保持装置图

形波。实际上放大器只有有限的输入阻抗，因此，保持电路输出的实际波形不是一系列方波，而是一系列时间常数很大的指数衰减的波形。

理想化零阶保持器的输入-输出关系如图 8-7 所示，其脉冲响应函数如图 8-8a 所示。它是一个高度为 1、宽度为 T 的方波。

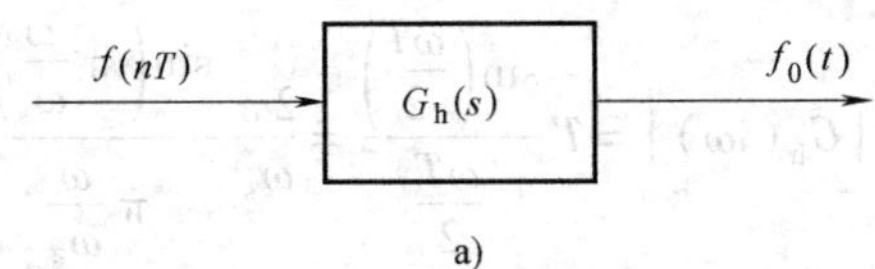

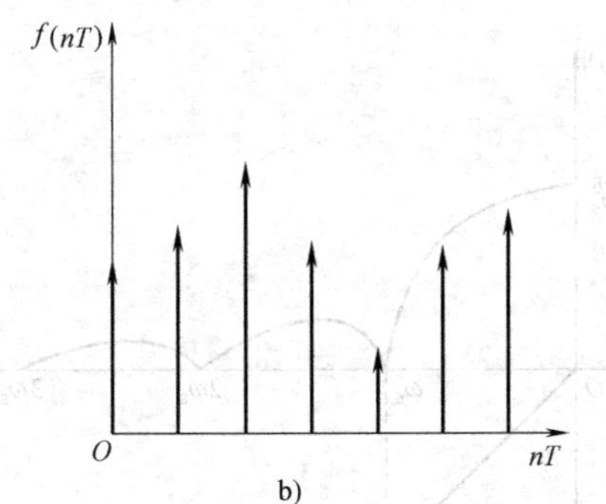

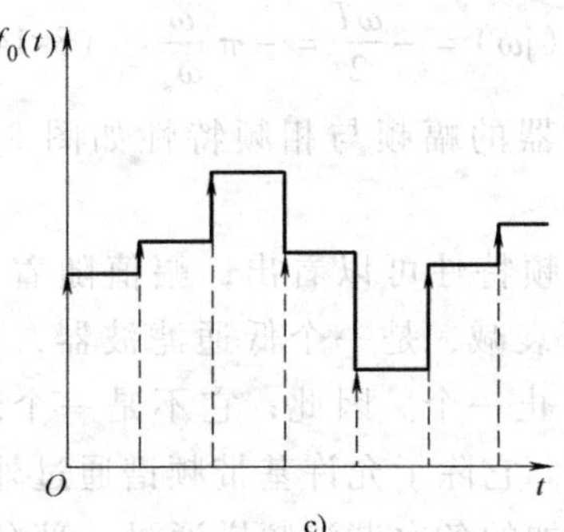

图 8-7　零阶保持器输入-输出信号

a）输入输出框图　b）输入信号　c）输出信号

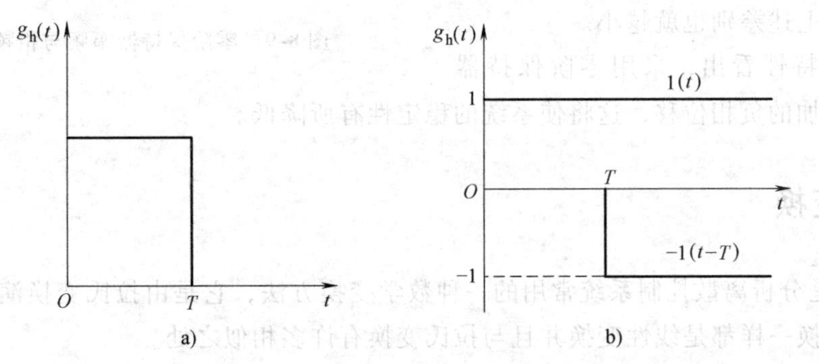

图 8-8　零阶保持器的脉冲响应函数

a）脉冲响应函数 $g_{\mathrm{h}}(t)$　b）$g_{\mathrm{h}}(t)$ 的等效函数

图 8-8a 所示的方波 $g_{\mathrm{h}}(t)$ 可以分解为两个阶跃函数之和，如图 8-8b 所示，因此可写出等效函数如下：

$$g_{\mathrm{h}}(t)=1(t)-1(t-T) \tag{8-10}$$

对式（8-10）取拉氏变换，求得零阶保持器的传递函数为

$$G_{\mathrm{h}}(s)=\frac{1}{s}-\frac{1}{s}\mathrm{e}^{-Ts}=\frac{1-\mathrm{e}^{-Ts}}{s} \tag{8-11}$$

令 $s=\mathrm{j}\omega$，得到零阶保持器的频率特性为

$$G_h(j\omega)=\frac{1-e^{-j\omega T}}{j\omega}=\frac{2e^{-j\omega T/2}(e^{j\omega T/2}-e^{-j\omega T/2})}{2j\omega}$$

$$=T\frac{\sin(\omega T/2)}{\omega T/2}e^{-j\omega T/2} \tag{8-12}$$

从而获得零阶保持器的幅频特性为

$$|G_h(j\omega)|=T\frac{\sin\left(\frac{\omega T}{2}\right)}{\frac{\omega T}{2}}=\frac{2\pi}{\omega_s}\frac{\sin\left(\pi\frac{\omega}{\omega_s}\right)}{\pi\frac{\omega}{\omega_s}} \tag{8-13}$$

而其相频特性为

$$\angle G_h(j\omega)=-\frac{\omega T}{2}=-\pi\frac{\omega}{\omega_s} \tag{8-14}$$

零阶保持器的幅频与相频特性如图 8-9 所示。

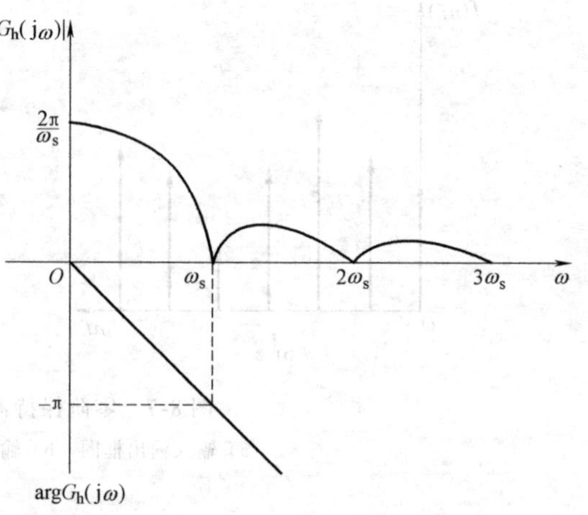

图 8-9　零阶保持器幅频与相频特性

从幅频特性可以看出，幅值随着 ω 的增加而衰减，是一个低通滤波器，截止频率不止一个。因此，它不是一个理想滤波器。它除了允许基带频谱通过外，还允许附加的各次谐波频谱通过一部分。因此，由零阶保持器恢复的信号频率特性和原信号频率特性是有差别的，其时域信号也就不同了。显然，采样周期 T 取得越小，上述差别也就越小。

从相频特性看出，采用零阶保持器后产生了附加的负相位移，这将使系统的稳定性有所降低。

8.3　z 变换

z 变换是分析离散控制系统常用的一种数学变换方法，它是由拉氏变换演变而来的，因此和拉氏变换一样都是线性变换并且与拉氏变换有许多相似之处。

8.3.1　z 变换的定义

设连续函数 $e(t)$ 是可进行拉氏变换的，则其拉氏变换可表示为

$$E(s)=\int_0^{\infty}e(t)e^{-st}dt$$

由于 $t<0$ 时，有 $e(t)=0$，故上式也可写为

$$E(s)=\int_{-\infty}^{\infty}e(t)e^{-st}dt$$

对于采样信号 $e^*(t)$，其表达式为

$$e^*(t) = \sum_{n=0}^{\infty} e(nT)\delta(t - nT)$$

对上式取拉氏变换，得 $e^*(t)$ 的采样拉氏变换为

$$E^*(s) = \sum_{n=0}^{\infty} e(nT)\mathrm{e}^{-nTs} \tag{8-15}$$

由于式（8-15）中含有因子 e^{-Ts}，为简便起见，作变量替换

$$z = \mathrm{e}^{Ts} \tag{8-16}$$

式中，s 是拉氏变换算子；T 为采样周期；z 是复数平面上定义的一个复变量，通常称为 z 变换算子。

将式（8-16）代入式（8-15）可得

$$E(z) = E^*(s)\big|_{s=\frac{1}{T}\ln z} = \sum_{n=0}^{\infty} e(nT)z^{-n} \tag{8-17}$$

$E(z)$ 即为离散信号 $e^*(t)$ 的 z 变换，常记为

$$E(z) = Z[e^*(t)] = \sum_{n=0}^{\infty} e(nT)z^{-n} \tag{8-18}$$

通常情况下，一个连续函数如果可求其拉氏变换，则其 z 变换也可相应求得，如果拉氏变换在 s 域收敛，则其 z 变换通常也在 z 域收敛。需要指出的是，在 z 变换过程中，由于考虑的仅是连续时间函数经采样开关采样后的离散时间函数——脉冲序列，或者说考虑的仅是连续时间函数在采样时刻上的采样值，因此式（8-18）表达的仅是连续时间在采样时刻上的信息，而不反映采样时刻之间的信息。

记

$$E(z) = Z[e^*(t)] = Z[e(t)] \tag{8-19}$$

后一记号是为了书写方便，并不意味着是连续信号 $e(t)$ 的 z 变换，而仍是指采样信号 $e^*(t)$ 的 z 变换。

求离散信号 z 变换的方法很多，下面介绍三种常用的 z 变换方法。

1. 级数求和法

级数求和法是直接根据 z 变换的定义，将式（8-17）写成展开形式：

$$E(z) = e(0) + e(T)z^{-1} + e(2T)z^{-2} + \cdots + e(nT)z^{-n} + \cdots \tag{8-20}$$

式（8-20）是离散时间函数 $e^*(t)$ 的一种无穷级数表达形式。通常，对于常用函数 z 变换的级数形式，都可以写出其闭合形式。

【例 8-1】 试求单位阶跃函数 $1(t)$ 采样后的 z 变换。

解： 单位阶跃函数 $1(t)$ 采样后的离散信号为单位阶跃序列，在各个采样时刻上的采样值均为 1，即 $e(nT) = 1(n = 0, 1, 2, \cdots)$，故由式（8-20），有

$$E(z) = 1 + z^{-1} + z^{-2} + \cdots + z^{-n} + \cdots$$

若 $|z^{-1}| < 1$，则该级数收敛，利用等比级数求和公式，可得 $1(t)$ 的 z 变换的闭合形式为

$$E(z) = \frac{1}{1 - z^{-1}} = \frac{z}{z - 1}$$

【例 8-2】 求指数函数 $\mathrm{e}^{-at}(a > 0)$ 的 z 变换。

解： 指数函数采样后所得的脉冲序列如下：

$$e(nT)=\mathrm{e}^{-anT},\quad n=0,1,2,\cdots$$

代入式（8-20）中可得

$$E(z)=1+\mathrm{e}^{-aT}z^{-1}+\mathrm{e}^{-2aT}z^{-2}+\cdots+\mathrm{e}^{-naT}z^{-n}+\cdots$$

若$|\mathrm{e}^{-at}z^{-1}|<1$，则该级数收敛，同样利用等比级数求和公式，其$z$变换的闭合形式为

$$E(z)=\frac{1}{1-\mathrm{e}^{-aT}z^{-1}}=\frac{z}{z-\mathrm{e}^{-aT}}$$

2. 部分分式法

部分分式法的基本思路是：先求出已知连续时间函数$e(t)$的拉氏变换$E(s)$，然后将有理分式函数$E(s)$展开成部分分式之和的形式，使每一部分分式对应简单的时间函数，其相应的z变换是可知的，于是可方便地求出$E(s)$对应的z变换$E(z)$。

【例 8-3】 已知连续函数的拉氏变换为$E(s)=\dfrac{a}{s(s+a)}$，试求相应的z变换。

解： 首先将$E(s)$展开为部分分式之和的形式

$$E(s)=\frac{a}{s(s+a)}=\frac{1}{s}-\frac{1}{s+a}$$

对上式取拉氏反变换得

$$e(t)=1-\mathrm{e}^{-at}$$

分别求两部分的z变换，由例 8-1 和例 8-2 可知

$$Z[1(t)]=\frac{z}{z-1},\quad Z[\mathrm{e}^{-at}]=\frac{z}{z-\mathrm{e}^{-aT}}$$

则

$$E(z)=\frac{z}{z-1}-\frac{z}{z-\mathrm{e}^{-aT}}=\frac{z(1-\mathrm{e}^{-aT})}{z^2-(1+\mathrm{e}^{-aT})z+\mathrm{e}^{-aT}}$$

【例 8-4】 求正弦函数$e(t)=\sin\omega t$的z变换。

解： 对$e(t)=\sin\omega t$取拉氏变换，得

$$E(s)=\frac{\omega}{s^2+\omega^2}$$

展开为部分分式，即

$$E(s)=\frac{1}{2\mathrm{j}}\left(\frac{1}{s-\mathrm{j}\omega}-\frac{1}{s+\mathrm{j}\omega}\right)$$

可以得到

$$E(z)=\frac{1}{2\mathrm{j}}\left(\frac{z}{z-\mathrm{e}^{\mathrm{j}\omega T}}-\frac{z}{z-\mathrm{e}^{-\mathrm{j}\omega T}}\right)=\frac{1}{2\mathrm{j}}\left[\frac{z(\mathrm{e}^{\mathrm{j}\omega T}-\mathrm{e}^{-\mathrm{j}\omega T})}{z^2-z(\mathrm{e}^{\mathrm{j}\omega T}+\mathrm{e}^{-\mathrm{j}\omega T})+1}\right]$$

化简后得

$$E(z)=\frac{z\sin\omega T}{z^2-2z\cos\omega T+1}$$

3. 留数计算法

设连续函数$e(t)$的拉氏变换$E(s)$及其全部极点p_i已知，则可用留数计算法求其z变换。

$$E(z)=Z[e^*(t)]=\sum_{i=1}^{n}\mathrm{Res}\left[E(s)\frac{z}{z-\mathrm{e}^{Ts}}\right]=\sum_{i=1}^{n}R_i \tag{8-21}$$

式中，R_i为$E(s)\frac{z}{z-\mathrm{e}^{Ts}}$在$s=p_i$上的留数。

当$E(s)$具有$s=p$一阶极点时，其留数R为

$$R=\lim_{s\to p}\left[(s-p)E(s)\frac{z}{z-\mathrm{e}^{Ts}}\right] \tag{8-22}$$

当$E(s)$具有$s=p$的q阶重极点时，其留数R为

$$R=\frac{1}{(q-1)!}\lim_{s\to p}\frac{\mathrm{d}^{q-1}}{\mathrm{d}s^{q-1}}\left[(s-p)^qE(s)\frac{z}{z-\mathrm{e}^{Ts}}\right] \tag{8-23}$$

【例 8-5】 已知$E(s)=\frac{K}{s^2(s+a)}$，试用留数法求$E(z)$。

解： 因为

$$E(s)=\frac{K}{s^2(s+a)}$$

所以$p_1=0$，$q_1=2$，$p_2=-a$，$q_2=1$。则

$$\begin{aligned}E(s)&=\frac{1}{(2-1)!}\frac{\mathrm{d}}{\mathrm{d}s}\left[(s-0)^2\frac{K}{s^2(s+a)}\frac{z}{z-\mathrm{e}^{Ts}}\right]\Bigg|_{s=0}+\left[(s+a)\frac{K}{s^2(s+a)}\frac{z}{z-\mathrm{e}^{Ts}}\right]\Bigg|_{s=-a}\\&=\frac{Kz[(aT-1+\mathrm{e}^{-at})z+(1-\mathrm{e}^{-at}-aT\mathrm{e}^{-at})]}{a^2(z-1)^2(z-\mathrm{e}^{-at})}\end{aligned}$$

常用函数的z变换和拉氏变换对照表见附录A。

8.3.2 z 变换的性质

与拉氏变换一样，z变换也有一些相应的基本定理。利用这些基本定理，可以使一些z变换的运算变得简单、方便。

1. 线性定理

若已知$e_1(t)$和$e_2(t)$的z变换分别为$E_1(z)$和$E_2(z)$，且a_1和a_2为常数，则有

$$Z[a_1e_1(t)\pm a_2e_2(t)]=a_1E_1(z)\pm a_2E_2(z) \tag{8-24}$$

证明： 由z变换定义

$$\begin{aligned}&Z[a_1e_1(t)\pm a_2e_2(t)]\\&=\sum_{n=0}^{\infty}[a_1e_1(nT)\pm a_2e_2(nT)]z^{-n}\\&=a_1\sum_{n=0}^{\infty}e_1(nT)z^{-n}\pm a_2\sum_{n=0}^{\infty}e_2(nT)z^{-n}\\&=a_1E_1(z)\pm a_2E_2(z)\end{aligned}$$

式（8-24）表明，z变换是一种线性变换，其变换过程满足齐次性与叠加性。

2. 实数位移定理

实数位移定理又称平移定理，实数位移的含义是指整个采样序列在时间轴上左右平移若干采样周期，其中向**右移为滞后**，向**左移为超前**。定理如下：

若$e(t)$的z变换为$E(z)$，则有

滞后定理：
$$Z[e(t-kT)]=z^{-k}E(z) \tag{8-25}$$

超前定理： $$Z[e(t+kT)] = z^k\left[E(z) - \sum_{n=0}^{k-1} e(nT)z^{-n}\right] \tag{8-26}$$

式中，k 为正整数。

证明：由 z 变换定义

$$Z[e(t-kT)] = \sum_{n=0}^{\infty} e(nT-kT)z^{-n} = z^{-k}\sum_{n=0}^{\infty} e[(n-k)T]z^{-(n-k)}$$

令 $m=n-k$，则有

$$Z[e(t-kT)] = z^{-k}\sum_{m=-k}^{\infty} e(mT)z^{-m}$$

由于 $m<0$ 时，有 $e(mT)=0$，所以上式又可写为

$$Z[e(t-kT)] = z^{-k}\sum_{m=0}^{\infty} e(mT)z^{-m} = z^{-k}E(z)$$

式（8-25）得证。

又因为

$$Z[e(t+kT)] = \sum_{n=0}^{\infty} e(nT+kT)z^{-n}$$

取 $k=1$ 得

$$Z[e(t+T)] = \sum_{n=0}^{\infty} e(nT+T)z^{-n} = z\sum_{n=0}^{\infty} e[(n+1)T]z^{-(n+1)}$$

令 $m=n+1$，上式可写成

$$Z[e(t+T)] = z\sum_{m=1}^{\infty} e(mT)z^{-m} = z\left[\sum_{m=0}^{\infty} e(mT)z^{-m} - e(0)\right] = z[E(z) - e(0)]$$

取 $k=2$ 时，同理可得

$$Z[e(t+2T)] = z^2\sum_{m=2}^{\infty} e(mT)z^{-m}$$

$$= z^2\left[\sum_{m=0}^{\infty} e(mT)z^{-m} - e(0) - z^{-1}e(T)\right] = z^2\left[E(z) - \sum_{n=0}^{1} e(nT)z^{-n}\right]$$

所以，当平移量为 k 时，有

$$Z[e(t+kT)] = z^k\left[E(z) - \sum_{n=0}^{k-1} e(nT)z^{-n}\right]$$

则式（8-26）得证。

可见在实数位移定理中，算子 z 有明确的物理意义，z^{-k} 表明采样信号滞后 k 个采样周期，z^k 表示采样信号超前 k 个采样周期。但是，z^k 仅用于运算，在物理系统中并不存在。

实数位移定理在用 z 变换求解差分方程时经常用到，它可以将差分方程转化为 z 域的代数方程。

3. 复数位移定理

若已知 $e(t)$ 的 z 变换为 $E(z)$，则有

$$Z[e(t)e^{\mp at}] = E(ze^{\pm at}) \tag{8-27}$$

式中，a 为常数。

证明：由 z 变换定义

$$Z[e(t)\mathrm{e}^{\mp at}] = \sum_{n=0}^{\infty} e(nT)\mathrm{e}^{\mp anT}z^{-n} = \sum_{n=0}^{\infty} e(nT)[z\mathrm{e}^{\pm aT}]^{-n}$$

令 $z_1 = z\mathrm{e}^{\pm aT}$，则有

$$Z[e(t)\mathrm{e}^{\mp at}] = \sum_{n=0}^{\infty} e(nT)z_1^{-n} = E(z\mathrm{e}^{\pm at})$$

复数位移定理的含义是：函数 $e^*(t)$ 乘以指数序列 $\mathrm{e}^{\mp anT}$ 的 z 变换，就等于在 $e^*(t)$ 的 z 变换表达式 $E(z)$ 中，以 $z\mathrm{e}^{\pm aT}$ 取代原算子 z。

4. 初值定理

已知 $e(t)$ 的 z 变换为 $E(z)$，且有极限 $\lim\limits_{z\to\infty}E(z)$ 存在，则

$$\lim_{t\to 0}[e^*(t)] = \lim_{z\to\infty}E(z) \tag{8-28}$$

证明：由 z 变换定义

$$E(z) = \sum_{n=0}^{\infty} e(nT)z^{-n} = e(0) + e(t)z^{-1} + e(2T)z^{-2} + \cdots + e(nT)z^{-n} + \cdots$$

所以

$$\lim_{z\to\infty}E(z) = e(0) = \lim_{t\to 0}e^*(t)$$

5. 终值定理

若 $e(t)$ 的 z 变换为 $E(z)$，函数序列 $e(nT)$ 为有限值 $(n=0,1,2,\cdots)$，且极限 $\lim\limits_{n\to\infty}e(nT)$ 存在，则函数序列的终值可由下式求得：

$$\lim_{n\to\infty}e(nT) = \lim_{z\to 1}(z-1)E(z) \tag{8-29}$$

证明：由实数位移定理

$$Z[e(t+T)] = zE(z) - ze(0)$$

又

$$Z[e(t+T)] - Z[e(t)] = \sum_{n=0}^{\infty}\{e[(n+1)T] - e(nT)\}z^{-n}$$

所以

$$(z-1)E(z) - ze(0) = \sum_{n=0}^{\infty}\{e[(n+1)T] - e(nT)\}z^{-n}$$

上式两边取 $z\to 1$ 时的极限，得

$$\lim_{z\to 1}(z-1)E(z) - ze(0) = \lim_{z\to 1}\sum_{n=0}^{\infty}\{e[(n+1)T] - e(nT)\}z^{-n}$$

$$= \sum_{n=0}^{\infty}\{e[(n+1)T] - e(nT)\}$$

当 $n=N$ 为有限项时，上式右端为

$$\sum_{n=0}^{N}\{e[(n+1)T] - e(nT)\} = e[(N+1)T] - e(0)$$

令 $N\to\infty$，则

$$\sum_{n=0}^{N}\{e[(n+1)T] - e(nT)\} = \lim_{N\to\infty}\{e[(N+1)T] - e(0)\} = \lim_{n\to\infty}e(nT) - e(0)$$

即可得

$$\lim_{n\to\infty} e(nT) = \lim_{z\to 1}(z-1)E(z)$$

z 变换的终值定理形式还可以表示为

$$e(\infty) = \lim_{n\to\infty} e(nT) = \lim_{z\to 1}(1-z^{-1})E(z) \tag{8-30}$$

终值定理在采样系统中的应用与在 s 域的相同，都可用于求取系统的稳态误差。

6. 卷积定理

设时间连续信号 $x(t)$ 和 $y(t)$ 的采样信号分别为 $x(nT)$ 和 $y(nT)$，其 z 变换为 $X(z)$、$Y(z)$，定义离散卷积为

$$x(nT) * y(nT) = \sum_{k=0}^{\infty} x(kT) y[(n-k)T] \tag{8-31}$$

则卷积定理为：如果

$$g(nT) = x(nT) * y(nT)$$

则必有

$$G(z) = X(z)Y(z) \tag{8-32}$$

证明：由 z 变换定义

$$X(z) = \sum_{k=0}^{\infty} x(kT) z^{-k}, \quad Y(z) = \sum_{n=0}^{\infty} y(nT) z^{-n}$$

再由定理已知条件：

$$G(z) = Z[g(nT)] = Z[x(nT) * y(nT)]$$

所以

$$X(z)Y(z) = \sum_{k=0}^{\infty} x(kT) z^{-k} Y(z)$$

由实数位移定理有

$$z^{-k}Y(z) = Z\{y[(n-k)T]\} = \sum_{n=0}^{\infty} y[(n-k)T] z^{-n}$$

所以

$$X(z)Y(z) = \sum_{k=0}^{\infty} x(kT) \sum_{n=0}^{\infty} y[(n-k)T] z^{-n}$$

交换求和的次序

$$X(z)Y(z) = \sum_{n=0}^{\infty} \left\{ \sum_{k=0}^{\infty} x(nT) y[(n-k)T] \right\} z^{-n} = \sum_{n=0}^{\infty} \{x(nT) * y(nT)\} z^{-n}$$

所以

$$G(z) = X(z)Y(z)$$

卷积定理的意义在于：将两个采样函数卷积的 z 变换等价于两个采样函数相应 z 变换的乘积，这给系统分析提供了极大的方便。

8.3.3 z 反变换

所谓 z 反变换是已知 z 变换表达式 $E(z)$，求相应离散序列 $e(nT)$ 的过程，记为 $e(nT) =$

$Z^{-1}[E(z)]$。

下面介绍三种常用的 z 反变换的方法。

1. 幂级数法

幂级数法又称长除法。因为 $E(z)$ 一般为 z 的有理函数，所以可以表示为两个多项式之比，即

$$E(z)=\frac{b_m z^m+b_{m-1}z^{m-1}+\cdots+b_1 z+b_0}{a_n z^n+a_{n-1}z^{n-1}+\cdots+a_1 z+a_0},\quad n\geqslant m \tag{8-33}$$

先将 $E(z)$ 转换为按 z^{-1} 升幂排列的两个多项式之比，再用分子多项式除以分母多项式，使 $E(z)$ 变为按 z^{-1} 升幂排列的幂级数展开式

$$E(z)=c_0+c_1 z^{-1}+c_2 z^{-2}+\cdots+c_n z^{-n}+\cdots=\sum_{n=0}^{\infty}c_n z^{-n} \tag{8-34}$$

根据 z 变换的定义，由式（8-34）可直接求出 $e^*(t)$ 的脉冲序列表达式

$$e^*(t)=\sum_{n=0}^{\infty}c_n\delta(t-nT) \tag{8-35}$$

【例 8-6】 设 $E(z)=\dfrac{z^2}{z^2-0.9z+0.08}$，试用幂级数法求 $E(z)$ 的 z 反变换。

解：将原式写为

$$E(z)=\frac{1}{1-0.9z^{-1}+0.08z^{-2}}$$

用长除法可得

$$E(z)=1+0.9z^{-1}+0.73z^{-2}+0.585z^{-3}+\cdots$$

所以，其反变换为

$$e(nT)=\delta(t)+0.9\delta(t-T)+0.73\delta(t-2T)+0.585\delta(t-3T)+\cdots$$

由例 8-6 可知，虽然幂级数法能得到采样脉冲序列的具体分布，但它通常难以给出 $e^*(t)$ 的闭合形式，因而不便于对系统进行分析。如果要求闭合形式，可用下面两种方法。

2. 部分分式法

若已知 $E(z)$，通过部分分式展开，可以将复杂的 $E(z)$ 展成多个简单的 z 的有理分式和的形式，然后通过查附表 A-1，求出各项的 $e^*(t)$。要注意的是，在 z 变换表中，所有的 z 变换函数 $E(z)$ 在其分子中普遍都含有因子 z，所以应将 $E(z)/z$ 展开为部分分式，然后将所得结果的每一项都乘以 z，即得 $E(z)$ 的部分分式展开式。

【例 8-7】 设 $E(z)=\dfrac{10z}{(z-1)(z-2)}$，试用部分分式法求其 z 反变换。

解：由于

$$\frac{E(z)}{z}=\frac{10}{(z-1)(z-2)}=-\frac{10}{z-1}+\frac{10}{z-2}$$

所以

$$E(z)=-\frac{10z}{z-1}+\frac{10z}{z-2}$$

查表可得

$$Z^{-1}\left[\frac{z}{z-1}\right]=1^n,\quad Z^{-1}\left[\frac{z}{z-2}\right]=2^n$$

所以可得 $E(z)$ 的 z 反变换为

$$e(nT)=10(2^n-1),\ n=0,1,2\cdots$$

3. 反演积分法

若$e(t)$的 z 变换为$E(z)$，则

$$e(nT)=\frac{1}{2\pi \mathrm{j}}\oint E(z)z^{n-1}\mathrm{d}z=\sum_{i=1}^{k}\mathrm{Res}[E(z)z^{n-1}]\Big|_{z=z_i} \tag{8-36}$$

式中，$z=z_i$（$i=1, 2, \cdots, k$）为$E(z)$的k个极点。只要将$E(z)$乘以 z^{n-1}后，求其留数和，所得值即为采样函数的一般项系数$e(nT)$。

【例 8-8】 求$E(z)=\dfrac{2(a-b)z}{(z-a)(z-b)}$的 z 反变换。

解：

$$\begin{aligned}e(nT)&=\sum_{i=1}^{2}\mathrm{Res}\left[\frac{2(a-b)z^n}{(z-a)(z-b)}\right]\Bigg|_{z=z_k}\\&=\left[(z-a)\frac{2(a-b)z^n}{(z-a)(z-b)}\right]\Bigg|_{z=a}+\left[(z-b)\frac{2(a-b)z^n}{(z-a)(z-b)}\right]\Bigg|_{z=b}\\&=2(a^n-b^n),\quad n=0,1,2,\cdots\end{aligned}$$

8.4 离散系统的数学模型

与连续系统类似，为了研究离散系统的性能，首先也需要建立离散系统的数学模型。线性离散系统的数学模型有差分方程、脉冲传递函数和离散状态空间表达式三种。本节主要介绍差分方程及其解法、脉冲传递函数的基本概念，以及开环脉冲传递函数和闭环脉冲传递函数的建立方法。

8.4.1 离散系统的数学定义

在离散系统中，由于所涉及的数字信号是以序列的形式出现的，因此离散系统可以采用如下的数学定义：

将输入序列 $r(n)$（$n=0, \pm1, \pm2, \cdots$）变换为输出序列 $c(n)$的一种变换关系，称为离散系统，记为

$$c(n)=F[r(n)] \tag{8-37}$$

其中 $r(n)$和 $c(n)$可以理解为 $t=nT$ 时，系统的输入序列 $r(nT)$和输出序列 $c(nT)$，T 为采样周期。如果式（8-37）所表示的变换关系是线性的，则称为线性离散系统；如果这种变换关系是非线性的，则称为非线性离散系统。

1. 线性离散系统

如果离散系统（8-37）满足叠加原理，则称为**线性离散系统**，即有如下关系：

若 $c_1(n)=F[r_1(n)]$，$c_2(n)=F[r_2(n)]$，且 $r(n)=ar_1(n)\pm br_2(n)$，其中 a 和 b 为任意常数，则

$$\begin{aligned}c(n)&=F[r(n)]=F[ar_1(n)\pm br_2(n)]\\&=aF[r_1(n)]\pm bF[r_2(n)]=ac_1(n)\pm bc_2(n)\end{aligned}$$

若线性离散系统的输入与输出关系不随时间而改变，则称其为线性定常离散系统。例如，当输入序列为$r(n)$时，输出序列为 $c(n)$；如果输入序列变为 $r(n-k)$，相应的输出序

列为 $c(n-k)$，其中 $k=0$，±1，±2，…，则这样的系统就是线性定常离散系统。在本章中所研究的离散系统为线性定常离散系统，可以用线性定常差分方程表示。

2. 差分方程及其求解

对于一般的线性定常离散系统，k 时刻的输出 $c(k)$ 不仅与 k 时刻的输入 $r(k)$ 有关，而且与 k 时刻以前的输入 $r(k-1)$、$r(k-2)$、…有关，同时还与 k 时刻以前的输出 $c(k-1)$、$c(k-2)$、…有关。这种关系可以用 n 阶后向差分方程来描述：

$$c(k)+a_1c(k-1)+a_2c(k-1)+\cdots+a_{n-1}c(k-n+1)+a_nc(k-n)$$
$$=b_0r(k)+b_1r(k-1)+\cdots+b_{m-1}r(k-m+1)+b_mr(k-m)$$

上式可以表示为

$$c(k)=-\sum_{i=1}^{n}a_ic(k-i)+\sum_{j=0}^{m}b_jr(k-j) \tag{8-38}$$

其中 a_i（$i=1$，2，…，n）和 b_j（$j=1$，2，…，m）为常系数，$m\leqslant n$。式（8-38）称为 n 阶线性常系数差分方程，它在数学上表示一个线性定常离散系统。

线性定常离散系统也可以用如下 n 阶前向差分方程来描述：

$$c(k+n)+a_1c(k+n-1)+a_2c(k+n-2)+\cdots+a_{n-1}c(k+1)+a_nc(k)$$
$$=b_0r(k+m)+b_1r(k+m-1)+\cdots+b_{m-1}r(k+1)+b_mr(k)$$

上式也可表示为

$$c(k+n)=-\sum_{i=1}^{n}a_ic(k+n-i)+\sum_{j=1}^{m}b_jr(k+m-j) \tag{8-39}$$

差分方程求解常用的方法有两种，一种是迭代法，另一种是 z 变换法。

（1）迭代法

若已知差分方程（8-38），并且给定输入和输出序列的初值，则可以利用递推关系一步一步地算出输出序列。

【例 8-9】 已知采样系统的差分方程是

$$c(k)+c(k-1)=r(k)+2r(k-2)$$

初始条件为 $c(0)=2$，输入 $r(k)=\begin{cases}k, & k>0\\0, & k\leqslant0\end{cases}$，使用迭代法求出输出序列 $c(k)$（$k=1$，2，3，4）。

解：由差分方程可得

$$c(k)=r(k)+2r(k-2)-c(k-1)$$

令 $k=1$，有

$$c(1)=r(1)+2r(-1)-c(0)=1+0-2=-1$$

同理有

$$c(2)=r(2)+2r(0)-c(1)=2+0+1=3$$
$$c(3)=r(3)+2r(1)-c(2)=3+2-3=2$$
$$c(4)=r(4)+2r(2)-c(3)=4-2\times2-2=6$$

（2）z 变换法

用 z 变换法求解差分方程的实质和用拉氏变换解微分方程类似，首先要对差分方程两边取 z 变换，并利用 z 变换的实数位移定理，得到以 z 为变量的代数方程，然后对代数方程的解 $C(z)$ 取 z 反变换，求得输出序列 $c(k)$。

【例 8-10】 使用 z 变换法求解下列二阶差分方程 $c(k+2)+3c(k+1)+2c(k)=0$，设初始条件为 $c(0)=0$，$c(1)=1$。

解： 对方程两边取 z 变换得

$$Z[c(k+2)+3c(k+1)+2c(k)]=0$$

由线性定理有

$$Z[c(k+2)]+Z[3c(k+1)]+Z[2c(k)]=0$$

由实数位移定理有

$$Z[c(k+2)]=z^2C(z)-z^2c(0)-zc(1)=z^2C(z)-z$$

$$Z[3c(k+1)]=3zC(z)-3zc(0)=3zC(z)$$

$$Z[2c(k)]=2C(z)$$

所以，差分方程可变换为如下 z 的代数方程：

$$(z^2+3z+2)C(z)=z$$

$$C(z)=\frac{z}{z^2+3z+2}=\frac{z}{z+1}-\frac{z}{z+2}$$

查 z 变换表，求出 z 反变换

$$c^*(t)=\sum_{n=0}^{\infty}[(-1)^n-(-2)^n]\delta(t-nT)$$

即

$$c(k)=(-1)^k-(-2)^k,\quad k=0,1,2,\cdots$$

8.4.2 脉冲传递函数

1. 脉冲传递函数的定义

与线性连续系统的分析类似，在线性定常离散系统中引入 z 变换，便可引入离散系统传递函数的概念，它和连续系统的传递函数具有类似的性质。

如图 8-10 所示，设系统输入信号 $r(t)$ 的采样信号 $r^*(t)$ 的 z 变换函数为 $R(z)$，系统连续部分的输出为 $c(t)$。如输出端无采样开关，为得到采样信号 $c^*(t)$ 与 $r^*(t)$ 之间的关系，可在输出端虚设一个理想采样开关（如图 8-10b 所示），它与输入采样开关同步工作，并有相同采样周期 T。若 T 足够小，则可用 $c^*(t)$ 来描述 $c(t)$。设 $c^*(t)$ 的 z 变换为 $C(z)$，并设初始条件为零，则**脉冲传递函数**的定义为

$$G(z)=\frac{C(z)}{R(z)} \tag{8-40}$$

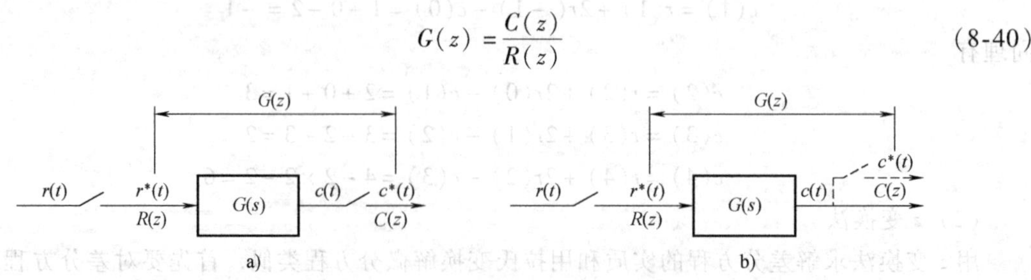

图 8-10 采样系统示意图

a）输出端有采样开关系统 b）输出端无采样开关系统

即脉冲传递函数$G(z)$定义为在零初始条件下输出采样信号的z变换与输入采样信号的z变换之比。类似连续系统的传递函数，$G(z)$通常是一个关于z的有理函数，其分母多项式又称为特征多项式，特征多项式的根称为系统的**极点**，分子多项式的根则称为系统的**零点**。

也可以从连续系统的传递函数的角度来推出脉冲传递函数。如图 8-10a 所示，设采样信号$r^*(t)$的拉氏变换为$R^*(s)$，连续系统传递函数为$G(s)$，则输出$c(t)$的拉氏变换为

$$C(s)=R^*(s)G(s) \tag{8-41}$$

根据采样信号的拉氏变换定义式（8-7），$c^*(t)$的拉氏变换$C^*(s)$为

$$C^*(s)=\frac{1}{T}\sum_{k=-\infty}^{\infty}C(s+\mathrm{j}k\omega_s) \tag{8-42}$$

代入式（8-41），得

$$C^*(s)=\frac{1}{T}\sum_{k=-\infty}^{\infty}R^*(s+\mathrm{j}k\omega_s)G(s+\mathrm{j}k\omega_s) \tag{8-43}$$

因为$R^*(s)$是s的周期函数，即对于任意整数k，有

$$R^*(s)=R^*(s+\mathrm{j}k\omega_s)$$

由式（8-43）得到

$$C^*(s)=R^*(s)\frac{1}{T}\sum_{k=-\infty}^{\infty}G(s+\mathrm{j}k\omega_s) \tag{8-44}$$

定义

$$G^*(s)=\frac{1}{T}\sum_{k=-\infty}^{\infty}G(s+\mathrm{j}k\omega_s) \tag{8-45}$$

得到

$$C^*(s)=G^*(s)R^*(s) \tag{8-46}$$

令$z=\mathrm{e}^{Ts}$，或$s=\frac{1}{T}\ln z$，则式（8-46）可表示为

$$C(z)=G(z)R(z) \tag{8-47}$$

其中

$$G(z)=\left[\frac{1}{T}\sum_{k=-\infty}^{\infty}G(s+\mathrm{j}k\omega_s)\right]\bigg|_{s=\frac{1}{T}\ln z} \tag{8-48}$$

式（8-48）将$G(z)$和$G(s)$直接联系起来了。

因为$G(s)$是连续时间系统脉冲响应函数$g(t)$的拉氏变换，$g(t)$的采样信号$g^*(t)$的拉氏变换具有与式（8-45）同样的形式，所以由式（8-48）知道$G(z)$又可看成$G(s)$的脉冲响应函数$g(t)$的z变换。这样又将$G(z)$和$G(s)$联系起来了。

2. 脉冲传递函数的求取

若已知系统的差分方程，可首先对差分方程两端取z变换，再应用$G(z)=C(z)/R(z)$求取脉冲传递函数。

若已知的是系统的传递函数$G(s)$，求$G(z)$的具体方法是：先求$G(s)$的拉氏反变换，得到脉冲函数$g(t)$，再将$g(t)$按采样周期离散，得到加权序列$g(nT)$，最后将$g(nT)$进行z变换，得到$G(z)$。这一求解过程比较复杂，为简便起见，通常可根据z变换表，直接从$G(s)$得到$G(z)$。

如果$G(s)$为阶次较高的有理分式函数，在z变换表中不能直接找到与其对应的$G(z)$，则可将$G(s)$展成部分分式，再查各分式对应的z变换，从而求得$G(z)$。

【例 8-11】 设图 8-10 所示系统的传递函数 $G(s)=\dfrac{10}{s(s+10)}$，求 $G(z)$。

解： 将 $G(s)$ 进行部分分式展开，有

$$G(s)=\frac{1}{s}-\frac{1}{s+10}$$

查 z 变换表得

$$G(z)=\frac{z}{z-1}-\frac{z}{z-\mathrm{e}^{-10T}}=\frac{z(1-\mathrm{e}^{-10T})}{(z-1)(z-\mathrm{e}^{-10T})}$$

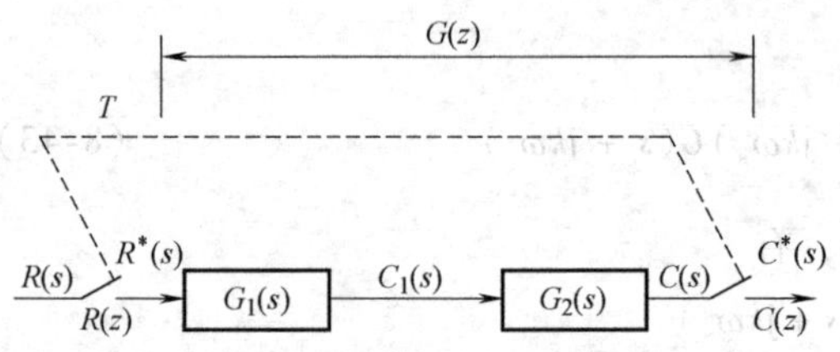

图 8-11 中间没有采样器的串联环节

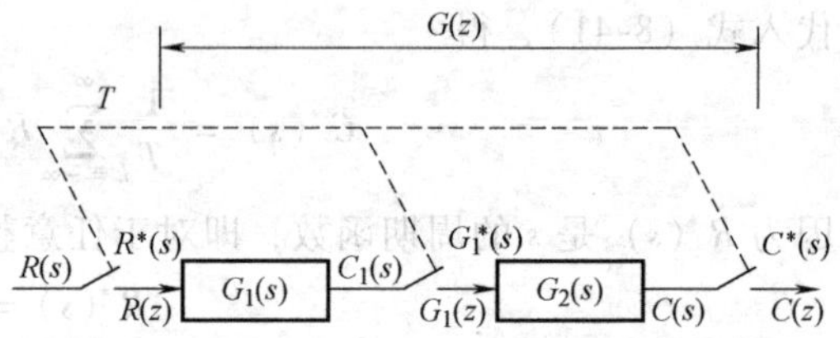

图 8-12 中间有理想采样器的串联环节

8.4.3 开环系统脉冲传递函数

1. 串联环节间无采样开关

如图 8-11 所示，串联连接的 $G_1(s)$ 和 $G_2(s)$ 中间没有采样器，此时必须将它们看成一个整体，其传递函数为

$$G(s)=G_1(s)G_2(s)$$

相应的脉冲传递函数为

$$G(z)=Z[G(s)]=Z[G_1(s)G_2(s)] \tag{8-49}$$

推广到 n 个串联环节，若串联环节之间没有采样器，必须将这些串联环节看成一个整体，先求出其总的传递函数 $G(s)=G_1(s)G_2(s)\cdots G_n(s)$，然后再由 $G(s)$ 求得 $G(z)$，即可表示为

$$\begin{aligned}G(z)&=G_1G_2\cdots G_n(z)\\&=Z[G_1(s)G_2(s)\cdots G_n(s)]\end{aligned} \tag{8-50}$$

一般来说，有 $G_1(z)G_2(z)\cdots G_n(z)\neq G_1G_2\cdots G_n(z)$。

2. 串联环节间有采样开关

在图 8-12 所示系统中，两个环节间有一个同步采样开关。因为两个串联环节的输入信号都是离散的脉冲序列，所以有

$$C_1(z)=G_1(z)R(z)$$

$$C(z)=G_2(z)C_1(z)$$

即

$$C(z)=G_2(z)G_1(z)R(z)=G(z)R(z) \tag{8-51}$$

其中

$$G(z)=G_1(z)G_2(z)$$

式（8-51）表示，若两个串联环节之间存在同步采样器时，总的脉冲传递函数等于这两个串联环节脉冲传递函数的乘积。

一般来说，$Z[G_1(s)]Z[G_2(s)]\neq Z[G_1(s)G_2(s)]$。推广到 n 个串联环节，若各串联环节之间有同步的采样器，则总的脉冲传递函数等于各个串联环节脉冲传递函数之积，即

$$G(z)=G_1(z)G_2(z)\cdots G_n(z) \tag{8-52}$$

【例 8-12】 在图 8-11 和图 8-12 中设 $G_1(s)=\dfrac{1}{s}$，$G_2(s)=\dfrac{a}{s+a}$，分别求出相应的脉冲传递函数 $G(z)$。

解： 在图 8-11 中 $G_1(s)$和 $G_2(s)$之间没有采样开关，因此有

$$G(z)=Z[G_1(s)G_2(s)]=z\left[\frac{a}{s(s+a)}\right]$$

$$=Z\left[\frac{1}{s}-\frac{1}{s+a}\right]=\frac{z}{z-1}-\frac{z}{z-\mathrm{e}^{-aT}}=\frac{z(1-\mathrm{e}^{aT})}{(z-1)(z-\mathrm{e}^{-aT})}$$

而在图 8-12 中$G_1(s)$和$G_2(s)$中间有采样开关，因此有

$$G(z)=Z[G_1(s)]Z[G_2(s)]=Z\left[\frac{1}{s}\right]Z\left[\frac{a}{s+a}\right]=\frac{az^2}{(z-1)(z-\mathrm{e}^{-aT})}$$

3. 有零阶保持器的开环脉冲传递函数

设有零阶保持器的开环离散系统如图 8-13 所示。

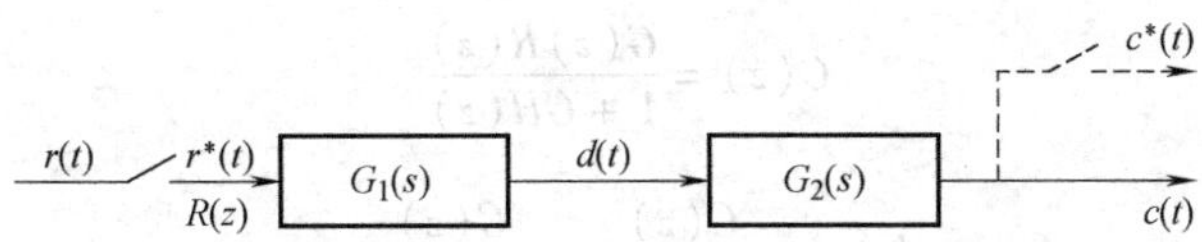

图 8-13 有零阶保持器的开环离散系统

零阶保持器传递函数为 $G_1(s)=\dfrac{1-\mathrm{e}^{-Ts}}{s}$，另一串联环节为 $G_2(s)$。因为两个串联环节之间无采样开关，为求总的脉冲传递函数，首先需要计算

$$G_1(s)G_2(s)=\frac{1-\mathrm{e}^{-Ts}}{s}G_2(s)=(1-\mathrm{e}^{-Ts})\frac{G_2(s)}{s}=G_1'(s)G_2'(s)$$

其中，$G_1'(s)=1-\mathrm{e}^{-Ts}$，$G_2'(s)=G_2(s)/s$。由于 $G_1'(s)=1-\mathrm{e}^{-Ts}$不是复变量 s 的有理分式，故不能直接按 $G_1G_2(z)=Z[G_1(s)G_2(s)]$来计算。但由

$$G_1'(s)G_2'(s)=(1-\mathrm{e}^{-Ts})G_2'(s)=G_1'(s)-G_2'(s)\mathrm{e}^{-Ts}$$

可见，$G_1'(s)G_2'(s)$代表两个时域特性组合。其中 $G_2'(s)\mathrm{e}^{-Ts}$是时域特性 $L^{-1}[G_2'(s)]$在具有时滞等于一个采样周期 T 情况下的滞后特性。因此，基于 z 变换的滞后定理，求得环节 $G_2(s)$与零阶保持器串联时总的脉冲传递函数为

$$\begin{aligned}G(z)&=Z[G_1'(s)G_2'(s)]=Z[G_1'(s)-G_2'(s)\mathrm{e}^{-Ts}]\\&=Z[G_2'(s)]-Z[G_1'(s)]z^{-1}=(1-z^{-1})Z[G_2'(s)]\end{aligned} \tag{8-53}$$

8.4.4 闭环系统脉冲传递函数

离散系统闭环脉冲传递函数或输出量的 z 变换，在闭环各通道中视环节之间有无同步采

样开关是不同的。下面介绍几种闭环系统的脉冲传递函数。

1）设闭环系统如图 8-14 所示。在该系统中，针对误差信号进行采样。由框图得到

$$E(z)=R(z)-B(z),\quad B(z)=GH(z)E(z)$$

式中，$E(z)$、$R(z)$和$B(z)$分别是$e(t)$、$r(t)$和$b(t)$经采样后的脉冲序列的z变换；$GH(z)$是无采样开关串联时$G(s)$和$H(s)$乘积的z变换。由以上两式可求得

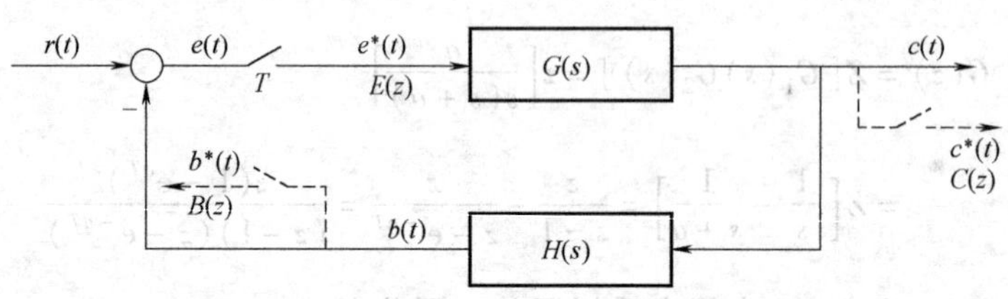

图 8-14　误差采样闭环系统

$$E(z)=\frac{R(z)}{1+GH(z)} \tag{8-54}$$

系统输出的z变换为$C(z)=G(z)E(z)$，即

$$C(z)=\frac{G(z)R(z)}{1+GH(z)} \tag{8-55}$$

或

$$\Phi(z)=\frac{C(z)}{R(z)}=\frac{G(z)}{1+GH(z)} \tag{8-56}$$

式（8-56）为此闭环系统的脉冲传递函数。由式（8-54）和式（8-55）可求出采样时刻的误差值和输出值。

2）设闭环系统如图 8-15 所示。在此系统中讨论系统的连续部分有扰动输入$d(t)$时的脉冲传递函数。此时假设给定输入信号为零，即$r(t)=0$。由框图得到

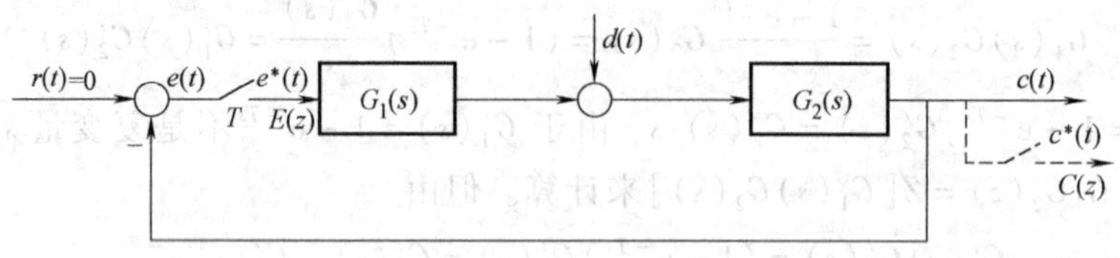

图 8-15　扰动输入时的闭环离散系统

$$C(z)=DG_2(z)+G_1G_2(z)E(z)$$
$$E(z)=-C(z) \tag{8-57}$$

由以上两式可求得

$$C(z)=\frac{DG_2(z)}{1+G_1G_2(z)} \tag{8-58}$$

式中，有作用在连续环节$G_2(z)$输入端上的扰动未经采样，所以只能得到输出的z变换式，

而不能得出对扰动的脉冲传递函数，这和连续系统是不同的。

应当指出，在进行结构简化时，应特别注意存在采样开关的情况。例如，图 8-16a 所示的两条并联支路显然可以简化成图 8-16b，但图 8-16c 所示的两条并联支路不能合并成一条支路。

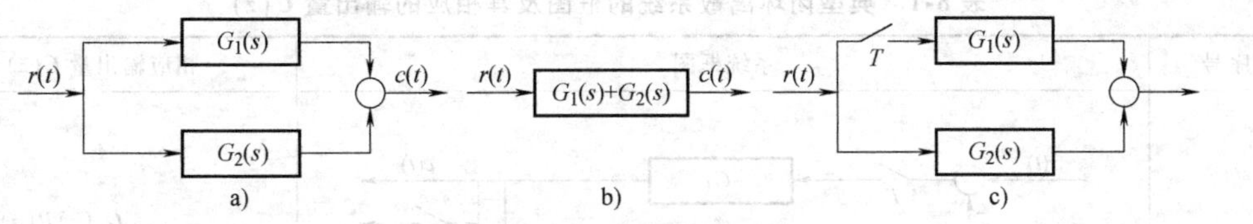

图 8-16　环节并联的简化

a）并联支路　b）等效图　c）带有采样开关的并联支路

【例 8-13】　求图 8-17 所示系统的单位阶跃响应。

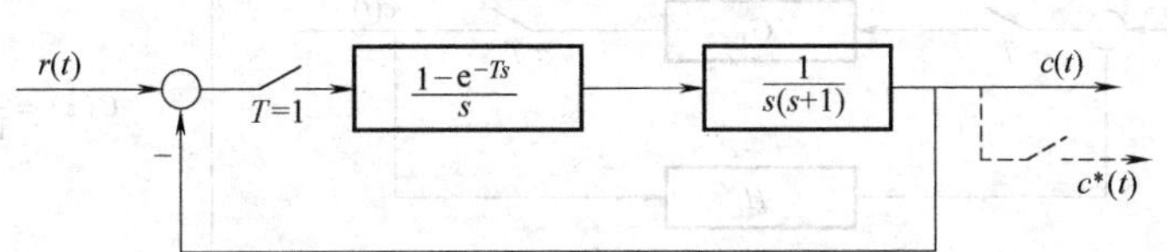

图 8-17　闭环离散系统

解： 系统的开环脉冲传递函数为

$$G_k(z)=Z\left[\frac{1-e^{-Ts}}{s}\frac{1}{s(s+1)}\right]=(1-z^{-1})Z\left[\frac{1}{s^2}-\frac{1}{s}+\frac{1}{s+1}\right]$$

$$=\frac{(T-1+e^{-T})z+(1-Te^{-T}-e^{-T})}{z^2-(1+e^{-T})z+e^{-T}}=\frac{0.368z+0.264}{z^2-1.368z+0.368}$$

其闭环系统的脉冲传递函数为

$$\frac{C(z)}{R(z)}=\Phi(z)=\frac{G_k(z)}{1+G_k(z)}=\frac{0.368z+0.264}{z^2-z+0.632}$$

对于单位阶跃输入，$R(z)=\frac{z}{z-1}$，因此，可求得输出量 $C(z)$ 为

$$C(z)=\frac{(0.368z+0.264)z}{(z^2-z+0.632)(z-1)}$$

$$=\frac{0.368z^{-1}+0.264z^{-2}}{1-2z^{-1}+1.632z^{-2}-0.632z^{-3}}$$

$$=0.368z^{-1}+z^{-2}+1.4z^{-3}+1.4z^{-4}+1.147z^{-5}+0.895z^{-6}+0.802z^{-7}+0.928z^{-8}+\cdots$$

由 $C(z)$ 的 z 反变换可得

$c(0)=0, c(1)=0.368, c(2)=1,$

$c(3)=1.4, c(4)=1.4, c(5)=1.47,\cdots$

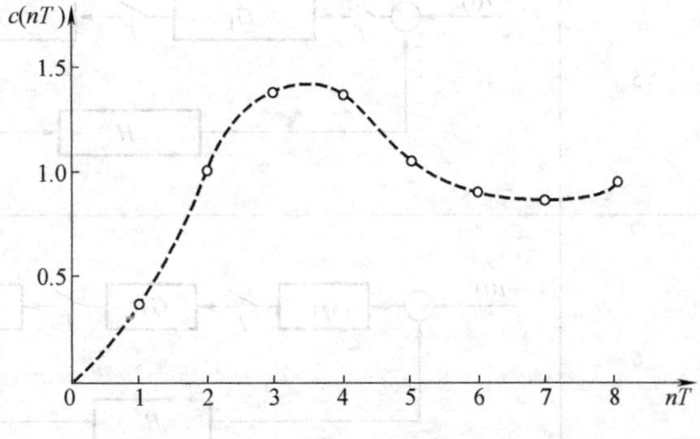

图 8-18　$c(nT)$ 与 nT 的关系曲线

图 8-18 为输出量 $c(nT)$ 的图形。如果

要获得采样时刻之间的响应信息，可采用广义 z 变换法。

表 8-1 列出了六种典型闭环离散系统的框图和对应的 $C(z)$。其中序号为 3、4、6 的结构图，因输入信号没有经过采样，所以只能得到输入输出量的 z 变换式，而不能定义闭环脉冲传递函数。

表 8-1　典型闭环离散系统的框图及其相应的输出量 $C(z)$

序号	系统框图	相应输出量 $C(z)$
1	$r(t)$, T, G_1, $c(t)$, $C(z)$, H	$C(z)=\dfrac{G_1(z)R(z)}{1+G_1H(z)}$
2	$r(t)$, T, G_1, T, $c(t)$, H	$C(z)=\dfrac{G_1(z)R(z)}{1+G_1(z)H(z)}$
3	$r(t)$, G_1, $c(t)$, $C(z)$, H, T	$C(z)=\dfrac{RG_1(z)}{1+G_1H(z)}$
4	$r(t)$, G_1, T, G_2, $c(t)$, $C(z)$, H	$C(z)=\dfrac{G_2(z)RG_1(z)}{1+G_1G_2H(z)}$
5	$r(t)$, T, G_1, T, G_2, $c(t)$, $C(z)$, H	$C(z)=\dfrac{G_2(z)G_1(z)R(z)}{1+G_1(z)G_2H(z)}$
6	$r(t)$, G_1, T, G_2, T, G_3, $c(t)$, $C(z)$, H	$C(z)=\dfrac{G_2(z)G_3(z)RG_1(z)}{1+G_2(z)G_1G_3H(z)}$

8.5 离散系统的性能分析

8.5.1 稳定性分析与判断

与线性连续系统一样，离散控制系统的分析也包括三方面的内容：稳定性、动态性能和稳态性能。其基本概念和分析方法也与连续系统类似。线性连续系统稳定的充分必要条件是闭环传递函数的极点均位于 s 平面左半平面。而在线性离散系统中，稳定性是由闭环脉冲传递函数的极点在 z 平面上的分布确定的。为了用连续系统的稳定判据来分析离散系统的稳定性，首先应找出 s 平面和 z 平面的映射关系。

在定义 z 变换时，给出了从变量 s 到变量 z 的变换，即

$$z = e^{sT}$$

设 $s = \sigma + j\omega$，则有

$$z = e^{(\sigma + j\omega)T} = e^{\sigma T} e^{j\omega T} = |z| e^{j\angle z}$$

因此，s 平面与 z 平面的映射关系为

$$|z| = e^{\sigma T}, \quad \angle z = \omega T \tag{8-59}$$

由式（8-59）可知：

当 $\sigma = 0$ 时，$|z| = 1$，即 s 平面的虚轴映射为 z 平面上以原点为圆心的单位圆；当 $\sigma < 0$ 时，$|z| < 1$，即 s 平面的左半平面映射为 z 平面上单位圆以内的部分；当 $\sigma > 0$ 时，$|z| > 1$，即 s 平面的右半平面映射为 z 平面上单位圆以外的部分。两个平面的映射关系如图 8-19 所示。

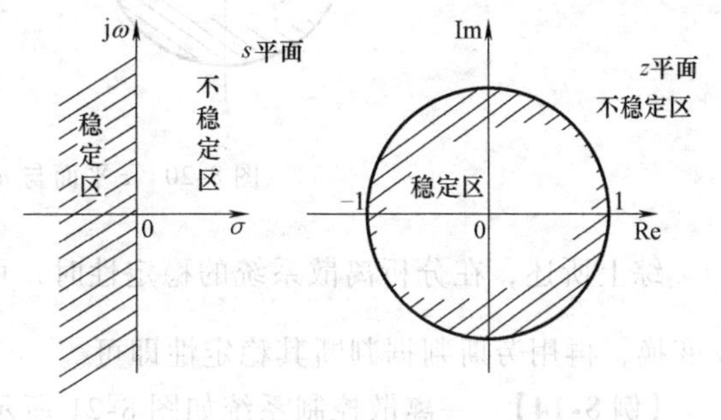

图 8-19　s 平面与 z 平面的映射关系

因此，在 z 域中，**线性定常离散系统稳定的充分必要条件**是：当线性定常离散系统特征方程的全部特征根都位于 z 平面上以原点为圆心的单位圆内，即全部特征根的模都小于 1 时，该系统是稳定的。

通过上面的分析，自然会想到，在离散系统中如果也有类似于连续系统中的劳斯（Routh）判据就方便多了。但是离散系统不能直接使用劳斯判据，因为离散系统稳定边界是 z 平面上以原点为圆心的单位圆周，而不是虚轴。所以必须采用一种变换，将 z 平面上的单位圆周映射到新坐标系中的虚轴，这种坐标变换称为 **w 变换**，又称为**双线性变换**。

设

$$z = \frac{w+1}{w-1}$$

则

$$w = \frac{z+1}{z-1} \tag{8-60}$$

式中，z 和 w 均为复变量，可令

$$z = x + \mathrm{j}y, \quad w = u + \mathrm{j}v$$

代入式（8-60），得

$$w = u + \mathrm{j}v = \frac{(x^2 + y^2) - 1}{(x-1)^2 + y^2} - \mathrm{j}\frac{2y}{(x-1)^2 + y^2}$$

则

$$u = \frac{(x^2 + y^2) - 1}{(x-1)^2 + y^2}$$

由于上式的分母 $(x-1)^2 + y^2$ 始终为正，因此 $u=0$ 等价为 $x^2 + y^2 = 1$，表明 z 平面上以原点为圆心的单位圆周对应于 w 平面上的虚轴；$u<0$ 等价为 $x^2 + y^2 < 1$，表明 z 平面上单位圆内的区域对应于 w 平面的左半平面；$u>0$ 等价为 $x^2 + y^2 > 1$，表明 z 平面上单位圆外的区域对应于 w 平面的右半平面。图 8-20 表示了这种映射关系。

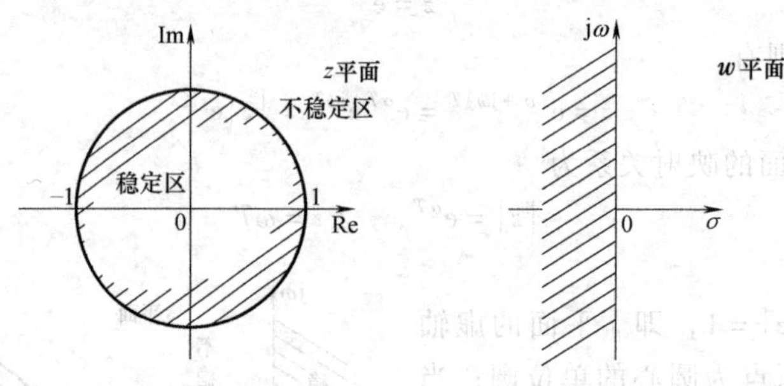

图 8-20　z 平面与 w 平面的映射关系

综上所述，在分析离散系统的稳定性时，可先将 $z = \dfrac{w+1}{w-1}$ 代入离散系统的特征方程进行 w 变换，再用劳斯判据判断其稳定性即可。

【例 8-14】　一离散控制系统如图 8-21 所示。已知采样周期 $T=0.5\mathrm{s}$，试用劳斯判据确定该系统稳定时 K 的取值范围。

解：系统的开环脉冲传递函数为

$$G(z) = Z\left[\frac{K}{s(s+2)}\right] = \frac{K}{2}\left(\frac{z}{z-1} - \frac{z}{z-\mathrm{e}^{-2T}}\right)$$

$$= \frac{K(1-\mathrm{e}^{-2T})z}{2(z-1)(z-\mathrm{e}^{-2T})}$$

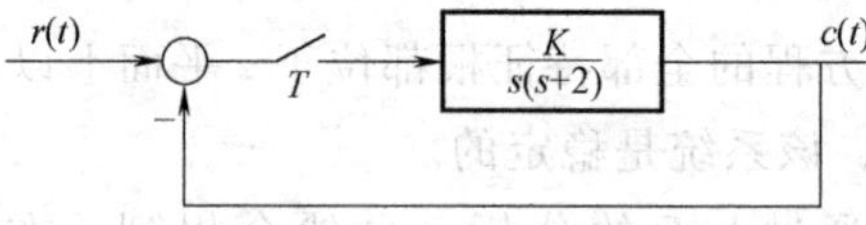

$r(t)$　T　$\dfrac{K}{s(s+2)}$　$c(t)$

图 8-21　离散控制系统框图

则系统特征方程为

$$1 + G(z) = (z-1)(z-\mathrm{e}^{-2T}) + \frac{K}{2}(1-\mathrm{e}^{-2T})z = 0$$

令 $z = \dfrac{w+1}{w-1}$，将此式和 $T=0.5\mathrm{s}$ 代入上式，经整理后得

$$0.316K\omega^2 + 1.264\omega + (2.736 - 0.316K) = 0$$

则劳斯表为

$$
\begin{array}{lll}
\omega^2 & 0.316K & 2.736-0.316K \\
\omega^1 & 1.264 & 0 \\
\omega^0 & 2.736-0.316K & 0
\end{array}
$$

根据劳斯判据，系统稳定时 K 值应满足

$$0.316K>0 \text{且} 2.736-0.316K>0$$

所以，系统稳定时 K 的取值范围是 $0<K<8.66$。

8.5.2 稳态误差及其计算

离散系统的稳态性能是用稳态误差来表征的，与连续系统类似，离散系统的稳态误差也与系统的结构、参数及输入信号有关。此外，由于离散系统的传递函数还与采样周期 T 有关，因此其稳态误差与采样周期的选取也相关。离散系统的稳态误差计算可以采用两种方法来进行，一种是利用 z 变换的终值定理求出系统的稳态误差值；另一种是根据系统误差传递函数求出误差的稳态分量，从而计算出系统的稳态误差。

由于离散系统的闭环脉冲传递函数和误差脉冲传递函数没有通式，因此离散系统的稳态误差需要针对不同形式的离散系统来求取。下面以误差采样系统为例，讨论如何求取离散系统的稳态误差。

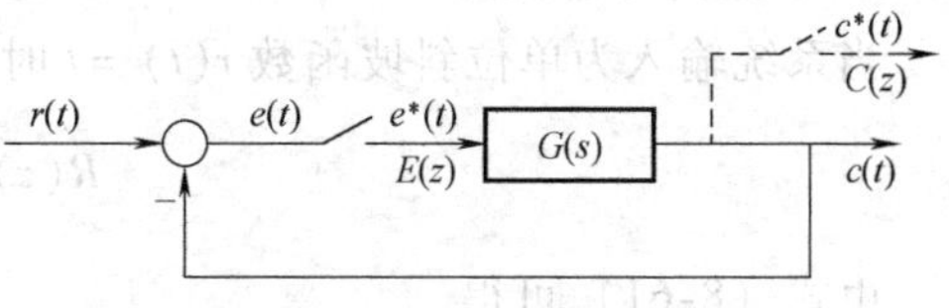

图 8-22 单位反馈误差采样系统

设单位反馈的误差采样系统如图 8-22 所示，其中 $e^*(t)$ 为连续误差信号 $e(t)$ 的采样信号。

因为

$$C(z)=\Phi(z)R(z)$$

$$\Phi(z)=\frac{G(z)}{1+G(z)}$$

所以

$$E(z)=R(z)-C(z)=\frac{1}{1+G(z)}R(z)=\Phi_e(z)R(z)$$

式中，$\Phi_e(z)=\dfrac{1}{1+G(z)}$ 为系统**误差脉冲传递函数**。

应用 z 变换终值定理即可求出采样瞬时的终值误差：

$$e(\infty)=\lim_{n\to\infty}e(nT)=\lim_{z\to1}(z-1)E(z)=\lim_{z\to1}\frac{(z-1)R(z)}{1+G(z)} \tag{8-61}$$

由 $z=e^{sT}$ 可知，如果开环传递函数 $G(s)$ 有 ν 个 $s=0$ 的极点，与之相对应的开环脉冲传递函数 $G(z)$ 必有 ν 个 $z=1$ 的极点。与连续系统类似，在离散系统中，也可以把开环脉冲传递函数中具有 $z-1$ 的极点数 ν 作为划分离散系统型别的标准。也就是说，如果 $G(z)$ 中有 0、1、2，… 个 $z=1$ 的极点，离散系统就分别为 0 型、Ⅰ型、Ⅱ型、… 离散系统。

下面针对图 8-22 讨论不同型别的离散系统在不同典型信号作用下的稳态误差，并建立

离散系统静态误差系数的概念。

1. 单位阶跃输入时

当系统输入为单位阶跃函数 $r(t)=1(t)$ 时，则

$$R(z)=\frac{z}{z-1}$$

由式（8-61）可得

$$e(\infty)=\lim_{z\to 1}\frac{1}{1+G(z)}=\frac{1}{\lim\limits_{z\to 1}[1+G(z)]}=\frac{1}{1+K_{\mathrm{p}}} \tag{8-62}$$

式中，$K_{\mathrm{p}}=\lim\limits_{z\to 1}G(z)$ 称为**静态位置误差系数**。对于0型离散系统，由于 $G(z)$ 中不含 $z=1$ 的极点，则 $K_{\mathrm{p}}\neq\infty$，从而 $e(\infty)\neq 0$；对于Ⅰ型及Ⅰ型以上的离散系统，由于 $G(z)$ 中含1个及1个以上 $z=1$ 的极点，则 $K_{\mathrm{p}}=\infty$，从而 $e(\infty)=0$。

因此，在单位阶跃函数作用下，0型离散系统在采样瞬时存在位置误差；Ⅰ型及以上的离散系统在采样瞬时没有位置误差。

2. 单位斜坡输入时

当系统输入为单位斜坡函数 $r(t)=t$ 时，则

$$R(z)=\frac{Tz}{(z-1)^2}$$

由式（8-61）可得

$$e(\infty)=\lim_{z\to 1}\frac{T}{(z-1)[1+G(z)]}=\frac{T}{\lim\limits_{z\to 1}(z-1)G(z)}=\frac{T}{K_{\mathrm{v}}} \tag{8-63}$$

式中，$K_{\mathrm{v}}=\lim\limits_{z\to 1}(z-1)G(z)$ 称为**静态速度误差系数**。

对于0型离散系统，由于 $G(z)$ 中不含 $z=1$ 的极点，则 $K_{\mathrm{v}}=0$，从而 $e(\infty)=\infty$；对于Ⅰ型离散系统，由于 $G(z)$ 中含有一个 $z=1$ 的极点，则 $K_{\mathrm{v}}\neq\infty$，从而 $e(\infty)\neq 0$；对于Ⅱ型及以上的离散系统，由于 $G(z)$ 中含有两个及以上的 $z=1$ 的极点，则 $K_{\mathrm{v}}=\infty$，从而 $e(\infty)=0$。

因此，0型离散系统不能承受单位斜坡函数的作用，Ⅰ型离散系统在单位斜坡函数作用下存在速度误差，Ⅱ型及以上的离散系统在单位斜坡函数作用下不存在稳态误差。

3. 单位抛物线函数输入时

当系统输入为单位抛物线函数 $r(t)=\frac{1}{2}t^2$ 时，则

$$R(z)=\frac{T^2z(z+1)}{2(z-1)^3}$$

由式（8-61）可得

$$e(\infty)=\lim_{z\to 1}\frac{T^2(z+1)}{2(z-1)^2[1+G(z)]}=\frac{T^2}{\lim\limits_{z\to 1}(z-1)^2G(z)}=\frac{T^2}{K_{\mathrm{a}}} \tag{8-64}$$

式中，$K_{\mathrm{a}}=\lim\limits_{z\to 1}(z-1)^2G(z)$ 称为**静态加速度误差系数**。

对于0型和Ⅰ型离散系统，由于 $G(z)$ 中含有 $z=1$ 的极点不超过1个，则 $K_{\mathrm{a}}=0$，从而 $e(\infty)=\infty$；对于Ⅱ型离散系统，由于 $G(z)$ 中含有2个 $z=1$ 的极点，则 $K_{\mathrm{a}}\neq\infty$，从而 $e(\infty)\neq 0$；对于Ⅲ型及Ⅲ型以上的离散系统，由于 $G(z)$ 中含有3个及以上的 $z=1$ 的极点，

则 $K_a=\infty$，从而 $e(\infty)=0$。因此，0 型和Ⅰ型离散系统不能承受单位抛物线函数的作用，Ⅱ型离散系统在单位抛物线函数作用下存在加速度误差，Ⅲ型及以上的离散系统在单位抛物线函数作用下不存在稳态误差。

不同型别单位反馈离散系统的稳态误差见表 8-2。

表 8-2　单位反馈离散系统的稳态误差

系统类型 \ 稳态误差 \ 输入	$r(t)=1(t)$	$r(t)=t$	$r(t)=\frac{1}{2}t^2$
0 型系统	$1/(1+K_p)$	∞	∞
Ⅰ型系统	0	T/K_v	∞
Ⅱ型系统	0	0	T^2/K_a
Ⅲ型系统	0	0	0

8.5.3　闭环极点与瞬态响应的关系

在工程上不仅要求系统是稳定的，还希望它具有良好的动态品质。离散系统闭环脉冲传递函数的极点在 z 平面的分布对系统的瞬态响应起着决定性的作用。

设线性离散系统的闭环脉冲传递函数为

$$\Phi(z)=\frac{C(z)}{R(z)}=\frac{b_0z^m+b_1z^{m-1}+\cdots+b_m}{a_0z^n+a_1z^{n-1}+\cdots+a_n}=\frac{M(z)}{D(z)}=\frac{k^*\prod_{j=1}^{m}(z-z_j)}{\prod_{i=1}^{n}(z-p_i)},\quad n\geqslant m$$

式中，$k^*=b_0/a_0$；z_j（$j=1,2,\cdots,m$）表示 $\Phi(z)$ 的零点；p_i（$i=1,2,\cdots,n$）表示 $\Phi(z)$ 的极点。z_j 和 p_i 既可以是实数，也可以是共轭复数。如果离散系统稳定，则所有闭环极点应严格位于 z 平面上的单位圆内，即 $|p_i|<1$（$i=1,2,\cdots,n$）。为了便于讨论，假定 $\Phi(z)$ 无重极点。

当系统的输入为单位阶跃信号时，即 $r(t)=1(t)$，则

$$R(z)=\frac{z}{z-1}$$

于是，系统输出的 z 变换为

$$C(z)=\Phi(z)R(z)=\frac{M(z)}{D(z)}\frac{z}{z-1}\tag{8-65}$$

则式（8-65）可改写为

$$\frac{C(z)}{z}=\frac{A_0}{z-1}+\sum_{i=1}^{n}\frac{A_i}{z-p_i}$$

即

$$C(z)=\frac{A_0z}{z-1}+\sum_{i=1}^{n}\frac{A_iz}{z-p_i}\tag{8-66}$$

式中，$A_0=\left[\dfrac{M(z)}{D(z)}\right]\bigg|_{z=1}$；$A_i=\left[\dfrac{M(z)}{(z-1)D(z)}\right]\bigg|_{z=p_i}$。

取式（8-66）的 z 反变换，得

$$c(k)=A_0+\sum_{i=1}^{n}A_ip_i^k \tag{8-67}$$

式中，等号右边第一项为系统响应的稳态分量，第二项为系统响应的暂态分量。

下面分析极点 p_i 在 z 平面不同位置时系统暂态响应的情况。

1. 闭环极点为实轴上的单极点

如果 p_i 位于实轴上，则对应的暂态分量为

$$c_i(k)=A_ip_i^k \tag{8-68}$$

当 $p_i>1$ 时，$c(k)$ 为发散脉冲序列；

当 $p_i=1$ 时，$c(k)$ 为等幅脉冲序列；

当 $0<p_i<1$ 时，$c(k)$ 为单调衰减正脉冲序列，且 p_i 越接近原点，$c(k)$ 衰减越快；

当 $-1<p_i<0$ 时，$c(k)$ 为交替变号的衰减脉冲序列；

当 $p_i=-1$ 时，$c(k)$ 为交替变号的等幅脉冲序列；

当 $p_i<-1$ 时，$c(k)$ 为交替变号的发散脉冲序列。

闭环实极点分布与相应瞬态响应形式的关系如图 8-23 所示。

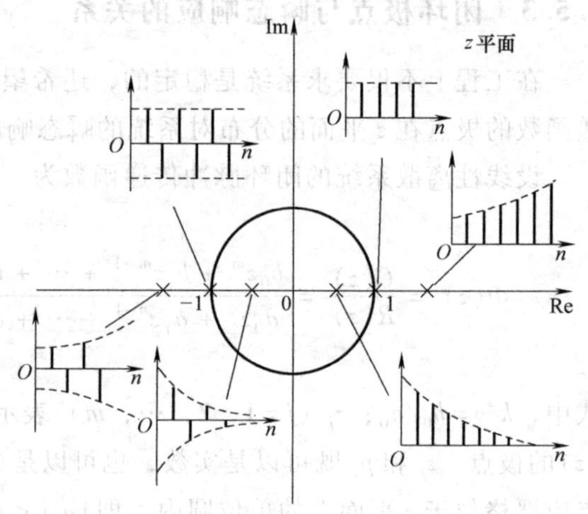

图 8-23　闭环实极点分布与相应瞬态响应形式

2. 闭环极点为共轭复数极点

设系统具有一对共轭复数极点 p_i 和 $\overline{p}_i$，则

$$p_i=|p_i|e^{j\theta_i},\quad \overline{p}_i=|\overline{p}_i|e^{-j\theta_i} \tag{8-69}$$

其中，θ_i 为共轭复数极点 p_i 的相角。由式（8-66）可知，一对共轭复数所对应的瞬态分量为

$$c_{ii}(k)=A_ip_i^k+\overline{A}_i\overline{p}_i^k \tag{8-70}$$

由复变函数理论，共轭复数极点 p_i 和 $\overline{p}_i$ 所对应的留数 A_i 和 $\overline{A}_i$ 也是一对共轭复数，令

$$A_i=|A_i|e^{j\varphi_i},\quad \overline{A}_i=|A_i|e^{-j\varphi_i} \tag{8-71}$$

则

$$c_{ii}(k)=2|A_i||p_i|^k\cos(k\theta_i+\varphi_i) \tag{8-72}$$

由式（8-72）可知，一对共轭复数极点所对应的瞬态分量 $c_{ii}(k)$ 按振荡规律变化，其振荡的角频率与 θ_i 有关，θ_i 越大，振荡的角频率也就越高。

当 $|p_i|>1$ 时，$c(k)$ 为发散振荡脉冲序列；

当 $|p_i|=1$ 时，$c(k)$ 为等幅振荡脉冲序列；

当 $|p_i|<1$ 时，$c(k)$ 为衰减振荡脉冲序列。

闭环共轭复数极点分布与相应的瞬态响应形式的关系如图 8-24 所示，其中 z 平面上单

位圆内的共轭复数极点所对应的输出响应为振荡收敛脉冲序列，且位于左半单位圆内复极点（$\mathrm{Re}(p_i)<0$）所对应的输出响应振荡频率要高于右半单位圆内的情形。

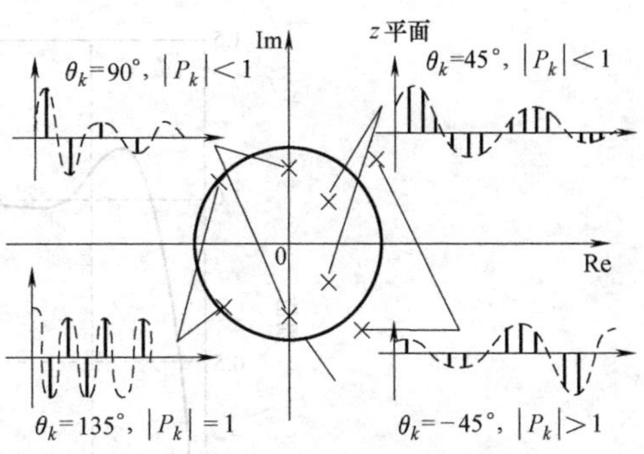

图 8-24 闭环复极点分布与相应瞬态响应形式

综上所述，离散系统的动态特性与闭环极点在 z 平面的分布密切相关。当闭环实极点位于 z 平面左半单位圆内时，由于输出衰减脉冲以采样周期交替变号，故动态过程质量很差；当闭环复极点位于左半单位圆内时，由于输出衰减高频振荡脉冲，故动态过程质量性能欠佳。因此为了使系统具有较为满意的动态性能，其闭环极点最好分布在单位圆的右半部，且尽量靠近原点。

8.5.4 动态性能分析

由于离散系统是连续系统离散化的结果，其动态性能与连续系统的动态性能一般是有一定关联的。类似地，离散控制系统也可在时域、复频域（根轨迹法）和频率域内进行动态性能分析，本节内容主要在时域内对离散系统的动态性能进行讨论，通过直接求解系统的差分方程或输出脉冲响应来获得响应的离散脉冲序列，由离散脉冲序列的变化趋势获知系统的响应性能。

采样控制系统如图 8-25 所示，其中 $G_0(s)$、$G_c(s)$ 和 $G_h(s)$ 分别为被控对象、控制器和零阶保持器的传递函数。假设控制器的传递函数 $G_c(s)=K$，被控对象的传递函数为 $G_0(s)=\dfrac{1}{s(s+1)}$。

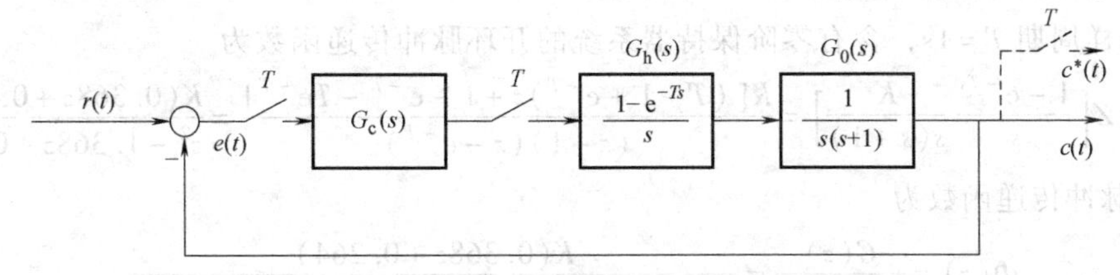

图 8-25 采样控制系统结构图

1）连续系统的闭环传递函数为 $\Phi_0(s)=\dfrac{G_0(s)G_c(s)}{1+G_0(s)G_c(s)}=\dfrac{K}{s^2+s+K}$，当 $K=1$ 时该连续系统的单位阶跃响应特性曲线如图 8-26 所示。

2）该控制系统在图 8-25 所示采样点按周期 $T=1\mathrm{s}$ 进行采样但无零阶保持器 $G_h(s)$，假设输出端有虚拟采样开关和保持器，则系统开环脉冲传递函数为

$$G(z)=Z\left[\frac{K}{s(s+1)}\right]=KZ\left[\frac{1}{s}-\frac{1}{s+1}\right]=\frac{Kz}{z-1}-\frac{Kz}{z-\mathrm{e}^{-T}}=\frac{0.632Kz}{z^2-1.368z+0.368}$$

闭环脉冲传递函数为

$$\Phi(z)=\frac{G(z)}{1+G(z)}=\frac{0.632Kz}{z^2+(0.632K-1.368)z+0.368}$$

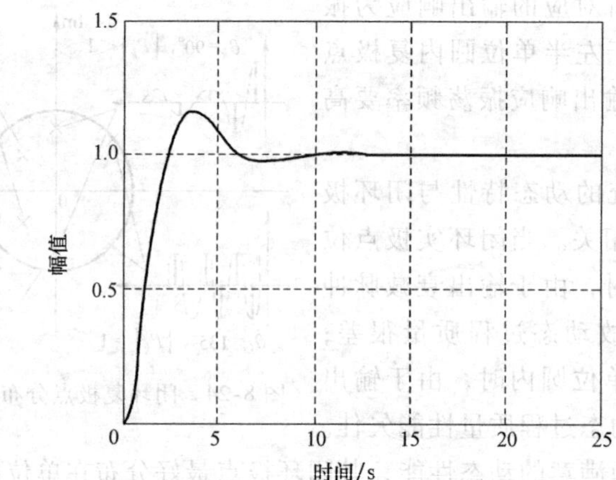

图 8-26　连续系统的单位阶跃响应

令 $z=\dfrac{w+1}{w-1}$，作双线性变换得闭环特征方程

$$D(w)=0.632Kw^2+1.264w+2.736-0.632K=0$$

根据劳斯判据得到闭环稳定的 K 取值范围为 $0<K<4.329$。若取 $K=1$，则阶跃响应的 z 变换为

$$C(z)=\Phi(z)R(z)=\frac{0.632z}{z^2-0.736z+0.368}\ \frac{z}{z-1}=\frac{0.632z^2}{z^3-1.736z^2+1.104z-0.368}$$

利用长除法和 z 反变换得到 $c(t)$ 在各个采样时刻上的值 $c(nT)$（$n=0,1,2,\cdots$）为 $c(0)=0.0$，$c(T)=0.6320$，$c(2T)=1.0972$，$c(3T)=1.2069$，$c(4T)=1.1165$，$c(5T)=1.0096$，$c(6T)=0.9642$，$c(7T)=0.9701$，$c(8T)=0.9912$，$c(9T)=1.0045$，$c(10T)=1.0066$，…系统单位阶跃响应如图 8-27a 所示。

3）采样周期 $T=1\text{s}$，含有零阶保持器系统的开环脉冲传递函数为

$$G(z)=Z\left[\frac{1-\mathrm{e}^{-Ts}}{s}\ \frac{K}{s(s+1)}\right]=\frac{K[(T-1+\mathrm{e}^{-T})z+1-\mathrm{e}^{-T}-T\mathrm{e}^{-T}]}{(z-1)(z-\mathrm{e}^{-T})}=\frac{K(0.368z+0.264)}{z^2-1.368z+0.368}$$

闭环脉冲传递函数为

$$\Phi(z)=\frac{G(z)}{1+G(z)}=\frac{K(0.368z+0.264)}{z^2+(0.368K-1.368)z+0.264K+0.368}$$

令 $z=\dfrac{w+1}{w-1}$，作双线性变换得闭环特征方程

$$D(w)=0.632Kw^2+(1.264-0.528K)w+2.736-0.104K=0$$

根据劳斯判据得到闭环稳定的 K 取值范围为 $0<K<2.394$。对比第 2 步的结论可知，开环中存在零阶保持器时，保持闭环系统稳定的控制器增益取值范围变小。若取 $K=1$，则阶跃响应函数为

$$C(z)=\Phi(z)R(z)=\frac{0.368z+0.264}{z^2-z+0.632}\ \frac{z}{z-1}=\frac{0.368z^2+0.264z}{z^3-2z^2+1.632z-0.632}$$

利用长除法和 z 反变换得到 $c(t)$ 在各个采样时刻上的值 $c(nT)$（$n=0,1,2,\cdots$）为 $c(0)=0.0$，$c(T)=0.3680$，$c(2T)=1.0000$，$c(3T)=1.3994$，$c(4T)=1.3994$，$c(5T)=1.1470$，c

$(6T) = 0.8946$，$c(7T) = 0.8017$，$c(8T) = 0.8683$，$c(9T) = 0.9937$，$c(10T) = 1.0769$，…系统单位阶跃响应如图 8-27b 所示。

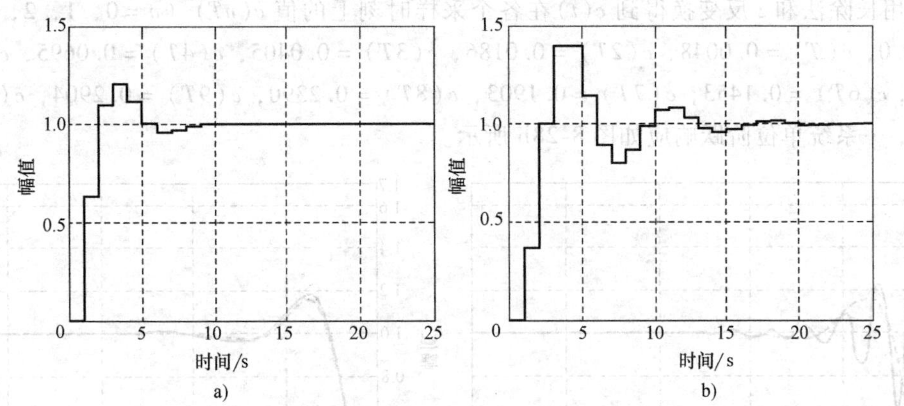

图 8-27 离散系统的单位阶跃响应（采样周期 $T=1$s）

a）无零阶保持器系统 b）有零阶保持器系统

为比较不同采样周期下的闭环阶跃响应特性，当 $K=1$ 时，分别取采样周期为 $T=0.1$s 和 $T=2$s，得到各闭环单位阶跃响应情况，分析如下（假设输出端有虚拟采样开关和保持器）：

（1）采样周期 $T=0.1$s

① 无零阶保持器时开环脉冲传递函数为

$$G_1(z) = \frac{0.0952z}{z^2 - 1.9048z + 0.9048}$$

对应的闭环脉冲传递函数为

$$\Phi(z) = \frac{G_1(z)}{1 + G_1(z)} = \frac{0.0952z}{z^2 - 1.8096z + 0.9048}$$

则单位阶跃响应的 z 变换为

$$C(z) = \Phi(z)R(z) = \frac{0.0952z}{z^2 - 1.8096z + 0.9048}\ \frac{z}{z-1} = \frac{0.0952z^2}{z^3 - 2.8096z^2 + 2.7144z - 0.9048}$$

利用长除法和 z 反变换得到 $c(t)$ 在各个采样时刻上的值 $c(nT)(n=0,1,2,\cdots)$ 为 $c(0) = 0.0$，$c(T) = 0.0952$，$c(2T) = 0.2675$，$c(3T) = 0.4931$，$c(4T) = 0.7455$，$c(5T) = 0.9981$，$c(6T) = 1.2268$，$c(7T) = 1.4122$，$c(8T) = 1.5406$，$c(9T) = 1.6054$，$c(10T) = 1.6064$，…系统单位阶跃响应如图 8-28a 所示。

② 有零阶保持器时开环脉冲传递函数为

$$G_2(z) = \frac{0.0048z + 0.0047}{z^2 - 1.9048z + 0.9048}$$

对应的闭环脉冲传递函数为

$$\Phi(z) = \frac{G_2(z)}{1 + G_2(z)} = \frac{0.0048z + 0.0047}{z^2 - 1.9z + 0.9095}$$

则单位阶跃响应的 z 变换为

$$C(z)=\Phi(z)R(z)=\frac{0.0048z+0.0047}{z^2-1.9z+0.9095}\frac{z}{z-1}=\frac{0.0048z^2+0.0047z}{z^3-2.9z^2+2.8095z-0.9095}$$

利用长除法和 z 反变换得到 $c(t)$ 在各个采样时刻上的值 $c(nT)$ ($n=0$, 1, 2, …) 为 $c(0)=0.0$, $c(T)=0.0048$, $c(2T)=0.0186$, $c(3T)=0.0405$, $c(4T)=0.0695$, $c(5T)=0.1048$, $c(6T)=0.1453$, $c(7T)=0.1903$, $c(8T)=0.2390$, $c(9T)=0.2904$, $c(10T)=0.3439$, …系统单位阶跃响应如图 8-28b 所示。

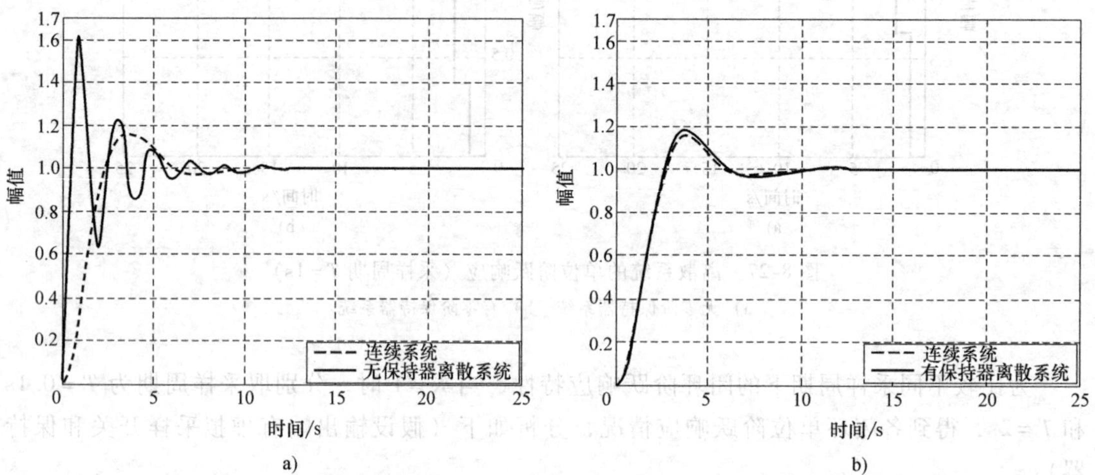

图 8-28 离散系统的单位阶跃响应（采样周期 $T=0.1$s）

a）无零阶保持器系统 b）有零阶保持器系统

（2）采样周期 $T=2$s

① 无零阶保持器时开环脉冲传递函数为

$$G_1(z)=\frac{0.8647z}{z^2-1.1353z+0.1353}$$

对应的闭环脉冲传递函数为

$$\Phi(z)=\frac{G_1(z)}{1+G_1(z)}=\frac{0.8647z}{z^2-0.2706z+0.1353}$$

则单位阶跃响应的 z 变换为

$$C(z)=\Phi(z)R(z)=\frac{0.8647z}{z^2-0.2706z+0.1353}\frac{z}{z-1}=\frac{0.8647z^2}{z^3-1.2706z^2+0.4059z-0.1353}$$

利用长除法和 z 反变换得到 $c(t)$ 在各个采样时刻上的值 $c(nT)$ ($n=0$, 1, 2, …) 为 $c(0)=0.0$, $c(T)=0.8647$, $c(2T)=1.0987$, $c(3T)=1.0450$, $c(4T)=0.9988$, $c(5T)=0.9936$, $c(6T)=0.9984$, $c(7T)=1.0004$, $c(8T)=1.0003$, $c(9T)=1.0000$, $c(10T)=1.0000$, …系统单位阶跃响应如图 8-29a 所示。

② 有零阶保持器时开环脉冲传递函数为

$$G_2(z)=\frac{1.1353z+0.5940}{z^2-1.1353z+0.1353}$$

对应的闭环脉冲传递函数为

$$\Phi(z)=\frac{G_2(z)}{1+G_2(z)}=\frac{1.1353z+0.5940}{z^2+0.7293}$$

则单位阶跃响应的 z 变换为

$$C(z)=\Phi(z)R(z)=\frac{1.1353z+0.5940}{z^2+0.7293}\,\frac{z}{z-1}=\frac{1.1353z^2+0.5940z}{z^3-z^2+0.7293z-0.7293}$$

利用长除法和 z 反变换得到 $c(t)$ 在各个采样时刻上的值 $c(nT)$ $(n=0, 1, 2, \cdots)$ 为 $c(0)=0.0$，$c(T)=1.1353$，$c(2T)=1.7293$，$c(3T)=0.9013$，$c(4T)=0.4681$，$c(5T)=1.0720$，$c(6T)=1.3879$，$c(7T)=0.9475$，$c(8T)=0.7171$，$c(9T)=1.0383$，$c(10T)=1.2063$，…系统单位阶跃响应如图 8-29b 所示。

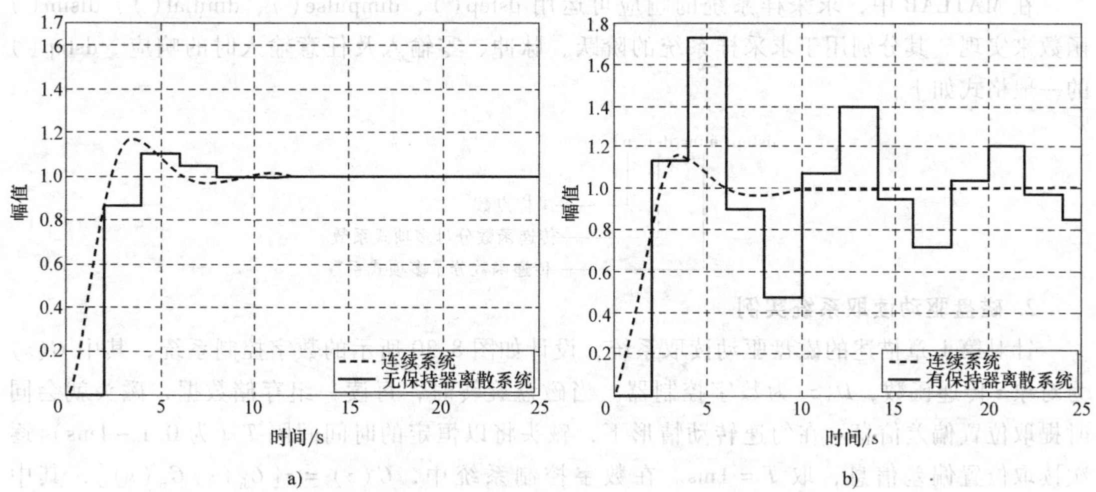

图 8-29　离散系统的单位阶跃响应（采样周期 $T=2$s）
a）无零阶保持器系统　b）有零阶保持器系统

比较各闭环阶跃响应特性可知，一般情况下，离散系统尤其是带保持器的离散系统比连续系统的响应振荡大（见图 8-27b、图 8-29b）。一般来说，离散量本身比连续量滞后，零阶保持器本身还有滞后，相当于连续系统带上了延迟环节而使系统的稳定裕量减小，振荡性增大，系统稳定性变差。当然，由于离散系统的闭环特征根不仅与系统结构和参数有关，还与采样周期有关，不同的采样周期有可能使离散特性与连续特性相差甚远（见图 8-28a），过大的采样周期还有可能使系统振荡（见图 8-29b）甚至趋于发散；当采样周期很小时，对于无零阶保持器的离散系统，其动态特性的峰值增大（见图 8-28a），而对于有零阶保持器的离散系统，其动态特性趋于其对应的连续系统特性（见图 8-28b）。

8.6　MATLAB 在离散系统分析中的应用 *

MATLAB 在离散控制系统的分析和设计中都有重要作用。无论是将连续系统离散化，还是对离散系统进行分析（包括性能分析和求响应）和设计等，都可以应用 MATLAB 软件具体实现。本节针对 8.5 节的例子，介绍 MATLAB 在离散控制系统的分析和设计中的应用。

1. 重要的仿真函数

在 MATLAB 软件中对连续系统的离散化是应用 c2dm( ) 函数实现的，c2dm( ) 函数的一般格式如下：

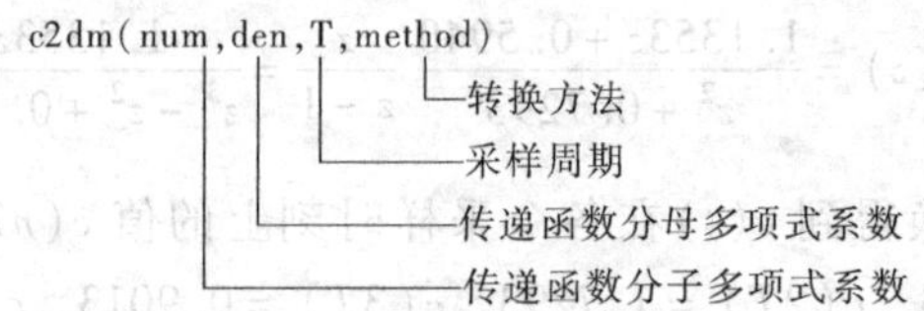

允许用户采用的转换方法有五种，即零阶保持器法（zoh）、一阶保持器法（foh）、双线性变换（tustin）、频率预畸法（prewarp）、零极点匹配法（matched）。

在 MATLAB 中，求采样系统的响应可运用 dstep( )、dimpulse( )、dinitial( )、dlsim( ) 函数来实现。其分别用于求采样系统的阶跃、脉冲、零输入及任意输入时的响应。dstep( ) 的一般格式如下：

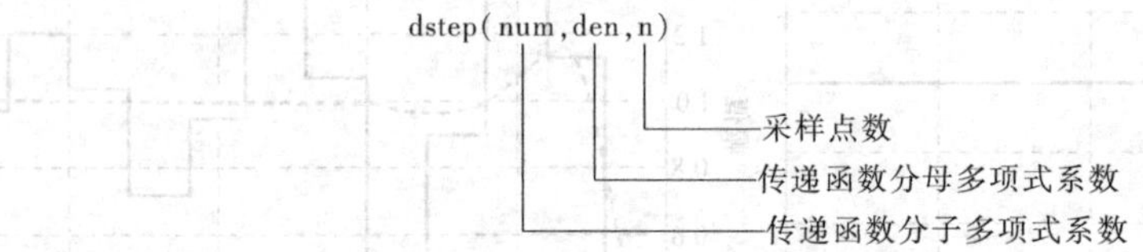

2. 磁盘驱动读取系统实例

针对第 1 章描述的磁盘驱动读取系统，设计如图 8-30 所示的数字控制系统，其中 $G(z)$ 为对象 z 传递函数，$D(z)$ 为数字控制器。当磁盘旋转时，每读一组存储数据，磁头就会同时提取位置偏差信息。在匀速转动情形下，磁头将以恒定的时间间隔 T（为 0.1 ~ 1ms）逐次读取位置偏差信息，取 $T=1\text{ms}$。在数字控制系统中，$G(z)=z[G_h(s)G_p(s)]$，其中 $G_k(s)=\dfrac{1-e^{Ts}}{s}$ 为零阶保持器传递函数，$G_p(s)=\dfrac{5}{s(s+20)}$ 为磁盘驱动读取系统的开环传递函数，因此

$$G_h(s)G_p(s)=\frac{1-e^{-Ts}}{s}\frac{5}{s(s+20)}$$

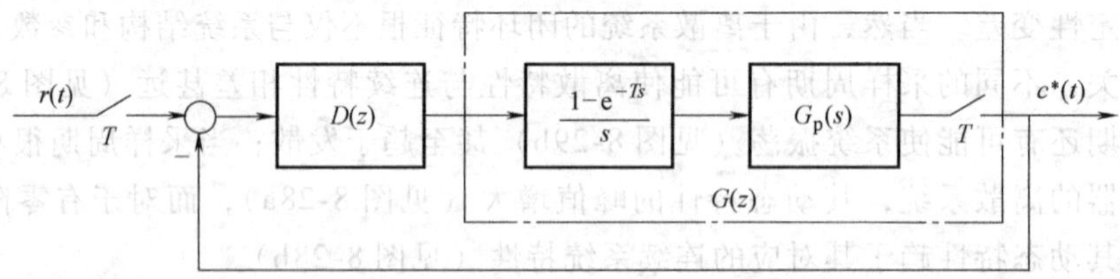

图 8-30　磁盘驱动数字控制系统

考虑到当 $T=1\text{ms}$ 时 e^{-Ts} 值较小，在忽略实数极点 $s=-20$ 对系统输出响应影响的情形下，$G_p(s)$ 可以近似为 $G_p(s)\approx\dfrac{0.25}{s}$。由此可得理想情形下的系统脉冲传递函数为

$$G(z)=Z\left[\frac{1-e^{Ts}}{s}\frac{0.25}{s}\right]=0.25(1-z^{-1})Z\left[\frac{1}{s^2}\right]=\frac{0.25T}{z-1}=\frac{0.25\times10^{-3}}{z-1}$$

数字控制器设定为 $D(z)=K$，其中 $K=4000$。因此理想情形下的开环脉冲传递函数为

$$G(z)D(z)=\frac{1}{z-1}$$

对应的闭环脉冲传递函数为

$$\Phi(z)=\frac{D(z)G(z)}{1+D(z)G(z)z}=\frac{1}{z}$$

此时，离散控制系统为最小拍数字控制系统。利用 MATLAB 仿真验证后可知，此时系统有稳定且快速的响应，其阶跃响应的超调量为 0，调节时间仅为 2ms。与连续控制系统的调节时间（$t_s=0.3\text{s}$）相比，数字控制系统的性能有明显的改善。

本章小结

1. 离散控制系统与连续控制系统最本质的区别是，离散控制系统中至少存在一个以上的离散时间信号，因此这类系统用差分方程或脉冲传递函数来描述。与连续控制系统类似，离散控制系统也是动态系统，其性能也是由稳态和瞬态两部分组成。

2. 香农采样定理给出了不失真地复现连续信号的最低采样频率要求，在实际应用中，采样频率 ω_s 一般比被采样信号的最高带宽频率 ω_h 要高 2 倍以上，满足 $\omega_s>2\omega_h$。

3. z 变换是处理离散控制系统的基本数学工具。z 变换只反映连续时间函数在采样时刻上的信息，而不反映采样时刻之间的连续函数信息，因此只有当采样周期很小时，才能使离散控制系统的输出趋于其连续控制系统的输出。

4. 离散控制系统稳定的充分必要条件是其闭环特征根全部位于 z 平面上以原点为圆心的单位圆内部。离散控制系统稳定性的判别与连续控制系统相似，但需要使用双线性变换从 z 域变换到 w 域后才能利用劳斯判据或奈氏判据进行判别。

5. 与连续控制系统类似，离散控制系统也有稳定性、瞬态响应和稳态误差等系统性能指标。对于这些性能指标的分析和计算，所涉及的基本概念和方法与连续控制系统基本类同。与连续控制系统不同的是，在离散控制系统的时域动态性能分析中，采样信号后有无零阶保持器对闭环系统的性能影响是不同的。

思 考 题

8-1 什么是信号的采样过程？采样控制系统与其对应的连续控制系统的优缺点是什么？列举一个采样控制系统的实例并画出其控制系统结构示意图。

8-2 采样控制系统中引入的采样器和零阶保持器分别对系统的稳定性和阶跃响应性能有什么样的影响？

习 题

8-3 求下列函数的 z 变换。

(1) $e(t)=te^{-at}$　　(2) $e(t)=\cos\omega t$

(3) $E(s)=\dfrac{s+3}{(s+1)(s+2)}$　　(4) $E(s)=\dfrac{1-e^{-Ts}}{s^2(s+1)}$

8-4 求下列函数的 z 反变换。

(1) $E(z)=\dfrac{10z}{(z-1)(z-2)}$　　(2) $E(z)=\dfrac{z}{(z-1)^2(z-2)}$

(3) $E(z)=\dfrac{2z(z^2-1)}{(z^2+1)^2}$　　　　(4) $E(z)=\dfrac{z}{(z-\mathrm{e}^{-aT})(z-\mathrm{e}^{-bT})}$

8-5　分析下列两种推导过程。

(1) 令 $x(k)=k\cdot 1(k)$，其中 $1(k)$ 为单位阶跃信号，有

$$X(z)=\frac{z}{(z-1)^2}$$

(2) 对于和(1)中相同的 $x(k)$，试找出

$$x(k)-x(k-1)=k-(k-1)=1$$

$$Z[x(k)-x(k-1)]=(1-z^{-1})X(z)=\frac{z}{z-1}$$

$$X(z)=\frac{z^2}{(z-1)^2}$$

(2)与(1)中的结果有何不同？找出(1)或(2)推导错误的地方。

8-6　假设一个序列 $f(k)$，有如下的 z 变换形式：

$$F(z)=\frac{1-0.2z^{-1}}{(1+0.6z^{-1})(1-0.3z^{-1})(1-z^{-1})}$$

(1) 求 $f(k)$；

(2) 序列的稳态值为多少？

8-7　某一过程的离散传递函数为

$$\frac{C(z)}{R(z)}=\frac{5(z+0.6)}{z^2-z+0.41}$$

(1) 计算输出 $c(k)$ 关于 $r(k)$ 的单位阶跃响应；

(2) $c(k)$ 的稳态值为多少？

8-8　考虑如下的差分方程：

$$y(k+1)+0.5y(k)=x(k)$$

则当输入 $x(k)$ 为单位阶跃序列时，零初始条件下响应 $y(k)$ 等于多少？

8-9　系统结构如图 8-31 所示，求出在两种情况下 $u^*(t)$ 到 $c^*(t)$ 的离散传递函数。

$$G_1(s)=\frac{1}{s(s+2)},\ G_2(s)=\frac{1}{(s+0.5)(s+1.5)}$$

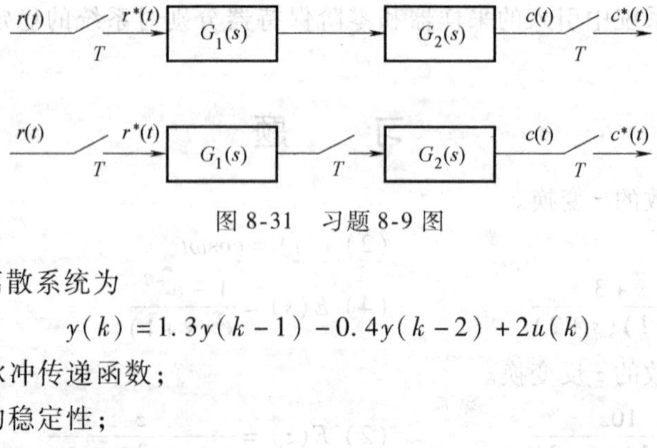

图 8-31　习题 8-9 图

8-10　设一个离散系统为

$$y(k)=1.3y(k-1)-0.4y(k-2)+2u(k)$$

(1) 求该系统脉冲传递函数；

(2) 判断系统的稳定性；

(3) 求系统的单位阶跃响应。

8-11　判断下列系统的稳定性。

(1) $c(k)=0.5c(k-1)-0.3c(k-2)$

(2) $c(k)=1.6c(k-1)-c(k-2)$

(3) $c(k)=0.8c(k-1)+0.4c(k-2)$

8-12　利用 z 变换求解下列差分方程：

$$c(k)-3c(k-1)+2c(k-2)=r(k)$$

$$r(k)=\begin{cases}1, & k=0,1\\ 0, & k\geqslant 2\end{cases}$$

8-13　设某离散系统的框图如图 8-32 所示，试求取该系统的输出脉冲序列。设采样周期 $T=1\text{s}$，$r(t)=2t, n(t)=1(t)$。

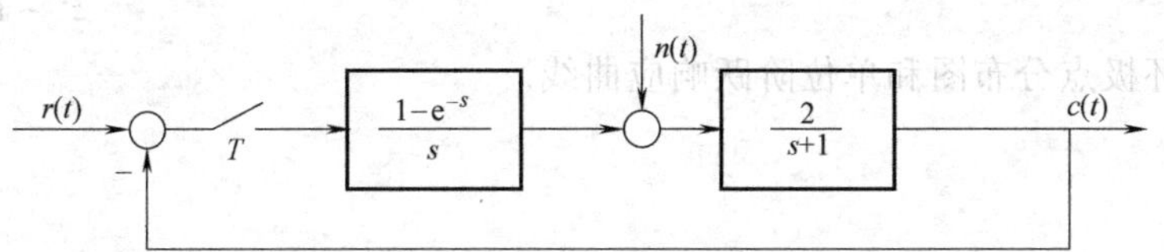

图 8-32　习题 8-13 图

8-14　在图 8-33 中，令 $G(s)=\dfrac{3}{(1+2s)(1+5s)}$，$D(z)=4$。采样周期为一个时间单位，试判断下面闭环系统的稳定性。

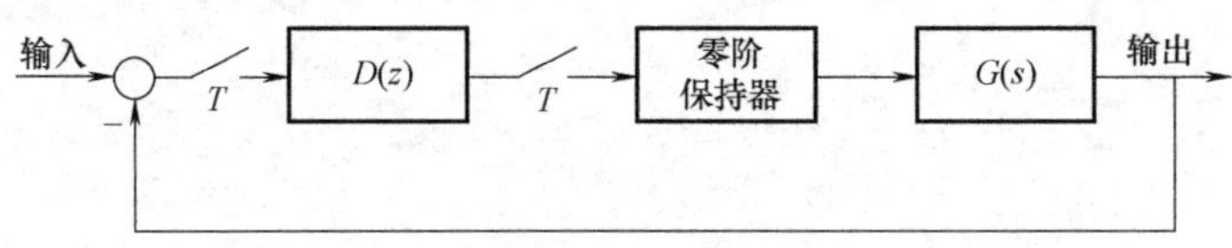

图 8-33　习题 8-14 图

8-15　考虑图 8-34 所示的数字系统。

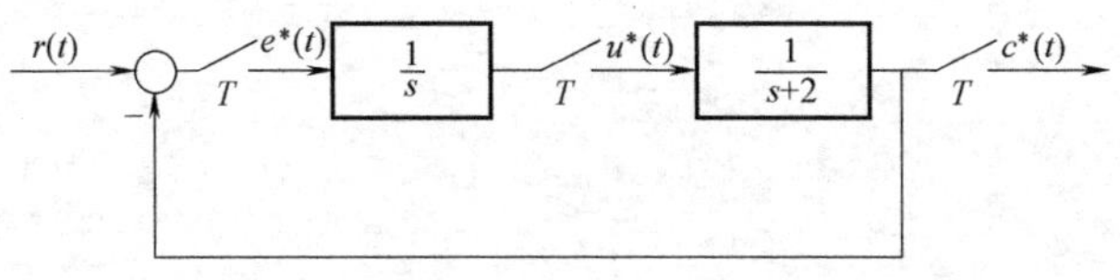

图 8-34　习题 8-15 图

(1) 求出此闭环系统的脉冲传递函数 $\dfrac{C(z)}{R(z)}$；

(2) 若 $T=1\text{s}$，求其单位脉冲响应。

8-16 已知系统如图 8-35 所示，$G_{\text{n}}(s)=\dfrac{1}{s+1}, G_0(s)=\dfrac{K}{s(s+1)}$，采样周期 $T=1\text{s}$。当系统在 $r(t)=2t$ 和 $n(t)=1(t)$ 作用下，求系统的稳态误差。

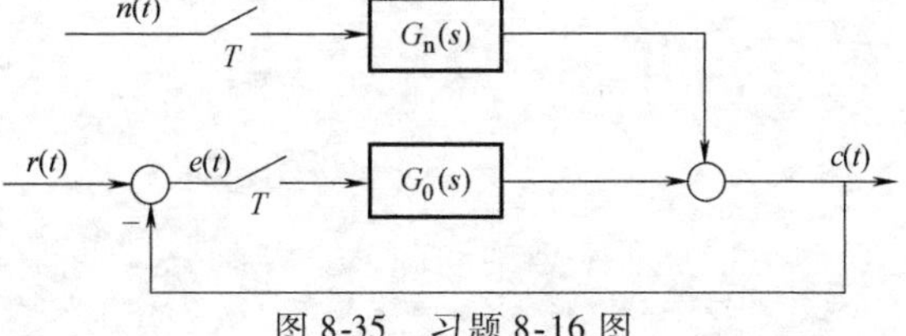

图 8-35　习题 8-16 图

MATLAB 实践与拓展题*

8-17　已知离散控制系统如图 8-36 所示，其中 $K=1$，$T=1\text{s}$，$r(t)=1(t)$，绘制系统的输出响应曲线。

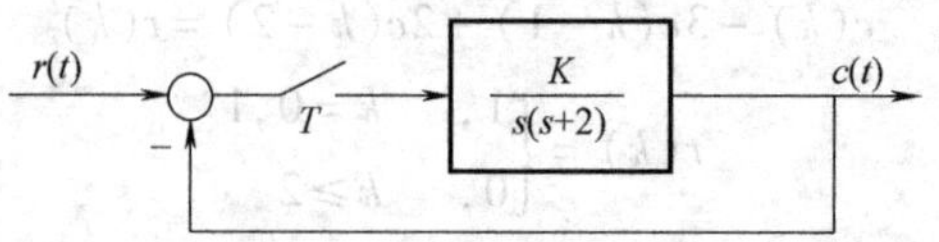

图 8-36　拓展题 8-17 图

8-18　已知单位反馈离散控制系统的开环脉冲传递函数为 $G(z)=\dfrac{0.28}{z^2-1.305z+0.375}$，绘制系统的闭环极点分布图和单位阶跃响应曲线。

附录A 常用函数的拉氏变换表和 z 变换表

附表 A-1 为常用时间函数的拉氏变换和 z 变换对照表，供读者备查之用。

附表 A-1 常用时间函数的拉氏变换和 z 变换

序号	拉氏变换 $F(s)$	连续时间函数 $f(t)$	z 变换 $F(z)$
1	1	$\delta(t)$	1
2	e^{-kTs}	$\delta(t-kT)$	z^{-k}
3	$\frac{1}{s}$	$1(t)$	$\frac{z}{z-1}$
4	$\frac{1}{s^2}$	t	$\frac{Tz}{(z-1)^2}$
5	$\frac{1}{s^3}$	$\frac{1}{2}t^2$	$\frac{T^2z(z+1)}{2(z-1)^3}$
6	$\frac{1}{s+a}$	e^{-at}	$\frac{z}{z-e^{-aT}}$
7	$\frac{1}{(s+a)^2}$	te^{-at}	$\frac{Tze^{-aT}}{(z-e^{-aT})^2}$
8	$\frac{a}{s(s+a)}$	$1-e^{-at}$	$\frac{z(1-e^{-aT})}{(z-1)(z-e^{-aT})}$
9	$\frac{\omega}{s^2+\omega^2}$	$\sin\omega t$	$\frac{z\sin\omega T}{z^2-2z\cos\omega T+1}$
10	$\frac{s}{s^2+\omega^2}$	$\cos\omega t$	$\frac{z(z-\cos\omega T)}{z^2-2z\cos\omega T+1}$
11	$\frac{\omega}{(s+a)^2+\omega^2}$	$e^{-at}\sin\omega t$	$\frac{ze^{-aT}\sin\omega T}{z^2-2ze^{-aT}\cos\omega T+e^{-2aT}}$
12	$\frac{s+a}{(s+a)^2+\omega^2}$	$e^{-at}\cos\omega t$	$\frac{z^2-ze^{-aT}\cos\omega T}{z^2-2ze^{-aT}\cos\omega T+e^{-2aT}}$

附录 B MATLAB 和 Simulink 简介

MATLAB 环境（又称为 MATLAB 语言）是由美国 New Mexico 大学的 Cleve Moler 于 1980 年开始开发的，1984 年由 Cleve Moler 等创立的 Math Works 公司推出了第一个商业版本。经过十几年的发展、竞争和完善，现已成为国际公认最优秀的科技应用软件。MATLAB 语言的两个最著名特点，即其强大的矩阵运算能力和完善的图形可视化功能，使得它成为国际控制界应用最广的首选计算机工具。在控制界，很多知名学者都为其擅长的领域推出了工具箱，而其中很多工具箱已成为该领域的标准。MATLAB 具有对应用学科极强的适应力，很快成为应用学科计算机辅助分析、设计、仿真、教学甚至科技文字处理不可缺少的基础软件。

Simulink 是 MATLAB 提供的实现动态系统建模和仿真的软件包，其主要功能是实现动态系统建模、仿真与分析。Simulink 为用户提供了一些基本模块，只要从库浏览器里复制所需模块，按照仿真最佳效果来调试及整定控制系统参数，就可缩短控制系统设计的开发周期、降低开发成本，提高设计质量和效率。Simulink 给用户提供了友好的环境，使用户以最轻松最有效地方式完成系统仿真。

MATLAB 命令和矩阵函数是分析和设计控制系统时经常采用的。MATLAB 具有许多预先定义的函数，供用户在求解许多不同类型的控制问题时调用。附表 B-1 和附表 B-2 中分别列举了一些常用的 MATLAB 命令和 Simulink 函数，供读者参考。

附表 B-1 常用 MATLAB 命令函数

数学函数			
sin	正弦	asin	反正弦
cos	余弦	acos	反余弦
tan	正切	atan	反正切
cot	余切	acot	反余切
sec	正割	asec	反正割
csc	余割	acsc	反余割
exp	指数	angle	相角
log	自然对数	conj	复共轭
log10	常用对数	image	复数虚部
sqrt	平方根	real	复数实部
命令函数			
axis	坐标轴比例尺控制		
bode	波特图		
c2d	变连续为离散系统		
conv	卷积与多项式乘法		
d2c	变离散为连续系统		

（续）

命令函数	
dstep	离散时间阶跃响应
dimpulse	离散时间单位冲激响应
dinitia	离散时间零输入响应
dlsim	离散时间任意输入响应
feedback	求取反馈系统的传递函数
freqs	拉普拉斯变换频域响应
freqz	z 变换频域响应
grid	设置网络线
hold on	保留当前图形
impulse	冲激响应
logspace	在对数空间定义角频率范围
lsim	对任意输入的线性系统仿真
margin	求相位裕量、幅值裕量和截止频率
ngrid	为 nichols 图画栅格线
nyquist	奈奎斯特图
parallel	求取并联连接后的传递函数
plot	绘制线性函数图形
rlocfind	求解根轨迹上选定点的开环增益值和对应的其他所有闭环极点的值
rlocus	绘制系统的根轨迹图
roots	求解多项式的根
semilogx	半对数图
series	求取串联连接后的传递函数
ss	建立系统的状态空间模型
ss2tf	将状态空间模型转换为一般传递函数模型
ss2zp	将状态空间模型转换为零极点形式的传递函数模型
stairs	绘制离散系统时域响应的曲线命令
step	求取系统的单位阶跃响应
text	用于在当前图形窗口添加文本注解
tf	建立系统的一般传递函数模型
tf2ss	将一般传递函数模型转换为状态空间模型
tf2zp	将一般传递函数模型转换为零极点形式的传递函数模型
title	用于标注图形标题
xlabel	用于添加 x 轴的标签
ylabel	用于添加 y 轴的标签
zlabel	用于添加 z 轴的标签
zpk	建立系统的零、极点形式的传递函数模型
zp2ss	将零极点形式的传递函数模型转换为状态空间模型
zp2tf	将零极点形式的传递函数模型转换为一般传递函数模型

附表 B-2 常用 Simulink 函数

abs	信号的绝对值
derivative	信号的微分
discrete transfer fcn	离散传递函数
display	显示输入信号的值
gain	增益
Integrator	信号的积分
math function	数学函数
out	输出信号
scope	示波器
sine wave	正弦信号
step	阶跃信号
sum	信号的和
transfer fcn	实现线性传递系统
transport delay	延迟给定时间

附录 C　控制理论中常用术语的中英文对照表

A

absolute error　绝对误差
absolute value　绝对值
acceleration　加速度
accuracy　准确度，精确度
activate　起动，触发
active electric network　有源网络
actuating signal　作用信号，起动信号
actuator　执行机构，调节器，激励器
adaptive control　自适应控制
adjust　调整，校正
algebraic operations　代数运算
amplifier　放大器
amplitude　振幅，幅值
analog computer　模拟计算机
analog signal　模拟信号
analog-digital converter　模拟-数字转换器
analysis　分析
angle condition　相角条件
angle of arrival　入射角
angle of departure　出射角
angular acceleration　角加速度
approximate　近似（的）
argument　幅角
armature　电枢，转子
asymptote　渐近线
asymptotic stable　渐近稳定的
attenuation　衰减
automatic control　自动控制
auxiliary equation　辅助方程
average value　平均值

B

backlash　间隙，回差
balance state　平衡状态
bandwidth　带宽
bang-bang control　砰-砰控制，继电控制，开关控制
be proportional to　与……成比例
bias voltage　偏差电压
biocybernetics　生物控制论

block diagram	框图，结构图
bode diagram	波特图
branch	分支，支路
break frequency	交接频率，拐点频率
breakaway point	分离点
bump	撞击，扰动
by-pass	旁路

C

CACSD（Computer-Aided Control System Design）	控制系统计算机辅助设计
CACSE（Computer-Aided Control System Engineering）	控制系统计算机辅助工程
CAD（Computer Aided Design）	计算机辅助设计
cascade compensation	串联补偿校正
cascade control	串级控制
Cauchy's principle of the argument	柯西幅角原理
channel	通道
characteristic equation	特征方程
characteristic gain locus	特征增益轨迹
circuit	电路
classical control theory	经典控制理论
closed-loop control system	闭环控制系统
closed-loop frequency response	闭环频率响应
closed-loop pole	闭环极点
closed-loop zero	闭环零点
comparator	比较器
comparing element	比较元件，比较环节
compensation	补偿，校正
compensation of linear system	线性系统的校正
complex plane	复平面
compound control	复合控制
compound control system	复合控制系统
conditional stability	条件稳定性
configuration	结构，配置，布局，组态
constant *M* loci	等 *M* 圆
continuous system	连续系统
control elements	控制元件
control policy	控制策略
control system	控制系统
control valve	调节阀，控制阀
controllability	可控性，能控性
controlled plant	被控对象
controlled system	被控系统
controlled variable	被控变量
controlling machine	控制机

conveyor 传送器，传送带，传送装置
corner frequency 转折频率，交接频率
correcting unit 校正装置
correction 校正
coupling 耦合
criterion 判据，准则
critical damping 临界阻尼
cut off rate 剪切率，截止速率
cut-off frequency 剪切频率，截止频率
cybernetics 控制论

D

damped natural frequency 阻尼固有自然频率
damper 阻尼器
damping factor 阻尼系数
damping ratio 阻尼比
dead band 死区
dead time 纯延迟，延迟时间
decay 衰减，衰变
decibel 分贝
decomposition 分解
delay 滞后，延迟
delay element 滞后元件
denominator 分母
derivative action 微分作用
derivative control 微分控制
describing function 描述函数
desired value 预期值，期望值
determinant 行列式
deviation 偏差
difference equation 差分方程
differencing junction 比较点
differential equation 微分方程
digital computer 数字计算机
discrete-data system 离散数据系统
discrete-time system 离散时间系统
disturbance 扰动，干扰
disturbance rejection property 抗干扰特性
dominant pole 主导极点
duality 对偶性
dynamic equation 动态方程
dynamic error 动态误差
dynamic process 动态过程

E

equilibrium state 平衡状态

eigenvalue 特征值
eigenvector 特征向量
electrical network 电气网络
element 元件，环节
error 误差
error coefficient 误差系数
error signal 误差信号
even symmetry 偶对称
exponential 指数，指数的，幂的
external description 外部描述
extremum 极值

F

feasibility 可行性，可能性，现实性
feedback 反馈
feedback control 反馈控制
feedback element 反馈元件
feedback path 反馈通道
feedforward 前馈
final controlling element 执行元件
final value 终值
final value theorem 终值定理
first-order system 一阶系统
focus 焦点
follow-up control system 随动控制系统
follow-up device 随动装置
forward path 前向通道
fraction 分数
frequency 频率
frequency domain 频域
frequency response 频率响应
frequency response characteristic 频率响应特性
function 函数
fuzzy control 模糊控制

G

gain 增益
gain crossover 增益穿越
gain margin 增益裕度，幅值裕度
gear backlash 齿轮间隙
gear tram 齿轮传动
general solution (微分方程的) 通解
graphical method 图解法
gravitation area 引力域
guidance system 导向系统
gyro 陀螺仪

H

harmonic 谐波，谐波量，谐振荡
harmonic response 谐波响应
holder 保持器
homogeneous equation 齐次方程
Hurwitz determinant 赫尔维茨行列式
hydraulic device 液压装置
hydraulic system 液压系统
hysteresis error 回差
hysteresis loop 磁滞回环

I

ideal value 理想值
idealized system 理想化系统
identification 辨识
impulse response 脉冲响应
industrial robot 工业机器人
inertial 惯性的，惯量的，惰性的
inherent characteristic 固有特性
initial condition 初始条件
initial state 初始状态
initial value theorem 初值定理
inner loop 内环
input 输入
input node 输入节点
input signal 输入信号
integral action 积分作用
integral control 积分控制
IAE（Integrated Absolute Error） 绝对误差积分
ISE（Integrated Square Error） 平方误差积分
intelligent instrument 智能仪表
internal description 内部描述
internal model control 内模控制
invariant 不变的，恒定的
inverse Laplace transform 拉普拉斯反变换
inverse matrix 逆矩阵
inverse transformation 逆变换
isocline method 等倾线法
iterative algorithm 迭代算法

J

Jordan block 约当块
Jordan canonical form 约当标准型

K

Kalman criterion 卡尔曼准则
Kalman filter 卡尔曼滤波器

L

lag compensation 滞后补偿
lag-lead network 滞后-超前网络
lag network 滞后网络
Laplace transform 拉普拉斯变换
large scale system 大系统
lead network 超前网络
least-mean-square 最小均方
limit cycle 极限环
linear equation 线性方程
linear programming 线性规划
linear system 线性系统
linearity 线性度
linearization 线性化
load 负载
load response curve 负荷响应曲线
locus 轨迹
log magnitude 对数幅值
logic diagram 逻辑图
low pass characteristic 低通特性

M

magnitude condition 幅值条件
magnitude-versus-phase plot 幅相特性曲线
manipulated variable 操纵变量
Mason rule 梅森公式
mathematical model 数学模型
matrix 矩阵
maximum overshoot 最大超调量
measurable 可测量的
measured variable 被测变量
minimum phase system 最小相位系统
model decomposition 模型分解
modern control theory 现代控制理论
modulus 模
moment of inertia 转动惯量
multinomial 多项式（的）
multivariable system 多变量系统

N

natural frequency 自然频率
negative feedback 负反馈
Newton's law 牛顿定律
Nichols chart 尼柯尔斯图
node 节点
node of phase plane 相平面的节点
node of signal-flow diagram 信号流图的节点

noise 噪声
nonlinear control system 非线性控制系统
nonminimum phase system 非最小相位系统
nonsingular 非奇异的
norm 范数
numerator 分子
numerical control 数字控制，数控
Nyquist contour 奈奎斯特轨线
Nyquist criterion 奈奎斯特判据

O

objective function 目标函数
observability 可观性，能观性
observer 观测器
odd symmetry 奇对称
off line 离线
offset 偏移，位移
on line 在线
open loop 开环
open loop control system 开环控制系统
open loop frequency response 开环频率响应
optimal control 最优控制
optimization 最优化
origin 原点
oscillating element 振荡环节
oscillating loop 振荡回路
oscillation 振荡
oscillatory response 振荡响应
outer loop 外环
output 输出
output signal 输出信号
over damping 过阻尼
overdamped response 过阻尼响应
overshoot 超调量

P

parabola 抛物线
parameter 参数
path 支路
path gain 支路增益
peak overshoot 超调峰值
peak time 峰值时间
performance index 性能指标
perturbance 扰动，摄动
phase lag 相位滞后
phase-lag network 相位滞后网络
phase lead 相位超前

phase-lead network	相位超前网络
phase margin	相角裕度
phase modifier	相位调节器
phase plane	相平面
phase plane method	相平面法
phase variable	相变量
pickoff point	引出点
PID（Proportional plus Integral plus Derivative）controller	PID（比例、积分、微分）控制器
piece-wise linearization	分段线性化
pneumatic controller	气动调节器，气动控制器
pole	极点
pole assignment/placement	极点配置
policy	策略
polynomial	多项式
position error	位置误差
positive definiteness	正定性
pre-compensator	预补偿器
process control	过程控制
proportional action	比例作用
proportional band	比例带
proportional control	比例控制
prototype	原型，模型，样机
pulse	脉冲
pulse width	脉冲宽度
pure delay	纯滞后

Q

quadratic	二次的
quadratic form	二次型
quality control	质量控制
quantizer	数字转换器，编码器，脉冲调制器

R

ramp input	斜坡输入
ramp response	斜坡响应
rate feedback	速度反馈
rate time	微分时间，预调时间
rational	有理（数）的，合理的
rational number	有理数
realization	实现
reference input	参考输入
reference variable	参考变量
regulator	调节器
relay	继电器
relative stability	相对稳定性
reliability	可靠性

remote control	遥控
reproducibility	再现性
reset time	再调时间，积分时间
residue	留数
resilience	弹性，弹性形变
resonance	谐振
resonance frequency	谐振频率
response	响应
rise time	上升时间
RMS（Root Mean Square）	均方根
root locus method	根轨迹法
roots loci	根轨迹
Routh array	劳斯阵列
Routh-Hurwitz criterion	劳斯-赫尔维茨判据
Routh stability criterion	劳斯稳定判据

S

saddle point	鞍点
sampling control	采样控制
sampling frequency	采样频率
sampling period	采样周期
saturation	饱和
scalar function	标量函数
scaling factor	比例因子
second-order system	二阶系统
sensitivity	灵敏度
sensor	传感器
series compensation	串联补偿
servo	伺服机构，伺服电动机
servodrive	伺服传动，伺服传动装置
set point	设定点
set value	设定值
settling time	调节时间，稳定时间
shifting theorem	移相定理/位移定理
signal flow graph/diagram	信号流图
singularity/singular point	奇点
sinusoidal	正弦的
slope	斜率
stability	稳定（性）
stability margin	稳定裕度
stability of linear system	线性系统的稳定性
stable focus	稳定（的）焦点
stable node	稳定（的）节点
state equations	状态方程
state feedback	状态反馈
state space	状态空间

state-space method 状态空间法
state variable 状态变量
stationary 稳态的
steady-state 稳态
steady-state deviation 稳态偏差
steady-state error 稳态误差，静差
step response 阶跃响应
step signal 阶跃信号
stochastic process 随机过程
summing junction 相加点，求和点
superposition 叠加
supervise 监控，检测，操纵
symmetric matrix 对称矩阵
system 系统
system identification 系统辨识
systematic deviation 系统偏差

T

tangent 切线
terminology 术语
threshold value 阈值
time constant 时间常数
time domain 时域
time domain response 时域响应
time response 时间响应
time-invariant system 时不变系统
time-varying system 时变系统
trajectory 轨迹
transducer 传感器，变换器
transfer function 传递函数
transfer matrix 转移矩阵
transient response 暂态响应
transmitter 变送器
transport lag 传输滞后
transpose 转置（阵）

U

undamped natural frequency 无阻尼自然频率
underdamping 欠阻尼
uniform stability 一致稳定性
unit circle 单位圆
unit feedback 单位反馈
unit impulse 单位脉冲
unit matrix 单位矩阵
unit step function 单位阶跃函数
unit step signal 单位阶跃信号
unstable 不稳定的

unsymmetrical	不对称的

V

value of quantity	量值
variable	变量
vector	向量，矢量
vector matrix form	矢量矩阵形式
velocity constant	速度常数
velocity feedback	速度反馈
viscous friction	黏滞摩擦

W

wave	波
waveform	波形
weighting function	加权函数
white noise	白噪声

Z

zero	零点
zero input response	零输入响应
zero-order holder	零阶保持器
zero-state response	零状态响应
z-transfer function	*z* 传递函数
z-transformation	*z* 变换

参 考 文 献

[1] 田作华，陈学中，翁正新．工程控制基础［M］．北京：清华大学出版社，2007.

[2] 王建辉，顾树生．自动控制原理［M］．北京：清华大学出版社，2007.

[3] 王划一，等．自动控制原理［M］．北京：国防工业出版社，2001.

[4] 宋丽蓉．自动控制原理［M］．北京：机械工业出版社，2004.

[5] 潘丰，张开如．自动控制原理［M］．北京：北京大学出版社，中国林业出版社，2006.

[6] 孔凡才．自动控制原理与系统［M］．北京：机械工业出版社，2003.

[7] 翁贻方．自动控制理论例题集·考研试题解析［M］．北京：机械工业出版社，2007.

[8] 胡玉玲，等．自动控制理论学习指导与习题解答［M］．北京：机械工业出版社，2008.

[9] 胡寿松．自动控制原理简明教程［M］．北京：科学出版社，2005.

[10] 黄坚．自动控制原理及其应用［M］．北京：高等教育出版社，2005.

[11] 邹伯敏．自动控制理论［M］．3 版．北京：机械工业出版社，2008.

[12] 胡寿松．自动控制原理习题解析［M］．北京：科学出版社，2007.

[13] 薛定宇．反馈控制系统设计与分析——MATLAB 语言应用［M］．北京：清华大学出版社，2000.

[14] 张汉全，肖健，等．自动控制理论新编教程［M］．成都：西南交通大学出版社，2007.

[15] 陈丽兰，胡春花，余辉晴，等．自动控制原理教程［M］．北京：电子工业出版社，2006.

[16] 陈建明，何琳琳，姜素霞，等．自动控制理论［M］．北京：电子工业出版社，2009.

[17] 陈复扬．自动控制原理［M］．北京：国防工业出版社，2010.

[18] 多尔夫，毕晓普．现代控制系统［M］．谢红卫，等译．11 版．北京：电子工业出版社，2011.

[19] 卢京潮．自动控制原理［M］．北京：清华大学出版社，2013.